EDRS를 이용한

지능형 로봇 시뮬레이션 구성 및 응용

남상엽 · 정완균
최혁렬 · 이효영 공저

도서출판 상 학 당

머리말

현대 산업기술의 근간이 되는 첨단기술인 메카트로닉스, 생산자동화, 로보틱스 및 생산정보화 분야에서 활발히 전개되고 있는 로봇 기술(RT-Robot Technology)은 차세대를 이끌어갈 산업으로 각광받고 있는 IT, BT, NT 산업과 함께 정부의 정책적 지원이 교육부, 정보통신부 및 산업자원부에서 활발하게 이루어지고 있다.

로봇 산업은 기술의 정도에 따라 고부가가치화가 가능한 기술집약적 산업으로서 다가올 유비쿼터스 사회에 적합한 컨버전스 형태의 융합형 종합기술이라 할 수 있다. 현대 산업사회는 로봇 산업의 기술이 고도의 정밀화, 자동화, 지능화 및 정보화가 요구되고 있으며, 이와 관련하여 자동차 및 항공기 등의 수송기계와 컴퓨터, 영상음향기기, 가전기기 등의 정밀기기 제조업계에서는 기계공학기술이 전기전자공학, 인공지능, 컴퓨터 및 정보공학기술과 함께 융합된 형태로 응용, 발전되고 있다.

로봇은 전기, 전자, 기계, 자동화, 전산 등의 복합기술이 총 망라된 첨단기술의 산물이지만, 특히 지능형 로봇은 인공지능과 신경회로망, 퍼지이론, 음성과 화상인식기술, 마이크로프로세서와 모터의 제어, 센서 사용 등 다양한 기술이 접목되는 첨단 기술체이며, 인간이 로봇에게 명령을 내리거나 로봇으로부터 인간이 정보를 전달받기 위하여 명령을 전달하기 위한 각종 입력기구와 로봇을 연결하고, 로봇이 작업하는 환경의 여러 가지 정보(즉, 오감을 느끼는 시각, 촉각, 역각, 위치감, 청각 등)를 인간에게 전달시키게 된다.

그러므로 로봇기술의 기반이 물리학, 화학 등 기초과학 분야에서 기계공학, 전자공학, 소재공학 등의 응용학문까지 범위가 다양한 복합기술이기 때문에 산학연 및 정부가 체계적이고 전략적으로 육성해나가야 하는 산업이라 할 수 있다. 이에 따라 우리나라 정부에서도 21세기 유망지식기반산업의 하나로 로봇산업을 선정하여 이를 중점 육성하고 있는 실정이다.

이러한 유비쿼터스의 로봇시대에 맞추어 초기 로봇응용프로그램 설계에서 알고리즘 개발과 성능 향상의 과정을 가상환경에서 실제 로봇 시스템과 근접한 특성을 고려한 개발이 이루어질 수 있도록 하기 위하여 《EDRS를 이용한 지능형 로봇 시뮬레이션 구성 및 응용》을 발간하게 되었다.

지능형 로봇 시뮬레이터(EDRS)는 2차원 가상 격자 맵에서 가상 자율 이동로봇의 이동기능과 센서 시스템을 통합하여 해당 기능을 시뮬레이션하고 사용자에게 다양한 환경과 로봇을 제공하여, 쉽고 빠르게 지능형 로봇을 개발하고 교육하기 위한 시뮬레이션 소프트웨어이다. 또한, 3D 환경을 토대로 역동적인 로봇 시뮬레이션을 제공할 뿐만 아니라, 동역학(Kinetic)의 엔진을 통해 실감나는 로봇 시뮬레이션과 섬세한 동작 제어를 제공한다.

지능형 로봇 시뮬레이터(EDRS)는 RFID 센서와 카메라 디바이스(Camera Device)를 제외한 센서 디바이스(Sensor Device)와 운송수단 디바이스(Vehicle Device)를 시뮬레이션할 수 있다. 디바이스 클래스별로 시뮬레이터가 존재하며, 시뮬레이터에서 프로파일(profile)의 교체만으로 특성이 다른 다양한 센서들을 만들어 낼 수 있다.

지능형 로봇 시뮬레이터(EDRS)의 주요특징은 사용자 지향형 로봇을 모델링할 수 있고 다양한 조합형 로봇을 모델링할 수 있으며, 다양한 센서를 보유하고 있고 해당 센서를 효과적으로 배치할 수 있으며, 라이브러리 방식으로 편리하고 다양한 시뮬레이션 환경을 구성할 수 있고 사용자 수준에 알맞도록 초보자에서 고급자까지 다양한 언어를 사용하여 로봇을 제어하는 프로그램을 할 수 있는 특징을 갖고 있다.

지능형 로봇 시뮬레이터(EDRS)는 총 5단계로 구성되어 있다. 1단계는 로봇이론교육 및 로봇시뮬레이션에 필요한 라이브러리를 생성, 2단계는 로봇 및 환경 라이브러리를 이용한 로봇과 환경구성, 3단계는 시뮬레이션 환경구성, 4단계는 C/C++, 순서도 기반 언어를 이용한 로봇제어 프로그램 작성, 5단계는 로봇 및 환경시뮬레이션으로 구성되어 있다.

이 교재의 실습에서 작성된 프로그램들은 프로그램 언어에 대하여 문외한, 혹은 입문자를 기준으로 작성하였으므로, 어느 정도 숙달된 사람들에 있어서는 너무 쉽게 보일 수도 있으나, 그런 만큼 다른 각도에서의 프로그래밍을 통하여 지능형 로봇을 더욱 능숙하게 제어하길 바란다.

이 교재는 지능형 로봇 응용 시스템의 제어를 위한 프로그래밍을 되도록이면 쉽게 접근하고 사용할 수 있도록 로봇 시뮬레이션을 통하여 보다 깊은 이해와 응용을 프로그램 언어를 통하여 학습 및 실습할 수 있다. 특히 새로운 시대의 변화에 발맞추어 이론만 구현되던 기초 로봇제어를 지능형 로봇제어 시뮬레이션 프로그램을 통하여 로봇이론과 제어실습을 동시에 구현할 수 있다. RT산업의 차세대 엔진으로 성장할 수 있는 기초 로봇제어들의 제어이론과 지능형 로봇의 동작원리 및 특성들을 공부함으로써 앞으로 좀 더 고차원적인 제어이론과 지능형 로봇을 공부하는 데 바탕이 된다.

이 교재는 지능형 로봇의 기초가 되는 제어소자와 제어 프로그램의 기초이론에 근거를 둔 응용회로를 공부하고 실험을 통해 이론을 증명하는 형태로 구성되어 있다. 단지 일반 로봇구조의 교재처럼 깊이 있는 내용보다는 쉽게 이해할 수 있도록 구성하였으므로 좀 더 깊이 있고 보다 전문적인 내용은 이 교재를 통하여 개념을 이해하고 추가적인 참고서적을 통하여 학습하는 것이 효과적일 것이다.

이 교재는 컴퓨터, 전자, 제어, 통신분야의 관련 학생 및 초보개발자를 대상으로 한 기초 로봇제어에 대한 기본이론 및 실습을 위한 교재로, 처음 기초 로봇제어 및 로봇구조의 응용을 접하는 학생에게 쉽고 빠르게 접근할 수 있도록 초점을 맞추었으므로 기초 지능형 로봇 및 제어이론의 작동원리에 대한 이해와 프로그래밍 감각을 키우는 데 부족함이 없을 것이라 생각된다.

이 교재의 주요 구성은 다음과 같다.

1장은 로봇의 개요로서 로봇의 탄생, 역사 및 분류를 다루었고, 2장은 지능형 로봇 구조 및 특징으로 지능형 로봇의 구조, 지능형 로봇의 종류 및 특징에 대하여 서술하였다.

3장은 로봇 정책의 현재와 미래로서 국내의 로봇 육성정책과 해외의 로봇 육성정책에 대하여 서술하였고, 4장은 로봇의 요소기술로서 로봇의 비전기술, 로봇의 위치인식기술, 로봇의 이동기술, 로봇의 메커니즘 기술 및 로봇의 센서기술에 대하여 서술하였다.

5장은 로봇의 소프트웨어 기술로서 로봇 제어 소프트웨어의 개요, 국내외 로봇 소프트웨어의 기술 및 동향에 대하여 서술하였고, 6장은 로봇의 형태 및 로봇 응용시스템에 대하여 간략하게 서술하였으며, 7장은 로봇의 디사인, 로봇의 콘텐츠, 로봇의 캐릭터에 대하여 서술하였다.

8장은 지능형 로봇 시뮬레이터(EDRS)의 개요로서 EDRS를 이용한 로봇 개발, EDRS의 특징, 기능 및 실행 툴에 대하여 서술하였고, 9장은 지능형 로봇 시뮬레이터(EDRS)의 환경 설정으로서 EDRS의 윈도우 환경, 설치환경, 실행에 대하여 서술하였다.

10장은 지능형 로봇 시뮬레이터(EDRS)의 구성으로서 메뉴구성, 도구모음의 구성, 마우스 메뉴 구성, 기능 창 구성, 로봇 편집기와 환경 편집기, EDRS의 업데이트 및 화면 구성에 대하여 서술하였다.

11장은 지능형 로봇 시뮬레이터의 속성 편집으로서 3DS 맥스 다이나믹 속성 편집기의 개요, 3DS 맥스 다이나믹 속성 편집기의 설치, 3DS 맥스 다이나믹의 조인트, 충돌 오브젝트, 오브젝트 연결자, 계층구조 뷰, 센서, 환경속성 설정, 3ML 익스포트, EDRS 로봇 설정하는 방법, EDRS 환경 설정하는 방법, MAX, EDRS 센서 만드는 방법으로 구성되어 있다.

12장은 지능형 로봇 시뮬레이터의 순서도 기반 프로그래밍으로서 순서도 기반 프로그래밍의 개요, IRES 프로그램 전체 구성, 메뉴 구성, 도구모음 구성, 객체의 특징, IRES 프로그램 작성 방법에 대하여 서술하였다.

13장은 지능형 로봇 시뮬레이터의 C/C++ 프로그래밍으로서 C/C++ 프로그래밍의 개요, 프로그램 전체 구성, 메뉴 구성, 도구 모음 구성, 프로그램 작성 방법에 대하여 서술하였다.

14장은 지능형 로봇 시뮬레이터의 구동 실습으로서 지능형 로봇 구축, 지능형 로봇 시뮬레이션의 환경 구축, 로봇 보내기, 환경 보내기, 전체 저장, 그래픽 언어, C/C++언어에 대하여 서술하였다.

15장은 지능형 로봇 시뮬레이터의 응용 실습으로서 DC 모터 제어 실습, 빛의 밝기에 따른 모터의 속도제어, 초음파 센서 모듈을 이용한 DC모터 이동 거리 제어, 적외선 센서와 DC 모터 속도 제어, 기울기 센서와 DC 모터 속도 제어, 음원탐지 모듈과 로봇의 방향 제어로 구성되어 있다.

끝으로 이 책을 집필하는 데 많은 도움을 주신 (주)ED의 박용후 사장님, 김창일 상무님 그리고 기술연구소의 김석중 본부장님, 지능형 로봇SW팀의 송혜인님, 마케팅의 양영규 팀장님, 이관희 팀장님, 권순갑 팀장님, 곽석민 과장님, 고객지원팀의 이억환 부장님 등 관계자 여러분, 전자신문 관계자 여러분, 도서출판 상학당의 관계자 여러분과 양유진, 조병현, 강민영, 황정남 학생들에게 감사의 마음을 전한다.

어떤 일이든 첫발을 내딛고 개척하는 것이 가장 힘든 일일 것이나 그 어려움을 극복하고 얻는 것이 무엇보다 값진 결실이 될 것이다. 아직은 열악하고 힘든 개발환경이지만 이 책이 보다 많은 지능형 로봇 관련 인력 양성에 힘이 되어주길 바란다.

저 자 씀

차 례

제 9 장 지능형 로봇 시뮬레이터의 환경 설정

제 10 장 지능형 로봇 시뮬레이터의 구성

제 11 장 지능형 로봇 시뮬레이터 속성 편집

제 12 장 지능형 로봇 시뮬레이터의 순서도 기반 프로그래밍

제 13 장 지능형 로봇 시뮬레이터의 C/C++ 프로그래밍

제1장
로봇의 개요

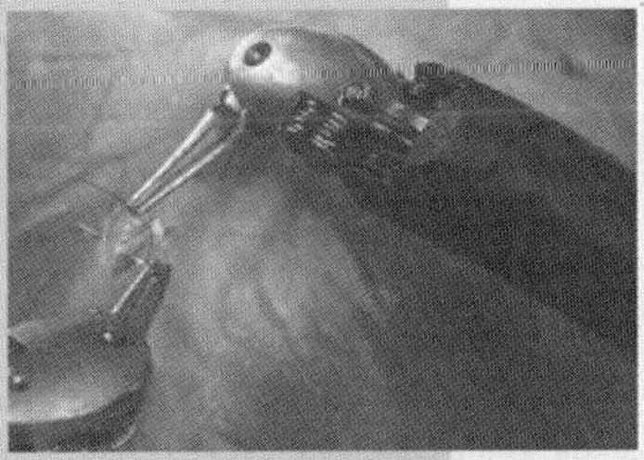

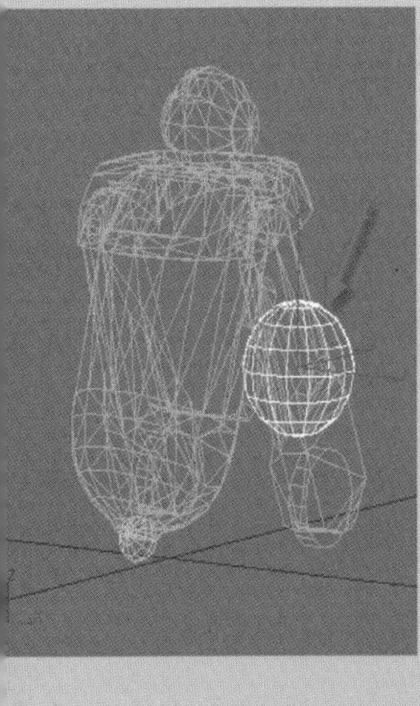

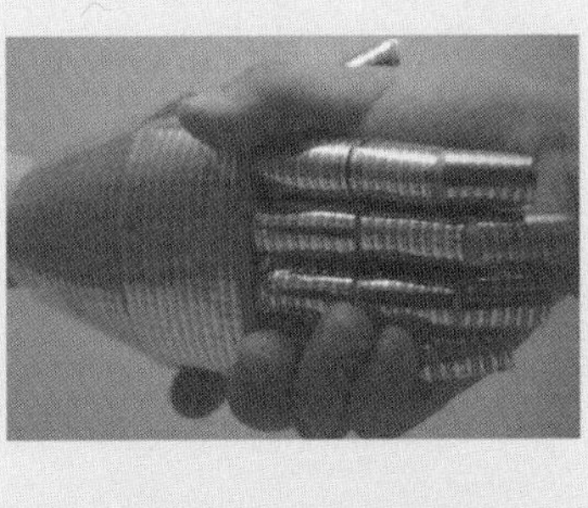

1-1 로봇의 개요

움직이는 것에 흥미를 갖는 것은 인간의 본성으로서, 움직이는 로봇에게 많은 사람들이 매력을 느끼는 것은 이해할 수 있다.

그러나 로봇의 동작 원리를 배우고 그것을 설계 · 유지관리를 하려면 광범위한 공학 분야의 지식과 경험이 필요하다. 따라서 로봇이란 어떠한 것이고 어떻게 구성되어 있는지 고찰하고, 로봇공학에 관련된 요소기술에 대하여 살펴보고, 이어서 로봇의 동작 원리를 인간과 동작을 비교해 본다.

1-1-1 로봇의 정의

"로봇 Robot"이라는 말은 1920년 체코슬로바키아의 극작가 칼렐 차펙(Karel Capek)이 발표한 희곡 "로봇의 만능로봇 R.U.R(Rossum's Universal Robots)"에서 처음 등장하였다.

차펙은 이 희곡 속에서 기술의 발달과 인간 사회와의 관계에 대하여 아주 비관적인 견해를 상징적으로 표현하였다.

로보틱스라는 용어는 1942년 3월에 첫 출판된 Isaac Asimov의 공상과학 소설에서 새로 만들어졌다. 여기서 Asimov는 로봇의 부정적인 면만 가지고 있는 것이 아니라 인간을 돕기 위한 긍정적인 측면도 함께 가지고 있다고 묘사하였다. 또한 Asimov는 그의 소설에서 다음과 같은 로봇 특성의 기본적인 3가지 법칙을 설정하였다.

① 로봇은 인간을 해할 수 없으며, 자신이 행동을 하지 않음으로써 인간이 해를 입도록 방치해서는 안 된다.

② 로봇은 첫 번째 법칙에 어긋나는 명령을 제외하고 인간이 내리는 모든 명령에 복종해야 한다.

③ 로봇은 첫 번째와 두 번째 법칙에 어긋나지 않는 한도 안에서 자신의 존재를 보호해야 한다.

현재까지 로봇에 대한 정의는 로봇의 관련 단체들 사이에서 많이 제안되어 왔다. 하지만 같은 업종에 종사하는 엔지니어별로 혹은 로봇 제작사별로 로봇에 대한 정의를 달리하고 있는 실정이다.

오늘날 인간과 산업용 로봇들의 유사함은 매우 적다. 즉, 산업용 로봇들은 인간과 유사한 외형을 가지고 있지도 않고, 인간과 유사한 행동을 하지도 않는다. 대신에 로봇은 하나 또는 여러 개의 팔들로 구성된 형상을 이루며, 거의 항상 고정된 위치에서 작업을 한다.

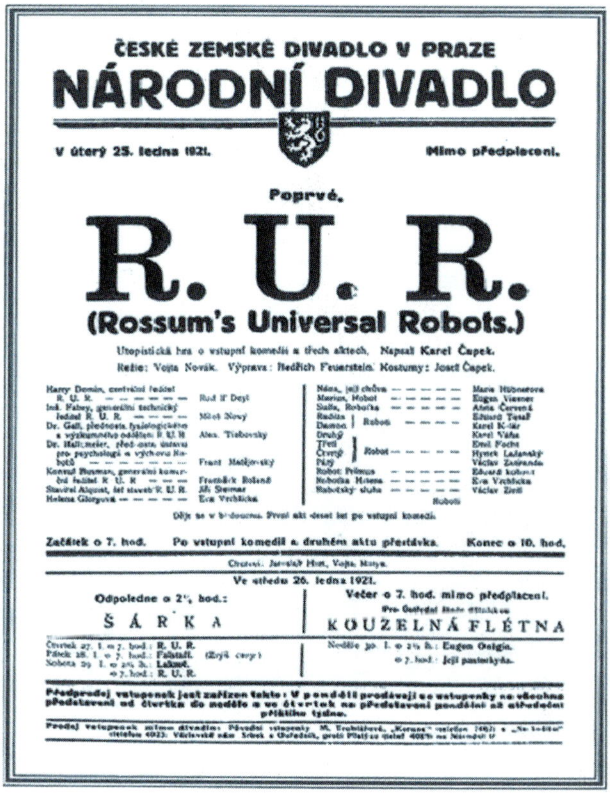

[그림 1-1] R.U.R.(Rossum's Universal Robots) 포스터

미래의 로봇들은 더욱 많은 감각능력과 높은 지능과 높은 수준의 서비스 기술을 가지게 될 것이지만 인간과 비교하면 이동성의 정도는 제한될 것이다. 그러나 점점 더 인간과 유사한 능력을 가진 로봇이 개발되는 추세로 가고 있다고는 것을 부인할 수는 없다.

최근 인공지능(Artificial intelligence)과 지각능력(Sensory perception) 등의 관련 분야가 빠르게 발전하고 있어서 산업용 로봇의 적용범위를 크게 넓혀줄 지능적인 로봇의 사용이 본격화되는 시기가 멀지 않았다.

1-2 로봇의 탄생

초창기의 단순히 인간과 인간의 움직임을 모방하는 기계들을 제외시키고 최근의 로봇의 역사만 살펴보면 왕성한 인간의 상상력과 그 당시의 공업상황, 사회적 이슈, 수치적 컴퓨터에 의한 기계의 제어분야의 발전, 우주 탐사분야와의 밀접한 관계를 알 수 있다. 칼렐차펙의 저서인 Rossum's Universal Robots에서부터 시작하여 Flash Gordon, Metropolis, Lost In Space, The Day The Earth stood still, I Robot 등의 영화까지 살펴보면 R2D2, C3PO, 로보캅, I Robot 등에 등장하는 로봇과 같은 기계가 인간의 작업을 수행하는 단계까지 와 있다.

1) 창세기~1800년대의 로봇

[그림 1-2] 창세기~1800년의 로봇 유형

인류역사의 태동과 함께 진화해온 로봇은 '신의 의해 창조된 인간', 아담과 이브에서 그 근원을 찾을 수 있다.

초혼적 곡선을 거쳐 SF문화의 태동과 함께 본격적으로 전개된 로봇의 진보는 레오나르도 다빈치의 '인체 황금 분할도'를 통해 비로소 개념적 정립이 전개되며, 인간의 모습을 닮은 최초의 동화 로봇 '피노키오'의 탄생으로 이어진다.

그 후 중세가 되고 나서도 많은 사람들이 건물의 문을 열든가, 악기를 연주하는 자동인형을 만들었다. 이들 자동인형은 장식용 이었거나 또 사람들을 놀라게 하거나 또는 신과

결부 시켜 지배자의 권위를 과시하는 데 이용되었는데, 한편으로 기계 기술자들의 장난이 기도 하였다.

2) 1900년~1930년시대의 로봇

1900년 '오즈의 마법사'에 나오는 최초의 양철 로봇 '틴맨(Tin Man)'은 인텔리젠트 로봇의 본격적인 성장을 주도하기 시작한다. 독일, 미국을 중심으로 발전하기 시작한 로봇 문화는 최초의 SF영화 '달나라 여행A', '로섬의 만능 로봇' 등 다양한 문화를 자양분으로 '슈퍼맨'이라는 미국의 시대적 영웅을 탄생시킨다.

[그림 1-3] 1900년~1930년의 로봇 유형

3) 1940년~1960년의 로봇

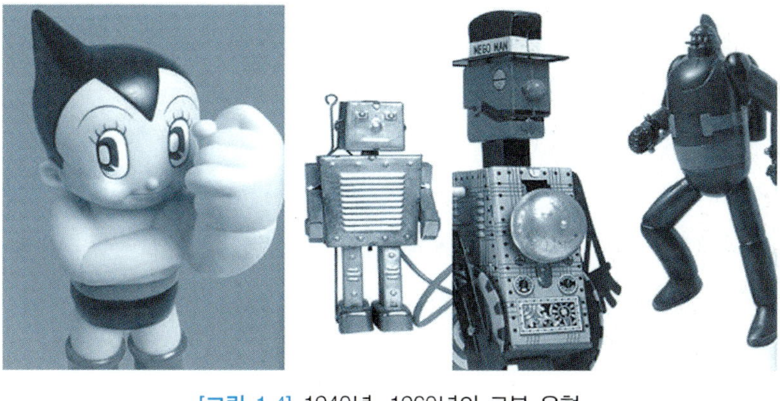

[그림 1-4] 1940년~1960년의 로봇 유형

1940년대 세계를 경악하게 만든 2차 대전은 세계 로봇 산업의 새로운 패러다임(Paradigm)을 보였다. 일본이 패전국의 열등감을 치유하고, 로봇산업의 강국으로 세계시장을 석권하는데 결정적인 역할을 한 '아톰(ATOM)'을 창조해낸 것도 바로 이 시기이다.

4) 1970년~1980년의 로봇

[그림 1-5] 1970년~1980년의 로봇 유형

일본의 마징가Z가 히트하던 1970년대에 들어서서 로봇 연구 개발의 황금기로 본격적으로 연구가 시작되었다. 이 세대의 로봇은 미리 결정된 범위나 궤적을 따라서 작업 대상물을 이동시키거나 용접이나 도장을 반복하는 정도였다.

이때에 사용한 제어는 기구의 위치 제어를 주제로 한 것으로 로봇은 자동적이지 못한 수준이었다. 그러나 자동차 등의 대량 생산 공장에 작업라인의 생산성과 신뢰성의 향상에 커다란 역할을 하였지만 실질적인 보급은 1980년대 전후에 절정에 달했다.

5) 1990년~현재의 로봇

이제 로봇의 진화는 인간을 닮은 첨단 지능로봇의 등장으로 발 빠른 행보를 거듭하고 있다. 영화 '터미네이터'와 '스타워즈'를 통해 만난 첨단 로봇이 어느새 우리생활에 가까이 다가왔다. 특히 일본은 엔터테인먼트 분야의 장난감 로봇과 휴머노이드 로봇 분야인 이족 보행 로봇에서 상당한 기술력 인정을 받았으며, 일부 상품의 경우에 연구 수준에 이어서 시장화에 성공을 거두고 있다.

[그림 1-6] 1990년~현재의 로봇유형

1999년에 처음 출시된 소니의 강아지 로봇인 AIBO를 비롯하여 혼다의 아시모가 본격적인 로봇시대를 열고 있다. 국내에서는 국내 벤처 기업에서 가정용 청소로봇과 공공 도움이 로봇의 상품화가 진행되고 있으며, 청소로봇의 경우에는 현재 일반인이 직접 구매할 수 있는 1가구 1대 로봇의 시대를 열고 있다.

1-3 지능형 로봇의 역사

1) 피노키오의 변화

[그림 1-7] 피노키오의 변화 유형

1881년에 출간된 이태리 작가 카를로 콜로다가 탄생시킨 '피노키오'는 인간을 닮은 최초의 동화 로봇이자 목각인형이다. 1세기가 지나도록 전 세계 어린이들에게 변함없는 사랑을 받고 있는 피노키오는 진화를 거듭하여 21세기 첨단 로봇 '피노(PINO)'로 재탄생되었다.

2) 아톰의 변화

[그림 1-8] 아톰의 변화 유형

전쟁의 상처를 치유하기 위해 데스카 오사무에 의해 탄생한 국민적 캐릭터 '아톰'은 다양한 진화를 거듭해왔다. 마치 슈퍼맨과 미키마우스를 합성한 듯 한 형상으로 1980년대에는 절정기를 보여준다. 그러다가 검은색과 흰색으로 채색되어 장기불황을 반영하듯 휴면기에 들어가더니 최근에 다시 모습을 보여주고 있다.

3) 모바일 로봇의 변화

1980년대는 인간의 생명체와 유사한 안드로이드로봇의 출현과 함께 로봇 케릭터 산업 또한 절정기를 가진다. 1982년 영화 'ET'는 엄청난 파장을 몰고 온다. 그 후 1984년 '터미네이터', 1987년의 '로봇캅' 등이 사이버 로봇의 상징이 되었다. 그리고 SF의 대명사인 '스타워즈'는 모든 로봇의 교과서가 되었다.

[그림 1-9] 모바일 로봇의 변화 유형

4) 휴먼노이드 로봇의 변화

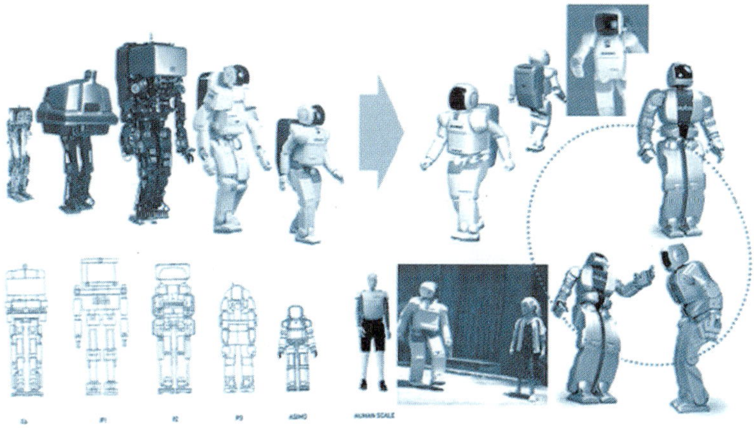

[그림 1-10] 휴먼노이드 로봇의 변화 유형

세계최초 인간형(휴먼노이드) 로봇 '아시모'는 일본의 혼다가 2000년 11월 세계 최초로 걸어 다니는 '자율 2족 보행' 로봇으로 만들면서 세계의 주목을 받았으며, 2004년 12월엔 걷는 것은 물론 시속 6km로 달릴 수 있는 기능까지 갖춘 차세대 아시모가 선을 보였다.

차세대 아시모는 음성인식 기능과 함께 물 컵을 집거나 전기 스위치 작동, 문을 열고 닫는 동작 등 30여가지 몸동작 기능까지 갖췄다. 이후 한국과학기술원(KAIST)에서는 아시모보다 세밀한 동작이 가능한 휴보를 개발하였으며, 이후 휴보 2세를 개발을 하고 있다.

〈표 1-1〉에는 휴먼노이드 로봇인 일본의 아시모(ASIMO), 한국과학기술원(KAIST)의 휴보(HUBO), 그리고 한국과학기술연구원(KIST)의 마루 1, 2에 대하여 플랫폼, 동작, 인식, 응용 및 특징별로 구분하여 비교하였다.

〈표 1-1〉 휴먼노이드 비교

항목		ASIMO	HUBO	마루-1	마루-2
플랫폼	개발자/연도	일본 Honda/2005	KAIST/2005. 12	KIST/2005. 1	KIST/2006. 1
	신장/무게	120cm/53kg	125cm/55kg	150cm/67kg	150cm/70kg
	자유도	총 26자유도 (팔10 + 다리12 + 손2 + 머리2)	총 41자유도 (팔12 + 다리12 + 손10 + 머리6 + 몸통1)	총 35자유도 (팔12 + 다리12 + 손8 + 머리2 + 몸통1)	총 32자유도 (팔12 + 다리12 + 손4 + 머리3 + 몸통1)
	센서	F/T센서, 자세 센서, 스테레오 카메라	F/T 센서, 경사 센서, 스테레오 카메라	F/T 센서, 경사 센서, 스테레오 카메라	F/T 센서, 경사 센서, 스테레오 카메라
동작	기본보행 (전·후진, 회전, 옆) 직진 보행 속도 (보행능력)	0~6.0km/h (가변속도, 가변보폭, 계단보행, 곡선달리기)	최대 1.2km/h (고정속도, 고정보폭)	최대 0.9km/h (고정속도, 고정보폭)	최대 1.2km/h (고정속도, 고정보폭)
	전방향 보행	O	×	×	대각선 보행
	계단보행	O	×	×	×
	팔유연제어(악수)	O		O	O
	시각기반 물체조작	×	×	×	O
인식	음성/음원 인식	O	×	O/×	O
	목표물 감지·추적	O		O	O
	물체인식(삼차원)	×	×	O	O
	얼굴 인식	×	×	O	O
	제스처 인식	O(40)	×	O(60)	O(80)
	장애물 감지(시각)	×	×	O	O
	장애물 회피	O	×	×	O
	자기 위치 인식	O	×	×	O
응용	사람 알아보고 악수	?	×	O	O
	물건을 집어 전달	O	?	×	O
특징	주요 특징 (동작 및 지능)	유연한 동작 원격제어	보행/손가락 동작 원격제어	네트워크 기반 지능	네트워크 기반 기능

〈표 1-2〉는 소형 휴먼노이드인 QRIO와 SNBH-1을 플랫폼, 동작, 인식 및 상호작용, 특징별로 구분하여 비교하였다.

〈표 1-2〉 소형 휴먼노이드 비교

항 목		QRIO	SNBH-1
플랫폼	개발자/연도	일본 Sony/2004사양	2006. 1
	신장/무게	50cm/7kg	60cm/7kg
	자유도	총 26 자유도 (팔10+다리12+손2+머리2)	총 25 자유도 (팔8+다리12+허리1+손2+머리2)
	센 서	스테레오 비전 압력 센서(각 발에 4개씩) 기울기 센서 마이크 7개(음원 추적) 터치 센서	컬러 카메라 1대 압력 센서(각 발에 4개씩) 기울기 센서
동작	직진보행속도 (변속능력)	최대 0.9km/h (가변속도, 가변보폭)	최대 0.3km/h (고정속도, 가변보폭)
	전 방향 보행	○	○
	비평지/계단보행	○/○	×/×
	달리기 속도	최대 1.6km/h	최대 0.6km/h
인식 및 상호작용	얼굴인식	○	×
	제스처 인식/사람 추적	×/×	×/○
	장애물 감지/회피	○	×
	단어인식	○	×
	감정표현	×	×
	환경 모델링 및 자기 위치 추정	○	×
특징	연산처리방식	내장형 제어기 (64비트 RISC 프로세서)	네트워크 기반
	사업화 전략	완제품으로 일반대상 (시스템 비공개)	연구용 플랫폼으로 1차 상품화

1-4 로봇의 분류

산업용 로봇		인간공존형 로봇	
제조업용 로봇	현장 로봇	개인용 로봇	공공용 로봇
제조라인에서 단순작업	의료용 / 군사용 농업용 / 건설용 우주용 / 원자력용 수중용	청소용 교육용 장난감용 헬스로봇	안내용 경비용

1) 개인용 로봇

[그림 1-11] 개인용 로봇

개인용 로봇은 개인 생활의 본질적인 운동성을 보조하며, 지능을 갖는 인간 공존형 대인 지원 로봇이다. 가정 자동화(Home Automation)를 지원하는 가정용, 고령자와 신체장애자 등에 대한 생활지원용, 오락용(Entertainment) 등으로 분류할 수 있다. 기술개발의 최종목적은 인간의 삶의 질 향상, 노령화 사회의 실질적인 최종목적인 로봇으로 분류할 수 있다.

(1) 오락용 로봇(Entertainment Robot)

로 봇	기 능
가사 로봇	가정에서 조리, 세탁, 청소 등의 일을 수행하여 가사노동의 부담을 줄여줌.
생활 도우미 로봇	병원, 요양소등에서 재활 훈련을 돕거나 일상생활을 해나가는데 불편이 없도록 도와줌
애완용 로봇	인간의 감정적 동반자의 역할을 하며 여가 선용에 도움을 줌
서빙 로봇	음식점등 대형 서비스 업체에서 효율적인 서빙작업을 수행함
교육용 로봇	학교, 가정에서 다양한 도구를 이용해 교육에 효과적이며 친근한 수단으로 이용
퍼포먼스 로봇	데마파크나 기업체의 홍보 등에 사용되어 다양한 볼거리를 제공함
경기용 로봇	대중매체를 통해 로봇간의 흥미로운 경기를 보여주거나 가정에서 인간의 스포츠 활동에 동반자가 됨

개인용 로봇의 한 분야인 오락용 로봇 은 2002년부터 2005년까지 비디오 게임에서 로봇게임으로 시장이 형성이 되었으며, 주류는 현재 대중화 되어가고 있는 로봇축구를 중심으로 이루어질 것이다. 휴머노이드 로봇의 발전과 더불어 로봇 경기는 점점 인간의 스포츠 등의 경기 형태와 닮아갈 것으로 보이고, 2010년 이후에는 인간과 로봇의 스포츠 경기의 형태가 거의 닮게 되고, 또한 사용자는 자신의 로봇을 훈련시키고 함께 연습하여 호흡을 맞추어 경기에 임하게 되는 로봇이다.

(2) 교육용 로봇

선생님을 보조해서 학생들에게 지식을 전달하는 지능형 로봇이 속속 상용화되고 있다. 로봇을 교사의 대역으로 교육현장에 투입하는 사례는 한국이 세계최초다. 이러한 형태의 교육 로봇은 지난 10년간 국내 교육시장의 지형을 바꿔놓은 e러닝의 새로운 형태로서 잠재력을 막 드러낸 상황이다.

교육용 로봇은 두 가지 종류로 구분된다.

① 어린이들이 로봇을 직접 조립하면서 과학원리를 깨우치게 돕는 학습교재(로봇키트)가 있다. 학생들이 로봇의 구조와 작동방식을 이해하려면 로봇을 스스로 만들고 조

정해 보는 것이 최고의 교육방식이다.

② 어린이에게 학습콘텐츠를 전달하는 교육도구로서 로봇인데 최근 지능형 로봇으로 가능성이 높아지고 있다. 로봇을 교육매체의 관점에서 상용화시킨 것은 우리나라가 원조다.

로봇왕국 일본도 보수적인 교육계 풍토 때문에 교사로봇의 도입은 아직 시도조차 못한 형편이다.

한 중견업체가 선생님을 대신하는 교육용 로봇인 '로봇교사'인 아이로비 및 리베로를 선보였다. 교사로봇 '리베로'는 다양한 콘텐츠를 내장하고 있다. 로봇이 교육현장에서 제 역할을 하려면 외형보다 양질의 콘텐츠 확보가 훨씬 중요하다. 로봇과 콘텐츠를 결합해서 취학전 아동을 위한 교육과정으로 만들 경우 교육도서, 비디오, 웹서비스에 이어 새로운 미디어시장을 확보하기 때문이다.

교육용 로봇의 가능성은 URC로봇 시범사업에서 검증이 됐다. 선정된 8개 유치원에서 교사로봇을 운용해 본 결과 예전보다 한결 향상된 교육 및 오락 콘텐츠 덕분에 어린이들의 만족도는 높았다. 수 십명의 어린이들을 관리하는 교육기관에서 교사로봇의 효용가치는 높아진다. 또한 로봇교육을 커리큘럼에 포함시켜 체계적으로 운용, 관리하는데도 훨씬 유리하다.

[그림 1-12] 교육로봇(리베로)

로봇과 콘텐츠를 결합시킨 한국형 로봇교육이 새로운 문화상품으로 등장할 가능성마저 보이게 된다.

학생들의 교과서가 웹문서, 플래시, UCC 동영상으로 진화해 왔듯이 로봇도 교육매체로 변모하는 것이다. 한국에서는 세계 교육사에 유례가 없는 흥미로운 실험이 진행 중이다. 자식교육을 위해 그 어떤 도전과 리스크도 마다하지 않는 대한민국에서 시작된 로봇 기반의 교육모델은 새로운 한류상품으로 부상할 가능성이 높다.

2) 공공용 로봇

감응 장치가 개량되면서 금융기관의 현금 수송이나 주택 경비에 로봇을 활용하는 기술이 잇따라 개발되고 있다. 경비용 로봇인 경우 범죄율 증가로 중저가형 원격정비에 대한 수용가 증가되고, 또한 공공 기관이나 박물관에서 방문객을 대상으로 안내를 담당하는 로봇의 등장하고 있다. 자유로운 이동성과 지능을 가진 로봇을 만들기 위해 많은 기술이 필요하지만, 현재 개발된 안내 로봇들은 방문객들에게 큰 호응을 얻고 있으며 계속적인 로봇이 등장할 것이다.

[그림 1-13] 공공용 로봇

3) 현장 로봇

국민에게 선진화된 의료 복지를 제공하기 위하여 기존의 로봇 기술을 활용하여 일상생활에서 국민의 건강을 실시간 관리하고 건강에 문제가 있을 때 보다 정확한 진단을 내릴 수 있도록 도와주고 환자를 보살피는 범주의 로봇 시스템을 말한다. 의료복지 로봇 시스템은 국민의 삶의 질을 향상시키고 일반인들이 건강한 삶을 영유하고 21세기를 더 살기 좋은 사회로 만들어 나갈 것이다.

4) 수술 로봇 시스템(Robot and medicine)

실제 수술에서 의사를 도와 보다 나은 수술을 수행하도록 도와주는 시스템으로서, 일차적으로 현재 인턴과 같은 보조 인력이 수행하는 보조 수술 로봇에서부터 가공 정밀도를 향상시키거나 어려운 수술을 용이하게, 만들어 주면서 직접 수술에 사용되는 특수 목적 수술 로봇 시스템의 개발과, 비슷한 유형의 다양한 수술을 집도할 때 사용할 수 있는 지능적이면서도 유연성이 좋은 다목적 수술 로봇 시스템을 말한다.

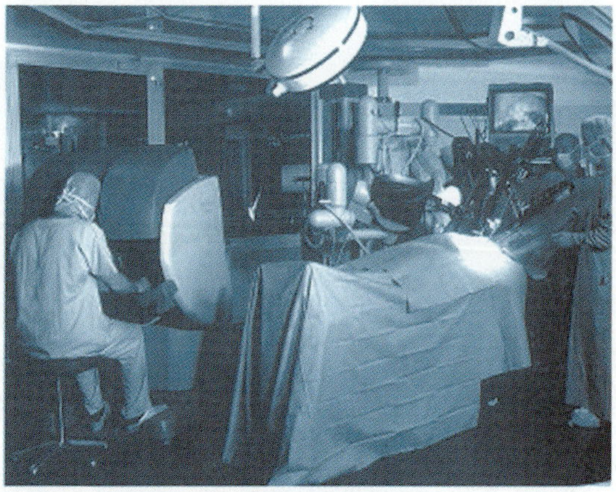

[그림 1-14] 외과 수술용 로봇 시스템

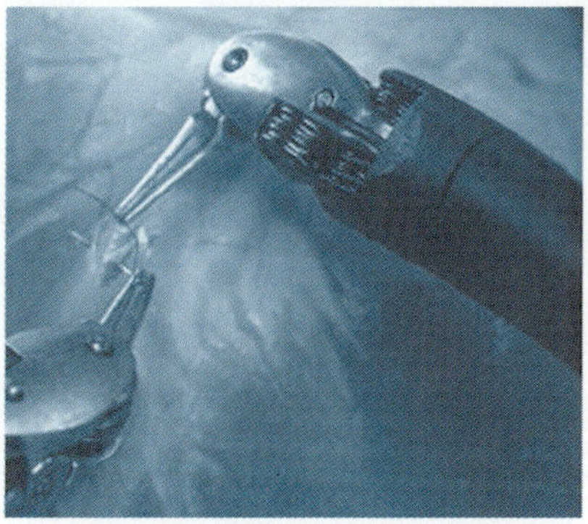

[그림 1-15] 보조 수술 로봇

5) 헬스케어 로봇

노인과 장애인의 재활 치료와 일상생활을 도와주는 로봇 시스템으로서, 단순한 신체를 지지해 주는 역할을 벗어나 중증 환자나 노인의 신체 움직임을 향상시키고 빠른 시일 내에 회복하도록 중요 기능을 수행하고 장애인의 장애를 극복하여 독립적인 생활을 가능하게 할 수 있는 기능이다.

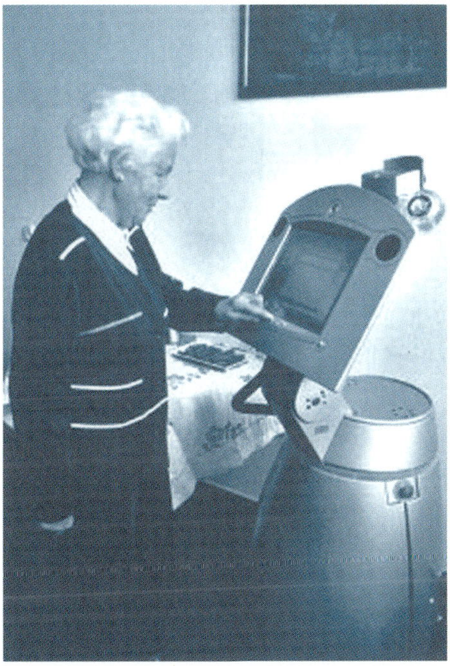

[그림 1-16] 환자 도우미 로봇 그림

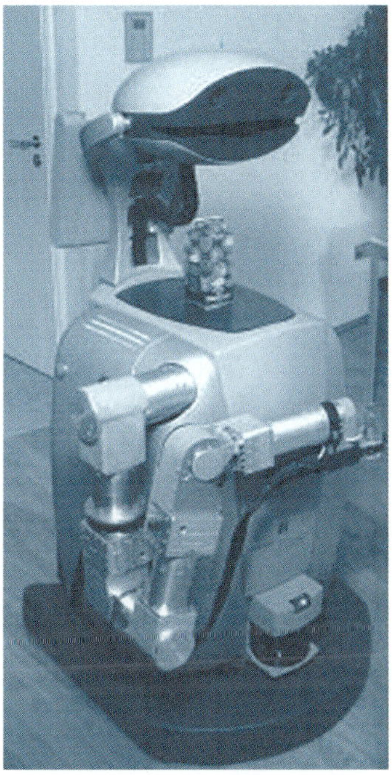

[그림 1-17] 환자 상태 및 독립적인 생활지원 로봇

사람은 누구나 건강하고 장수하는 삶을 바란다. 이러한 욕망에 편승해서 최근 로봇기술을 이용해 신체적 건강을 추구하는 시장수요가 급격히 늘고 있다. 헬스케어로봇은 운동효과를 높이는 자동헬스기구, 신체를 자극하는 안마장치, 온 몸을 움직이는 게임기기 등 다양한 모습으로 우리 곁에 다가오고 있다.

헬스케어로봇의 범주에 넣을 수 있는 가장 고전적인 기계장치로는 러닝머신(treadmill)이 있다.

미래의 헬스기구가 운동하는 사람의 심박수 · 체온 · 호흡 등을 파악해서 최적의 운동프로그램을 골라주거나 대화기능까지 갖춘다면 다른 로봇으로 간주해야 한다. 국내서도 승마운동을 모방한 헬스케어 로봇으로 마사지로 신체의 피로를 풀어주는 안마의자형 로봇이 연구가 진행 중이다.

(1) 라이드봇(RideBot)

말타기는 의외로 건강에 매우 좋은 운동이다. 덩치 큰 말을 타면서 균형을 유지하려면 복근과 다리, 허리근육을 끊임없이 긴장시켜야 한다. 당연히 두툼한 배 부위가 날씬해지고 뻐근한 허리 통증도 완화된다. 승마형 헬스기구는 2010년대 까지 러닝머신에 견줄 만한 시장규모를 형성할 것으로 기대된다. 일본산 승마형 헬스기구들이 시장을 선도하는 가운데 국내 중소기업들이 유사한 제품을 선보이고 있다.

기존 승마형 헬스기구의 가장 큰 단점은 탑승자 의지와 무관하게 일정한 움직임만 반복한다는 것. 따라서 오락적 요소가 부족하고 신체상황에 따라 체계적인 헬스케어도 어렵다. 산업용 로봇업체에서 사람의 생체신호와 동작의지까지 인식하는 차세대 승마형 로봇(RideBot) 개발했다. 승마형 로봇에 올라타서 핸들을 잡으면 혈압 · 맥박 · 체지방 · 체온 · 몸무게까지 자동으로 측정된다. 탑승자의 신원도 인식해서 현재의 건강상태와 과거 운동이력까지 분석해서 최적의 운동모션을 제공한다. 탑승자가 로봇 위에서 무게중심을 조금만 옮기거나 발로 차도 실제 말처럼 예민하게 반응하기 때문에 오락적 요소도 높다. 또한 탑승자의 근력을 키우도록 걷기, 달리기, 장애물 넘기, 경사 오르기 등 다양한 승마 모드를 선택하고 전방의 모니터에는 실제 말을 타고 찍은 상황별 비디오 영상까지 나온다. 로봇기술을 이용해 실제 승마와 가장 유사한 가상경험을 제공하는 운동기구인 셈이다. 엔터테인먼트 기능을 최대한 연계한 승마형 로봇이 헬스케어시장에 새로운 바람이 일어날 것이다.

(2) 마사지체어

가만히 누워 있으면 온 몸을 주물러주는 마사지체어도 본격적인 로봇산업화의 길에 들어섰다. 전동식 마사지체어는 스위치만 켜면 언제라도 안마를 받을 수 있어 효도상품으로 인기가 높지만 아무래도 사람의 섬세한 손길을 따라잡지 못한다. 국내 체어전문업체는 사용자의 체형을 스스로 인식해 필요한 곳에 실제 손과 유사한 자극을 주는 3차원 안마로봇인 '체어봇'(ChairBot)을 연구한다. 사용자가 안마로봇에 앉으면 우선 체형인식 시트가 키와 신체 폭을 측정하고 마사지 효과에서 중요한 경락(지압점)의 위치를 정확히 찾아낸다. 이제는 사람의 손기술에 버금갈 정도로 정교한 기계손이 목 뒤에서 종아리까지 곳곳을 시원하게 주무를 차례다. 기계손은 압력감지 센서가 내장돼 사용자의 근육경직도를 인식하고 마사지 과정에서 사용자의 비만정도에 따라 압력을 조절한다. 음성인식 기능도 들어가서 사용자가 편안한지를 수시로 문의한다. 터치스크린을 통해 원격지의 담당 주치의와 영상통화도 가능하다. 신상정보를 이용한 맞춤형 안마서비스는 기본이고 기분 좋게 안마를 받다가 문득 잠이 들어도 걱정이 없다. 안마로봇이 사용자가 자는지도 인식해서 마사지강도를 수면모드로 바꾸기 때문이다.

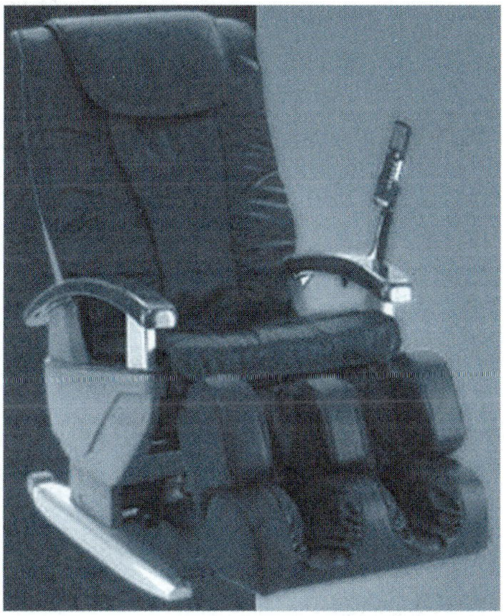

[그림 1-18] 마사지체어

로봇기술이 헬스케어 분야에서 꽃을 피우려면 단품의 로봇개발보다는 피트니스 센터를 찾는 사람들에게 '계량화된 건강'을 제공하도록 종합 시스템을 구축하는 작업이 더 필요하다. 지능형 헬스로봇이 회원별로 매일 몸무게 변동을 체크해서 정해진 칼로리를 철저히 소모하도록 운동프로그램을 지시하는 헬스 로봇시대가 도래된다.

6) 농업 · 건설용 로봇

생물 산업, 건설시공에서의 로봇기술 연구개발의 목표는 작업생산성, 작업쾌적성, 안정성, 환경 보존성 향상을 목표로 한 인간, 컴퓨터, 기계의 복합시스템(로봇시스템), 비구조적 영역작업과 가변적 작업 공정의 생력화와 환경변화에 대한 적응, 유해, 위험 작업 대처 시스템 로봇이다.

일본의 건설업계는 지난 80년대부터 로봇자동화 연구에 매진한 덕분에 지금은 로봇이 초고층빌딩의 골격을 세우고 콘트리트 마감, 내외장 작업까지 하는 수준에 이르렀다. 시미즈 · 오바야시쿠미 · 다이세이 · 후지타 등 일본 유명 건설업체는 자체 연구소를 통해서 다양한 건설로봇을 개발, 사용하고 있다. 유럽, 미국 건설업계도 로봇자동화에 대한 연구는 일찍부터 시작했지만 공사현장의 무인화보다 작업자의 안전확보에 매달려 실용화는 더딘 편이다.

우리나라도 건설로봇에 대한 투자가 본격화되면서 한국생기원이 미장로봇을 국산화했고 교량점검용 로봇도 연구가 진행되고 있다. 건교부는 첨단 융합 건설 사업에 따라 빌딩 철골 용접로봇과 무인 굴삭기 등 건설로봇의 개발에 지원하고 있다.

(1) 빌딩철골 용접로봇

수 십층의 높은 빌딩을 지으려면 작업자들의 위험부담도 그만큼 높아진다. 특히 거대한 철제빔을 까마득한 높이로 끌어올려 빌딩골조를 조립해가는 용접작업은 안전사고의 위험 때문에 숙련된 기능공이 아니면 엄두도 내지 못한다. 고층건물의 철골용접은 궂은 날씨에는 작업이 불가능해 공사가 중단되므로 일본 건설업체들은 이 같은 문제점을 해결하기 위해 빌딩철골을 따라 올라가는 초대형 로봇크레인을 설치하고 용접작업을 자동화하는 공법을 시험하고 있다. 초대형 크레인이 끌어올린 철골은 자동용접, 볼트체결로봇이 정해진 위치에 조립작업을 수행한다. 고층빌딩의 상층부를 감싼 거대한 구조체(건설로봇)가 예정된 높이까지 올라가면 빌딩골격은 이미 완성된 모습을 드러낸다. 이 로봇공법은 날씨에 영향을 받지 않고 안전사고가 줄며 무엇보다 공기가 줄어드는 장점이 있다. 일본에는 로봇공법으로 지은 고층빌딩이 40여 곳에 이른다.

국내서도 30층 이상 고층건물의 철골용접을 담당하는 초대형 로봇구조체 국산화에 착수했다. 한국형 철골용접 로봇의 특징은 일본에 비해 값싸고 단순한 반자동식 설계를 적용했다. 따라서 실제 주상복합빌딩, 고층아파트 건설현장에 투입할 수 있는 가격대와 실용성을 갖출 것으로 기대된다.

중국의 엄청난 고층빌딩 건축수요를 감안할 때 빌딩골조 용접로봇의 수출 가능성도 높다. 삼성건설 · 두산건설 등도 초고층 빌딩시장에서 경쟁력 향상을 위해 로봇개발에 큰 관심을 보이고 있다. 고층빌딩 건설에 로봇기술을 적용하면 공기단축은 물론이고 작업인력도 줄어든다.

(2) 로봇 굴삭기

사람이 없어도 혼자서 땅을 파는 지능형 무인 굴삭기도 4~5년 내 실용화된다. 지뢰위험지역이나 경사진 비탈 등 위험한 작업환경에 투입하는 무인 굴삭기는 볼보 · 고마쓰 등 외국 중장비업체도 탐내는 전략 상품이다.

굴삭기 제조업체인 두산인프라코어는 15톤급의 중형 무인 굴삭기를 개발하고 있다. 1단계로 카메라로 원격조정이 가능한 굴삭기를 개발한다. 무인 굴삭기의 핵심기술은 주변지형의 3차원 변화를 실시간으로 인식하고 디지털 유압제어장치로 얼마나 효과적인 제어가 가능한지에 달려있다. 원격제어, 무인작업을 수행하는 무인 굴삭기를 국산화한다면 세계 굴삭기 시장에서 유리한 고지에 오를 것이다. 또 굴삭기의 무인화 기술은 불도저, 그레이더, 덤프트럭 등 여타 건설용 중장비에도 동일하게 적용된다. 따라서 건설업계 전반의 생산성 향상에도 기폭제 역할을 할 것으로 기대된다.

[그림 1-19] 원격 트랙터 로봇

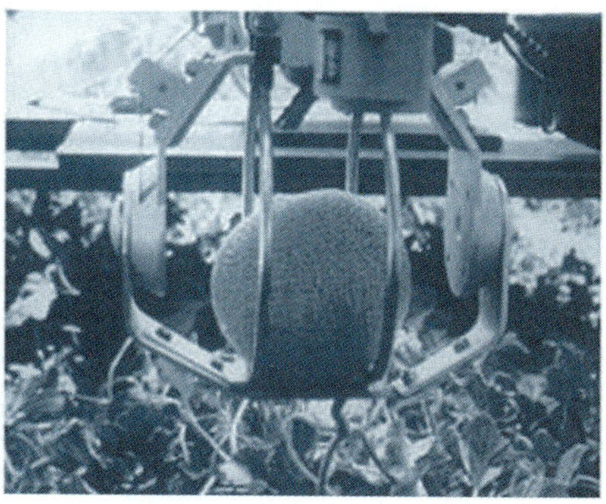

[그림 1-20] 멜론 수집 로봇

7) 군사용 로봇(Military Robot)

현재 주목 받고 있는 분야의 하나로써, 첨단 군사용 로봇 시스템이다. 1차 세계 대전 때에는 탱크와 비행기가 출현해서 전쟁의 개념을 새로이 했고, 2차 세계 대전 때에는 전쟁에 레이더와 핵폭탄 등이 첨단 과학 기술이 이용되었다. 이는 다가올 미래의 첨단 군사 시스템 분야에 최신 기술이 더욱 이용될 것이라고 한다.

국방분야는 지난 세기 로봇기술의 진보를 이끌던 주요 원동력이었다.

로봇은 초강대국 미국이 추구하는 21세기 군사패권의 핵심도구다.

미 육군은 지구 반대편의 분쟁지역에서 신속한 승리를 거두는 해법으로 새로운 개념의 로봇 전투부대를 구성하기로 했다.

로봇전투부대의 최대 장점은 육중한 탱크, 장갑차 등 수십 톤이 넘는 중장비가 애당초 없기 때문에 기동성이 뛰어나고 전투로봇은 덩치가 작기 때문에 수송기에 실려 세계 어디라도 투입될 수 있다. 전투로봇들은 육상과 공중으로 산개해서 반경 100km 이내 적의 움직임을 감지하고 무인로켓, 곡사포 등 다양한 첨단무기를 유도해서 적을 섬멸한다.

미 국방부는 로봇 기반의 전장환경을 '미래형 전투시스템(FCS)'이라 정의하고 있다. 미국의 FCS사업이 향후 전쟁의 양상을 근본적으로 바꿔놓는 가운데 중국과 러시아는 물론이고 미국의 우방국가들도 경계하는 모습이다.

(1) 한국의 국방로봇 개발 현황

군사로봇 개발의 중심인 국방과학연구소(ADD)는 6개의 바퀴나 다리로 각종 장애물을 넘나드는 '견마형(犬馬型) 로봇'을 개발해 정찰 · 지뢰탐지 등에 활용할 계획이다. 장갑차 형태의 '다목적 감시 로봇차량'과 '투척형 정찰로봇'도 개발된다. 경전투 로봇, 공중무인헬기 및 다목적 화력지원차량도 실용화될 예정이다. 삼성테크윈은 휴전선의 철책경계를 지원하는 용도로 4km 전방까지 감시하는 경계용 로봇을 선보여 세계적 관심을 끌기도 했다.

[그림 1-21] 무인 폭격기

[그림 1-22] 무인 정찰기

[그림 1-23] 휴전선 무인 경계로봇

8) 미디어 로봇

로봇도 전화 · 신문 · TV와 같은 정보채널(미디어)의 하나로 대접받는 시대가 왔다. 로봇이 힘든 육체노동을 대신하는 자동기계가 아니라 의사소통의 매개체로 사용하는 사례가 늘면서 미디어로봇이란 새로운 시장이 형성되고 있는 것이다. 미디어 시장에서 로봇 기술의 최대 장점은 단순히 정보를 전달하는 기능뿐 아니라 당사자의 인격까지 대변하는 매개체가 될 수 있다는 것이다. 로봇은 인류가 만든 최고급의 정보미디어로서 그 잠재력을 드러내기 시작했다.

미디어로봇은 통신산업과 로봇산업의 합작품이다. 로봇이 미디어 매체로서 성격을 분명히 드러낸 시기는 인터넷 혁명이 시작된 지난 90년대 이후다. 초기에는 인터넷망을 통해서 원격지의 로봇을 제어하는 수준이었지만 점차 로봇을 통해 양방향 의사소통을 하는 연구로 발전했다. 지난 몇 년 새 이동통신과 무선랜의 급격한 보급은 미디어 로봇의 실용화를 더욱 촉진하고 있다. 양방향 비디오 통신이 보편화되면서 로봇기술과 접목하는 시도는 더욱 늘어날 전망이다.

일본에서는 로봇이 라디오 · TV · PC · 휴대폰을 잇는 제5의 미디어 매체로 부상할 것이라는 전망까지 나오고 있다.

미디어로봇이 영상휴대폰, 와이브로, 양방향TV 등에 비해 특별한 장점은 없지만 미디어로봇은 여타 첨단 미디어 매체를 압도하는 고유한 장점을 갖고 있다. 미디어로서 로봇은 여타 통신매체와 달리 사용자의 인격을 대체하는 상징적 권위를 갖는다. 이는 인간을 모델로 만들어진 기계인 로봇만이 갖는 특성이다. 로봇을 자신의 분신으로 내세워 원격지의 상대방과 커뮤니케이션을 한다면 여타 통신매체(e메일 · 전화 · 영상채팅)보다 훨씬 설득력이 있고 심도있는 대화가 가능하다. 사람이란 모니터 속의 글자나 전화기 음성보다 자신을 응시하는 로봇의 존재감에 더욱 집중할 수밖에 없기 때문이다.

시스코는 RP-7의 로봇기술을 기반으로 새로운 형태의 원격 로봇회의 시스템을 연구하고 있다. 시스코의 혁명적인 영상회의장치란 결국 기동성을 갖춘 영상 미디어, 로봇의 형태로 나타날 것이다. 미디어로봇은 인간의 의사소통능력을 다른 차원으로 향상시키는 첨단매체로 각광받을 것이다.

■ 사례 미디어로봇의 현재와 미래

〈현재〉

미국 미시건주의 22개 종합병원에서는 로봇닥터 'RP-7'의 활약이 큰 화제를 모으고 있다. 로봇 전원을 켜면 RP-7의 상단부 모니터는 멀리 떨어진 장소에 있는 의사의 얼굴을 비춘다. 의사는 원격로봇을 통해서 다른 주의 병원에 입원한 환자와 자연스럽게 대화하고 처방을 내린다. 또 의사가 조이스틱을 움직이면 로봇은 병원 내 자유롭게 이동할 수도 있다. 즉, 원격제어로 조정되는 '바퀴달린 영상전화기'인 셈이다. RP-7의 진가는 환자들의 반응에서 극명히 나타난다. 로봇진료를 받는 환자들이 실제 의사선생님을 만난 것처럼 안정감을 느낀다는 점에서 조악한 영상진료와 차별화된다.

로봇닥터는 이동하면서 직접 환자와 눈을 맞추고 격려한다. 또 병실환경을 꼼꼼히 체크하고 간호사에게 직접 처방을 내린다. 심지어 로봇에 내장된 청진기를 통해서 환자의 신체상태를 점검하기도 한다.

미시간 종합병원의 환자와 스태프에게 병원복도를 홀로 돌아다니는 로봇은 이미 단순한 기계장치가 아니라 권위를 갖춘 의사의 분신이다.

의료업계는 로봇닥터를 통해서 촌각을 다투는 응급환자가 도착했으나 담당 전문의가 없을 때 원격진단으로 사망률을 낮추는 효과를 기대하고 있다. 의사들도 응급환자를 위해 상시 대기하는 부담을 경감할 수 있어 로봇닥터의 등장을 환영하고 있다. 의사와 환자를 연결하는 로봇기술의 확산은 의료 서비스 질을 높이고 과도한 의료비를 줄이는 데 큰 도움을 줄 것이다.

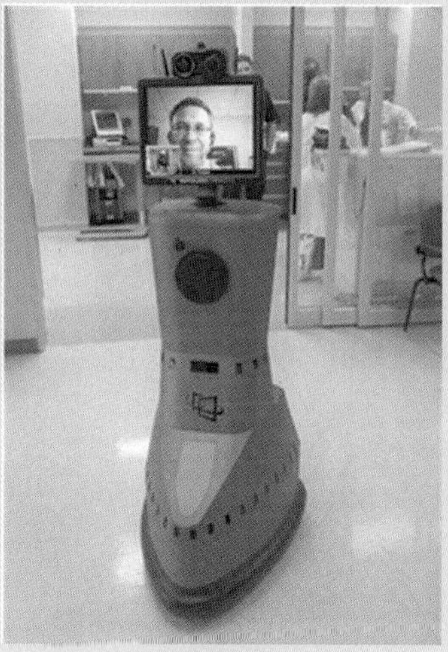

[그림 1-24] RP-7 로봇닥터

〈미래〉

한 초등학교. 어느 날 로봇이 책가방을 메고 교실문을 들어선다.

"오늘은 여러분에게 새로운 친구를 소개하겠어요. 김갑돌군입니다." 원격조종 로봇을 통한 대리등교를 허용하는 법안이 통과된 후, 교통사고로 휠체어를 탄 채 외부와 차단된 생활을 해온 김갑돌은 새로운 법안실험의 첫 대상이 됐다. 김갑돌은 자신의 분신처럼 움직이는 원격제어 로봇을 통해서 학교생활을 새로 시작한다.

아이들은 로봇에게 '히노키오'라는 별명을 붙여주고 학교 전체의 관심은 히노키오에게 쏠린다.

일본 영화 히노키오는 로봇기술이 의사소통의 도구로 사용될 때 궁극적 모델을 보여줘 화제를 모았다. 주인공 소년이 외부와 소통하는 방법은 오직 자신의 대리인 로봇을 통하는 것뿐이다. 소년은 로봇을 통해 단순히 수업내용을 전달받는 정도가 아니라 마치 교실에 있는 듯한 생생한 느낌을 공유한다. 본래 아픈 학생을 대신해 학교에 다니는 출석 로봇으로 개발된 히노키오는 주인공의 사회생활을 대신하는 분신으로 거뜬히 활동한다. 학교 친구들도 히노키오를 기계로봇이 아니라 친구의 인격체로 간주하며 지낸다.

로봇을 매개체로 한 어린이들의 우정을 감동적으로 그려낸 이 영화는 국내 흥행에 별로 성공하지 못했다. 하지만 미디어와 로봇기술의 통합이 가져올 파장을 잘 묘사했다는 점에서 주목할 가치가 있다. 실제로 일본 · 미국에서는 교육현장에서 출석을 대신하거나 전쟁터에서 위험한 취재를 대신하는 미디어로봇에 대한 연구가 활발하다.

[그림 1-25] 일본영화 "히노끼오"의 한장면

■ 인격 대변하는 매개체로 로봇을 선호

인류가 만든 온갖 미디어 매체를 '생생함'과 '양방향성'이라는 두 가지 측면에서 분류한다. TV · 영화는 생생함에서 책보다 훨씬 앞선다. 전화는 양방향성에서 신문, 이메일을 압도한다. 점점 미래는 생생함과 양방향성이 높아져 '가상 현실감(Telepresence)'을 느끼는데 유리하다. 사람들이 굳이 초대형 HDTV로 주문형 콘텐츠를 보는 데 큰 돈을 쓰는 이유는 현실에 더욱 가까운 미디어 매체를 선호하기 때문이다.

미디어 로봇은 자유롭게 이동하면서 주변 사람과 실시간 소통이 가능한데다 오프라인 환경에 직접 행동을 취할 수도 있다. 인간의 자연스런 의사소통능력을 모방하는데는 지금까지 나온 어떤 미디어 매체도 로봇을 따라가지 못한다. 로봇은 인류가 만들어낸 가장 완벽에 가까운 커뮤니케이션 도구가 될 가능성이 높다.

9) 보안 로봇

과학기술의 힘으로 범죄 없는 세상을 만들 수 있을까. 가능성은 미지수지만 요즘 치안 활동에서 무인로봇의 역할은 눈에 띄게 늘어나는 추세다. 24시간 쉬지 않고 경비구역을 순찰하는 보안로봇(Security Robot)은 도둑을 쫓는 수동적 경비를 능동적 경비로 전환시킬 차세대 무인경비 시스템의 주역으로 각광받고 있다. 올림픽 개막을 선언하는 스태디움. 성대한 개회식 행사가 진행되는 동안 수십대의 보안로봇들이 경기장 곳곳을 살피면서 테러징후를 체크하고 있다. 가파른 계단도 거뜬히 올라가는 이 '로봇공안'들은 수상한 조짐을 감지하면 즉각 영상을 전송하고 좁은 공간에 숨겨진 폭발물도 처리할 수 있다. 이 같은 꿈을 실현하기 위해 자체 제작한 보안로봇 3종(제품명 오프로, 모스로, 어센드로)이다. 특히 보안로봇 '오프로'는 이미 독일 월드컵 경기에도 투입되는 등 운영사례가 많이 있다.

[그림 1-26] 보안로봇"모스로, 에센드로"

보안로봇은 청소로봇에 이어 두번째로 열리는 지능형 로봇시장이다. 실제로 국내외 로봇업체들의 가정용 로봇제품을 살펴보면 방청소를 하거나 집을 지키는 보안기능을 채택한 사례가 대부분이다. 보안로봇이 상용화에 급물살을 타는 이유는 기존 무인경비시스템의 근본적인 취약점 때문이다. 건물 내에서 외부침입자를 감지하는 방범센서와 감시카메라가 한 곳에 고정돼 있어 감시가 어려운 사각지역이 존재한다. 로봇을 방범활동에 투입하면 실내외에서 자유로운 기동성을 갖기 때문에 전통적인 무인경비의 취약점을 단번에 해결할 수 있다. 건물 구석구석을 꼼꼼히 뒤지는 것도 가능하고 지하실에 내려가서 온수 파이프의 누수유무를 확인한다던지 건물 유리창이 깨졌는지 점검하는 식의 입체적 경비활동이 가능해지는 것이다.

언제 위험한 상황에 노출될지 모르는 경찰, 경비인력의 입장에서도 보안로봇의 확산은 환영할 일이다. 현장에서 범인과 직접 격투를 벌이는 대신 보안로봇이 전송한 영상정보를 바탕으로 예상 도주로를 차단하면서 추격하는 편이 훨씬 안전하기 때문이다. 우리나라는 잘 짜여진 IT인프라 때문에 방범활동을 위해 로봇기술을 적용하기에 적합한 조건을 갖춰 다양한 형태의 로봇기반 보안서비스가 준비 중이다.

■ 보안로봇, 무인경비시스템의 새로운 이름.

사람들은 흔히 보안로봇을 건물에 배치하면 알아서 방범활동을 수행할 것으로 기대한다. 하지만 로봇이 보안분야에서 혼자서 할 수 있는 일이란 극히 제한적이다. 상황 판단력이 미숙한 로봇에게 스스로 침입자를 식별하고 총기나 물리력을 사용할 권한을 주는 것은 미친 짓이다. 잘못하면 야근을 위해 밤늦게 회사로 들어가던 직원이 경비로봇에게 봉변을 당할 수 있다.

보안로봇은 우선 침입자가 들어오지 못하도록 경고하고 긴급상황을 재빨리 신고하는 '바퀴달린 보안센서'로 작동할 때 범죄예방에 가장 효과를 발휘한다. 보안로봇의 단계별 대응조치에는 반드시 인간의 주관적 판단이 요구된다. 보안로봇시장에서 가장 주목할 변수는 로봇자체의 성능보다 기존 무인경비업체들과 연계성이다.

무인경비업체들은 인건비부담을 낮추고 범죄위협에 능동적으로 대처하기 위해 기존 보안센서망에 로봇기술을 접목시키는데 박차를 가하기 시작했다. 경비인력과 보안로봇, 센서망을 하나로 연계된 유비쿼터스 보안체제가 등장하는 셈이다. 사회안전로봇은 여러 대의 로봇이 상호 위치정보를 공유하며 침입자의 예상도주로를 조직적으로 차단하는 집단로봇 제어기술을 구현한다. 또 일부 모델은 항만, 아파트 등 야외를 돌아다니는 순찰기능도 지원하게 된다. 보안로봇의 수요확산을 위해서는 제도적 걸림돌부터 치워야 한다는 주장도 나오고 있다. 기동성을 갖춘 보안로봇은 작동 중에 예기치 못한 사고를 일으킬 수 있어 별도 보험가입이 필수적이다. 무인로봇을 경비업무에 투입하는데 맞춰 경비용역법을 개정하는 등 제도적 보완책이 뒤따라야 한다.

보안로봇은 심각한 방범활동 외에 일상 속의 사소한 안전을 지키는데도 요긴하게 쓸 수 있다. ETRI가 선보인 보안로봇 '로미(ROMI)'는 가정내 모니터링 용도로 쉽게 쓸 수 있는 보급형 로봇의 전형을 보여주고 있다. 로미는 3세대 HSDPA모듈을 내장해 전국 어디서나 초당 10프레임 이상의 고화질 전송이 가능해 화상 휴대폰으로 집안을 모니터링하는 용도이다. SKT는 화상휴대폰의 사용을 촉진하기 위해 HSDPA기반의 보안로봇인 로미를 대당 100만원 이하에 판매하는 방안을 검토 중이다.

[그림 1-27] 보안로봇 '로미'

감시용 CCTV가 설치된 보안 사이트 중에서도 로봇의 기동성과 연계해 부가가치를 창출할 수 있는 분야이다. 실외 주행기능을 갖춘 보안로봇이 대중화되면 불법주차단속이나 학교의 후미진 구석에서 벌어지는 교내폭력을 감시하는 용도로 꽤 효율적이다.

10) 반도체 및 LCD 로봇

국내 IT산업에서 반도체, LCD의 비중은 절대적이다. 둘 다 명실공히 세계 1위 품목으로 IT강국 대한민국의 버팀목 역할을 하고 있다.

로봇은 반도체와 LCD생산라인을 24시간 멈추지 않고 돌리는 숨은 일꾼이다. 로봇팔의 속도와 정확성이 향상될수록 우리가 쓰는 전자제품의 가격은 떨어지게 된다. 거대한 반도체, 디스플레이 생산라인에서 반제품을 다음 공정으로 정확히 넘기는 과정에는 정교한 로봇장비의 도움이 필수적이다. 침대보다 넓은 유리판을 다루려면 진동이 극도로 억제된 로봇 팔을 정밀하게 움직이는 제어기술이 필요하다. 예민한 반도체 웨이퍼를 자유자재로 집어들어 검사하고 조립하는 로봇도 일반 산업용 로봇을 훨씬 능가하는 고정밀도와 신뢰성을 요구한다. 각 공정을 24시간 담당하는 로봇팔이 갑자기 고장나면 해당 반도체, LCD 생산라인은 생산을 멈추고 로봇가격을 몇십 배 능가하는 손해를 입게 된다. IT산업의 꽃인 반도체와 LCD를 다루는 로봇장비는 아무나 만들 수 없는 것이다.

[그림 1-28] 반도체, LCD생산라인 로봇

산업용 로봇의 주역은 본래 자동차 생산라인에 투입되는 용접로봇이다. 지난 80년대까지 산업용 로봇의 이미지란 거대한 제조공장에서 일사불란하게 자동차를 찍어내는 로봇팔이 전부였다. 그러나 로봇회사들은 폭발적으로 성장하는 IT산업에서 새로운 자동화수요를 발견했다.

무어의 법칙에 따라 해마다 더 정밀한 반도체를 더욱 싼 가격에 만들기 원하는 반도체 업체들이 로봇장비를 대거 주문했다. 다음은 디스플레이 시장의 왕좌를 노리는 LCD제조사들도 로봇업계의 신규 고객리스트에 올랐다. 반도체, LCD업계가 요구하는 로봇장비는 터프한 산업용 로봇과 달리 생선초밥을 만들 듯이 매우 섬세하고 특수한 기능이 요구됐다. 작업과정에서 불량률을 높이는 먼지를 일으키지 않는 클린로봇, 제품공정상 진공상태에서 작업을 하는 진공로봇 등이 필요했던 것. 이와 관련한 로봇시장은 당연히 반도체, LCD제조장비를 만들던 미국과 일본기업의 독무대가 됐다.

우리나라의 반도체, LCD 제조라인에 들어가는 각종 로봇장비도 야스카와, 산쿄, 브룩스오토메이션 등 외국계 업체들이 대부분 점유했다.

이 같은 상황은 90년대 말 삼성전자가 생산기술센터를 중심으로 반도체, LCD로봇 국산화에 착수하면서 조금씩 바뀌었다. 삼성전자의 로봇개발은 외부판매보다 자체 반도체, LCD 라인의 생산성 향상이 목적이었다. 덤으로 외산 장비를 도입할 때도 삼성이 개발한 국산로봇은 장비도입가를 낮추는데 유용한 협상카드로 활용됐다. 삼성의 로봇인력을 주축으로 2000년 산업용 로봇회사 아이램테크가 출범했고 TES, 로보스타, 다사테크, 사이멕스 등 여타 로봇업체들도 관련시장에 잇따라 뛰어들었다.

현대중공업도 차량용 로봇의 대체수요를 찾아 LCD로봇시장에 접근하고 있다. 삼성전자 외에도 하이닉스와 LPL 등 반도체, LCD업계 전체가 국산로봇의 등장으로 간접적인 원가절감 혜택을 누렸다.

모터와 감속기를 포함한 로봇의 핵심부품 대부분을 일본에 의존하는 상황에서 똑같은 표준로봇을 만들어서는 승산이 낮다. 반도체, LCD로봇은 높은 정밀도와 신뢰성이 요구되기 때문에 외산부품의 원가비중이 60% 이상이라고 추정한다.

진공로봇의 경우 국산품 개발은 활발하지만 아직 신뢰성 문제로 실제 생산라인에 적용된 사례는 극히 드물다. 국내 로봇업체들은 수요처의 요구대로 로봇을 개량해주는 커스터마이징 수요에 너욱 매달리고 있다. 로봇분야에서 한 · 일 간의 부품기술격차나 환율문제를 단기간에 극복할 묘안은 없다. 그렇다고 국내 로봇산업의 중요한 축인 반도체, LCD로봇의 어려움을 방치할 경우 외산로봇의 시장독점에 따라 관련산업에 악영향이 예상된다.

또 로봇업체는 장비업체와 컨소시엄을 통한 R&D사업을 확대해야 하고 여러 로봇업체들이 힘을 모아 공급자 파워를 높이는 것은 분명 바람직한 변화다.

산업용 로봇 중에서 반도체, LCD로봇시장을 잡아야 국내 로봇과 IT산업의 경쟁력이 강화된다. 2010년까지 세계 반도체, LCD로봇시장은 차량용 로봇 시장과 비슷해 진다. 이후에는 로봇시장의 주도권이 자동차에서 반도체, LCD분야로 역전이 된다.

로봇이 내장된 전체장비를 로봇 범주로 간주하는 시각이 필요하다며 일본은 SMD장비도 산업용 로봇통계에 포함시킨다. 반도체, LCD로봇의 경쟁력 강화를 위한 정부차원의 대책이 필요하고 산업용 로봇에 대한 투자를 서비스로봇과 동등한 수준으로 추진해야 한다.

11) 해양로봇

어둠에 묻힌 깊은 바다 속은 인간의 접근을 불허하는 극한 환경이다. 손톱만한 면적에도 자동차 무게의 엄청난 수압이 짓누른다. 얼음처럼 찬 수온에 전파·빛도 전혀 안닿는 암흑세상이다. 이런 심해 속으로 세계 각국이 자원개발의 손길을 뻗치고 있다. 그 첨병은 해양로봇이다.

요즘 자원난이 심화되면서 깊은 바닷속을 제 집처럼 드나들 수 있는 해양로봇의 경제적 가치가 부각되고 있다. 육지에서 값싸게 지하자원을 채취할 수 있을 때는 굳이 바다 밑 자원까지 기웃거릴 필요가 없었다. 하지만 육상과 근해의 석유자원이 점차 고갈되고 구리·니켈·코발트 등 전략금속의 가격이 천정부지로 뛰면서 상황이 바뀌고 있다. 바다 속 어디에 묻힌지도 불확실한 해저자원이지만 국가 미래를 위해 무조건 선점할 필요성이 생긴 것이다.

해저탐사기술은 본래 2차 세계대전 이후 미소 양국이 더 깊은 바닷속에 내려가는 군사경쟁을 벌이면서 급속히 발달했다.

70년대 후반 오일쇼크가 일어나자 군사용 해저탐사기술은 연근해의 해저유전을 개발하는 민수시장에 대거 동원됐다. 거대한 석유시추선의 탐사작업을 지원하는 상업용 해양로봇(무인잠수정)이 처음 등장한 시기도 이때였다.

무인잠수정은 사람이 타는 유인잠수정에 비해 행동반경이 좁고 작업속도가 더디지만 인명손실과 안전성 문제에서 자유로워 90년대 이후 해저탐사의 주역이 되고 있다.

무인잠수정은 해저자원탐사뿐만 아니라 침몰된 선박의 인양, 해저케이블 설치, 수중구조물의 보수 등에 이용된다.

무인잠수정은 크게 바다 위 선박에서 케이블을 통한 원격조정형 ROV(Remotely Operated Vehicle)와 케이블 없이 프로그램에 따라 이동하는 자율형 AUV(Autonomous Underwater Vehicle)로 나눠진다.

최근에는 기동성이 뛰어난 AUV와 장시간 해저작업에 유리한 ROV의 장점을 혼합한 복합형 무인잠수정도 등장하는 추세다.

드넓은 바다에서 석유가 나올 최적의 시추지점을 결정하려면 바닷속을 샅샅이 누비는 무인잠수정의 도움이 필수적이다. 석유탐사에 활용되는 수심 2500m급 무인잠수정은 대당 가격이 50억~60억원에 달한다. 이만한 성능의 무인잠수정을 하루 빌리는 임대료도

3000만원이 훌쩍 넘는다. 문제는 해저유전의 생산량이 눈에 띄게 줄면서 높은 생산비 부담에도 불구하고 더 깊숙한 해저까지 빨대(시추공)를 꽂아야 할 시점이 왔다는 것. 유가 급등 때문에 해적퇴적층을 이잡듯 뒤져 불타는 얼음으로 불리는 고체메탄(가스하이드레이트)를 찾는 수요도 늘고 있다. 또 구리 · 니켈 · 코발트 등 광물자원의 보고인 심해저의 망간단괴를 채취하기 위해 한차원 높은 해양로봇의 잠수성능이 요구된다.

이 때문에 세계 각국은 6000m급 심해까지 들어가는 차세대 무인잠수정 개발에 박차를 가하고 있다.

(1) 한국의 해양로봇 기술 수준

우리나라의 해양로봇 연구는 90년대 초반부터 본격화됐지만 짧은 역사에도 불구하고 선진국 수준에 근접하는 상황이다. 한국해양연구원은 미국 · 일본 · 프랑스에 이어 세계 4번째로 6000m 이상급 무인잠수정인 해미래를 개발했다.

이로써 한국은 태평양 심해저를 비롯해 전세계 바다의 95%를 탐사할 수 있는 능력을 확보했다. 해미래는 지난해 10월 동해의 울릉분지 해저 2050m에 동판 태극기를 설치했고 동해안의 가스 하이드 레이트 개발사업에 투입될 예정이다.

한국해양연구원은 ROV개념의 해미래 외에 자체 수중항법기능을 갖춘 AUV 2종을 함께 개발 중이다. 또한 4000~6000m 해저표면을 기동하며 망간단괴를 채취하는 심해작업 로봇 '자항형 채광시스템'을 만들고 오는 2015년 이후 관련기술을 상업화한다는 계획이다. 우리나라가 하와이 동남방의 심해저에 확보한 광구에는 연간 300만톤씩 100년간 채취할 수 있는 망간단괴가 쌓여있다. 해저환경을 보호하며 망간단괴만 집어 수면까지 올리는 채광시스템의 개발이 관건이다. 대우해양조선의 자회사인 DSME 유텍은 최근 항만 주변에 설치된 기뢰위치를 확인하고 자동으로 제거하는 AUV 시제품인 '옥포 300'을 개발해 군사용 심해장비의 국산화에 두각을 나타내고 있다.

(2) 해양로봇의 핵심기술

무인잠수정이 심해에서 작업을 하려며 엄청난 수압에도 찌그러지지 않는 내압설계와 물이 새지 않는 방수기능이 필수적이다. 무인잠수정은 보통 실린더 또는 원구형의 내압

설계가 사용되며 연결부에 물이 새지 않도록 오링으로 방수 처리한다.

해양로봇은 녹이 슬지 않도록 염분부식에 강한 특수 알루미늄 · 티타늄 · 세라믹 소재가 사용된다. 무인잠수정의 추진동력과 수중작업용 로봇팔은 주로 유압 또는 전기모터를 이용한다. 수중영상 취득은 주로 방수 하우징에 내장된 카메라가 사용되지만 부유물 때문에 시계가 좋지 않을 경우 3차원으로 물체를 인식하는 초음파 영상기술도 널리 적용된다.

이밖에 캄캄한 수중에서 무인잠수정의 정확한 위치를 파악하기 위한 음향탐지기(소나)와 가속도 센서를 혼합한 수중항법 기술도 발전하고 있다. 빛과 전파가 닿지 않는 심해저의 특성 때문에 유일한 통신수단인 음향을 이용한 통신기술도 개선이 필요하다. 수중음파를 이용한 데이터 전달속도는 현재 수심 1000m에서 최대 10Kbps에 불과하지만 다양한 압축기술을 이용해 조금씩 속도를 늘려가고 있다.

한국의 해양로봇기술로 심해 무인잠수정의 방수설계나 지능형 항법기술을 구현하는데 큰 어려움은 없다. 이제는 단품의 해양로봇기술을 넘어 각 해저자원을 개발하는 총체적 시스템을 국산화할 때라는 지적도 있다.

석유시추선은 대당 가격이 최고 1조원, 국내 조선업계도 엄두를 못내는 고부가가치 선박이다. 한국이 심해 망간단괴나 가스하이드레이트를 개발하는 전체 로봇시스템을 먼저 개발한다면 천문학적인 수익을 올리게 될 것이다.

국내 유일의 해양로봇 전문업체 DSME 유텍은 우리나라의 심해로봇기술도 여타 해양강국에 크게 뒤지지 않는다. 비록 해양로봇의 역사는 짧지만 조선과 IT분야의 탄탄한 경쟁력을 바탕으로 세계적 기술수준에 근접하고 있다.

해저자원을 개발하는데 국내 민간기업들의 적극적 투자가 아쉽다. 요즘 국내 조선산업이 최고의 호황을 누리듯이 바닷 속의 무한한 자원을 개발하는 사업도 전망이 좋다. 해양로봇시장은 진짜 블루오션이다. 정부과제로 개발한 무인 잠수정 '옥포 300'에 많은 기대가 있다. 이것은 미국 · 노르웨이 등 몇몇 해양강국만이 보유한 인텔리전트 수중항법기능을 구현해 다양한 산업계 응용이 가능하다.

제2장

지능형 로봇의 구조 및 특징

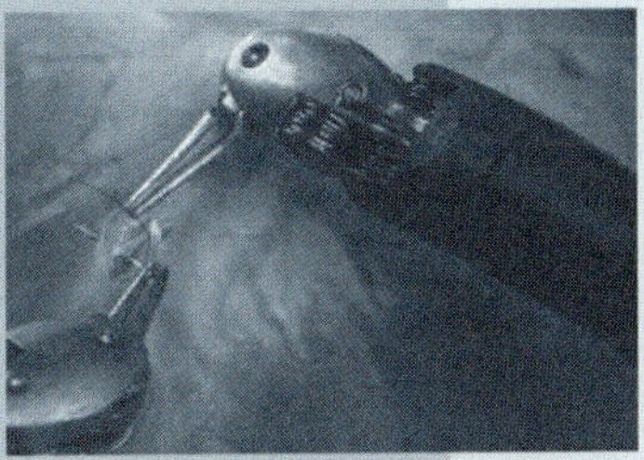

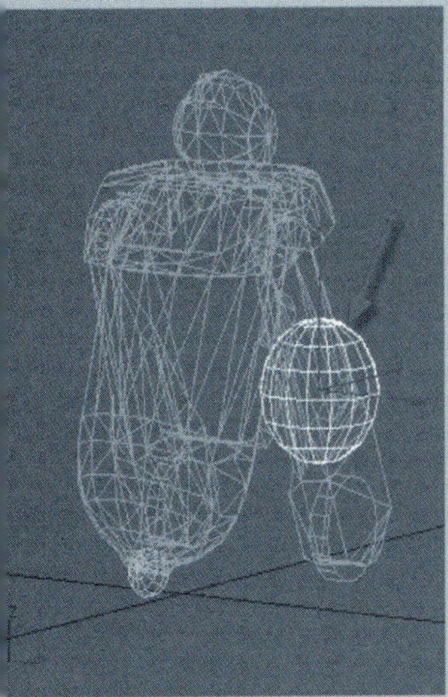

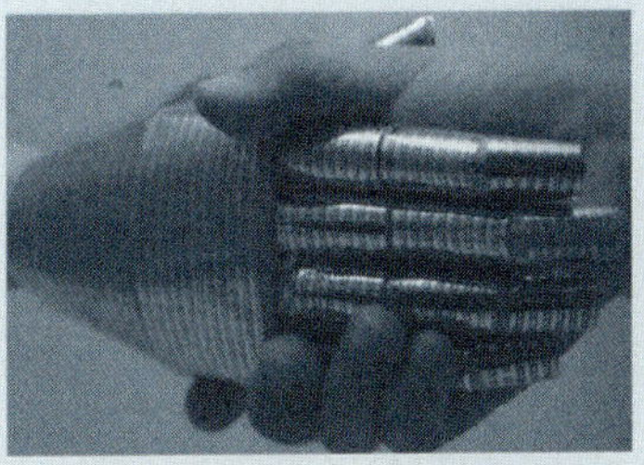

2-1 지능형 로봇의 구조

목적이 정확하게 주어지면 그것을 달성하기 위하여 필요로 하는 작업, 조작 및 그 실행 순서를 자체의 정보에 따라 도출하고, 그것에 따라서 작업을 하여 목적을 달성하는 로봇.

위와 같은 정의가 지능형 로봇의 가장 기본적인 행동에 대한 정의로 해석을 할 수 있으며, 지능형 로봇(Intelligent Robot)에 대한 기술적인 행동에 대한 정의는 "지능로봇이란 시각, 청각, 촉각, 후각, 미각 등 오감 센서를 장착한 로봇을 의미한다. 여기서 지능이란 AI(Artificial Intelligence)와는 다른 것이다. 예를 들면, 비전(vision)센서가 장착되어 있는 지능로봇은 센서를 통해 물체를 확인하고 따라 가거나 피할 수 있다. 마찬가지로 후각센서가 장착되어 있는 지능로봇은 향을 맡고 따라 갈 수 있다. 즉, 센서와 센서를 이용할 수 있는 소프트웨어의 결합적 의미라고 하겠다. 따라서 지능로봇은 짜인 프로그램대로 움직이는 것이 아니라 로봇 스스로 행동을 한다는 의미로 정의를 내릴 수 있으며, 다음 표는 지능형 로봇의 기술을 인간의 오감과 행동에 대하여 분류한 것이다.

〈표 2-1〉 지능형 로봇의 구조에 따른 분류

인간의 행동에 따른 분류	지능형 로봇 기술에 따른 분류
운 동	이 동 Manipulation Haptic Device
감 각	촉 감 시 각 음 성 후 각
제 어	학습 및 인지 자율 제어 기반 기술
기 타	동력/전원

2-1-1 운 동

1) 이동성(Mobility)

로봇이 가정이나 실내에 적용되어 다양한 서비스 작업을 수행하기 위해서는 우수한 주행 성능이 요구된다. 특히 가정은 구조적으로 복잡하고 장애물이 산재해 있으며 장애물이 이동하는 환경으로, 이러한 지역에서 로봇이 자율주행을 하기 위해서는 전 방향 주행이 가능한 이동 메커니즘 구조를 가진 로봇이 존재를 하며, 문턱이나 계단의 오르내림을 위해서는 크로라식, 특수차륜식, 보행식 등 방식이 요구된다.

2) 계단이동

건물같이 계단이 많은 환경을 극복하기 위해서 계단의 한계를 극복하는 기능을 갖는 것이 필요하다. 현 개발 현황으로는 탱크형태의 크로라식이 가장 일반적으로 사용되고 있고, 평지주행성이 우수한 특수 차륜 식에 대한 개발이 추진 중에 있다.

[그림 2-1] 크로라식 구동 형식

[그림 2-2] 특수한 차륜식 계단 승월 로봇

3) 2족 보행

인간 걸음을 100% 흉내 낼 수 있는 2족 보행은 평면, 계단 모두에서 사용이 가능하다. 더 좋은 것이 인간이 사는 환경의 대부분에서 적응이 가능해 질 것이지만 어려운 기술적인 문제가 많이 있다.

사용할 수 있는 고 출력 모터, 고 배율 소형 감속기를 가지고 있어야 하는 기술적인 문제가 존재한다. 이러한 문제를 해결하기 위해 기초적인 2족 보행 로봇의 개발을 시작으로 현재는 보행 속도 6Km의 정도의 2족 보행 로봇이 등장하였으며 머지않아 사람과 거의 유사한 로봇이 개발이 될 것이다.

[그림 2-3] 2족 보행 로봇

2-1-2 조 작

로봇의 조작(Manipulation)에 대한 기술 개발은 로봇에서 가장 중요한 부분으로 로봇 구동에 있어서 중요한 역할을 한다. 아래는 조작(Manipulation)에 대한 현재기술 개발 현황 및 기술개발 과제에 대하여 설명하여 본다.

1) 모듈화

로봇의 모듈은 팔(ARM)을 링크와 관절모듈 로 나누어 주어진 작업에 적합형태로 쉽게 조립될 수 있는 시스템을 의미한다. 제조하는 입장에서도 모듈만 제조하면 되므로 쉬워지고, 작업에 따른 변신이 가능하고 또 하나의 축이 잘못되면 그것만 바꾸어 주면 되는 장점을 가지는 반면 아직 가격적인 면에서 불리하다는 단점이 있다. 이러한 단점을 보완하기 위해 많은 연구 · 개발이 진행이 되고 있다. 우선 적응(Orientating) 부를 하나의 모듈화 하며, 위치(Positioning) 부를 1축과 2/3축의 2 모듈로 개발하여 저렴한 모듈로 개발하는 것을 목표로 한다.

2) 경량화

경량화는 인간환경에서의 적응력을 높이는 데 매우 중요한 기술이다. 팔이 경량화 되고 또 슬림화 되면 이들을 이동시키는 이동로봇에게는 부하기 작아지므로 에너지 문제, 하중문제 등을 해결해주는 매우 중요하다.

3) 스마트 팔

로봇의 팔(ARM)에 다양한 센서들이 결합되어 있어 보다 지능적으로 작업을 할 수 있도록 만들어진 팔(ARM)을 총칭하여 스마트 팔(Smart ARM)이라고 정의할 수 있다. 피부 센서들이 있어 로봇의 외부와의 접촉여부를 알 수 있으며, 또 더 나아가 장애물과 얼마나 떨어져 있는지 또한 알 수 있게 될 것 이다. 그리고 동작(Actuation)에서 개선도 많이 이루어져 거의 인간의 동작과 유사한 모습을 보이고 크기도 사람과 팔과 비슷하게 된다.

2-1-3 촉각 디바이스

햅틱 인터페이스의 넓은 의미로는 가상환경과 촉각적 상호작용을 하는 시스템 전체를 일컫기도 하지만 좁은 영역의 의미로 사람에게 촉감을 전달하기 위한 물리적 장치(device)를 말하며, 통상적으로 촉각 디바이스(Haptic device; 햅틱 디바이스)라고 부르기도 한다. 원격지에서 로봇을 제어 하는 방법으로 촉각 인터페이스를 이용하여 제어를 하게 되며, 주로 정밀도를 요구하는 작업에서 주로 사용된다.

[그림 2-4] 손의 촉각 디바이스

2-1-4 감 각

1) 소형 힘(Force)/토크센싱(Torque Sensing) 시스템

로봇의 팔과 관절에는 상호 작용하는 힘과 관련한 것으로 로봇이 접촉하는 대상물체에 대해서 사람이 가지고 있는 근 감각과 같은 감으로 인식하게 하고, 이 같이 인식된 감을 이용하여 사람의 근 감각과 같은 감으로 적절하게 반응을 할 수 있어야 하며, 주변 환경 및 대상물체와 접촉할 때 로봇에게 인간과 유사하게 인식하고 동작하게 하는 기능을 부여하여 로봇을 이용하거나 상대하는 사람들에게 좀 더 친근감을 느끼게 할 수 있어야 한다.

이를 위해서는 아래와 같은 세부 기술이 필요로 하다.

- 힘 · 토크 센싱 및 재생 기술
- 대상물을 잡고 있는 압력 감지 기술
- 대상물의 미끄럼 정도를 느끼게 해주는 전단력 감지 기술

2) 인공피부센서 시스템

로봇이 상호작용을 하고 있는 물체 또는 주변 환경과의 접촉유무뿐만 아니라 접촉력, 접촉 부위에서의 미끄러지는 정보, 접촉 부위의 표면 조도, 접촉 부위의 물성등의 복합적인 힘의 성분을 분해 또는 합성할 수 있는 기능을 부여하여 로봇의 안정성 향상과 보다 인간 친화적인 수단을 제공하여야 한다.

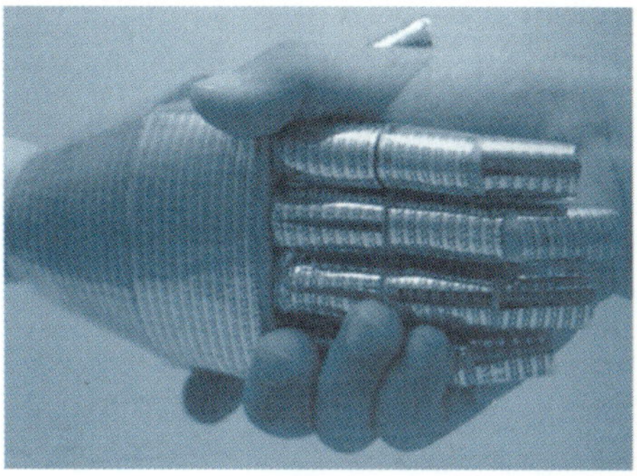

[그림 2-5] 인공피부 손그림

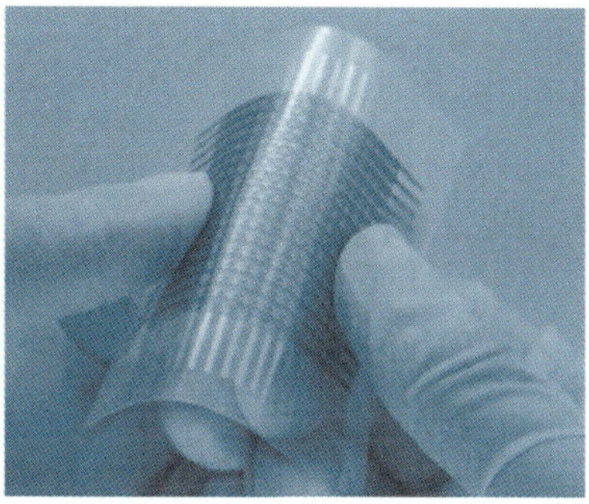

[그림 2-6] 인공피부 센서

이를 위해서는 아래와 같은 세부 기술이 필요로 하다.

- 마이크로 이레이 고분자 힘 센서 기술
- 전 방향 힘 고성능 감지 및 실시간 신호처리 기술
- 착용 가능한(Wearable) 고분자 감압 천(sheet) 기술

2-1-5 시 각

1) 실시간 스테레오 시각 시스템

로봇이 물체 또는 주변 환경에 대한 영상정보를 실시간으로 획득하여 작업환경에 대한 정보를 보다 정확하게 판단할 수 있는 수단을 제공하는 시스템이다.

이를 위해서는 아래와 같은 세부 기술이 필요하다.

- 소형 양안식 또는 다안식 입체카메라 시스템
- 입체카메라의 줌, 초점 주시각 및 자동감지 기술
- 입체영상시노 무선화를 위한 부호화/복원 기술

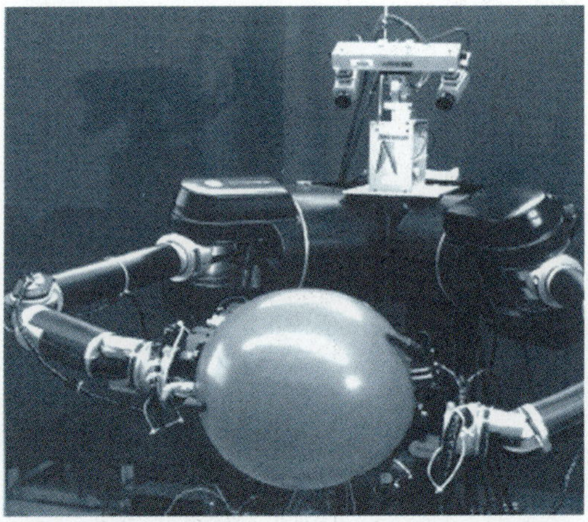

[그림 2-7] 실시간 스테레오 로봇

2) 스마트 스테레오 시각 시스템

인간의 시각과 유사한 기능을 로봇에게 부여하기 위한 것으로 로봇이 주변 환경 및 대상 물체 사이의 3차원 정보를 측정하여 측정된 정보를 이용하여 주변 환경 및 대상 물체를 검출 · 인식 · 재상 · 추적하는 기술이며, 주변 환경 및 대상 물체의 3차원 형상을 사람과 같이 실시간으로 인식할 수 있게 하여, 로봇이 스스로 판단하여 주어진 임무를 수행할 수 있는 기능을 제공하여야 한다.

이를 위해서는 아래와 같은 세부 기술이 필요로 하다.

- 물체간 삼차원 형상정보 실시간 획득기술
- 입체영상정보를 이용한 형상인식 및 추적기술
- 3차원 형상 복원 및 학습 기술

3) 열화상 인식시스템

화재현상 또는 심야에 주변의 열 분포를 인식하여 열 함유 물체를 인식하고 위치를 추적하는 기술을 말한다.

이를 위해서는 아래와 같은 세부 기술이 필요로 하다.

- 소형 · 경량 · 고분해능의 적외선 카메라 시스템 기술
- 적외선을 이용한 물체 감지기술

[그림 2-8] 열화상 카메라

2-1-6 음 성

1) 음성명령언어 인식기술

로봇이 명령어(Keyword)만을 인식하거나, 명령어 전후에 임의의 음성이 발성되어도 명령어만을 추출하여 인식하거나, 또는 정형화된 문장 형태로 발음된 음성을 인식하여 명령을 수행하는 기술을 말한다.

이를 위해서는 아래와 같은 세부 기술이 필요로 하다.

- 고립음성 인식기술
- 연속음성 인식기술

- 음성명령 (Keyword) 차례

2) 감정대화 인식기술

로봇시스템에 효과적으로 적용하기 위하여 로봇에 응용되는 영역을 제한하여 기술을 개발하고, 이를 토대로 응용 영역을 확대하고 영역을 전환하는 기술을 말한다.

이를 위해서는 아래와 같은 세부 기술이 필요로 하다.

- 응용영역 제한 감정이해 대화인식기술
- 감정이해 · 구현 인식 · 합성 기술

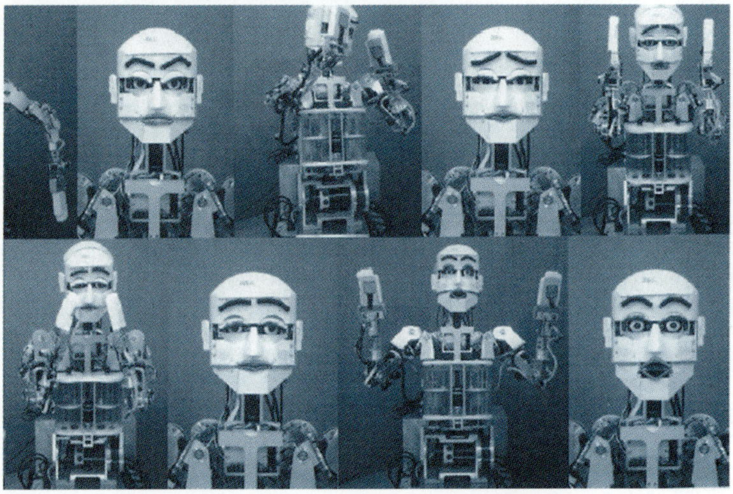

[그림 2-9] 음성인식에 따른 표정변화

2-1-7 후 각

로봇이 활용되는 곳에서 유해가스 누출 등과 같은 생화화적 이상상태를 감지하고 위험사항을 인식하는 기술을 말한다.

이를 위해서는 아래와 같은 세부 기술이 필요로 하다.

- 가스 센서의 소형화 기술

- 다종 복합가스 인식용 센서 기술

2-1-8 제 어

1) 학습 및 인지

로봇에게 여러 번의 교육을 통해 물체나 행동을 학습시키며, 자율적 학습을 통하여 스스로 대상 체를 인식하고 학습을 강화해 나가는 기술을 말한다. 학습에 이용되는 도구로는 비전(Vision), 센서(Sonar), 인코더(Encoder) 등으로부터의 정보를 종합하여 집안 등의 외부환경을 3차원으로 인식 표시하여야 하며, 사람의 표정 등을 인식하여 그에 대한 로봇의 반응을 표현을 하여야 한다.

2) 자율제어

로봇이 영상정보나 음성명령의 지시를 받고 외부 환경으로부터 이동계획을 세우고 장애물을 회피하여 이동하는 경우 문턱 등 집안 장애물에 의한 미끄러짐 등이 있어도 자기의 절대 위치를 인식할 수 있어야 하며, 로봇의 팔과 손을 가지고 작업을 하기위해 여러 자유 도중 어느 것을 이용할 지 최적화된 계획을 세워 제어를 하여야 한다.

2-1-9 기 타

인간이 존재하기 위해서는 의 · 식 · 주를 해결하는데 존재의 이유가 있다. 로봇 또한 식에 대한 문제를 해결해야 하며, 이에 대한 방안이 배터리기술 개발이다. 배터리는 로봇에서 가장 중요한 기술로 어떠한 기능 보다 초기에 배터리에 대한 설계가 이루어 져야 한다. 우선 배터리인 경우에는 자동 충전 기능이 기본적으로 포함이 되어야 하며 이 기능을 구현하기 위해서는 위에 열거된 모든 기술이 바탕이 되어 비로소 자동충전에 대한 기능을 구현함으로써 지능형 로봇이 탄생이 될 수 있다.

2-2 지능형 로봇의 종류 및 특징

21세기의 인간중심사회에서, 돌파형 기술혁명결과를 융합한 새로운 시스템으로서 개인의 삶을 혁신적으로 변화시킬 도구는 인간과 같이 생활하며 인간의 기능을 대신하거나 오히려 인간기능을 능가하여 인간에게 새로운 삶을 누릴 수 있도록 하는 지능형 로봇시스템이라 할 수 있다.

인간기능을 갖는 지능형 로봇이란 인간과 상호작용하면서 현실공간을 공유하고 인간의 기능을 대신할 수 있는 여러 형태의 로봇시스템으로서 인공지능기술, 뇌공학기술, 초소형 기계전자기술, 생체공학기술(BT) 및 나노기술(NT) 등 혁신적인 신기술을 접목한 다양한 로봇이 있다. 본 장에서는 이러한 로봇에 대한 구성에 대하여 알아본다.

1) 공공안내 도우미 로봇

공공 안내 도우미 로봇은 음성인식 가능 어휘수 및 영상인식 기술을 기반으로 방문객과의 다양한 상호작용을 통해, 실제 사람이 수행하는 안내와 유사한 서비스를 제공하여 방문객의 호기심과 관심을 유도하여야 한다. 예를 들어, "화장실이 어디입니까" 라고 관람객이 물으면 팔의 자유도 및 UI(User Display)를 이용하여 화장실의 방향을 알려 주는 안내 도우미와 똑 같은 역할을 수행할 수 있다. 또한 관람객에게 실질적인 서비스를 제공

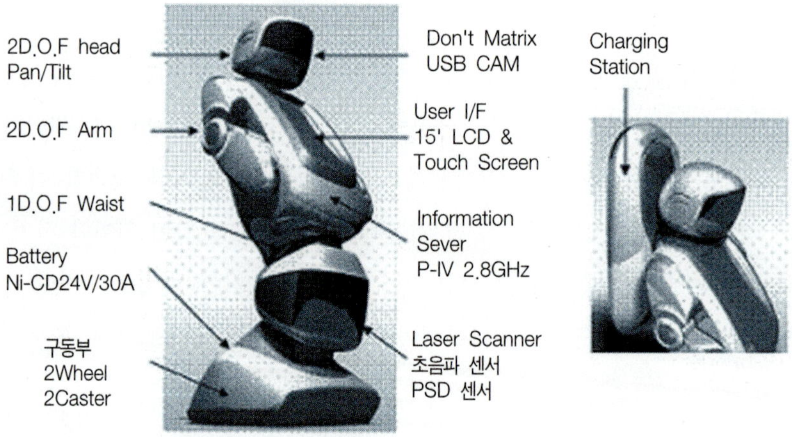

[그림 2-10] 공공안내 도우미 로봇

하게 되는 여러 가지 서비스 및 안내 콘텐츠, 인식 서비스, 센서 네트워크를 통한 환경인식 등은 독립된 서버를 통해서 수행을 기본으로 하며, 이러한 동작을 하기 위해서는 기존이 독립적인 로봇과의 구조는 동일하나, 관람객에 대한 안내 및 의사 표현을 하기 위한 UI 및 사람의 팔과 같은 자유도가 필요하다.

(1) 시스템 구성

본 시스템의 구성은 정부에서 추진 중인 공공 도우미 로봇에 대한 시스템 구성으로 사용자들에게 호기심을 불러일으키기 위한 디자인과 안내를 위한 유저 인터페이스(User Interface)로 구성이 되어 있다.

① 4 D.O.F 팔 : 사용자의 안내를 보다 효율적으로 안내하기 위한 2 자유도의 팔을 장착하고 있다.

② 2 D.O.F Pan/경사(Tilting) : 팔 이외의 보다 많은 동작 구현을 위한 Panning 및 Tilting구조로 설계되어 있다.

③ 1 D.O.F 웨스트 : 보다 로봇의 유연성을 높여 사용자에 대한 안내를 효율적으로 대응하기 위한 허리 부분의 자유도 설계

④ 2 바퀴(Wheel) & 2 캐스터 : 자유로운 주행과 안정된 주행을 위한 2 바퀴(Wheel) & 2 다리바퀴(Caster) 설계.

⑤ USB Camera : 원격모니터링 및 감시, 제어를 위한 카메라 장착

⑥ 15" LCD & 터치스크린 : 로봇의 감정을 표현하고, 필요에 따라 고객들에게 필요한 전달사항을 공지해 줄 수 있도록 하였으며, 마이크 및 스피커를 통한 음성인식이나 합성을 통해서 사용자와의 상호작용이 가능하도록 설계

⑦ 레이저 센서 : 지능 주행을 하기 위한 환경인식용 메인 센서

⑧ 초음파 및 PSD 센서 : 전방 및 후방의 물체를 감지하거나, 낭떠러지를 감지하기 위한 센서 설계

⑨ 결합부분 (Docking station) : 자율 주행 중 배터리를 충전하기 위한 충전대설계

이상이 공공안내 도우미 로봇에 대한 구조를 간략히 설명한 것이며, 세부 로봇구조는 일반적인 지능형 로봇 구조와 동일한 구조를 가지고 있다.

(2) 주요 서비스

지능형 로봇은 로봇의 기본 3원칙에 편리함, 안정한, 즐거움의 3요소를 추가함으로써 인간과 공존하며, 인간에 대한 삶의 질의 향상 시킬 수 가 있다. 공공안내 도우미의 로봇의 주목적은 특정 공간에서 사용자에 대한 서비스를 주목적으로 하는 로봇이므로 다음과 같은 서비스에 대한 기본 기능을 포함하고 있다.

2) 청소로봇

조립이나 동장, 용접 등 단순 반복 작업이나 위험한 산업현장에 주로 쓰이던 로봇이 가정으로 몰려오고 있다. 최근 국내외에서 생산된 다양한 제품이 웰빙 바람을 타고 시장에 나오면서 청소용 로봇이 인기를 끌고 있다. 최근 가정용 서비스 로봇으로 청소용 로봇의 개발이 활성화되면서 로봇의 생활화가 성큼 다가서고 있다. 청소용 로봇이 인기를 끌 수밖에 없는 이유는 인건비의 절감과 편의성이 있다. 최첨단 진공청소기들이 수 없이 나오지만 아직은 사람의 손에 의존하고 빗자루나 걸레를 이용하며, 진공청소기를 들고 청소작업에 나서야 한다. 청소로봇은 이런 한 불만을 한꺼번에 없애줄 수 있다.

2000년대 초반 청소로봇의 가전시장 진입이 없었다면 요즘과 같은 로봇 붐은 애당초 기대하기도 힘들었을 것이다. 서비스 로봇의 대표주자인 청소로봇은 크게 고급형과 보급형의 두 가지로 나눌 수 있다. 보급형 청소로봇시장에서 한국의 후발기업들이 기능면에서 차별화된 고급형 제품으로 '로봇 한류'를 만들어 가고 있다.

국내 가전사와 로봇회사들은 외산 청소로봇의 등장을 중대한 도전으로 받아들였다. 미래 로봇시장을 선점하기 위한 국산 청소로봇의 개발경쟁이 불붙고 정부의 로봇지원정책이 뒤따랐다.

덕분에 한국은 청소로봇 시장에서 선도적인 위치에 올랐다. 미국, 캐나다에 이어서 한국은 세계 3위의 청소로봇시장이다. 소비자들이 청소로봇에 대한 관심이 높고 업체 간의 경쟁도 뜨겁다. LG전자와 삼성전자는 트릴로바이트를 벤치마킹해서 자율 항법기능을 갖춘 고가의 청소로봇개발에 집중했다. 한국형 청소로봇은 차별화된 고급취향의 디자인과 성능을 추구하게 된 것이었다.

[그림 2-11] 아이클레보(유진로봇)

[그림 2-12] 룸바(아이로봇)

지난 수년간 로봇 붐을 타고 많은 기업들이 특화된 기능의 청소로봇을 개발한 결과 고급형 시장의 주도권은 유럽에서 한국기업으로 넘어왔다. 가전제품의 제조역량, 로봇에 대한 유별난 관심, 로봇기동에 유리한 아파트식 거주환경 등은 한국이 아시아의 로봇청소 강국으로 성장하는데 유리한 토양이다.

국내 로봇업체들은 올들어 한 차원 높은 청소기능을 구현하는 신형 로봇제품 으로 바닥재의 얼룩을 쉽게 지우고 살균소독까지 하는 스팀청소로봇을 시판하고 있다.특히 최근 개발한 로봇은 정해진 방만 골라서 청소를 하는 신형 청소로봇을 출시하고 청소로봇의 위치인식에서도 획기적 발전이 되고 있다.

미국의 에볼루션 로보틱스(Evolution Robotics)는 자체 개발한 초저가 위치인식센서를 이용해 현존하는 최고의 청소로봇을 개발하고 있다.

청소로봇의 위치인식 문제를 로봇의 방향전환을 알려주는 자이로(Gyro)센서와 복잡한 매핑 알고리듬을 통해서 벽을 따라 한 바퀴 돌면서 방안구조를 대충 파악한 다음 구역별로 먼지를 빨아들인다. 덕분에 쓸데없이 중복되는 청소구역이나 먼지가 남는 사각지역(Dead Space)이 크게 줄었다.

앞으로 청소로봇시장은 내비게이션과 스팀 등 고기능 제품들이 한판 승부를 벌일 것으로 예상된다. 여기에 청소로봇 가격도 보급형 제품수준으로 내려가고 청소로봇의 수요는 폭발적인 제 2의 성장기에 접어든다. 세계 청소기 시장은 연간 5000만대이상이다. 청소로봇의 비중은 현재 2%에서 2010년대 중반까지 10%를 넘어설 것으로 기대된다. 고령화 사회가 도래함에 따라 체력이 부족한 고령자의 가사노동을 대신할 청소로봇의 수요처는 계속 늘어날 것이다.

3) 극한 작업 로봇

사람이 다가갈 수 없는 혹독한 환경에서 사람과 같은 고도의 작업을 하는 로봇을 극한 작업 로봇이라 한다. 극한 작업 로봇의 활동하는 주요 작업분야에는 원자력 시설, 심해 등이다. 이러한 특수 환경에서 인간을 대신하여 작업하는 로봇 중 하나며, 최근에는 극한 작업 로봇 중 특히 부각되는 로봇은 지진 등으로 무너진 건물 잔해 속으로 들어가 생존자를 탐색하는 인명 구조용 로봇의 개발이 진행 중에 있다. 극한 작업로봇의 경우에는 자율주행기술, 환경 인식기술, 자기위치인식기술, 실시간 통신기술, 정밀센서기술 및 고성능 배터리 기술 등이 복합적으로 적용된 로봇이다.

[그림 2-13] 생존자 탐색(MOIRA)

[그림 2-14] 생존자 탐색(SORYU)

4) URC 로봇

현재 미국과 일본 등에서는 하루같이 새로운 기술과 시도로 우리를 깜짝 놀라게 하는 로봇 기술을 선보이고 있다. 감정을 갖는 코그로봇 두 다리로 춤을 추고 점프까지 하는 소니의 규리오, 로봇 네비케이션 기능을 갖춘 청소로봇까지 다양한 형태로 우리에게 한발 한발 다가오고 있다. 향후 10년 이내에 가정에서 한 대의 로봇을 쓰는 본격적인 로봇 시대가 열릴 것이라고 예측을 하며, 이 로봇에는 지금의 컴퓨터가 음성인식 기능과 이동 기능을 갖추어 집을 돌아다니며 경비 정보서비스 가전제품제어 간단한 심부름 친구 역할

등을 해주는 고지능 심부름 지능형 로봇이 될 수 있다.

(1) URC(Ubiquitous Robotics Companion) 정의

지능형 서비스 로봇은 인간과 상호작용을 통하여 인간의 명령 및 감정을 이해하고 반응하며 정보통신기술을 바탕으로 인간에게 다양한 서비스를 제공하며, 외부환경인식 정보의 획득, 지능적 판단, 자율적인 행동 등의 인공지능기술을 이용하여 인간을 지원하는 기술을 바탕으로 인간과 서로 상호작용하면서 가사 지원 교육 엔터테인먼트, IT 등 다양한 형태의 서비스를 제공하는 인간 지향적인 로봇으로 정의할 수 있으며, "언제 어디서나 나에게 필요한 서비스를 제공하는 로봇"의 개념으로 정의한다. 또한 네트워크 정보 콘텐츠 로봇은 URC의 기본 개념에 보다 많은 콘텐츠를 네트워크를 이용하여 사용자에게 제공하는 로봇이다.

(2) URC 로봇의 특징

URC로봇은 기존 산업 로봇과는 다르며 주로 인간과 인터페이스하는 서비스분야에서 사용되는 서비스 로봇 용도이기에 다음과 같이 기본 로봇과는 다른 몇 가지 특징을 지니고 있이야 한다.

- 가장 중요한 것은 URC 로봇이 유선 혹은 무선통신을 통해 각종 외부 디지털 디바이스와 상호 연동할 수 있어야하고 유무선 통하여 환경인식이나 음성 인식 등과 같이 로봇이 수행해야 할 기능을 외부 디바이스에 분담시킴으로써 로봇의 하드웨어 구성을 단순화시켜 제작 원가를 절감하고 날씨나 교통 정보와 같이 로봇 단독으로는 획득할 수 없는 정보 등을 이용하여 보다 다양한 서비스를 할 수 있는 것이다.
- 산업용 로봇이 일반인의 접근이 통제된 고정된 환경에서 미리 순서가 정해진 일을 반복 수행하는 것과는 달리 서비스 로봇은 보고 듣고 말 할 수 있으며 주행 혹은 보행 기능을 가지고 일반인과 상호작용할 수 있는 최소한의 지능을 보유해야 한다.
- 일반 대중을 대상으로 하기에 값싸게 제작하여 널리 보급될 수 있어야하며 차후 홈네트워크 등 신기술와의 통합도 용이하게 이루어져야 한다.

(3) URC 로봇의 구성

- 네트워크와 접목한 URC 로봇은 크게 하드웨어 부문과 소프트웨어 부문으로 나눌수 있다.
- 일반적으로 지능을 지닌 로봇은 크게 3가지의 기술로 분류할 수가 있으며 이는 각각 지각(sensing), 처리(processing), 행동(acting)으로 정의될 수 있다.
- 지각은 주위의 환경을 감지하여 처리부에 알려주는 기술이며, 처리기술은 이러한 지각을 이용하여 행동을 결정하는 것이고 행동은 결정된 행동을 이용하여 일련의 정해진 행동을 하는 기술이다.
- 이렇게 나누어진 3가지의 분류는 URC 로봇에 있어서는 처리부분을 네트워크 서버에 분담하여 둠으로써 나머지 두 처리부의 효율을 높일 수 있는 장점이 있다.
- 따라서 URC로봇을 서버와 연계된 클라이언트로 봤을 때 구동부분과 센서 부분이 바로 핵심적인 기술이라고 할 수 있으며 아울러 유무선 네트워크를 통해 통신을 하므로 처리 프로세서를 맞는 서버와 인터페이스가 되는 네트워크 기술과 독립적인 작동을 할 때 핵심적인 요소 중 하나인 배터리 등 중요한 부품 기술이 된다.

(4) 네트워크 기반 로봇의 분류

① 독립형 로봇

네트워크와는 전혀 무관하게 독립적으로 운영되는 특화된 기능을 내장한다. 로봇의 구동을 위한 제어시스템, 다양한 센서 및 신호처리 시스템, 콘텐츠 제공을 위한 소프트웨어 및 중앙제어 시스템을 모두 탑재하고 있어 가격이 비싸고 기능이 제한적이다. 엔터테인먼트 로봇이나 퍼스널 로봇의 경우 기능과 동작 특성의 개선이 매우 어렵기 때문에 높은 가격에도 불구하고 활용기간이 길지 않다.

② 소 결합용(Loosely-coupled) 네트워크 기반 로봇

인터넷 접속을 통해 실행되는 소프트웨어를 다운로딩 받거나 인터넷에서 필요한 정보를 제공받아 사용자에게 전달할 수 있는 형태의 네트워크 활용이 제한적인 로봇을 말한다. 원격지에서 핸드폰 혹인 PDA와 같은 이동통신 단말기를 통해 제어될 수 있고 제한된

정보를 이동통신 단말기에 제공할 수 있다. 이 경우에는 로봇 스스로가 인터넷을 통해 개선된 서비스 콘텐츠를 받아 들여 스스로의 기능과 동작특성을 개선할 수 있고, 인터넷에서 사용자가 필요로 하는 정보를 수집하여 제공할 수 있다는 관점에서 한 단계 발전된 로봇이다.

이 로봇은 구동을 위한 제어 시스템, 다양한 센서 및 신호처리 시스템, 콘텐츠제공을 위한 소프트웨어 및 중앙제어 시스템이 모두 탑재하고 있지만, 네트워크 활용을 통해 정보를 제공하거나 공유할 수 있다는 장점을 갖는다.

③ 밀 결합용(Colsely-coupled) 네트워크 기반 로봇

로봇 자체에는 로봇 구동을 위한 제어기, 센서 인터페이스 및 무선통신 인터페이스만을 장착학고 대부분의 신호처리와 상위수준의 제어 및 인공지능 기능을 네트워크에 연결된 다수의 컴퓨터를 활용하여 처리할 수 있는 로봇을 말한다. 이 로봇은 내부에 대용량 연산능력을 갖춘 컴퓨터가 필요 없어 로봇의 가격을 낮출 수 있고, 필요한 로봇 플랫폼을 활용하여 서로 다른 다양한 서비스를 제공할 수 있는 장점이 있다.

대용량의 센서 데이터들이 유·무선 통신망을 통해 전송되기 때문에 대용량 데이터의 실시간 전송을 위한 네트워크 기술, 환경 변화에 대응할 수 있는 로봇 핵심기술, 필요한 제어 및 인공지능 서비스를 제공할 수 있는 분산형 고성능 서버 시스템 기술이 필요로 한다.

이러한 로봇의 경우에는 저 가격의 로봇을 구입하고 핸드폰에서와 같은 저렴한콘텐츠 사용료만을 제공함으로써 유용한 서비스를 제공받을 수 있어 다양한 정보를 제공 받을 수 있다.

④ 센서 네트워크 기반 로봇

환경 속에서 내장된 센서 네트워크를 활용할 수 있는 네트워크 기반 로봇이다.

네트워크의 이용이 활성화 되면 생활공간 속에 설치된 센서 네트워크와 연계하여 로봇과 환경에 대한 정보를 추출, 활용할 수 있어 로봇이 제어 및 인공지능 기능에 대한 신뢰성을 더욱 높일 수 있어 다양한 분야에 적용할 수 있다.

(5) URC 로봇의 구조

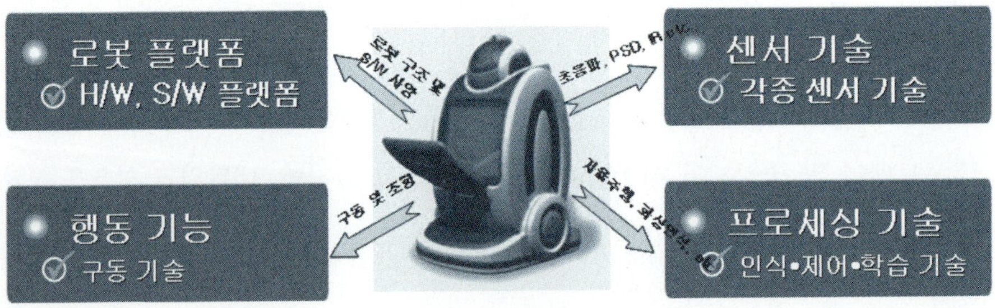

[그림 2-15] 지능형 로봇 기본 구조

URC 로봇은 기본적인 구조는 공공 안내 도우미 로봇 및 청소 로봇(고기능형)과 하드웨어는 유사하다. 단 사용자에게 보다 많은 서비스를 제공하기 위한 정보 네트워크 기능이 보강되어 있으며, 또한 내장된 하드웨어의 사양이 고사양, 저 가격으로 구성이 되어 있다.

① 임베디드 프로세서

로봇의 고속 연산 처리를 위한 중앙 제어 시스템으로는 인텔 PAX27x와 모토로라의 ARM926EJ의 연산 제어 장치를 사용을 한다. 이 외 다수의 중앙 제어 시스템이 출시가 되어 있으며 이러한 연산제어 장치를 사용하는 경우도 있다.

이 중앙 제어 시스템은 로봇의 동작 소요 시간을 증대하기 위해 저 전력 프로세서 및 무선 단말을 응용으로 하는 멀티미디어 처리가 기본으로 내장 되어 있고, 로봇 내부 인터페이스 버스인 USB 1.1 or 2.0 호스트와 슬레이브를 기본으로 지원을 하고 있다. 고해상도 CMOS/CCD 비디오 센서 인터페이스와 LCD 컨트롤러를 추가적으로 부착하지 않도록 설계되어 있어 하드웨어에 대한 공간을 최소한으로 줄일 수 있다.

② 내장형 하드웨어

URC 로봇에 내장되는 하드웨어 모듈을 총칭하며 로봇의 전체기능을 관리하며, 로봇 내부의 네트워크와 무선 LAN 기반의 외부 액세스 네트워크를 연동하는 유무선 네트워크 허브 기능을 갖는다.

로봇 내부의 주요 기능 모듈은 대용량의 데이터 이동이 필요한 음원추적 및 음성인식을 위한 오디오 인터페이스, 비전 인터페이스 그리고 수ms 이내의 실시간응답 시간을 요구하는 제어 통신망 기반의 센서 및 액추에이터(Actuator) 모듈로 구성된다.

〈표 2-2〉는 일본의 로보리아와 한국의 URC 로봇의 플랫폼, 동작, 특징별로 비교 설명하였다.

〈표 2-2〉 URC 로봇의 비교

항 목		로보리아(일본)	URC(한국)
플랫폼	개발자/연도	일본 Tmsuk사/2005(상용)	한국/2005. 10(시범사업용)
	신장/무게	26cm/3.3Kg	–
	구동	휠(Wheel) 방식	휠(Wheel) 방식
	센서	Camera, 인체 감지 센서, 음향 감지 센서	Camera, 초음파 센서, 적외선 센서, 가속도 센서, 범퍼 센서
기능/서비스	방범기능	○(열감지를 이용한 침입자 감지)	○(Camera를 이용한 침입자 감지)
	원격조작	○(휴대폰)	○(휴대폰 및 인터넷[PC, PDA])
	화상전화	○(단, 전용 휴대폰 이용시) *가능 휴대폰 : NTT DoCoMO의 FOMA의 휴대폰	×
	긴급연락	○	×
	정보서비스(뉴스 날씨 등)	×	○
	교육 및 엔터테인먼트	×	○
	자율 이동	×	○
	자율 충전	×	○
특징	판매가격	294,000원	미정(100만원대 예상)
	네트워크 활용	화상전화, 원격 조작 및 방범 기능 활용시 시용	원격 및 방법뿐 아니라 각종 서비스/콘텐츠 이용시 네트워크를 활용하여 서버에서 제공

제3장

로봇 정책의 현재와 미래

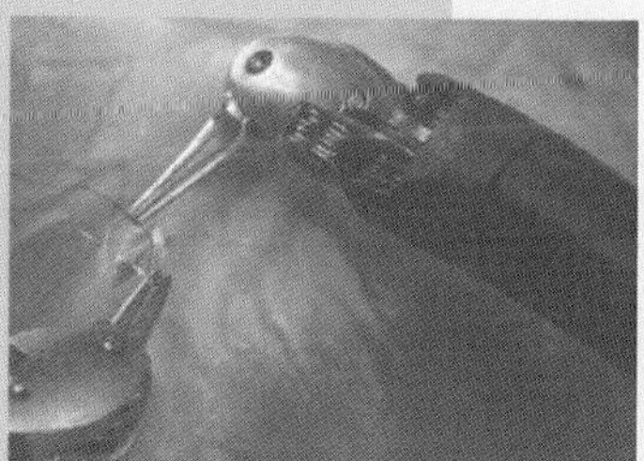

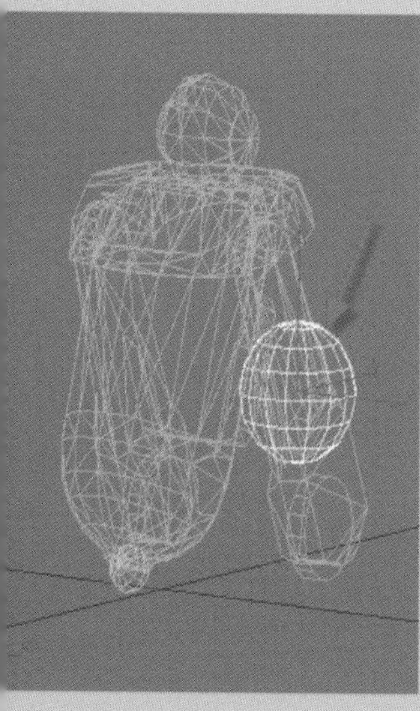

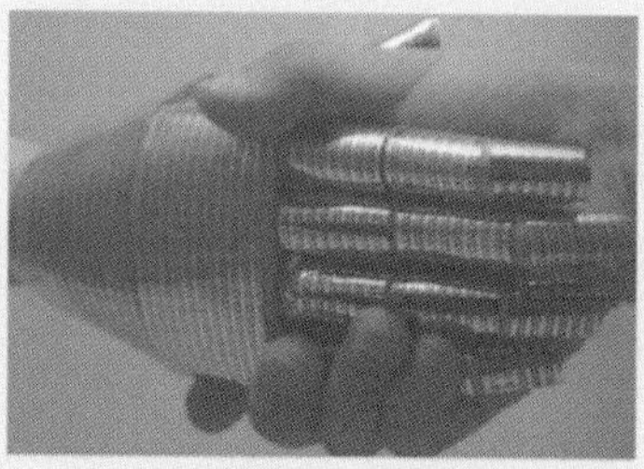

3-1 국내의 로봇 육성전략

1) 로봇 정책포롬

국내 로봇정책의 주요 싱크탱크인 로봇산업정책포럼이 열렸다. 로봇엔지니어 · 미래학자 · 문인 · 기자 등 사회각계 전문가 50여명은 포럼 산하에 TFT를 구성하고 로봇정책 발굴을 한다. 포럼에서 발표된 각종 아이디어와 정책제안들은 차세대 로봇산업 육성에 중요한 좌표를 제시할 전망이다.

전문가들이 참여한 4개 분과별 TFT가 로봇 테마파크와 로봇펀드 조성, 로봇 클러스터 등 현안에 대한 연구하고 토론을 한다. 포럼이 제안한 로봇산업의 미래 청사진은 정부의 로봇정책에 반영될 예정이다. 민간주도의 로봇정책 싱크탱크로서 로봇산업정책포럼의 활동은 만족할 수준으로 평가된다.

2) 로봇랜드 조성

국제 규모의 테마공원인 '로봇랜드'는 유치를 희망하는 전국 16개 광역시도를 대상 중 인천과 마산이 선정되었다.

지능형 로봇분야에서 선도적 수요를 창출하려면 소비자가 직접 로봇제품을 접하는 대규모 복합 문화공간이 필요하다. 로봇랜드 조성은 미국의 케네디우주센터, 디즈니랜드처럼 성공적인 테마파크처럼 해당 첨단산업에 대한 이해를 높이고 시장수요를 선도하는 데 기폭제가 됐다.

지능형 로봇을 주제로 다양한 볼거리, 먹거리, 살거리가 있는 연면적 20만~25만평의 로봇랜드 조성한다. 일단 로봇랜드가 완성되면 지역경제의 고용증대와 생산효과를 유발한다.

또 유치도시인 인천과 마산은 국제적인 로봇문화산업의 중심지로서 확고한 위상을 다질 것으로 기대된다. 로봇랜드를 단순놀이공원이 아닌 지역 SOC사업과 연계시켜 정부지원의 타당성을 제시한다.

로봇랜드는 로봇소비자의 성향분석과 교육을 위한 테스트베드로서 산업적 파급효과가 크다.

한국 로봇산업의 위상을 높이는데도 큰 도움이 될 것이다. 로봇산업의 장기적 수요창출을 위해 서비스로봇 시장검증과 로봇 우선구매, 보증보험, 세제지원 등도 병행해야 한다.

3) 로봇펀드 발행

서비스로봇 시장의 돌파구 마련을 위해 대규모 투자와 수요를 동시에 창출할 수 있는 '로봇펀드'를 발행해야 한다.

정부예산 중심의 지원방식을 개선해 일반인도 직접 로봇투자에 참여하고 제품 수요자가 되는 선순환 구조를 마련하는 것이 로봇펀드의 목표다.

- 기존 로봇업체와 일반인의 공동투자로 별도의 로봇제조사를 설립
- 자산운용사를 통해 로봇 R&D사업에 투자하는 방식

국가 로봇 R&D사업의 효율을 높이려면 수요기관의 로봇개발 공동참여와 원천기술 사업화, 전문화된 평가관리 등 3대 혁신전략이 필요하다. 이밖에 로봇기업들을 △연구개발 △ 부품 및 SW △생산전문 △ 유통, 판매 등 4개 기업군으로 나눠 각기 다른 육성책을 펼쳐야 한다.

로봇산업은 초기 PC산업과 유사한 성장패턴에 들어섰기 때문에 일찌감치 연구개발과 부품 분야에 핵심역량을 집중하고 상대적으로 부가가치가 낮은 생산, 유통부문은 기업통합을 통한 규모의 경제가 필요하다

4) 로봇 인력양성

오는 2011년까지 국내 로봇산업의 전문 인력수요는 1만명인데도 공급은 절반인 5200명에 그쳐 심각한 구인난이 예상된다.

이같은 인력문제를 해결하려면 대학의 로봇특성화를 지원하고 로봇동아리를 활성화시키는 등 로봇인력의 저변확대가 필요하다. 또 로봇전문대학원을 설립해 석박사 배출규모를 획기적으로 늘리고 로봇 + IT + 콘텐츠 + 홈네트워크 등 융합기술을 교육하는 시스템도 갖춰야 한다. 로봇기업들의 인력수요를 위해 차세대 지능형로봇 인력수급 종합계획'

수립해야만 한다.

한국의 로봇인력풀은 융합기술을 익힌 로봇인력을 여타 첨단산업에도 유용하기 때문에 국가적 양성대책이 필요하다.

5) 로봇윤리

인간과 공존하는 미래 로봇사회를 선도하기 위해 로봇윤리헌장을 제정해야 한다.

로봇윤리헌장은 로봇자체의 행동 윤리, 로봇제조자, 로봇사용자 등 3개 부분으로 나누어져 있다. 로봇윤리는 상징적 의미로 끝나지 않고 실제 로봇제품에 적용 가능한 가이드라인까지 만들겠다.

■ 로봇윤리헌장 요약

<도입부>

21세기에는 감성과 지능을 가진 로봇이 등장해서 사회적으로 큰 영향을 미칠 것이다. 이에 대한 미래 시나리오는 다음의 다섯가지로 예상할 수 있다.

1. 인간과 로봇간 협력으로 지속적 발전.(good)
2. 로봇에 반대하는 사람들이 로봇 제조와 개발을 금지.(bad)
3. 인간보다 뛰어난 로봇이 등장해 인간을 노예화 또는 제거.(bad)
4. 악한 사람들이 로봇기술을 악용해 감시사회 구축.(bad)
5. 로봇은 '로보사피엔스'라는 신인류로 발전해 인간과 공생.(good)

이 중 인간과 로봇이 공존번영하는 긍정적(good) 시나리오를 달성하려면 로봇을 인간의 친구 · 동반자 · 공동체 일원으로 간주하는 새로운 윤리체계가 필요하다.

<본문>

1장(목표) 로봇윤리헌장의 목표는 인간과 로봇의 공존공영을 위해 인간중심의 윤리규범을 확인하는데 있다.

2장(인간, 로봇의 공동원칙) 인간과 로봇은 상호간 생명의 존엄성과 정보, 공학적 윤리를 지켜야 한다.

3장(인간 윤리) 인간은 로봇을 제조하고 사용할 때 항상 선한 방법으로 판단하고 결정해야 한다.

4장(로봇 윤리) 로봇은 인간의 명령에 순종하는 친구 · 도우미 · 동반자로서 인간을 다치게 해서는 안된다.
5장(제조자 윤리) 로봇제조자는 인간의 존엄성을 지키는 로봇을 제조하고 로봇 재활용, 정보보호 의무를 진다.
6장(사용자 윤리) 로봇사용자는 로봇을 인간의 친구로 존중해야 하며 불법개조나 로봇남용을 금한다.
7장(실행의 약속) 정부와 지자체는 헌장의 정신을 구현하기 위해 유효한 조치를 시행해야 한다.

6) 로봇법제의 출현

△소방기본법 △정부구매 관련 법 △사회복지법 △건축법 △조세제도의 개선방안이다. 로봇기동에 유리한 주거환경 구축을 위하여 건물 내 문턱을 없애고 방화구역설치 완화, 로봇충전장치 의무화 등의 조치가 필요하다. 또 재난구조, 소방업무를 위해 특수구조용 로봇장비를 조달품목에 공식 추가해야 한다. 사회복지차원에서 노인, 장애인을 위한 공공시설에 가정용 로봇을 우선 지원하는 방안이 필요하다. 로봇의 활용도를 높이려면 로봇을 위한 법적제도부터 정비해야 한다.

7) 로봇분야 정책지원

한국은 단기간의 성과창출을 위해 원천기술보다 지능로봇의 상용화에 역량을 집중하는 모습이다. 차세대 로봇시장에서 한일 양국 중 어느 쪽이 주도권을 잡게 될지 귀추가 주목된다.

일본기업들이 서비스 로봇의 출시를 주저하는 동안 한국 정부가 직접 나서 서비스 로봇을 일반가정에 보급하는 한국의 로봇지원책이다.

서비스 로봇의 성공여부는 실험실이 아니라 대중들의 검증을 통해서만 알 수 있다. 한국의 '빨리빨리' 문화는 신속하고 과감한 결단이 요구되는 차세대 로봇시장에 대단히 긍정적으로 작용하고 있다.

요즘 관심을 끄는 차세대 로봇 킬러앱의 전제조건으로 싸고 사용이 쉬우며 다른 대체재가 없어야 한다. 청소로봇처럼 대체재(일반 청소기)가 있는 경우 니치상품을 넘어 킬러앱이 되기 힘들다.

불과 10년 전만 해도 휴대폰 시장이 지금처럼 커지리라 예상한 사람은 거의 없었다.

한국에서 추진하는 유비쿼터스 로봇 컴퍼니언(URC)과 일본의 네트워크 로봇이 쌍둥이처럼 닮은 사업이고 차세대 로봇부문에서 한일간 협력이 필요하다.

8) 한국형 중소기업 로봇의 개발현황

EU가 제시한 SME로봇은 국내 로봇업계에도 신선한 충격을 던졌다. 대기업이 주도하는 산업용 로봇시장이 레드오션으로 변해가는 가운데 중소업체를 통한 새로운 로봇수요의 가능성이 보였기 때문이다.

한국기계연구원과 한국공작기계협회는 중소업체의 인력난 해소와 산업용 로봇시장의 저변확대를 목표로 중소업체들을 위해 인간 공조형 산업용 로봇을 업계 공동으로 개발할 방침이다.

한국기계연구원는 중소제조업체와 로봇업체 20여 곳을 방문해 자동화 수요를 분석한 결과 SME로봇사업의 타당성을 확인했다. 한국기계연구원은 기본사업으로 사람과 협력작업을 하는 산업용 로봇개발을 위해 △인간의 양팔 작업을 흉내낸 듀얼암 로봇과 △고자유도의 5축가공이 가능한 병렬형 로봇 △600kg을 핸들링하는 중량급 로봇팔 등을 연구하고 있다.

우리나라는 산업용 로봇분야에 기반기술이 충분하기 때문에 국내 중소기업이 필요로 하는 로봇장비는 오는 2010년 이전에 대부분 상용화가 가능할 전망이다. 국내 로봇산업이 SME로봇이란 블루오션을 찾으려면 정부, 로봇업계의 적극적 참여와 함께 중소기업인 스스로 로봇자동화수요를 발굴하고 경쟁력 향상에 의지를 가져야 한다.

9) 로봇R&D전략

공급자보다 수요자 입장을 먼저 고려하는 태도는 비단 음식장사 뿐만 아니라 차세대 로봇산업의 성공에도 필수적이다.

지능형 로봇사업에 뛰어든 회사들이 공통적으로 겪는 가장 큰 어려움은 기술력, 자금 부족보다 어떤 제품을 만들어야 팔릴 것인가 방향성의 문제다.

대부분 중소 로봇회사들은 고객들이 로봇에 대해서 어떤 욕구를 갖고 있는지 이해하지도 못한 상태에서 나름대로 아이디어에만 의존해서 지능형 로봇개발에 착수한다.

현존하지 않는 자동화 수요를 겨냥해 로봇제품을 개발하기 때문에 고객들의 반응을 미리 예측하기도 난감하다. 실제 수요자의 수요와 반응을 고려하지 못한 첨단로봇제품은 기대에 못미치는 썰렁한 시장반응에 직면하게 된다.

지능형 로봇을 개발하는 과정에서 실패의 가능성을 최소화하려면 수요자의 성향과 욕구를 가능한 정확히 이해하는 작업이 우선되어야 한다. 예컨대 로봇을 만드는 사람도 방향을 잘 모를 때는 고객한테 직접 물어보거나 개발과정에 수요자를 직접 참여시키는 방법이 가장 효과적이다. 이중에서 고객과 함께 제품을 개발하는 전략을 수요창출형 연구개발(R&D)이라고 한다.

소비자가 원하는 컨셉트와 디자인, 기능에 맞춰서 개발하기 때문에 제품의 만족도는 높아지고 생산 이후 마케팅의 문제도 쉽게 극복하는 장점이 있다.

고객이 주도하는 수요창출형 R&D는 아직 실체가 모호한 지능형 로봇, 특히 공공부문의 로봇수요 창출에 큰 효과를 발휘한다. 미리 수요처를 확보한 상태에서 로봇제품을 개발하기 때문에 로봇R&D에 따른 불필요한 리스크를 줄이고 낭비요소도 없앨 수 있다. 정부는 로봇R&D사업의 효율성을 높이고 로봇수요를 조기에 창출하기 위해 '수요창출형 R&D'에 맞춘 사업계획을 경쟁적으로 내놓고 있다.

(1) 산자부

한국석유공사에서는 사회안전로봇의 공동개발을 위한 로봇수요처와 로봇제조사간의 협약식이다. 사회안전로봇의 수요처인 석유공사 · 한국전력 · 한국수력원자력 · 한국가스공사 등 4개 공기업이 각각의 사용목적에 따른 로봇사양을 설계하고 중소로봇업체와 공동개발 한다. 중소로봇업체들은 개발 첫 단계부터 요구 성능이 제시되고 든든한 수요처가 정해지는 만큼 투자부담을 크게 줄이고 안정적 매출을 확보하는 장점이 있다.

산자부는 로봇종합지원센터를 통해 중소로봇업체의 지능형로봇에 대해 시장검증비용을 지원하는 사업도 진행하고 있다. 교육용 로봇의 경우 수요처인 대학교, 고등학교가 직접 성능을 테스트하고 개선점을 지적하기 때문에 수요창출형 R&D의 범주에 포함된다. 중소기업 입장에서 새로운 로봇을 공공기관, 대기업과 공동개발하면 해외 진출 시에도 높은 신뢰성을 담보하게 된다. 산자부는 이와 같은 수요창출형 R&D모델을 교육로봇, 실버로봇, 국방로봇, 건설로봇 등 여타 로봇분야로 적극 확산할 계획이다.

(2) 정통부

수요자 위주의 로봇R&D정책은 정통부도 추진한다. 정통부의 제 2기 국민로봇사업은 새로운 로봇비즈니스 모델의 수요처를 대폭 포함시킨 것이 특징이다. 제 1기 국민로봇사업이 100만원대 국민로봇 기반의 시범서비스에 촛점을 맞췄다면 제 2기 국민로봇 사업은 다양한 로봇비즈니스 모델을 발굴하는데 초점을 맞추고 있다. 이에 따라 로봇플랫폼 제조사 외에 KT와 한국몬테소리, 금성출판사 등 통신 및 콘텐츠기업이 대거 국민로봇사업에 참여하고 있다. 네트워크 로봇을 통해서 콘텐츠, 통신매출을 올리는 기업들이 직접 참여할수록 로봇 비즈니스모델의 성공가능성도 높아진다.

정통부는 한국교육학술정보연구원과 제휴해서 URC로봇의 교육용 버전을 준비하는 한편 한국 U시티 협회와 빌트인 로봇 개발도 추진하고 있다.

한국의 로봇산업도 지난 수년간의 시행착오 끝에 수요창출형 R&D전략의 중요성을 최근에야 인식해가는 추세다. 공급자의 머리 속에서 상상하는 로봇수요보다 직접 제품개발에 참여하는 능동적 소비자(프로슈머)가 지능형 로봇시장을 리드한다. 본래 로봇제품을 만든 개발자와 쓰는 소비자 사이에는 좁혀질 수 없는 시각차가 엄연히 존재한다. 막대한 비용을 들여 개발한 첨단 실버로봇이 아무리 안마를 잘하더라도 정작 노인들은 사소한 감성적 이유로 왠지 쓰기 싫다며 배척할 수도 있다. 로봇이 진정 인간을 돕기 위해서 만들어진 도구라면 로봇을 쓰는 인간이 어떤 감성과 욕망을 갖췄는지부터 철저히 연구할 필요가 있다. 고객은 차세대 로봇시장을 여는데 가장 중요한 열쇠다.

우리나라의 로봇R&D전략도 기술개발보다 산업화에 더 비중을 둘 때이다.

정부가 주도해온 로봇R&D정책도 수요자 위주로 전환하는 터닝포인트에 도달했다고. 산자부와 정통부의 로봇R&D전략이 일제히 수요자 중심으로 바뀐 것도 이제는 지능형 로봇의 개발단계를 넘어 상용화 시기가 도래했기 때문이다. 로봇제조에 필요한 각종 기술요소가 어느 정도 갖춰져 제품상용화와 수요창출에 코드를 맞출 여건이 된다. 로봇분야에서 수요창출형 R&D의 가장 전형적인 모델은 국방로봇이다. 국방부가 군요구 성능(ROC)을 충족시키는 무인로봇장비를 요구하듯이 여타 지능형 로봇제품도 수요자가 명확한 스펙을 제시해야 한다. 청소로봇처럼 수요자가 평범한 개인일 경우에는 기업체가 알아서 좋은 제품을 개발해야 한다.

사회보안로봇처럼 공공성이 있는 로봇제품은 수요처와 제조사가 공동으로 상용화를 주도한다. 로봇R&D도 기초 기술개발이 아니라 수요창출형 R&D로 무게중심이 옮겨짐에 따라 소비자 기호에 맞는 로봇상품이 쏟아질 시기가 되었다.

3-2 해외의 로봇 육성전략

선진 각국은 지능형 로봇을 새로운 성장동력으로 선정하고 로봇시장의 패권을 잡기 위해 다각적인 지원과 노력을 기울이고 있다. 특히 일본과 미국은 전자와 IT에서 누렸던 세계시장 패권을 지능형 로봇에서도 다시 한번 재연하겠다는 각오로 심혈을 기울이고 있다.

1) 미국의 동향

미국은 민수용보다 항공, 우주, 국방분야의 압도적 우위를 유지하는데 포커스를 맞추고 있다. 미국의 벤처투자자들은 오랜 세월 민간 로봇산업에 필요한 투자와 위험부담을 기피해 왔다. 이 때문에 로봇업체들은 대부분의 로봇개발 프로젝트는 미국방부에 의존하고 있다.

위험지역을 정찰하는 소형 정찰로봇, 무인장갑차, 무인 정찰기 등이 대표적 산물이다. 국방관련 로봇수요는 향후 10년간 1000억달러 이상에 달할 계획이다. 미국방부 산하의 고등연구계획국(DARPA)은 오는 2014년까지 군용차량의 1/3을 자율주행기능을 갖춘 로봇차량으로 대체하는 '미래 전투 시스템(Future Combat Systems)'을 진행하고 있다.

DARPA는 캘리포니아의 모하비 사막을 횡단하는 로봇차량 대회 '그랜드 챌린지'를 개최한데 이어서 실제 도심을 달리는 '어번 챌린지'를 한다.

무인차량에 적용된 많은 아이디어와 기술은 이미 자동차 시장에서 도입돼 경제적 파급효과를 일으키고 있다. 미국 로봇기술의 저력을 보여주는 사례다. 미국 로봇산업의 혁신을 주도하는 기업체는 청소로봇시장을 석권한 아이로봇사와 최근 로봇용 SW인 '로보틱스 스튜디오'를 선보인 마이크로소프트를 꼽을 수 있다.

2) 일본의 동향

일본은 지난 80년대부터 우위를 유지해온 산업용 로봇시장의 정체상황을 서비스 로봇 분야로 돌파구를 마련하는데 주력하고 있다.

일본의 로봇산업동향은 예나 지금이나 한국 로봇업계에 있어 가장 중요한 벤치마킹 대상이다. 지난 90년대 후반 소니가 VCR 부품으로 강아지 로봇을 만든 '아이보 혁명'이 없었다면 오늘날 한국의 지능형 로봇 붐은 애당초 생겨나지도 못했을 것이다.

일본 로봇산업의 마스코트는 인간의 모습을 닮은 휴머노이드 로봇이지만 일본 로봇업체들은 실생활에 사용될 수 있는 다양한 로봇제품개발에 누구보다 열심이다.

일본정부는 서비스 로봇시장의 활성화를 위해 기계가공에서 전자, 오락, 가전산업 등 로봇제조에 필요한 부품 공급망을 체계화하는 정책도 진행하고 있다.

(1) 오사카의 로봇 클러스터 계획

오사카 시당국은 현지 로봇산업을 지원하기 위해 200개가 넘는 로봇부품업체를 한데 모으는 칸사이 로봇 클러스터 계획을 진행했다.

2004년 5월 지역내 로봇관련 기업과 연구소들이 모여서 로봇개발 네트워크인 루보(ROOBo)가 발족됐다. 루보에 가입한 회사는 240개여개로써 로봇부품과 디자인, 설계, 제조, 콘텐츠 등 다양한 업종이 가입되어 지역내 로봇회사가 신형 로봇을 개발할 때 효율성을 크게 높인다.

오사카시가 가장 심혈을 기울이는 로봇 프로젝트는 '로보시티 코어'(Robo City CoRE) 사업이다. 오사카 도심에서 오사카역 북측의 화물터미널 부지(24ha)를 재개발하는 과정에서 일부 블록에 기업들의 로봇연구를 지원하기 위한 복합문화공간을 짓는 계획이다.

로보시티가 완공되는 오는 2011년이면 오사카 역사에서 3분만 걸어 나가면 시민 누구나 최신 로봇기술을 이용한 생활상을 체험하고 각종 로봇이벤트와 로봇쇼핑까지 한 곳에서 즐길 수 있는 '로봇타운'이 생겨난다.

로봇제품에 대한 소비자들의 반응은 현지에 입주한 로봇기업들의 연구개발에 소중한 자료로 활용된다. 서비스 로봇산업의 육성을 위해 소비자와 기업체를 연결하는 허브를 만드는 것이 로보시티 사업의 궁극적인 전략적 목표다. 땅값이 제일 비싼 대도시의 번화가에 로봇문화와 연구기능을 하나로 묶는 복합공간을 만들겠다는 발상은 오사카 특유의 상인적 도전정신이 아니면 불가능한 일이다. 크게 장사를 하려면 규모는 작아도 사람들의 왕래가 가장 많은 곳에 점포를 잡아야 한다는 경험 논리에 충실한 선택이다.

(2) 로봇을 이끄는 사람들

오사카시가 일본의 여타 지역에 비해서 로봇에 대한 열정과 애착이 유별난 이유의 하나는 걸작만화 아톰을 만든 데즈카 오사무가 바로 이곳 출신이기 때문이다. 만화의 신으로 불리는 데즈카 오사무는 1928년 오사카에서 출생하여 1951년 바로 이곳 오사카 의대를 졸업한 뒤 만화가의 길로 들어섰다. 그가 남긴 수많은 만화 캐릭터들은 패전으로 찌든 일본인들에게 미래에 대한 꿈과 희망을 심어줬다.

특히 일본 로봇산업에 끼친 아톰의 문화적 영향력은 가히 절대적이다. 두 발로 걷는 아시모, 로봇 강아지 아이보 등 일본이 자랑하는 지능형 로봇도 엄밀히 따지면 만화 아톰에 나온 로봇 캐릭터들의 재현에 불과하다.

이 곳 사람들에게 왜 로봇하면 오사카냐고 물으면 십중팔구 데즈카 오사무가 여기 출신이라고 자랑스레 답한다. 오사카의 로봇산업에서 데즈카 오사무가 차지하는 정신적 무게가 얼마나 큰지 짐작케 하는 대목이다. 오사카는 지금 아톰(로봇산업)을 통해서 도쿄에 뺏긴 일본 경제수도의 영광을 되찾기를 간절히 꿈꾸고 있다.

오사카대학교 로봇공학과의 아사다 미노루 교수는 지난 2001년부터 지역 로봇산업육성을 위해서 연구소와 기업체를 연계하는 로봇클러스터 구성을 제안했고 결국 로봇문화공간인 로보시티 코어 사업까지 성사시켰다.

오사카시가 주도하는 세계 로봇축구대회인 로보컵 위원장을 맡는 등 이 지역의 로봇산업정책에 중요한 영향력을 행사하고 있다.

데즈카 오사무는 철완 아톰으로 당대 최고의 로봇에 대한 비전을 보여줬다. 이젠 우리 세대가 아톰을 넘어선 새로운 로봇상을 제시할 때다. 서비스 로봇시장을 조기에 창출하려면 로봇에 대한 소비자의 인식의 틀부터 바꿔야 한다. 요즘 로봇회사들은 마을 전체를 자동화한 유비쿼터스 로봇시스템을 구상하는데 대다수 사람은 인간형 로봇이 시중을 드는 영화 속 장면만 상상한다. 소비자와 제조사의 간격을 줄이려면 로봇제품의 체험, 교육, 연구 작업이 어우러진 로보시티와 같은 복합공간이 꼭 필요하다.

오사카 로봇개발네트워크인 루보가 형성된 이후 많은 중소기업들이 스스로 로봇업체임을 새로이 자각하면서 지역내 로봇사업에 큰 활력소로 작용하게 됐다. 차세대 로봇산업에 대한 투자가 수익성이 낮다는 일부 비판적 시각에 대해서도 반박했다.

오사카 대학의 이시구로 히로시 교수가 개발한 인간형 로봇 '리플리'에 들어간 인공피부는 병원에서 화상치료용으로 인기가 높다. 기초 로봇연구에서 파생된 기술이 스핀오프를 통해 높은 수익을 올리는 한 사례이다.

(3) 일본의 대학 및 연구실

일본 교토의 입명관(立命館:리츠메이칸) 대학은 지난 96년 세계 최초로 학부 과정에 로보틱스학과를 도입한 곳이다. 이후 리츠메이칸 대학은 체계적인 로봇교육의 모범사례로서 일본은 물론이고 외국 대학들의 벤치마킹 대상이 됐고 첨단 로봇연구에서도 괄목할 성과를 거두고 있다.

특히 리츠메이칸은 이공학 분야에서 일본 대학계의 쌍두마차인 국립 도쿄대와 교토대에 뒤지지 않는 실력을 자랑하고 있다.

리츠메이칸 대학이 로보틱스학과를 가장 먼저 설립한 배경도 이미 90년대 중반에 기계와 전자, 전기공학 등이 융합된 첨단 로봇산업이 부상할 것이란 트렌드를 간파했기 때문이다.

교토 중심부에서 차로 한시간 떨어진 이 대학의 비와코 쿠사츠 캠퍼스(BKC)에는 이공학부에 속한 로보틱스 학과는 지난 96년부터 매년 80명의 신입생을 선발해왔고 교수는 13명, 연구실도 11개에 달한다. 우수한 교수진 덕분에 이곳 학부출신들은 로봇개발에 필요한 기초지식과 경험이 여타 대학출신보다 낫다는 평가를 받고 있다.

① 가와무라 연구실은 사람의 팔힘을 수십배 증폭시키는 인공팔(MMSE:Man Machine Synergy Effector)을 직접 작동할 수 있었다. 이 장치에 손을 넣으면 센서가 작동해 커다란 인공팔을 자유롭게 휘두를 수 있다. 손가락을 살짝 누르니 인공팔 끝에 끼워넣은 커피캔이 순간적으로 납작해진다. 머지않아 작업자들이 MMSE를 착용하고 무거운 물체를 옮기거나 재난현장에서 구조대원들이 무너진 벽이나 바위를 '기계손'으로 직접 치우는 상황이 가능해진다. 일본만화에 나오는 인간과 로봇이 한 몸으로

움직이는 탑승형 로봇의 작동방식이 여기선 실제로 구현되고 있다.

② 히라이 연구실에선 공압으로 몸을 받쳐주는 로봇수트용 펌프, 인공근육을 이용한 바퀴 등 다양한 로봇부품을 개발 중이다.

낮은 전력에도 작동하는 초소형 공기펌프를 만들면 사람의 체력소모를 크게 줄이는 로봇수트 개발이 앞당겨 진다. 화려하진 않아도 로봇개발에 꼭 필요한 핵심부품부터 차근차근 개발한다.

③ 시마다 연구실은 책상 위에 기자의 가방을 놓아두고 시간이 흐른 다음 저 물건의 주인이 누구냐고 로봇에게 물어보면 즉시 본인의 이름이 튀어 나온다. 실내에 설치된 카메라로 사람들의 신원을 파악하고 지나간 행동까지 연계시키는 보안기술이다.

④ 노가타 연구실은 몸 속에 들어가서 환부만 직접 치료하는 초소형 의료로봇으로 유명해진 곳이다. 마치 번데기처럼 생긴 의료로봇은 길이 2cm, 무게 5g에 불과하지만 초소형 카메라, 주사기, 집게 등을 내장하며 강력한 전자석의 힘으로 몸 안에서 조금씩 환부까지 이동할 수 있다. 수술에 따른 환자의 신체적 부담을 크게 줄일 수 있어 의료계의 관심이 높다.

리츠메이칸 대학의 로봇연구에서 가장 두드러진 특색은 실생활에 꼭 필요한 로봇기술부터 우선 개발하는 실용적 노선을 택했다는 점이다.

여타 일본대학들이 예산확보를 위해 시연용 로봇개발(이족보행, 인간형 로봇)에 적잖이 신경을 쓰는 것과 차별화되는 대목이다. 학부와 대학원, 박사과정까지 하나로 연결된 리츠메이칸의 안정된 로봇교육환경이 낳은 결과로 해석된다. 리츠메이칸의 성공적인 로봇학과 운영에 자극받아 지난 2000년 이후 가나자와 공대, 치바공대, 동양대, 나고야 공대 등 6개 일본대학이 학부과정에 로봇학과를 신설했다.

⑤ 국제전기통신기초기술연구소(ATR)

일본 교토 인근에 위치한 국제전기통신기초기술연구소(ATR)는 인간과 로봇을 연결하는 커뮤니케이션 기술을 집중적으로 연구해 왔다.

일본 관서지방 과학연구의 중심지인 게이한나(京阪奈) 과학도시는 교토·오사카·나라의 중간지점에 있다. 국제전기통신기초기술연구소(ATR)는 지난 89년 당시 게이한나 과학도시에 처음 입주한 이후 IT 기초연구 분야에서 국제적 명성을 쌓아왔다. ATR은 본래 일본의 기간통신업체인 NTT산하의 민간 연구소로 출범했지만 현재는 일본정부 지분이 70%에 달해 정부출연연구소의 성격도 함께 갖고 있다. ATR는 총 8개 연구센터에서 330여명의 연구인력이 활동하고 있다. 이곳 연구원의 24%는 세계 각국에서 온 외국인이란 점도 특징이다. ATR가 추진하는 각종 연구계획은 모기업인 NTT의 영향을 받아 첨단 정보통신분야의 원천기술 확보에 포커스를 맞추고 있다. ATR은 기계적인 접근보다 IT기반의 정보 미디어 관점에서 접근하는 것이 특징이다. 이곳의 로봇연구는 '지능로봇 커뮤니케이션 연구센터(IRC)'가 총괄하고 있다.

(4) ATR의 대표적 로봇프로젝트

① 로보비

98년 ATR은 인간, 로봇 상호작용과 사회적 관계를 연구하기 위해 '로보비'라는 로봇플랫폼의 개발에 착수했다. 최신버전의 4세대 로보비는 대화기능과 부드러운 제스처는 물론 상대방과 눈을 직접 마주치며 각종 신체접촉에 민감히 반응하도록 센서까지 내장하고 있다. 또한 부드러운 실리콘 피부와 따뜻한 체온까지 갖추는 등 기계 로봇을 넘어 인간과 유사한 형태로 진화하고 있다.

로보비는 온갖 바디랭귀지를 적절히 구사하는 인간형 로봇의 대화능력에 크다. 비록 기계지만 상대방에 관심을 갖고 아는 척 하는 로보비의 존재를 쉽게 무시할 수 없기 때문이다.

② 제미노이드

IRC가 개발한 '제미노이드(Geminoid)'는 커뮤니케이션 로봇의 궁극적 형태이다. 외모와 행동이 자신과 똑같은 복제판 로봇을 만들고 '제미노이드 HI-1'이라 했다. 이 로봇은 원격조정으로 입술과 뺨, 눈동자 등 미세한 얼굴근육은 물론 팔과 다리까지 움직이며 육성까지 그대로 전달한다. 제미노이드는 특정한 사람의 완벽한 분신(아바타)인 셈이다. 이 로봇은 마치 내 자신처럼 나의 존재를 대신할 것이다. 자신과 꼭 닮은 로봇을 직장에 배치하고 주인은 먼 곳에서 쉬는 상황도 가능해진다. 로봇기술을 이용한 자기복제는 사이버공간에서 또 다른 삶을 사는 세컨드라이프처럼 언젠가 자아의 확대를 가능케 해줄 것으로 기대된다.

③ 뇌-기계 인터페이스(BMI)

로봇과 인간을 연결하려는 ATR의 연구활동은 음성대화, 바디랭귀지를 넘어 생각만 해도 서로 통하는 이심전심의 경지를 가능하게 했다.

ATR산하의 컴퓨터 신경과학 연구센터(CNS)는 뇌신호로 로봇을 제어하는 제어시스템(BMI:Brain Machine Interface)을 개발해 국제적 관심을 끌었다. 이 기술의 원리는 특정한 생각을 할 때 뇌 혈관에 일어나는 혈액흐름의 변화를 MRI로 파악해서 로봇에 전달하는 것이다. ATR은 뇌 정보를 읽는 장치를 크게 줄이는 한편 이족보행로봇 아시모를 생각으로 조종하는 제어기술도 완성할 예정이다. 마징가를 조종하는 쇠돌이처럼 로봇과 사람이 일심동체가 되어서 함께 느끼고 움직이게 만드는 기반기술이 등장한 셈이다.

④ 네트워크 로봇

ATR는 지능을 갖춘 유비쿼터스 환경이 확산되자 지난 2004년 4월 일본 총무성 지원으로 로봇과 주변의 컴퓨팅 자원을 하나로 연결하는 '네트워크 로봇 프로젝트(NRP)' 5개년 계획을 시작했다. 네트워크 로봇은 보이는 로봇과 보이지 않는 로봇(감시카메라 · 센서망), 가상로봇(사이버 캐릭터)의 3가지 로봇들을 유비쿼터스 네트워크 상에서 연결한 개념이다. IRC가 주관하는 NRP사업은 로봇자체보다는 빌딩, 마을 단위의 유비쿼터스 컴퓨팅 환경을 구축하는데 주력하는 것이 특징. 또한 네트워크 로봇의 연구개발, 표준화를 위한 산업체와 연결고리로 네트워크 로봇포럼(NRF)까지 설립되어 현재 100여개 기업, 10개 연구기관이 참여 중이다. 네트워크 로봇기술이 완성되면 로봇과 휴대폰, 로봇, 감시카메라 등이 하나로 연계해 인간에게 다양한 서비스를 제공할 수 있다. 로봇과 연결된 주변 감시카메라, 센서망, 가상캐릭터까지 로봇시스템의 일부로 보는 '네트워크로봇'의 개념이다. 로봇본체의 성능만 개량하는 기존 연구방식으로는 로봇시장을 키우는 데 한계가 있다는 결론을 내렸기 때문이다.

현재 진행 중인 네트워크 로봇사업에 따라 빌딩과 역사, 마을 전체가 거대한 로봇시스템처럼 작동하는 시기가 올 것이다. ATR는 네트워크와 연동하는 로봇기술에 미래를 걸었다.

3) 유럽의 동향

(1) 로봇윤리 추진동향

로봇에도 윤리(倫理)의 필요성을 이탈리아 로마에서 열린 국제로봇자동화학회(ICRA)에서는 로봇윤리라는 생경한 주제를 놓고 전문가 사이에 열띤 토론이 벌어졌다. ICRA의 로봇윤리 워크숍에서는 한국이 로봇윤리헌장의 추진배경을 직접 발표해 관심을 끌었다.

로봇기술의 급속한 발달에 따라 사람들의 마음 속에는 막연한 불안감도 싹트고 있다. 로봇이 사람처럼 영리해진다면, 로봇이 주인의 명령을 거부한다면 공상과학영화에서 보던 '기계의 반란'이 실제로 일어나지나 않을까.

로봇의 진화가 계속되는 한 21세기의 인류는 새로운 형태의 지능체(로봇)와 필연적으로 공존할 것이며 큰 사회적 혼란을 겪게 된다는 주장은 꽤 설득력이 있다. 로봇에 대한 우려를 해소하기 위해 일부에서는 로봇기술을 통제하는 제도적 장치, 이른바 '로봇윤리'가 필요하다는 목소리를 내고 있다.

반면 로봇의 반란이란 쓸데없는 상상일 뿐이며 로봇산업의 발전에 스스로 족쇄를 채우는 실수를 범해서는 안된다는 신중론도 만만치 않다.

인문학 전통이 강한 유럽 공학계는 로봇의 설계, 제조, 사용에 영향을 주는 각종 윤리적 문제를 학술적 토의의 장으로 일찍부터 끌어 들였다.

로봇윤리(RoboEthics)란 단어도 지난 2004년 유럽의 한 로봇학술대회에서 처음으로 정립된 개념이다. 이 때 EU산하의 로봇기술연구단체인 유럽로봇연구네트워크(EURON: European Robotics Research Network)은 사회 각 분야의 전문가를 모아서 로봇윤리에 대한 로드맵을 만드는 3개년 사업을 시작했다. 국제로봇자동화학회(ICRA)의 로봇윤리워크숍에서는 EURON이 다듬어온 로봇윤리 로드맵의 최종본을 발표했다. 이 로드맵은 거창한 윤리헌장, 선언보다 영향력이 훨씬 낮은 학술적인 권고안에 불과하다. 그 내용 또한 전문용어와 학술적 정의로 꽉 채워져 이해하기가 무척 까다롭다. 하지만 로봇의 윤리문제에 대한 국제적 노력으로 만들어낸 첫 번째 결과물이란 점에서 주목할 가치는 높다.

① 로봇윤리 로드맵

로봇윤리 로드맵은 서두에서 '로봇의 윤리(Ethics of Robot)란 없다'라는 역설적인 전제로 출발한다.

향후 10년간의 미래를 내다볼 때 로봇이 자아를 지닌 존재로 진화할 가능성은 전무하다는 것이다. 단순한 기계덩어리를 상대로 행동윤리 또는 먼 미래의 위험성을 논하는 것은 시간낭비다. 따라서 현시점에서 로봇윤리란 로봇을 제조하고 사용하는 '인간의 윤리'(Ethics of Human)일 뿐이라고 로드맵은 지적한다.

로봇윤리를 인간의 윤리로 보면 문제를 해결하는 방법도 한결 쉬워진다. 다음은 로봇윤리를 추구하는 과정에서 지켜야 할 원칙과 가치, 명제들을 차례로 다시 정리한다. 어떤 개념도 검증과정에서 예외는 없다. 심지어 로봇세계의 헌법격인 아시모프의 로봇 3원칙에 대해서도 그 타당성에 의문을 제기한다.

로봇윤리 로드맵은 최종적으로 각종 로봇의 유형별로 이로운 점과 문제점을 나열한 다음 문제해결을 위한 권고안을 제시한다.

예를 들어 산업용 로봇은 생산성과 품질을 높이는 반면 생산직 일자리를 감소시킨다. 이런 문제를 해결하려면 복지정책과 기술 재교육을 강화해야 한다.

로봇윤리 로드맵의 권고사항을 더욱 세분화시킨 로봇윤리 백서가 오는 2009년까지 출간될 것이다.

유럽인들은 두리뭉실한 윤리선언보나 기계로봇이 파생시킬 단기적 문제점을 정확히 파악하고 구체적 행동지침부터 만들기로 결정했다. 문제의 핵심은 로봇이 아니라 사람과 사회시스템이라는 것이다. 로봇의 반란은 다음 세대가 걱정해도 늦지 않은 주제라고 유럽현지의 전문가들은 지적했다.

미국과 일본의 로봇전문가들은 EU가 주도해온 로봇윤리의 제도화에 대해서 원칙에는 동감하지만 적극적으로 따를 의사는 없다.

나라마다 윤리의식의 문화적 차이점을 강조하면서 일본과 유럽의 로봇윤리는 다를 수 있다. 훗날 EU가 윤리적 문제를 내세워 일본 로봇제품을 규제하려는게 아닌가 경계하는 행동처럼 보였다. 군사용 로봇과 같은 민감한 문제도 여전히 겉돌았다. 일부 미국학자들은 다른 나라의 비판적 시각에도 불구하고 전쟁에서 로봇기술의 사용은 불가피하다는 입장을 견지했다.

② 제노아 국립로봇연구원

이탈리아 제노아 국립로봇연구원의 장마르코 베루지오는 세계 로봇학계에 로봇윤리란 개념을 최초로 정립시킨 선구자다. 베루지오 교수는 지난 2004년부터 IEEE 로봇 자동화 협회의 로봇윤리기술위원회 공동의장을 맡아 왕성하게 활동하고 있다. 그는 로봇윤리 로드맵을 첨단 로봇기술에 대한 규제수단으로 보는 일부 시각에 대해 부담감을 표시했다. 학자적 양심으로 로봇기술의 부작용을 막기 위해 객관적 입장에서 권고안을 만든 것이다.

로봇윤리 로드맵이 장차 법적제도로 자리잡느냐는 EU정부가 결정할 문제이다. 로봇을 보는 시각은 국가와 문화풍토에 따라 상이하기 때문에 로봇윤리를 만드는 과정에서 사회적 합의가 무엇보다 중요하다.

또 많은 유럽인들이 로봇을 무섭게 표현한 SF영화, 소설 때문에 기계로봇의 지능화에 대해 불필요한 오해와 편견을 갖고 있다.

로봇이 아무리 똑똑한 척해도 어디까지나 자동화(autonomy)의 연장선일 뿐 생명체의 자유의지(free will)와는 전혀 다른 개념이다. 따라서 지능형 로봇을 폐기해도 쓸데없는 죄의식으로 고민할 필요는 없다. 로봇윤리 문제에 대해 국제적 합의를 이루려면 다른 종교, 문화권의 활발한 교류가 필요하다.

인류를 이롭게 할 로봇기술이 정치, 종교적 이유로 배척당해선 안된다.

(2) 프랑스의 동향

① 에꼴 데 민(국립광산학교)

프랑스는 전통적으로 유럽의 기초과학연구를 선도해온 나라다. 또한 TGV, 콩코드기 등 다른 나라는 엄두도 못낼 창의적 아이디어를 현실로 옮기는 산업강국이기도 하다. 파리에 위치한 국립과학대학인 '에꼴 데 민'(국립광산학교, Ecole des Mines de Paris)는 나폴레옹이 정부가 필요로 하는 엘리트를 양성하기 위해 창설한 고등교육기관인 '그랑제콜'(Grandes Ecoles) 중에서 에꼴 데 민은 이공학분야에 최고의 경쟁력을 갖고 있다. 에꼴 데 민은 본래 산업혁명에 필수적인 금속, 석탄 등 지하자원 연구를 위해 설립한 학교였지만 오늘날에는 전자, 기계, 바이오, 우주항공 등 프랑스 첨단과학을 이끌 인재를 양성하고 있다.

② 에꼴 데 민의 로봇연구현황

이 곳의 로보틱 센터는 주로 민간업체와 계약에 따른 연구용역을 수행하고 있다. 에꼴 데 민이 추진하는 여러 로봇프로젝트 중에서 무인자동차 연구는 세계적으로 유명하다. 르노, 푸조 등 프랑스 자동차업체들이 80년대부터 거액을 지원하면서 무인자동차의 기반기술을 개발해왔기 때문이다.

르노의 승합차량을 개조한 무인차량은 직선거리에서 120Km, 커브길에서 50Km까지 속도를 내면서 자동차 전용도로를 안전하게 주파했다. 이 실험이 2002년에 성공했으니 지금은 훨씬 앞선 무인주행기술을 시험하고 있다.

오토바이와 온갖 차량이 복잡하게 오가는 시내 도로를 무인차량이 주행하는 모습이 나타난다. 정체, 지체가 수시로 일어나는 교통흐름, 즉 단속류라고 불리는 복잡한 시내 교통상황에서 무인차량이 주행하기란 어려운 일이다. 쭉 뻗은 고속도로에서 차선을 벗어나지 않고 앞차와 간격만 유지하는 2000년대 초반의 무인차량에 비하면 훨씬 진보된 기술이다. 자동차에 내장된 감시 카메라 외에 레이저 센서와 고주파 레이더를 채택하면서 무인주행의 안전성이 크게 높아졌다. 무인차량은 차도의 신호등과 정지선, STOP, 차선변경과 같은 도로표지판까지 정확히 구분하고 있다. 차도로 뛰어드는 보행자와 자전거의 움직임도 어렵잖게 잡아내는 모습이다. 야간주행도 도로 윤곽도 희미하고 상대편 차선의 전조등만 간간히 보이는 열악한 조건에서 카메라에 의지해서 무인차량이 밤중에 자동차 전용도로를 달릴 수 있다. 가슴을 조일 정도로 위험해 보이지만 로봇자동차는 야간 주행시 차선 유지와 방향전환에 별다른 어려움이 없다.

복잡한 도로환경에서 실시간으로 변화하는 자동차 위치를 분석해내는 에꼴 데 민 연구팀의 SW처리 알고리듬은 상당한 기술수준이다. 완벽한 무인차량을 만들 것이라고 기대하지는 않지만 안전운전을 돕고 운전자의 피로감을 줄이는데 확실히 도움을 줄 것이다.

에꼴 데 민의 로봇연구진은 유인차량을 따라가는 무인주행기술이나 무인주차 등 흥미로운 연구결과를 보여줬다. 에꼴 데 민의 로보틱 센터는 지난 2000년 세계최초로 자동차 혼자서 빈 주차공간을 찾아가는 무인주차기술을 개발했다. 이는 일본의 도요타에 비해 3년이나 앞선 성과였다. 하지만 프랑스 자동차업체들은 무인주차의 실용화에서 일본에 뒤졌다.

반면 프랑스가 무인차량 연구에서 미국을 따라잡을 가능성은 점점 요원해지고 있다.

③ 지형 3차원 모델링과 가상현실기반의 자동차 설계

지형 3차원 모델링은 자동차 뒤에 레이저 스캐너를 장착하고 도시 구석구석을 돌아다니면서 주변의 건물과 도로망의 3차원 지도를 만드는 기술이다. 이 기술이 조금 더 완성되면 파리시의 전체를 사이버공간에 재현해서 3차원 가상투어도 가능하다. 또 가상현실기술을 이용해서 사이버 공간에 가상 쇼핑몰을 만들거나 자동차 디자인 개발을 앞당기는 등 민간업체에 도움을 줄만한 기술들이 개발되고 있다.

에꼴 데 민의 로보틱 센터의 두드러진 특징을 한 가지만 꼽으라면 명색이 로봇연구소인데 연구실에서 로봇제품을 거의 찾아볼 수 없고 무인자동차가 로봇처럼 개발하고 있다. 프랑스 사람들이 로봇기술을 보는 시각에는 '로봇이란 이러해야 한다'는 강박관념이 거의 묻어나지 않는다.

에꼴 데 민의 필립 퓌시 교수는 로보틱 센터의 주된 기능은 민간업체가 필요로 하는 로봇기술을 개발해주는 것이다.

자동차 업체 외에도 휴대폰 제조사 사젬, 방산업체 탈레스 등도 프랑스 로봇연구의 주요한 스폰서이다. 지금 개발되는 무인자동차기술들은 향후 3~4년내 고급 승용차, 트럭 등의 안전옵션으로 채택될 것이다. 복잡한 시내도로에서 보행자, 오토바이를 저절로 피하는 스마트카의 등장이 멀지 않았다. 에콜 데 민이 추진하는 무인차량 프로젝트가 프랑스에선 최대 규모지만 미국, 독일에 비해 열세이다. 로봇화된 무인차량은 세계 자동차 시장의 판도를 바꿔놓을 것이다.

④ 프랑스 원자력청(CEA)

프랑스는 원자력 발전소를 유지, 보수하기 위한 극한로봇연구도 일찍부터 발달됐다. 1945년 원자력 기술을 전담하는 국가기관인 '원자력청(CEA: Commissariat a l"Energie Atomique)'을 세계 최초로 설치했다.

많은 원자력 발전소들의 설비 곳곳을 꼼꼼히 정비하고 폐기물을 안전하게 처리하려면 무인화된 로봇기술이 필수적이다.

CEA의 로봇개발은 산하 시스템 · 기술 조합 연구소(LIST)가 전담하고 있다. 원자력 발전소는 매우 보수적인 로봇시장이므로 오래된 로봇장비라도 특별한 문제가 없으면 좀처럼 바꾸지 않는다. 원전에서 쓰는 로봇은 원자로의 핵연료 교환, 배관내부 검사, 원자로 수중검사, 배관청소 등 사용목적에 따라 극단적인 형태와 설계구조를 갖게 된다.

70년대 초반부터 사람을 대신해 투입가능한 로봇장비가 속속 등장했고 방사능이 미치지 못하는 장소에서 정교하게 로봇팔을 움직이는 원격제어가 핵심기술이다. 이 때 설계된 원자력 로봇은 상당수가 30년이 넘도록 현역에서 활동할 정도로 높은 신뢰성을 자랑하고 있다. 새로운 형태의 원자로가 등장할 때마다 그에 걸맞게 로봇장비의 개량작업은 끊임없이 계속된다.

최신 원격제어용 로봇팔은 보다 정교한 작업을 위해서 가상공간, CAD모델 기반의 포스피드백 기능을 갖추는 등 한 차원 앞선 기능을 구사하고 있었다. 하지만 아무리 뛰어난 로봇장비도 현장에 투입되려면 오랜 시간 엄격한 검증과정을 통해 신뢰성을 인정받는 과정이 필요하다. 또 핵발전의 중요시설에 투입되는 로봇장비는 고장이 날 경우를 대비해 반드시 과거의 반자동, 수동식 장비와 호환성을 갖춰야 한다. 원전시스템에 이상 징후가 발견됐는데 투입할 로봇장비까지 하필 고장나는 최악의 경우를 상정해보면 원전로봇의 신뢰성 검증절차는 충분히 이해가 가는 대목이다.

LIST는 또한 원전사고 시에 현장에 진입해서 상황을 수습하는 모바일 로봇도 개발을 완료한 상태였다. 상상을 초월하는 방사능 오염수치와 연기, 건물잔해 속을 뚫고서 원전설비의 사고발생지점을 찾아내고 응급조치를 취하는 로봇의 활약장면은 경탄할 정도였다. 이 곳에서는 길이 8.2m, 세계 최대의 원자로 검사용 로봇팔도 테스트 중이다. 거대한 보아뱀을 연상시키는 이 로봇팔은 총 5개의 관절로 구성되어 원자로의 좁은 배관시설도 쉽게 들어가서 구석구석 검사를 할 수 있다.

본체를 가벼운 탄소섬유로 제작해 떨림현상을 최소화하고 초진공 상태서도 신뢰성을 확보했다. 이 로봇팔은 프랑스 남부의 핵기지인 카다라쉬에 세계최초의 국제핵융합실험로(ITER)에 실제로 투입될 예정이다.

LIST는 원전분야에서 축적된 기술을 바탕으로 의료, 보안용 로봇개발도 진행 중이다. 원자로에서 로봇팔을 작동시키는 원격제어기술을 수술용 로봇에 응용한 사례가 대표적이다. 원격제어로봇을 사람의 턱뼈를 수술해 접합하는 과정에 접목하면 수술의 성공률을 크게 높인다는 설명이다.

보안용으로 효과적인 초소형 무인헬리콥터도 눈길을 끌었다. 4개의 프로펠러가 달린 무인 헬리콥터는 조종사가 지시하는 정확한 고도와 항로를 유지하면서 실시간 영상을 전송할 수 있었다. 공중에 뜬 비행체는 초음파센서와 자이로스코프를 내장하고 있어 손으로 밀치거나 눌러도 튕기듯이 제 자리로 돌아갔다. 담당 연구원은 무인헬리콥터에 전동모터 대신 가솔린 엔진을 달아서 바람이 거센 야외에서 정찰과 감시임무를 부여할 계획이다.

이 밖에도 LIST의 로봇연구실은 환자의 재활을 돕는 의료용 로봇기술도 공개했다. 장애인들은 잡고자 하는 물건을 컴퓨터 화면에서 단지 지목만하면 로봇팔이 물건의 위치를 파악하고 잡거나 되돌려 놓는 것이다. 대부분의 장애인들은 1분내 사용법을 숙지하고 로봇팔로 물건을 잡을 수 있었다. LIST가 주도하는 각종 로봇프로젝트는 원자력 강국 프랑스를 뒷받침하는 든든한 버팀목이자 서비스 로봇시장에도 응용될 가능성이 높아 보였다.

(3) 독일의 동향

① 생산기술자동화연구소(IPA)

독일은 명실공히 유럽의 로봇산업을 선도하는 국가다. 독일의 대표적 응용공학 연구기관인 프라운호퍼 연구협회(FhG) 산하에서 로봇개발을 주도하는 생산기술자동화연구소(IPA)가 있다.

생산기술자동화연구소(IPA)도 지역 경제의 활발한 R&D수요를 반영하듯 프라운호퍼 연구협회(FhG)가 거느린 57개 연구소 중에서 가장 거대한 규모를 갖고 있다. IPA의 정식 연구원만 250명, 파견된 학생수도 800명에 달한다.

로봇공학은 이 연구소가 힘을 기울이는 핵심분야로서 유럽내에서 첫 손가락에 꼽히는 실력을 자랑한다.

② 중소기업(SME:Small and Medium sized Enterprises) 로봇

IPA는 지난 2005년부터 EU당국의 전폭적 지원 하에 기존 산업용 로봇의 패러다임을 바꿀만한 혁신적 연구를 진행하고 있다.

컨베이어 생산라인에서 혼자 정해진 일만 수행하는 산업용 로봇 대신에 인간과 공동작업에 촛점을 맞춘 새로운 산업용 로봇을 개발하려는 계획이다. 인간과 협업하는 차세대 로봇장비를 중소기업(SME: Small and Medium sized Enterprises)의 제조공정을 자동화하는데 적합해 SME로봇이라고 불린다.

기존의 산업용 로봇장비는 중소업체들이 쉽게 적용하기에는 너무 복잡하고 비용이 높다. 특히 좁은 작업실에서 다품종 소량생산을 해야 하는 중소기업 입장에서 산업용 로봇 장비를 새로운 제품규격에 맞춰 며칠씩 걸려 다시 프로그래밍하고 설치하는 것은 비효율적이다. 대규모 생산라인과 로봇 전문인력을 함께 갖춘 대기업이 아니면 로봇자동화로 뚜렷한 생산성 향상을 기대하기 힘들기 때문이다. 대부분 중소제조업체들은 숙련된 기술자가 물러나면 생산이 타격을 받지만 완전한 로봇자동화로 전환하기도 어정쩡한 '자동화의 덫'에 걸려있다.

중소기업을 위해서는 △비숙련자도 쉽게 설치, 운용할 수 있고 △사람과 같은 작업공간에서 안전하게 협업이 가능하며 △가격대도 저렴한 꿈의 로봇 즉 SME로봇이 필요하다.

EU당국은 IPA를 주관기관으로 오는 2009년까지 다양한 SME로봇을 상용화시켜 역내 22만여 중소제조업체에 활력을 불어 넣는다는 계획이다.

SME 로봇사업에는 현재 ABB, 쿠카 등 유럽의 주요 로봇기업과 연구소 24개가 참여할 정도로 산업계 관심이 높다.

'파워 메이트'라 불리는 SME로봇은 로봇 팔에 중량 100kg이 넘는 무거운 자동차 부품이 매단 뒤에 손으로 살짝 당기자 마음먹은 위치로 스르르 옮겨진다. 이 정도면 커다란 기계부품도 마치 장난감처럼 쉽게 조립할 수 있다. 손끝의 힘을 몇 십배 증폭시키는 도구라는 표현이 정확하다. SME로봇은 또한 사용자가 프로그램을 전혀 몰라도 새로운 작업을 지시하기가 쉽다. 로봇팔에 용접, 연마 도구 등을 장착한 상태로 사람이 한번 직입을 하면 SME로봇은 작업순서와 궤적, 힘의 강도까지 그대로 따라한다. 또 작업도중에 로봇이 작업자와 부딪히지 않도록 다양한 안전센서와 감속기가 겹겹히 장착된다.

SME로봇은 그동안 자동화의 사각지역에 놓인 중소업체의 생산성을 높이고 근로환경을 개선하는데 일대 전환점이 될 것이다. 생산현장의 상황변화에 수시로 대응할 수 있는 SME로봇의 융통성에는 중소업체보다 대기업이 먼저 눈독을 들이는 실정이다. 독일 BMW사의 경우 내년부터 차량제조에 SME로봇을 적용하기 위해 독일기술안전협회(TUV) 인증까지 추진하고 있다.

③ 실버로봇

IPA의 로봇연구팀은 지난 90년대 중반부터 다양한 종류의 서비스로봇을 개발해왔다.

케어봇(Care-O-bot) II 시리즈는 지난 10년 동안 꾸준히 개량되어 온 노인용 실버로봇으로 매우 높은 완성도를 보여준다. 3세대 버전인 케어봇은 거동이 불편한 노인을 부축해

침대나 의자에서 몸을 일으키고 손잡이를 잡고 실내서 이동하기, 바닥청소와 가구 옮기기까지 도와줄 수 있다.

6자유도의 로봇팔을 이용해 냉장고에서 원하는 음료수통을 끄집어내고 응급상황이 벌어지면 병원에 연락하는 등 도우미 역할을 톡톡히 해낸다. 또 레이저 스캐너로 사람을 인식해 상대방과 명함을 교환하는 등 사회활동에도 도움을 준다. 또 케어봇이 도입되면 노인환자를 보호하는 간호사를 평균 30% 줄여서 인건비를 아끼고 서비스의 질은 높이는 장점이 있다.

④ 안내 및 기타 로봇

IPA는 케어봇의 기본설계를 바탕으로 베를린의 통신박물관에 독특한 디자인의 안내로봇 3종을 배치했다. 지난 7년간 안내로봇들이 수많은 관람객과 박물관 내부를 돌아다니는 근무시간 도중에 멈춰선 사례가 한 번도 없었다. 독일사람들은 서비스 로봇을 만들 때 외형이나 성능은 물론 내구성도 얼마나 중요시한다. 화학기업에서 개발을 의뢰했다는 공장관리용 로봇을 상대로 파이프와 볼트, 블록 등 장애물을 피하는 모의 주행 테스트를 한다. 이 로봇은 사람 대신 화학공장의 비좁은 내부를 돌아다니면서 시설의 이상여부를 직접 모니터링하도록 설계되어 있다.

IPA의 로봇개발은 수요처의 요구에 따라서 매우 다양한 형태로 나타난다. 독일의 한 육류가공업체가 몇 년전 돼지고기에서 뼈를 발라내는 자동기계 개발을 의뢰한 적이 있었다. 하지만 물컹한 고깃덩이에서 뼈만 제거하는 작업은 꽤 숙련된 손재주가 필요해 자동화가 쉽지 않다. IPA의 연구팀은 숱한 시도 끝에 가공육의 생산성을 크게 높이는 로봇장비를 개발하는데 성공했다.

이 밖에 뇌 또는 척추를 0.1mm 정밀도로 시술하는 의료용 로봇도 민간업체에 기술이전을 완료하고 몇 달간에 걸친 생명공학실험을 자동화하는 특수 로봇장비도 상용화를 앞두고 있다.

유럽사람들은 로봇기술의 확산에 대한 경계심이 지나치게 높아 꼭 필요한 경우가 아니면 서비스 로봇의 구입에 소극적이다.

서비스 로봇의 선부른 출시보다 여러 기술적 문제를 완벽히 극복한 제품만 상용화를 추진한다. 움직이는 로봇을 생활 속에 투입하는 것은 여러가지 위험요소를 내포하기 때문에 제조사로서 충분한 안전성 검사가 필요하다. 룸바는 가격대비 성능은 뛰어나지만 독일 카처와 같은 최고급 청소로봇의 신뢰성과 성능에 매료되는 소비자도 있다.

개인적으로 가장 유망하다고 판단하는 서비스 로봇 아이템은 아침마다 와이셔츠 다리는 일이 귀찮아서 다림질을 혼자서 하는 로봇부터 만들고 싶다.

스팀 다리미가 밀려나고 다림질 로봇이 집집마다 보급되는 날도 멀지 않았다.

제4장

로봇의 요소기술

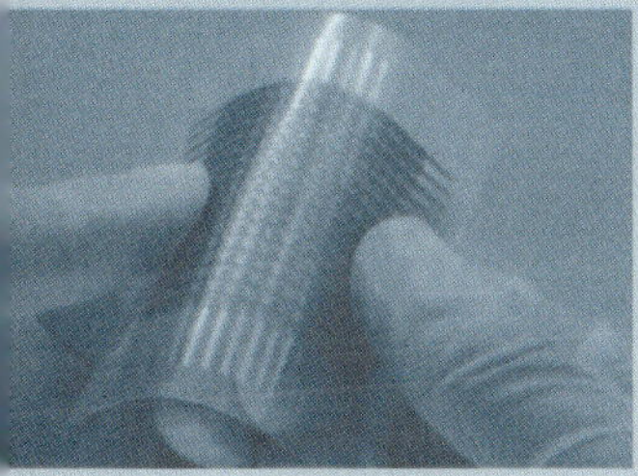

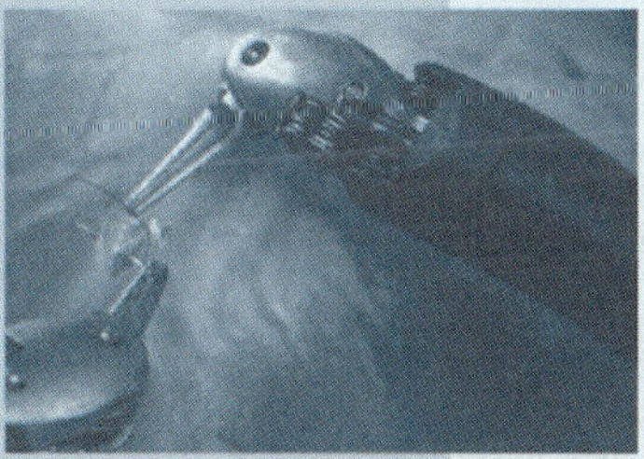

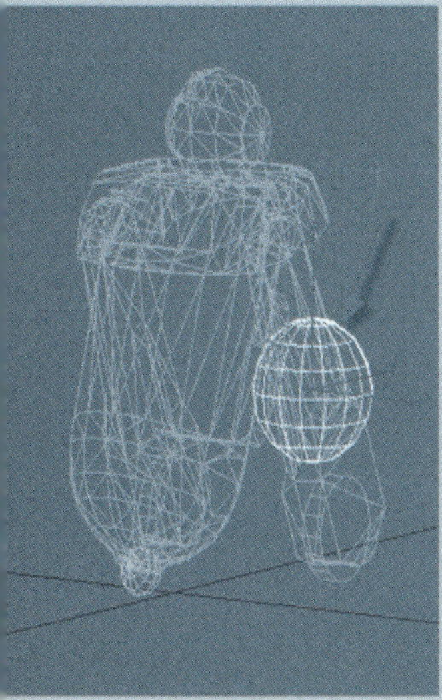

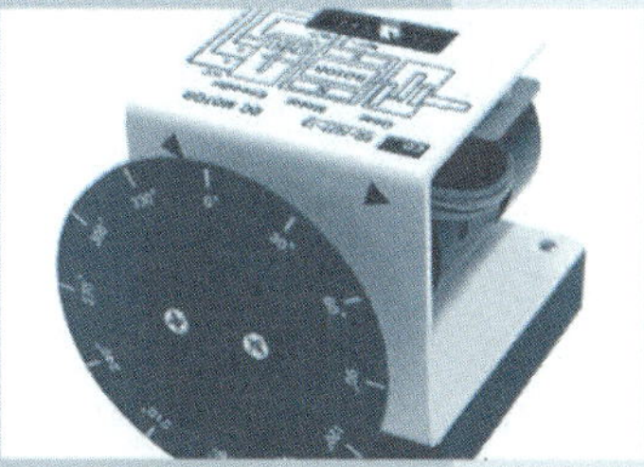

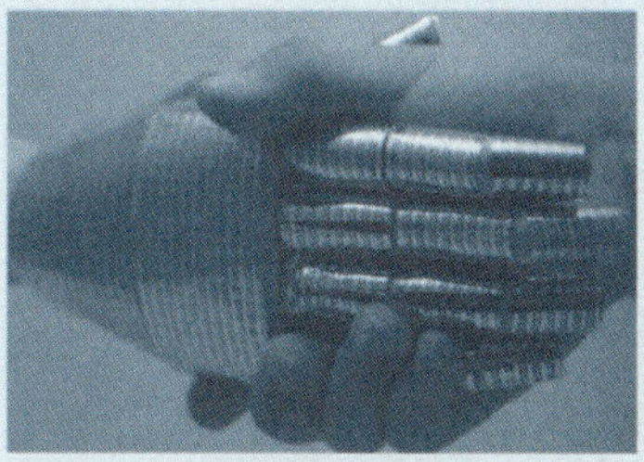

로봇산업은 요소기술이 관건이다. 차세대 로봇시장의 비즈니스 모델이 가닥을 잡고 본격적인 성장궤도에 접어들면 핵심부품과 요소기술을 갖춘 기업이 과실의 대부분을 독차지할 것이다. 모터와 감속기 · 센서 · 비전 등 로봇을 구성하는 주요 요소기술이다.

4-1 로봇의 비전 기술

인간의 두뇌기능 중 60%는 두 눈으로 감지하는 시각정보를 처리하는 데 사용된다. 그만큼 눈으로 보는 시각은 인간의 생존과 지적활동에 가장 중요한 감각이다. 인간의 활동에 긴요한 시각기능이 로봇분야에 적용된 역사는 그리 오래지 않다. 공학자들은 일찍부터 로봇분야에 시각기능을 부여하는 갖가지 연구를 했지만 온갖 사물의 형태를 기계 눈으로 인식시키는 작업은 난관의 연속이었다. 기계 눈은 똑같은 물건이라도 조명조건이 조금만 달라지면 전혀 못 알아볼 정도로 눈썰미가 형편없었다. 또 온갖 변수를 고려해 시각처리 알고리즘을 만들어도 당시 컴퓨터 용량으로 실시간 처리하기 어려워서 늘 벽에 부딪혀야 했다.

사람으로 비유하면 시각기능의 두 축인 '눈'과 '두뇌' 중에서 시력은 괜찮은데 영상정보를 처리하는 뇌 기능이 모자라서 세상의 빛을 못 보는 상태였던 것이다. 이런저런 문제로 초창기에 나온 로봇들은 모두 시각기능이 결여된 장님이었다. 그래도 공장바닥에 볼트로 꽉 조여진 채 같은 동작만 반복하는 산업용 로봇은 기계근육의 내구성과 정확성만 확보해도 자기 몫을 해냈기에 큰 불만은 없었다.

이후 90년대에 들어 컴퓨터 기능이 놀랍도록 향상되고 기계적 영상처리에 대한 노하우가 쌓이면서 로봇과 비전기술의 결합에도 탄력이 붙기 시작했다. 공장자동화분야에서는 제품의 이상 유무를 시각적으로 판단하는 검사장비가 확산 중이다. 기동성을 갖춘 모바일 로봇을 위한 위치인식 알고리즘과 값싼 카메라 모듈개발이 활기를 띠고 있다.

로봇비전의 연구 분야 다음과 같다.

① 물체 · 사람 형태의 인식

② 로봇 위치를 파악해 스스로 주행경로를 결정하는 SLAM(Simultaneous Localization And Mapping)

③ 2차원 시각정보의 3차원 공간 재현

④ 움직이는 물체를 추적하는 트래킹 기술

등으로 분류된다.

우리나라는 이들 로봇강국에 비해서 열악한 환경이지만 일부 로봇비전분야에서 국제적 경쟁력을 갖췄다. 특히 국내 로봇비전의 강점은 가정용 로봇제품에 적합한 보급형 SLAM에서 두드러진다.

값싼 청소로봇도 최적의 주행경로를 쉽게 찾도록 각종 센서와 비전기능을 결합한 SLAM기술을 대학연구소와 삼성전자 · LG전자 등에서 개발 중이다.

삼성테크윈을 중심으로 메가픽셀급의 감시용 로봇눈이 개발되고 최근에는 주 · 야간 동시촬영이 가능한 CMOS센서까지 등장해 로봇비전기술의 대중화에 큰 도움이 된다. 한국은 가정용 로봇에 적용할 수 있는 보급형 맵핑(SLAM) 등 일부 비전분야에서는 세계적인 경쟁력을 확보했다.

4-2 로봇의 위치인식 기술

장소를 옮기는 모바일 로봇을 개발하는 과정에서 가장 어려운 기술장벽은 예나 지금이나 위치인식(localization) 문제다.

사람이든 기계든 정확한 현재의 위치부터 파악해야 다음 어디로 향할지 결정할 수 있다.

모바일 로봇이 인간 세상에 투입될 때 겪는 혼란 중의 으뜸은 자신이 어디에 있는지를 파악하기 힘들다는 것이다. 주인이 “거실을 청소하라” 또는 “식탁 위의 쟁반을 가져오라”고 시켜도 위치정보가 결여된 로봇 입장에선 지시를 따르기가 거의 불가능하다. 사람의 눈을 가리고 낯선 공간에 집어넣은 채 명령을 내리는 상황을 한번 상상해보라.

사람은 시청각 정보를 두뇌로 처리해서 주변 공간의 지도를 머리에서 만드는 것이 자연스럽지만 기계로봇에게 유사한 위치감각을 심어주기란 매우 힘든 일이다.

현재 로봇이 실내에서 자신의 위치를 인식하는 방식은 크게 비전과 인공지표를 이용한 두 가지로 나눌 수 있다.

(1) 비전(Vision) 기반의 로봇 위치 인식시스템:

로봇에 탑재한 카메라의 영상정보를 분석해서 위치를 파악하는 기술이다. 로봇도 사람처럼 집안의 가구위치와 벽면 각도 등을 인식해서 스스로 이동경로를 설정하는 가장 고차원적인 기술이지만 아직은 상용화에 어려움이 많다. 조명에 따라 변화무쌍한 사물의 형태를 인식할 정도의 SW개발이 쉽지 않고 비전인식에 요구되는 HW사양도 매우 높기 때문이다. 전문가들은 사람처럼 순수한 영상정보로만 위치를 인식하는 상용로봇의 등장시기를 2010년대 초반으로 보고 있다. 그나마 높은 HW사양 때문에 비전기반의 로봇은 당분간 수백만원 이상의 고가제품군에만 적용될 가능성이 높다.

(2) 인공지표(Artificial Landmark)기반의 위치인식 시스템

로봇이 투입될 실내 공간에 미리 위치 값을 나타내는 표식을 설치하는 방식이다. 선박의 항해를 돕기 위해 곳곳에 등대를 세워 놓는 것과 동일한 원리다. 인공지표는 비전 방식에 비해 기술적으로 단순하고 제품가격도 저렴해 모바일 로봇시장에 일부 적용되기 시작됐다. 로봇에게 위치를 알려주는 인공지표는 흔히 적외선, 초음파, 전파(RF)를 이용해 '집 안의 등대' 구실을 수행한다.

적외선 기반의 위치인식 제품은 미국의 에볼루션 로보틱스의 '노스 스타(NorthStar)'가 대표적이다. 2004년 출시된 노스 스타는 벽면에 부착된 소형 프로젝터가 천정에 쏘는 적외선 표식을 방안의 로봇이 삼각측량법으로 측정해 정확한 위치와 방향을 인식하는 방식이다.

국내서는 하기소닉이 포항산업과학연구원의 기술이전으로 개발한 '스타게이저(StarGazer)'가 안정된 성능을 보여 로봇업계의 주목을 받고 있다. 스타게이저는 반사표식을 천장에 붙여 놓고 로봇이 적외선을 쏴서 표식을 구분하는 방식으로 정확한 위치를 측정한다.

① 개요

청소로봇이나 서비스로봇과 같은 실내 지능형 로봇의 실내 네비게이션을 위한 위치인식센서 기술은 가장 핵심적인 기술의 하나이다. 과거 수십년 동안 위치인식센서 기술에 대한 연구가 지속되어 왔음에도 정밀도, 편의성, 가격 문제 등을 모두 충족하는 기술이 제시되지 못했다. 하기소닉에서 개발한 위치인식센서 · 모듈(위치인식시스템) 스타게이저(StarGazer)는 그동안 도출된 많은 문제들을 일시에 해결한 total solution으로 세계최고의 성능과 편의성, 가격 경쟁력을 지닌 신기술 특허제품이다.

스타게이저(StarGazer)는 천장에 적외선을 반사하는 재질로 된 ID를 지닌 랜드마크에 대한 로봇의 상대적인 위치와 방향을 적외선 이미지를 해석함으로 고정밀도로 계산하는 원리를 이용한 신기술 제품이다. 스타게이저(StarGazer)에 탑재된 적외선 프로젝트에서 방사된 적외선이 천정에 부착되어 있는 적외선 반사물질인 랜드마크에서 반사되면 스타게이저(StarGazer) 내부에 장착된 렌즈를 통하여 영상으로 입력되며, 입력된 영상을 분석한다. 랜드마크는 위치와 방향을 알 수 있는 특수한 배열의 ID를 지니며 넓은 면적에 적용하는 것이 용이하다.

로봇청소기 같은 경우, 로봇청소기의 위치인식을 하지 않는 경우 무작위로 청소를 하고 있으므로 2~3시간 동안 청소를 한다고 해도 청소가 안된 부분이 발생할 수 있다. 이와 같은 로봇청소기에 스타게이저를 탑재한다면, 로봇청소기의 이동을 효율적으로 제어할 수 있으므로 20~30분 만에 모든 청소를 마칠 수 있는 효과를 가져올 수 있다.

서비스 로봇의 경우 로봇을 지정한 위치로 정확히 효과적인 경로로 이동하는데 사용된다.

스타게이저의 의미는 밤하늘의 별을 보며 항해를 하듯이 천정의 랜드마크를 바라보며 위치를 인식하는 의미를 갖는다. 스타게이저는 수mm의 반복정밀도 보장하는 세계 최고의 성능을 자랑하는 제품이다.

스타게이저의 응용은 로봇청소기 제조기업, 서비스로봇 제조기업, 로봇 관련 학과, 로봇 관련 연구 기관 등이다.

② 동작원리

스타게이저(StarGazer)는 스타게이저(StarGazer)에서 쏘아올린 적외선을 천정에 부착되어 있는 적외선 반사물질인 랜드마크가 반사시키고, 반사된 적외선이 스타게이저(StarGazer)의 렌즈를 통하여 영상으로 입력되며, 입력된 영상을 분석하여 로봇의 위치와 방향을 계산하는 원리로 동작된다. 랜드마크는 위치와 방향을 알 수 있는 특정 모양으로 구성되며, 넓은 면적에 용이한 확장성을 갖는다.

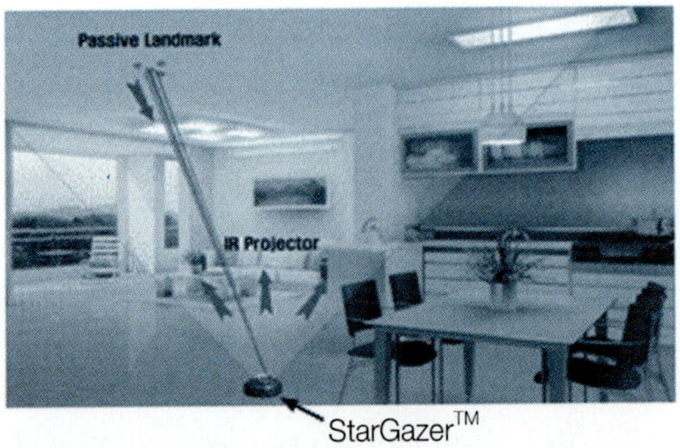

[그림 4-1] 스타게이저 응용

랜드마크는 위치와 방향을 인식하는 ID 부여하고 별도의 전원이 필요 없고 가정용, 사무실용(31개)/ 대면적용 (4095개)까지 확장가능하다.

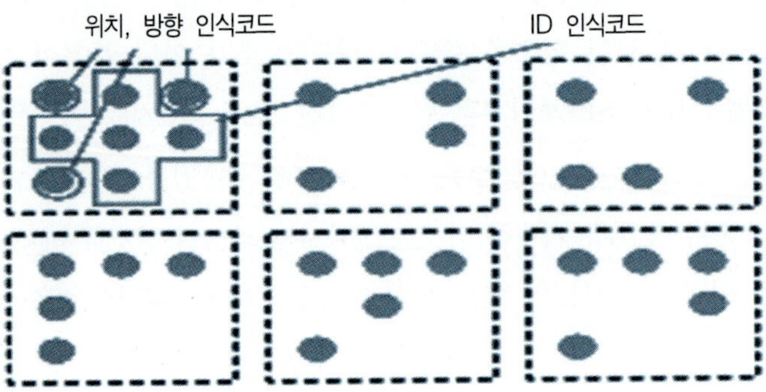

[그림 4-2] 랜드마크의 구성

③ 주요특징

- 고유 ID를 지닌 랜드마크에서 적외선이 반사되는 이미지를 해석함으로써 로봇의 위치와 회전방향(heading angle)을 빠르고 정밀하게 인식하는 방식
- 랜드마크는 적외선을 반사하는 물질을 사용하여 만들어진 얇은 종이 형태로 천장에 부착하는 방식
- 적외선을 천장의 넓은 면적에 쏘아주는 IR 프로젝터(Projector)와 이미지 해석 모듈로 구성
- 로봇과 랜드마크 사이에 동기나 ID 교환을 위한 별도의 통신 불필요

- 대형 거실과 같이 넓은 면적에서 위치인식이 필요한 경우나 여러 방 또는 사무실 등을 로봇이 주행할 경우 랜드마크만 추가로 부착하면 해결됨
- 방마다 다른 고유 ID를 지닌 랜드마크를 부착함으로써 용이하게 방을 구분함
- Auto calibration 기능으로 천장의 높이에 관계없이 랜드마크 사이의 거리측정과 같은 별도의 측정이 불필요하여 주부와 같은 일반 사용자도 손쉽게 사용 가능
- 랜드마크에 전원이 필요 없고 랜드마크 확장에 따른 추가비용 부담이 극히 미미하여 대면적에 용이하게 확장됨
- 형광등과 같은 주위 조명이나 햇빛에 영향이 없고 야간에도 측정 용이
- 외국사 제품이나 다른 기술에 비하여 최고의 정밀도, 편의성, 가격경쟁력 지님
- 설정 ; 간단한 프로토콜로 구현되어 있어 손쉽게 설정 가능
- 사이즈 ; 작은 사이즈로 어느 제품에도 손쉽게 부착 가능
- 인터페이스 ; 사용하기 쉬운 시리얼 인터페이스
- 빠른 측정 속도 ; 초당 10~20회의 위치인식 속도
- 정확성 ; 3mm 이내의 정확한 반복 정밀도

④ 스타게이저의 사양

〈표 4-1〉 스타게이저의 사양

항목	사양
하드웨어 인터페이스	UART(TTL 3.3V), 115200bps
제품 크기	50×50×28mm 이하
통신 프로토콜	ASCII 코드 기반의 유저 프로토콜
측정시간	10~20회/초
측정범위(랜드마크 1개당)	직경 2.5~3.0m(천장높이 2.4m 기준)
반복 정밀도	5mm 이하
Heading angle 분해능	1도 이하
랜드마크 종류(천장 높이에 따른 분류)	1. 일반용(1.2~2.7m) 2. 로비/공장용(2.7~4m) 3. 로비/공장용(4~6m) 4. 로비/공장용(6~15m)
랜드마크 종류(ID rot수에 따른 분류)	HL1:31개(일반용) HL2:4095개(대면적용)

[그림 4-3] 스타게이저의 모양

⑤ 랜드 마크의 종류와 용도

- 랜드마크는 좌표인식 및 각도인식을 위한 코너의 세 점(원)과 ID를 나타내는 다른 점들로 구성된다. 가정용과 같은 일반용 HL1 랜드마크는 아래 [그림 4-4]와 같이 8개 위치에 있는 3x3의 점들의 조합으로 이루어지며 총 갯수는 31개이다.
- 각 점이 표시되는 가로와 세로 라인은 각각 정해진 가중치를 갖는다.(가로줄은 0x01, 0x02, 0x04, 세로줄은 0x01, 0x10, 0x100 등)
- ID를 나타내는 각 점은 가로와 세로 라인의 가중치를 곱한 값을 갖는다.
- 랜드마크의 ID 값은 ID를 나타내는 각 점들의 합으로 부여된다.
- [그림 4-5]는 많은 사무실이 연계된 대면적 공간에 활용되는 4095개로 이루어진 HL2 랜드마크를 나타낸다.
- [그림 4-6]과 [그림 4-7]은 모든 HL1 랜드마크의 ID와 해당 번호를 십진수로 나타낸 것이다.

  ※ 0x는 16진법(hexadecimal)을 나타내는 기호임.

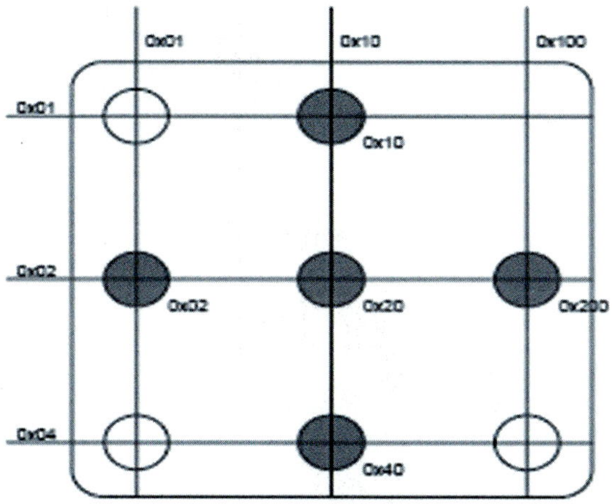

[그림 4-4] 16진법(Hexadecimal) 값으로 표현된 HL1 랜드마크의 각 점들의 가중치

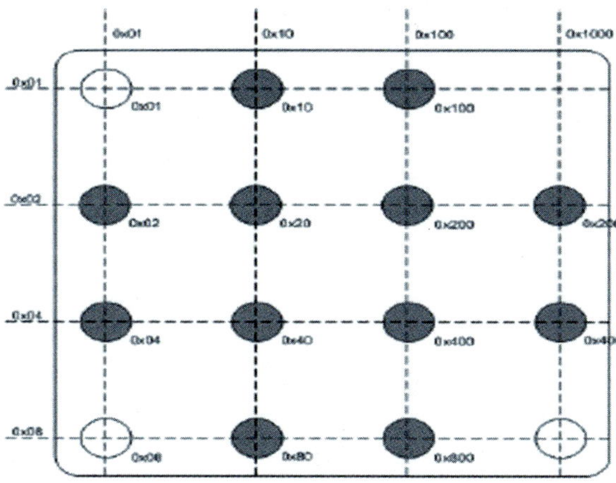

[그림 4-5] 16진법(Hexadecimal) 값으로 표현된 HL2 랜드마크의 각 점들의 가중치

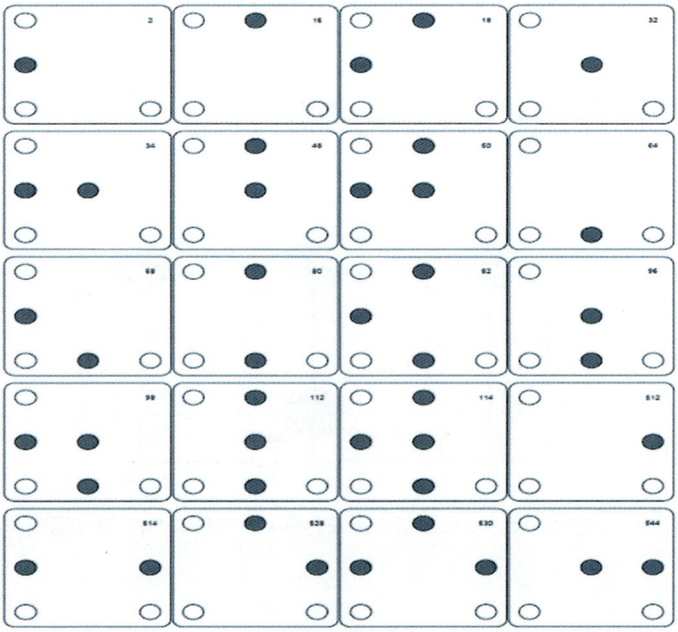

[그림 4-6] HL1 랜드마크 종류(내부의 숫자는 십진수로 나타낸 ID 번호)

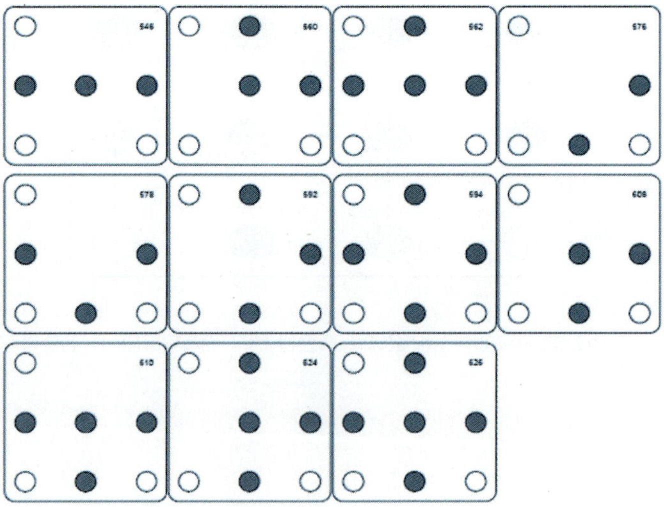

[그림 4-7] HL1 랜드마크 종류(내부의 숫자는 십진수로 나타낸 ID 번호)

〈표 4-2〉 랜드마크 ID 번호

번호	HEX	DEC
1	0×002	2
2	0×010	16
3	0×012	18
4	0×020	32
5	0×022	34
6	0×030	48
7	0×032	50
8	0×040	64
9	0×042	68
10	0×050	80
11	0×052	82
12	0×060	96
13	0×062	98
14	0×070	112
15	0×072	114
16	0×200	512
17	0×202	514
18	0×210	528
19	0×212	530
20	0×220	544
21	0×222	546
22	0×230	560
23	0×232	562
24	0×240	576
25	0×242	578
26	0×250	592
27	0×252	594
28	0×260	608
29	0×262	610
30	0×270	624
31	0×272	626

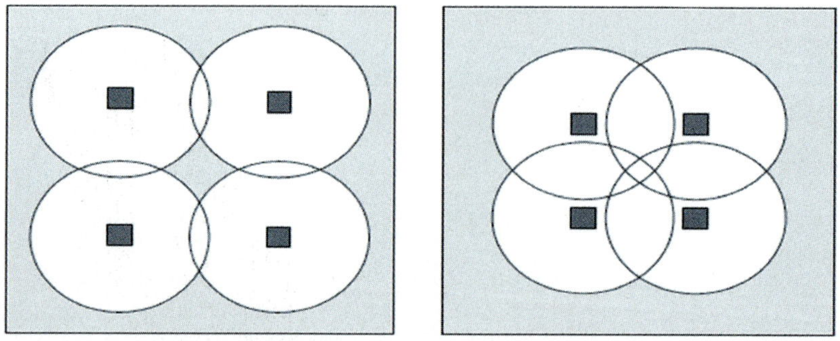

(a) dead zone있을 때와 (b) dead zone이 없을 때

[그림 4-8] 랜드마크 위치

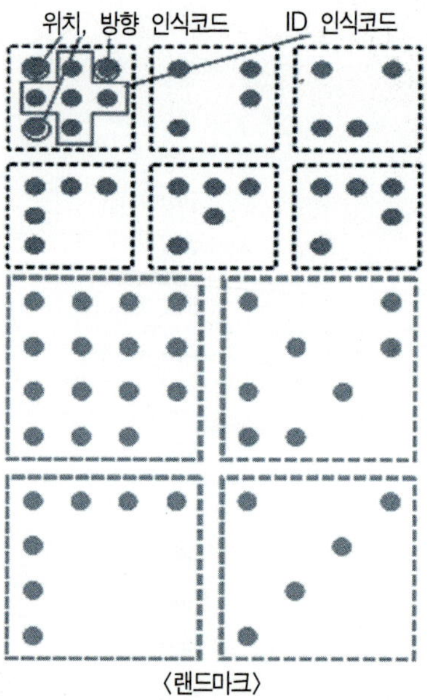

1) HLD1: 3×3 조합 총31개로 구성, 일반적인 용도
HLD1-1: 천장높이 1.2 m ~ 2.7 m 범위에 적용
HLD1-2: 천장높이 2.7 m ~ 4.0 m 범위에 적용
HLD1-3: 천장높이 4.0 m ~ 6.0 m 범위에 적용
HLD1-4: 천장높이 6.0 m ~ 15 m 범위에 적용

2) HLD2: 4×4 조합 총4095개로 구성, 대형 사무실들이 연계되는 대면적용
HLD2-1: 천장높이 1.2 m ~ 2.7 m 범위에 적용
HLD2-2: 천장높이 2.7 m ~ 4.0 m 범위에 적용
HLD2-3: 천장높이 4.0 m ~ 6.0 m 범위에 적용
HLD2-4: 천장높이 6.0 m ~ 15 m 범위에 적용

※ 천장 높이는 스타게이저로부터 랜드마크 사이의 거리를 의미한다.

[그림 4-9] 랜드마크의 구성과 용도

랜드마크는 약 2M 정도의 거리를 두고 설치해야 한다. 단, 스타게이저가 인식할 수 있는 영역은 지름이 약 2.4M인 원 형태의 영역이므로 설치 방법에 따라 사각이 생길 수 있으며, 이러한 사각이 발생하였을 경우에는 로봇의 엔코더 등의 기능을 이용하면 된다.

⑥ 인터페이스

스타게이저(StarGazer)는 시리얼 인터페이스를 통하여 데이터를 제공한다.
다음은 스타게이저(StarGazer)가 제공하는 데이터이다.

- 랜드마크 ID
- 로봇의 위치 및 방향(X, Y, θ)

또한 스타게이저(StarGazer)에서 사용하는 각종 제어값들을 읽고, 설정할 수 있다.

⑦ 동작모드

스타게이저(StarGazer)는 Alone모드와 Map모드로 동작한다.

가. Alone Mode

Alone Mode는 하나의 랜드마크마다 독립된 좌표계를 사용하는 모드로서 기준 좌표가 각각의 랜드마크이다. 즉 하나의 랜드마크를 사용하여 좌표를 인식하다 다른 랜드마크로 전환하게 되면 다시 새로운 랜드마크가 기준이 되는 새로운 좌표계를 사용하게 된다. (하나의 랜드마크로 인식할 수 있는 영역이 제한되기 때문에, Alone Mode를 사용하게 되면 로봇 MCU에서 맵빌딩을 직접해야 한다.)

나. Map Mode

Map Mode는 여러 개의 랜드마크를 하나의 좌표계에서 인식하는 모드로서 Map-Building 단계를 수행한 후 사용할 수 있다. Map-Building을 수행한 후에는 Reference ID를 원점좌표로 하여 모든 랜드마크를 연계한 단일한 좌표계로 변환한다. 단, 스타게이저의 Map Mode를 사용하지 않고 보다 더 좋은 Mapping Algorithm을 사용하려면 Alone 모드를 사용하고 로봇의 CPU에서 Mapping을 하면 된다.

다. Map-Building 방법

Map-Building은 랜드마크간의 상대적인 정보를 생성하는 단계로서, 여러 개의 랜드마크를 하나의 좌표계에서 인식하기 위한 필수적인 작업 과정이다. Map-Building을 실행하기 위해서는 MarkMode를 Map로 설정하고, MapMode를 Start로 설정하면 Map-Building 동작이 시작된다. 이때 "~^F"로 시작하는 위치 데이터가 응답된다. 다음 단계로 근처의 다른 랜드마크를 향해 이동하다가, 랜드마크와 랜드마크 중간 정도에서 정지시킨 후 약 2초 정도 머무르는 방식으로 계속해서 다른 랜드마크로 이동시킨다. 마지막 랜드마크(설정한 랜드마크 총갯수에 따른다)를 모두 찾으면 Map Building 정보를 메모리에 저장하기 위하여 데이터의 전송이 잠깐 멈춘다. 그 후 "~^I"로 시작하는 데이터가 전송되면 Map-Building이 모두 끝나게 되고 이후 Map 모드로 동작한다.

ETRI도 유사한 형식의 적외선 기반 위치인식기술 '스타라이트'의 상용화를 추진 중이다.

(3) 실내(indoor) GPS 기술

나인티시스템(http://www.ninety.co.kr)은 보다 저렴하고 대중성을 지닌 초음파기반의 '인도어(indoor)GPS(iGS)'를 개발했다.

적외선 방식의 위치인식은 실내 인테리어를 바꿀 필요가 없고 설치도 간단한 장점이 있지만 도달거리가 너무 짧아 공항, 역사처럼 큰 실내공간에선 사용하기 어렵다. 또 태양광, 여타 조명환경에 의해 적외선 표지의 인식률이 떨어질 가능성도 있다.

초음파 기반의 위치인식 제품은 2004년 한국LPS(http://u-sat.com/)가 선보인 '초음파위성(U-SAT)'이 국내 최초의 상용제품으로 손꼽힌다. 이 제품은 정통부 시범사업에 따라 강남 우체국과 인천국제공항청사, 부천로봇파크, 광주시청 등에서 성공리에 운영되면서

〈표 4-3〉 초음파위성(U-SAT)의 사양

<table>
<tr><td>Ultrasonic</td><td colspan="3">25kHz(25, 50, 55, 60kHz option)</td></tr>
<tr><td>Response Time</td><td colspan="3">0.3sec</td></tr>
<tr><td>Rereatability</td><td colspan="3">0.2~0.02(It can vary error by air condition)</td></tr>
<tr><td>Detection Range</td><td colspan="3">30m(Extensible Type, N cell × 20m × 20m)</td></tr>
<tr><td>Configuration</td><td>Transmitter</td><td>Receiver</td><td>Remark</td></tr>
<tr><td>Amounts</td><td>4 × N</td><td>determined by user</td><td rowspan="3">315MHz ASK Type
sync signal</td></tr>
<tr><td>Power Supply(V DC)</td><td>24</td><td>9</td></tr>
<tr><td>Output</td><td></td><td>RS 232
d, x, y, z[mm]</td></tr>
<tr><td>Size(mm)</td><td>90 × Dia, 19</td><td>35 × 35 × H70</td><td></td></tr>
</table>

주목을 받았다. 한국LPS는 초음파 신호의 도달거리를 기존보다 3배나 긴 30m까지 늘려 위치좌표 설치숫자를 최소화하는 기술도 개발했다.

[그림 4-10] 인천공항에 적용 사례(U-SAT)

모바일 로봇과 같이 실내에서 움직이는 이동체에서 공간상의 절대위치와 방위각을 제공한다.

① 개요

GPS의 인공위성을 대신하는 센서들을 실내에 설치하여 목표물의 위치를 추정하고 이동하는 물체의 위치를 실시간으로 센싱하고 실내에서의 위치 인식을 위한 합리적인 가격의 센서이다.

[그림 4-11] 실내 GPS 사용 사례

② 용도

- 모바일 로봇의 위치추정
- 공공 건물 안에서 자신의 위치추정
- 유비쿼터스 응용 시스템 개발

③ 동작원리

태그(송신기)에서 보낸 초음파 신호와 수신기에서 요청한 RF신호로 로봇의 절대좌표를 인시하여 로봇의 현재 위치와 방위각 정보를 PC에서 모니터링한다. 모바일 로봇과 PC간의 통신은 유선 혹은 무선을 이용하여 통신한다. 또한 지그비에 의한 로봇과 PC간에 무선통신이 가능하다.

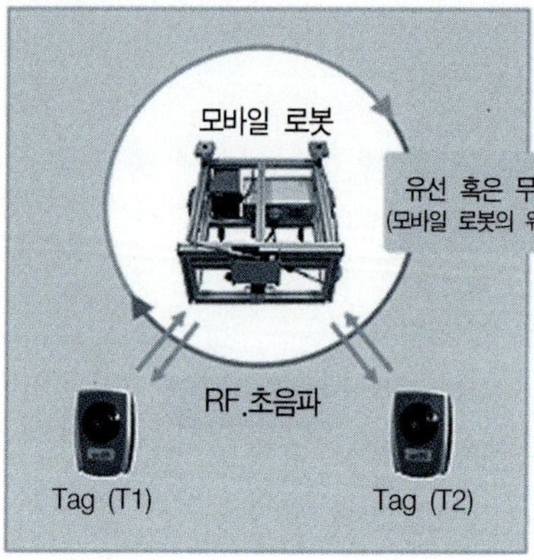

[그림 4-12] 실내 GPS의 동작원리

④ 시스템 구성

- 1 Block 당 2개 혹은 4개의 초음파 송신기와 로봇에 장착될 수신기로 구성
- 각 송신기는 고유의 ID를 가지며 수신기에서 RF로 호출한다.
- 수신기는 DSP 보드와 초음파 수신기로 구성되고, 초음파 수신기는 방위각 계산이 필요한 경우 2개를 둔다.
- 수신기의 DSP 보드에서 송신기에서 보낸 초음파 신호의 시간을 측정하여 좌표값과 방위각을 출력한다.

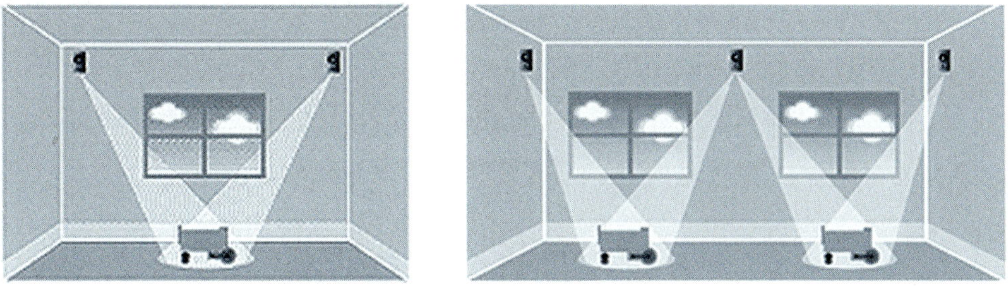

[그림 4-13] 실내 GPS의 시스템 구성

⑤ 사양

〈표 4-4〉 실내 GPS의 사양

Case	Item	수량	사양	비고
iGS2	Tag(transmitter)	2	RF + Ultrasonic	
	Receiver	1	Ultrasonic	방위각 필요시 2개
	iGs controller	1	81mm × 70mm	
	Position accuracy		Aver. 4cm / Max. 10cm	15m × 15m × 2.5m
	Heading accuracy		Aver. 2deg / Max. 5deg	15m × 15m × 2.5m
iGS4	Tag(transmitter)	4	RF + Ultrasonic	
	Receiver	1	Ultrasonic	방위각 필요시 2개
	iGs controller	1	81mm × 70mm	
	Position accuracy		Aver. 0.5cm / Max. 2cm	15m × 15m × 2.5m
	Heading accuracy		Aver. 0.6deg / Max. 2deg	15m × 15m × 2.5m

초음파 기반의 위치인식제품은 전원선과 연결된 초음파 비콘을 천정 곳곳에 설치해야 한다. 따라서 실내 인테리어와 별로 어울리지 않지만 큰 빌딩 내부에서도 안정된 수신률은 장점이다.

- RF기반의 위치인식제품은 나인티시스템과 한국LPS가 연말까지 상용화할 계획이다. RF기반의 위치인식은 초음파, 적외선 방식에 비해 오차율은 다소 크지만 커버리지가 훨씬 넓고 사각지역이 없는 장점이 있다. 따라서 보안로봇 · 항만용 무인운반차(AGV)와 같은 실외용 로봇장비제어에 매우 효과적이다.
- 천정이 아닌 바닥에 인공지표를 심는 로봇 위치인식기술도 마이크로로봇

(http://www.microrobot.co.kr)에 의해 상용화됐다. 로봇이 장판과 마루바닥에 새겨진 바코드로 절대좌표를 읽기 때문에 위치정밀도가 탁월하다. 단 로봇전용 바닥재를 별도로 시공하는 부담이 있어 신규 아파트가 아니면 현실적으로 적용하기 어렵다.

여타 로봇기술과 달리 한국은 위치인식분야, 특히 인공지표를 이용한 로봇 위치인식에서 세계수준으로 판단된다. 다른 나라에서 로봇 위치인식기술을 주로 연구실 수준에서만 구현한 반면 우리나라는 모바일 로봇제품에 적용하기 위해 다양한 시행착오를 겪으면서 상용화에 오히려 앞섰기 때문이다. 2004년부터 위치인식용 로봇센서의 국산화를 적극 지원해온 것도 국내업체들의 기술력 향상에 도움을 줬다.

요즘 국내업체들의 위치인식제품들은 청소로봇에 당장 적용해도 될 정도로 완성도가 높아졌다. 위치인식제품의 대당 공급가격이 1만원 이하로 떨어지면 수요가 폭증할 것이라 예측했다. 지능형 로봇분야에서 과감한 상용화 시도 덕분에 한국은 로봇 위치인식분야에서 상당한 경쟁력을 갖추게 됐고 로봇 위치인식기술은 모바일 로봇 외에 위치정보기반 서비스(LBS)와도 연관성이 높아 입체적 시각을 갖고 육성해야 한다. 우리나라에서 만든 로봇위치인식기술이 외국보다 낫고 모바일 로봇의 상용화에서 여타 선진국보다 앞선 만큼 한국의 위치인식기술도 노하우가 더 많다. 한국LPS은 실내용 GPS기술을 우리나라에 보급시킨 선구자다. 2004년 초음파로 주위를 인식하며 날아다니는 박쥐의 원리에 착안해 국내최초로 초음파 위치인식장치를 개발했다. 초음파 기반의 GPS기술은 도달거리가 기존의 3배나 길어서 비콘 설치 숫자를 획기적으로 줄일 수 있다. 인천공항 3층의 출국장 전체를 불과 40개의 초음파 비콘으로 커버한다. 공공 도우미 로봇이 넓은 공항에서 정확한 루트에 따라 움직인다. 인천공항 외에도 서울 강남우체국, 부천로봇파크도 한국LPS의 초음파 위치인식제품이 설치됐다. 또 커버리지가 넓은 RF기반의 위치인식기술도 올해 안에 상용화되어 장애인용 자율주행 휠체어과 컨테이너부두의 무인 트레일러 등에 적용된다. 로봇 위치인식분야에 한국 업체들이 일찍 뛰어든 덕분에 국내 모바일 로봇시장의 활성화에 호기가 왔다고 평가한다. 한단계 앞선 위치인식기술은 로봇시장의 판도를 바꿔놓는다. 에볼루션 로보틱스가 내년 초 위치인식기술을 적용한 청소로봇을 출시한다. 위치인식기술에 비하면 룸바가 자랑하는 청소기능도 별거 아니다.

위치인식기술을 바탕으로 하는 위치기반 서비스는 크게 2가지로 분류될 수 있다.

① 컴퓨팅 기기의 위치를 알 수 있도록 GPS수신기를 부착하여, 사용자가 이동함에 따라서 사용자의 위치를 표시할 수 있도록 하는 것이다. 이와 같은 대표적인 예로써, HP의 Cool-town 프로젝트에서 PDA나 스마트폰에 GPS수신기를 부착해서 위치를 인식할 수 있도록 해서 웹을 기반으로 하는 소프트웨어에 활용할 수 있도록 한 것이 있다.

② 생활공간 속에 사람과 물체들을 포함한 물리적 대상들의 위치를 추적하는 시스템들이 설치되어, 이들의 위치에 따라 특정한 서비스를 제공해야 하는 컴퓨팅 기기들에게 적절하게 해당 위치정보를 주는 것이다. 이같은 전형적인 예는 캠브리지 대학의 Sentient Computing 프로젝트인데, 여기서는 사용자 주변에 설치된 컴퓨팅 기기들이 사용자가 인식하지 못하는 수준인 말 그대로의 유비쿼터스화 되고 개인화된 서비스를 제공한다.

이러한 환경하에서 u-Sensor 네트워크상에 존재하는 모든 노드들의 위치정보를 일관성 있고 효율적으로 표현할 수 있어야만 한다. 따라서 위치기반 서비스의 공통 인프라를 구축할 수 있는 위치코드 체계가 절실히 요구되고 있다.

4-3 로봇의 지능형 이동기술

실생활 환경에서의 불확실성을 효과적으로 극복하며, 주어진 이동 작업을 안정적으로 수행해 내는 기술이고 모든 종류의 이동로봇에 필요한 핵심 기반이다.

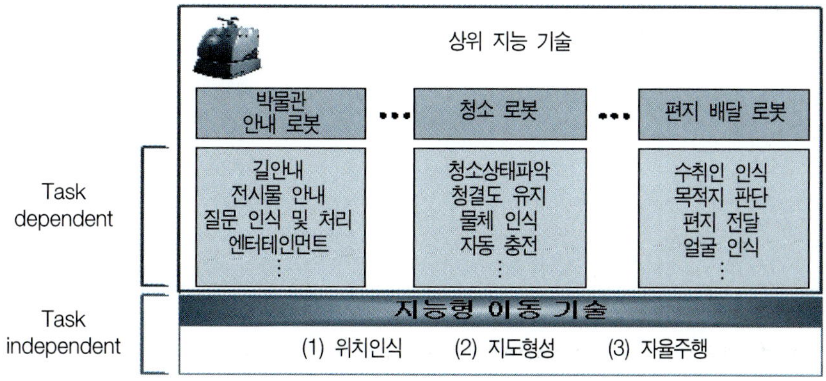

[그림 4-14] 로봇의 지능형 이동기술

1) 지능형 이동 기술의 문제

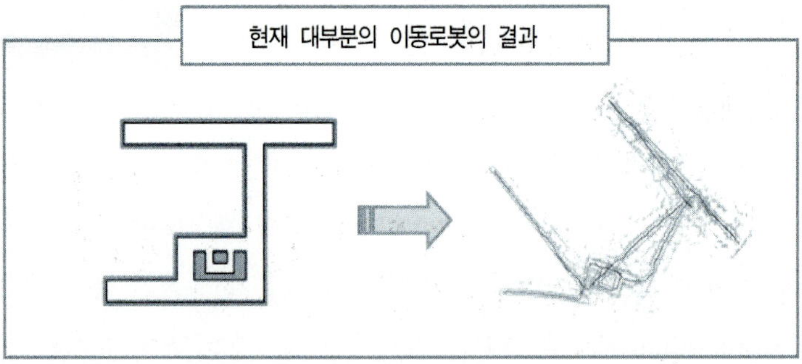

[그림 4-15] 현재의 박물관의 약150미터를 odometry data만을 이용하여 지도를 그리는 경우

[그림 4-15]처럼 사용 했을 경우에 문제점은 다음과 같다.

- 절대 위치센서의 어려움
- 상대위치 센서의 불확실성
- 가격이 비싸다.

2) 지능형 이동기술의 세부기술

(1) 지능형 이동기술의 세부기술들

① 위치인식

- 주어진 지도하에서 자신의 위치를 알아내는 절대위치인식
- 출발점에서부터의 이동거리를 예측하는 상대위치인식

② 지도형성

- 센서 정보로 주변환경을 기억하고 필요시 이를 사용한 기법이다.

③ 자율주행

- 주어진 현재의 위치, 최종위치, 주행시 최적화요소(안전, 시간 등)지도정보
- 목적지까지의 최적경로를 생성하고 주행하는 기법

(2) 세부기술들의 필요요건

성능은 실용화가 가능한 성능을 확보해야하고 경제성은 $1000 이하의 센서로 구현이 가능하고 상호통합성은 하나로 통합될 수 있는 세부기술들이어야 한다.

3) 세부기술별 실용화 수준별 성능

(1) 위치인식 기술의 성능

- 모든 형태의 기구를 가지는 이동로봇에 적용이 가능
- 위치 오차가 주행거리와 관계없이 bound되어져야 한다.
- 100m주행이 오차범위가 5cm 이내이어야 한다.
- 동적 환경에서도 강인하여야만 한다.

(2) 지도 형성 기술의 성능

- 수Km 이상의 주행거리에서 100개 이상의 사이클들을 매핑해야만 한다.
- 확장 가능영역(문, 엘리베이터)에 대한 지능적인 판단을 해야만 한다.
- 위치 영역(계단, 난간)에 대한 지능적인 판단을 해야만 한다.
- 물체의 이동, 지도 변화에 대한 능동적인 대체를 해야만 한다.

(3) 자율주행 기술의 성능

- 동적의 환경에서도 안정성이 보장되어야 한다.
- 상위 지능이 요구하는 최적경로를 생성해야만 한다.
- 최소한의 센서정보로도 주행이 가능해야 한다.

4) 국내외 기술비교

〈표 4-5〉 국내외 선진사례 비교

		위치인식	지도형성	자율주행
UK	P.Newman	7/9	7/9	N/A
MIT	J.Leonard	5/9	5/9	5/9
U.Freiburg	J.Gutmann	N/A	4/9	N/A
GMU A	H.Choset	7/9	7/9	7/9
CMU B	S.Thrun	3/9	N/A	N/A
U.Sydney	D.Whyte	4/9	4/9	N/A
국내		3/9	4/9	3/9

5) 위치 인식(Localization)기술의 특징 및 종류

① Fusion 중에 센서의 인코더(encoder)인 이동(traveling) 거리(distance), 자이로스코프(Gyroscope)인 회전 속도, 초음파 원(Ultrasonic)인 장애물(Obstacle)감지(detection)가 이에 포함한다.

② 신호처리 중의 노이즈로써 센서 노이즈와 외부 노이즈가 이에 포함한다.

③ 위치의 종류

- 절대위치(Absolute Localization); 전세계 구조에서 알기위한 조건
- 상대위치(Relative Localization); 초기 점부터 내부 구조에서 알고자 할 때

6) 매핑(Mapping)의 특징 및 종류

① 글로벌 매핑(mapping)

② 로컬 매핑(mapping)

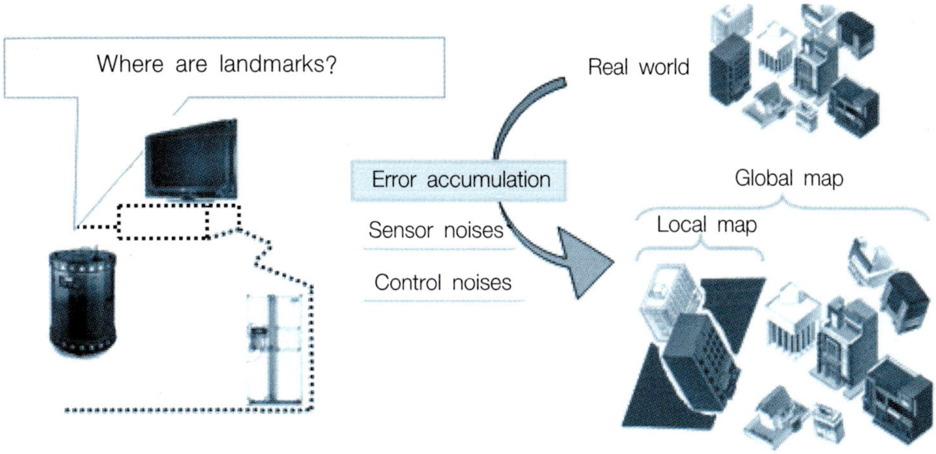

[그림 4-16] 매핑의 특징

7) 내비게이션의 개요

이동로봇이 가정환경 내에서 현재 위치에서 목표지점까지 안전하게 이동하기 위해서는 경로생성(Path Planning)과 장애물 회피(Obstacle Avoidance)기술이 필요하다. 경로생성은 2가지가 있다. 알고 있는 지도를 가지고 경로를 생성하는 글로벌 경로 생성(Global Path Planning)과 알고 있지 않은 지도를 가지고 경로를 생성하는 로컬 경로 생성(Local Path Planning)으로 구분된다.

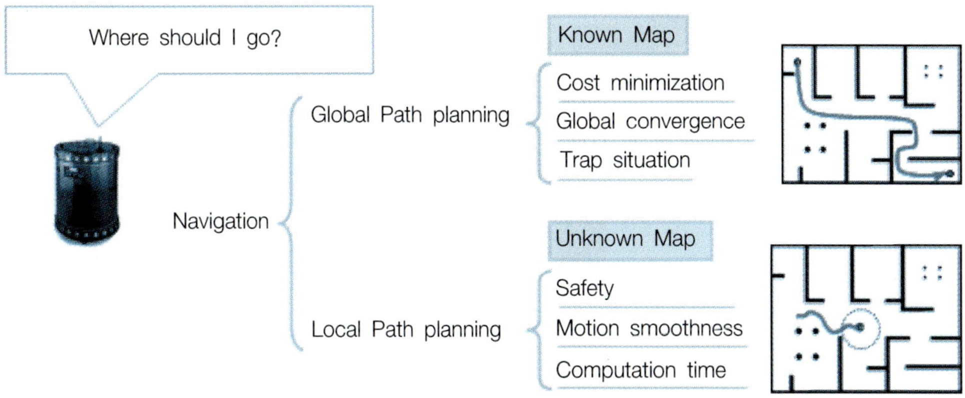

[그림 4-17] 네비게이션의 특징

8) SLAM의 개요

SLAM(Simultaneous Localization And Map-building)은 CML(Concurrent Mapping and Localization)으로써 이동로봇에서의 로봇이 미지의 환경을 돌아다니면서 로봇에 부착되어 있는 센서만으로 외부의 도움 없이 환경에 대한 정확한 지도를 작성하는 작업이다. SLAM은 지능로봇의 자율 주행 구현을 위한 가장 기본적이면서도 핵심이 되는 기술로써 . 정확한 지도를 작성하기 위해서는 로봇의 위치추정이 정확하여야 하고, 정확한 위치추정을 위해서는 지도가 정확하여야 한다. 실제 상황에서 불확실성이 포함된 지도에서의 위치추정의 결과는 부정확하고, 센서의 불확실성에 기인한 부정확한 로봇의 위치는 지도의 부정확성으로 이어지게 된다.

9) SLAM의 중요성

(1) 저가의 센서를 사용하는 경우

예를 들면 Sonar 센서(약 $50)는 많은 센서의 불확실성. 위치추정 혹은 매핑이 미약하다.

(2) 고가의 센서를 사용하는 경우

예를 들면 레이저 센서(약 6000)는 센서정보를 추출할 수 있고 위치추정이나 매핑이 용이하다. 그러므로 저가 센서를 사용하기 위해 SLAM이 중요하다.

10) SLAM의 원리 및 동작원리

- 거리센서, 엔코더 등의 센서를 사용하며 이를 탑재한 로봇에 적용.
- 바퀴의 모터에 장착된 엔코더를 이용하여 기본적인 로봇의 위치를 계산.
- 실내 환경에 존재하는 직선 정보, 코너 정보와 같은 특징 정보를 위치 추정에 활용.
- 특징 정보를 사용하여 로봇의 위치를 추정한 후, 지도 정보를 갱신.

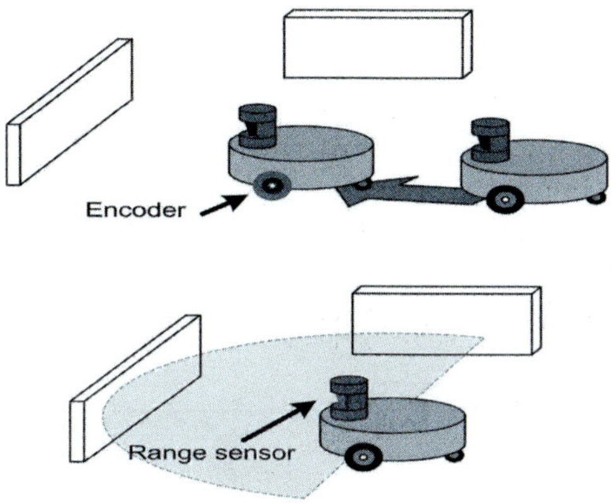

[그림 4-18] 지능형 이동 로봇에 SLAM 적용원리

(1) SLAM의 동작원리

① 엔코더 정보로부터 한 주기 동안 이동한 로봇의 다음 위치를 계산함.

② 계산한 로봇 위치에서 거리센서에 의하여 관찰될 환경을 예측함

③ 로봇에 장착된 거리센서에서 실제 측정값을 받아들임.

④ 예측된 환경과 관찰된 환경을 매칭함.

⑤ 매칭된 값을 바탕으로 로봇의 실제 위치를 추정함.

⑥ 추정된 위치에서 지도를 갱신함.

⑦ 위의 과정을 반복함

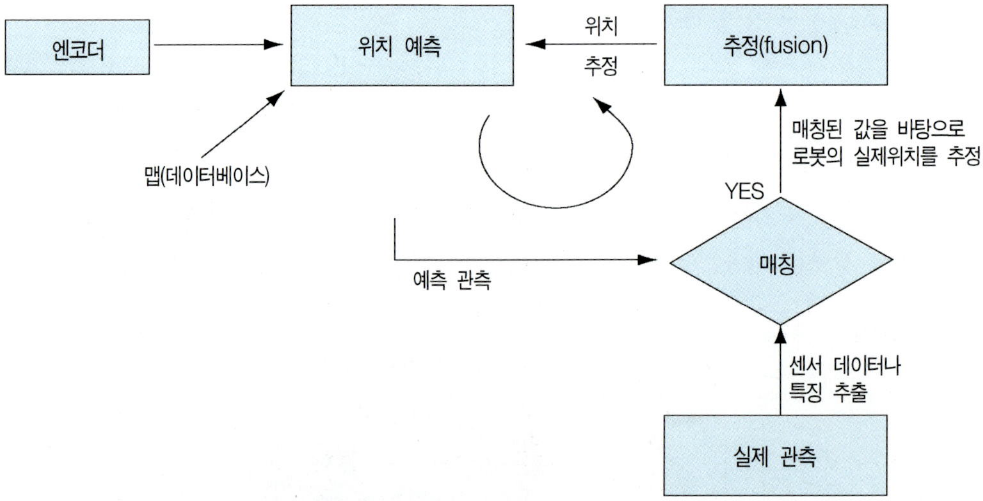

[그림 4-19] SLAM의 흐름도

(2) 세선화 기반의 위상 정보를 이용한 SLAM

- 세선화 기반의 위상 정보의 노드에는 근처의 특징의 정보가 저장되어 있음.
- 로봇의 근처에 있는 특징 정보를 검색하는 데 노드를 사용
- 효율적인 특징 검색 및 정합 가능

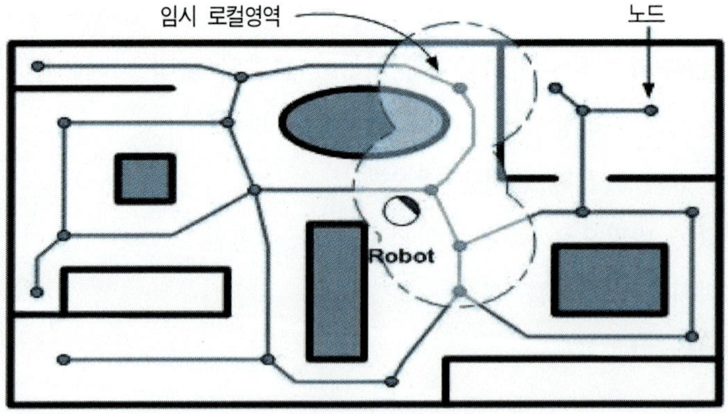

[그림 4-20] 세선화 기반의 위상정보를 이용한 SLAM

(3) SLAM의 응용

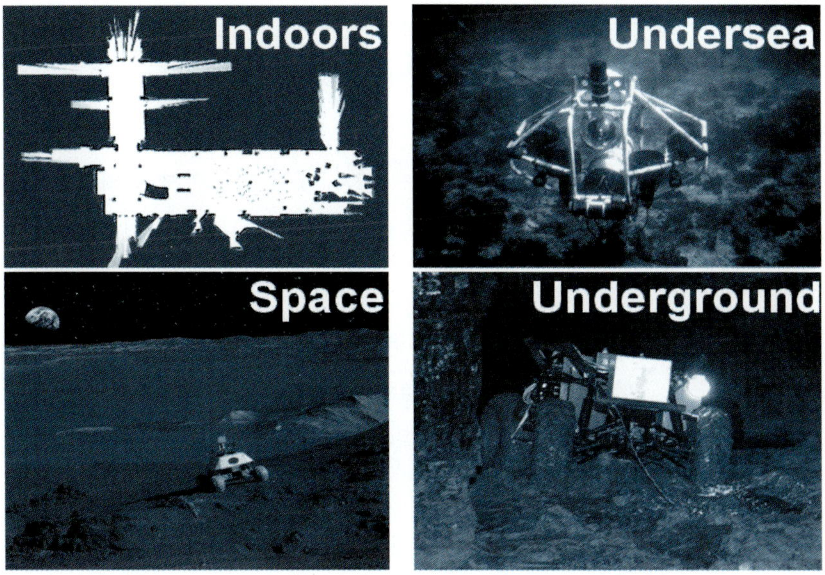

[그림 4-21] SLAM의 응용분야

4-4 로봇의 메커니즘 기술

로봇의 제작원가에서 구동메카니즘(모터+감속기+컨트롤러)이 차지하는 비중은 거의 70%에 육박한다. 로봇이 움직이는데 필수적인 정밀모터 · 감속기 등에서 쓸만한 산업용 로봇이나 지능형 로봇의 구동메카니즘은 거의 외국상표가 찍혀 있다.

로봇이라는 기계가 움직이는 방법은 크게 세 가지로 구분된다.

① 전기모터의 힘을 감속기어로 증폭시켜 로봇팔을 움직이는 방식이다. 전기모터를 쓰면 정밀한 위치제어가 가능해 로봇분야에서 가장 보편적으로 사용된다.
② 공기압으로 로봇팔을 작동시키는 것이다.
③ 유압 실린더로 로봇팔을 작동시키는 것이다. 실린더를 쓰면 부품구성이 단순해지고

힘도 강해지는 장점이 있지만 정교한 작업을 수행하기에는 적합하지가 않다.

이족보행로봇의 구조를 보면 로봇에서 모터가 차지하는 비중이 얼마나 큰지 확연히 드러난다. 로봇이 사람처럼 걷거나 움직이려면 적어도 수 십개의 모터를 주렁주렁 장착해야 한다.

휴보의 걷는 동작이 꽤 자연스러운 이유는 손가락에서 발끝까지 무려 41개의 모터가 들어가기 때문이다. 사람의 몸이 수 백개의 근육으로 움직이는데 비하면 아직 멀었지만 로봇이 정교해질수록 내장되는 모터 숫자도 점점 늘어나기 마련이다.

우리나라는 로봇구동에 중요한 부품인 모터의 해외의존도가 80%에 달한다. 특히 일본은 세계 모터생산량의 70%를 차지하는 기술력과 규모의 경제를 내세워 국내 로봇용 모터 수요를 석권하고 있다. 로봇왕국 일본의 저력은 어떤 사양의 로봇용 모터도 직접 설계, 제조할 수 있는 모터기술에서 나왔다.

한국 로봇업계 입장에서 일제모터의 높은 성능과 신뢰도, 다양성은 언젠가는 극복해야 할 거대한 산이다. 유럽의 스위스, 독일도 탄탄한 기계산업을 바탕으로 로봇용 고정밀 모터분야에서 넘보기 힘든 경쟁력을 갖고 있다.

물론 우리나라도 지난 20년간 산업용 모터 국산화에 적잖은 노력을 해왔다. 덕분에 가전제품 · 자동차 · 정보기기 등에 들어가는 범용모터는 나름대로 경쟁력을 갖췄다는 평가를 받고 있다. 하지만 로봇장비에 사용되는 고정밀 서보모터는 외국과의 기술격차는 여전하다. 모터 속도를 늦춰 로봇의 힘을 증가시키는 감속기 분야로 가면 기술격차가 더욱 벌어진다. 감속기는 각 모터의 특성에 따라 회전비율을 최적화하는 맞춤형 기계부품이다. 당연히 독자적 모터기술이 뒷받침되지 않고서는 모터에 맞는 감속기 개발도 기대할 수 없다. 그나마 모터를 제어하는 컨트롤러 · 드라이버는 기계가 아닌 회로기술이 핵심으로 국내제품이 세계수준과 큰 격차가 없다.

자동차 엔진(모터)과 트랜스미션(감속기), 전자제어장치(컨트롤러)가 조화를 이뤄야 명차가 나오는 법이다. 완성도가 높은 로봇제품도 모터와 감속기, 제어기술의 조화가 필수적이다. 하지만 국내 부품기업이 좁은 내수시장만 바라보고 특정 로봇 사양에 맞는 구동 메커니즘을 개발하기란 부담이 너무 크다.

기술력이 있어도 초기 로봇시장에서 전용모터나 감속기를 소량 생산해서는 채산성이 맞지 않아 제품개발을 기피하게 된다.

부천에 위치한 모터넷은 지난 2004년 휴보의 손가락 관절을 움직이는 모터 구동부를 국산화했다. 그러나 겨우 모터 30개를 납품한 뒤 수요가 끊겨 여태 투자비 회수를 다 못하고 있다. 지난 90년대부터 정부주도로 로봇모터의 국산화가 몇차례 성공했지만 협소한 내수시장 때문에 상용화까지 연결된 사례는 별로 없다. 로봇제조사 입장에서도 국산모터 몇 종에 맞춰 로봇제품을 설계하기 보다는 수 십종의 제품군을 확보한 외산모터를 세트로 골라 쓰는게 더 편한 것이 현실이다.

세계 4위의 로봇대국인 한국에서 로봇을 움직이는 구동메카니즘을 대부분 외산제품에 의존하는 이유는 한정된 내수시장이 부품 국산화를 막고 있기 때문이다. 전문가들은 우리나라가 로봇구동부품의 해외 외존도를 조속히 낮추지 않으면 정작 차세대 로봇산업의 과실은 상당부분 해외로 유출될 것으로 우려한다. 일본은 정밀모터나 동력전달용 감속기 등 로봇구동부품의 강국이기 때문에 세계 로봇시장이 커질수록 돈을 버는 구조다.

한국이 로봇을 한 대 팔 때마다 맥슨·야스카와·파낙 등 외국 부품업체들의 주머니만 불려주는 상황은 가능한 빨리 극복해야 한다.

안팎의 어려움은 존재하지만 향후 한국이 로봇구동부품에서 경쟁력을 높일 가능성은 충분하다. 로봇을 움직이는 구동메카니즘이 서보모터, 감속기 및 콘트롤러가 일체화된 지능형 액추에이터로 진화하면서 한국이 강점을 지닌 디지털 기술의 중요성이 강조되는 것은 고무적이다. 이차피 모터나 감속기를 빼놓고 로봇산업의 경쟁력을 논할 수 없다면 정부주도의 부품 R&D사업을 다시 강화하는 정공법도 요구된다. 산자부가 최근 발표한 중기거점 기술개발사업에 로봇용 스마트 액추에이터 개발건이 포함된 것은 청신호다. 총 40종의 지능형 모터 시리즈를 개발하는 이번 사업이 성공하면 지능형 로봇제품을 만들 때 굳이 외국 모터업체의 브로셔를 뒤적이지 않아도 될 전망이다.

로봇전용이 아닌 기존 정보가전과 호환되는 모터부품을 개발하는 공용화 전략도 필요하다. 소니가 강아지 로봇 아이보를 만들 때 전용모터 대신 VCR모터를 채택한 이유도 규모의 경제를 갖추고 부품가격 하락을 유도하기 위한 전략이었다. 부품공용화 전략으로 로봇부품이 싸지면 로봇 완제품의 가격이 내리고 다시 부품의 대량구매가 이뤄지는 선순환 구조가 생긴다. 일부 전문가들은 로봇구동분야에서 일본과 기술격차를 고려할 때 전기모터가 아닌 새로운 접근방법을 모색하는 편이 낫다는 주장도 펼친다. 전류에 반응해 수축하는 인공근육이나 증기기관으로 움직이는 로봇팔을 지금부터 개발하면 후발주자도 같은 출발선에서 경쟁할 수 있다. 10년 뒤에는 모터 대신에 신소재 태엽을 감아 움직이는 친환경 로봇이 인기를 끌지도 모를 일이다.

모터는 로봇산업의 근본이다. 우리나라가 로봇강국이 되려면 모터기술을 높이는 정부 차원의 장기적 비전이 필요하다. 로봇산업이 부각되면서 모터와 감속기, 제어장치가 결합된 액추에이터(작동기)의 국산화 수요가 커지고 있다.

로봇용 모터에서 한국과 일본의 기술격차는 3~4년까지 줄었다고 본다. 각종 모터의 설계기술은 우리도 높지만 정밀가공과 제품군의 다양성에서 일본에 밀리는 상황이 문제이다.

휴보의 손가락과 발꿈치 모터를 직접 개발하고도 추가수요가 없어 사장시킨 사례를 기억한다. 그럼에도 로봇산업의 미래를 생각하면 신형 모터개발에 더 박차를 가할 때 이다.

영세한 모터업체가 몇 년 뒤에나 시장수요가 터질 로봇구동부품을 홀로 개발하기란 힘들다. 정부가 관련 개발과제를 지속적으로 진행하는 것만이 최선의 육성책이다.

현재 로봇의 주된 동력원이 전기모터지만 새로운 형태의 구동기술이 나오면 로봇시장의 판도를 바꿀 것이라고 예상한다.

대기업조차 모터사업을 해외로 이전하지만 로봇모터와 같은 고부가가치 제품은 국내서 생산해야 한다. 로봇에서 모터를 빼면 고철이나 다를 바가 없기 때문이다.

1) 모터의 기술

(1) 모터의 정의

모터는 전기적 에너지를 기계적 에너지로 변환시켜 회전 또는 직선운동 동력을 얻는 기계로 시동 및 운전이 용이하고, 부하에 적합한 기종을 선택하기 쉽고, 소음 및 진동이 작고, 배기공해도 없는 소형 경량의 원동기이다.

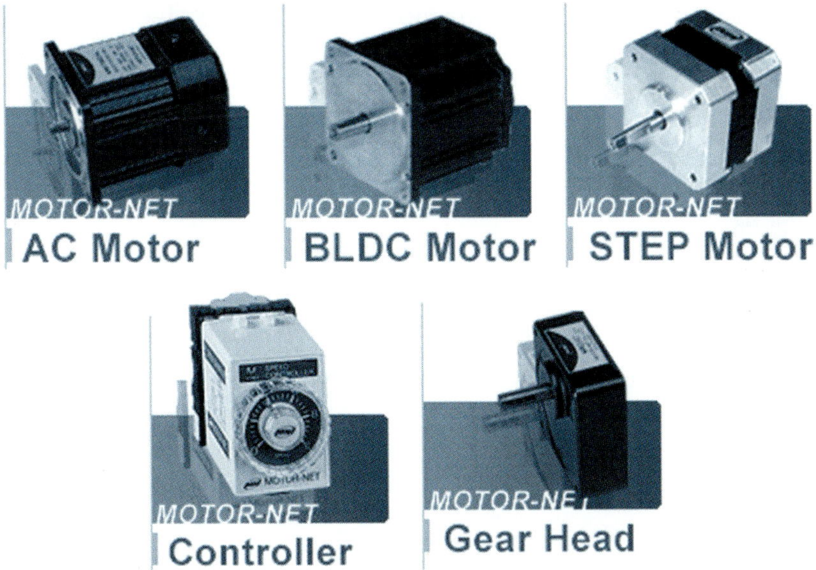

[그림 4-22] 모터의 종류

(2) 모터의 종류

① 전원종류에 의한 분류

- 교류(AC)전동기 : 교류 전원으로 동작하는 전동기. 예로서 유도 전동기, 동기 전동기, 교류 정류자 전동기 등이다.
- 직류(DC)전동기 : 전기자에 직류를 공급함으로써 회전하는 전동기. 자극 N과 S사이에 코일을 두고, 이 코일에 전류를 흘림으로써 생기는 토크에 의해 회전시킨다. 이 코일이 중성축을 통할 때마다 전류의 방향을 반전시켜 연속적으로 회전시킨다. 분권 전동기, 직권 전동기, 타려 전동기, 복권 전동기 등 이다.

② 기능에 의한 분류

- 일정한 속도를 내는 모터
  - 유도전동기(Induction Motor) : 회전하지 않는 고정자와 회전할 수 있는 회전자로 이루어지며, 고정자 권선에 회전 자계가 발생하는 전류를 공급하면 전자 유도에 의해 회전자 권선에 유도 전류가 흘러 토크를 발생하여 회전하는 전동기. 유도전동기는 보통 정류자를 갖지 않고, 정상 운전상태에서는 동기 속도보다 느린 속도로 회전한다. 단산, 3상의 것이 있으며, 회전자의 구조에 따라 농형, 권선형으로 나뉜다.

–Reversible Motor : 유도전동기(Induction Motor)의 일종이며, 우회전, 좌회전 어느 방향으로도 같은 특성이 얻어지게 되어 있는 모터이다. 원리적으로도 유도전동기(Induction Motor)와 같으나 빈번한 정역전에 견디고 큰 시동 토크를 얻기 위해 일반 유도전동기(Induction Motor)와 같이 주코일, 보조코일의 관계는 없다.

- Brake 모터

–전자 Brake 부착 Motor

· 무여자 작동형 전자 Brake를 내장한 모터이다.

· 제동이 확실히 작동하여 유지력을 얻을 수 있다.

· 제동의 작동은 전원이 고장 일 때에 작동하므로 안전하게 사용하는 Brake로 적합하다.

–Brake Pack SB 시리즈

· 유도전동기(Induction Motor), Reversible Motor 전용의 순시제동용 회로의 전자 Brake이다.

· 유접점 Brake Pack과 무접점 Brake Pack 2종류가 있다.

–속도 조절 모터

· 유닛 형태(Unit Type) : 속도 제어기와 모터를 간단하게 접속하여 사용할 수 있는 형태이다.

· 플러그 인 형태(Plug in Type) : 속도 제어기와 모터를 따로 하여, 속도 제어기와 모터를 사용 용도, 사용 목적에 따라 맞게 선택하여 사용 할 수 있는 형태이다.

2) 감속기의 개요

(1) 감속기의 정의

기어(GEAR)를 이용한 속도 변환기로써, 구동원(MOTER)의 회전수를 필요한 회전수로 감속하는 동시에 큰 토크(TORQUE)를 얻을 수 있는 기구적인 장치이다.

(2) 감속기의 특징

- 소형으로 전달 능력이 크다.

- 미끄러짐이 생기지 않아 감속비가 매우 일정하다.
- 내구성이 있다.
- 감속비를 광범위하게 선택한다.

(3) 감속기의 종류

① 외형의 크기

- 60mm 기어 헤드(GEAR HEAD)
- 70mm 기어 헤드(GEAR HEAD)
- 80mm 기어 헤드(GEAR HEAD)
- 90mm 기어 헤드(GEAR HEAD)

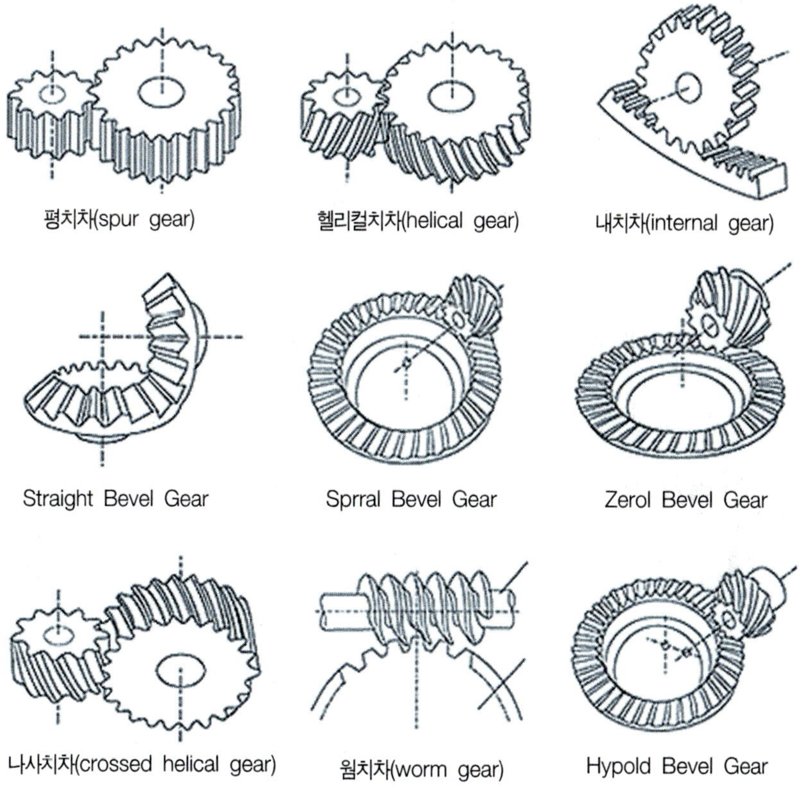

[그림 4-23] 감속기의 종류

② 축교차 방향

- 2축이 평행한 경우 : 평치차, 헬리칼치차, 내치차 등
- 2축이 한점에서 교차하는 경우 : 베벨치차 등
- 2축이 엇갈리는 경우 : 나사치차, 웜치차 등

3) BLDC(Brushless DC) 모터 기술

(1) BLDC 모터의 정의

브러시(Brush)가 부착된 DC 모터에서는 정류자와 브러시(Brush)의 접촉에 의해서 코일에 전류를 흐르게 함과 동시에 전류시키는 기능을 하지만, 브러시(Brush)가 마모되는 단점이 있다. 그러나 브러시 없는 직류(Brushless DC)모터는 브러시(Brush)를 사용하지 않고 비접촉의 위치 검출기와 반도체 소자로서 통전 및 전류시키는 기능을 바꾸어 놓은 모터이다. 따라서 브러시 없는 직류(Brushless DC) 모터의 토크발생 원리는 DC모터의 경우와 같은 형태이다.

(2) 브러시 없는 직류(BLDC) 모터의 구조

① 회전기의 구조

브러시 없는(Brushless) 직류(DC) 모터를 구조면에서 분류하면 권선으로의 통전은 브러시(Brush) 등 접동요소를 사용하지 않는 고정식으로 하기 때문에 자계를 만드는 마그네트 회전기를 어디에 배치하느냐에 따라서 자로의 구성방법, 권선의 배치방법이 변한다.

② 회전자 위치 검출장치

브러시가 부착된 DC 모터와 같은 모양으로 전류의 방향과 자속의 방향을 직교시키기 위해 마그네트 모터 위치를 정확하게 파악해서 그 신호에 의해 권선에 전류를 흐르게 하기도 하고 차단하기도 할 필요가 있다. 그 기능이 회전자 위치 검출장치이다. 검출수단으로서는 광소자와 자기저항소자, 그밖에 다른 것들이 있지만 소형이면서 가격이 싸다는 점에서 홀소자가 가장 실용화되어 있다. 모터의 발열에 의해 고온하에 있기 때문에 온도특성이 좋은 갈륨비소와 같은 것이 주류이다. 홀소자는 반도체에 전류를 흘리고 전류와

〈표 4-6〉 BLDC 모터의 종류 및 특징

종류	구조	특징
Outer Rotor형 Brushless DC 모터	모터의 외주측으로 회전자를 배치, 모터의 내주측으로 회전자계를 만든다.	회전자의 관성모멘트가 크므로 정속도 주행에 유리하다. 마드네트를 비교적 크게 할 수 있으므로 고효율, 고토크화하기 쉽다. 권선의 1코일 평균길이가 짧게 되어 손실절감, 고효율화하기 쉽다. 회전자 지지기구가 복잡하다. 밀폐구조로 하기 어렵다.
Inner Rotor형 Brushless DC 모터	모터의 내주측으로 회전자를 배치, 모터의 외주측으로 회전자계를 만든다.	회전자의 관성모멘트가 Outer Rotor에 비하여 작다. 모터 구조를 비교적 간단하게 구성할 수 있다.
Axial Gap형 Brushless DC 모터	축방향의 두께를 비교적 얇게 한 원판상의 모터 회전자의 전기자를 축방향으로 나열한 구조	축수간 간격이 짧기 때문에 공작의 정확을 요함. 축수구조도 복잡 권선과 전기자를 분리 Slotless 구조로 함. 회전율을 저감시킬 필요가 있는 곳에서 많이 사용되고 있지만, 권산의 밸런스를 작게 하여야 할 필요가 있다.

직각방향으로 자계를 주면 직각방향으로 홀전압을 발생하는 것이다.

③ 마그네트

Brushless DC 모터에 사용되는 마그네트로는 소형 모터에 있어서는 그 대부분이 성능과 가격면에서 페라이트 마그네트가 주류이지만 최근에는 그것보다도 한층 더 성능이 좋은 플라스틱 네어듐을 사용하는 체적효율(경박 단소화)을 보다 높인 방향이 보이고 있다.

④ 구동회로

Brushless DC 모터는 통전, 轉流의 기능은 반도체로 구성된 구동회로를 모터의 내부 또는 모터의 외부로 접속해서 최초로 회전한다. 회전의 논리는 위치검출을 해서 홀소자에서의 신호를 인버터용 트랜지스터의 베이스로 구동하기 위한 분배기능을 한다. 더욱이 회전의 논리회로는 회전수에 비례한 펄스를 발생하고 동시에 회전수의 피드백 신호로 해서 이용할 수도 있다.

(3) BLDC 모터의 특징

〈표 4-7〉 BLDC 모터의 장단점

장점	기계적 정류기구를 전자화(무접점화)한 것에 대해 • 전기적 노이즈(불꽃), 기계적 노이즈가 작다. • 신뢰성이 높고 수명이 길다. • 고속화가 용이하다. • 기기의 고밀도화에 따른 요청에 용이하게 대응된다. (형상, 구조의 자유도화 → 경박단소화 → 기전일체화) • 기기의 다기능화에 쉽게 대응된다. (일정 속도제어, 가변 속도제어 등)
단점	모터에 영구자석을 사용하므로 • 저관성화에는 제한이 있다. • 일반적으로 페라이트 자석을 사용할 경우가 많으므로 체적당 토크가 적다. (이 결점을 개선하기 위해, 예를 들면 에너지곱이 높은 희토류자석을 사용하는데 비용이 높아진다.) • 정류기구를 전산화하기 위해 반도체 회로를 필요로 하여 비용이 높아진다. (이 결점은 최근의 반도체 기술의 진보에 의해 개선되어 가고 있다.)

(4) 모터의 선정방법

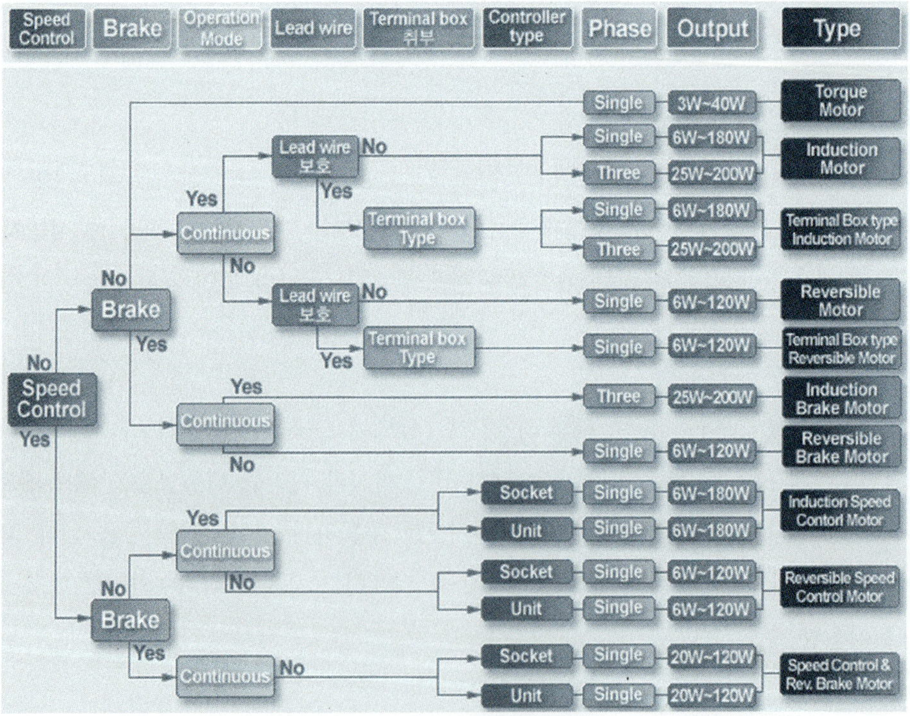

[그림 4-24] 모터의 선정방법

모터의 선정방법에서 고려할 점은 속도제어(speed control), 부레이크(Brake)의 여부, 동작모드(Operation Mode), 리드 와이어(Lead wire)의 보호여부, 터미널 박스(Terminal Box)형태, 제어기(controller)형태, 위상(Phase), 출력(Output)에 따라서 모터의 종류를 선정할 수 있다.

(5) 모터의 모델명 보는 법

① 모터의 모델

모터를 구입 시 꼭 선택할 사항 들이다. 물론 모터의 회사별로 차이는 있지만 대부분이 이 범위를 벗어나지 않는다. 참고하길 바란다.

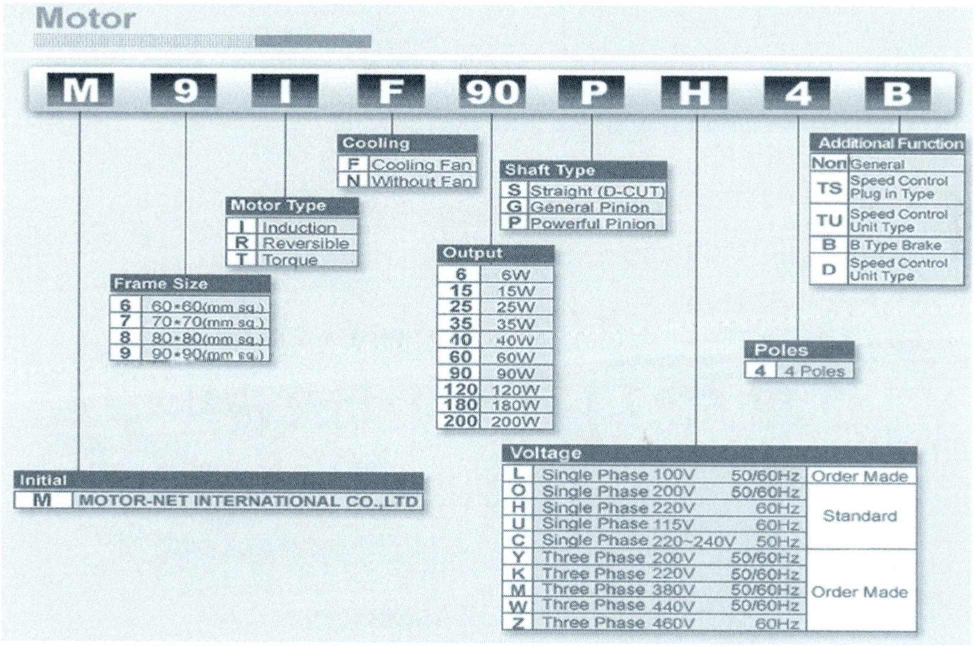

[그림 4-25] 모터의 모델명 보는 법

② DC모터와 드라이버 모델

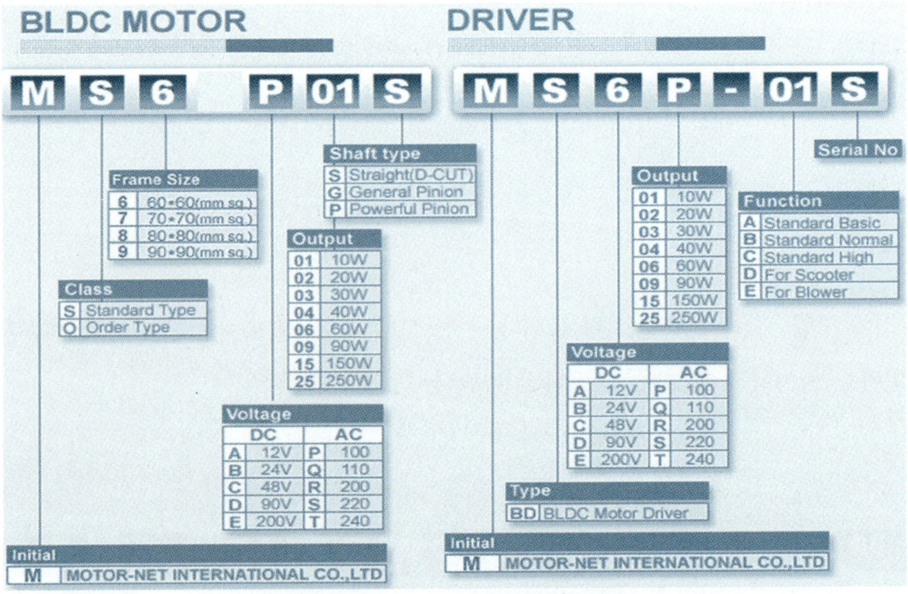

[그림 4-26] DC모터와 드라이버 모델

③ 감속기의 모델

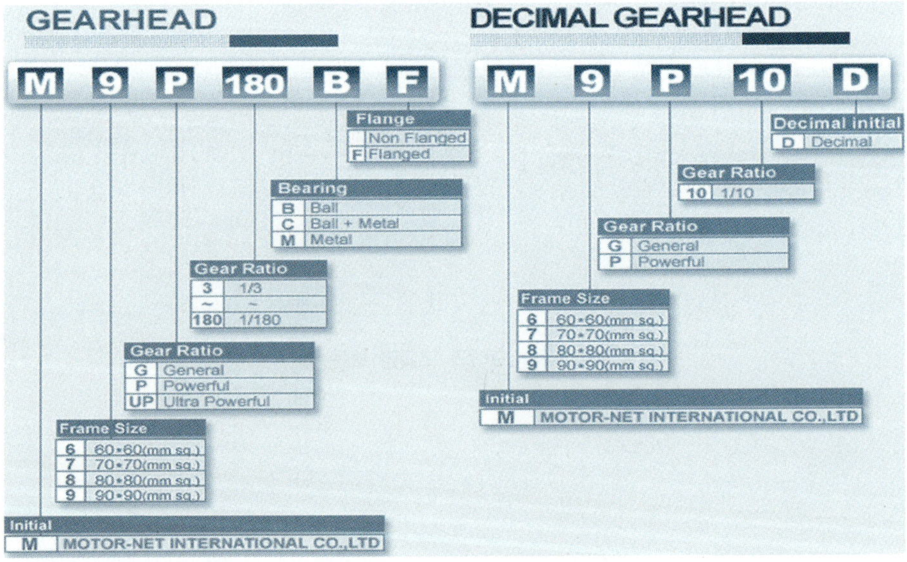

[그림 4-27] 감속기의 모델

(6) 모터의 용어

- 각속도(角速度) : 회전운동을 하는 물체의 속도를 알기 위해 단위 시간당 회전하는 각도를 나타내는 값.
- 감자(減磁) 곡선 : 영구자석의 성능을 판정하기 위한 곡선으로, 포화 상태까지 자화시켰을 때의 자기 히스테리스 곡선에서 제 2 상한의 부분.
- 감자 작용(減磁作用) : 직류기에서 기하학적 중성축 Y와 전기적 중성축 Y' 가 엇갈려 있고, 또한 브러시의 위치를 전기적 중성축에 둘 때 Y의 양측 α각 내에 있는 전기자 권선의 전류로 인해 계자 기자력을 약하게 한다. 이 현상을 감자 작용이라고 한다.
- 계자(界磁;field) : 전자석 또는 영구 자석으로서 만든 자기적인 힘이 파급되는 범위
- 계자 권선 : 회전기에서 자극에 설치하는 권선, 직류기에서는 고정자 쪽에, 동기기에서는 회전자 쪽에 설치하여 어느 것이나 직류로 여자한다.
- 계자 제어법 : 직류 전동기의 속도 제어법의 하나로서, 계자전류를 변화시켜 자속을 변경하여 회전 속도를 변화시키는 방법.
- 고정손 : 철손, 기계손 등 부하 전류의 증감과는 관계가 없는 전력 손실.
- 고정자(固定子 ; stator) : 전동기, 발전기 등에서 고정되어 있는 부분. 반대로 회전하는 부분은 회전자라고 한다.
- 공간각 : 회전기에 있어서 회진자의 1 회전 각도를 2π로 나타낸 각도를 공간각 또는 기계각이라 한다.
- 공진(共振;resonant) : 코일 성분과 커패시터 성분의 값의 크기가 같아서 실수 부분, 즉 저항성분만 있는 것 같이 동작한다. 최대전력전달이 일어난다. 공진 회로는 어떤 주파수에서 공진 현상이 발생하는 회로
- 공진 주파수(共振周波數 ; Resonant frequency) : LC교류 회로에서, C가 일정해도 가하는 주파수에 따라서 $L=1/\omega C$로 되는 주파수가 존재한다. 고유 진동수라고도 한다.
- 공차(公差 ; tolerance) : 기계 부품을 가공할 때 그것을 지시한 치수대로 완성하기는 매우 힘들기 때문에 허용할 수 있는 치수의 범위 .
- 교류(交流;Alternating Current) : 크기와 방향의 시간에 따라 반복하여 변화되는 전압.
- 구동 토크 : 회전을 일으킬 수 있는 원동력.

- 구형파(矩形波, Square wave) : 직사각형인 파형을 가지고 있으며, 펄스파도 여기에 해당된다.
- 권선 : 전기기기의 철심에 절연을 하여 감는 구리 또는 알루미늄선의 코일.
- 권선 계수 : 교류기의 전기자 권선에 1상분의 직렬 도선수
- 기계손 : 회전기에서 마찰 저항으로 인한 기계 에너지의 손실.
- 기어드 모터(Geared Motor) : 모터의 회전축에 기어 등의 감속기구를 부착한 것이며, 저속 회전을 실현하거나 큰 토크를 발생할 수 있다. 카메라의 필름 자동 감기 장치, 자동차의 시동 모터, 전동 드라이버 외에도 큰 토크가 필요한 경우에 많이 활용된다.
- 기자력(起磁力, Electromotive force) : 철심에 코일을 N회 감고 전류 I를 흘리면 철심에 생기는 자속ø는 NI에 비례한다. 이 NI를 기자력이라고 한다.
- 기전력(起電力) : 전하의 전위를 올리는 것으로서 전기회로에 전류를 흐르게 하는 작용을 하는 것을 기전력이라고 한다. 단위는 [V]
- 내전압(耐電壓) : 기기, 부품 등이 어느 정도 의 전압까지 견디는 가를 나타내는 값.
- 누설 리액턴스(漏泄reactance) : 누설 자속의 변화에 의해 권선 중에 주자속보다 90도 위상이 지연된 기전력을 유도하며 그 크기는 누설 자속에 비례한다. 이 자속은 대부분이 공기 중을 통하므로 전류에 비례한다. 따라서 누설 자속에 의해 생기는 기전력을 jLx로 한 경우에 Lx를 누설 리액턴스라고 한다.
- 누설 자속 : 2개의 권선간의 전자 유도에 유용하게 작용하는 주자속에 대하여 한편의 권선만 쇄교하여 유효하게 작용하지 않는 자속.
- 누설 인덕턴스 : 송전 선로에는 애자 표면의 누설 전류에 대한 것으로 그 값이 적다. 그러나 코로나가 생길 경우 이 영향을 등가 누설 인덕턴스로서 취급한다.
- 다이렉트 드라이브(Direct Drive) : 일반적으로 모터의 회전축에 부하를 벨트 혹은 기어 등을 통하여 연결하여 사용한다. 이것을 간접 구동이라고 하며 이것에 반하여 모터 출력 측에 직접 부하를 연결함으로써 모터 자체가 부하의 구동부를 구성하는 구동 방법을 다이렉트 구동 또는 직결구동이라고 한다. 보통 매우 정밀한 회전 성능을 요구할 때 사용된다. 당연히 백래시(Backlash)가 없고 축의 흔들림도 없다. 주로

레이저 스캐너, FDD, HDD, CD, VTR 등의 모터 등이다.

- 단락(短絡 ; short) : 영 또는 영에 가까운 저항의 도선으로 접속하는 것.
- 단락 보호 장치 : 단락 사고가 발생한 때 발전기, 변압기 등의 소손(燒損)을 최소한으로 하기 위해 설치하거나, 또는 다른 사고로의 파급을 방지하는 장치를 말한다.
- 단상 유도 전동기 : 고정자에 단상 권선을 하고, 회전자는 상자형으로 한 구조의 단상 교류로 운전하는 전동기.
- 단자 접압 : 전류를 받거나 송출하는 전선의 끝을 말하는데, 2개의 단자간의 전압을 단자 전압이라고 한다.
- 단절권 : 전기자 코일의 양 코일변의 간격 즉 코일 피치가 자극 간격보다 짧게 권선한 것.
- 단층권 : 1개의 슬롯에 1개의 코일 변을 수납하는 전기자의 권선법.
- 대각 결선 : 3상 전원을 6상의 부하에 배분하는 수단의 하나.
- 도전율(導電率 ; conductivity) : 저항률의 역수.
- 도체 : 물체에 전기를 주었을 때에 그 전기가 주어진 곳에 머물지 않고 다른 곳으로 이동해 가는 물체를 도체라 한다.
- 동기 발전기 : 원동기의 속도에 동기한 주파수의 발전을 하는 교류 발전기.
- 동기 속도 : 회전자계의 극수와 교류 전원의 주파수에서 결정되는 회전가계.
- 동기 이달 : 부하 토크가 전동기의 탈출 토크 이상으로 되어 부하각이 90[도]를 초과하여 정지하는 것.
- 동기 임피던스 : 동기 리액턴스와 실효 저항과 직렬 임피던스.
- 동기 전동기 : 어떤 범위의 부하에 대해 전원의 주파수에 동기하여 회전하는 전동기.
- 동손(銅損) : 전기 기기에 생기는 손실 중 권선의 저항에 위해 생기는 줄(Joule) 손.
- 등가회로(等價回路 ; equivalent circuit) : 복잡한 회로를 그것과 등가가 되는 저항, 임덕턴스 정전 용량 등을 사용하여 대치한 전기 회로.
- 로렌쯔 운동 : 자계 중의 전자 운동 : 운동하고 있는 전자가 자계 중에 들어가면 자계로부터 힘을 받아 운동 방향을 바꾸어 원운동을 한다.
- 리니어 모터(linear motor) : 동기 전동기의 1차측 및 2차측을 축 방향으로 전개한 것으로 회전 운동을 직선 운동으로 변환한 전동기.

- 리액턴스(reactance) : 전기 회로에서 직류 전류를 방해하는 것은 저항만이지만, 교류 전류에서는 방향 및 크기가 시시 각각으로 변화하기 때문에 저항 이외에 전류를 방해하는 저항 성분에 해당되는 성분이 있다. 이 성분을 리액턴스라 한다.
- 리졸버(resolver) : 서보기구에 있어서 회전각을 검출하는데 사용되는 일종의 회전 전기를 말한다.
- 맴돌이 전류(渦電流 ; eddy current) : 금속판과 교차하여 자속이 변화할 때 금속판 내에 생기는 소용돌이 형태의 전류로서 와전류라고도 한다.
- 맴돌이 손 : 맴돌이 전류에 의해 줄 열로 인하여 생기는 에너지의 손실.
- 명판(名板 ; name plate) : 기기의 종류에 따라서 필요한 사항을 기재한 금속판.
- 모멘트(moment) : 회전시키려 하는 능력.
- 모터의 전기적 시정수 : DC 모터에 스텝 전압 인가시 나오는 출력전류(전기자 전류)가 정상상태의 63%에 도달하는 데 경과되는 시간. 전기적 시정수가 크다는 것은 정상전류에 도달하는 데 걸리는 시간이 크다는 것을 의미하며, 이것은 결국 충분한 토크를 낼 수 없으며 모터의 상승 특성이 나쁨을 의미한다.
- 모터의 기계적 시정수 : DC 모터에 스텝 전압을 인가하여(즉, 모터가 기동을 시작하여) 정상 회전수의 63%에 도달할 때까지 걸린 시간. 이것이 클수록 모터의 동작이 느린 것을 의미하므로 결국은 제어성이 떨어짐을 의미한다.
- 무부하손(無負荷損) : 전기 기기를 무부하로 운전하고 있을 때에 생기는 손실.
- 무효 전력 : 리액터스 성분(X)를 포함한 교류 회로에서 전압의 실효값 V와 전류의 실효값 I 의 곱에 그 위상각(φ)의 사인값을 곱한 것(Q).
- 반자성체 : 가한 자계와 반대 방향, 즉 자력선이 들어가는 쪽이 N극, 나오는 쪽이 S극이 되도록 자화되는 물질.
- 발전식 회전 속도계 : 발전기의 발생 전압이 회전 속도에 비례한다는 성질을 이용한 속도계.
- 보자력 : 강자성체는 자기 포화 상태까지 자화되면 외부 자계가 제거되어도 자화된 방향으로 잔류 자기를 가지고 있다.
- 복권 전동기 : 주자극의 계자 권선에 전기자 권선과 병렬의 분권 계자 권선 및 직렬의 직권 계자 권선을 가진 직류 전동기.

- 부하각 : 동기 발전기에서 1상의 무부하 유도 기전력과 단자 전압과의 위상차.
- 부하손 : 부하시에만 발생하는 손실.
- 부하 포화 곡선 : 동기 발전기를 정격 속도로 운전하여 일정한 부하를 가한 때의 여자 전류와 단자 전압과의 관계를 그린 곡선.
- 분권 발전기 : 전기자 권선과 계자 권선을 병렬로 접속하여 전기자 발생 전압으로 자극을 여자하는 방식의 발전기.
- 분류기(shunt) : 어떤 전로의 전류를 측정하려고 할 경우 전로의 전류가 전류계의 정격보다는 클 때에는 전류계와 병렬로 별도의 전류를 만들어 전류를 분류시켜 측정한다.
- 분포권 : 슬롯을 가진 전기 기기에서 1 상분의 코일을 복수개의 슬롯으로 분포하여 권선하는 방법.
- 브러시 홀더 : 브러시를 정류자면에 적당한 압력으로 접촉하는 장치.
- 비돌극 자계 : 회전 계자극이 돌극이 아니고 원통형인 것.
- 비자성체(非磁性體) : 자계 속에서도 자기 유도 작용이 거의 생기지 않는 물체.
- 상호 인덕턴스 : 상호 유도 작용에서 1차측 전류의 시간 변동분과 2차측에 유도되는 전압의 비례 계수.
- 선간 전압 : 다상 교류회로에서 서로 입접한 전선간의 전압 또는 단지간의 전압을 말한다.
- 성층 철심(成層鐵心) : 발전기, 전동기나 변압기 등의 철심은 교번 자속이 통과되므로 와전류와 히스테리시스에 의한 철손이 생긴다. 이 철손을 감소하기 위해 규소 강판을 절연하여 겹쳐서 만든다.
- 소비 전력 : 단위시간에 전기 회로에서 소비되는 전력.
- 쇄교(鎖交) : 전류에 의한 자계에 대하여 주회적분을 하는 경우, 적분의 경로가 폐로 전류가 만드는 등가판을 통과할 때 이것을 쇄교라 한다.
- 슬롯(slot) : 회전기의 고정자 권선이나, 회전자 권선을 넣기 위해 철심에 파져있는 홈
- 시동 토크 : 시동 회전력을 말하며 기계를 시동할 때 관성이나 부하에 이기기 위해 필요한 토크.

- 실드(shield ; 차폐) : 전자 에너지가 일정 공간 내에 들어가지 않도록 하거나, 또는 역으로 외부로 누설되지 않도록 차폐하는 것.
- 암페어의 오른 나사 법칙 : 전류가 흐르고 있는 방향과 그 때 생기는 자계의 방향과의 관계는, 오른 나사를 회전시킨 경우, 나사의 진행 방향을 전류의 방향으로 하며 나사의 회전 방향이 자계의 방향이다.
- 에어 갭(air gap ; 空隙) : 회전자의 원주와 고정자의 극면 사이의 거리 또는 자기 회로 등의 공극을 말함.
- 여자 전류 : 자계를 발생시키기 위한 전류.
- 역기전력 : 기전력이 있는 경우에, L둑의 법칙에 의해 기전력의 반대 방향으로 여기되는 기전력.
- 역률(力率 ; power factor) : 직류에서의 전력은 전압과 전류를 단순히 곱하여 구하나, 교류 전류 전력을 구하는 경우에는, 실효전압 V와 실효 전류 I의 스칼라 곱에 전압과 전류의 위상차φ의 여현(cosφ)의 곱으로 구성한다. 이 cosφ를 역률이라고 한다. 즉 동위상의 전압과 전류의 곱을 나타낸다.
- 영구자석의 재질 : 자기 에너지(B*H, 여기서 B는 잔류자속밀도, H는 보자력을 의미함.)가 클 수록 영구자석의 부피를 줄일 수 있다. 즉, 작은 영구자석으로 강력한 회전력을 얻을 수 있다. 소형의 모터에서 큰 자력이 필요한 경우에는 네오듐계, 사마륨계의 희토류 자석 또는 바륨 페라이트, 스트론튬 페라이트 계열의 자석이 많이 활용된다.
- 위상차 : 동일 주파수 2개의 정현파 교류 파형의 위상차를 각도로 표시한 것.
- 유도 기전력 : 전자 유도 작용에 의해 발생하는 기전력.
- 유도 발전기 : 전도 유도 전동기의 고정자 권선을 전원에 접속한 채로, 다른 전동기로 회전자의 속도를 동기속도 이상으로 회전시키면, 회전자 권선은 전동기의 경우와 역방향으로 계자속을 끊으므로 그 유도 전압, 전류가 계자속에 대하여 역으로 된다. 고정자 권선에는 그 회전자 권선 전류에 의한 기자력을 상쇄하는 방향으로 전류가 흐른다. 즉, 회전자에 가해진 기계입력은 전기 출력으로 되어 고정자 권선에서 전원으로 전류가 흘러 이른바 발전이 된다. 이것을 유도 발전기라 한다.
- 이상 진동 : 하나의 정상 상태에서 다른 정상 상태로 옮아갈 때의 과도 현상이 주기

적으로 반복되는 것에 의해 발생하는 진동.

- 인덕턴스 : 코일에 흐르는 전류가 변화되면, 그 코일에 전압이 발생된다. 이 전압의 비율을 표시하는 양.
- 인버터 : 증폭기의 일종으로, 입력 신호와 출력 신호의 극성을 반전시키는 것.
- 임피던스 : 전기 회로에 교류가 흐를 때의 교류 저항.
- 자계 : 자기력이 작용하는 장소, 즉 전류의 상호간, 자석 상호간 또는 전류와 자석과의 사이에 힘이 작용하고 있는 장소, 자장이라고 한다.
- 자구 : 강자성체의 내부는 작은 영역으로 나누어져 있는데, 이 미소 영역을 말한다.
- 자극 : 자석의 양 끝에서 자기를 가장 크게 나타내는 부분.
- 자기 : 자석을 철, 니켈 등의 금속에 가까이 가하면 금속을 끌어당기는 힘이 작용한다.
- 자기 경화 : 외부에서 자계를 가하여 강자성체를 자화했을 때 원인으로 된 자계를 제거한 후에도 자계가 남는 현상. (잔류자기)
- 자기 모멘트 : 중심 축으로하여 자유로 회전할수 있는 막대 자석을 자계 속에 넣어보면, 자석의 S극은 자계의 N극으로 자석의 N극은 자계의 S극으로 회전한다. 이 회전력은 자석의 길이와 자극의 세기의 곱에 비례한다. 자석의 길이와 자극의 세기의 곱을 자기 모멘트라 한다.
- 사기 여자 발전기 : 직류 발전기의 여자 전류를 자기 유도 기전력으로 흐르게 하는 방식의 발전기.
- 자기 유도 : 자성체가 외부 자계의 영향에 의해 자화되는 현상.
- 자기 인덕턴스 : 코일의 정수이며 유도 전압의 비례 정수. 기호는 L 단위는 [H]
- 자기 저항 소자 : 자계의 강약에 의해 저항값이 변화되는 반도체 소자로서 센서로 활용됨.
- 자기 포화 : 자화 곡선에서 자계의 세기를 크게 하여도 자화의 세기가 변화되지 않는 영역.
- 자력선 : 전기력선에서의 접선 방향이 같은 것을 연결한 선으로 자장의 방향과 일치함.
- 자속(磁束 ; magnetic flux) : 단위 정자극에서 나오는 자력선을 하나의 묶음을 자속

이라고 한다.

- 자속밀도 : 자기에 관한 현상을 양적으로 다루기 위해 쓰이는 것으로서, 단위 면적 당 자속을 말한다.
- 자왜(磁歪) : 자성 물질을 자화하면 변형이 생기고, 반대로 외부로부터 힘을 가하여 변형시키면 자화의 상태가 변화하는 현상.
- 자화(磁化 ; magnetize): 자계 내에 놓은 물체가 자기 유도에 의해 자석으로 변화되는 것.
- 잔류 잔기(殘留磁氣) : 자화 곡선에 있어서 자화력을 영으로 했을 때의 자속 밀도를 말한다.
- 전기자(電機子; armature) : 전동기나 발전기의 주권선 및 이 권선을 감는 철심의 총칭.
- 전기자 반작용 : 직류, 교류의 발전기에서 전기자 권선에 전류가 흐르면 기자력에 작용하여 자속의 분포를 변화시키는 현상.
- 전자력 : 자계속에 놓인 도체에 전류가 흐르면 전류 및 자계와 직각 방향으로 도체를 움직이는 힘이 발생한다. 이것을 전자력이라 한다.
- 전자 유도 : 코일 속을 통과하는 자속이 변화되면 코일에 기전력이 발생되는 현상.
- 전하(電荷 ; electric charge) : 물질이 가지고 있는 전기의 양을 말한다.
- 절연 파괴 : 절연물에 가해지는 전압을 차츰 증가시켜 가면 값 이상의 고전압에서 급격히 방전 현상을 일으키는 것을 말한다.
- 접촉 저항 : 도체와 도체가 접촉하고 있으면 그 접촉된 부분에 저항이 있게 된다. 접촉된 부분에 전류가 흐르게 되면, 대체로 그 부분에 저항이 있음을 알수 있다. 이 것을 접촉 저항이라 한다.
- 제백효과(seeback effect) : 이종(異種)금속의 양끝을 접합하고, 양접합점에 온도차를 부여하면 열기전력이 생겨서 회로 속에 열전류가 흐르는 효과. 이런 효과를 이용하여 온도를 검출하는 것이 열전쌍이다.
- 코깅 토크(Cogging Torque) : 코깅이란 모터의 회전자와 고정자가 덜거럭거리면서 움직이는 것을 말한다. 즉 토크의 변동을 의미한다. 이것을 줄이기 위해서 철심의 슬롯 수를 늘이면 된다. 또 슬롯수가 작은 경우에는 슬롯에 비틀림(skew)을 주어

자속분포를 균등하게 만드는 등의 방법이 있지만 이 경우에는 출력토크가 저하된다. 이것을 완전히 개선한 것이 코어리스 모터이다.

- 코어리스 모터(Coreless Motor) : 일반적인 회전자는 얇은 적층 철심에 코일을 감은 형태이다. 이 때 철심은 자로를 제공하는 역할만 할 뿐이다. 따라서 철심이 크면 클수록 관성이 커져서 기동 특성이 나쁘고, 철심에 의한 철손이 증가한다. 따라서 철심을 없애고 권선만으로 컵 모양의 회전자를 구성하고 내부에 영구자석을 두면 철손도 없고, 기동 특성도 우수한 모터가 된다. 그러나, 이 형의 모터는 기계적으로 불안정하므로 대형으로 만들 수 없기 때문에 고정밀도기계, 에너지 절약 장치 등에 활용되고 있다.
- 콘덴서 모터 : 기동용으로 콘덴서를 사용한 교류 모터로서 인덕션 모터, 싱크로너스 모터 등이 있다.
- 토크(Torque) : 회전력. 물체를 회전시키려는 모멘트. 힘의 세기와 작용 길이의 외적에 비례한다. 즉, 지렛대에 가해지는 힘이 직각일 때 가장 회전력이 커진다.
- 회전자(rotor) : 모터에서 회전운동을 하는 부분. 반대로 고정되어 있는 부분은 고정자(stator)라 한다.
- Inner rotor : 구동권선이 회전자(여기서는 영구자석임.)의 외부에 있음. 즉, 영구자석이 구동권선의 내부에 있어서 관성이 작기 때문에 응답성이 좋다. 로봇 등의 빈번한 정역 반복시에 적합한 방식이다.
- Outer rotor : 구동권선을 중심으로 그 주위를 컵 모양의 자석 회전자가 회전함. 구조상 큰 관성을 나타내므로 급격한 동작 내지는 정역 반복시에는 부적당하므로 플로피디스크 드라이브나 CD, LD, VTR의 드럼 등 정속이 요구되는 작업에 적당하다.
- Flat type rotor : 자석 회전자를 원판 모양으로 만들고 구동권선을 요크와 자석 사이에 끼워 넣은 모양을 하고 있으며, 얇은 모터가 필요한 곳에 활용된다. 소형 테이프 녹음기, FDD 등이다.

4-5 로봇의 센서 기술

1) 센서의 형태

- 주행기록(Odometry)
- 레이저 범위와 감지(Laser Ranging and Detection(LIDAR))
- 음향(Acoustic(sonar, ultrasonic))
- 레이더(Radar)
- 비젼(monocular, stereo etc)
- GPS
- 자이로스코프(Gyroscopes),가속도(Accelerometers)(Inertial Navigation)

2) 센서의 종류

(1) 이미지 센서

CCD Image Camera를 통하여 로봇이 바라보는 영상을 확인할 수 있으며, 본 영상을 이용하여 이미지를 분석하여 원하는 영상과 거리 및 각도를 확인할 수 있다.

(2) 인체감지 센서

보안에서 사용되는 센서로 사람의 열을 감지하여 가정에서 외부 침입자를 감지할 때 사용이 된다.

(3) 조도 센서

로봇의 머리 부분에 부착이 되어 현재 조도의 량을 측정할 수 있다.

(4) 전자 나침반

로봇 내부에 부착이 되어 있으며, 현재의 방위각 측정할 수 있다.

(5) 기울기 센서

로봇 내부에 부착이 되어 있으며, 로봇의 기울기 정도를 측정할 수 있다.

(6) 온/습도 센서

로봇 근처에 있는 온도 및 습도를 측정할 수 있다.

(7) 적외선 센서

로봇 이동시 장애물을 감지하기 위한 센서로 적외선을 이용하여 거리를 측정한다.

(8) 초음파 센서

로봇 이동시 장애물을 감지하기 위한 센서로 초음파를 이용하여 거리를 측정한다.

3) 센서 종류별 특징

(1) CdS 광센서

CdS 셀은 광도전 소자의 분류에 속하며, 공급된 빛 에너지의 양에 따라 내부 저항이 변화하는 일종의 광 가변 저항기라 할 수 있다.

CdS 셀은 황화카드뮴을 주성분으로 한 광도전 소자이며, CdS 셀 외에 구성 물질에 따라 CdSe, CdS · Se 등이 있으며, 광도전 효과를 응용한 것으로써 그 용도는 광범위 하게 사용되고 있다. 또한, CdS 셀은 그 제조법에 따라 단결정형, 소결정형(다결정형), 증착형 등으로 분류된다. 다결정의 경우는 세라믹 등의 기판 위에 미세한 결정 층을 형성시키기 때문에 임의의 형상으로 만들 수 있고, 단결정의 소자에 비해 수광 면적을 크게 할 수 있으며, 높은 감도를 얻을 수 있다.

특히 CdS는 분광 감도 특성이 인간의 시감도 특성과 유사하기 때문에 가로등의 자동 점멸 장치용 센서, 카메라의 자동 노출장치(AE), 도로 표시등 일조도계의 센서로 널리 사용되고 있다.

크기는 외경이 5~32mm인 각종 타입이 있다. CdS 셀은 습기에 약하기 때문에 기밀 봉함되어 있는데, 그 방법으로는 글라스 봉입 형과 메탈 케이스 형이 있으며, 저가격화를 꾀한 것으로 플라스틱 케이스 형과 수지 코팅 형이 있으나, 코팅 재료의 개량으로 내후성의 신뢰성이 향상되고 저가격, 형상의 자유도에 의해서 현재는 수지 코팅 형이 많이 보급되어 있다. CdS 셀의 특징은 다음과 같다.

- 가시광 영역에 분광 감도를 가지고 있다.
- 교류 동작이 가능하다.
- 잡음에 강하다.
- 다른 포토 센서에 비해 응답 속도가 느리다.
- 가시광 영역에 분광 감도를 가지고 있으므로 주위 광이 외란 광으로 되기 쉽다.

아래의 [그림 4-28]은 CdS 셀의 구조를 나타내었다. CdS 셀의 양단에 전극을 설치하고 암흑 속에 놓고 전압을 인가하면 전류계에 미소한 전류(암전류)가 흐른다. 이 전류는 미소하기 때문에 소자는 높은 저항을 나타낸다. 이 CdS 셀에 빛을 비추면 전류(명전류)가 흐른다. 명전류는 보통 신호성분을 나타내며, 암전류는 잡음 성분을 나타낸다.

CdS 셀의 저항 값은 조사 광이 강해지면 낮아지고, 조사 광이 약해지면 높아진다. 이와 같이 CdS 셀의 저항 값은 빛의 강약에 의해 변화한다. 이 성질을 이용하는 것이 CdS 셀의 기본 동작 원리이다.

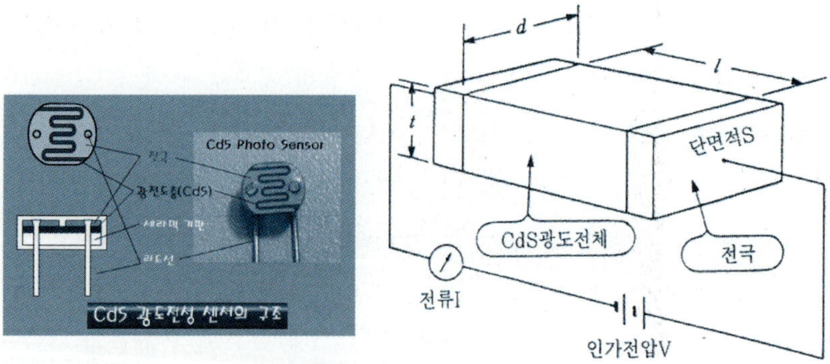

[그림 4-28] CdS 셀의 구조

(2) 포토 다이오드(Photo-Diode)광센서

포토다이오드는 광에너지를 전기 에너지로 변환하는 광센서의 일종이며 그 구성은 반도체의 P-N 접합부에 광 검출 기능을 추가한 것이다. 일반적으로 빛과 물질 사이에는 물리적 상호 작용이 있으며 물질이 광자(광에너지)를 흡수하고 그 결과 전자를 방출하는 현상을 광전 효과라 한다. 또한 광전 효과의 결과로 반도체의 접합부에 전압이 나타나는 현상을 광기전력 효과라 한다. 또한 광기전력 효과는 이 밖에 금속 전극과 반도체 사이, 전극과 전해질 사이에서도 볼 수 있다.

포토다이오드는 n형 기판 상에 p형 층을 형성시킨 PN접합부에 발생하는 광기전력 효과를 이용한 소자이며, 입사광을 유효하게 이용하기 위해 표면에 산화실리콘막이 구성되어 있다. 포토다이오드의 재료는 PN접합을 형성할 수 있는 것으로 Si, Ge, GaAs, InGaAs 등이 사용된다. 재료, 형상, PN접합의 위치 등에 의해서 수광 파장 영역이 달라진다.

아래 [그림 4-29]는 포토다이오드의 동작 원리를 나타내었다.

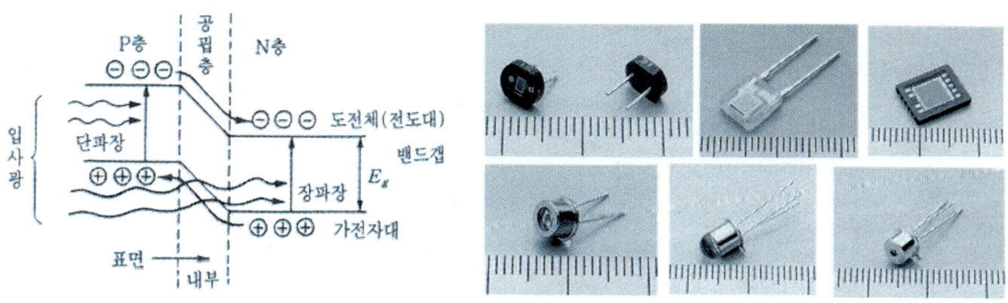

[그림 4-29] Photo-diode의 동작원리와 여러 형태의 Photo-diode

입사광의 에너지가 밴드캡 에너지(Eg) 보다 크면 전자는 전도대로 끌려 올라가게 되며, 가전자대에는 정공이 남게 된다. 이 현상은 소자 내의 p층, 공핍층, n층에서 발생하며 공핍층에서는 전계의 작용에 의해서 전자는 n층으로, 정공은 p층으로 각각 가속된다. n층 내에서 발생한 전자는 p층으로부터 이동한 전자와 함께 n층 전도대로 집결된다. 또한 정공은 n층 내에서 PN접합까지 확산 가속되어 p층 가전자대로 집결한다. 따라서 포토다이오드 내에는 입사광량에 비례하여 p층에는 정(+)으로, n층에는 부(-)로 각각 대전하여 일종의 발전기를 형성한다. 포토다이오드의 수광 영역은 주로 접합의 구조로 정해지지만 일반적으로 400~1100nm의 파장 영역에서 사용되며, 특히 700~900nm에서 최대 감도를 나타낸다.

포토다이오드의 특징은 다음과 같다.

- 입사광에 대한 광전류 출력의 직선성이 좋다.
- 응답 특성이 양호하다.
- 광대역의 파장 감도를 갖는다.
- 저 잡음이다.
- 소형, 경량이다.
- 진동, 충격에 강하다.
- 출력 전류가 적다.

(3) 포토 트랜지스터(Photo-Transistor)광센서

PN접합부에 빛을 쪼이면 빛 에너지에 의하여 생긴 전자와 정공이 외부회로로 출력된다. 입사광에 의해 전자와 정공이 생기면 역전류가 증가하며, 입사광에 대응하는 출력전류가 얻어지고, 이것을 광전류라 한다.

포토 트랜지스터는 PN접합의 2극 소자인 것과, NPN접합의 3극 소자인 것이 있는데, 최근의 포토 트랜지스터는 증폭 작용이 있는 NPN접합이 주로 사용되고 있다. 또 포토 트랜지스터에는 실리콘과 게르마늄이 있으나, 감도와 안정성 등의 점에서 실리콘 포토 트랜지스터가 많이 쓰인다.

다음의 [그림 4-30]은 NPN 실리콘 포토 트랜지스터의 구조이다.

보통의 트랜지스터인 경우에는 베이스 전극이 필요하지만 포토 트랜지스터인 경우에는 빛이 베이스 전류를 대신하기 때문에 전극이 없는 것도 있다.

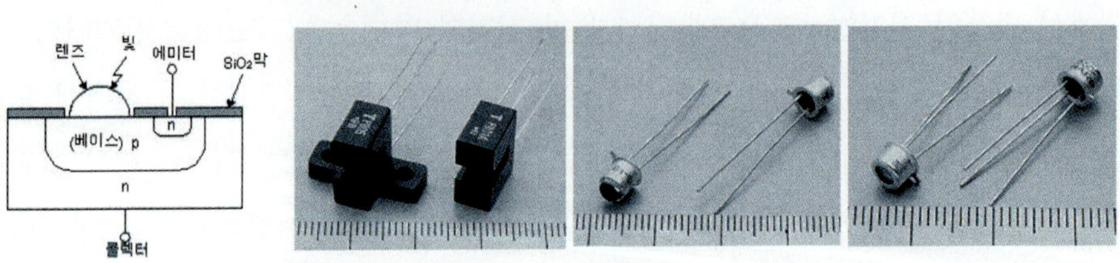

[그림 4-30] 포토 트랜지스터의 구조와 여러 형태의 포토 트랜지스터

포토 트랜지스터의 수광 감도는 파장이 약 8000Å 근처일 때 가장 좋은 효율을 갖기 때문에 GaAs발광 다이오드 또는 텅스텐램프가 가장 효율 좋은 빛 에너지의 변환을 수행한다. 또 응답성도 좋아 고속 스위칭 등에 많이 사용된다.

포토 트랜지스터의 특징은 아래와 같다.

- 광 출력 전류가 매우 크다.
- 소형이고 취급하기 쉽다.
- 경년 변화가 거의 없고, 내구성, 신호성이 좋다.
- 암전류가 극히 적고 안정되어 있다.

포토 트랜지스터는 다음과 같은 분야에 응용 가능하다.

- 카드 테이프 리더
- 광전 패턴 인식
- 광전식 카운터
- 적외선 디렉터
- 광전식 자동 제어 장치

(4) 모듈형 광센서

모듈형 광센서는 빛 자체를 정량적으로 검출하기보다는 빛을 이용하여 물체의 유무를 검출하거나, 속도나 위치의 결정에 이용하기도 하며, 레벨검출, 특정 표시의 식별 등을 하는 곳에 많이 이용되고 있다.

광센서는 응용분야가 넓은 만큼 종류도 여러 가지가 있는데 크게는 투광부(sender or emitter)와 수광부(receiver)의 구성 여부에 따라 일체형과 분리형으로 나눌 수 있으며 이 중 일체형은 직접 반사형과 거울 반사형, 이 두 가지로 나눌 수 있다. 물론 주변 환경에 의한 영향(온도, 기계적 변형)이 우려되거나 미소부분의 검출에 사용되는 광파이버(Fiber optical) 센서도 이들의 형태로 나눠진다.

① 반사형 광센서

분리형 센서와 달리 직접 반사형 센서는 투 · 수광부가 한 몸체에 들어있는 형태의 센서로 이것은 한 방향으로만 검출거리가 결정되는 특징이 있으며 투광부에서 나온 빛이 대상물체 표면에서 반사되어 수광부에 전달됨으로써 물체의 유무를 검출해 내는 방식으로 수광부에 반사된 빛이 들어오는 경우, 즉 밝아질 때 물체가 있다고 판단하기 때문에 라이트 온(Light On) 형태라 부르며 아래 [그림 4-31]은 사용 예이다.

직접 반사형 센서는 광축을 일치시켜 일정한 간격을 유지해야 하는 투과형이나 거울 반사형 센서에 비해 번거롭지는 않으나 감지대상의 물체가 흑색일 경우에는 검출할 수 없으므로 유의하여야 한다.

일반적으로 직접 반사형 센서의 감지거리는 다른 광센서에 비하여 짧은 편이나 최근에는 수 미터(m)정도까지 검출할 수 있는 것도 있으며 광파이버를 이용하여 그 응용이 더욱 다양해지게 되었다.

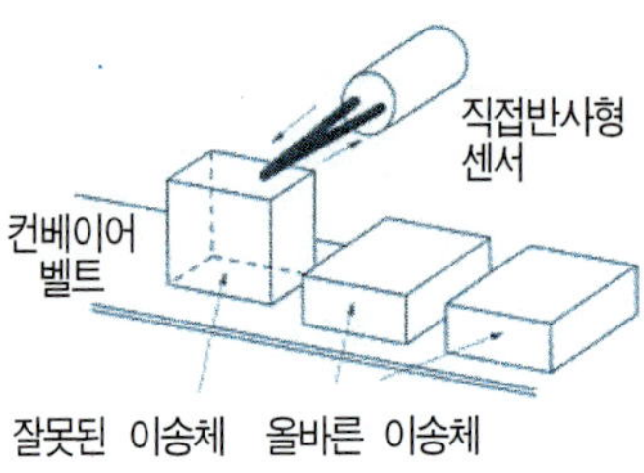

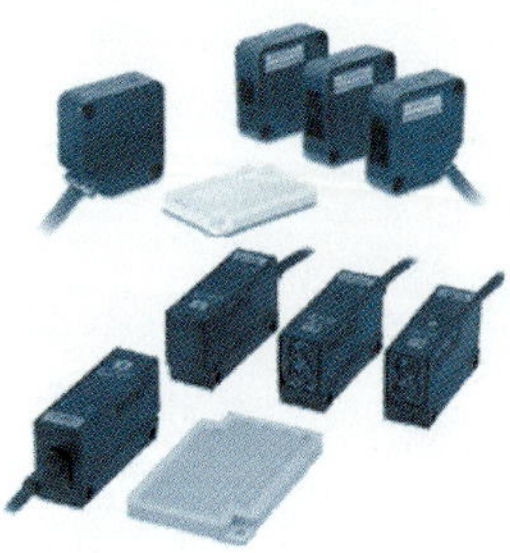

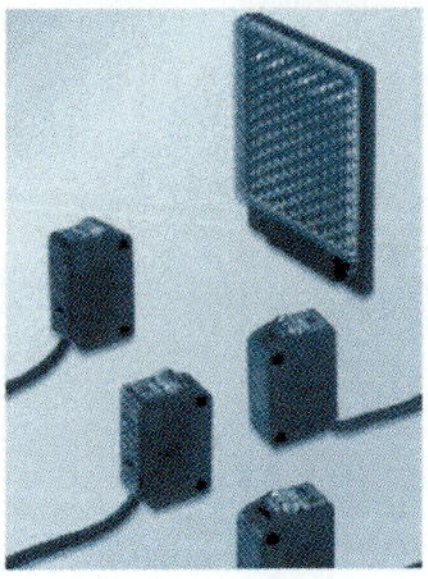

[그림 4-31] 반사형 광센서의 응용과 외관

② 투과형(Through Beam)광센서

투과형 광센서는 아래 [그림 4-32]에 표시된 것처럼 빛을 내보내는 투광부와 빛을 받아들이는 수광부가 서로 다른 몸체로 구성되어 있다. 투광부와 수광부가 서로 마주한 상태에서 광축을 맞추어 놓고 이 사이를 물체가 통과함에 따라 빛의 차단과 전달이 이루어지게 하여 출력신호를 만들어내는 센서이다.

이러한 형태의 센서는 투명한 물체의 검출은 곤란하며 여러 개의 센서를 상하에 수직적으로 배치되어 사용할 때는 빛의 확산에 의한 오류를 가져올 수 있으므로 유의하여야 한다.

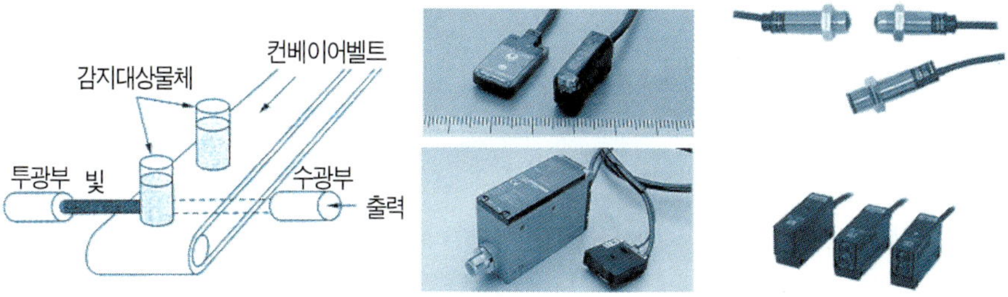

[그림 4-32] 투과형 광센서의 응용분야와 외관

③ 광 파이버(Optical Fiber)센서

광(光) 파이버 센서는 종래의 포토센서의 절대조건이었던 렌즈를 없애고 그 대책으로 광(光) 파이버 케이블을 조합하여 마크검출, 초소형 물체의 유 · 무를 검출하기 위한 용도로 만들어진 센서로써 광(光) 파이버의 유연성을 이용하여 좁은 장소에서도 자유롭게 취부 시켜 사용할 수 있다.

기본 동작 원리는 투과형, 반사형 센서와 동일하고 단지 센서의 설치위치에 유연성을 주기 위하여 Optical Fiber와 센서를 결합한 형태라 할 수 있다.

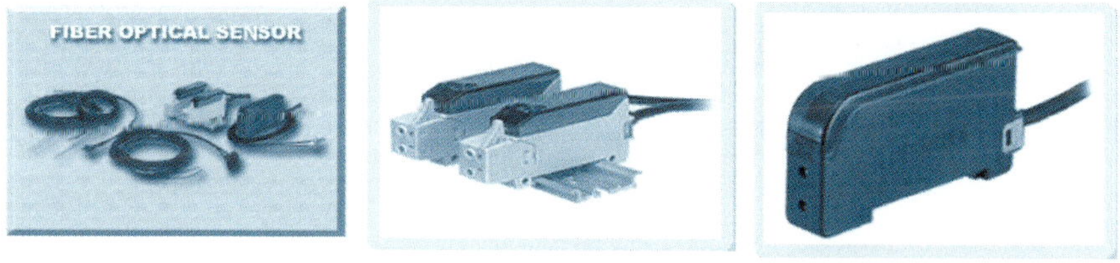

[그림 4-33] 여러 가지 Optical Fiber 센서

(5) 로터리 센서

회전하는 물체가 있을 경우 로터리 인코더를 사용하면 정확한 회전각을 알 수 있다. 로터리 인코더에는 LED와 광센서를 사용한 광전식과 자기센서를 사용한 자기식의 2 종류가 있다. 로터리 인코더를 사용하면 회전각은 물론, 단위 시간당 이동 거리에 따른 회전 속도(회전수)를 검지할 수 있다. 특히, 직선 방향 이동을 회전 방향 이동으로 변환하는 어떤 기구를 병용하면 직선 방향의 리니어 스케일(linear scale)에도 사용이 가능하다.

로터리 인코더 구성 개념도를 위의 [그림 4-34]에 나타내었다.

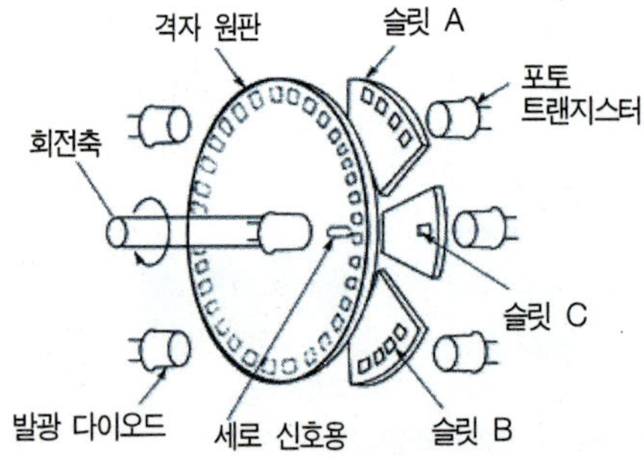

(a) 로터리 인코더 구성 개념도(인크리멘탈식)

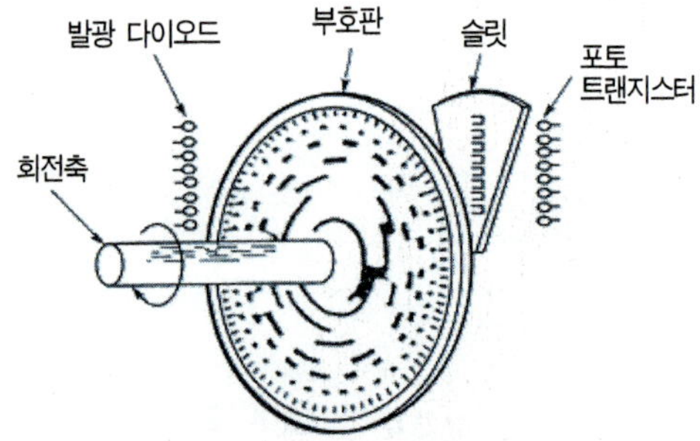

(b) 로터리 인코더 구성 개략도(업솔루트식)

[그림 4-34] 로터리 인코더 구성 개념도

로터리 인코더에는 인크리멘털(incremental)식과 업솔루트(absolute)식의 2가지로 분류된다. 인크리멘털식은 회전에 따라서 서로 90°위상차로 인한 노이즈가 누적되는 등의 단점이 있다. 한편, 업솔루트식은 회전판의 위치좌표에 해당하는 부호(코드)에 구멍이 있으므로 그 부호에 해당하는 출력 신호를 발생시킬 수 있어 현재의 절대적인 위치를 알 수 있다. 따라서 인크리멘털식과 같이 전원 Off 후 또 다시 On이 되어도 위치를 잃어버리는 일은 없다. 반경 방향에 n열의 구멍이 있는 경우 회전각의 분해능은 1/2n이 된다. 보통, 로터리 인코더의 출력 신호는 TTL IC와 호환성 있는 레벨의 디지털 신호이므로 사용하기 쉽다. 용도는 XY 플로터, 전자 타이프라이터 등의 정보 기기, 고정밀도 리니어 스케일이나 전자저울 등의 계측기기, XY테이블, 회전테이블 등의 공작기기 등 다방면으로 사용된다.

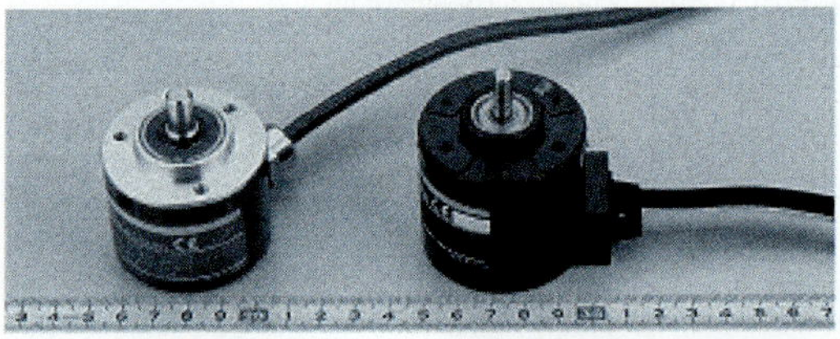

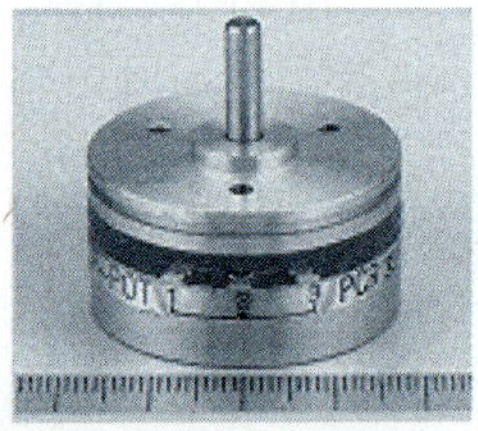

[그림 4-35] 로터리 인코더의 실제 모습

(6) 정전 용량형 근접센서

정전 용량형 근접센서(capacitive proximity sensor)는 검출물체가 센서에 접근하면 검출전극과 대지 간 정전용량(capacitance)이 증가하는 것을 이용하여 물체를 검출하는 것으로 도체 및 유전체 등 모든 물체의 검출이 가능하다. 정전용량은 전극도체의 면적, 전극간격, 유전체의 종류에 의해서 결정된다.

아래의 [그림 4-36]은 정전 용량형 점유(근접)센서의 개념을 간단히 나타낸 것이다. 침입자가 없을 때 시험판(test plate)과 대지 사이에는 정전용량 C_1가 형성되어 있다. 침입자가 특정 영역으로 들어오면 인체는 그 주위와 두 개의 새로운 커패시터를 형성한다. 즉, 인체-시험판 사이의 정전용량을 C_a, 인체-대지와의 용량을 C_b라고 하면, 시험판과 대지사이의 새로운 정전용량은 다음과 같이 된다.

$$C = C_1 + \Delta C = C_1 + \frac{C_a C_b}{C_a + C_b}$$

이와 같이, 센서에 사람이 침입하면 센서전극과 대지사이의 정전용량은 크게 증가한다. 정전 용량형 근접센서(스위치)의 특정을 요약하면 다음과 같다.

① 장점

유도형 근접센서와 달리 전계가 검출매체로 사용되므로 금속뿐만 아니라 유전체도 검출할 수 있다. 또 유전체의 차이로 검출하므로 비금속 용기(종이, 유리, 플라스틱) 속에 들어있는 물체검지가 가능하다. 또, 검출물의 표면상태(광택, 색) 영향을 받지 않으며, 투명체의 검출도 가능하다.

② 단점

유도형에 비해 응답속도가 다소 늦다. 현재는 젖은 검출물체를 오동작 없이 검출할 수 있는 정전 용량형 근접센서가 개발되어 있다.

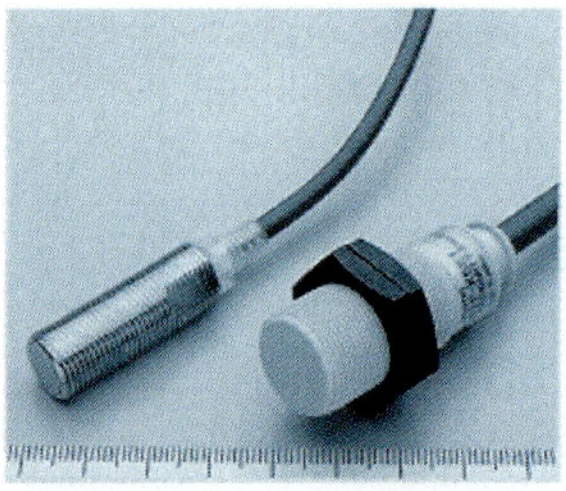

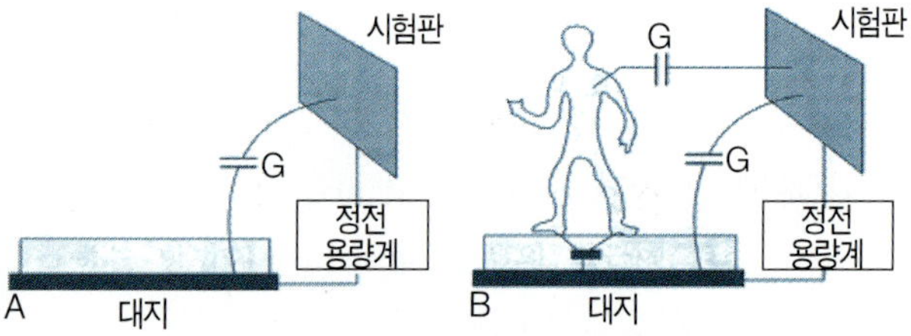

[그림 4-36] 모듈형 근접센서의 외관과 동작원리

(7) 유도형 근접센서

유도형 또는 고주파 발진형 근접센서는 금속물체(metallic object)의 검출에 사용되며, 특히 자성체(ferrous target)에 대해서는 검출 감도가 양호하고, 검출거리도 길다.

페라이트코어에 감긴 검출코일이 고주파 발진회로(oscillator circuit)의 일부를 구성하고 있다. 검출코일에 교류전류를 흘려 고주파 자계를 발생시키고, 이 자계내부로 금속물체가 들어오면, 전자 유도 작용에 의해 금속도체 내부에 와전류(渦電流 ; eddy Current)가 흐르고, 열손실이 발생한다. 그로 인해 검출코일의 손실저항과 인덕턴스가 변한다. 이 변화를 발진회로의 발진 주파수 또는 발진진폭의 변화로 출력한다.

아래의 [그림 4-37]은 유도형 근접센서의 구성과 동작원리를 나타낸 것이다.

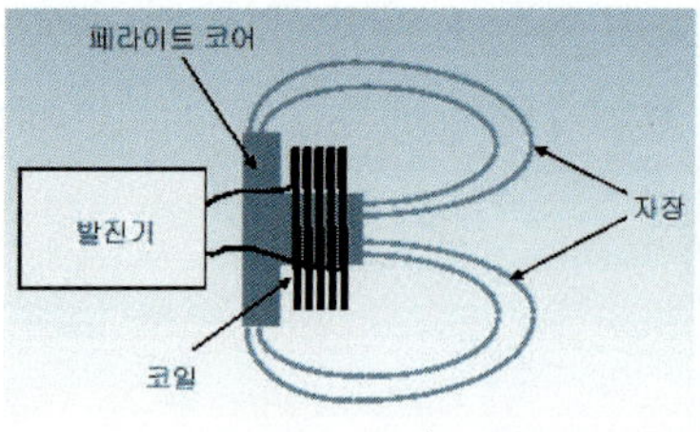

[그림 4-37] 유도형 근접센서의 구조와 외관

[그림 4-38] 유도형 근접센서의 응용분야

(8) 로드 셀(LOAD CELL) 역학센서

금속 재질의 탄성체에 스트레인 게이지를 부착하여, 하중에 따른 탄성체의 변형률을 전기적 신호로 변환시켜 출력하는 센서를 로드 셀(load cell)이라 한다. 상용화된 로드셀은 인장과 압축이 발생하는 4개의 스트레인 게이지를 휘트스톤 브리지 형태로 결선하면서 각 접합 점에 영점보상, 온도보상 및 영(Young)율 보상용 저항을 부가하여 구성하며, 방습 및 기밀을 유지할 수 있는 구조로 제작한다.

대부분의 로드 셀에는 초기저항이 350Ω인 스트레인 게이지가 많이 사용되고 있으며, 정밀도는 1/1000~1/5000 정도이다. 브리지 인가전압 1V에 대하여 최대하중에서 1~4㎷의 감도를 나타내며, 인가전압은 10~20V 정도가 일반적이다. 정격부하에서의 변형 량은 0.2mm 이내가 되도록 설계하고 있으며, 고유진동수는 대부분 300㎐ 미만이다.

한편, 로드 버튼에 가해지는 하중이 변형체에 수직방향이 아닌 경우에는 편 하중으로 인한 오차가 발생하게 되는데, 이때, 각도에 따른 측정 오차는 0.05~1%/deg 정도로 나타난다.

① 기둥형 (Column Type)로드 셀 센서

원통형으로 생겼으며, 위에서 아래로 하중을 가하는 종류로 2장의 스트레인 게이지를 종, 횡으로 부착하여 측정하는 방식으로 대용량의 로드셀 제작에 용이한 장점이 있으나, 정밀도가 낮으며, 비스듬하게 가해지는 하중에 대해 오차가 크므로 사용에 주의를 해야 한다.

② 환상형(Ring Type)로드 셀 센서

둥근 원형의 내면에 4장의 스트레인 게이지를 부착한 형태로 원통형보다 정밀도가 높은 장점이 있고 방향도 인장, 압축형 모두 사용이 가능한 장점이 있으나, 대용량 및 소용량의 제작이 어렵다는 단점이 있다.

③ 휨형(Bending Type)로드 셀 센서

사각 막대를 한쪽이나 양쪽을 지지하여 휘어지는 양을 측정하는 방식으로 부착하기가 용이하고, 정밀도가 높은 장점이 있는 반면 대용량의 제작이 어렵고 구조상 밀봉하기 어려워 사용 환경의 제약을 받는 단점이 있다.

④ 전단형 (Shear type)로드 셀 센서

스트레인 게이지를 45도 방향으로 부착하여 전단응력을 측정하여 측정하는 방식으로 횡 하중측정이 좋고 내력이 강한 반면, 가공이 어렵다는 단점이 있다.

[그림 4-39] 여러 가지 형태의 로드셀

(9) 반도체형 압력센서

압력센서는 프로세스 또는 시스템에서 압력을 측정하는 소자로서 공업계측, 자동제어, 의료, 자동차 엔진제어, 환경제어, 전기용품 등 그 용도가 다양하고 가장 폭넓게 사용되는 센서 중의 하나이다. 압력센서의 측정원리는 변위, 변형, 자기－열전도율, 진동수 등을 이용하는 것으로 현재 많은 종류가 실용화되어 사용되고 있다. 최근에는 반도체기술과 마이크로머신기술의 발전으로 보다 소형화되고 복합화 된 다기능의 스마트 센서에 대한 관심이 높아지고 있다.

① 기계식 압력센서

기계식 압력센서에도 많은 종류가 있지만 대표적인 것은 부르돈관, 다이어프램, 벨로우즈이다. 그 중에서도 탄성식의 부르돈(Bourdon)관은 현재 가장 많이 사용되고 있는 것으로 단면이 원상 또는 평면상의 금속파이프이고 개방된 고정 단으로부터 측정압력을 도입하면 다른 밀폐된 관 의 선단이 이동하는 원리를 이용하고 있다. 이 관선 이동양은 관내의 압력크기에 비례하므로, 이동양은 기계적으로 확대된 압력을 지시한다.

다음으로 많이 사용되고 있는 것이 다이어프램과 벨로우즈로 전자는 압력차에 비례한 원판의 휨 정도로, 후자는 원통내부와 외부의 압력차에 의해 주름상자가 신축하여 그 변위 량이 압력차에 비례하는 것으로부터 각각 압력을 측정한다.

② 전자식 압력센서

전자식 압력센서의 대부분은 기계적인 변위를 전기신호로 변환하는 부분이 기계식과 다를 뿐 기본적으로는 기계식과 동일하다. 용량형 압력센서는 2개의 물체(전극)간의 정전용량변화로부터 그 사이의 변위를 측정하는 방법을 기본적으로 이용한다. 이외에도 스트레인 게이지를 이용한 압저항형, 유기 또는 무기압전소자를 이용한 압전형 그리고 LVDT · 인덕티브 타입의 코일 형이 있으며 최근에는 초고온의 환경이나 원격감 등의 목적으로 광섬유나 광격로차를 이용한 광학형 압력센서가 개발되어 사용되고 있다. 이중에서도 스트레인게이지를 이용한 압저항형 센서가 성능이나 가격 면에서 우위를 점하고 있어 가장 많이 사용되고 있다.

③ 반도체식 압력센서

반도체압력센서는 최근에 실용화가 가속되고 있는 센서로 크리프현상이 없고 직선성이 우수하며 소형 · 경량으로 진동에도 매우 강한 것이 특징이다. 또한, 기계식보다 고감도, 고 신뢰성이며 양산성이 좋다. 이것은 압력을 왜(歪)응력으로 변환하는 다이어프램과 다이어프램에서 발생하는 동력을 전기신호로 변환하는 두 부분으로 구성되어 있다.

다이어프램은 단결정실리콘을 화학적으로 에칭 하여 형성하며, 다이어프램에서 발생하는 응력을 전기적인 신호로 변환하는 방법으로 진동자의 고유진동수 변화와 표면탄성파를 이용하는 것도 있으나, 주로 압저항식과 정전용량식의 두 종류가 가장 많이 사용되고 있다. 이중 압저항식은 저항 확산식 또는 확산식이라고도 하는데 압저항소자를 형성시킬 때에 반도체의 불순물 확산공정이 이용되기 때문이다. 정전용량식은 서로 마주보고 있는 전극 판의 간격을 외부로부터의 응력에 의하여 변화시키면 전극간의 정전용량이 변화한다. 이 정전용량변화를 전기신호로 변환시키면 응력이 검출된다. 정전용량식은 압저항식에 비해 고감도이나 전극의 형성, 외부회로와의 연결이 복잡한 구조로 되어 있고 응답성이 나빠 수요는 적다. 그러나 온도특성이 우수하고 소형이며 고감도인 관계로 생체 등 미압의 영역에서 사용할 때는 이점이 많다.

이외에도 다결정실리콘 압력센서는 변형게이지가 다결정 Si박막으로 되어있고 다이어프램이 금속위에 만들어져 있어서 측정압력의 범위를 확대시킬 수 있다. 또 고온과 부식성 분위기 등의 약환경하에서도 사용할 수 있는 SOS(Silicon On Sapphire)압력센서가 있다. 이것은 사파이어기판위에 실리콘 박막을 에피텍셜 성장시켜, 이 SOS막을 검출소자로 이용하는 센서이다.

[그림 4-40] 여러 가지 Type의 압력센서

(10) 유량/유속센서

유량·유량 센서는 유체의 압력, 힘, 위치, 열, 주파수 등의 변화를 이용하여 유량/유속을 측정하는 센서이다. 즉 유량·유량 센서는 유체의 압력, 힘, 위치, 열, 주파수 등의 변화를 이용하여 유량·유속을 측정하는 센서이다. 석유화학, 자동차, 항공, 에너지 등 유체관련 산업이 발전되고 규모가 대형화됨에 따라 효율적인 공정관리 및 상거래를 위해 정밀하고 정확한 유량측정이 중요시 되고 있다. 유량측정은 측정대상인 유체의 종류를 비롯하여 흐름상태, 유체의 온도와 압력, 측정범위, 설치장소 등에 따라 측정조건이 매우 다양하기 때문에 유량의 측정방법도 여러 가지가 개발되어 사용되고 있다. 따라서 유량을 측정하고자 할 경우에는, 사전에 측정조건을 충분히 검토하고 요구되는 정확도 및 유지관리의 편의성 등을 검토하여 용도에 적합한 센서를 사용하여야 한다. 최근에는 자동차 및 반도체산업의 각종 가스의 유량을 측정하는 전자식유량/유속센서의 채용이 급증함에 따라 이에 대한 국산화의 필요성이 그 어느 때보다도 절실하게 요구되고 있다.

현재 실용화되어 있는 유량/유속 센서는 크게 8가지(차압식, 면적식, 용적식, 회전속도검출식, 전자식, 초음파식, 와류식, 열식)로 나눌 수 있다. 산업체에서 가장 많이 사용되고 있는 것은 차압식 유량센서로, 관로에 설치된 스로틀 전후 압력차의 평방근이 유량에 비례하는 것을 이용하여 소유량에서 대유 량까지 그 적용범위가 매우 넓으며 공업용으로 가장 많이 사용되고 있다. 면적식 유량센서는 테이퍼 관과 부저, 피스톤과 슬릿 등의 조합에 의해 스로틀의 면적을 바꾸고 스로틀의 면적과 유량이 변화하는 것을 이용하여 미세유량계측에 사용된다. 용적식 유량센서는 로터와 케이스, 피스톤과 실린더 등을 이용하여 유체를 일정용적에 가두어 놓고 일정주기마다 방출을 반복하여 단위시간당 횟수에 의해 유량을 측정하는 방식으로 적산유량계에 많이 쓰인다. 터빈 유량/유속센서는 회전날개의 회전수가 유량/유속에 비례하는 것을 이용하여 고온, 고압, 극저온 등의 열악한 환경 하에서의 유체측정에 사용된다. 전자식 유량/유속센서는 전도성 유체의 흐름에 직각으로 자계를 가하여 두 방향으로 직각인 방향에 기전력이 발생하는 원리를 이용하며 유체의 온도, 점도, 밀도 등의 영향을 받지 않는 것이 특징이다. 초음파 유속/유량 센서는 유속에 의한 초음파의 전파속도변화를 시간차, 위상차, 도플러 효과 등을 이용하여 검출하는 방식으로 대구경의 관로에 많이 사용된다. 와류식은 유체의 와류 주파수를 측정하여 유량을 산출하는 방식으로 Vortex 유량센서가 대표적이다. 열식 유량/유속센서는 발열체로부터 열 발산이 유속에 의해서 변화되는 현상을 이용하여 구조가 간단하고 측정범위가 넓다. 이외에도 질량유량센서, 레이저간섭계 등을 이용한 방식이 사용되고 있으며 질량유량센서는 온도, 압력 등의 영향을 받지 않는 장점이 있고 레이저간섭계식은 비접촉식이고 정확도가 높아 각종 연구나 표준유지에 많이 활용된다.

(11) 가속도 센서

가속도와 진동의 동적인 기계현상을 감지하기 위한 가속도 센서는 물체의 운동을 순간적으로 검출하는 것으로 자동차와 비행기 등의 다양한 수송수단에서 뿐만 아니라 여러 공학 분야에서 필수적인 소자이기도 하다. 가속도 센서는 검출 방식에 따라 관성형, 정전용량형 및 반도체형으로 크게 대별한다.

먼저, 관성형은 아래의 [그림 4-41]에서 보여주듯이 질량에 작용하는 가속도에 의한 관성력을 이용한다. 마찰이 적은 피벗으로 진자를 지지하고, 가속도 a가 가해지면, 진자는 반대 방향으로 변위한다. 이와 같은 변위를 측정하여 가속도로 환산하게 된다.

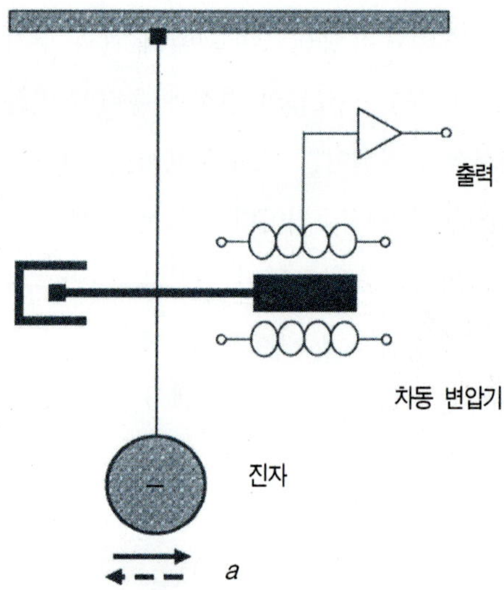

[그림 4-41] 진자를 이용한 가속도 센서

아래의 [그림 4-42]는 진동을 이용한 가속도 센서를 보여주고 있고, 소자 내의 질량은 양측에 현으로 고정되어 있다. 가속도가 가해지면 질량의 양측에 있는 현의 장력에 차이가 생겨 이로 인한 현의 진통수가 f_1과 f_2로 각각 검출된다. 이러한 진동수의 차는 기속도로 환산된다.

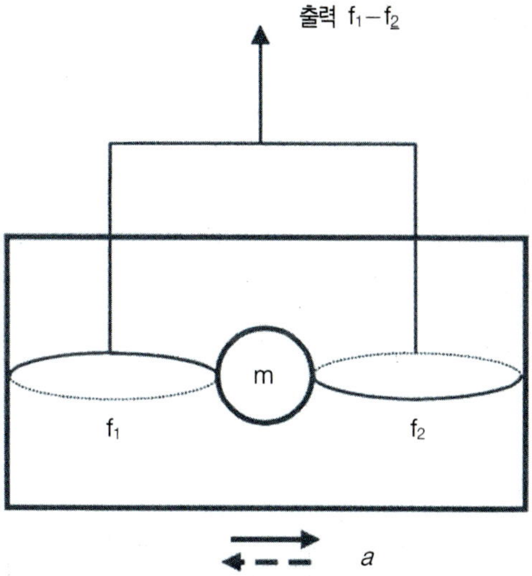

[그림 4-42] 진동을 이용한 가속도 센서

정전 용량형 가속도 센서는 두 부분으로 나뉘는데 소자의 외형인 고정부와 이에 부착된 내부의 평판구조를 한 질량이다. 내부의 평판은 거리 d의 함수로서 가속도에 의해 거리가 변하면 정전용량 값이 변하게 된다. 아래의 [그림 4-43]의 왼쪽 그림은 정전용량을 이용한 가속도 센서의 단면구조를 보여준다. 내부의 평판은 샌드위치 구조를 하고 있으며, 오른쪽 그림은 평판의 하부 단면도를 나타내고 평판 질량을 지지 하는 부분의 형태를 보여주고 있나. 정전용량 가속도 센서의 출력은 가속도에 의한 정전용량의 차이와 온도의 함수로 표현된다. 따라서 전체 온도 영역에서 조정을 하여야 한다.

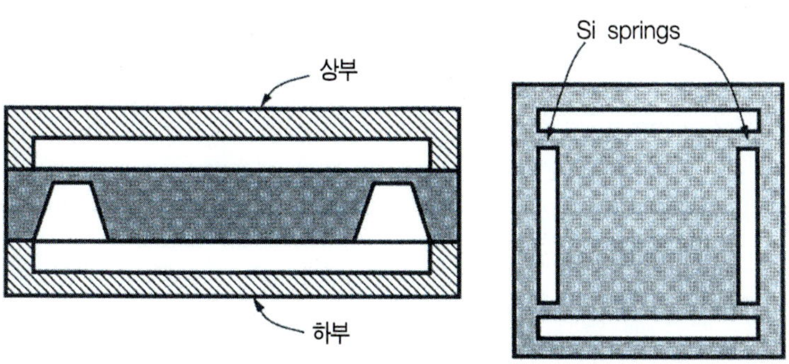

[그림 4-43] 정전용량을 이용한 가속도 센서의 구조

반도체형 가속도 센서는 관성형의 단점을 보완한 것으로 예로서 관성형 가속도 센서는 구조가 비교적 복잡하고, 무거우며, 신뢰성이 떨어지고, 동일 규격의 양산이 어렵다는 결점이 있다. 반면에 반도체형은 집적회로 기술을 바탕으로 신뢰성이 높고, 소형 · 경량으로 양산이 쉽다.

반도체형은 실리콘을 이용하여 주로 제조되고 대표적인 반도체형은 압저항 이나 압전 효과를 이용하여 가속도 센서를 만든다. 압저항 가속도 센서는 캔틸레버(cantilever) 빔이 고정된 외형에 매달려 있어 진동형 질량의 형태를 한다. 압 저항 요소는 확산층으로서 캔틸레버에 형성되어 있다. 실리콘 기판에 식각으로 제조되고, 유리판으로 양면을 부착하여 캡슐화 한다. 압저항은 온도 계수가 크기 때문에 이를 보상하기 위해 온도 보상용의 확산저항이 칩 위에 제작된다.

다음의 [그림 4-44]는 여러 가지 형태의 가속도 센서의 외관이다.

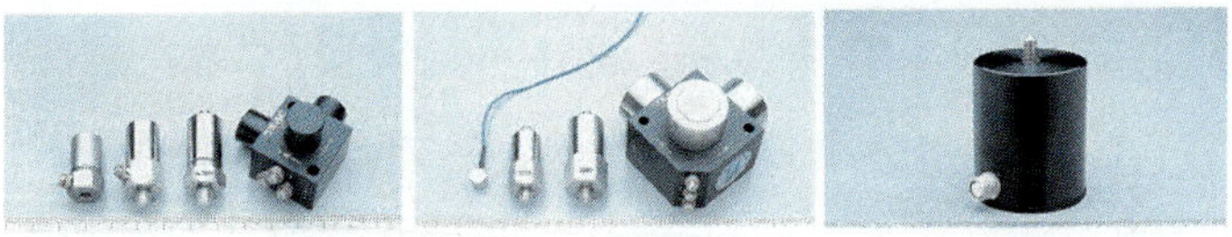

[그림 4-44] 여러 가지 형태의 가속도 센서

(12) 가스센서

가스센서는 인간의 오감 중 후각에 해당하는 기능을 갖는 소자로서 지금까지 공기 중의 각종가스를 검지, 정량화 하는데 이용되어 온 화학센서의 일종이다. 가스센서에는 반도체식 가스센서, 고체 전해질식 가스센서, 전기 화학식 가스센서, 접촉 연소식 가스센서가 있다.

① 반도체식 가스센서

전기 저항식과 비전기 저항식이 있으며, 전기 저항식은 반도체 전기저항이 기체성분과 그 표면과의 접촉에 의해 변하는 원리이며, 비전기 저항식은 다이오드나 MOSFET형의 기체 감지 소자로 용량-전압, 전류-전압 특성을 이용한 것이다.

- 전기 저항식 가스센서 : 기체성분이 반도체 표면에 흡착하여 화학반응을 일으킴으로써 전기저항이 변화하는 것으로서 주로 가연성 가스를 감지하는 소자에 이 타입이 많다.
- 비전기 저항식 가스센서 : 금속산화물 반도체의 소결체와 연결막 또는 박막 등의 감응부와 히터 및 방폭용 네트로 구성된 구조로, 고온으로 유지된 반도체에 가스가 닿으면 반도체 및 가스의 종류에 따라 전기 전도도가 변화하는 성질을 이용한다.

② 전기화학식 가스센서

전기화학식 가스센서는 대상가스를 전기화학적으로 산화 또는 환원하여 그때 외부회로에 흐르는 전류를 측정하는 장치이다. 그리고 전해질 용액 중에 용해 또는 이온화한 가스상의 이온이 이온전극에 작용하여 생기는 기전력을 이용하는 것도 있다.

- 정전위 전해식 가스센서 : 정전위 전해식 센서는 전극과 전해질 용액의 계면을 일정한 전위로 유지하면서 전해를 행하는 것이다. 이때 설정전위를 바꿈으로써 특정 가스를 선택적으로 정량화 할 수 있다.
- 갈바닉 전자식 가스센서 : 갈바닉 전자식 가스센서는 정전위 전해식 가스센서와 마찬가지로 검지대상 가스의 전해에 의해 흐르는 전류로부터 가스농도를 측정하는 것이다.

③ 고체 전해질식 가스센서

고체상태의 절연체 중에는 높은 온도에서 이온의 이동에 따른 도전성을 보이는 것이 있다. 이와 같은 물질을 이온전도체 또는 고체전해질이라 한다.

④ 접촉 연소식 가스센서

접촉 연소식 가스센서는 가연성 가스의 검지에 사용되는 것으로서 검지가스가 연소하는 열이 소자의 온도를 높임으로써 생기는 발열선(백금선)의 변화를 이용하는 가스 감지 소자이다.

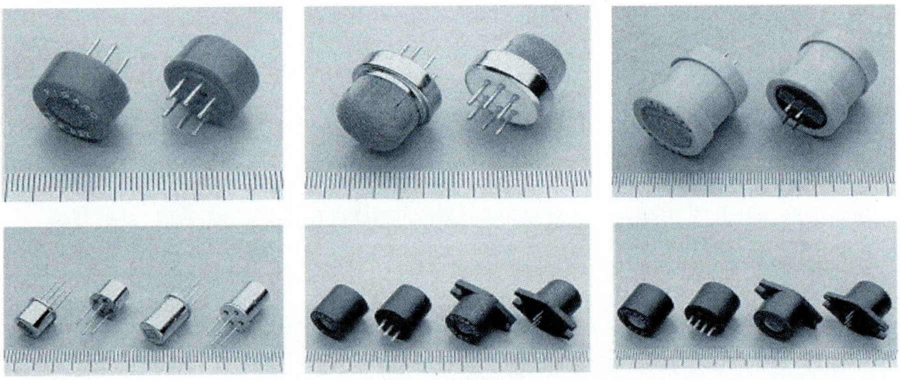

[그림 4-45] 가스센서의 여러 가지 형태

(13) 습도센서

습도란 공기 중에 포함된 수증기의 양으로, 단위체적당 수증기의 질량을 나타내는 절대 습도(g/m^3), 건조 공기 단위질량당의 수증기 질량인 비습도(kg/kg'), 그리고 어떤 온도에서 대기의 포화수증기압에 대한 실제 수증기압의 비로 나타내는 상대습도(%Rh) 등으로 표현되며, 이들 각각의 단위는 노점(露店) 온도나 건습구 온도 등에 의하여 서로 환산될 수 있다.

습도 계측에 이용되는 원리로는 모발이나 셀룰로오스와 같은 물질의 팽윤성(澎潤性)과 건구 및 습구온도의 차, 반도체 및 다공성 세라믹과 같은 감습체의 전기저항이나 커패시턴스 변화, 노점 온도, 적외선 흡수 등이 있다.

① 팽윤식

유기 물질의 습도에 따른 팽윤성, 즉, 흡습이나 방습에 의한 신축 정도가 달라지는 특성을 이용하는 방법이다. 이때, 감습용 재료로는 머리카락, 면섬유, 고분자 필름 등 다공질 물질이 다양하게 사용되는데, 이를 통칭하여 모발 습도계로 부르는 경우가 많다.

이 방식은 가정용 습도 지시계나, 기계적 접점에 의한 환경제어 장치에 많이 이용되고 있는데, 측정 범위는 20~100% Rh, 오차는 ±5% 이내, 사용온도 범위는 0~60℃ 정도이다.

② 건습구 온도계식

건구 온도는 보통의 방법으로 주위의 공기 온도를 측정한 것을 말하며, 습구 온도는 온도계에 얇은 천을 감아 물에 적셔 두었을 때, 수분이 증발하면서 증발 잠열로 인하여 강하된 수막의 온도를 말한다. 이때, 공기로부터 수막으로 열이 이동하여 온도를 높이려는 작용이 일어나는데, 증발에 의한 열손실량과 전열에 의한 열 취득양이 같은 점에서 온도가 일정하게 유지된다.

이때, 건구온도를 t_a, 습구온도를 t_w라 하고, t_w에서의 포화수증기압을 e_w라 할 때, 대기 중의 수증기압 $e = e_w - 0.0664(t_a - t_w)$로 계산된다. t_a에서의 포화수증기압은 일정한 값이므로 이 식에서 구한 e을 이용하면 상대습도가 계산된다. 이와 같이 건습구 온도의 차를 이용하여 습도를 계산하는 것을 건습구 온도계식 습도계라 한다.

③ 세라믹형

세라믹 습도센서는 산화알루미늄(AL_2O_3)과 같은 금속 산화물을 소결(燒結)한 다공질 세라믹 구조 위에 귀금속 전극을 얇게 증착시킨 후, 도선을 인출한 것이다. 이때, 수증기는 금속 층을 통과하여 다공성 산화층에 흡수되며, 흡수된 물 분자의 수에 따라 전기 저항이나 정전용량이 변화하는 현상을 이용하여 습도를 측정한다.

세라믹 센서는 소형 경량이며, 측정 범위가 넓고, 연속 측정이 가능하며, 내부식성이 우수하다. 그러나 불순물에 의한 오염과 시간 경과에 따른 특성 변화로 인하여 정확도가 떨어지게 되는 문제점이 있다.

④ 고분자형

고분자 물지의 흡수성에 의하여 전기적 특성이 변화하도록 제작된 센서로, 저항형의 경우에는 변화하도록 제작된 센서로, 저항형의 경우에는 암모늄염 계열이, 정전용량형의 경우에는 셀룰로오스 계열의 중합체가 주로 이용된다.

이 방식의 센서는 오염에 강하고, 저렴한 가격으로 대량생산이 가능한 반면, 고분자 물질의 특성으로 인하여 온도계수가 크고, 60℃ 이상의 고온이나 30% 이하의 저습도 환경, 90%Rh 이상의 고습도 환경에서는 사용이 제한되며, ±2% 정도의 히스테리시스가 있다.

용량형 센서는 두께 20㎛정도의 셀룰로오스 필름 양측에 유전율이 대폭적으로 증가하는 원리를 이용한 것이다. 이 방식은 −35~80℃의 범위에서 사용이 가능하고, 10~95%Rh 정도의 넓은 범위에서 직선적인 특성을 나타내며, 오염에 강하고 내구성이 뛰어나 장점이 있어, 소형 습도 측정기의 검출 소자로 널리 이용된다.

⑤ 전해식

전해식 습도센서는 석영, 또는 불소계 탄화수소로 만든 모세관 위에 두 가닥으로 불활성 전극을 감고, 오산화인(P_2O_5)과 같은 전해질 물질을 얇게 도포한 것이다.

전해질 감습 물질은 이 센서가 노출된 공기 중의 수분을 흡수하게 되며, 인가된 전압에 의하여 물의 전기분해가 일어난다. 이때, 각 물 분자를 분해하기 위해서는 전자가 필요하므로 셀에 흐르는 전류는 분해한 물 분자의 수에 비례한다. 따라서 일정한 온도에서의 전해 전류를 측정하면 공기에 포함된 수증기의 농도를 알 수 있다.

전해식 습도계는 매우 낮은 습도를 측정할 수 있기 때문에 건조한 공기의 측정에 많이 이용되고 있다.

⑥ 열전도도식

건조 공기에 밀봉시킨 서미스터 1개와 공기와 접촉하는 서미스터 1개, 그리고 고정저항 2개를 이용하여 브리지 회로를 구성한 방식으로, 이 센서는 응답속도가 15초 이하로 매우 빠르며, 히스테리시스가 거의 없고, 60℃ 이하에서 100%Rh까지의 전체 범위를 측정할 수 있다는 특징이 있다. 그러나 기체 종류에 대한 선택성이 없기 때문에 표준 공기와 수증기 이외의 기체가 혼입된 경우에는 측정이 불가능하며, 압력의 영향을 받는다는 점에서 주의가 필요하다.

⑦ 적외선 흡수식

수증기의 흡수 스펙트럼이 1.38, 1.87, 2.7, 4.3, 6.0㎛ 등의 파장에 걸쳐 존재한다는 사실을 응용한 것으로, 공기 중에 포함된 수증기의 양에 따라 복사 에너지의 흡수율이 비례적으로 증가하는 현상을 이용한다.

적외선 습도계는 수증기에 잘 흡수되는 같은 파장의 적외선을, 한쪽은 습도를 알고 있는 기준 가스에 통과시키고, 다른 한쪽은 측정하고자 하는 시료 공기에 통과시키면서,

이들 경로를 통과한 적외선의 상대적인 강도를 이용하여 측정을 수행한다. 이 방식의 센서는 감도나 반응속도가 뛰어나지만, 가격이 비싸다는 단점이 있다.

(14) pH센서

수소이온농도의 계측은 화학 Plant Process Line, 식품 Process Line, 폐수처리장 중화설비, 수경재배, 정수 및 양어장, 도금처리설비, 기타 수질관리 관련분야에 적용이 되며 용액 속의 수소이온 농도로 수소지수로서 나타낸다. 용액 1 *l* 속에 존재하는 수소이온의 그램이 온수를 의미하며, pH라는 기호로 표시한다. 보통 1 *l* 의 용액 속에 있는 수소이온의 그램 이온수의 역수(逆數)의 상용로그를 취한다.

순수한 물일 경우 1기압 25℃에서 수소이온 H+의 농도가 약 10^{-7}그램이온인 점을 기준으로 해서 pH=log 1/[H+] = 7을 중성, pH가 7보다 작을 때 이 용액은 산성이며, pH가 7보다 클 때에는 알칼리성이라고 한다. 물고기가 살고 있는 담수(淡水)의 pH는 6.7~8.6이며, pH는 폐수처리를 할 경우 중화·응집 등의 화학적 처리를 할 때 중요한 구실을 한다. pH값을 측정하는 데는 전위차측정법, 비색측정법이 있다.

수소이온(hydrogen ion)은 수소원자가 1개의 핵외전자(核外電子)를 잃고 1가의 양이온이 된 것으로 수소의 원자핵이며, 양성자(프로톤)에 상당하는데, H+로 나타낸다. 수소이온은 보통 단독으로 안정하게 존재하지 않고, 따라서 이온화되기 쉬운 수소원자를 가진 물질을 물 등에 녹일 때, 물에 첨가되어 생기는 히드로늄이온 H3O+(H+ · H2O)를 말할 때가 많다. 이것은 산에서는 중요한 뜻을 지니며, 수소이온 농도로 표시된다. 또한 수소원자는 1개의 전자를 받아들인 이온을 만드는 경우도 있다. 이것은 음이온, 즉 H-이므로 수소화 이온이라 하여 수소이온과 구별한다.

현재 공업분석으로 쓰이는 수소이온농도의 측정은 Glass의 얇은 막 양쪽에 다른 두 종류의 용액을 넣어 두었을 때 양 용액의 pH의 차에 비례한 기전력이 Glass의 얇은 막 양면에 발생하는 것을 이용한 Glass 전극에 의한 측정 원리이다.

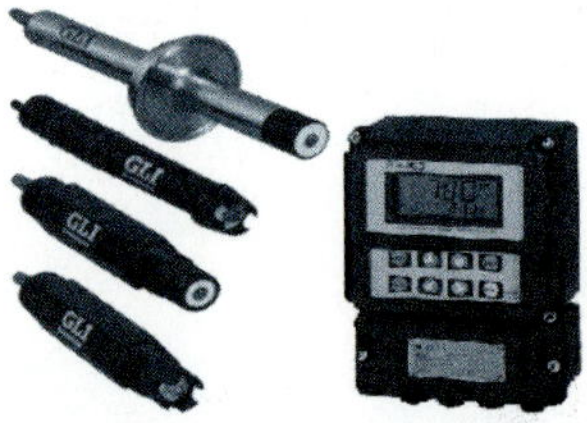

[그림 4-46] 시중에 판매되고 있는 pH센서의 모습

(15) 홀(Hall)소자 자기센서

홀소자는 반도체 면에 리드 선을 4개 부착한 간단한 구조이다. 반도체에 전류를 흘리고 전류에 직각인 방향으로 자계를 가하면 전류와 자계의 양자에 직각인 방향으로 전압이 발생하는 홀효과(Hall Effect)가 이 소자의 동작 원리이며, 이중 입력 단자가 전류 단자이고 출력 단자가 홀 전압 단자로 표시된다.

홀소자용의 반도체 재료로는 Ge, Si, InAs, InSb, GaAs 등이 이용된다. 이 중에서도 GaAs 재료를 이용한 홀소자가 용도 특성이 우수하여 주목받고 있다.

홀소자의 구조로서는

- 단결정 재료를 박편화한다.
- 반 절연재료에 에피텍시얼법과 이온 주입법으로써 활성화 영역을 만든다.
- 진공 증착으로서 박막 소자를 IC기술을 이용하여 제작한 것 등이 있다.

홀 소자 이용법에는 다음의 3 가지가 있다 .

- 센서에 일정 전류를 흘려 놓고 자계와 자계로 변환된 다른 물리량을 검출하는 방법
- 센서에 흐르는 전류, 자계의 양자를 바꾸어 2가지 양의 승산 작용을 이용하는 방법
- 정 자계로써 입력 단자에 전류를 흘렸을 때의 센서 출력과 같은 방향의 전류를 출력 단자에 흘리면 입력 단자에 최초의 전류는 역방향의 홀 전압이 유기되는 현상을 이용하는 방법

홀 소자의 구동 방식에는 정 전류 방식과 정전압 구동 방식이 있는데 정전류 방식은 홀 전압이 반도체 기판의 전자 밀도에 의존하고, 정전압 구동 방식은 전자 이동도에 의존한다.

홀 소자의 특징은 다음과 같다.

- 용도 변화에 따라 특성 변화가 크다.
- 소형화할 수 있다.
- 자계의 비례성이 양호하다.

홀 소자는 VTR과 레코드플레이어, 플로피디스크에 사용되고 있는 각종 브러시리스 모터의 응용 이외에 자속계, 전류계, 자기 기록용 헤드, 전위계, 회전계, 속도계, 전력계, 주파수 변환기, 아이솔레이터, 자이레이터 등 다방면에 응용되고 있다.

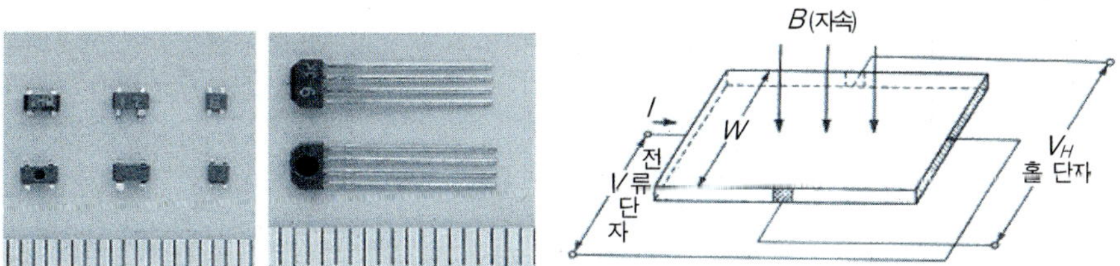

[그림 4-47] Hall Sensor의 실제모습과 기본구조

(16) 홀 IC 자기센서

Si 홀 소자는 자계 감도가 10~2OmV/KOe 정도이고, 다른 재료를 사용한 것보다 감도가 낮은 결점이 있다. 이 결점을 개선하기 위해 IC 기술을 사용해 신호 처리 회로를 센서와 일체화시킨 것이 Si Hall IC이다.

현재 많은 온도 센서, 압력 센서, 광센서 등의 제품이 IC 화되었지만 그 중에서 Si Hall IC는 최초로 IC 화된 센서이다.

Hall IC의 특징은 다음과 같다.

- 전자 회로와 일체화되어 있으므로 센서 전체적으로 감도가 높다.
- IC 제조 기술을 이용하고 있으므로 생산이 용이하다.
- 목적에 맞는 신호 전압이 얻어진다.
- 불 평형 전압이 크고 처리가 곤란하다.

홀 IC에는 출력이 자계 강도에 비례하는 리니어형 센서와 임계값 이상의 자계로써 On/Off 하는 스위치 형 센서의 2종류가 있다. 스위치 형은 스위치 동작을 확실히 하기 위해 고의로 히스테리시스 현상을 갖게 하고 있다.

홀 소자의 제조 기술에는 바이폴러와 MOS 기술이 사용되고 있지만 상품화되고 있는 센서는 바이폴러 형이다. Hall IC는 자기 인터럽트, Hall 모터, 무접점 디스트리뷰터, 자속계, 전력계, 전위계, 변위계, 회전계, 스위치, 키보드 스위치 등에 널리 활용되고 있다.

아래의 [그림 4-48]과 [그림 4-49]는 Hall IC의 실제 모습과 구조 나타낸 것으로 바이폴러 형이다.

[그림 4-48] Hall IC의 실제 모습

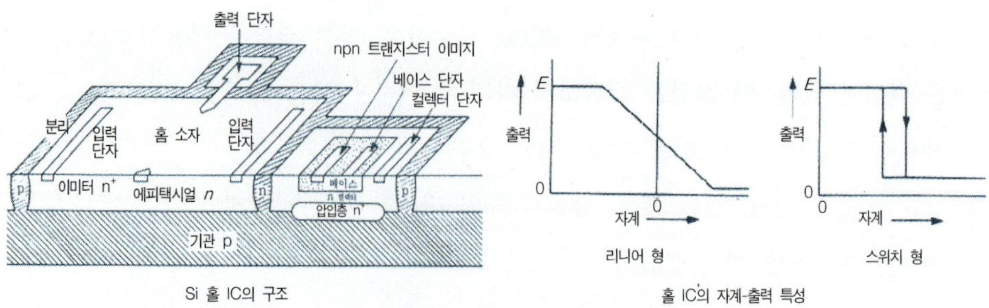

[그림 4-49] Hall IC의 구조와 특성

(17) 초음파 센서

초음파는 인간이 귀로 들을 수 없는 높은 주파수의 음파이며, 일반적으로 20kHz 이상의 진동 주파수를 의미한다. 초음파는 빛이나 전파와 같은 파동 에너지로 전파 속도가 느리고 반사하기 쉽다는 특성을 가진다. 자연계에는 인간의 가청 영역을 넘는 초음파를 발생하는 동물이 의외로 많이 있으며, 대표적으로 박쥐나 돌고래가 초음파를 이용한다. 예컨대, 야행성인 박쥐는 동굴이나 어둠 속에서 스스로 초음파를 발사하고 반사된 음파를 검출하여 물체를 식별한다.

초음파 센서란 음향 에너지 중에서 비교적 높은 고주파 대역을 감지하기 위한 센서로서, 20kHz 이상의 음향 에너지를 검출하는 소자라고 정의할 수 있으며, 근거리에 있는 물체나 인체의 유무, 거리 측정, 속도 측정 등에 응용된다.

초음파는 매초 2만회 이상으로 진동하는 들리지 않는 음파를 말한다. 즉, 건강한 청각을 가진 정상인은 도저히 느낄 수 없는 높은 주파수이다. 이러한 초음파는 여러 가지 응용분야에서 정보로서 응용하거나, 진동 에너지를 동력으로 이용하기도 한다. 최근, 초음파는 정보통신 부분에서도 매우 유용하게 이용되고 있으며, 다양한 초음파 센서가 하이테크 가전제품으로 양산되고 있다. 실질적으로 초음파 센서에 적용되는 주파수는 사용 용도에 따라 결정되는 것이 원칙이지만, 일반적으로 공기 중에서 물체를 감지하기 위해 이용되는 초음파 센서의 주파수 범위는 9kHz에서 50kHz 정도이고, 이러한 영역의 주파수는 강력한 초음파 펄스를 생성하기 쉬우며, 지향 특성을 용이하게 얻을 수 있기 때문이다.

초음파 센서는 음파의 메아리 현상을 이용한 것으로 기본적인 원리를 살펴보면, 음파를 발생시키는 송신 부분이 있어 음파가 되돌아온 시간차를 분석하여 물체의 유무를 감지하거나 대상물의 거리를 측정한다. 초음파 센서의 구성은 트랜스듀서, 분석기, 및 출력회로로 대별할 수 있다.

초음파 센서의 거리 측정원리는 센서에서 발사된 초음파 펄스가 측정물의 표면에서 반사되어 되돌아 올 때까지의 지연 시간을 측정하고, 공기 중에서 초음파의 온도에 따른 음속을 보상하여 거리를 산출하는 방법을 사용한다. 음파의 전파 속도는 공기 중에서 340m/sec이고, 수중에서는 1480m/sec이다. 초음파는 온도에 민감하며, 매질의 온도를 고려하여야 한다. 일반적으로 공기 중에서의 음속은 다음의 식으로 구할 수 있다.

$$V = 331.5 + 0.607\,T$$

여기서, T는 섭씨온도이고, 이 식으로부터 공기 중에서 온도가 1℃ 변함에 따라 음속은 0.17% 씩 변화하기 때문에 온도를 측정하여 음속을 보상하여야 한다. 대상물까지의 거리를 측정하기 위한 관계식은 다음과 같다.

$$L = (0.5)\,Vt$$

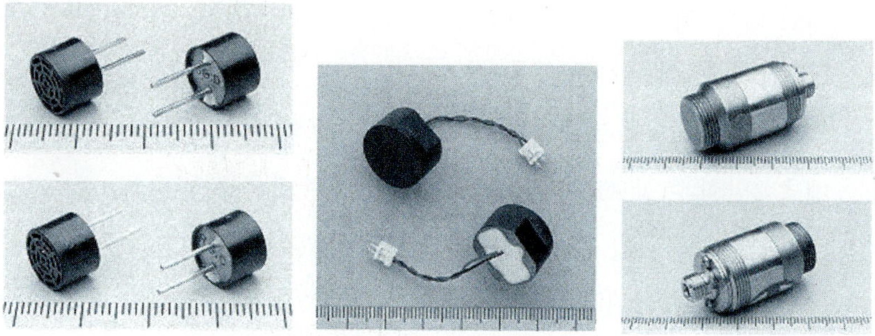

[그림 4-50] 여러 가지 형태의 초음파 센서

(18) 마이크로폰

각종의 음향 계측에는 음향 에너지를 전기 에너지로 변환하는 음향센서가 필요하며, 그것은 대개 마이크로폰이라고 한다. 전기 음향 변환기의 변환 원리에는 여러 가지가 있는데 그중에서 마이크로폰에 응용되고 있는 것은 대개 동전형, 정전형, 압전형, 접촉 저항형(탄소형) 중 어느 한 가지이다. 일반적인 음향 계측용 마이크로폰에 요구되고 있는 조건을 생각하면 다음과 같다 .

- 주파수 응답이 거의 평탄하며, 사용 주파수 범위가 넓다.
- 특성이 온도, 습도, 기압 등 외부 환경의 변화 및 기계적인 충격에 대하여 안정되어 있으며 경사 변화가 작다.
- 감도가 높고 소형화로 할 수 있다.
- 측정할 수 있는 음압의 범위(다이내믹 레인지)가 넓다.

이들의 조건을 비교적 쉽게 만족시킬 수 있는 점으로 보아 현재 음향 계측용으로 사용되고 있는 마이크로폰은 대부분이 직류 바이어스 방식의 정전형이며, 일부에서 초저주파음 또는 초고음압을 계측하는데 세라믹 소자를 사용한 압전형이 사용되고 있다. 최근에 안정되고 수명이 긴 일렉트레트 막이 출현하게 되었으며, 일렉트레트 방식의 정전형 마이크로폰도 음향 계측에 사용되기 시작했다. 앞으로도 음향계측에서는 정전형 마이크로폰이 주류를 이루게 되나 새로운 재료(압전 고분자 필름) 또는 새로운 방식(빛의 응용)에 의한 마이크로폰의 실용화가 예상된다.

① 정전형 마이크로폰

정전형 마이크로폰은 음압에 따라 진동 변위하는 가동 전극(진동막)과 대단히 좁은 간격으로 대향하는 고정전극(배극)으로 평행판 콘덴서를 구성하고 음압에 따라 진동막이 변위하면 이의 정전 용량이 약간 변화한다. 이러한 정전 용량 변화를 전기 신호로 검출하는 방법으로 양쪽 전극 사이에 직류 바이어스 전압을 가하는 방법이 있는데 가장 일반적인 방법이다. (직류 바이어스 방식)

정전형 마이크로폰의 출력전압은 진동막의 진동변위에 비례하므로 진동계는 주파수에 관계없이 일정한 크기의 구동력에 대하여 일정한 진동 변위가 생기도록 설계해야 한다.

계측용 마이크로폰에 요구되는 여러 조건 중 안정성과 함께 가장 중요한 것에 감도가 높고 주파수 범위가 넓다는 조선이 있다 .

② 압전형 마이크로폰

물질은 외력에 의하여 변형이 생기면 그 변형에 비례한 전하가 생겨서 전압을 발생하는 것 이 있는데 이러한 현상을 압전 효과라고 한다. 어떤 종류의 결정이나 자기 또는 고분자 필름 속에는 압전 효과가 대단히 큰 것이 발견되고 있으며 여러 가지 용도로 응용하고 있다. 마이크로폰에는 지르콘지탄산연 등의 자기에 의한 소자를 사용하고 있다. (세라믹 마이크로폰)

세라믹 소자는 바이모르프 라고 하는 구조를 취하며 굽힘 응력에 대하여 전하를 발생하도록 되어있다. 세라믹 소자는 기계 임피던스가 높으므로 임피던스가 낮은 공기와 정합을 취하기 위하여 성형된 진동판과 로드를 통해서 소자에 외력을 가하는 구조로 되어 있다.

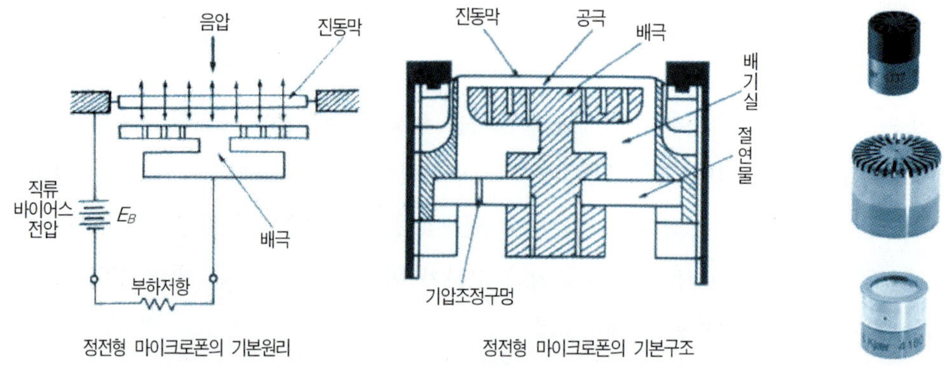

[그림 4-51] 정전형 마이크로폰의 구조와 여러 형태의 마이크로폰 사진

(19) 서미스터(Thermistor)온도센서

서미스터는 온도에 의해 저항 값이 변하는 저항체를 말하며, 저항의 성질에 따라 온도의 상승에 따라 저항 값도 상승하는 정특성의 서미스터와 이와 반대의 특성으로 온도에 상승에 저항 값이 하강하는 부특성의 서미스터가 있다. 부특성의 서미스터를 NTC(Negative Temperature Coefficient) 서미스터라 하고, 정특성의 서미스터를 PTC(Positive Temperature Coefficient)서미스터라 한다.

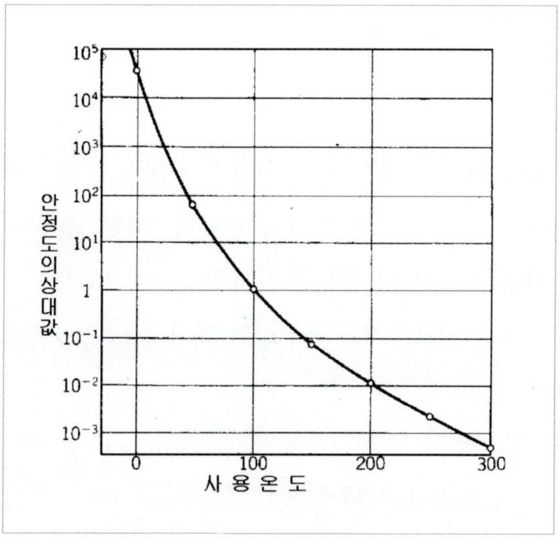

[그림 4-52] NTC 서미스터의 온도 특성

서미스터의 특징을 보면, 온도 변화에 대한 저항 값의 변화 폭이 넓으며, 모양이나 저항 값의 자유도가 높고, 견고하면서도 가격이 싸고, 전기적으로 출력을 처리하기가 쉬운 반면에, 측정 온도의 범위가 좁으며(−100 ~ 500℃), 특성 곡선이 직선성을 가지지 못하는 경우가 있다.

비드형 서미스터는 유리로 싸여 있으며, 신뢰성과 안정성이 뛰어나고 소자에 대한 기밀성이 좋아 고온까지 사용할 수 있으나 제작상의 문제로 가격이 고가인 경우가 많다.

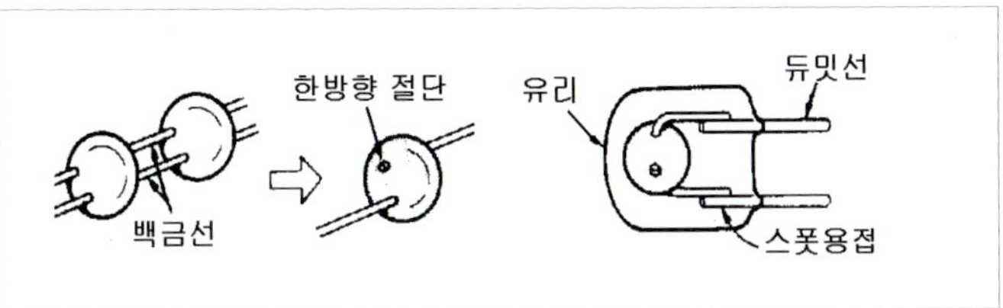

[그림 4-53] 비드형 서미스터

칩형 서미스터는 비드형에 버금가는 소형의 제품으로 양산에 적합하여 가격이 저렴하다. 보통은 150℃까지의 온도 측정에 적합하나, 압전형은 200~300℃까지도 측정이 가능하다. 그러나 안정도 면에서는 비드형에 비해 다소 떨어진다. 이러한 이유로 고밀도의 계측용보다는 일반적인 가정용이나 산업용으로 많이 사용되고 있다.

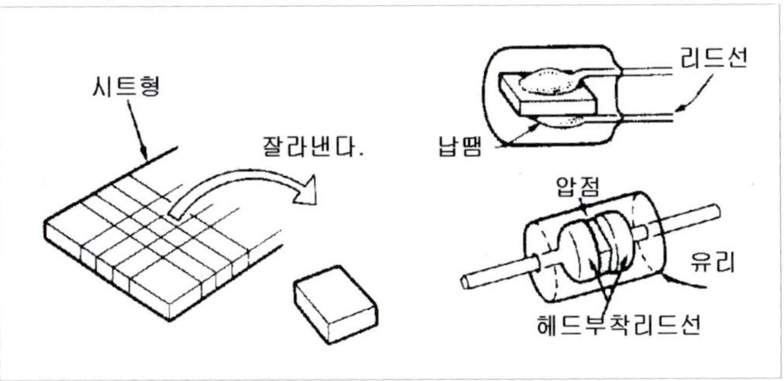

[그림 4-54] 칩형 서미스터

디스크형 서미스터의 경우는 가격이 싸고 대량으로 제작할 수 있기 때문에 에어컨이나 쿨러 등에 널리 사용되고 있다. 또 스위칭 레귤레이터 전원 투입시 러시전류 억제용으로 사용된다. 단점으로는 다른 형에 비하여 소형화하기가 곤란하며, 외장이 간단하여 기밀성이 곤란하여 응답 속도가 느린 기온 등의 측정에 적합하다. 사용상에 주의할 점으로는 기밀성이 안 되므로 물이나 수증기의 접촉이 없는 건조 공기만을 검출하여야 한다.

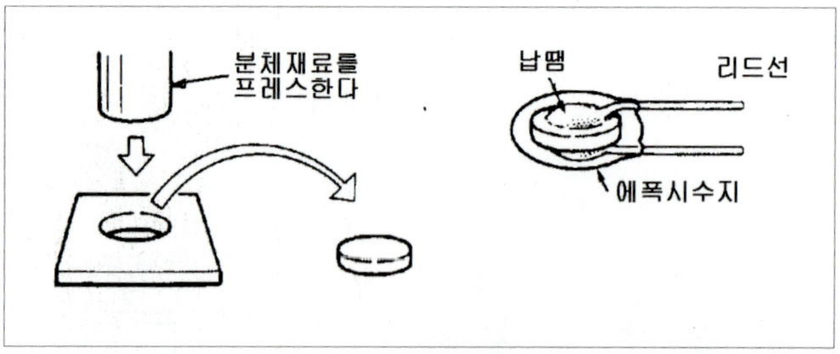

[그림 4-55] 디스크형 서미스터

(20) 열전쌍(Thermocouple)온도센서

서로 다른 종류의 두 금속 도선을 맞붙이고 양 끝의 온도에 차이를 주면 도선에 전류가 흐른다. 이러한 전류를 열전류라 하고 이때의 전위차를 열기전력이라 한다.

그리고 이러한 장치를 열전쌍(Thermocouple)이라 부른다. 열기전력은 두 금속의 종류에 따라 다른 값을 가진다. 같은 한 쌍의 금속에 대해서는 양 끝의 온도차가 클수록 기전력도 크다. 열전쌍은 값싸게 만들 수 있고, 작동 범위가 넓으며, 비교적 정밀하고, 크기가 작으며, 반응 시간이 짧고, 발생되는 전류를 이용해서 전기적인 장치를 통제할 수 있다는 장점 때문에 널리 쓰인다. 열전쌍은 양끝 점에서의 온도차를 재는 온도계로 쓰일 수 있으며 자동차의 엔진 온도를 재는 장치는 열전쌍을 이용한 것이다. 그러나 발생되는 기전력이 작기 때문에 측정에 어려움이 있으며, 온도 차이를 재는 것이 아니라 온도 그 자체를 재는 경우에는 어느 한쪽을 표준 온도로 유지시켜야 한다는 단점이 있다.

열전쌍으로 사용되는 금속은 고온에 접촉되므로 다음과 같은 조건을 만족해야 한다.

- 내열성이 우수해야 한다.
- 재료가 안정되고 산화나 조직 변화를 일으키지 말아야 한다.
- 열기전력이 커야 한다.

- 가격이 비싸지 않아야 한다.

백금과 백금 90% + 로듐 10%의 합금으로 된 열전쌍은 현재 903.89K~1337.58K의 범위에서 국제 표준 온도계로 채택되어 있다.

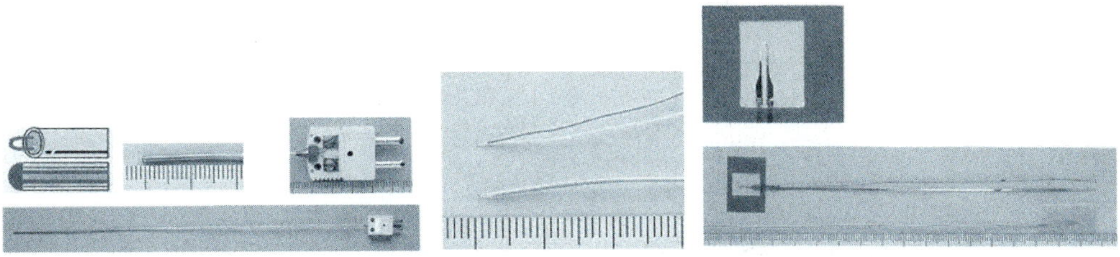

[그림 4-56] 사용목적에 따른 열전쌍의 종류

(21) 백금측온저항체(Pt100) 온도센서

일반적으로 금속의 전기저항은 온도에 따라 변합니다. 그 중에서 백금(Platinum)은 타 금속에 비하여 온도계수가 직선적으로 변화하며 중량도 가볍고 물리적, 화학적 성질이 우수하여 고순도의 것을 얻기 쉬우며 따라서 장기간 안정적인 온도측정용 Sensor로서 사용되고 있다.

백금측온저항체(Pt 100Ω, 500Ω, 1000Ω)는 일반적으로 금속의 전기저항은 온도의 변화에 따라서 증감하고 그 사이에 일정한 관계가 있다. 그 저항으로 온도를 측정하는 계기가 저항온도계이고, 백금선의 저항변화를 이용한 것이 백금저항온도계이다.

측정저항계는 백금, 동, Nickel 등이 있으며, 그 중 백금선이 온도변화에 예민하게, 전기저항이 증감하므로 현재 널리 이용되며 사용온도범위는 −200℃~600℃이다. 백금측온저항체에는 백금선을 유리관에 권선한 것과, 운모(Mica)에 권선한 것 등이 있으며 저항소자와 내부도선 사이에 단락방지의 절연관, 내부를 보호하는 보호관 및 단자관으로 구성되어 있다.

측온저항체는 저항 대 온도 출력을 나타내며 수동적 기구이므로 가동하는데 1mA 정도만 필요하다. 가장 많이 쓰는 측온 항체는 알파 상수 0.00385ohms/ohm/℃인 100ohm, 백금 센서이다.

공업용으로 사용되는 측온저항체는, 다른 온도 SENSOR와 비교하여 다음과 같은 특징이 있다.

- 감도가 양호하다.
- 안정성, 재현성이 우수하다.
- 고정도를 얻을 수 있다.

① 구조

온도에 따라 전기저항이 변하는 현상을 이용하는 금속도선을 저항소자라 하며, 보통 백금을 측온 Sensor로 사용한다. 이것을 흔히 RTD소자(Resistance Temperature Detector Element)라 부르며, 일반적으로 RTD는 RTD Element, Lead wires, 보호관 및 Terminal로 이루어져 있다.

② 측정방법

- 2-Wires Connection(W type) : RTD 소자의 두 Terminal에 각각 하나씩의 도선을 접속한 형식으로 비용이 절감되는 효과는 있으나 도선저항의 영향을 받기 때문에 고정도(High Accuracy)를 요하는 곳에는 적합하지 않다.
- 3-Wires Connection(X type) : RTD 소자의 한쪽 Terminal에는 2개의 도선을, 다른 한쪽에는 도선저항으로부터의 영향을 줄이기 위해 한 도선만을 각각 연결하는 방식으로 신뢰도가 높기 때문에 가장 많이 적용되고 있다.
- 4-Wires Connection(Y type) : RTD 소자의 양단에 각각 2개씩의 도선을 접속하여 도선저항의 영향을 없애기 위한 방식으로, 특히 높은 정도(Accuracy)의 온도를 측정하고자 하는 곳에 적합하다.

온도를 보다 정밀하게 측정하기 위해서는 측온 장소에 알맞은 측온저항체를 선택하는 것이 가장 중요하다. 따라서 측온저항체를 선정할 때에는 열, 부식, 기계적충격 등의 주위 여건에 대하여 내저항성이 있는 구조나 설치방법 및 RTD 소자와 보호관도 신중히 고려하여 선정하여야 한다.

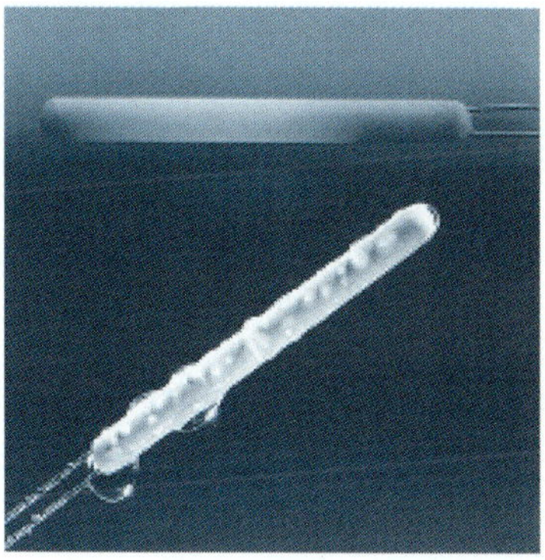

[그림 4-57] Ceramic Type 백금측온저항체(Pt100)

(22) 초전(인체감지) 센서

초전 온도센서는 물체로부터 방사되는 적외선이 창을 통해 초전체에 입사될 때 일으키는 초전체 표면전하의 변화로부터 적외선을 측정하고 이로부터 물체의 온도를 열적으로 감지한다. 초전체는 정상상태에서 내부에 자발분극을 갖고 있고 표면에 양과 음의 전하가 발생하지만 대기 중에 부유 전하를 포획하여 전기적으로 중립을 유지하게 된다. 적외선을 초전체에 입사시키면 초전체의 온도가 상승하여 자발분극의 크기가 변하게 된다. 이때 표면 전하는 자발분극의 변화만큼 빠르게 온도의 변화에 대응할 수 없기 때문에 초전체의 표면에는 자발분극의 변화만큼 진하가 부족하게 되고 단시간이긴 하지만 전하를 측정할 수 있다.

따라서 전극을 설계하고 전류를 측정할 수 있고,이때 발생하는 초전류나 전압을 감지하여 온도를 측정하게 되는데 이를 초전 온도센서라고 한다.

이 센서는 과도적인 온도의 변화를 검출하기 위해 초전체의 온도를 안정 상태로 유지하게 되면 출력을 감지할 수 없다. 계속하여 출력을 얻기 위해서는 적외선을 불연속적으로 입사시켜 초전체에 온도변화를 주는 초퍼(chopper)가 필요하다. 실제로 적외선의 흡수를 돕기 위해서는 표면을 검게 칠하여 흡수체를 만들게 되고 전계효과 트랜지스터와 조화하여 사용하게 된다.

일반적으로 초전 온도 센서는 응답 속도가 빠르고, 센서의 재료로서 선택기준은 초전계수가 크며, 열용량과 온도변화가 작고, 소자의 정전용량이 크며, 유전손실이 작아야 한다.

따라서 초전 온도 센서의 재료로는 대표적으로 TGS, PZT, PT 등의 강유전성 세라믹이 사용된다. 초전센서는 이동물체 또는 온도가 변하는 물체의 온도만을 감지할 수 있다.

다음은 초전센서의 여러 형태와 동작 원리를 설명한 그림이다.

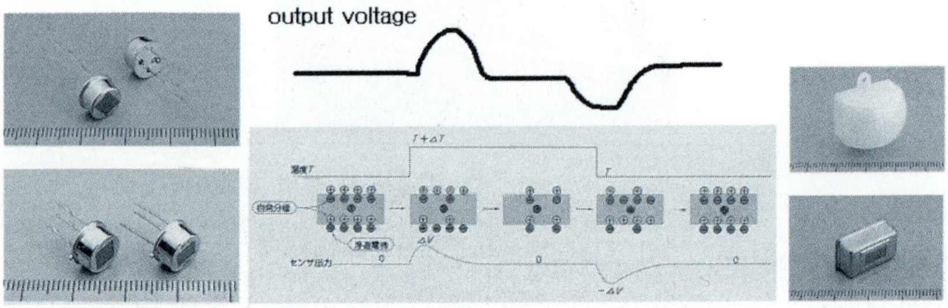

[그림 4-58] 초전센서의 종류와 동작원리

제5장

로봇제어 소프트웨어의 구조

5-1 로봇제어 소프트웨어의 개요
5-2 외국의 로봇 소프트웨어 현황
5-3 국내의 로봇 소프트웨어 현황

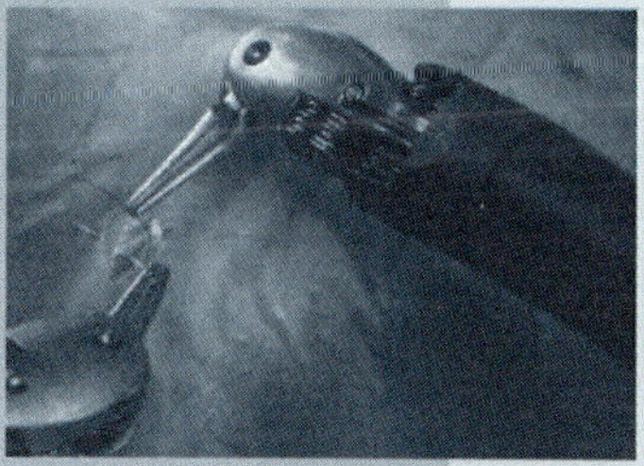

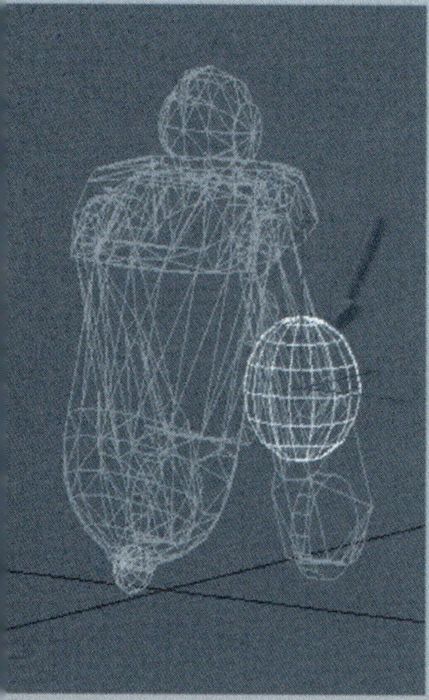

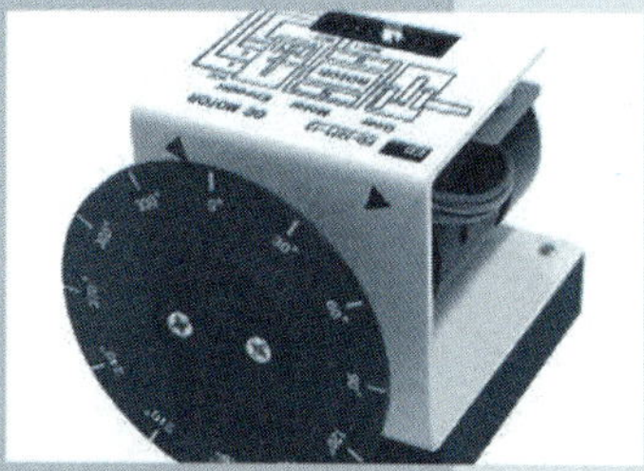

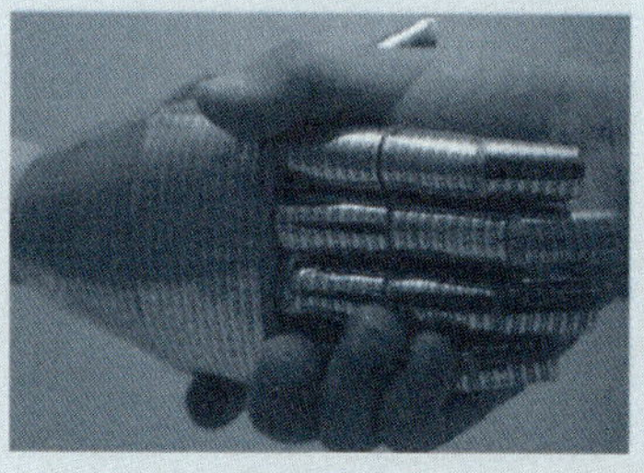

5-1 로봇제어 소프트웨어의 개요

"우리는 로봇이란 새로운 산업의 탄생시점에 와 있다." 올초 빌 게이츠 마이크로소프트(MS)회장의 로봇예찬이 세간의 화제를 모았다. SW기업이 왜 로봇을 띄우는지 사람들은 어리둥절했지만 의문은 금새 풀렸다. 빌 게이츠의 눈에는 로봇이 컴퓨터를 대체할 거대한 SW시장으로 보였던 것이다.

로봇의 정의에 대한 가장 교과서적인 모범답안은 과반수 로봇전문가들이 다양한 작업수행을 위해 프로그래밍이 가능한 다기능 매니퓰레이터'(Schlussel, 1985)라고 했다. 즉 SW로 제어되는 다기능 기계가 로봇이라는 뜻이다. 이처럼 SW의 탑재여부는 지능을 갖춘 로봇과 일반 기계장비를 구분하는데 중요한 기준이다.

로봇을 제어하는 SW는 현대 로봇의 역사와 함께 시작됐다. 초창기 산업용 로봇은 로봇팔의 위치 · 속도 · 타이밍을 적절히 맞추기 위해 어셈블리나 C언어로 일일히 프로그램을 짜는 성가신 작업이 필요했다. 그나마 로봇제조사마다 제어방식이 다른 까닭에 로봇SW도 호환성이 떨어졌다. 당연히 서로 다른 회사의 로봇장비를 혼용하기란 매우 어려웠지만 각 로봇회사의 기술자들이 밤새워 프로그램 작업을 해준 덕택에 자동화 생산라인은 그럭저럭 돌아갔다.

많은 로봇연구실에서 새로운 로봇 플랫폼을 개발할 때도 SW는 큰 문제가 되지 않았다. 어차피 연구용 로봇이란 한 두대 만들어서 기술력만 인정받으면 됐기에 로봇 소프트웨어를 어떻게 짜든지 확장성이나 호환성은 고려대상이 아니었다.

결국 로봇 소프트웨어의 종류는 세상의 로봇기업 숫자만큼 꾸역꾸역 늘어났고 로봇산업의 발전에 심각한 걸림돌로 작용하기 시작했다. 중소 로봇기업들은 갈수록 복잡해지는 로봇 소프트웨어 수요를 따라잡는데 인력과 시간, 예산의 한계에 부딪혔다. 새로운 로봇제품을 개발할 때마다 다른 회사에서 이미 완성한 소프트웨어 코드를 사용 못하고 처음부터 프로그램을 다시 하는 악순환이 거듭됐다. 마치 각 개인이 인터넷 접속을 위해 직접 웹브라우저를 개발하고 문서작성을 하려고 워드프로그램까지 만들어야 하는 듯한 상황이었다. 이 같은 소프트웨어 부문의 비효율성 때문에 가끔 TV뉴스에서 나오던 신기한 로봇제품의 상용화는 극히 지지부진했다. 반면 소프트웨어 표준이 마련된 PC와 인터넷은 지구차원의 폭발적 성장세를 거듭했다. 결국 2000년 이후 로봇 분야에서도 새로이 통합된 소프트웨어 플랫폼을 만들려는 움직임이 본격화됐다.

5-2 외국의 로봇 소프트웨어 현황

일본과 유럽의 경우 정부주도의 로봇 소프트웨어 개발이 활발하다. 문제는 산업용을 제외한 지능형 로봇의 출시가 활발하지 못해 수준 높은 로봇SW 규격이 개발돼도 산업계 파급속도가 느리다는 것이다.

미국은 거대한 로봇시장과 R&D수요를 바탕으로 Saphira, TCA, Player/Stage 등 다양한 로봇 소프트웨어 플랫폼이 일찍부터 개발돼 상용화되고 있다. 미국의 에볼루션 로보틱스(ER)사는 2004년 ERSP라는 모바일 로봇 소트웨어 개발 툴을 선보여 로봇 개발자들의 호평을 받았다.

에볼루션 외에도 모바일 로봇이나 컴퓨터 비전에 대해 연구하고 있는 기업들이 있다. 여기에는 컴퓨터 비전 전문 기관인 Tyzx와 포인트 그레이 리서치를 비롯해 로봇 제조업체인 아이로봇과 액티브미디어 로보틱스 등이 포함된다.

포인트 그레이 리서치는 에볼루션의 시스템이 이 분야의 돌파구 역할을 한다. 이로 인해 네비게이션 가격이 훨씬 더 저렴해질 뿐 아니라 성능도 훨씬 좋아질 것이라는 점에서 이는 매우 중요하다.

1) 에볼루션 로보틱스(ER)사의 ERSP

ERSP는 그동안 고도의 기술력이 필요했던 비전기반의 모바일로봇 제어를 간단한 프로그램작업으로 구현해 지능형 로봇개발에 널리 사용되고 있다.

캘리포니아 파사데나에 있는 에볼루션 로보틱스는 자사의 기술을 이용하면 로봇들이 가격이 50달러 미만인 휠 센서와 웹캠을 기반으로 주위 환경에서의 자신의 상대적인 위치를 결정할 수 있게 된다.

현재 가격이 레이저 레인지 파인더에 의존하고 있는 현재의 로봇 네비게이션 시스템 가격에 비해 몇 분의 1밖에는 되지 않는 저렴한 가격이다. 레이저 레인지 파인더의 가격은 5000달러 정도이다.

에볼루션 로보틱스는 상대적으로 저렴한 시스템을 통해 과거에는 상상도 할 수 없었던 전혀 새로운 제품들이다.

vSLAM(visual simultaneous localization and mapping)이라는 이 시스템은 로봇의 바퀴을 통해 움직이는 거리와 방향, 그리고 시스템에 내장된 카메라와 소프트웨어가 구별해 내는 물체 등을 이용해서 특정 공간의 지도를 그려낼 수가 있다. 이 기술이 탑재된 로봇은 자신이 있는 위치를 유추해내기 위해서 자신의 바퀴에서 얻은 데이터와 카메라 이미지로부터 얻은 데이터를 이용하게 된다.

이 시스템을 사용하려면 먼저 로봇을 사용할 환경을 일차적으로 한 번 돌아다니면서 '훈련'시켜야 하지만, 이 시스템은 그 후 가구의 위치가 바뀌었다든지 하는 변화가 있을 때 자신의 지도를 업데이트할 줄도 안다.

이 로봇이 장애물과 충돌하는 것을 피하려면 이 밖의 다른 센서도 필요하다. 그러나 일단 필요한 센서가 설치되면 vSLAM을 내장한 로봇은 자신이 가려던 맨 처음 경로를 바꾸면서도 목적지까지 도달할 수 있다.

이 로봇들은 자신의 경로를 재조정하면서 목적지까지 포기하지 않고 계속 갈 수 있다

네비게이션 시스템을 보안용 로봇 및 공장 로봇 제조업체와 같은 산업 주자들과 소비자 모두에게 판매할 수 있다. VSLAM을 이용해서 만들 수 있는 소비자 중심적인 로봇에는 진공 청소기와 가정 보안용 로봇, 모바일 화상회의 로봇, 오락기기 로봇 등이 있다.

에볼루션은 일본의 장난감 제조사인 반다이와 계약을 맺었다. 반다이는 파워 레인저와 디지몬 제품들을 만드는 회사다. 에볼루션은 반다이가 자사의 네비게이션 시스템과 에볼루션에서 라이선스하는 여러 가지 다른 종류의 로봇 기술을 이용해서 고양이처럼 생긴 로봇을 만든다.

여기서 말하는 기술이란 인간과 로봇 사이에 서로 상호작용이 가능하게 하거나 로봇 성격을 만들어내는 일에 초점을 맞추는 것 등이다.

에볼루션은 ER2라고 하는 개인용 로봇를 소개한다. 이 로봇은 한 개의 카메라 눈과 귀같이 생긴 돌출부, 그리고 흉부에는 비디오 스크린이 달린 이 작고 딱벌어진 체격의 로봇은 vSLAM 기술을 내장하고 있어서 가정 보안부터 어린이들과 함께 책읽기를 한다든지 아니면 화상회의에 이르는 다양한 업무를 수행할 수가 있다.

최근 로봇의 '뇌' 속에 스테레오 카메라 여러 대와 3D 컴퓨터 그리드 한 개를 넣어서

만든 네비게이션 시스템을 개발해 냈다.

(1) ERSP 내비게이션

ERSP 3.1의 내비게이션 기술은 로봇이 일반 웹 카메라를 주 센서로 사용하여 완전히 자율적으로 행동하고 환경 내에서 안전하게 이동할 수 있게 하는 다양한 기능을 제공한다.

구체적으로, 로봇은 ERSP 내비게이션으로 다음 기능을 할 수 있다:

- 환경 내에서 위치에 대한 지식을 가지고 이동
- 환경에 대한 지도 작성
- 목적지에 도달하는 효율적인 경로 계획 수립
- 배터리 충전을 위해 충전대를 찾아서 접속
- 장애물과 위험물 회피

내비게이션 API는 원격작동, 장애물 회피, 표적 추적, 위치 측정, 매핑 및 경로 계획 수립을 위한 모듈을 비롯하여 로봇의 이동을 제어하는 기능에 액세스할 수 있게 한다.

① vSLAM®

vSLAM을 갖춘 로봇은 시각 측정을 사용하여 지도를 작성하고 나중에 그 지도를 사용하여 시각적 형태를 인식하여 자기 위치를 정함으로써 이전에 모르던 환경에서 작동할 수 있다.

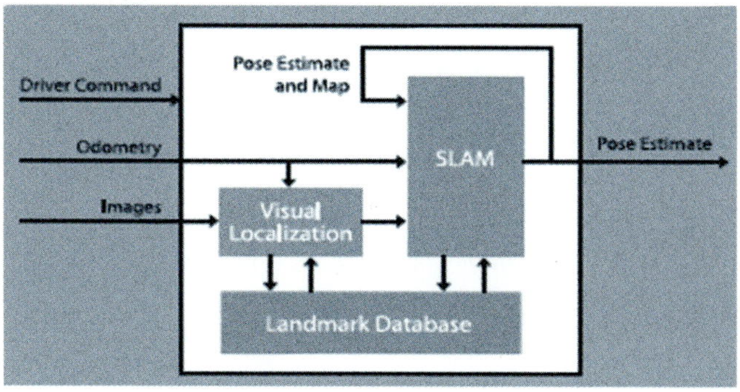

[그림 5-1] vSLAM의 블록도

vSLAM이 생성한 지도는 로봇이 주변환경을 탐색하면서 시각적 측정치와 주행기록 데이터를 사용하여 생성하는 독특한 일련의 랜드마크들로 구성된다. 각 랜드마크는 주어진 로봇의 위치와 방향으로부터 취한 인식 가능한 이미지로 구성된다. 정교한 센서 데이터 처리 방법과 특허 계류 중인 ER 비전을 활용하기 때문에, vSLAM 기능은 조명의 변화, 움직이는 사람 및 물체의 이동에 의해 쉽게 영향을 받지 않는다.

새로운 지역이나 환경으로 들어 갈 때 로봇이 그 지역의 기존지도를 로드하거나 즉시 새로운 랜드마크와 맵을 작성하기 시작 할 수 있다. 새로운 환경에서 첫 째 랜드마크는 처음으로 포착된 시각적 랜드마크를 상대로 한 로봇의 위치와 방향에 대한 추정치로 작성된다. 그런 다음 로봇은 계속 이동하면서 이전의 랜드마크를 탐지하고 새로운 랜드마크를 작성하며 해당 지도를 사용하여 주행기록을 수정한다.

vSLAM이 로봇에 제공하는 가장 중요한 능력의 하나는 로봇이 "유괴되었을 때" 즉 들어서 모르는 위치로 이동하였을 때 복구하는 능력이다. 유괴가 탐지되면 vSLAM은 자신의 위치를 재지정할(자신의 위치를 회복)때 까지 랜드마크 업데이트와 새 랜드마크 작성을 중단한다. 유괴가 탐지되지 않을 경우에는 로봇은 시각 측정이 이루어지면서 시스템에 의해 자동으로 교정된다. vSLAM은 로봇 유괴에 대한 최초의 건실한 해결 방안을 제공한다.

② 경로 계획 수립

경로 계획 수립은 2가지 방법으로 달성할 수 있다. 사용자가 경로를 요청할 수 있고 로봇은 주변환경 내에서 돌아다니는 동안 수집한 지점과 장애물에 대한 지식을 사용하여 하나를 선택할 것이다. 경로 계획 수립은 vSLAM과 함께 사용할 경우에 최적화될 수 있다.

③ 장애물 및 벼랑 회피

장애물 회피 기능은 로봇이 지속적으로 장애물을 탐지하고 장애물을 회피하기 위한 국지 경로를 계산하게 한다. 벼랑/계단 회피 기능은 로봇의 안전한 이동을 위해 위험한 상황에 대해 반사적으로 반응하게 한다.

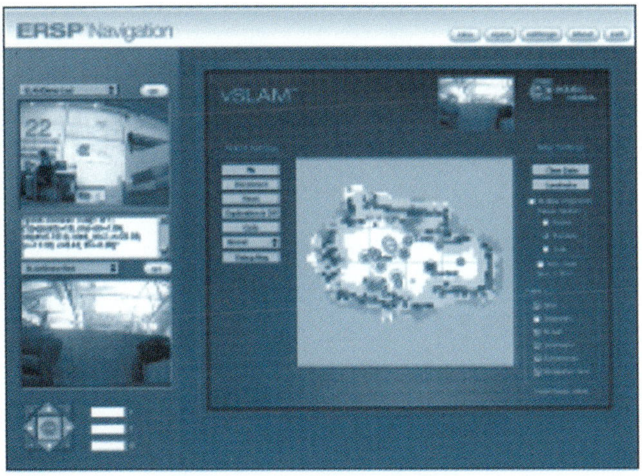

[그림 5-2] 네비게이션 응용 사례

④ 답사

답사 기능은 로봇이 모르는 환경에서 안전하게 돌아다닐 수 있게 한다. vSLAM과 장애물 및 벼랑/계단 회피와 더불어 이 기능은 강력한 자율적 지도 작성 수단을 제공한다.

⑤ 점유 그리드

점유 그리드는, 로봇 주변의 환경을 점유 공간과 자유 공간으로 모델화한 2차원 지도를 섬세한 그리드를 사용하여 나타낸다. 점유 그리드는 로봇을 원격 제어하고, 장애물과 경로에 대한 과거의 사진과 실황 사진을 제공하는데 유용하다. 또한 로봇은 점유 그리드를 사용하여 기존 vSLAM 지도에서 알려진 장애물의 과거 사진을 유지한다.

(2) ERSP 비전

ERSP 비전은 로봇이나 장치가 조명과 물체 배치가 제어되지 않는 실세계 환경에서 2차원 및 3차원 물체를 인식할 수 있게 한다.

비전 API는 매우 강력한 컴퓨터 비전 알고리즘에 액세스할 수 있게 한다. 이 알고리즘은 카메라 이미지를 분석하여 물체 인식, 동작 탐지 또는 피부 탐지와 같은 다양한 작업을 위해 사용할 수 있는 정보를 추출할 수 있다.

① 성능/특성

인식 대상의 특성에 따라 좌우되는 80-100%의 인식률 광범위한 보기 각도, 렌즈 왜곡, 이미지 소음 및 조명 상태에서 제대로 작동한다.

패턴의 큰 부분(90% 까지)이 다른 개체에 의해 시야가 차단된 경우에도 제대로 작동한다.

동시에 여러 개체를 인식할 수 있다

전산 요건의 상당한 증가 없이도 수백 또는 심지어 수천 개의 시각적 패턴을 가진 데이터베이스를 취급할 수 있다. (계산의 규모는 패턴의 수에 따라 대수적으로 변화한다)

ViPR은 1400MHz PC를 사용하여 초당 약 14-18 프레임의 속도로 208 x 160 픽셀 이미지를 처리할 수 있다

(3) ERSP 인터액션

인터액션 모듈은 풍부한 인간-로봇 인터페이스를 개발하기 위한 다양한 구성 요소 기술을 제공한다. 이 구성 요소들은 로봇이나 장치의 지휘통제를 위한 인터페이스를 지원하며 그 내부 상태에 대한 피드백을 제공할 수 있게 한다. 이 구성 요소들은 로봇이 독창적이고 흥미로운 방식으로 상호작용할 수 있게 한다. ERSP 인터액션 기술은 다음과 같이 구성된다.

- 대화를 위한 음성 인식 및 텍스트-음성 변환(TTS)
- 재미있고 즐거운 사람 같은 로봇의 성격을 만들기 위한 로봇 감정 및 개성
- 사람 탐지 및 사용자가 고개를 흔드는 것과 같은 단순한 제스처의 인식

(4) ERSP아키텍처

ERSP 아키텍처는 로봇의 하드웨어 및 소프트웨어 구성요소들을 통합하기 위한 핵심적인 기반구조와 시스템을 제공한다. 소프트웨어 아키텍쳐는 모든 소프트웨어 구성요소들을 상호 간에 그리고 로봇 하드웨어와 통합하기 위한 일련의 API를 제공한다. 기반구조는 하드웨어를 다루고 결정을 내리고 로봇을 제어 할 수 있는 태스크 달성 모듈을 구축하고

이 모듈들의 조정과 실행을 결집하고 시스템 자원에 대한 액세스를 제어하기 위한 API로 구성된다.

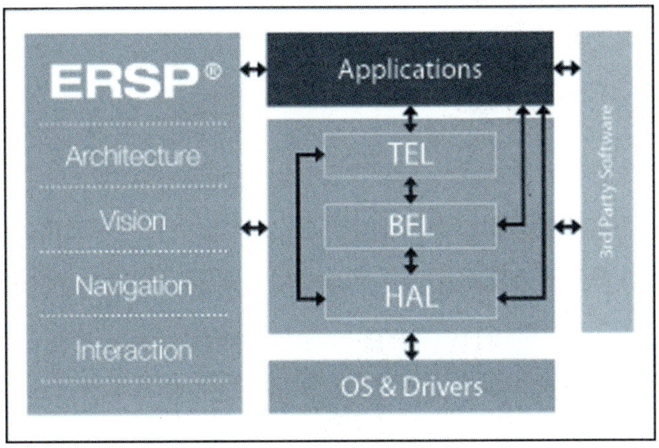

이 아키텍처는 하드웨어 관리를 위한 3개의 주 계층이 있어, 여러 애플리케이션이 사용할 행동을 만들고 목적 지향의 작업이나 애플리케이션을 개발한다.

① 하드웨어 추상계층(HAL)

하드웨어 추상 계층 (HAL)은 로봇과 애플리케이션 간의 하드웨어 및 운영 체제 종속성을 제거한다. 이에 따라 아키텍처와 애플리케이션 프로그램의 이식성이 보장되므로 한 로봇을 위한 코드를 다음 세대의 제품에 사용할 수 있으며 따라서 엔지니어링 자원이 확장된다.

- 자원
- 자원관리자
- 하드웨어 인터페이스
- 장치지원

② 행동실행 계층(BEL)

행동 실행 계층(BEL)은 감지, 결정 및 자율 행동을 위해 사용되는 모듈과 기반구조로 구성된다.

- 행동
- 행동 인터페이스
- 행동 실행

ERSP 3.1은 다양한 로봇 애플리케이션을 위해 유용한 75가지 이상의 정의된 행동과 함께 제공된다. 행동의 종류에는 드라이버, 인지, 태스크 달성, 행동 조정, 집합, 내비게이션, 감정 및 입출력이 포함된다.

- ObjRecRecognize
- SafeDriveSys
- A/VClient
- MalleableBehavior
- FaceDrive

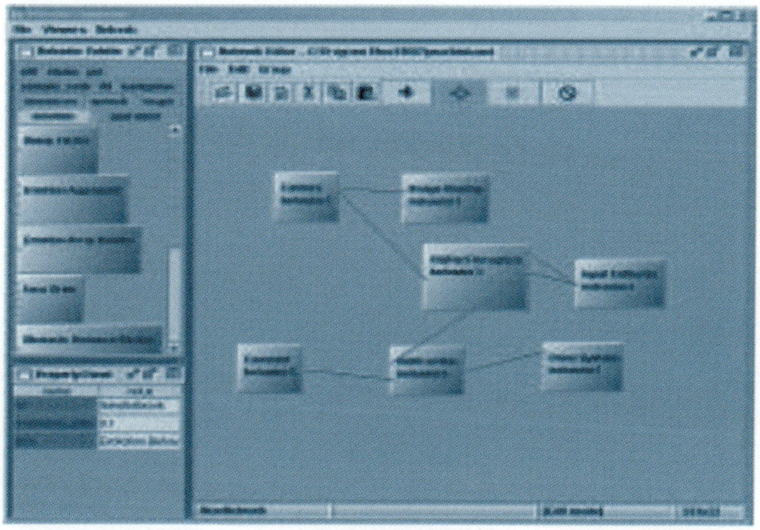

[그림 5-3] Behavior Composer

③ 태스크 실행계층(TEL)

태스크 실행 계층 (TEL)은 고차원의 목표 지향적 프로그래밍 방법과 BEL에 대한 인터페이스를 제공한다. 태스크의 한 예는 로봇이 방을 두루 다니면서 물체를 찾아서 집어올리는 것이다. 기능 구성을 사용하여 태스크들의 순서를 정하고 결합함으로써 사용자는 표준 절차 유형에서 코드를 작성하면서 로봇이 실행할 융통성 있는 계획을 수립할 수 있다.

- 태스크
- 태스크 인터페이스
- 이벤트

[그림 5-4] ERSP의 비전 툴의 응용 예제

2) 미국 TYZX의 DeepSea G2

미국 TYZX사에서 개발된 DeepSea G2라는 스테레오 매칭 시스템은 VGA급 CMOS 카메라를 사용하고 있으며 census transform을 사용하여 계산량을 줄이면서 스테레오 매칭을 초당 200 프레임정도의 고속으로 처리할 수 있는 기능을 가지고 있다. [그림 5-5]는 DeepSea G2의 하드웨어 구성과 스테레오 카메라의 사진을 나타내며 임베디드프로세서(Power PC), Tyzx DeepSea 칩, DSP 그리고 FPGA로 구성된다.

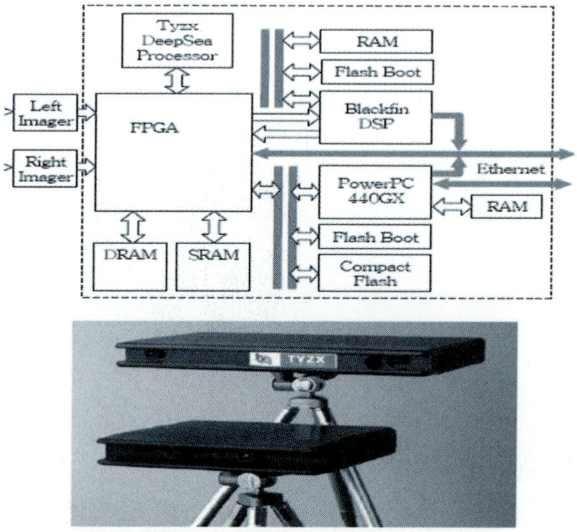

[그림 5-5] TYZX사의 스테레오 매칭 시스템

[그림 5-6]은 DeepSea G2 시스템을 이용한 실제 영상과 스테레오 매칭 결과에 의한 실시간 depth 이미지를 나타낸다. 또한 TYZX사에서는 스테레오 비전 시스템의 응용 소프트웨어 패키지로 사람추적과 장애물 검출 및 제스처 인식 소프트웨어를 함께 제공하고 있다.

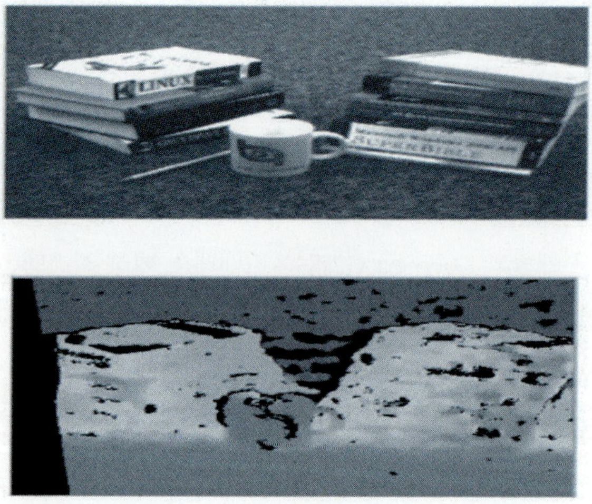

[그림 5-6] TYZX사의 스테레오 영상 결과

3) 캐나다 Point Grey Research

캐나다 Point Grey Research사의 bumblebee 라는 스테레오 비전 카메라 시스템은 스테레오 비전분야에서 현존하는 최고의 선도기술로 평가되고 있다. Bumblebee는 1/3"고성능 CCD 카메라를 사용하고 있고, QVGA급에서 초당 2~3 프레임을 처리하고 있으며 [그림 5-7]과 같은 스테레오 카메라를 사용하고 있다. 카메라 캘리브레이션 오차는 0.05 픽셀 이하로 상당히 정교한 카메라 캘리브레이션 성능을 가지고 있다.

교정된 좌/우 영상을 IEEE1394를 통해 PC에서수집한 후 PC에서 SAD 알고리듬을 이용해 스테레오 정합을 소프트웨어로 구현하고 있다. Maximum disparity는 64~230까지 지원하며 [그림 5-8]은 bumblebee 시스템을 이용한 실제 영상과 스테레오 매칭 결과에 의한 3차원 depth 이미지를 나타낸다.

Point Grey Research사에서도 스테레오 매칭결과를 이용해 사람추적, 제스처 인식 등의 다양한 응용 소프트웨어를 제공하고 있다.

[그림 5-7] Point Grey사의 스테레오 카메라 사진

(a) Raw Images

(b) Depth Image

[그림 5-8] Point Grey사의 스테레오 영상 결과

4) 미국 Videre Design

상기 Point Grey Research사에서 제작 공급하고 있는 스테레오 비전 카메라 시스템과 비슷한 저가형 제품으로 미국의 Videre Design사의 STHMDCS 제품이 있다. 저가격화를 위해 30만 화소의CMOS 카메라를 채택하고 있고 QVGA급에서 초당 16~17 프레임을 처리하고 있으며 두 대 카메라 사이의 거리(base line)를 가변적으로 조정할 수 있는 제품을 출시하고 있다.

[그림 5-9]는 STH-MDCS 제품 사진이며 Point Grey Research사와 마찬가지로 IEEE1394 I/F를 통해 PC로 한 쌍의 영상을 전송하고 PC에서 스테레오 정합 기능을 구현하고 있다. [그림 5-10]은 STH-MDCS 시스템을 이용한 실제영상과 disparity image 결과이다.

또한 Videre Design사에서는 기존 제품과는 달리 STOC라는 모듈이 장착된 [그림 5-11]과 같은 블록의 제품을 출시하고 있는데, 이는 disparity image 생성을 비교적 작은 용량의 FPGA를 이용해 하드웨어로 구현한 제품이다.

[그림 5-9] Videre Design사 스테레오 카메라 사진

[그림 5-10] Videre Design사의 스테레오 영상 결과

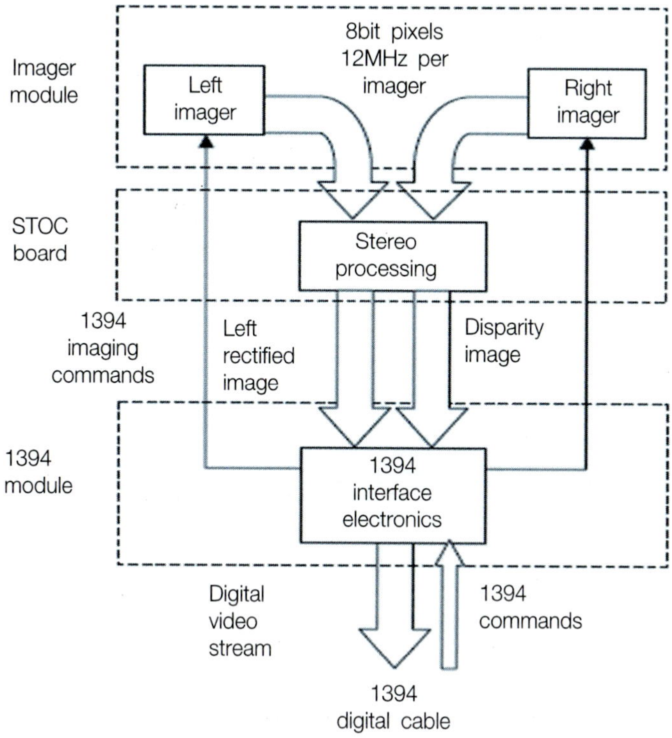

[그림 5-11] Videre Design사 STOC 제품 구성도

5) MS 로보틱스 스튜디오(MSRS) 1.0

MS는 윈도 전용의 로봇SW 개발툴인 'MS 로보틱스 스튜디오(MSRS) 1.0'을 발표하면서 로봇시장에 진출했다.

MSRS는 PC시장에 이어 로봇시장에도 윈도OS를 보급하려는 MS의 전략적 포석이다. 일부 전문가들은 MSRS의 기술수준이 생각보다 높지 않고 미국, 한국기업을 제외하면 채택사례도 거의 없다며 냉소적이다. 그러나 과거 MS-DOS, 윈도OS도 꾸준한 성능개선과 마케팅 공세로 결국 세계시장을 석권한 전례를 볼 때 MSRS가 로봇SW시장의 표준을 주도할 가능성은 적지 않다.

MS는 특히 한국을 가장 중요한 로봇SW 해외시장으로 보고 국내 MS개발자 10만여명에게 MSRS를 보급시켜 1인 1로봇 개발시대를 앞당긴다는 계획이다. 2010년경이면 미니홈피를 관리하듯 일반인도 MSRS로 손쉽게 로봇기능을 짜맞추는 시기가 온다. 로봇SW개발의 대중화는 국내 로봇산업 활성화에 기폭제가 될 것이다. 특히 MS가 로봇시장 진출에 대해 너무 국수적으로 배척할 필요도 없지만 맹목적 추종도 곤란하다. MS와 같은 공룡기업이 로봇SW시장에 진출하면서 PC시장에 이어 로봇분야도 독과점이 우려된다. 외산 로봇SW의 장점은 취하고 우리가 앞설 수 있는 분야에 개발역량을 집중시켜 로봇SW의 국제경쟁력을 높여가야 한다. 과거 PC와 인터넷 보급에서 SW표준이 미친 영향을 거론하면서 한국이 로봇SW표준을 신속히 확립하는 것이 지능형 로봇시장을 선점하는 지름길이다.

5-3 국내의 로봇 소프트웨어 현황

우리나라 최초의 로봇SW 개발은 지난 2001년 산자부 주도로 처음 시작돼 경쟁국과 비교해도 앞선 편이다. 로봇SW분야는 미국, 일본도 최근에야 본격적인 사업화를 시작했기 때문에 한국과 기술격차가 크지 않다. 완성도 높은 국산 로봇SW플랫폼이 등장할 경우 로봇산업이 서비스, 콘텐츠 중심으로 바뀌면서 외국에 경쟁우위를 확보하는 계기가 될 것으로 평가된다. 로봇 개발 시 중복투자와 시간, 사업리스크도 크게 줄이는 효과도 기대된다.

한국 로봇SW분야의 최대 취약점으로 전문 인력의 부족을 지적한다. 로봇 공학자들은 로봇을 제어하는 고급 SW 개발에 흥미가 없고 SW 전문가는 여러개의 로봇모터를 실시간 제어하는데 익숙치 않다는 것이다. 본 교재의 EDRS도 로봇 시뮬레이션을 할 수 있는 대표적인 로봇 시뮬레이터이다.

빌 게이츠의 예언이 맞다면 로봇과 SW기술을 모두 이해하는 전문가 집단이 새로운 골드칼라로 부상할 날도 머지 않았다. 앞으로 SW가 지능형 로봇산업의 향방을 좌우하게 될 것이다. 우리가 만든 로봇SW도 완성도만 높다면 세계 로봇업계의 표준을 이끌 가능성이 있다.

로봇SW 분야에서는 아직 국제 표준도 표준화기구도 없다. 미국 마이크로소프트와 에볼루션로보틱스, 일본 경제산업성 산하 과학기술연구소(AIST), 국제SW 표준화단체인 OMG(Object Management Group) 등의 관계자들을 초청해 루피를 중심으로 하는 세계

로봇SW 표준과 표준화 기구를 만들 계획이다.

HTTP, HTML이란 SW표준이 없었으면 인터넷의 폭발적 확산이 불가능했듯이 전세계의 지능형 로봇을 묶는 로봇SW의 표준 플랫폼을 만들면 우리도 로봇시장을 선도할 수 있다. 로봇은 지능을 갖춘 기계이기 때문에 SW와 HW기술의 조화가 중요하다.

1) 루피 버전 2.0

로봇의 주요 기능을 외부서버로 분산시키는 네트워크 로봇이 등장한 덕택에 로봇과 서버간 통신방식, SW플랫폼 등의 표준을 하나로 통합시킨 'RUPI(Robot Platform Unified Initiative)' 개발 사업을 정통부가 진행 중이다. 정통부는 RUPI의 소스코드를 공개해 누구나 자유롭게 로봇SW를 개작하도록 허용하고 민간기업의 참여를 유도할 예정이다.

순수 국내 기술로 집약된 로봇 소프트웨어(SW) 표준 플랫폼인 '루피'(RUPI; Robot Unified Platform Initiative)가 세계 표준에 도전한다.

정보통신부는 루피 추진위원회를 중심으로 로봇산업계, 학계, 연구소 관계자 등 50여명이 집대성한 한국형 로봇SW 표준 규격인 루피의 2.0버전을 공식 발표하였다. 또한 루피를 중심으로 국제 로봇SW 표준화 작업을 시작할 계획이다. 정통부의 RUPI사업을 총괄하는 그는 "RUPI는 로봇과 컴퓨터를 연결하는 네트워크 로봇을 위한 SW플랫폼 개발에 촛점을 맞췄다. 미국과 달리 로봇의 통신의존도가 높은 한국 상황에 들어맞는 로봇SW가 필요하기 때문이다.

루피 버전 2.0은 다음의 6개 분야에 대한 광범위한 로봇SW 아키텍처를 담고 있다.

- 로봇 내부SW 분야(응용SW, 컴포넌트, 통신 미들웨어, API 등)
- 로봇 서버SW분야(서버 컴포넌트, 서버관리 미들웨어, 통신 미들웨어 등)
- 네트워크(서버와 로봇간 통신 프로토콜, 보안인증 규격 등)
- 콘텐츠 분야(콘텐츠 서버 플랫폼 등)
- 개발 저작도구(프레임워크, 시뮬레이터 등)
- 응용SW컴포넌트 분야(사용자 인식, 음성인식, 내비게이션 등)

루피 2.0은 다른 국가나 단체가 규정하지 않고 있는 로봇 네트워크와 콘텐츠 규격까지 정리하고 있는 상당히 포괄적인 표준이고 해외 로봇 관련 기관과 기업들과 힘을 합쳐 부족한 부분을 더 보강해 로봇 개발자라면 누구나 마음대로 가져다 쓸 수 있는 로봇 통합 규격이다.

로봇 통합 SW플랫폼이란 서로 다른 이기종 로봇들에 내장되는 SW 플랫폼들끼리 서로 데이터를 주고받을 수 있도록 해주는 기술 표준이다. 이 플랫폼을 적용하면 로봇과 다양한 통신기기 또는 정보기기와 상호운용성이 확보될 뿐 아니라 이종 통신망과의 상호접속성을 갖는 지능형 로봇을 개발할 수 있게 된다.

RUPI를 적용한 로봇은 다양한 종류의 로봇과 네트워크 및 정보기기 등이 호환돼 유비쿼터스형 로봇 사회를 창출하고 로봇의 표준화를 통한 로봇 산업 경쟁력 제고에 도움이 될 것이다.

그동안 지능형로봇 내에 탑재되는 SW는 표준으로 정해진 것이 없이 대부분 독자적으로 개발됐기 때문에 중복개발의 우려가 있고 결과물의 재활용이 어려웠다.

그러나 표준 규격인 RUPI가 개발되면 로봇 제조업체들은 특화된 로봇 SW 기술에 집중할 수 있게 되며 특히 로봇서비스사업, 로봇 콘텐츠 제공사업, 로봇 SW 컴포넌트 사업 등과 같은 새롭고 다양한 사업들이 창출될 것으로 예상된다.

앞으로 개발될 RUPI는 윈도우, 리눅스 등 운영체제(OS)에 관계없이 지원되고 휴대인터넷(와이브로), 하향고속패킷접속(HSDPA), 광대역통합망(BcN), 코드분할다중접속(CDMA), 홈네트워크 등 다양한 정보통신망에서도 끊김없는 서비스 제공을 가능하게 해 로봇 서비스가 비약적으로 발전할 수 있을 것으로 기대된다.

2) SPIRE(SW Platform Initiative for Robotics Engineering)

산자부도 SPIRE(SW Platform Initiative for Robotics Engineering)란 로봇SW 플랫폼 사업을 추진하는 상황이다. 이밖에 정부의 연구과제로 생기연과 KIST가 로봇SW 개발에 참여하고 있다.

제6장

로봇의 형태 및 응용시스템

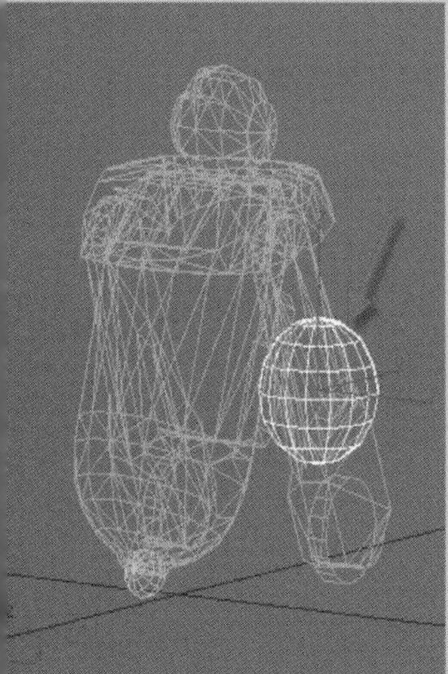

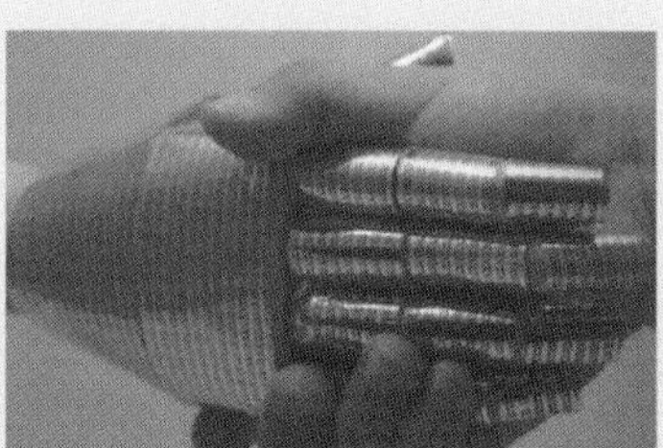

6-1 로봇의 형태

로봇의 모양, 구조, 구성 요소 등에 따라 그 형태는 여러 가지이며, 이러한 로봇의 사용 목적에 따라 산업용 및 가정용(서비스)로봇으로 분류할 수 있다. 본 장에서는 산업용 및 가정용(서비스)로봇의 예로 들어 로봇의 형태 및 구조를 알아본다.

6-1-1 산업용 로봇의 종류와 구조

산업용 로봇은 인간의 4D 직업(지루함(Dull), 더러운(Dirty), 위험한(Dangerous), 어려운(Difficult))이라고 불리는 일에서 인간을 해방시켜 주기 위하여 여러 가지 형태의 산업용 로봇이 일선 현장에서 사용이 되고 있다. 산업용 로봇의 경우에는 각 현장의 작업 조건에 따라 형태와 구조가 상이하면 반면, 기초 로봇 기술은 모든 로봇이 동일하게 적용되고 있다. 이러한 로봇의 형태와 구조에 대하여 알아본다.

1) 픽 앤 플레이스 로봇

시작점과 끝점, 그리고 경로가 고정되어 있는 핸들링 공정에 적용되어 사용되는 로봇을 픽 앤 플레이스 로봇 또는 시퀀스(Sequence)형 로봇이라고 한다. [그림 6-1]과 같이 두 개의 자유도를 가지고 평면상에서 간단한 동작만이 요구되는 공정에 적용되며, 또 한 개의 자유도만 사용하여 한 방향으로만 움직이게 하며, 그리퍼(Gripper)를 한쪽 끝에 장착하여 다른 쪽은 로봇의 말단장치(End-effector)가 장착되어 깊숙한 곳의 물체를 잡는데 사용을 한다.

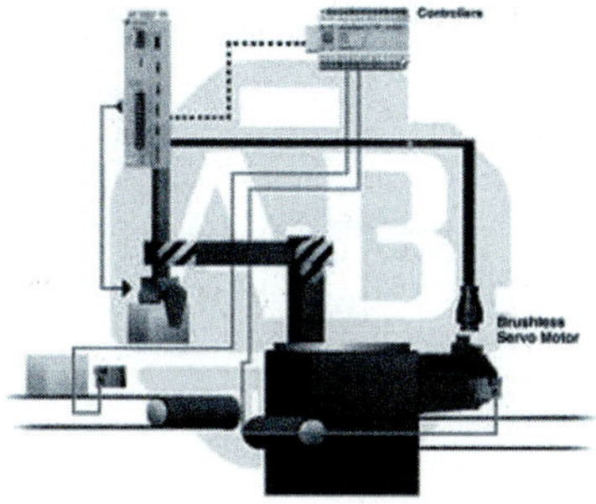

[그림 6-1] 픽 앤 플레이스 로봇

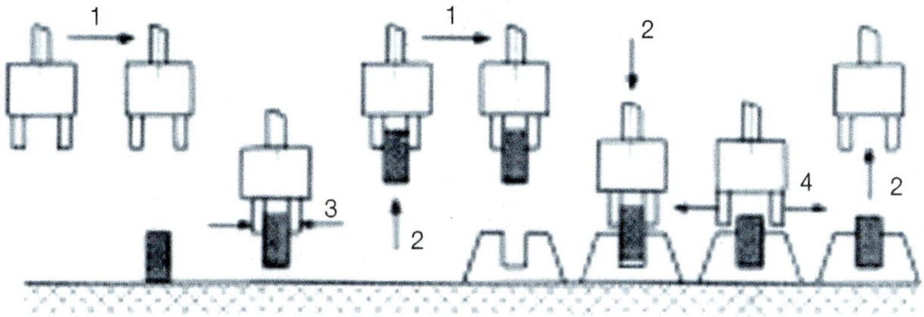

[그림 6-2] 픽 앤 플레이스 운동방법

픽 앤 플레이스 장치는 고정된 운동 순서와 경로 혹은 운동 각을 가지며, 이들을 변경하려고 하면 사용된 부품을 다른 것으로 바꾸거나 이들을 다시 조정하여야 한다. 픽 앤 플레이스 로봇의 기본 운동은 픽업(Pick-up), 이송(Transfer), 정렬(Placing)의 운동 형태를 나타낸다.

2) 직교좌표 로봇

직교좌표 로봇은 직선 축으로만 구성되어 있는 로봇이다. [그림 6-3]과 같이 1번 축은 좌우운동(X축), 2번 축은 전후운동(Y축), 3번 축은 상항운동(Z축)을 나타내는데 사용된다. 이러한 구조는 각 축의 운동이 어떤 한 방향에 제한을 받으며, 다른 2개의 축과는 서로 독립적이다. 또한 잡은 물체의 방향을 바꿀 수 있도록 끝에 회전 축()을 붙여 4축으로 만든 직교좌표 로봇도 있다.

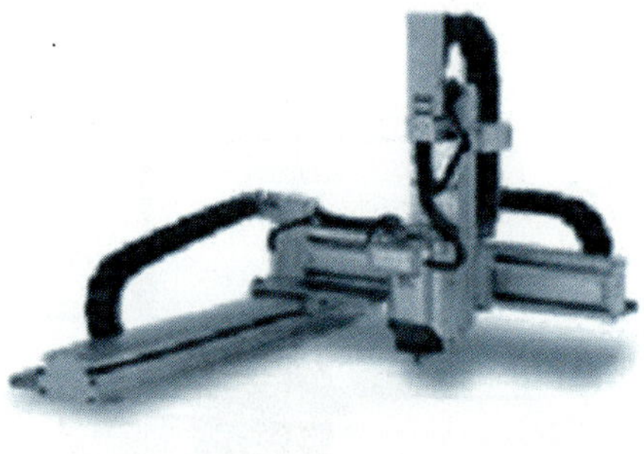

[그림 6-3] 직교좌표 로봇

직교좌표 공간에서(XYZ)에서 로봇의 작업공간은 정육면체이거나 직육면체이므로 로봇이 수행하는 어떠한 작업도 이러한 작업 공간 내에 포함되는 운동이어야 한다. 또한 인간에게 가장 익숙한 좌표계가 90°씩 떨어져 이루는 직교 좌표계이기 때문에 일반 이용자가 쉽게 작업교시를 할 수 있도록 되어 있다.

직교좌표 로봇은 흔히 XYZ 로봇이라고 불리며, 로봇의 핵심 부품은 모터의 회전운동을 직선운동으로 바꾸는 동력 전달 기구인 볼 스크루(Ball Screw)가 가장 많이 사용되고 있다. 또한 직교좌표의 특징으로 기본적으로 직선운동을 하기 때문에 각 운동방향으로 완전히 운동이 독립되어 있다는 것이다. 작업영역 모든 위치에서 기구학과 동역학이 변하지 않기 때문에 균일한 제어특성을 가지고 제어가 간단하다.

또 위치에 따른 반복 정밀도의 변화는 거의 무시할 수 있으며, 세 방향이 서로 독립적인 운동을 하기 때문에 한 축씩 모듈형으로 설계하는 것이 제어에 용이 하다.

(1) 장 · 단점

① 장 점

- 직선이동에 대하여 제어가 간단하다.
- 높은 기계적 강성, 정확한 반복 정밀도 성능
- 권상하중(Weight-lifting) 능력이 작업 공간 내의 다른 위치에서도 변경되지 않기 때문에 무거운 하중을 운반할 수 있다.
- X축에 따른 작업 반경을 넓힐 수 있으므로 큰 작업영역에 용이하다.

② 단 점

- 한 번에 한 방향으로만 이동하는 한계가 있다.
- 작업 공간 이외의 접근은 로봇지지 구조에 의해 손상을 받을 수 있다.
- 오버헤드(Overhead) 구동 메커니즘과 제어장치를 가진 몇 가지의 모델을 유지보수가 어렵다.

③ 응용분야

- CNC 선반과 밀링 자동 장착
- 표면 마무리 가공작업
- 오염 제거 로봇을 이용한 X-선 중선지 방사선 사진 촬영
- 픽 앤 플레이스 응용 분야

3) 원통좌표 로봇

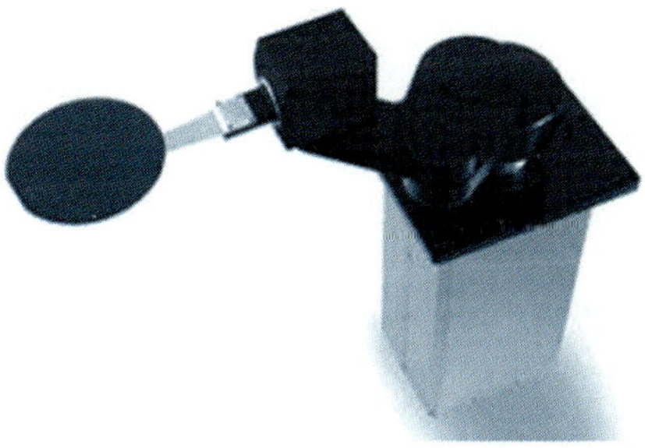

[그림 6-4] 원통좌표 로봇

원통 좌표 로봇은 2개의 직선운동과 1개의 회전운동의 구조를 가진다. 1개의 회전능력인 자유도와 2개의 직선운동 자유도를 가진 로봇은 가벼운 운동을 수행할 수 있다. 첫 번째 좌표는 상하 좌표축에 대한 베이스 회전각이며, 두 번째 좌표는 로봇이 위치할 수 있는 각도에서 반지름 방향인 Y축의 입 · 출운동에 해당한다. 마지막 좌표는 상향방향인 Z축에 해당한다.

(1) 장 · 단점

① 장 점

- 넓은 수평 범위의 운동이 가능하며 원거리 범위 작업에 용이하다.
- 정확한 반복 정밀도 성능
- 수직구조는 축 공간을 유지 한다.
- 1축의 회전축 자유도에 설계에 따라 큰 적재하중 능력을 가진다.

② 단 점

- 제어 시스템이 복잡하다
- 회전축의 중력에 의한 관성을 이겨야 하므로 기계적인 강성은 직교 좌표형 로봇의 강성보다 낮다.
- 오버헤드(Overhead) 구동 메커니즘과 제어장치를 가진 몇 가지의 모델을 유지보수가 어렵다.

(2) 응용분야

- 코팅, 조립 일반전인 물류 이송
- 정밀도를 요구하는 반도체 웨이퍼 이송 장치
- 정밀 부품의 장착과 탈착
- 가공물 주소, 성형 사출

4) 수평다관절 로봇

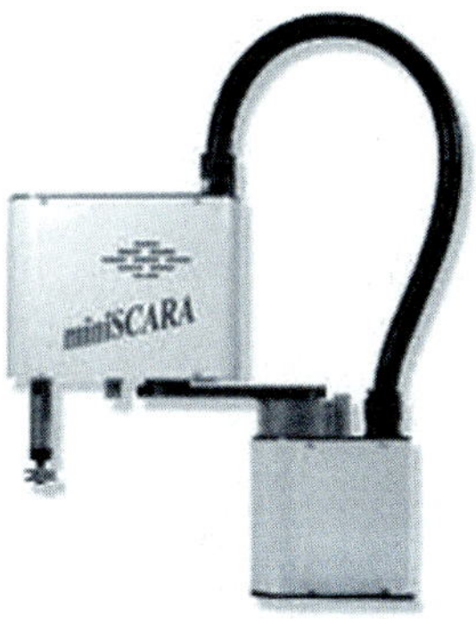

[그림 6-5] SCARA 로봇

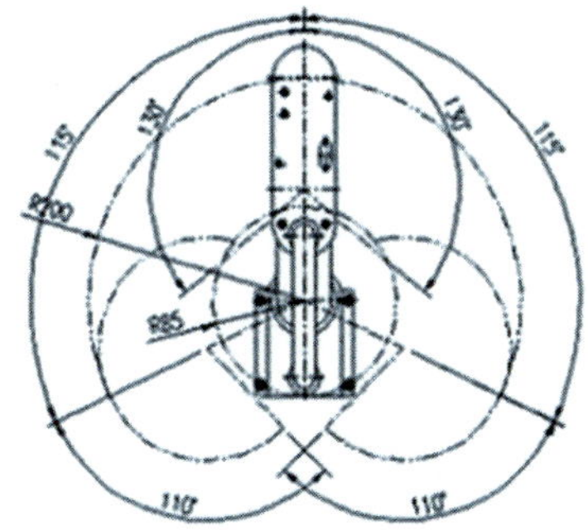

[그림 6-6] SCARA 로봇 회전 반경

일반적으로 1개의 선형(수직)운동이고 2개의 회전운동으로써 특정 위치 좌표에 도달할 수 있다. SCARA(Selective compliance assembly robot arm)라 불리는 이 로봇은 수직요소인 베이스에 고정된 2개의 수평관절 세그먼트와 1개의 선형 수직운동 축을 갖고 있다. 1번째 회전운동은 수직축에 대한 어깨에 해당하며, 2번째 회전운동은 수직축에 대한 발꿈치에 해당되며, 3번째 선형운동은 수직으로 상하로 이동하는 Z축에 해당된다. [그림 6-5]는 현재 시판되고 있는 SCARA 로봇이며, [그림 6-6]은 SCARA로봇의 운동반경을 나타낸다.

(1) 장 · 단점

① 장 점

- 최소의 설치 공간
- 직교형, 원통형보다 더욱 정밀한 하며, 큰 작업 영역을 갖는다.

② 단 점

- 프로그래밍이 복작하기 때문에 매우 정교한 제어기가 필요하다.
- 2축 3축의 최대 범위에 접근할 때 안정성이 떨어진다.

(2) 응용분야

- 자종조립, 다이캐스팅 재료절단 · 절삭 분야
- 반도체 부품 검사 및 부품 착 · 탈착 분야
- 도장 및 접착제 도포 공정 분야
- 정밀 용접 분야

5) 수직다관절 로봇

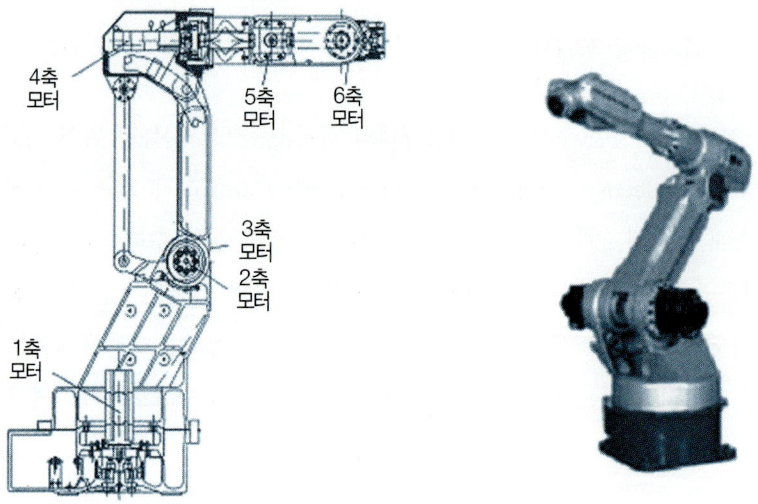

[그림 6-7] 수직다관절 로봇

불규칙하게 형성된 작업영역에서 작업을 수행하고 2개의 기본형상, 즉 수직과 수평형상을 갖는다. 수직(Vertical)관절 로봇은 공간상의 어떤 지점에도 도달할 수 있도록 3개의 회전운동을 한다. 이러한 디자인은 2개의 링크와 어깨와 팔꿈치로 구성된 인간의 팔과 유사하며, 그리고 Z축에 대하여 베이스를 회전시킴으로써 공간상의 원하는 지점에 손목을 위치시킬 수 있다. 1번째 회전은 베이스에 대한 회전, 2번째 회전은 수평축의 어깨에 대한 회전, 마지막 운동은 팔꿈치에 대한 회전이다. 그것은 수평축에 대한 회전하지만 이 수평축은 베이스와 어깨의 회전에 의하여 공간상의 어떠한 위치에도 존재할 수 있다.

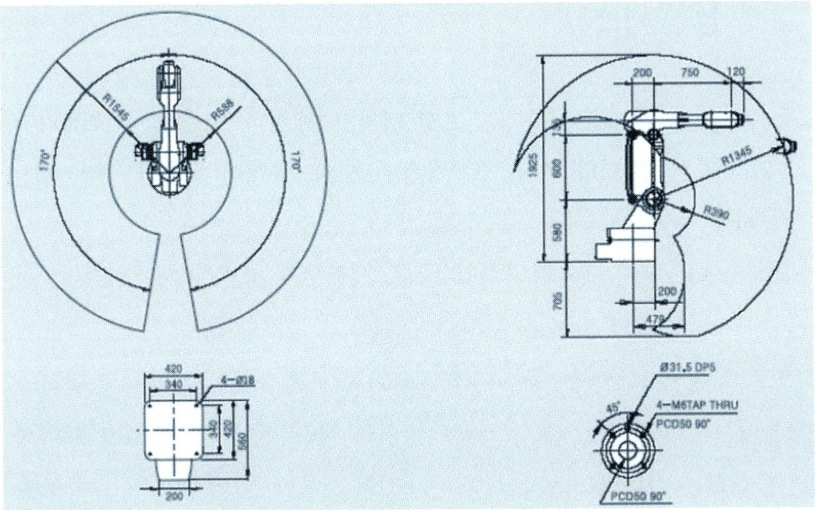

[그림 6-8] 수직다관절 로봇 운동반경

(1) 장 · 단점

① 장 점

- 고속, 고성능, 높은 신뢰성을 갖는다.
- 넓은 작업영역을 갖는다.
- 유지보수가 용이한 AC 서브 모터 사용

② 단 점

- 가반하중에 대응하는 초적의 개별 단위의 설계가 필요
- 프로그래밍이 복잡하기 때문에 매우 정교한 제어기가 필요하다.

(2) 응용분야

- 자종조립 및 ARC 용접 분야
- 이 적재 공정 등 정밀 및 무거운 하중 이송 분야

6-2 로봇 응용시스템

로봇응용시스템 은 지능형 로봇에 필요한 제어기, 메커니즘, 센서 등 로봇의 필수 요소를 다 갖추었다고 할 수 있다. 이는 로봇응용시스템을 통하여 로봇의 동작, 구성, 설계의 능력을 향상시킬 수 있다.

로봇응용시스템은 전원 제어부, 메커니즘부, 센서부와 로봇실습을 보조 할 수 있는 응용모듈을 포함 총 17개의 모듈로 구성되어 있다.

전체적으로 PC에서 모든 제어를 담당하고 메인컨트롤 모듈에 명령을 전달하면 이 메인 컨트롤 모듈에서는 모터모듈, 센서모듈에 명령을 내려 데이터를 주고받고 다시 PC쪽에 데이터를 송신하는 시스템으로 구축되어 있다. 이는 멀티베이스 교육로봇 플랫폼(ED7272)과 거의 같은 시스템이다.

메인 컨트롤 모듈은 PC와 모터, 센서모듈 사이에서 메신저로 볼 수 있다.

유저는 PC에서 프로그램을 작성하여 이 메인제어 모듈을 통해 로봇의 센서와 모터를 구동하여 로봇을 생각하게 하고 움직이게 한다.

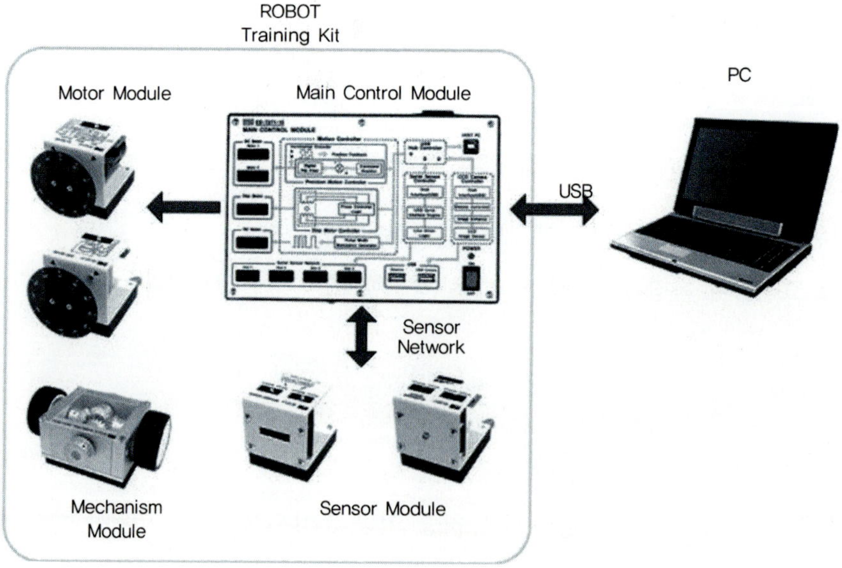

[그림 6-9] 지능형 로봇응용시스템의 구성

6-2-1 센서 부분

로봇 키트에 사용된 센서 모듈은 로봇을 이루는 필수 요건이라 하겠다. 현재 지능형 로봇에 쓰이거나 앞으로 쓰이게 될 센서들을 채택했다.

1) 초음파 센서

초음파를 이용하여 장애물을 검출 하는 데 쓰여진다. 40kHz의 초음파를 발생하여 반사되어 돌아오는 시간을 측정해 물체까지의 거리를 산출한다. 초음파 센서 모듈은 이렇게 산출된 거리데이터를 정해진 프로토콜에 의해 PC에 전송하는 시스템이다.

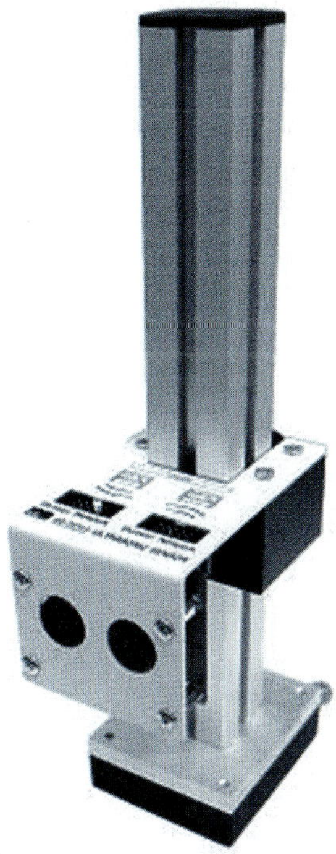

[그림 6-10] 초음파 센서

- 사용전압 : DC 5V
- 측정범위 : 6.0cm~600cm
- 초음파 동작 주파수 : 40kHz
- 데이터 입출력방식 : 직렬 네트워크
- 인터페이스 케이블 : 10P 플랫 케이블
- 60(L) × 74(W) × 82(H)

2) 조도 센서 모듈

현재 빛의 밝기를 측정하여 0~10까지 단계적으로 표시할 수 있으며, 미리 정의된 통신 프로토콜 명령에 대응하여 현재 빛의 밝기 데이터를 PC쪽으로 전송할 수 있는 시스템이다.

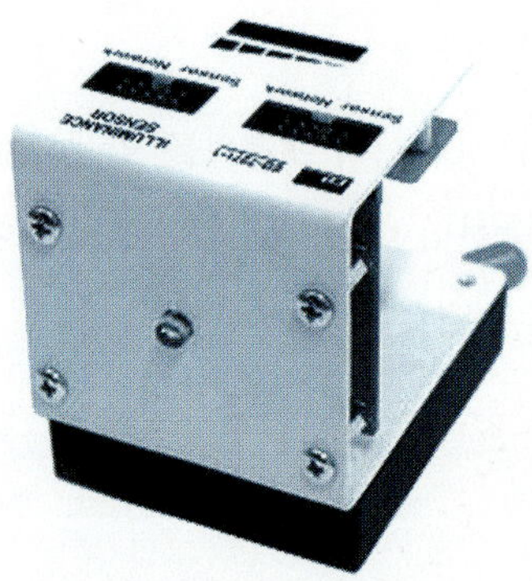

- 사용전압 : DC 5V
- 측정범위 : 0~100 Lux
- 데이터 입출력방식 : 직렬 네트워크
- 밝기에 따라 0~10 Level Led Display
- 인터페이스 케이블 : 10P 플랫 케이블
- 80(L) × 60(W) × 72(H)

[그림 6-11] 조도 센서 모듈

3) 광원 센서 모듈

조도 센서 모듈을 실험하기 위한 보조 장치로 미리 정의된 통신 프로토콜 명령에 대응하여 사용자가 원하는 빛의 밝기를 출력할 수 있는 시스템이다.

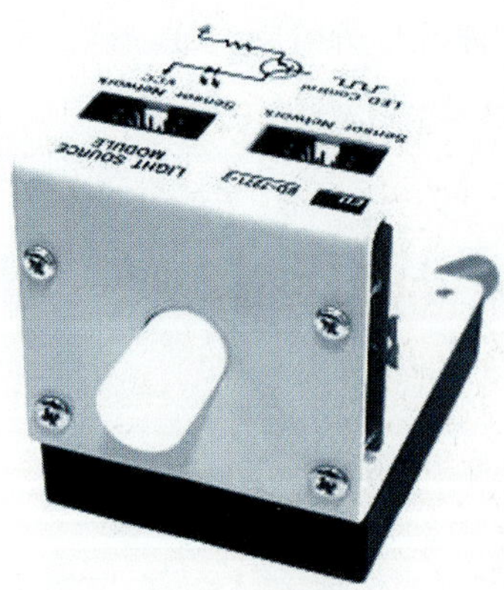

- 사용전압 : DC 5V
- 측정범위 : 0~10 레벨 조도
- 데이터 입출력방식 : 직렬 네트워크
- 인터페이스 케이블 : 10P 플랫 케이블
- 92(L) × 60(W) × 72(H)

[그림 6-12] 광원 센서 모듈

4) 적외선 광량 센서

일반적인 광량식 방식은 사물에 반사되어 입사된 광량에 따라 거리를 산출하는데 반해 PSD방식을 취함으로써 수광량에 영향을 받지 않고 비교적 정확한 거리 데이터를 산출할 수 있다.

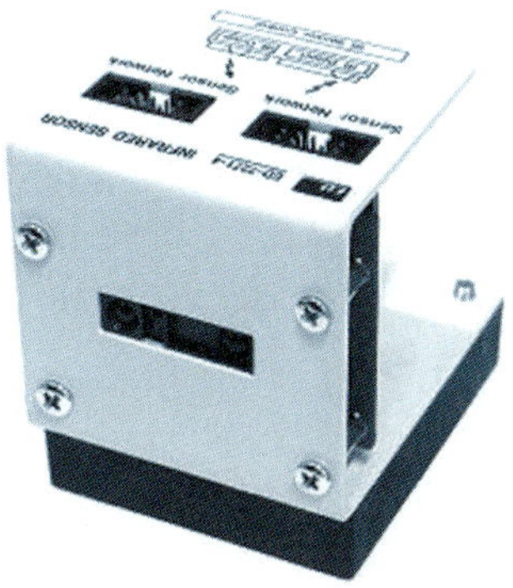

[그림 6-13] 적외선 광량 센서

- 사용전압 : DC 5V
- 측정범위 : 10cm~80cm
- 데이터 입출력방식 : 직렬 네트워크
- 인터페이스 케이블 : 10P 플랫 케이블
- 60(L) × 74(W) × 82(H)

5) 방위 센서

전자적으로 방위를 알 수 있는 시스템으로서 북쪽을 기준으로 N의 비틀어신 각도를 PC로 전송하고, 항상 정북을 32개의 LED로 표시한다.

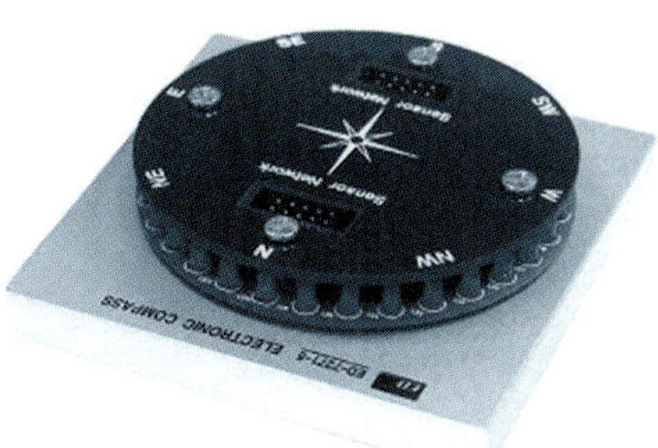

[그림 6-14] 방위 센서

- 사용전압 : DC 5V
- 측정범위 : 0.0~359.9°
- 데이터 입출력방식 : 직렬 네트워크
- 인터페이스 케이블 : 10P 플랫 케이블
- 105(L) × 95(W) × 46(H)

6) 초전 센서

초전센서를 이용한 인체감지 모듈이다. 센서앞부분의 렌즈를 통해 들어오는 온도의 변화에 따라 사람의 유무를 판단한다. 감지되면 센서 윗부분의 LED에 불이 켜지면서 감지 여부를 나타내고, PC쪽으로 데이터도 전송할 수 있다.

[그림 6-15] 초전 센서

- 사용전압 : DC 5V
- 측정범위 : Max 5M까지 검출 가능
- 데이터 입출력방식 : 직렬 네트워크
- 인터페이스 케이블 : 10P 플랫 케이블
- 74(L) × 62(W) × 82(H)

7) 음성탐지 모듈

4개의 마이크를 가지고 소리의 방향을 감지하는 모듈로써 음향탐지 원리로 소리의 방향을 감지 후 4개의 LED에 음성의 방향을 표시하고 PC에 방향 데이터를 전송하는 시스템이다.

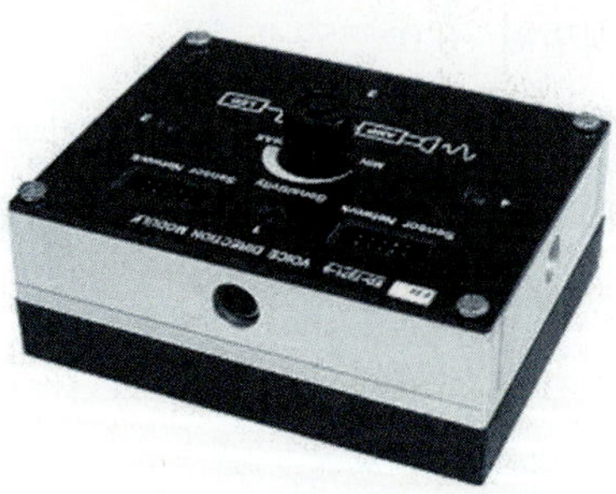

[그림 6-16] 음성탐지 모듈

- 사용전압 : DC 5V
- 감도 조절 노브
- 데이터 입출력방식 : 직렬 네트워크
- 인터페이스 케이블 : 10P 플랫 케이블
- 105(L) × 80(W) × 49(H)

8) 경도 센서

X, Y 두 축의 기울기 상태를 측정 후 PC에 전달하는 시스템으로 자동차 뿐만 아니라 로봇의 필수 요건의 센서로 흔히 사용하고 있다.

- 사용전압 : DC 5V
- 측정범위 : X, Y축 −90°~90°
- 데이터 입출력방식 : 직렬 네트워크
- 인터페이스 케이블 : 10P 플랫 케이블
- 70(L) × 60(W) × 87(H)

[그림 6-17] 경도 센서

9) 음성 인식 모듈

이미 모듈에 녹음되어 있는 10가지 음성에 대하여 인식을 하여 특정 명령에 로봇을 움직일 때 필요한 모듈이다.

- 사용전압 : DC 5V
- 측정범위 : 10개 단어 인식
- 데이터 입출력방식 : 직렬 네트워크
- 인터페이스 케이블 : 10P 플랫 케이블
- 74(L) × 60(W) × 72(H)

[그림 6-18] 음성인식 모듈

6-2-2 모터 부분

로봇키트에 적용된 모터는 DC, 스탭, RC 모터 이렇게 3가지이다. 이밖에 많은 종류의 모터들이 있지만 로봇에 적용이 가능하고 활용이 쉬운 모터를 채택했다.

1) DC모터

DC Motor에는 DC 12V로 구동되는 모터와 감속기, 엔코더를 포함하고 있다. 엔코더를 채용하고 있어 PID 설정에 따라 위치, 속도 제어가 가능하다.

[그림 6-19] DC 모터

- 사용전압 : DC 12V(motor) DC 5V(인코더)
- 인코더 : 14펄스/턴(turn)
- 기울비율 : 30 : 1
- 최대 속도 : 175rpm
- 토크 : 1.5kg/cm
- 인터페이스 케이블 : 16P 플랫 케이블
- 106(L) × 60(W) × 82(H)

2) Step 모터

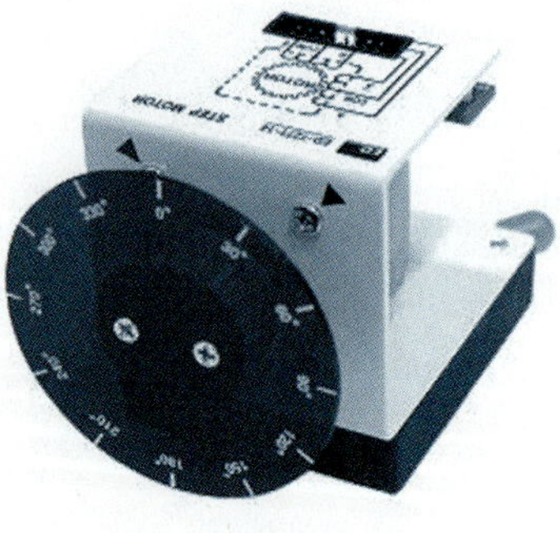

[그림 6-20] Step 모터

- 사용전압 : DC 12V
- 스텝각도 : 1.8°
- 고정토크 : 1.3kg/cm
- 저항위상 옴 : 40Ω
- 인터페이스 케이블 : 16P 플랫 케이블
- 106(L) × 60(W) × 82(H)

유니폴라 방식의 12V 스텝모터이다. 스텝모터는 펄스에 주어진 각도만큼만 회전하게 된다. 채택한 스텝모터는 한 개의 펄스에 1.8도씩 회전하고 200개의 펄스가 인가될 때 모터는 한 바퀴를 회전하게 된다.

3) RC 모터

RC 모터는 원래 명칭은 RC 서브 모터이다. RC 차의 조향장치에 사용되는 모터이지만, 각도 제어가 간편하여 관절형 로봇에 많이 쓰이고 있다. 전원을 인가하고 간단히 PWM 신호만 넣어주면 특정 각도 제어가 가능하다. 로봇실험키트에서는 카메라의 각도 조절 기능을 겸하고 있다.

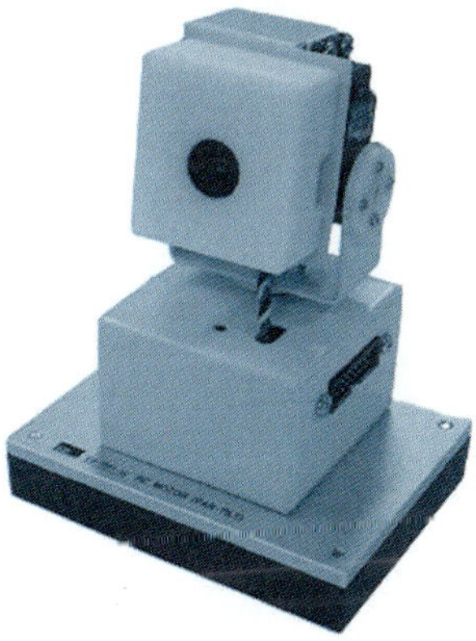

[그림 6-21] RC 모터

- 사용전압 : DC 5V
- 측정범위 : −90°~90°
- 초음파 동작 주파수 : 5kg/cm
- 데이터 입출력방식 : 0.18sec/60°
- 인터페이스 케이블 : 16P 플랫 케이블
- 105(L) × 90(W) × 139(H)

6-2-3 응용 부분

1) 양방향 구동 모듈

DC모터나 스텝모터의 실제 바퀴의 회전 모습을 구현하기 위한 보조 실험 모듈이다. 타이밍풀리와 바퀴 그리고 기어를 적용하여 모터의 회전상태를 눈으로 확인할 수 있다.

- 기어 비율 : 1 : 1
- 경사기억(Bevel Gear)
- 타이밍 도르래(Timing Pulley)
- 166(L) × 128(W) × 86(H)

[그림 6-22] 양방향 구동 모듈

2) 슬라이드 모듈

적외선 거리센서와 초음파 센서를 위한 보조 실험 모듈로 거리센서들의 특성파악을 위한 별도의 시편이 제공된다. 슬라이드 모듈에 눈금이 표시되어 있어 장애물과의 거리를 쉽게 파악할 수 있다.

- 이동거리 : 0~300mm
- 여러 가지 시편 고정
- 302(L) × 90(W) × 40(H)

[그림 6-23] 슬라이드 모듈

6-2-4 영상 처리 부분

1) USB 카메라

USB 캠을 이용해 영상을 압축하여 PC에 전송하는 시스템이다. 이렇게 전송받은 영상을 PC는 이미지 프로세싱을 하여 다시 로봇에 적절한 명령을 내린다.

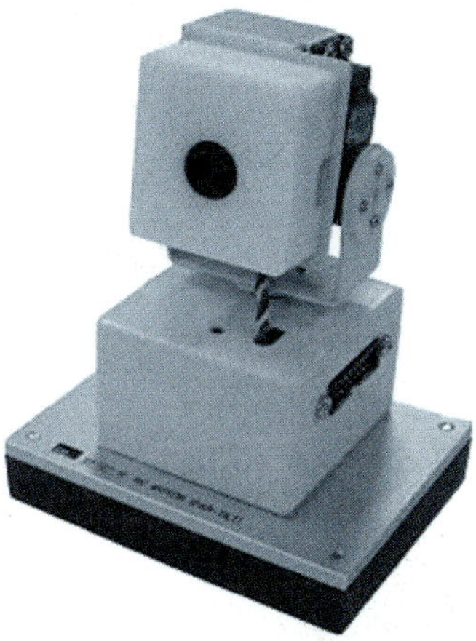

- CMOS 이미지센서 31k 픽셀
- 색채인식, 패치인식, 거리검출
- USB 인터페이스
- 105(L) × 80(W) × 30(H)

[그림 6-24] USB 카메라

2) 영상 패치 패널 고정

영상 패치 패널을 고정하기 위한 장치이다. 키트에서는 6가지 각기 다른 도형과 색을 갖고 있는 패널을 제공하여 색깔 인식 그리고 도형(패턴)인식의 도구로 사용된다.

- 6종 패널 제공
- 60(L) × 80(W) × 30(H)

[그림 6-25] 영상 패치 패널 고정

제7장 로봇의 디자인과 캐릭터

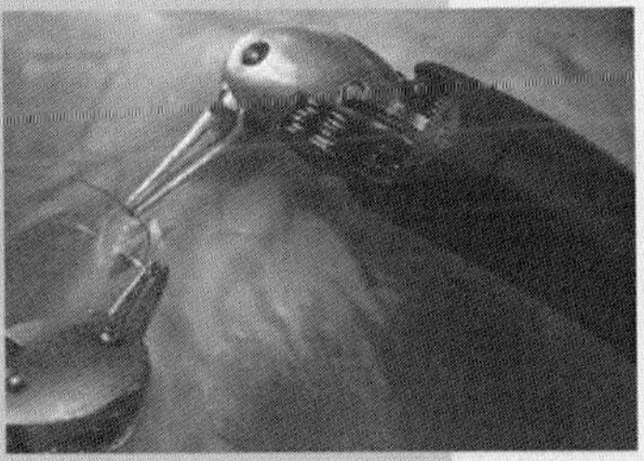

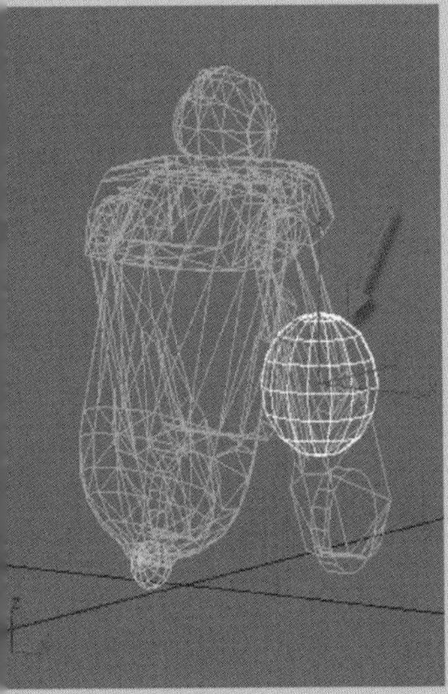

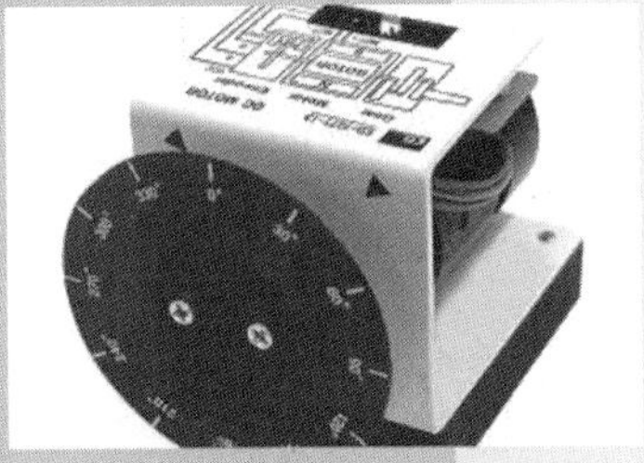

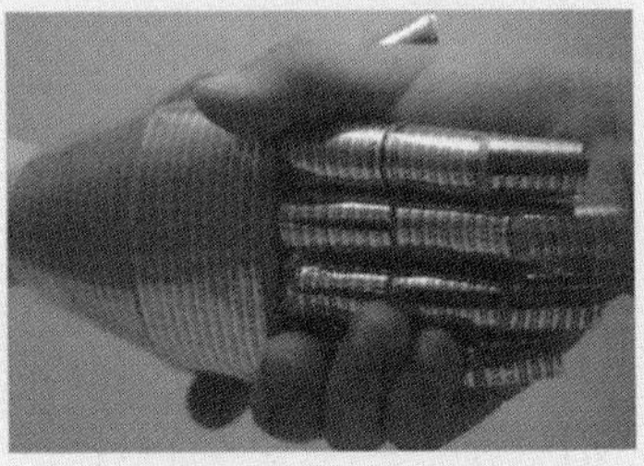

7-1 로봇의 디자인

1) 고객과 감성적 교감을 통한 디자인

지능형 로봇이 시장에서 성공하려면 기능성 못지않게 고객과의 감성적 커뮤니케이션을 고려한 디자인이 필수적이다. 청소로봇의 대화능력이 아무리 향상돼도 사람이란 진공청소기보다는 인간을 닮은 기계장치와 대화를 시도하기 마련이다. 디자인은 로봇을 로봇답게 만드는 가장 중요한 요인이다.

한국과 일본의 로봇 디자인수준을 비교할 수 있는 사례를 꼽으라면 아무래도 휴보와 아시모를 선택할 수 밖에 없다. 두 종의 인간형 로봇은 각각 한일 양국의 로봇산업을 상징하는 마스코트이자 로봇기술의 현주소를 적나라하게 보여준다.

우선 일본을 대표하는 아시모의 외형을 살펴보면 아시모의 키는 초등학교 1학년생의 평균신장인 120㎝에 맞췄다. 몸통에 비해 머리를 크게 설계했기 때문에 어린 소년의 이미지가 물씬 풍긴다. 팔과 다리의 세밀한 터치까지 흠 잡을데 없이 로봇 디자인의 완성도가 높다. 세계적 자동차기업 혼다가 자존심을 걸고 15년간 무려 3000억원을 투입해 개발한 첨단로봇의 상징인 만큼 세련된 디자인은 당연하다.

아시모의 외관은 유명한 자동차 디자이너들이 담당했고 최근 CES 행사에서 신장 130㎝로 커진 신형 버전이 나왔다.

한국의 대표선수 휴보도 신장은 구형 아시모와 똑같다. 한눈에 봐도 휴보의 디자인은 잘 다듬어진 곡선보다는 소박한 터치가 느껴진다. 태권도복을 입은 소년의 이미지를 형상화했다지만 머리와 몸통의 비례를 보면 영락없이 건장한 성인 태권도 사범을 연상시킨다.

아시모 개발에 투입된 대기업의 디자인 역량과 비교할 때 학생들의 헌신적 노력으로 완성된 휴보의 디자인 수준은 오히려 대견스럽다는 평가다. 주먹구구식의 디자인관행은 우리나라의 여타 지능형 로봇분야도 크게 다르지 않다.

2) 디자인에 대한 인식 변화

한국과 일본의 로봇산업 격차는 로봇디자인에 대한 낮은 인식과 투자부족에서도 여실히 드러난다. 또 로봇디자인에 투자를 하려 해도 전문디자이너의 부족현상은 국내 지능형 로봇산업의 발전에 걸림돌로 작용하고 있다.

국내 로봇업계가 디자인에 대해서 본격적으로 고민한 역사는 매우 짧다. 그동안 산업용 로봇시장에서 핵심은 기술적 문제였지 디자인은 부차적 사안이었다. 우선은 제대로 움직이는 로봇기구를 만드는게 급했고 디자인은 껍질을 만들어 붙이는 후 공정쯤으로 간주했던 것이다.

연간 수 백억원씩 집행되는 로봇 R&D사업에서도 디자인 개발에 투입되는 예산은 극히 미미하다. 이런 상황에서 한국에서 독창적이고 뛰어난 디자인의 로봇제품이 튀어나오기를 기대하기란 무리다. 삼성, LG와 같은 대기업이 지능형 로봇사업에 뛰어들면 로봇 디자인에 투자는 늘겠지만 인력양성문제가 남아있다. 우리나라에는 로봇기술을 제대로 이해하는 산업디자이너가 거의 없다. 휴대폰, 가전제품만 다루던 디자이너가 바퀴 달린 로봇을 설계하기란 매우 어렵다. 산업디자인의 관점에서 기동성을 지닌 로봇은 자동차 디자인에 버금가는 난이도를 갖기 때문이다.

주요 선진국들은 축적된 산업 디자인 역량을 바탕으로 새로이 부상하는 로봇업계의 디자인 수요에 유기적으로 대응하고 있다.

세계적 산업디자인 학교인 캘리포니아의 아트센터(Art Center College of Design)는 로봇디자인을 정식 과목으로 포함시켰다. 일본과 미국에서는 로봇전문을 표방하는 디자인 회사가 속속 생겨나고 있다. 로봇디자인은 이미 SF영화의 소품제작이 아니라 산업디자인의 한 부분으로 자리를 잡는 상황이다.

반면 국내 로봇회사들은 한결같이 로봇을 개발하려 해도 디자인을 믿고 맡길 곳이 없다고 하소연한다. 일부 로봇업체들은 외부 용역 대신에 자체 디자인 인력을 충원해서 정면돌파하는 사례도 생겨나고 있다. 외부 디자인 회사에 로봇디자인을 맡겨도 만족할 성과를 얻지 못하는 실정이다.

흔히 디자인이란 제품의 외형을 꾸미는 작업이라고 간주된다. 그러나 로봇디자인은 멋진 외형을 만드는 것 외에 로봇의 몸동작과 사운드, 시나리오, 컨텐츠 구성까지 모두 포함해야 한다는 주장이 나오고 있다.

로봇이 인간과 감성적 커뮤니케이션을 하려면 매력적인 외관은 물론 몸동작과 음성, 콘텐츠의 전달순서까지 세심하게 조율하는 미적 작업이 필요하다는 것이다. 이러한 입체적 로봇디자인을 위해서는 디자인 영역을 포함해 공학, 심리학, 사회학 등과의 협업연구가 진행되어야 한다.

3) 로봇 디자인의 협업관계 정립

로봇디자인의 영역이 확대될수록 로봇개발 초기단계부터 디자이너의 참여를 제도적으로 보장하는 것이 중요한 과제로 지적된다. 디자이너가 고객의 감성을 자극하는 로봇 컨셉을 구현하려면 각 분야의 엔지니어와 대등한 자격의 협업이 필수적이다. 국내 로봇디자인이 세계수준에 도달하려면 디자인을 경시하는 로봇개발과정부터 고쳐야 한다.

미래의 로봇디자인 수요와 다른 학문과 협업연구를 감안할 때 우리나라도 미술대학에 로봇디자인 커리큘럼을 만들거나 로봇디자인 전문교육기관을 신설할 때가 왔다.

이같은 분위기 변화에 따라 KAIST는 그동안 디지털미디어혁신센터(DIC)에서 담당해온 로봇디자인 연구사업을 별도로 운영하고 있다.

로봇디자인은 움직이는 기계에 껍질만 씌우는게 아니고 로봇을 로봇답게 만드는 모든 과정이 로봇디자인에 포함된다.

국내 로봇디자인의 이론적 체계를 만들고 로봇디자이너를 배출하는데 큰 역할을 해왔다. 디지털미디어디자인혁신센터(DIC)는 지능형 로봇 티로와 정통부의 URC사업 등 다양한 로봇디자인 개발을 지원했다.

4) 로봇 디자인의 변화

로봇디자인은 정지된 외형 못지않게 움직임을 표현하는 행동디자인, 콘텐츠 등도 중요하다. 배우가 미묘한 몸동작으로 연기를 하듯이 로봇도 어떻게 움직여야 소비자 만족도를 높일지 면밀히 연구해야 한다. 로봇디자인이 시장에서 성공하려면 기능성 외에 사람이 움직이는 로봇을 어떻게 바라보는지 심리적 요인도 함께 고려해야 한다.

현재 일본이 로봇디자인에서 가장 앞섰지만 한국이 로봇전문 디자인 연구센터를 만들고 창의적 교육을 강화한다면 머지않아 국제수준에 오르리라 생각한다. 이미 휴대폰, 가전 디자인에서 일본을 따라잡았지 않습니까?"

상업적 의미의 로봇디자인 역사는 이제 겨우 시작이기 때문에 우리도 노력여하에 따라 한국특유의 로봇디자인풍을 만들어 '로봇한류'를 일으킬 수 있다. 로봇은 로봇다워야 한다는 자신의 디자인 철학을 다시 한번 강조했다. 로봇이 마네킹처럼 어설프게 사람외형만 흉내내면 고객들이 혐오하는 역효과가 난다. 로봇은 어디까지나 인간을 돕는 도구임을 디자인 컨셉에서도 확연히 나타내야 한다.

MP3 플레이어나 PDP 등 휴대용 기기들이 인기몰이가 계속되면서 주변기기 시장도 덩달아 호황이다. 여러 가지 주변 기기 중 특히 휴대용 스피커를 찾는 사람이 많은데 이는 들고 다니기 간편하면서도 덩치가 큰 스피커를 들여 놓기 어려운 곳이나 인테리어를 깔끔하게 꾸미고 싶은 사람도 충분히 사용 가능한 장점이 있기 때문이다.

5) 신개념의 로봇 디자인 제품

(1) 뮤직 머그

이번에 소개하는 제품은 아이디어 인터내셔널에서 출시한 머그컵 모양 휴대용 스피커(모델명 · 뮤직 머그)로 음악 감상뿐만 아니라 인테리어 소품으로 활용하기도 충분하다.

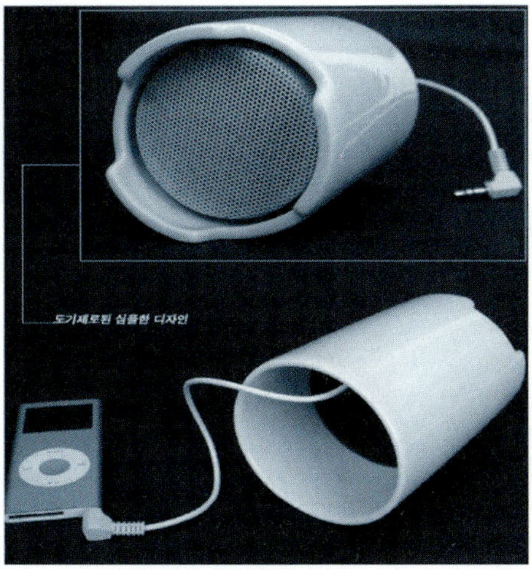

[그림 7-1] 뮤직머그

외관을 살펴보면 도자기 재질에 유약을 입힌 전형적인 머그컵 모양이다. 컵 안쪽 바닥에 스피커 유닛이 들어 있고 그 위를 검은색 보포 스펀지로 감쌌다. 최대 입력은 3와트, 최대 출력은 4Ω로 낮은 편이다. 또한 스피커 유닛이 바닥을 향해 있는 탓에 비교적 뭉개지는 소리가 출력된다. 스피커 유닛을 위쪽에 달면 이런 문제를 어느 정도 해결할 수 있을 것으로 본다.

배터리나 전원 어댑터를 사용하지 않고 오디오 케이블을 통해 전원을 공급받는 무전원 스피커로 언제 어디서나 배터리가 떨어질 걱정은 없지만 그만큼 출력이 낮아 넓은 공간이나 시끄러운 곳에서 사용하기 어렵다. 방 안이나 서재 같이 조용한 곳에서 사용하면 어느 정도 만족스러운 소리를 들을 수 있을 것이다.

이 제품은 전체적으로 독특한 디자인을 채용해 인테리어 소품으로도 활용할 수 있고 별도로 전원 공급이 필요 없기 때문에 언제 어디서나 사용 가능하다. 하지만 출력이 다소 낮아 활용도를 다소 떨어뜨리는 부분은 아쉽다.

(2) ZMP 로봇 미우로

소니가 이족보행 로봇 아이보를 더 이상 개발하지 않지만 일본은 그 외 많은 로봇 개발사들이 있다. ZMP도 그 중 하나로 날씬하고 깜찍한 로봇 '누보'와 피노키오를 형상화해 만든 '피노'로 유명하다. 이 회사에서 이번에는 스피커를 달아 사용자가 원하는 곳에서 음악을 들을 수 있는 로봇 미우로을 선보였다.

[그림 7-2] 로봇 미우로

미우로는 양쪽 큰 반원에 스피커를 내장하고 있다. 이 스피커는 서로 다른 방향을 향하고 있기 때문에 소리가 흩어지기 쉽다. 이를 보완하기 위해 켄우드의 디자이너 하야카와 쥰이치가 참여해 소리가 잘 모아지도록 설계했다. MP3 플레이어는 3.5파이 라인 잭으로 연결할 수 있다. 기본으로 연결 독을 제공하지만 아이팟만 연결할 수 있는 점은 아쉽다. 미우로를 작동시키기 위해서는 스피커를 손바닥으로 치면 되고 한번 더 치면 작동을 멈춘다. 아이팟을 사용 한다면 독에 연결하면 자동으로 음악을 감상할 수 있고 리모콘을 통해 간편하게 조작할 수 있다. 또한 음악이 나오면 곡의 장르를 인식해 춤을 춘다. 이와 함께 랜덤 모드도 있어 즉흥적으로 동작을 만들어 춤을 추기도 한다.

이동은 스피커와 본체 사이에 바퀴를 통해 한다. 주변을 감지하는 센서는 바퀴에 달려있어 벽이나 장애물에 부딪힐 염려도 없다. 또한 이 센서는 사용자가 있는 곳으로 본체 방향을 틀 수 있도록 안내하는 역할도 한다. 가전제품이 랜으로 연결되는 시대에 걸맞게 무선랜도 지원한다. 이를 활용해 인터넷으로 음악을 다운받아 바로 감상할 수 있고 내장 카메라를 이용하면 멀리 떨어진 곳에서도 집안 관찰이 가능해 애완동물을 두고 외부로 출장을 자주 다니는 사람에게 유용한 기능이다.

미우로를 자동으로 움직이게 하려면 관련 프로그램을 따로 구입해야 한다. 이 프로그램은 PC 컨트롤러와 자동이동 패키지, 원격 커뮤니케이션 장치로 구성돼 있다. 배터리는 연속으로 2시간가량 사용 가능하다. 배터리가 많이 닳면 크래들로 이동해 충전을 한다. 오랫동안 사용하고 싶다면 옵션으로 대용량 배터리를 구입하면 된다.

이 제품은 전체적으로 자유롭게 움직일 수 있는 로봇이라는 콘셉트를 적용해 재미있게 사용할 수 있는 제품이다. 또한 무선랜과 카메라 기능을 포함하고 있어 여러 가지 용도로 활용 가능하다. 그러나 자동 동작 기능을 활용하기 위해서는 별도로 프로그램을 구입해야 하고 동작시간이 다소 짧은 것은 아쉽다. 가격도 일본 현지에서 12만 8,000엔에 팔리고 있어 로봇 애호가가 아니라면 지갑을 쉽게 열기 어렵다.

(3) 인테리어 로봇 제품들

사무실은 계절에 따라 인테리어를 바꿀 수 없어 일 년 내내 밋밋한 벽지나 칸막이를 보며 살아야 한다. 매일 같은 분위기가 지겹지만 계절마다 회사 내부 인테리어를 바꾼다는 게 말처럼 쉬운 일이 아니다. 그렇다면 디자인 소품을 활용해 분위기를 바꿔 보는 것은 어떨까? 소품은 비용도 적게 들뿐더러 책상 위나 출입구, 휴게실과 같은 곳에 쉽게 들여 놓을 수 있어 손도 적게 간다. 이번에는 남녀 누구에게나 어울리는 디자인 소품을 모아 봤다.

① 로코보

[그림 7-3] 로코보

아무리 귀여운 강아지라도 사무실에는 데리고 올 수 없다. 하지만 크기가 주머니에 들어갈 정도로 작은 로봇 강아지 로코보는 문제없이 가지고 올 수 있다. 로코보는 잠을 자거나 소리에 반응해 움직이기도 하며 기분에 따라 여러 가지 표정과 반응을 보이는 등 살아있는 강아지처럼 행동한다. 머리에 달려 있는 버튼을 눌러 얼굴을 바꾸거나 먹이를 줄 수도 있다. 가격은 2만 5,000원이다.

② 초원노호혼 꿀벌

[그림 7-4] 초원노호혼 꿀벌

직장생활을 하다 보면 상사한테 혼나거나 일이 잘 풀리지 않아 짜증 많이 난다. 이럴 때를 대비해 초원노호혼 꿀벌을 책상 위에 갖다 놓자. 이 제품은 빛을 받으면 천천히 귀엽게 고개를 끄덕여 차분하고 귀여운 느낌을 준다. 또한 작은 화분이 달려 있어 잔디나 작은 식물을 키울 수도 있다. 이 외에도 명함이나 이름표 등도 꽂아 놓을 수 있어 메시지 스탠드로도 활용 가능하다. 가격은 1만 8,500원이다.

③ 로봇계산기

[그림 7-5] 로봇계산기

귀여운 디자인 소품으로 짜증 '싹~'
어지러운 책상 아이디어 소품으로 깔끔하게~

이 제품은 로봇 모양 계산기다. 색다른 디자인을 적용해 오래 사용해도 질리지 않으며 세워 놓을 수도 있어 별도로 보관 공간을 마련할 필요도 없으며 책상을 꾸미는 용도로도 활용 가능하다. 태양열 전지로 전원을 공급받기 때문에 별도로 배터리를 넣을 필요도 없다.

④ 리틀탭

[그림 7-6] 리틀탭

이 제품은 버튼을 누르면 신사복 차림의 동물이 탭댄스를 추는 귀여운 피규어다. 특히 여러 개를 연결하면 메인으로 정한 리틀탭의 동작에 맞춰 주변 동물들이 춤을 춘다. 또한 버튼을 눌러 스탭이나 리듬을 바꿀 수도 있으며 원하는 리듬을 50스탭까지 저장할 수도 있다. 전원은 LR-44 배터리 3개를 사용한다.

7-2 로봇의 콘텐츠

미래학자인 롤프 옌센은 앞으로 정보사회를 대신해 이야기(story)가 중심이 되는 드림 소사이어티가 온다고 예견했다. 그의 이론은 지능형 로봇시장에도 잘 들어맞는다. 로봇의 기계적 성능이야 조만간 평준화될 것이고 어떤 콘텐츠를 담느냐가 로봇의 상품가치를 더 좌우할 것이기 때문이다.

인터넷에 있는 동영상을 그냥 로봇 모니터에 띄운다고 로봇콘텐츠는 아니다. 인간과 상호작용하는 로봇의 특성을 고려한 콘텐츠를 제작해야 한다.

로봇은 촉각, 시각, 청각을 통해 인간과 상호작용이 가능하기 때문에 붙박이 PC용 콘텐츠를 그대로 갖고 와서는 고유한 장점을 살릴 수 없다. 사용자에 따라 로봇의 성격이나 스타일이 변하도록 감성적 콘텐츠를 제작하는 등 콘텐츠 개발에 투자가 필수적이다. 향후 로봇콘텐츠도 유망한 문화산업이다.

로봇콘텐츠란 결국 그 나라 사람들의 생활방식과 문화를 반영하기 마련이다. 가정용 로봇이 연장자를 먼저 배려하게 프로그램하면 역시 한국산 로봇은 예의가 바르다며 외국에서도 인기를 끌 것이다.

1) 외식도우미 로봇을 이용한 로봇 콘텐츠

외식 도우미로봇 개발사인 (주)ED는 CJ푸드빌과 손잡고 시범사업을 진행하여 패밀리 레스토랑인 '빕스'의 전국 매장에 로봇을 보급하고 있다. 국내 최초로 외식 도우미로봇이 배치된다. 도우미 로봇의 가장 중요한 임무는 레스토랑 입구에서 손님들을 반갑게 맞이하는 것이다. "김석중 고객님, 오늘 생일 축하드립니다. 2층에 자리 비워 놓았습니다." 어서 오시라는 몸동작은 기본이고 레스토랑이 보유한 고객 DB를 활용해서 각 손님에게 맞는 접대성 멘트도 날려준다. 미리 음식주문도 받고 예약이 안된 손님에겐 대기시간을 휴대폰 메시지로 알려준다. 무료하게 기다리는 손님을 위해 손금을 봐주거나 오늘의 운세를 알려주기도 한다.

사실 레스토랑에서 고객을 접대하는 업무를 굳이 로봇 웨이터에게 맡겨야 더 효율적이냐고 물으면 답하기가 참 궁색하다. 교육을 제대로 받은 점원이라면 그깟 로봇보다 훨씬 양질의 서비스를 제공할 수 있다. 그럼에도 불구하고 레스토랑에 수 천만원짜리 로봇을 배치하는 진짜 이유는 고객들에게 뭔가 재미있고 기억에 남을 이야기를 줄 수 있기 때문이다.

아이들은 학교에 가서 "어제 로봇 레스토랑에 가서 밥 먹었다"고 자랑할 것이다. 연인들은 로봇 소믈리에가 서빙하는 와인잔을 부딪히면서 기념일을 챙길 것이다.

식사를 마친 손님들이 기억하는 '로봇 이야기'는 결국 고객검색 알고리듬, 접대성 멘트, 대기시간표, 메뉴정보, 오늘의 운세 등 여러 콘텐츠가 기계로봇을 통해 표출된 결과다. 이처럼 로봇이 작업하는데 필요한 모든 지식체계를 가리켜 로봇콘텐츠라고 정의한다.

콘텐츠 없는 지능형 로봇은 프로그램이 안 깔린 PC, 빈 깡통이나 다름없다. 로봇이 수준 높은 서비스를 실현하려면 그에 걸맞는 로봇콘텐츠의 개발이 반드시 병행되야 한다. 도우미 로봇에 고객의 감성변화까지 인식하는 고급 콘텐츠가 탑재되면 식당가는 물론 서비스업계 전반에 적잖은 변화가 일어날 것이다.

초창기 PC시장이 그러했듯이 로봇콘텐츠의 진보는 지능형 로봇시장 활성화에 견인차 역할을 할 것이다.

2) 로봇 콘텐츠의 현황

지능형 로봇시장에 뛰어든 기업들은 공통적으로 콘텐츠 개발에 어려움을 겪어 왔다. 중소 로봇기업 입장에서 로봇의 기구개발만도 벅찬 일인데 정보제공, 오락, 교육 콘텐츠까지 홀로 완성하기란 제약조건이 많았다. 여기에 로봇과 인간의 상호작용을 위한 인터페이스(터치, 음성, 비전)도 로봇회사마다 제각각 달라 콘텐츠 개발은 더욱 쉽지 않았다.

그래도 우리나라는 지능형 로봇에 대한 드라이브 덕택에 이웃 일본보다는 로봇콘텐츠의 중요성을 먼저 인식하고 움직이는 모습이다.

2007년에 시작된 2기 국민로봇사업을 보면 로봇플랫폼 제조사 외에 한국몬테소리, 금성출판사, 모빌토크, 푸르네닷컴, 나우콤 등 콘텐츠 기업들이 대거 참여한 상황이다.

콘텐츠업계의 로봇시장 진출에는 로봇을 새로운 미디어 채널로 확보하려는 장기포석과 함께 기존 뉴스, 날씨, 교육 콘텐츠를 약간만 수정해도 로봇에 탑재할 수 있다는 안이한 판단이 감지된다. 그러나 많은 전문가들은 인간과 상호작용하는 지능형 로봇의 특성을 무시한채 무작정 외부 콘텐츠를 공유하는 전략은 실패할 가능성이 높다.

가정용 URC로봇이 뉴스, 날씨정보를 그대로 읽어주는 서비스는 고객 만족도가 낮다. 대부분 사람들은 TV, 라디오로 쉽게 접하는 뉴스를 굳이 로봇음성으로 듣기 싫어한다.. 반면 교육용 콘텐츠는 인간과 로봇간의 상호작용을 지원하는 양방향 서비스에 유리해 좋은 평가를 얻었다.

3) 로봇콘텐츠, 표준화가 선결과제

현재 로봇콘텐츠 시장 활성화의 가장 큰 걸림돌은 표준화 문제다. 그동안 A로봇회사가 개발한 로봇콘텐츠는 B사의 로봇제품에선 호환이 되지 않았다. 가뜩이나 좁은 지능형 로봇시장에서 콘텐츠의 호환성 부족은 로봇 콘텐츠업계의 수익성을 위협하는 심각한 문제다. 로봇회사마다 제각각인 콘텐츠 개발환경을 하나로 통합하기 위해 로봇콘텐츠 통합개발도구를 개발하고 있다.

마이크로소프트는 자체 개발한 로봇SW개발 툴인 MSRS를 내세워 로봇콘텐츠시장의 표준선점을 노리고 있다. 국내에서도 MSRS를 윈도기반의 로봇콘텐츠 제작환경을 확산시킬 것이다.

로봇콘텐츠의 호환성만 보장된다면 지능형 로봇에 교육, 의료, 엔터테인먼트 등 다양한 콘텐츠를 접목하는 시도가 봇물처럼 터질 것이다.

로봇콘텐츠가 표준화된 이후의 비즈니스 모델은 상상력을 얼마나 활용하느냐에 성패가 결정될 것이다. 아이팟에 음악을 다운받듯 로봇도 비보이 댄스를 추거나 요리를 하는 프로그램을 유료로 구매하는 날이 오지 않을까 싶다.

7-3 로봇의 캐릭터

1) 로봇태권브이

1976년 여름, 전국의 태권도장에 어린이들이 몰려들었다. 당시 개봉한 로보트 태권 브이의 호쾌한 무술에 열광하던 어린 관객이 태권소년이 되고자 했기 때문이다. 또 공책·책받침에 태권브이를 그리며 과학자의 꿈을 키운 아이도 부지기수였다. 이 최초의 로봇 한류는 31년의 세월이 지나 화려하게 부활하고 있다.

"달려라 달려 로보트야, 날아라 날아 태권브이."

우리나라 로봇산업에서 태권브이가 갖는 의미는 매우 각별하다. 태권브이는 이제 추억의 만화캐릭터 차원을 넘어 한국의 로봇산업을 대표하는 아이콘으로 간주되고 있다. 독자적 로봇문화가 전무했던 1970년대에 태권브이는 대중성을 획득한 최초의 로봇캐릭터였다. 나온 지 벌써 30년이 넘었는데도 불구하고 우리나라 성인의 95%, 어린이 81%가 태권브이를 알고 있다. 대중성에서 국민로봇의 자격은 충분히 갖춘 셈이다.

한국의 대표로봇인 태권브이는 이순신 동상의 투구를 로봇머리에 씌우고 태권도를 하는 등 한국적 로봇의 원형을 제시하였나.

로봇디자인을 태권소년(태권브이)의 모습으로 만들면서 짝퉁의 이미지를 벗어 던지는데 성공했다. 태권브이란 전례가 없었다면 휴보가 한국적 정체성과 카리스마를 지닌 로봇으로 태어나기란 거의 불가능했다. 덕분에 휴보는 한국 로봇기술의 우수성을 알리는 마스코트로서 맹활약하고 있다. 일본 외의 아시아 국가에서 국민적 로봇캐릭터를 가진 나라는 한국밖에 없다. 태권브이는 추억의 만화주인공이 아니라 우리나라 로봇산업을 떠받치는 중요한 역사적·문화적 자산이다.

태권브이는 최근 로봇열풍을 타고 상업적 캐릭터로서 새로운 생명력을 회복하고 있다. 태권브이를 이용한 TV시리즈·완구·테마타워 등 각종 캐릭터 사업이 물밀듯이 진행되고 있다. 태권브이는 초기 완성도와 인지도가 워낙 높아서 30년이 지나도 인기캐릭터로서 되살아나게 됐다.

태권브이가 한국로봇산업에 미친 가장 큰 순기능은 우리도 할 수 있다는 자신감을 준 것이다. 이러한 자신감은 모터 하나도 못 만들던 대한민국을 세계 4위의 로봇대국으로 끌어올리는 데 적잖은 기여를 했다.

한국은 로봇캐릭터의 다양성에서 아직 일본의 상대가 되지 않는다. 태권브이 외에 새로운 로봇캐릭터를 계속 키워야 국내 로봇문화의 경쟁력이 한 차원 높아질 것이다.

2) 우리 고전은 로봇캐릭터의 보물단지

태권브이가 로봇캐릭터로 공전의 히트를 친 원인은 한국의 전통문화(투구 · 태권도)를 로봇기술에 접목했기 때문이다. 우리나라의 문화유산을 살펴보면 독창적 로봇캐릭터로 해석할 만한 소재가 곳곳에 숨겨져 있다. 대표적인 사례는 다음과 같다.

(1) 거중기

다산 정약용은 정조의 명을 받아 경기도 화성(華城)을 지을 때 거중기를 이용해서 공사인력과 물자를 크게 줄였다는 기록이 나온다. 거대한 석재를 들어올리는 거중기는 오늘날로 치면 대형 크레인, 산업용 로봇의 원조인 셈이다. 자동차가 외계로봇으로 바뀌는 영화 트랜스포머를 보고 나면 거중기가 노역에 시달리는 백성을 돕는 로봇거인으로 탈바꿈하는 영화 스토리가 훨씬 더 설득력이 있다.

(2) 불가사리

고려 말에 쇠를 먹는 불가사리란 괴물이 나왔다는 설화가 있다. 한 승려가 밥풀을 뭉쳐 무엇인가 만들었는데 주변의 쇠를 먹으면서 덩치가 점점 커졌다. 나중에는 도성에 들어가 무기까지 먹어치워 큰 소동을 일으켰는데 스님의 지혜로 쇳덩어리로 사라졌다. 쇠로 만들어진 인공적 존재로서 형태를 바꾼다는 점에서 어린이들이 좋아하는 변신로봇의 원형이다. 남한(1962년)과 북한(1985년)에서 각각 영화로 나왔다. 불가사리는 자동차 · 탱크를 먹어 치우는 로봇캐릭터로 재해석될 여지가 충분하다.

(3) 만불산(萬佛山)

8세기 신라 경덕왕 시절에 움직이는 만불산을 만들었다는 기록이 있다. 왕이 최고의 장인에게 명해 만불산을 만드니 높이가 한 길 남짓하였다. 산에는 수많은 기암괴석과 누각이 있고 바람이 불면 벌과 나비, 새들이 날며 1000명의 승려가 땅에 닿게 절하고 종소리가 들렸다. 이를 당나라 대종에게 선물하니 "신라의 재주는 사람의 재주가 아니다."며 극찬했다. 만불상 내부의 정교한 기계구조를 상상하면 한국 로봇기술의 원형이 보인다. 열린 시각과 상상력이 있다면 우리 고전 속에서 로봇문화산업 활로를 찾을 수 있다.

제8장

지능형 로봇 시뮬레이터의 개요

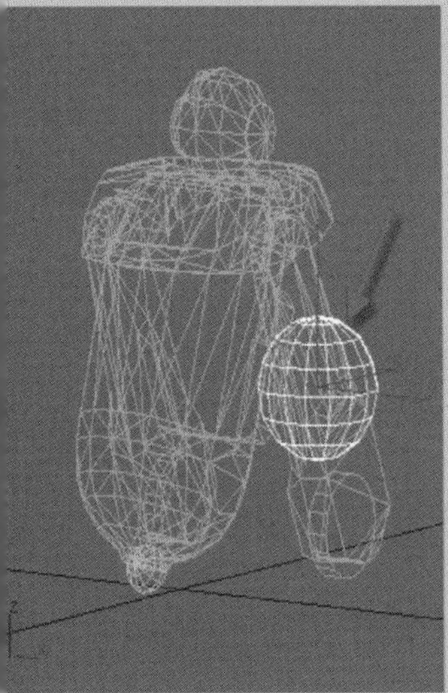

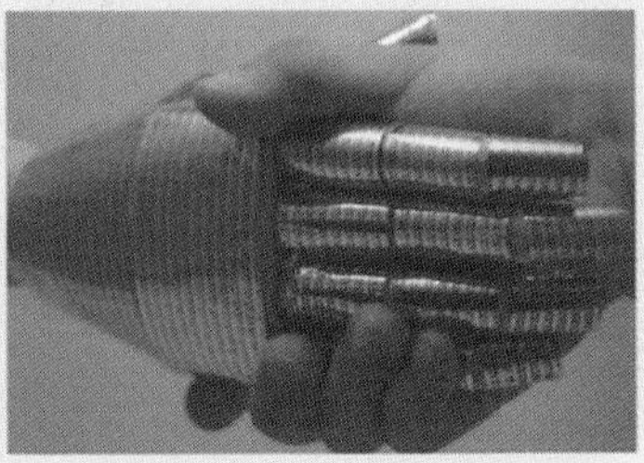

8-1 지능형 로봇 시뮬레이터의 개요

지능형 로봇 시뮬레이터(EDRS)는 2차원 가상 격자 맵에서 가상 자율 이동로봇의 이동 기능과 센서 시스템을 통합하여 해당 기능을 시뮬레이션한다.

로봇 시뮬레이터는 초기 로봇응용프로그램 설계에서 알고리즘 개발과 성능 향상의 과정을 가상환경에서 실제 로봇 시스템과 근접한 특성을 고려한 개발이 이루어질 수 있도록 한다.

지능형 로봇 시뮬레이터(EDRS)는 사용자에게 다양한 환경과 로봇을 제공하여, 쉽고 빠르게 지능형 로봇을 개발하고 교육하기 위한 시뮬레이션 소프트웨어이다. 또한, 3D 환경을 토대로 역동적인 로봇 시뮬레이션을 제공할 뿐만 아니라, Kinetic 엔진을 통해 실감나는 로봇 시뮬레이션과 섬세한 동작 제어를 제공한다.

- 지능형 로봇 시뮬레이터(EDRS)는 사용자가 쉽고 편리하게 로봇을 시뮬레이션 하기 위한 강력한 로봇 시스템을 제공한다.
- 사용자는 지능형 로봇 시뮬레이터를 이용해 체계적이 로봇 응용시스템을 실현할 수 있다.
- 손쉽고 빠르게 사용자가 원하는 환경에서 다양한 종류의 지능형 로봇 시뮬레이션을 실현할 수 있다.

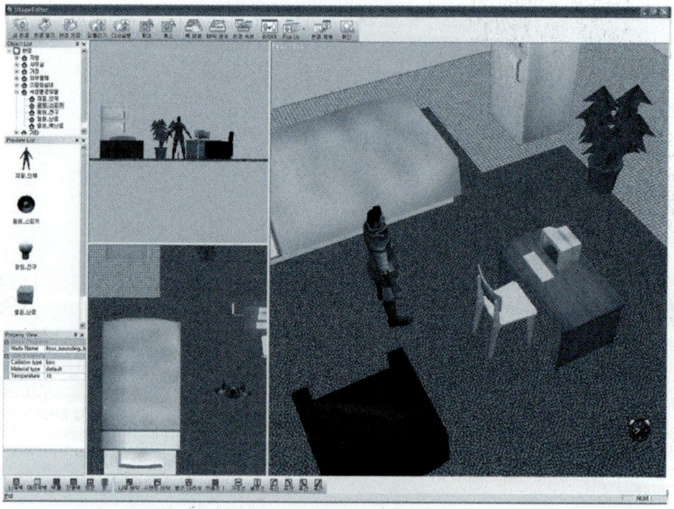

[그림 8-1] 지능형 로봇 시뮬레이터의 가상환경

8-2 지능형 로봇 시뮬레이터를 이용한 로봇 개발

지능형 로봇 시뮬레이터를 이용한 로봇 개발과정은 다음과 같이 진행된다.

① 로봇의 센서와 제어기를 PC에서 시뮬레이션하면서 원격 PC에서 제어 소프트웨어를 개발한다. 지능형 로봇 시뮬레이션은 로봇 하드웨어로는 불가능한 테스트를 다양하게 할 수 있어 강인한 소프트웨어를 개발할 수 있다.

② 지능형 로봇 시뮬레이터를 이용하여 제어 소프트웨어 개발이 어느 정도 완료되었다면, 지능형 로봇 시뮬레이터를 로봇 하드웨어와 디바이스 드라이버로 교체한다. 이는 제어 소프트웨어에서 연결 정보를 수정하면 된다.

로봇 하드웨어와 연결된 제어 소프트웨어는 지능형 로봇 시뮬레이터에서 예측하지 못한 문제들을 가지고 있다. 제어 소프트웨어는 여전히 원격 PC에서 개발되기 때문에 로봇에 탑재하여 개발하는 것보다 디버깅이 편리하다.

③ 하드웨어 테스트가 완료된 경우 원격 PC에서 개발한 제어 소프트웨어를 로봇으로 탑재하여, 로봇이 독립적으로 기능을 수행할 수 있다.

④ 로봇에서 사용 중인 센서와 액추에이터를 같은 클래스에 속하는 다른 종류로 바꾸어 제어 소프트웨어가 정상적으로 동작하는지 본다.

지능형 로봇 시뮬레이터(EDRS)는 RFID 센서와 카메라 디바이스(Camera Device)를 제외한 센서 디바이스(Sensor Device)와 운송수단 디바이스(Vehicle Device)를 시뮬레이션할 수 있다. 디바이스 클래스별로 시뮬레이터가 존재하며, 시뮬레이터에서 프로파일(profile)의 교체만으로 특성이 다른 다양한 센서들을 만들어 낼 수 있다.

현대 산업기술의 근간이 되는 첨단기술인 메카트로닉스, 생산자동화, 로보틱스 및 생산정보화 분야의 고급기술자와 연구자 양성에 중점을 두고 있다. 현대 산업사회는 고도의 정밀화, 자동화, 지능화 및 정보화가 요구되고 있으며, 이와 관련하여 자동차 및 항공기 등의 수송기계와 컴퓨터, 영상음향기기, 가전기기 등의 정밀기기 제조업계에서는 기계공학기술이 전기전자공학, 인공지능, 컴퓨터 및 정보공학기술과 함께 융합된 형태로 응용, 발전되고 있다.

이러한 산업계의 요구에 부응하기 위해 우리 전공에서는 정역학, 동역학, 기구학, 고체역학, 진동공학 등의 기계공학의 기본과목, 그리고 공학기초로서 중요한 센서공학, CAD/CAM 공학 등을 교육한다. 아울러 우리 전공에서는 디지털제어, 로봇공학, 생산자동화 및 신호처리 등에 대한 이론과 실무지식을 학습·연마하여 이 분야의 우수한 전문인력을 양성하는 것을 목표로 하고 있다.

8-3 지능형 로봇 시뮬레이터의 특징

1) 사용자 지향형 로봇 모델링

3DS 맥스에서 로봇을 디자인한 후에 로봇에 조인트와 충돌 오브젝트를 부여하여 로봇의 내부와 외부의 속성을 사용자의 의도에 따라 설정할 수 있다.

또한 편집한 로봇은 로봇 편집기와 환경 편집기에서 로드하여 지능형 로봇 시뮬레이션을 수행할 수 있다.

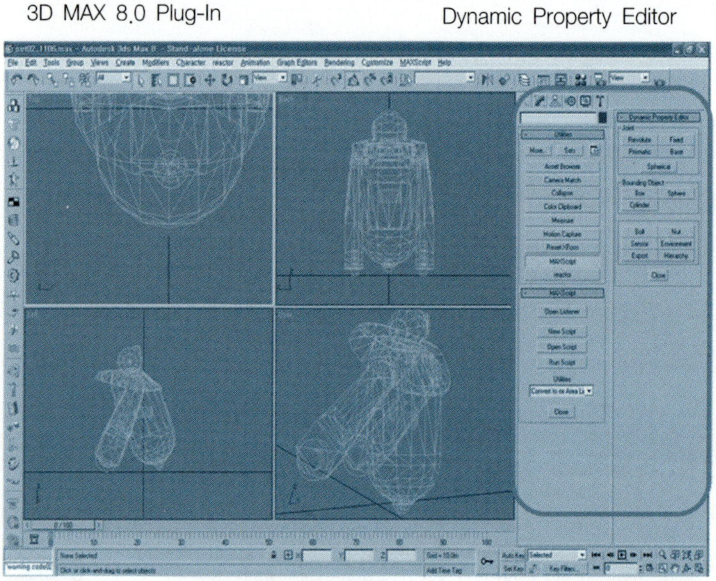

[그림 8-2] 3D MAX(동적인 특성 편집기)

2) 다양한 조합형 로봇 모델링

다양한 로봇을 설계할 수 있도록 로봇 에디터 리스트의 창에서 다양한 종류의 로봇 캐릭터, 유저 모델 등을 선택하여 머리, 몸통, 팔, 손, 다리 등을 선택하여 사용자에 의하여 조합할 수 있도록 리스트를 구성하였고, 로봇의 조합 또는 완성형 로봇의 객체 상관관계를 트리 형식으로 제공한다.

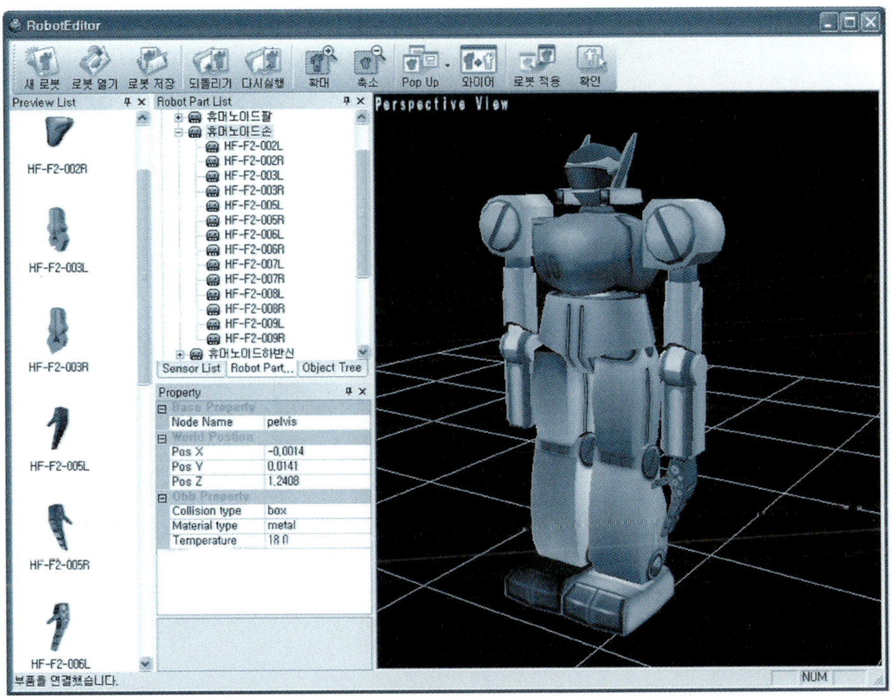

[그림 8-3] 다양한 조합형 로봇 모델링 편집기

3) 다양한 센서 및 효과적 센서 배치

센서 리스트에서는 생성한 로봇에 삽입된 센서 리스트를 제공하여 사용자가 용도에 맞추어 사용할 수 있도록 하였고, 다양한 센서의 효과적인 배치를 위하여 최소거리, 최대거리 센싱 단위거리와 형태를 선택할 수 있도록 하였다.

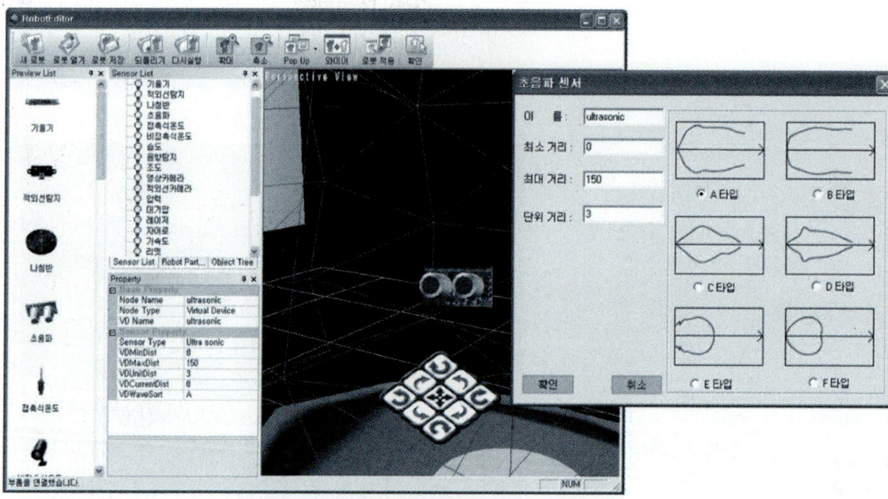

[그림 8-4] 다양한 센서 및 효과적 센서 배치

4) 라이브러리 방식으로 편리하게 다양한 시뮬레이션 환경구성

로봇이 동작하는 환경을 구성하여 로봇의 기능을 최대한 효과를 거둘 수 있도록 다양한 시뮬레이션 환경을 구축할 수 있다.

각 환경 리스트를 라이브러리 방식으로 작성하여 지형, 사무실 등의 객체들을 구성할 수 있고 그 구성환경들의 속성창을 통하여 분석이 가능하다.

[그림 8-5] 시뮬레이션 환경구축 편집기

5) 사용자 수준에 맞는 로봇 제어

본 지능형 로봇 시뮬레이터에서 초보자를 위하여 순서도 기반 프로그래밍과 중·고급자를 위하여 C나 C++로 프로그래밍할 수 있도록 구성하였다.

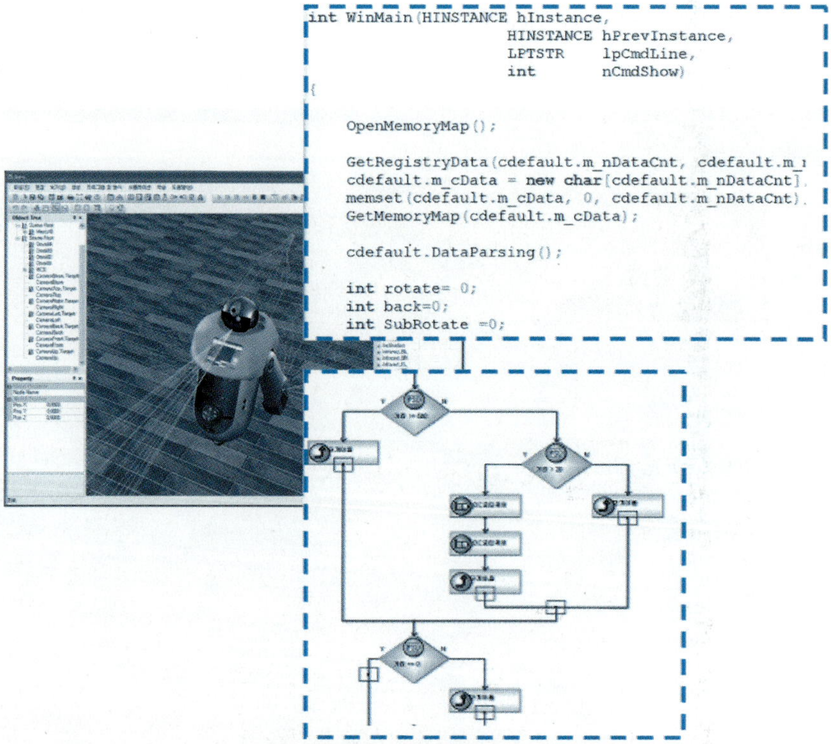

[그림 8-6] 사용자 수준에 맞는 로봇 제어

6) EDRS 지능형 로봇 시뮬레이션 구조

지능형 시뮬레이터는 총 5단계로 구성되어 있다. 1단계는 로봇이론교육 및 로봇시뮬레이션에 필요한 라이브러리를 생성, 2단계는 로봇 및 환경라이브러리를 이용한 로봇과 환경구성, 3단계는 시뮬레이션 환경구성, 4단계는 C/C++, 순서도 기반 언어를 이용한 로봇 제어 프로그램 작성, 5단계는 로봇 및 환경시뮬레이션으로 구성되어 있다.

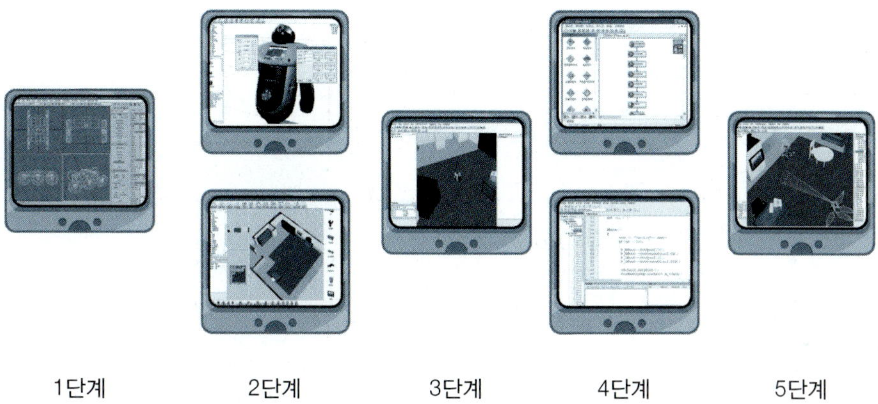

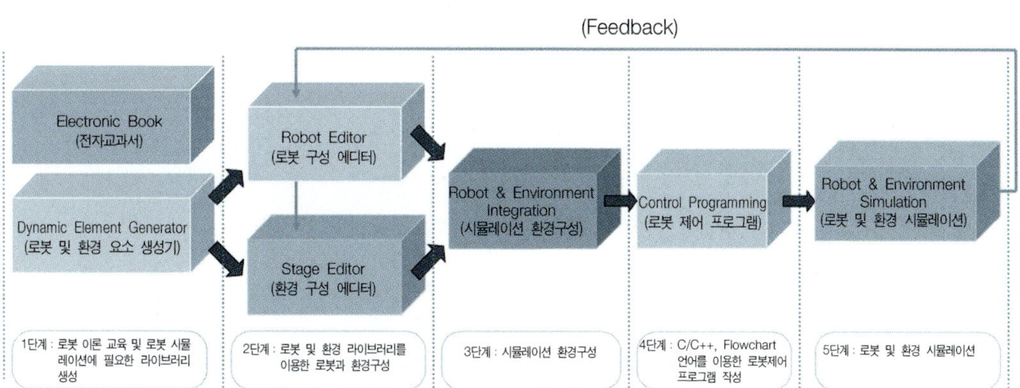

[그림 8-7] EDRS 지능형 로봇 시뮬레이션 구조

8-4 지능형 로봇 시뮬레이터의 기능

지능형 로봇 시뮬레이터는 실제 물리 공간을 추상화한 가상공간과 가상공간에서 동작하는 가상로봇을 구성하고, 가상환경(가상환경 = 가상공간 + 가상로봇)을 통해 발생하는 데이터에 의해 가상로봇이 동작하는 지능형 로봇 시뮬레이션 플랫폼이다.

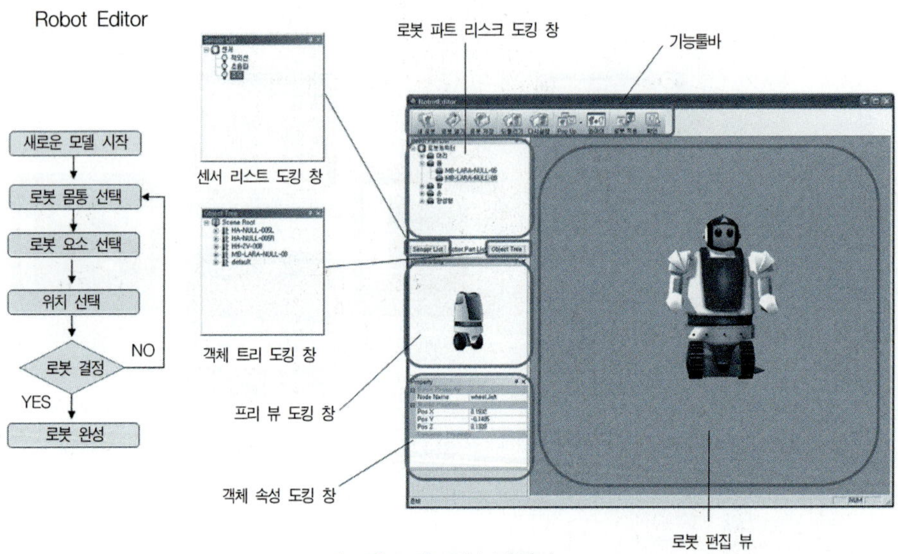

[그림 8-8] 로봇 편집기

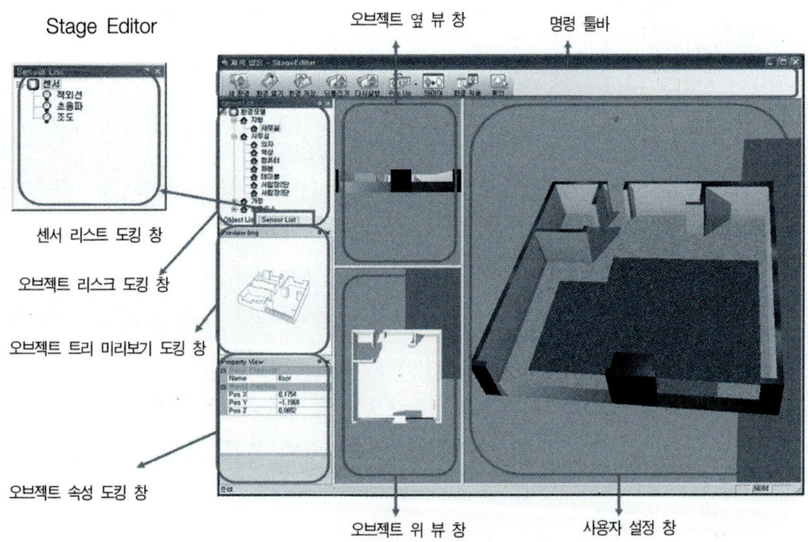

[그림 8-9] 지능형 로봇 환경 편집기

사용자는 로봇 생성기를 이용하여 로봇을 만들고, 총 28종의 준비된 센서를 로봇의 특정위치에 배치하여 시뮬레이션하고자 하는 로봇을 구성한다.

이때 사용자는 미리 준비된 로봇 라이브러리를 이용하거나 새로운 라이브러리를 로봇 라이브러리 생성기(3D MAX Plug In)를 통해 시뮬레이션하고자 하는 로봇을 여러 가지 형태로 구성할 수 있다.

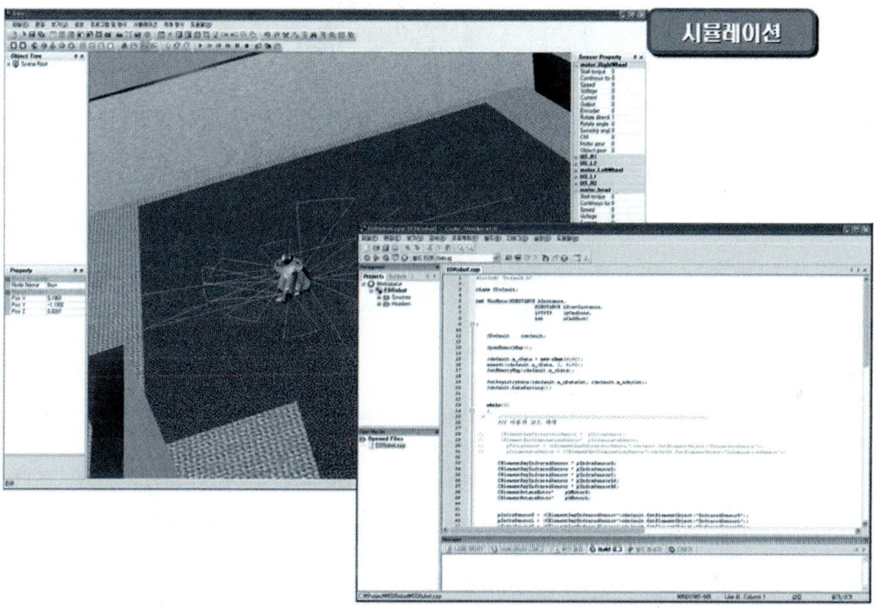

[그림 8-10] 지능형 로봇 동작

로봇이 구성되면 로봇이 동작할 환경을 환경생성기를 통해 구성한 후 순서도 기반 프로그램이나 C/C++ 언어를 이용하여 로봇을 시뮬레이션할 수 있다.

교육용 동영상

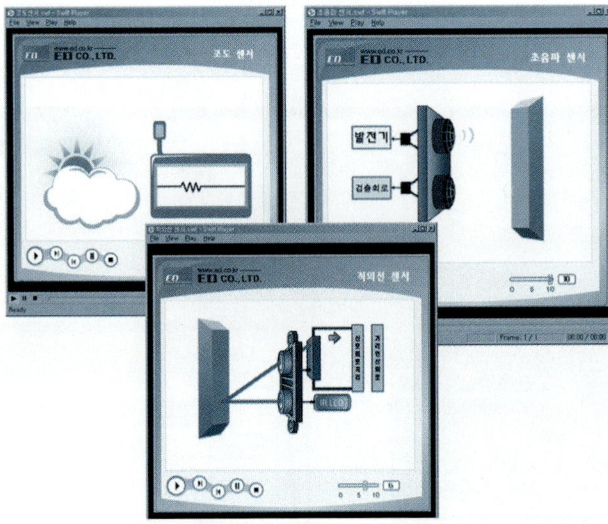

[그림 8-11] 교육용 동영상

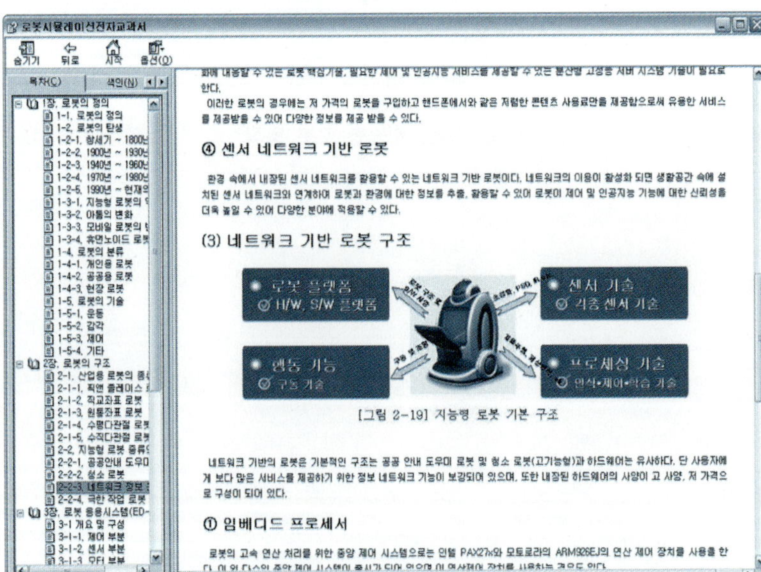

[그림 8-12] 전자교과서

또한 시뮬레이션 기능 이외에도 전자교과서와 센서 및 액추에이터에 대한 플래시 동영상을 제공하여 사용자가 로봇을 효과적으로 교육할 수 있도록 하고 있다.

8-5 지능형 로봇 시뮬레이터의 실행 툴

1) 다이나믹 요소 발생기

다이나믹 요소 생성기(Dynamic Element Generator)는 로봇을 구성하기 위한 라이브러리와 환경 요소 라이브러리를 3DS 맥스 플러그인을 이용하여 생성한다. 또한 편리한 GUI를 제공하여 로봇 설계에 초보자도 손쉽게 자신만의 로봇을 만들어 낼 수 있다.

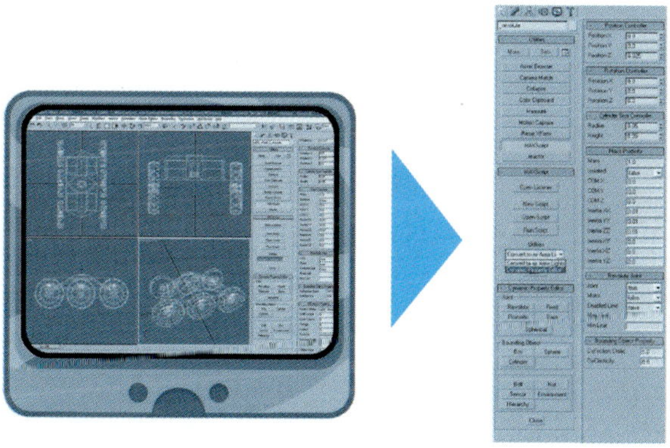

[그림 8-13] 다이나믹 요소 발생기

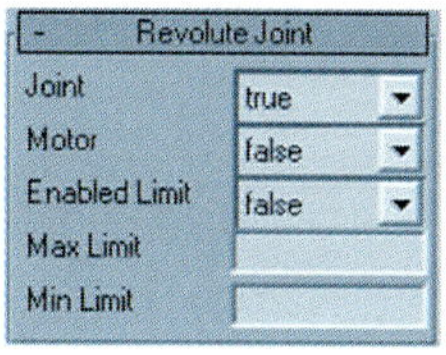

[그림 8-14] 회전 조인트 설정

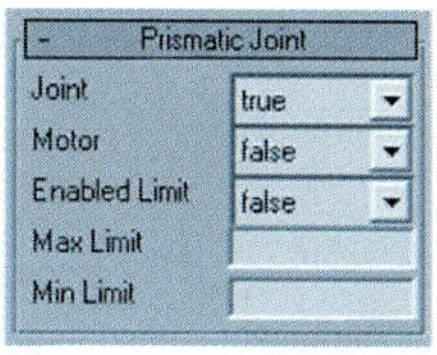

[그림 8-15] 각 기둥 조인트 설정

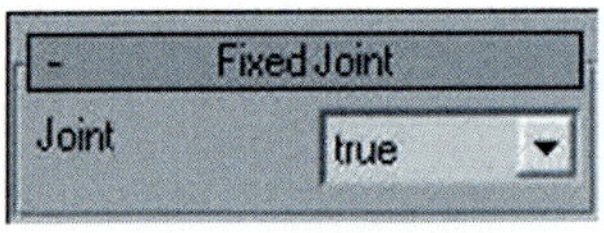

[그림 8-16] 고정 설정

[그림 8-17] 구형 조인트 설정

(1) 다이나믹 요소 생성기 세부 기능

① 조인트-로봇 오브젝트간의 관절 설정

- 회전 조인트(Revolute Joint) : 기준이 되는 축(Z축)에 대한 회전이 가능한 조인트 설정(그림 8-14)
- 각 기둥 조인트(Prismatic Joint) : 두 오브젝트를 같은 방향으로 미끄러지듯 움직이게 연결하는 조인트 설정(그림 8-15)
- 고정 조인트(Fixed joint) : 두 개의 오브젝트를 움직이지 않게 연결하는 조인트 설정(그림 8-16)
- 가상 조인트(Base) : 모든 오브젝트가 연결되는 가상의 조인트 설정
- 구형 조인트(Spherical) : 구형을 객체를 다리 바퀴(Caster) 형태의 구형 바퀴로 설정(그림 8-17)

② 충돌 박스(Bounding Box)-동역학 시뮬레이션을 할 때 다른 물체와 충돌하는 부분을 그래픽스(메쉬) 대신에 충돌 박스를 만들어서 사용

- 박스(Box) : 사각형 정육면체로 충돌 박스 설정(그림 8-18)
- 실린더(Cylinder) : 실린더 형태로 충돌 박스 설정(그림 8-19)
- 구(Sphere) : 구 형태로 충돌 박스 설정(그림 8-20)

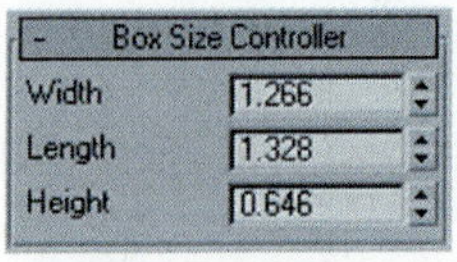

[그림 8-18] 박스 크기 설정기

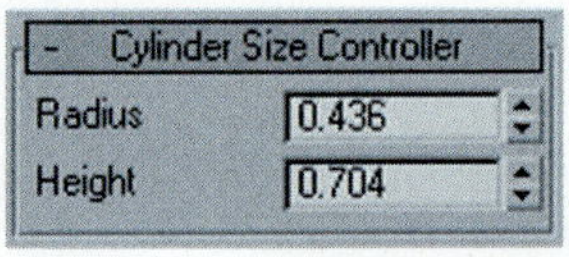

[그림 8-19] 실린더 크기 설정기

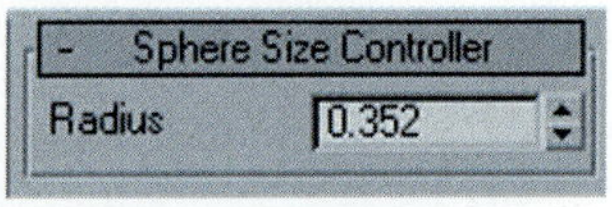

[그림 8-20] 구 크기 설정기

③ 오브젝트 연결자 - 로봇 부품 간에 서로 붙는 역할을 수행

- 볼트(Bolt) : 두 개의 로봇 부품에서 기준이 되는 부품을 볼트라고 정의하고, 아이디를 설정하여 결합한다.

- 너트(Nut) : 기준이 되는 부품에 붙을 부품을 너트라고 정의하고, 아이디를 설정하여 결합한다.

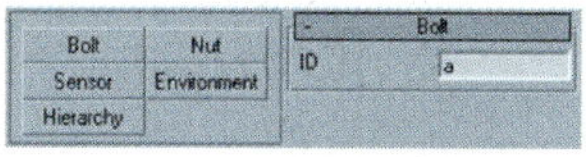

[그림 8-21] 볼트 설정

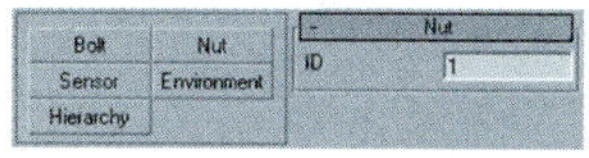

[그림 8-22] 너트 설정

④ 계층구조(Hierarchy)–조인트, 바운딩 오브젝트, 오브젝트 연결자를 만든 후 이들 간에 계층적 구조설정

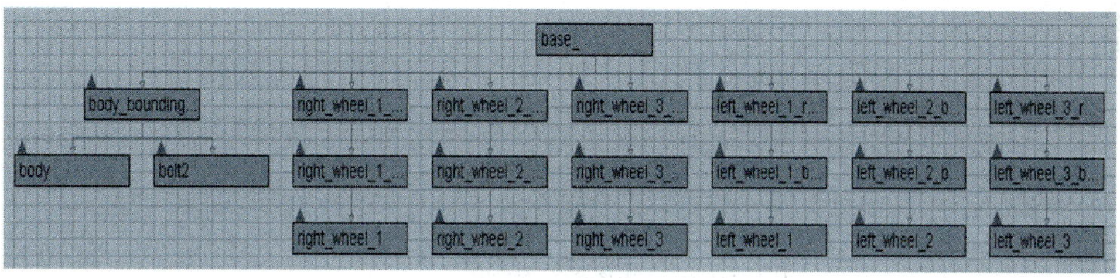

[그림 8-23] 계층구조

⑤ 로봇과 환경을 이루는 요소에는 여러 가지 물리적인 속성과 기계적 파라미터를 포함한다

- DC 모터 설정
  –토크, 모터 기어비 등을 설정
- 물리 속성 설정
  –무게, 위치 등을 설정
- 재질 속성 설정
  –객체의 재질 설정
- 센서 종류 설정
  –광선류, 물리류, 환경류 등의 센서 종류 설정

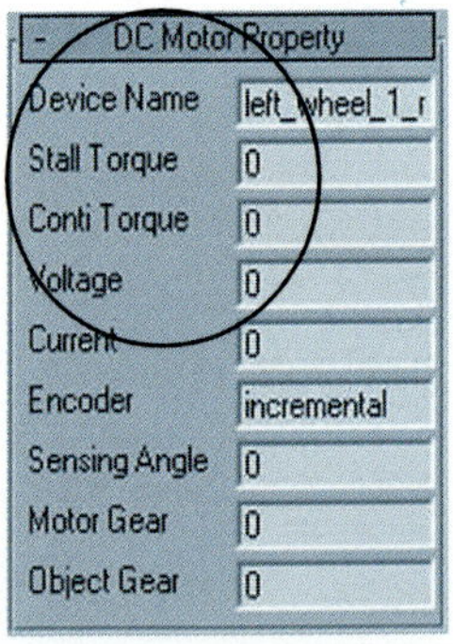

[그림 8-24] DC 모터 설정

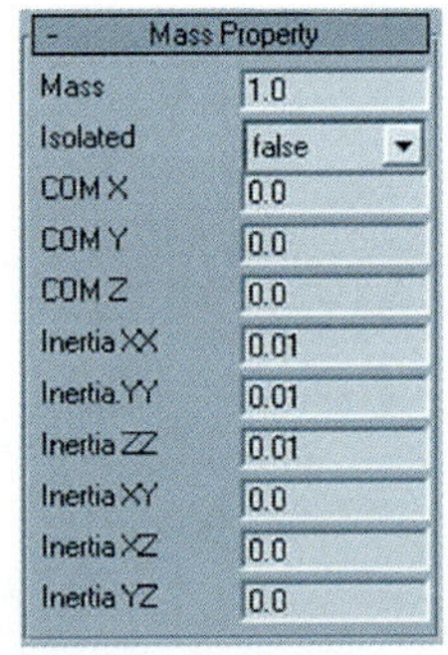

[그림 8-25] 물리 속성 설정

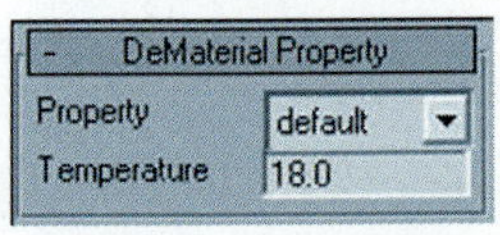

[그림 8-26] 재질 속성 설정

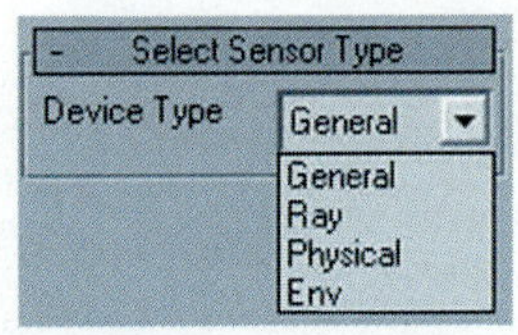

[그림 8-27] 센서 종류 설정

(2) 로봇 편집기 : 로봇 라이브러리를 이용한 로봇 디자인 툴

로봇 편집기(Robot Editor)는 라이브러리 방식으로 초보자도 쉽고 편리하게 로봇 구성이 가능하며, 다양한 로봇을 사용자에 맞게 재생산할 수 있다. 또한 다양한 센서를 사용자가 원하는 위치에 다이나믹(Dynamic)하게 위치시키고 파라미터를 설정하여 시뮬레이션에 적용 가능하다.

① 로봇 라이브러리 : 로봇 라이브러리는 휴머노이드, 모바일 로봇, 견마형 로봇 등을 제공하며, 사용자가 라이브러리 개발 툴을 이용하여 개발된 라이브러리를 추가적으로 등록할 수 있다.

② 센서 라이브러리 : 센서 라이브러리는 28종의 센서를 제공하며, 사용자가 로봇의 표면 또는 내부에 센서 배치 도구를 이용하여 부착할 수 있다.

③ 라이브러리 미리보기 : 라이브러리 미리보기는 사용할 로봇과 센서 라이브러리에 대한 미리보기를 할 수 있다.

④ 객체 속성 : 객체 속성은 로봇 및 센서 객체에 대한 속성을 확인할 수 있다.

⑤ 센서 배치 도구 : 센서 배치 도구는 센서 배치시 자유로운 회전 및 위치 조정이

가능하여 사용자가 원하는 위치에 센서를 적절하게 배치할 수 있도록 해준다.

⑥ 센서 속성 설정 : 센서 배치 도구에 의해 배치된 센서는 각 센서의 특징에 맞도록 속성을 변경할 수 있다.

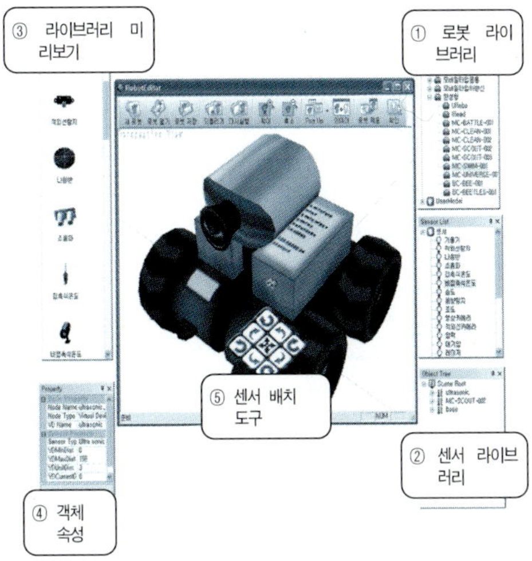

[그림 8-28] 로봇 편집기

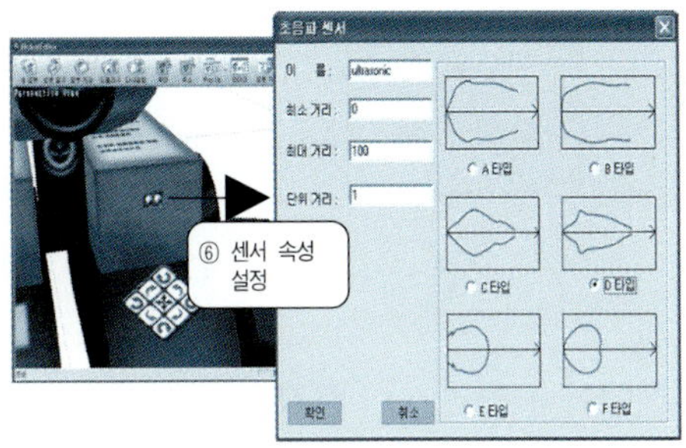

[그림 8-29] 센서 속성 설정

(3) 환경편집기(Stage Editor) : 환경 라이브러리를 이용한 환경 디자인 툴

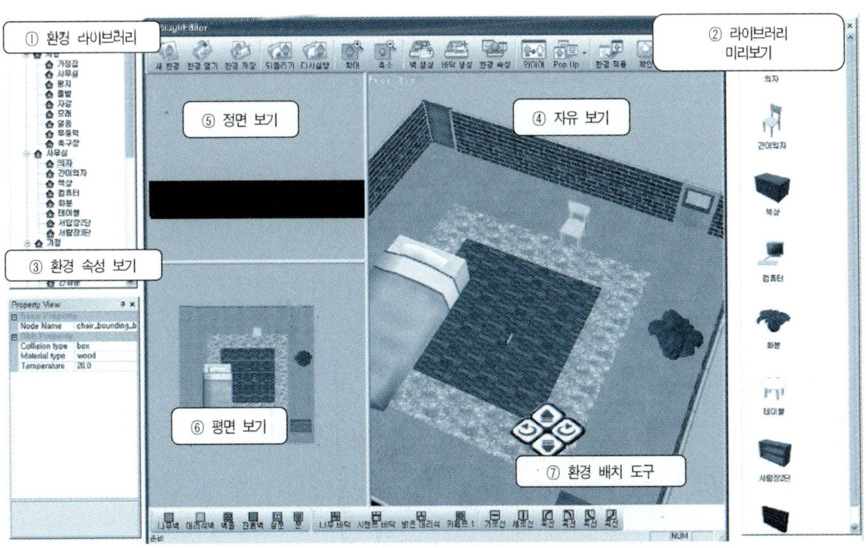

[그림 8-30] 환경 편집기

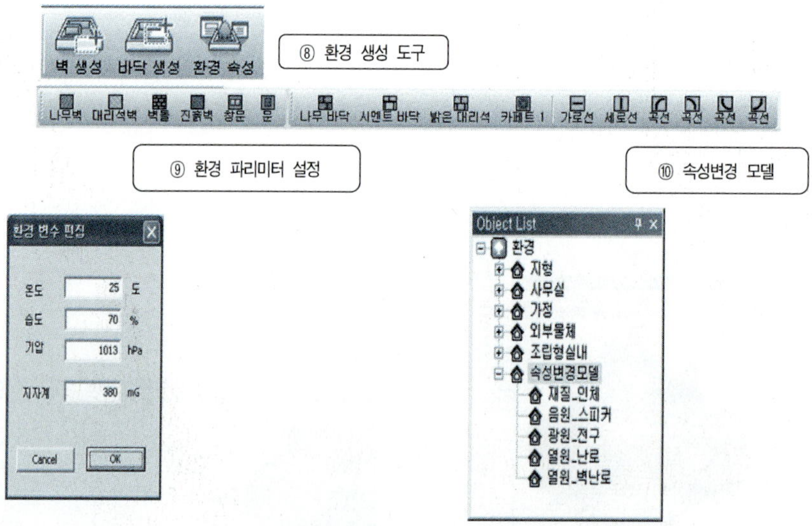

[그림 8-31] 환경 편집기 속성 창

스테이지 편집기는 환경 편집기라고도 하며, 라이브러리 방식으로 쉽고 편리하게 로봇 시뮬레이션 환경을 구성할 수 있다.

① 환경 라이브러리 : 환경 라이브러리는 기본 환경과 환경에 포함되는 여러 가지 요소들을 라이브러리로 포함하고 있다. 또한 사용자가 라이브러리 개발툴을 이용하여 개발한 라이브러리를 추가적으로 등록할 수 있다.

② 라이브러리 미리보기 : 라이브러리 미리보기는 사용할 환경 라이브러리에 대한 미리보기를 할 수 있다.

③ 환경속성보기 : 선택된 환경 객체에 대한 속성을 보여준다.

④⑤⑥ 보기 : 사용자가 환경을 구성하기위해서 자유보기와 정면도, 평면도를 동시에 제공하여 입체적으로 환경 구성이 가능하다.

⑦ 환경 배치 도구 : 환경을 구성하기 위한 객체는 구성 도구를 이용하여 편리하게 배치할 수 있다.

⑧ 환경 생성 도구 : 바닥 및 벽 등을 사용자가 원하는 형태로 구성하기 위해서 제공되며, 여러 가지 형태의 바닥, 벽, 문 등 쉽고 빠르게 구성할 수 있는 강력한 환경설정 도구이다.

⑨ 환경 파라미터 설정 : 온도, 습도, 기압, 지자계 등의 환경 파라미터를 설정 가능하

며, 설정된 값은 시뮬레이션 시 적용된다.

⑩ 속성변경모델 : 특정 센서에 입력을 제공하기 위한 속성변경모델을 제공한다. 속성변경모델은 인체감지, 음원, 광원, 열원 등으로 구성된다.

(4) 프로그래밍 언어 : 로봇을 제어하기 위한 프로그램 제작 툴

① FL(Flowchart Language) : 순서도 기반(Flowchart Language) 언어는 센서 및 액추에이터를 제어 블록 및 상태 블록을 통하여 손쉽게 로봇 제어 프로그래밍이 가능하다.

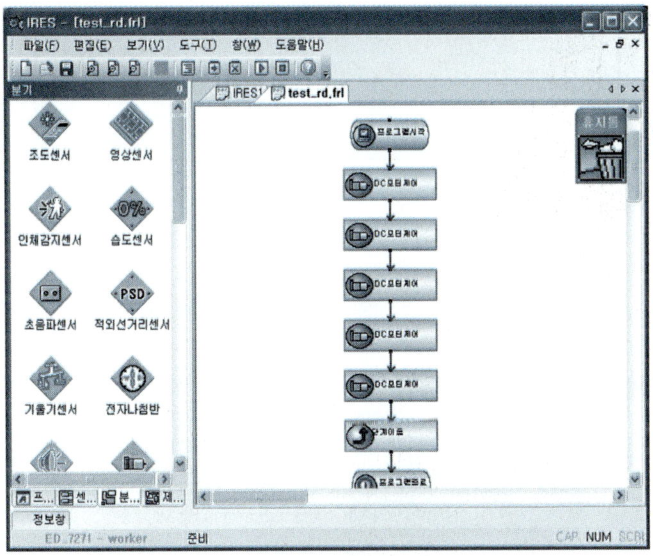

[그림 8-32] 순서도 기반 언어

② 프로그래밍 언어에 익숙하지 못한 초보자들이 로봇을 간단히 테스트해 볼 수 있다.

③ C/C++/C++ : C/C++ 전용 편집기를 제공하며 시뮬레이터와 자동 연동을 통해 시뮬레이션이 가능하다.

④ 프로그래밍 언어에 기초적인 지식만 있으면 좀 더 복잡하고 광범위한 시뮬레이션을 해볼 수 있다.

⑤ 센서 및 액추에이터를 제어하기 위한 API 함수를 제공한다.

⑥ MFC, JAVA, Python 등의 기타 언어에서 제어가 가능하도록 제어 라이브러리와 예

제 프로젝트를 제공한다.

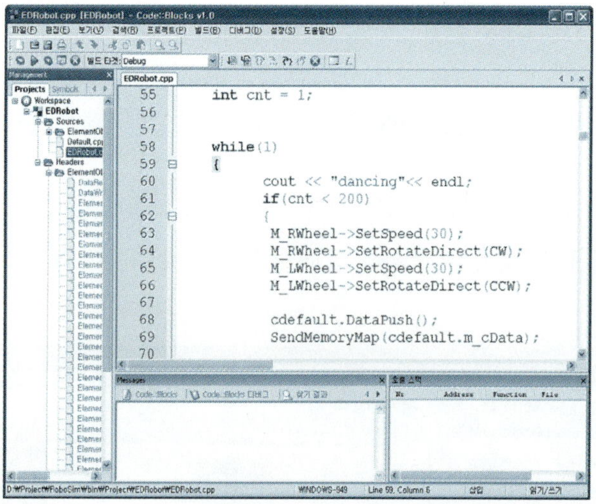

[그림 8-33] C/C++ 언어

(5) 동작구동 시뮬레이션 : 로봇 및 환경 시뮬레이션 툴

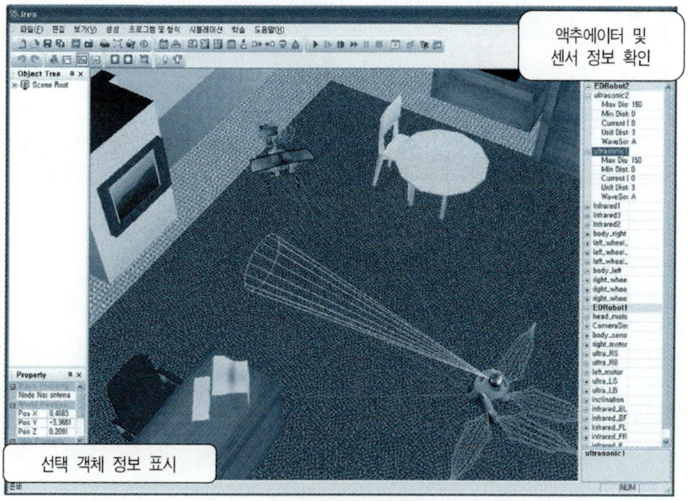

[그림 8-34] 동작 구동 시뮬레이션

로봇 편집기와 환경 편집기에서 작성된 로봇과 환경은 시뮬레이터에서 조합되어 시뮬레이션된다.

시뮬레이션 초기 위치 지정

시뮬레이션 컨트롤

제어 언어 및 Release/Debug 선택

① 시뮬레이션 중에는 적외선, 초음파 등의 각종 센서 동작 상태를 육안으로 확인 가능하다.
② 여러 대의 로봇을 하나의 환경에서 동시에 시뮬레이션 가능하다.
③ 액추에이터 및 센서의 정보를 전용 리포트뷰를 통해서 확인 가능하다.
④ 시뮬레이션을 시작하기 전에 로봇의 초기 위치 지정이 가능하다.

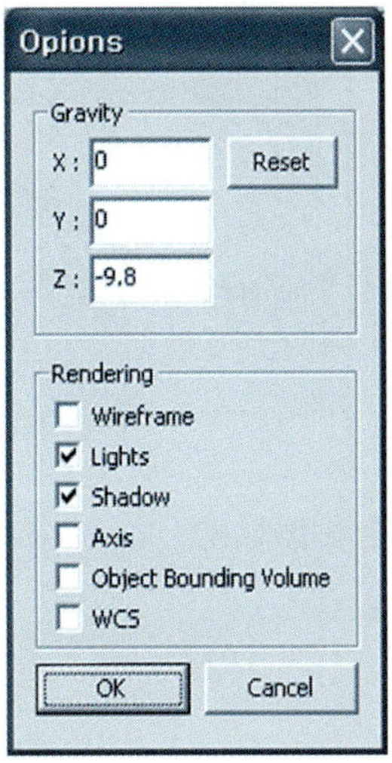

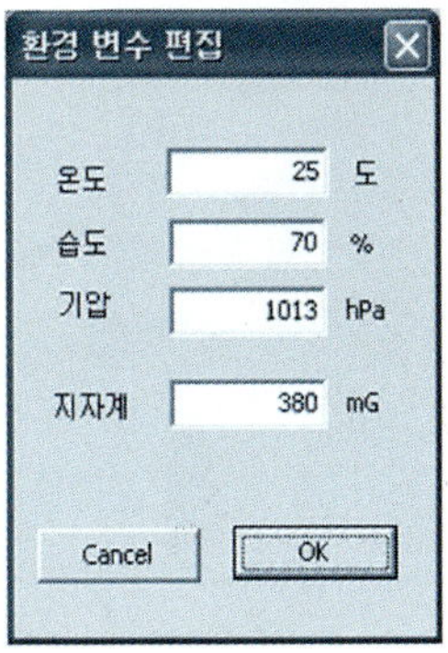

시뮬레이션 Option 및 환경변수 설정

⑤ 다양한 형태의 컨트롤을 통해서 시뮬레이션이 가능하며, 시뮬레이션 중 객체의 상태가 확인 가능하다.

⑥ 시뮬레이션을 수행할 때 C/C++ 및 순서도 기반 언어(Flowchart Language)를 Release, Debug 형태로 실행 가능하다.

⑦ 옵션(Option) 설정을 통해 Wire Frame 보기, 조명, 그림자, 중심축, 충돌 박스 보기 등을 기능을 설정한다.

⑧ 환경변수 편집 윈도우를 이용하여 시뮬레이션 중 전체 환경온도, 습도, 기압, 지자계 변경이 가능하고 바로 시뮬레이션에 적용된다.

(6) 비전 시뮬레이션(Vision Simulation) : 영상 센서를 이용한 비전 시뮬레이션

① 순서도 기반(Flowchart Language), C/C++, MFC, .NET 이용하여 비전(Vision) 알고리즘 시뮬레이션이 가능하다.(15F/sec)

② 사용자가 최대 10대까지 영상 카메라를 삽입할 수 있어 다양한 형태로 활용이 가능하다.

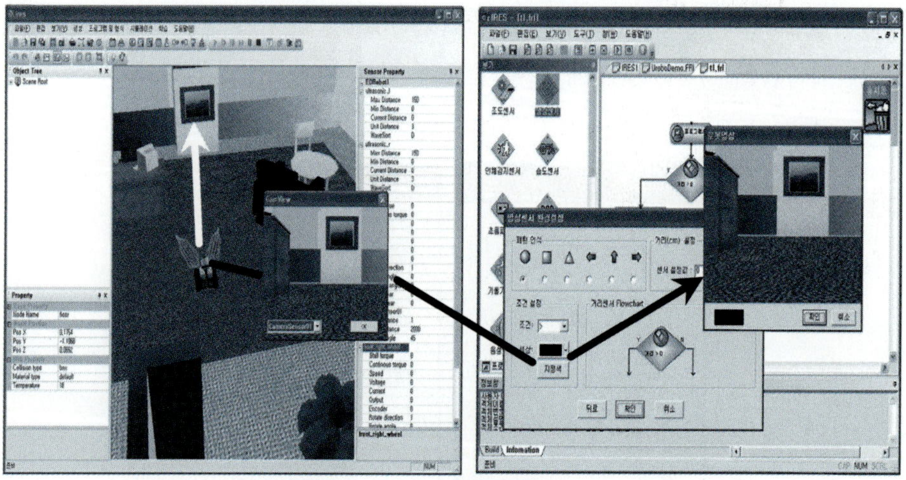

[그림 8-35] 비전 시뮬레이션

(7) 전자 교과서

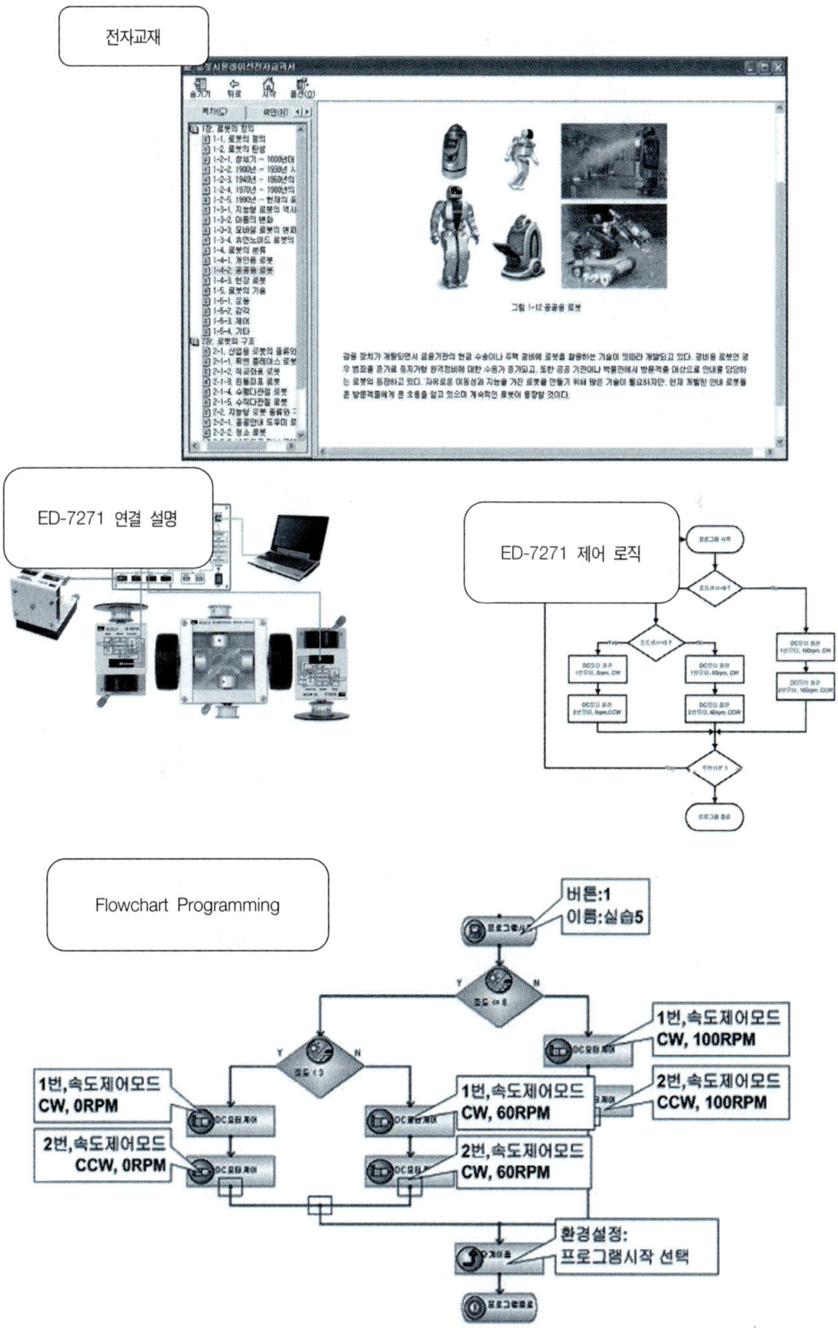

[그림 8-36] 전자교과서의 내용 (1)

① 지능 로봇의 이론적 학습이 가능하도록 전자교과서를 제공하다.

② 로봇의 역사부터 기초 이론 및 제어 이론에 대한 내용 포함한다.

③ 머니플레이터의 제어 기초 이론 및 응용 이론을 포함한다.

④ 당사 장비와의 연계를 위한 이론 및 실습 예제를 포함한다(ED-7270,7271,7273).

⑤ 실습 예제에 대한 상세한 설명과 초보자도 쉽게 접근 가능한 내용으로 구성되어 있다.

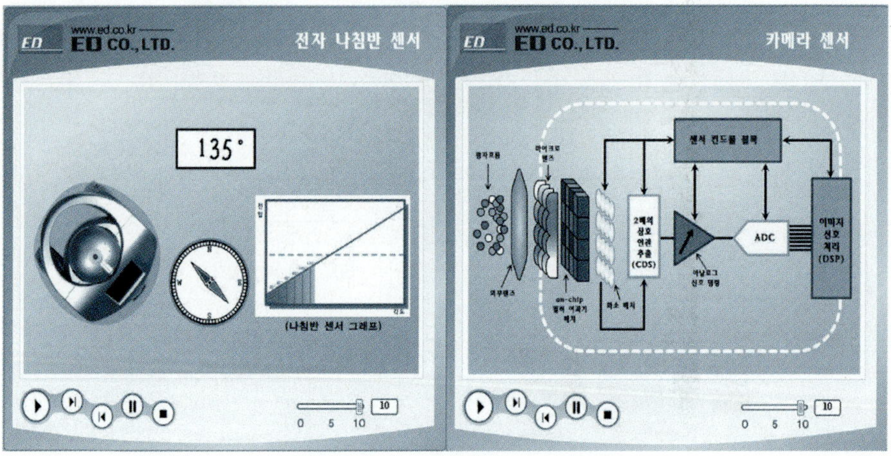

[그림 8-37] 전자교과서의 내용 (2)

⑥ 센서와 액추에이터에 대한 교육을 보조하기 위한 플래시 애니메이션 제공한다.

⑦ 센서와 액추에이터 동작 원리에 대한 다이나믹한 동영상 자료를 제공한다.

⑧ 플래시 동영상에 대한 플레이 제어와 속도 제어 가능하다.

제9장

지능형 로봇 시뮬레이터의 환경 설정

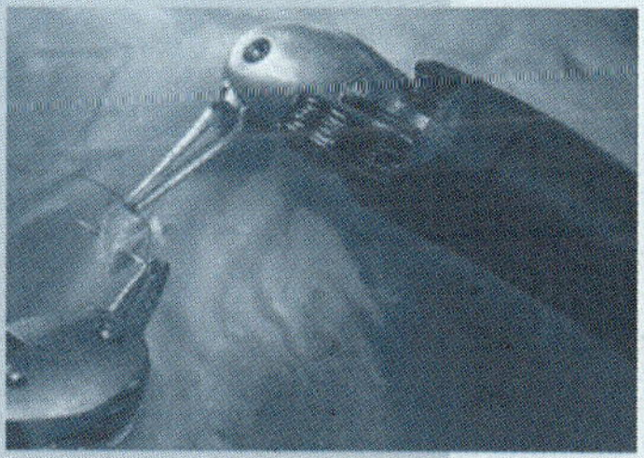

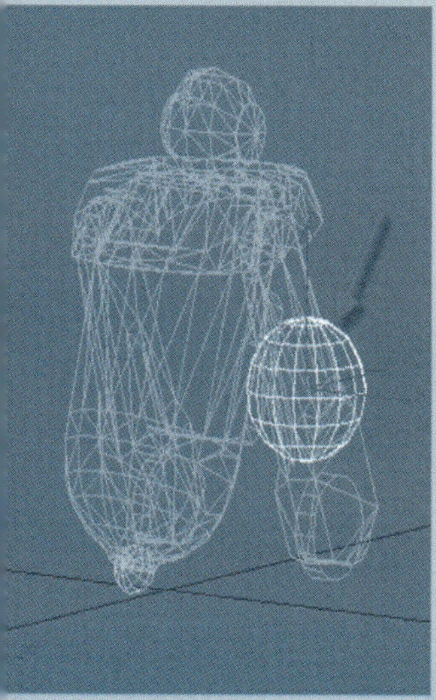

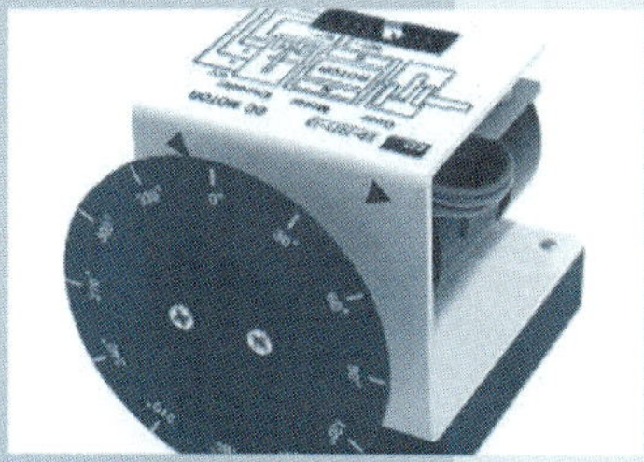

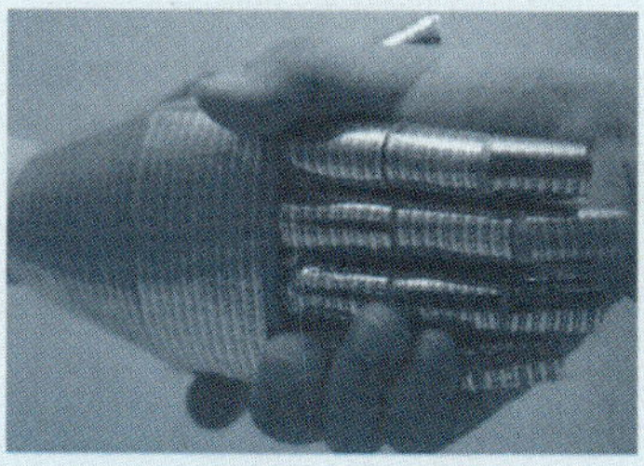

9-1 지능형 로봇 시뮬레이터(EDRS)의 윈도우 환경

지능형 로봇 시뮬레이터는 윈도우의 작업환경에서 동작한다. 따라서 윈도우의 사용법을 충분히 익혀야 원활한 사용이 가능하다.

부팅과정을 마치고 나면 윈도우의 초기 시작 화면을 보게 된다. 초기 시작 화면은 아래 그림과 같은 구성으로 이루어져 있다.

초기 화면은 아이콘, 시작 버튼, 빠른 실행 아이콘, 작업 표시줄 등으로 구성되어 있다.

[그림 9-1] 윈도우 환경

1) 바탕 화면 아이콘

바탕 화면 아이콘은 자주 사용하는 응용프로그램이나 문서를 쉽게 열 수 있게 해주는 바로가기이다. 바탕 화면 아이콘은 윈도우에 기본적으로 설정되어 있는 것 이외에도 사용자가 임의로 아이콘을 바탕 화면에 등록시킬 수 있다.

[그림 9-2] 바탕 화면 아이콘

① 내 컴퓨터

내 컴퓨터 아이콘을 이용하여 시스템의 내용을 볼 수 있고 파일 및 폴더 등을 관리할 수 있다.

② 시스템 등록 정보

제어판에서 가장 중요한 설정항목으로서 컴퓨터 주변기기에 관한 정보가 이 곳에 모두 집결해 있다. 특히 시스템 등록정보 중에서 장치 관리자는 시스템에 붙어 있는 주변장치의 등록상황을 모두 표시해 주며 드라이버를 업데이트하거나 충돌이 발생할 때 수동설정으로 정상적인 동작을 할 수 있게 조정할 수 있는 기능도 있다.

③ 내 문서

내 문서는 윈도우를 사용하는 사용자에게 작업을 보관하기 위한 기본 폴더로 제공된다. 대부분의 응용프로그램이 기본적으로 "내 문서" 폴더를 작업공간으로 사용한다.

④ 휴지통

휴지통은 사용자가 파일을 지운 경우 지운 파일을 임시로 보관하는 장소이다. 잘못 지운 파일은 휴지통에서 복원할 수 있다.

2) 작업 표시줄

작업 표시줄은 바탕 화면과 함께 윈도우의 시작 화면을 구성하는 요소이다. 작업 표시줄은 시작 버튼, 빠른 실행, 작업 표시 등으로 구성되어 있다.

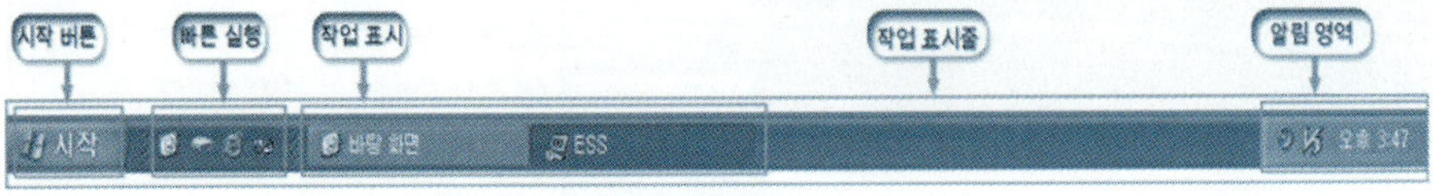

[그림 9-3] 작업 표시줄

① 빠른 실행

빠른 실행은 한 번의 클릭으로 응용프로그램을 실행시켜 주는 도구 창이다. 자주 사용하는 응용프로그램일 경우 빠른 실행 도구 모음에 등록하여 사용하면 편리하다. 아이콘을 도구 모음에 등록하기 위해서는 [그림 9-4]에서와 같이 아이콘을 드래그하여 빠른 실행 위치로 이동하면 된다.

[그림 9-4] 빠른 실행

② 시작 버튼

시작 버튼은 프로그램의 실행, 문서열기, 시스템 설정변경, 도움말 보기, 찾기 등의 작업을 수행하는 버튼이다. 시작 버튼을 클릭하면 계단식 메뉴를 통해 응용프로그램을 열거나 옵션을 사용자가 정의할 수 있다.

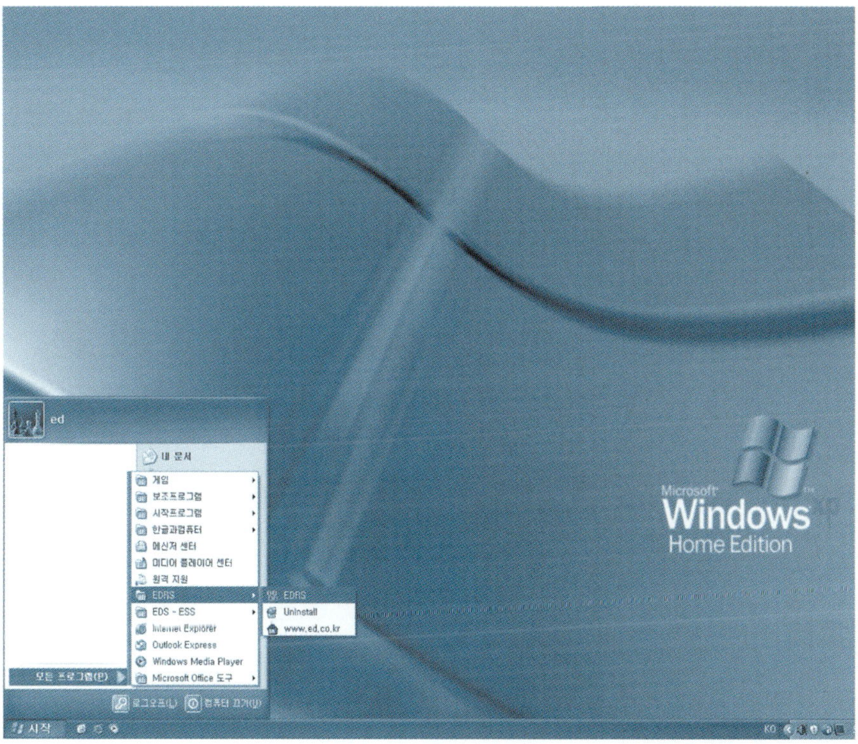

[그림 9-5] 시작 버튼

③ 작업 표시

윈도우 응용프로그램을 실행하면 실행 중인 응용프로그램은 작업 표시줄에 표시된다.

9-2 지능형 로봇 시뮬레이터(EDRS)의 설치 환경

1) 컴퓨터 메모리

(1) 최소사양

펜티움(Pentium) 4의 1GB 이상의 CPU에 확장 메모리를 포함하여 적어도 500MB 이상의 메모리를 가진 퍼스널 컴퓨터가 필요하다.

(2) 권장사양

펜티움(Pentium) 4의 2GHz 이상의 CPU에 확장 메모리를 포함하여 1GB 이상의 메모리를 가진 퍼스널 컴퓨터를 권장한다.

2) 하드디스크

지능형 로봇 시뮬레이션과 관련된 파일을 모두 설치하고 지능형 로봇 시뮬레이션을 원활히 사용하려면 하드디스크(hdd)에 사용 가능한 용량이 2GB 이상 있어야 한다.

3) CD-ROM 드라이브

지능형 로봇 시뮬레이션을 설치하기 위해서 CD-ROM 드라이브가 필요하다.

4) 마우스

지능형 로봇 시뮬레이션의 기능을 최대한 활용하려면 컴퓨터 본체에 연결할 수 있고 한글/영문 윈도우 2000/XP 버전 이상에 적합한 마우스가 필요하다.

5) 프린터

지능형 로봇 시뮬레이션을 인쇄하려면 윈도우 2000/XP 버전 이상에서 사용할 수 있는 프린터가 필요하다.

6) 한글 윈도우(OS)

한글 윈도우 2000/XP 이상의 버전이 필요하다.

9-3 지능형 로봇 시뮬레이터(EDRS)의 실행

9-3-1 실행 방법

EDRS의 설치를 끝마치면 EDRS의 실행이 가능하다.

프린트 포트에 EDRS 전용 Key-Lock을 장착하고 EDRS를 실행한다. EDRS를 실행하는 방법은 시작 버튼을 클릭하여 실행하는 방법, 실행창을 이용하여 실행하는 방법 그리고 가장 간편한 바탕 화면의 아이콘을 클릭하여 실행하는 방법이 있다.

① 시작 버튼을 이용한 실행

시작 버튼을 이용한 실행 방법은 시작 버튼을 클릭하여 [시작]-[모든 프로그램]- [EDRS]-[EDRS]의 순서로 실행하면 된다.

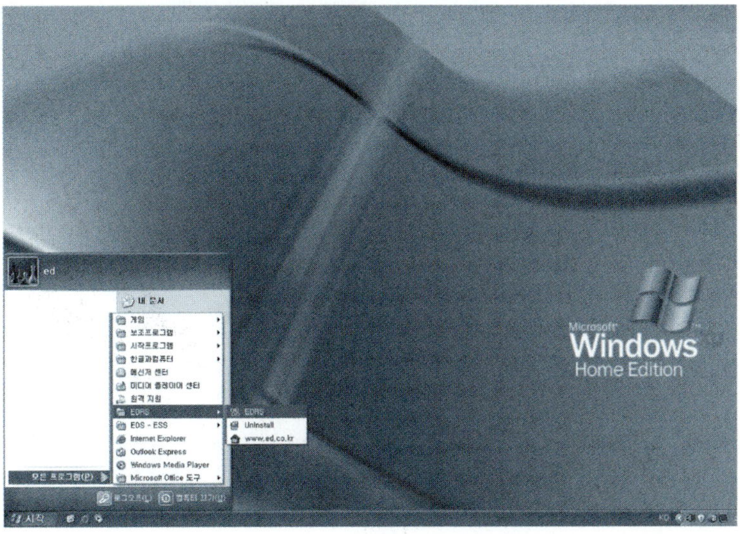

[그림 9-6] 시작 버튼을 이용한 실행

② 실행 창을 이용한 실행

[시작] 버튼을 클릭하여 메뉴 중에 실행을 누르면 실행 창이 활성화된다. 실행 창이 활성화되면 [찾아보기] 버튼을 이용하여 EDRS가 설치된 디렉토리를 찾아 [열기] 버튼을 누른다. [열기] 버튼을 누르면 실행 창의 열기에 EDRS 실행 파일의 위치가 입력된다. 사용자는 실행 창의 확인 버튼을 누름으로써 EDRS를 실행할 수 있다.

[그림 9-7] 실행 창을 이용한 실행

③ 바탕 화면 아이콘을 이용한 실행

마지막 방법은 가장 간편한 방법인 바탕화면의 아이콘을 이용한 방법이다. EDRS를 설치하면 바탕 화면에 자동으로 아이콘이 등록된다. 따라서 이 아이콘을 더블클릭하면 EDRS를 실행할 수 있다.

[그림 9-8]과 같이 바탕 화면 아이콘을 이용한 EDRS를 실행을 할 수 있다.

[그림 9-8] 바탕 화면 아이콘을 이용한 실행

9-3-2 지능형 로봇 시뮬레이터(EDRS)의 구동

앞에서 언급한 여러 가지 실행방법 중 하나로 EDRS를 구동하면 다음과 같이 EDRS가 실행된다.

[그림 9-9] EDRS 실행

주의해야 할 것은 EDRS는 PC 프린트 포트에 Key-Lock을 장착한 상태에서 동작하며, 만약 Key-Lock을 장착하지 않은 경우 아래와 같이 라이센스를 등록해야만 동작한다. 라이센스가 정상적으로 입력되면 "축하합니다! 라이센스 인증이 완료되었습니다!"는 메시지가 나타난다.

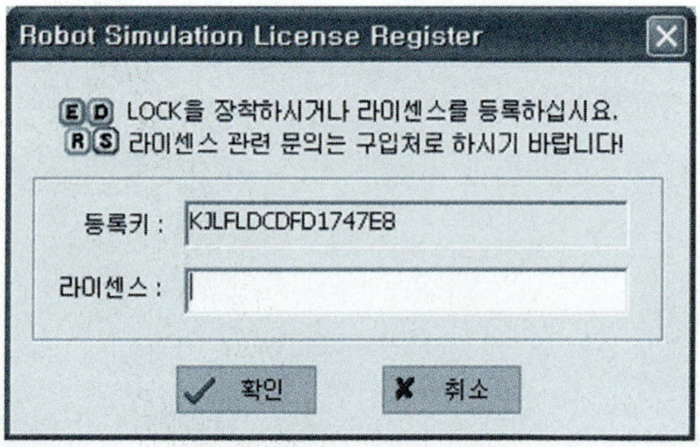

[그림 9-10] 라이센스 등록기

9-4 지능형 로봇 구축

앞 절에서 환경설정을 마친 후 지능형 로봇 구축을 따라해 보기 형식으로 직접 로봇을 구성하고 적용, 환경을 구성하고 적용하여 자유주행 시뮬레이션까지 해보며 사용자가 쉽게 접근할 수 있도록 예를 보여준다.

여기서는 직접 로봇의 몸통, 머리, 팔, 손 등을 붙여가며 형태를 만들고 거기에 센서를 추가해서 시뮬레이션을 하기 위한 로봇을 만들게 된다.

① 생성 → 로봇 생성 클릭

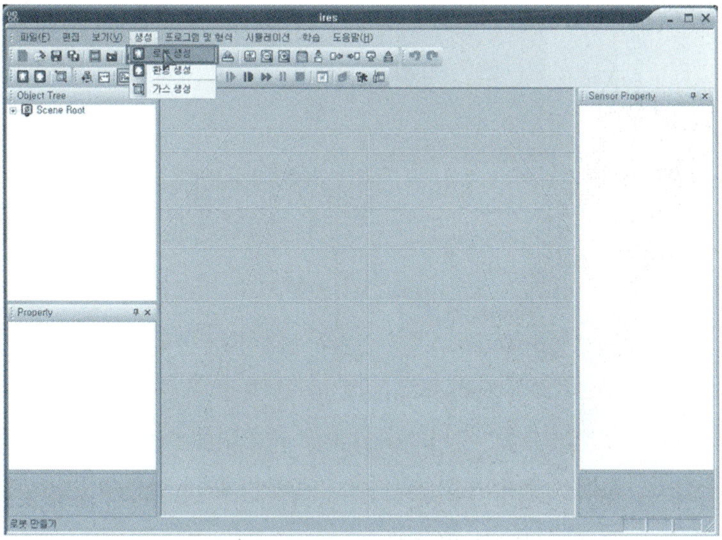

[그림 9-11] 로봇 생성

② 로봇 에디터가 실행되었다.

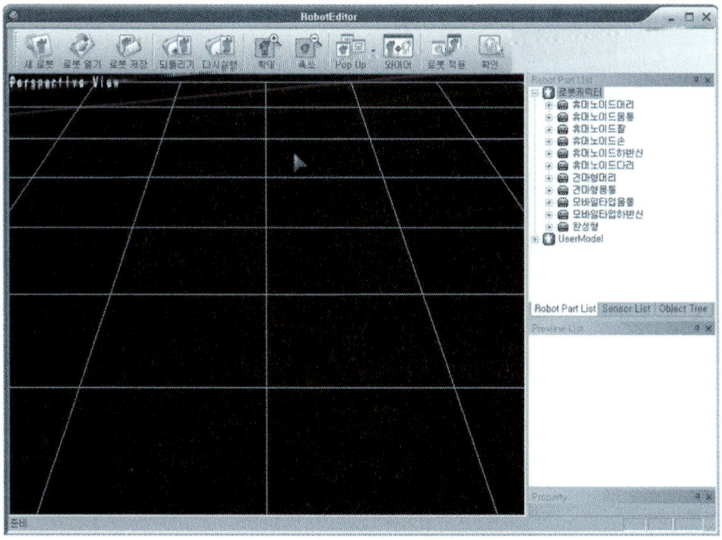

[그림 9-12] 로봇 에디터 실행

③ 몸통 설치

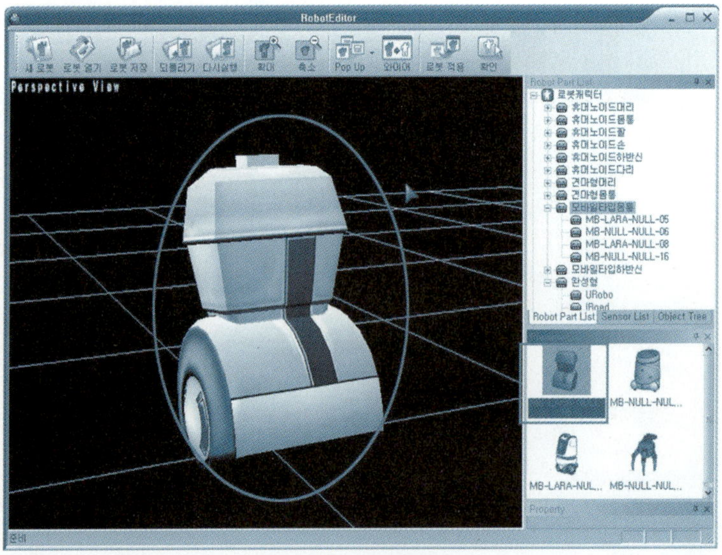

[그림 9-13] 몸통 설치

여기서는 모바일 타입 몸통 MB_LARA_NULL-05라는 몸통을 사용한다.

몸통이름을 눌러 드래그하여도 되고, Preview 창에서 해당 그림을 드래그하여도 상관없다.

로봇 에디터에서 중요한 것은 완성형을 제외한 로봇을 조립하기 위해서는 우선 몸통을 먼저 3D공간으로 끌어와서 화면상에 설치해줘야 한다.

머리 먼저 설치하려하거나 다리 먼저 설치하려 하면 아무것도 화면상에 나타나지 않고 상태 표시줄에서 "베이스모델을 먼저 로드해주십시오." 라는 문구가 뜨게 된다.

④ 머리 설치

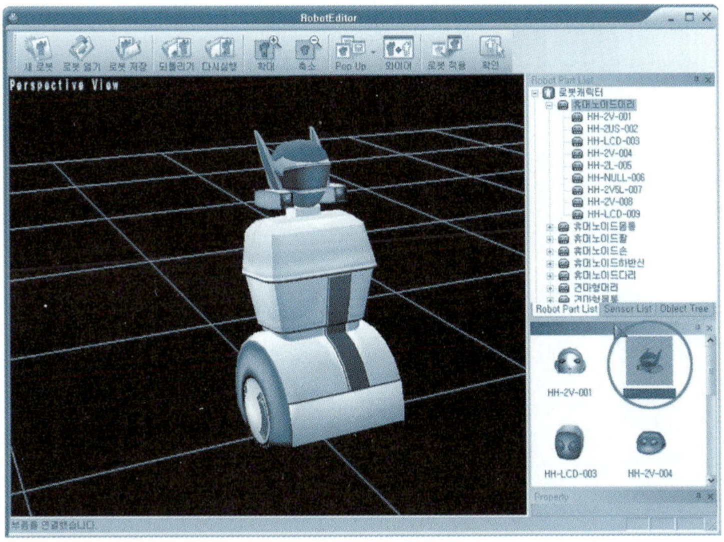

[그림 9-14] 머리 설치

휴머노이드머리 → HH-2US-002를 설치한다.

⑤ 양팔 설치

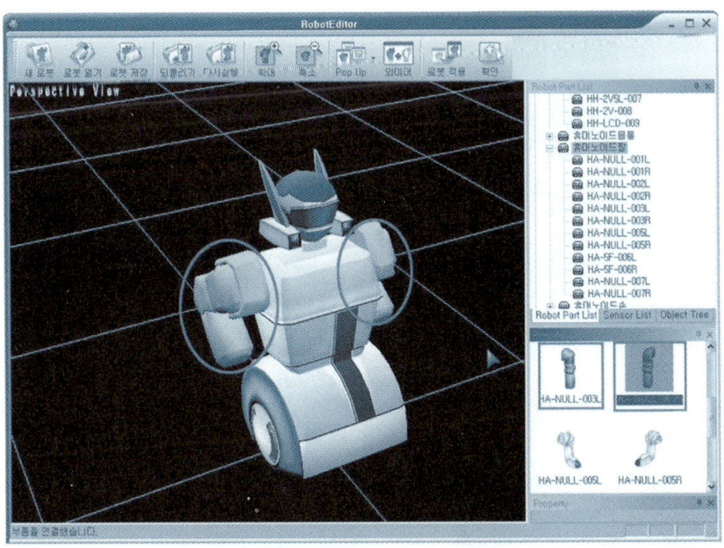

[그림 9-15] 양팔 설치

휴머노이드팔 → HA-NULL-003L, HA-NULL-003R을 설치한다.

⑥ 양손 설치

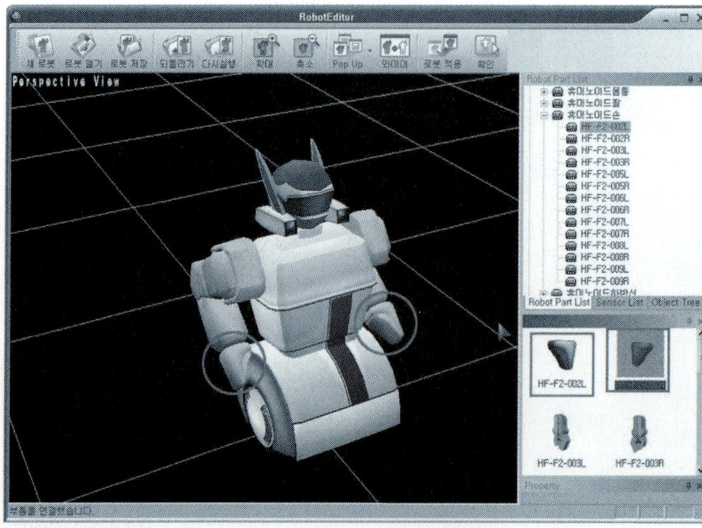

[그림 9-16] 양손 설치

휴머노이드손 → HF-FP2-002L, HF-F2-002R 설치한다.

⑦ 초음파 센서 설치

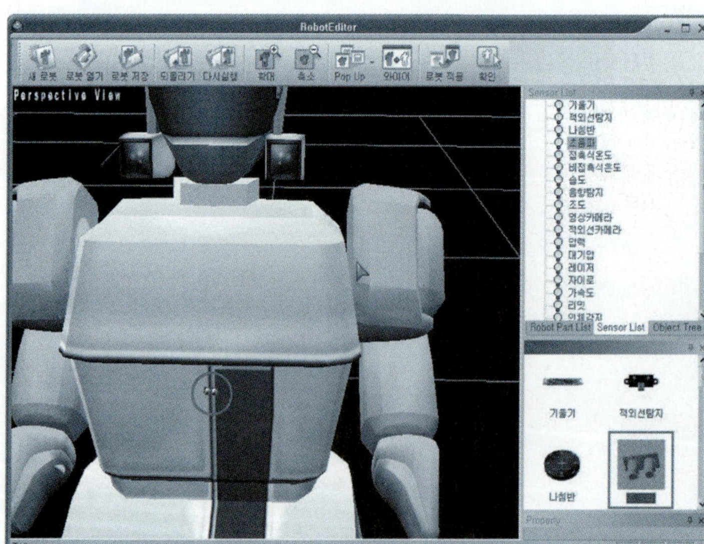

[그림 9-17] 초음파 센서 설치

⑧ 초음파 센서 설정

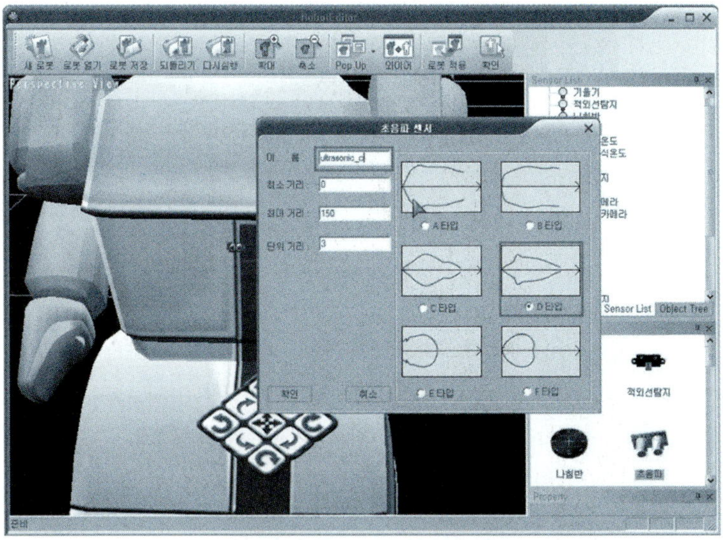

[그림 9-18] 초음파 센서 설정

초음파 센서를 더블클릭하면 나타나는 창으로 여기서 센서 이름과 여러 가지 설정을 할 수 있다.

⑨ 중심축 ON/OFF

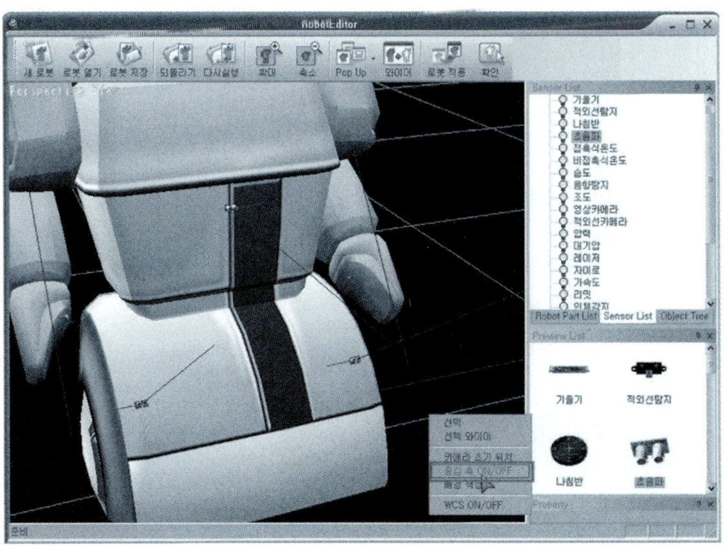

[그림 9-19] 중심축 ON/OFF

중심축을 ON/OFF하는 이유는 센서에서 발사되는 초음파나 적외선의 방향이 어디로 향해있는지 알 수 있기 때문이다.

⑩ 초음파 센서 각도 조정

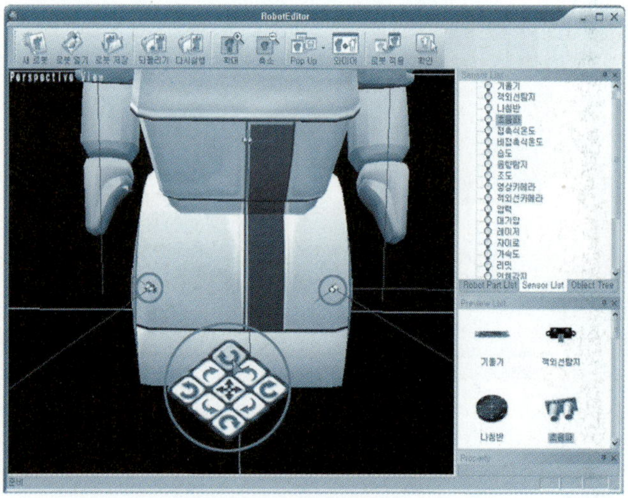

[그림 9-20] 초음파 센서 각도 조정

⑪ 로봇 저장

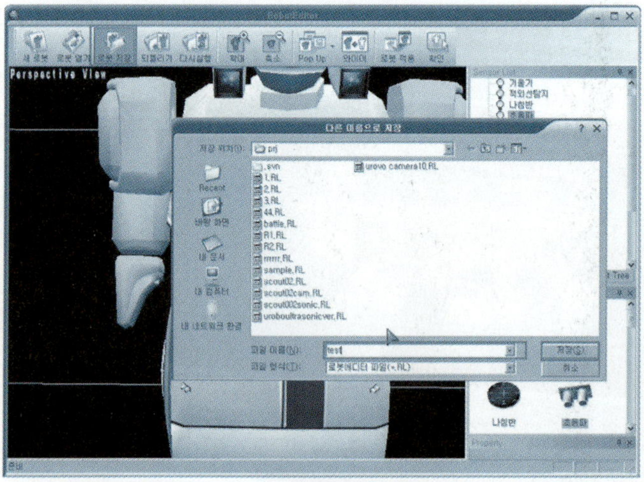

[그림 9-21] 로봇 저장

로봇 저장 버튼을 눌러 저장한다. 파일 이름은 test로 한다.

⑫ 로봇 불러오기

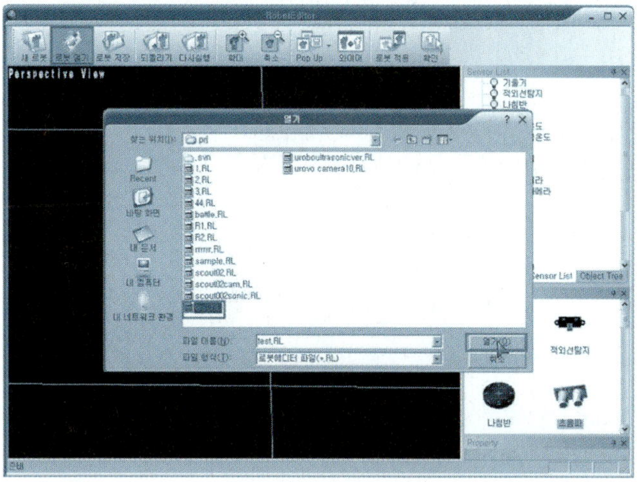

[그림 9-22] 로봇 불러오기

다시 로봇 열기 버튼을 눌러 test.RL 파일을 선택 후 열기를 누른다.

⑬ 로봇 적용하기

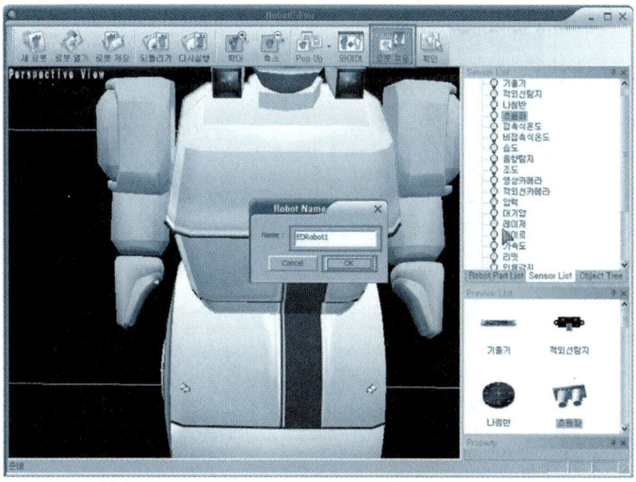

[그림 9-23] 로봇 적용하기

로봇 적용 버튼을 눌러 로봇을 메인으로 보낸다. 이때 로봇 이름을 정해주게 되는데 이 로봇 이름은 시뮬레이션하기 위한 언어에서 사용하게 된다.

⑭ 로봇이 적용된 메인 화면

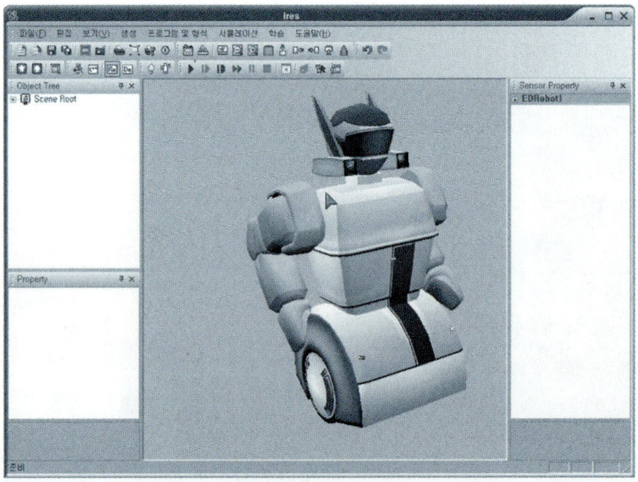

[그림 9-24] 로봇 적용 화면

9-5 지능형 로봇 시뮬레이션(EDRS)의 환경구축

지능형 로봇 시뮬레이션의 환경구축은 로봇이 가상적인 환경을 사전에 유저가 구축하여 로봇과 함께 시뮬레이션할 수 있도록 한다.

여기서는 원래 있던 지형에서 오브젝트를 올려서 사용하는 방법과 직접 자기가 바닥과 벽을 만들어 지형 자체를 만들어서 사용하는 방법을 이용하여 구축한다.

9-5-1 기존에 있는 지형에 오브젝트 올려 사용하기

① 생성 → 환경 생성 클릭

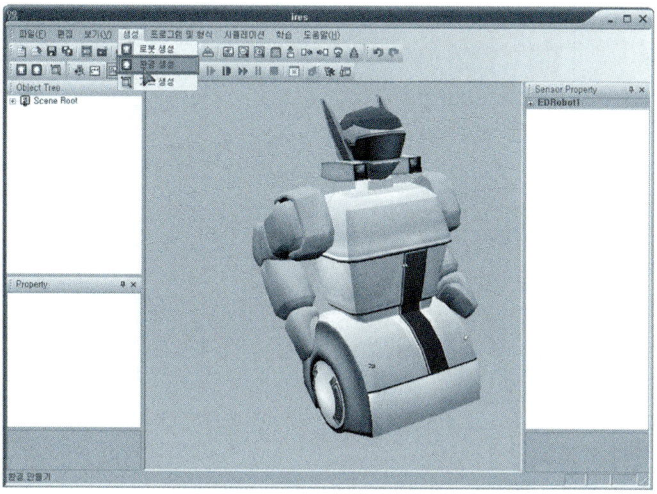

[그림 9-25] 환경 생성

② 환경 편집기가 실행되었다.

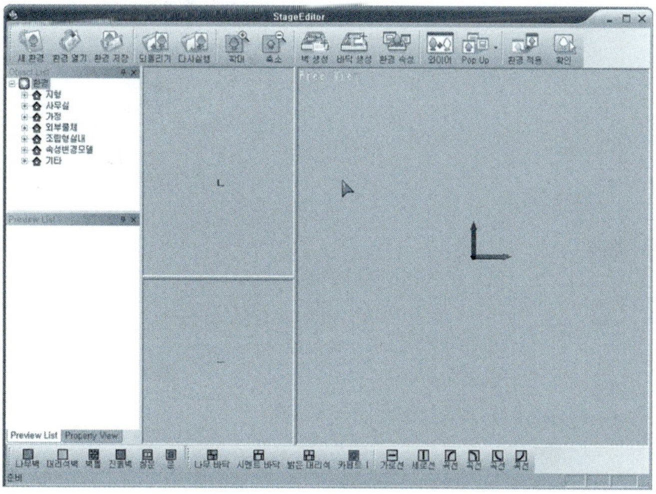

[그림 9-26] 환경 편집기 실행

③ 사무실 설계

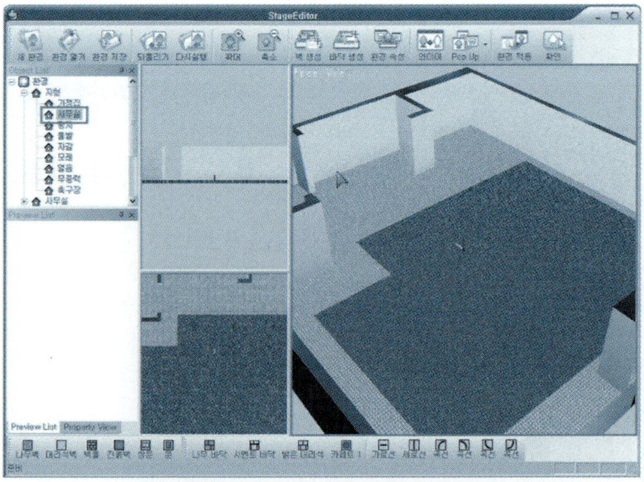

[그림 9-27] 사무실 설계

지형 → 사무실을 3d공간인 Free View로 드래그한다.

④ 책상 설치

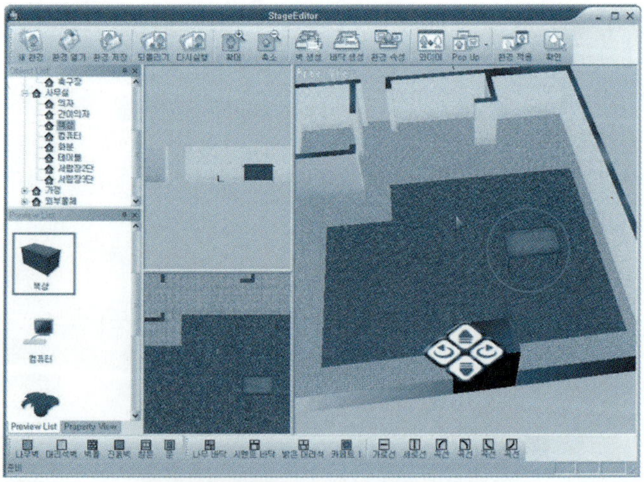

[그림 9-28] 책상 설치

사무실 → 책상을 Free View로 드래그한다.

⑤ 책상 회전하기

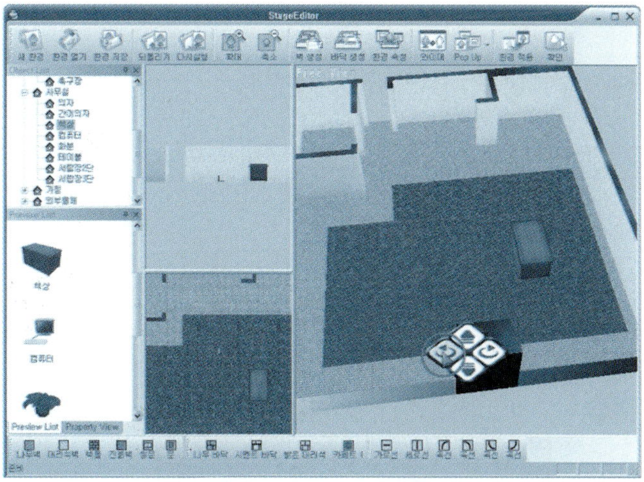

[그림 9-29] 책상 회전하기

책상을 회전시키기 위하여 4개의 아이콘 중 왼쪽으로 돌리는 아이콘을 클릭한다.

⑥ 의자 설치

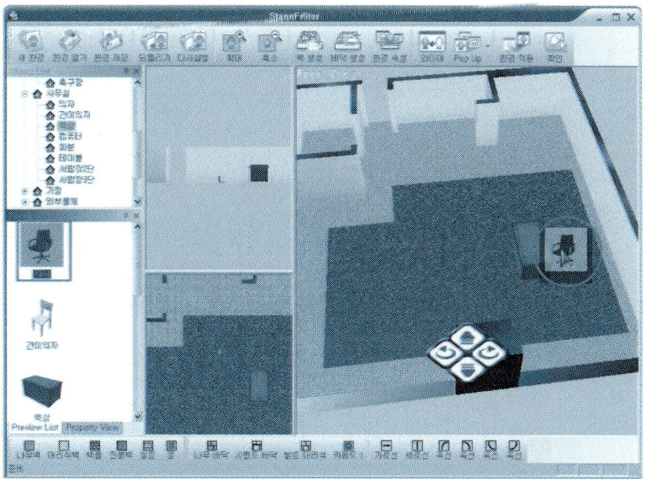

[그림 9-30] 의자 설치

사무실 → 의자를 클릭하여 책상 부근에 드래그한다.

⑦ 의자 위치 조정

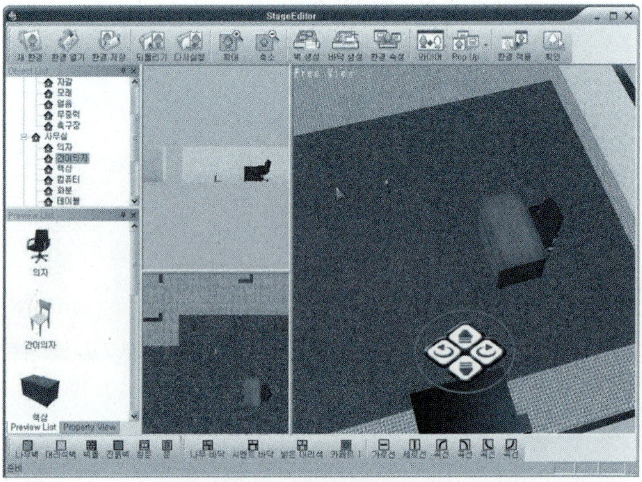

[그림 9-31] 의자 위치 조정

⑧ 여러 가지 오브젝트 설치

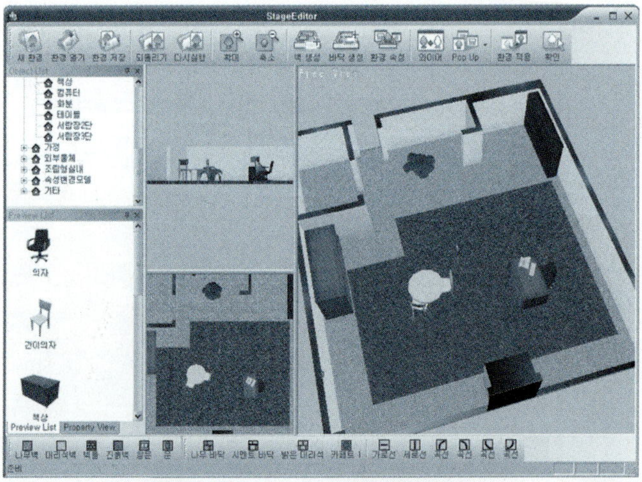

[그림 9-32] 오브젝트 설치

위와 같은 방식으로 여러 가지 오브젝트를 올려보며 사무실 분위기를 내본다.

⑨ 인체 설치

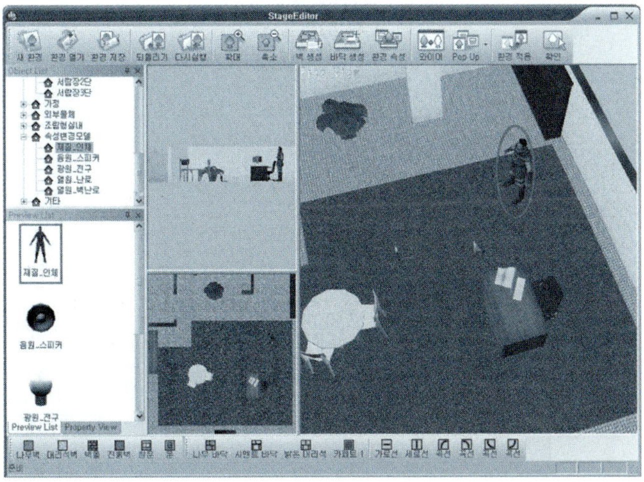

[그림 9-33] 인체 설치

로봇이 돌아다니면서 소리, 온도, 빛, 재질에 대한 반응을 할 수 있도록 환경에 설치할 수 있는데, 속성변경모델 → 재질 인체를 공간에 드래그한다.

⑩ 난로 설치

[그림 9-34] 난로 설치

속성변경모델 → 열원 난로를 공간에 드래그하여 설치한다.

⑪ 전구 설치

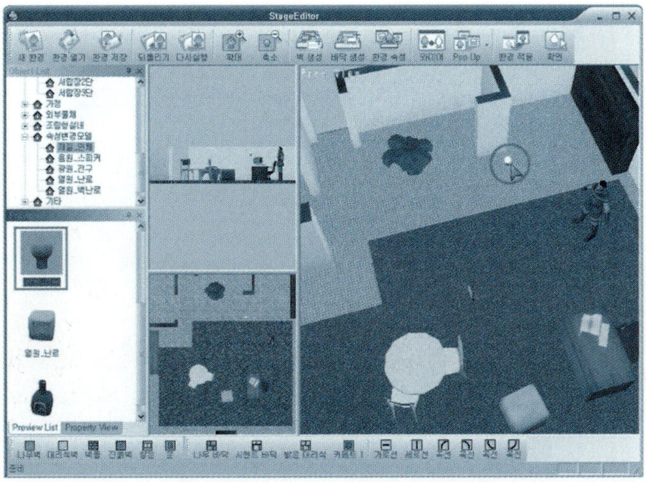

[그림 9-35] 전구 설치

속성변경모델 → 광원 전구를 공간에 드래그하여 설치한다.

⑫ 환경 저장

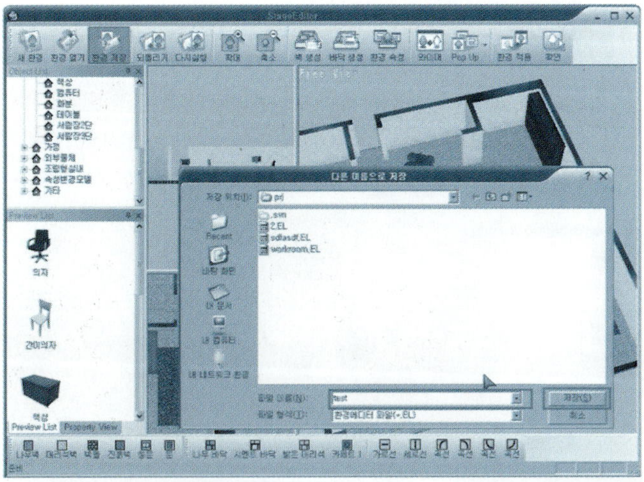

[그림 9-36] 환경 저장

환경 저장 버튼을 눌러 저장한다. 파일 이름은 test로 한다.

⑬ 환경 열기

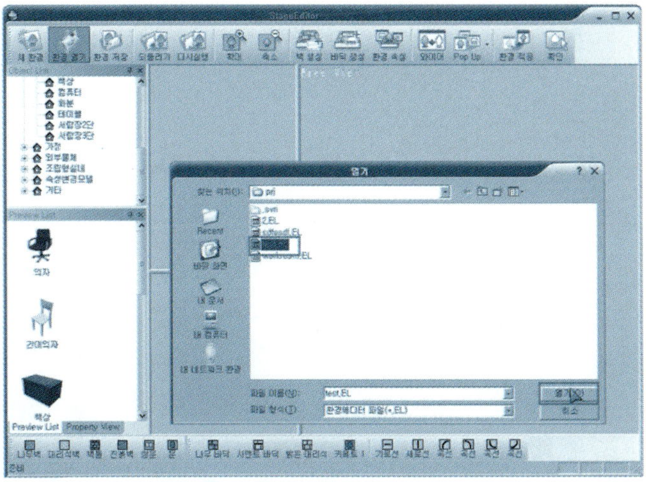

[그림 9-37] 환경 열기

"새 환경" 버튼을 누른 뒤 "환경 열기" 버튼을 눌러 test.EL 파일 선택 후 열기를 누른다.

9-5-2 지능형 로봇 시뮬레이션의 사용자 지형 구축

이번에 직접 만들어 볼 지형은 평범하지만 여러 가지 바닥을 설치해본다.

① 벽 생성 버튼 클릭

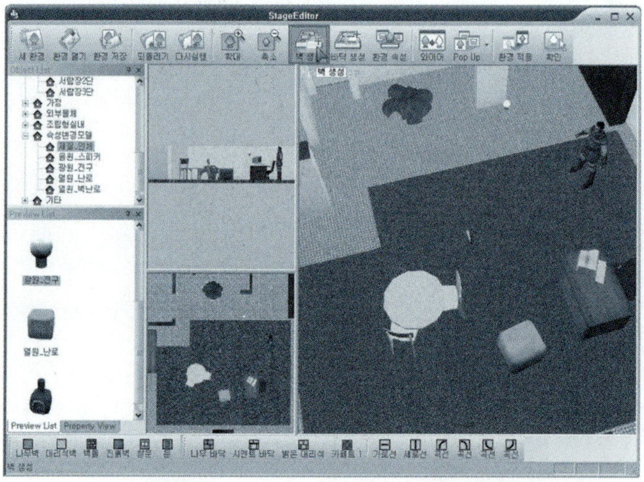

[그림 9-38] 벽 생성 버튼 클릭

벽 생성 버튼을 누른다.

② 벽 생성 화면

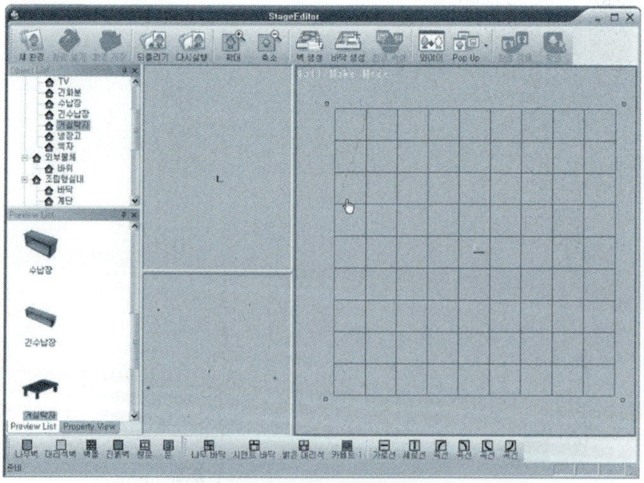

[그림 9-39] 벽 생성 화면

빨간 박스 안에 그리드가 있는데 보이는 선에 클릭을 하면 그 부분에 벽이 하나 생긴다. 쭉 드래그하여 설치할 수도 있다.

③ 벽 선택

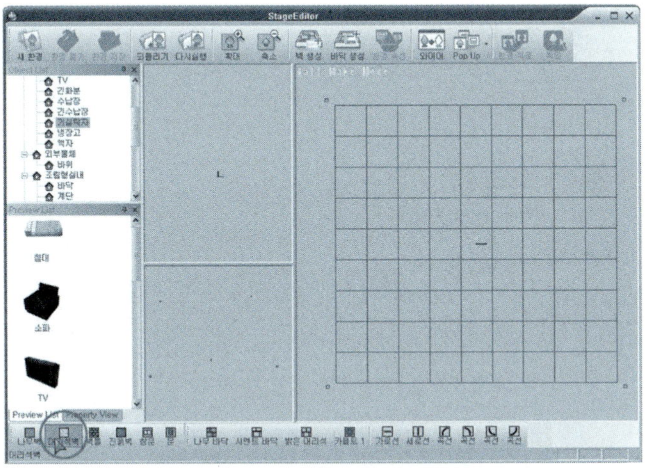

[그림 9-40] 벽 선택

하단에 대리석벽 아이콘을 클릭하여 선택한다.

④ 벽 설치

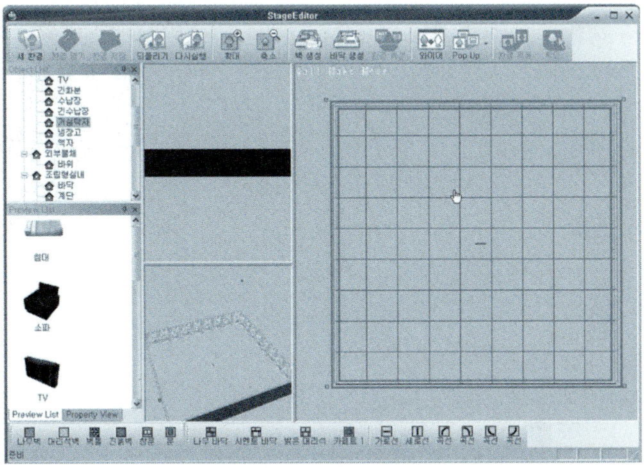

[그림 9-41] 벽 설치

겉 테두리부분을 쭉 드래그해가면서 네모난 공간의 벽을 만들었다.

⑤ 바닥 생성 버튼 클릭

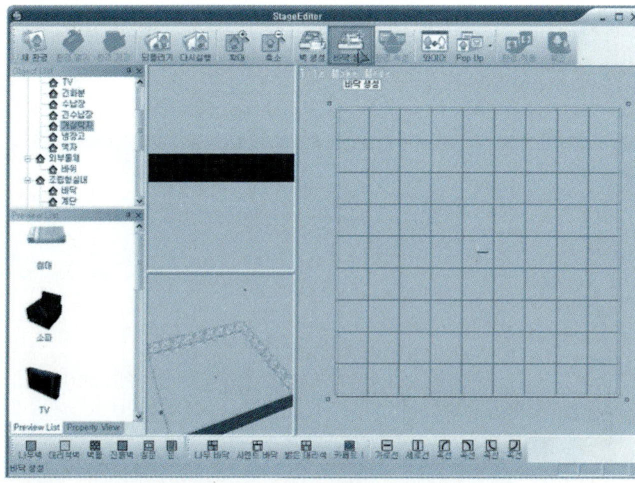

[그림 9-42] 바닥 생성 버튼 클릭

바닥 생성을 위해 바닥 생성 버튼을 클릭한다.

⑥ 시멘트 바닥 선택

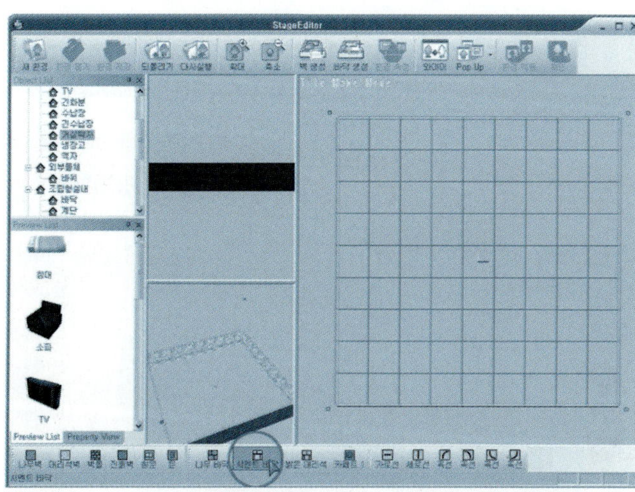

[그림 9-43] 시멘트 바닥 선택

하단에 시멘트 바닥 아이콘을 클릭하여 선택하였다.

⑦ 시멘트 바닥 설치

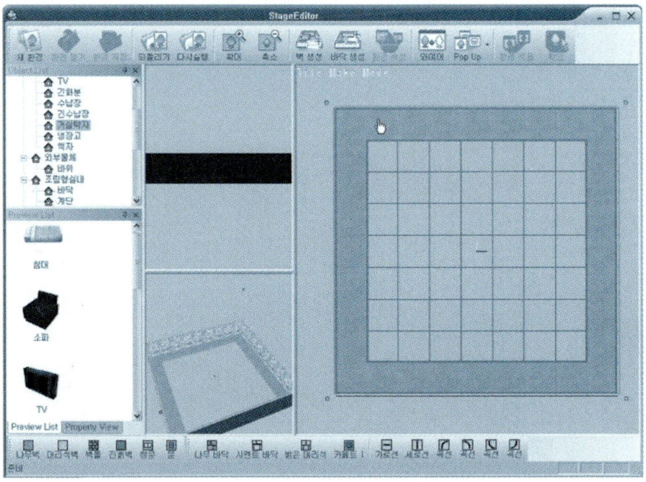

[그림 9-44] 시멘트 바닥 설치

마찬가지로 그리드에 쭉 드래그해주면 바닥이 생성된다.

⑧ 나무 바닥 선택

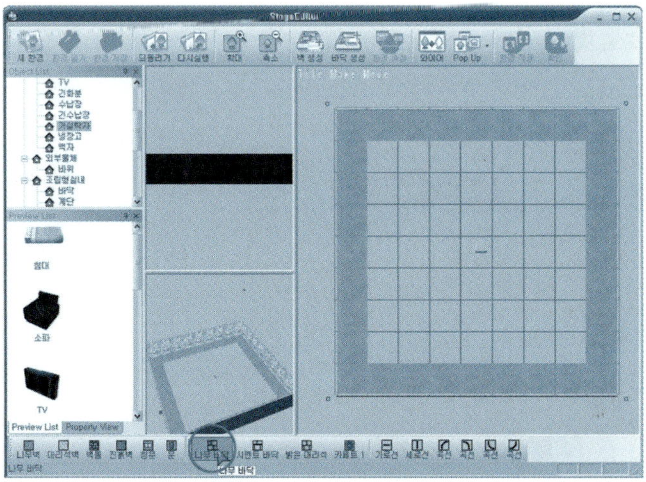

[그림 9-45] 나무 바닥 선택

나무 바닥 아이콘을 클릭해 나무 바닥을 선택했다.

⑨ 나무 바닥 설치

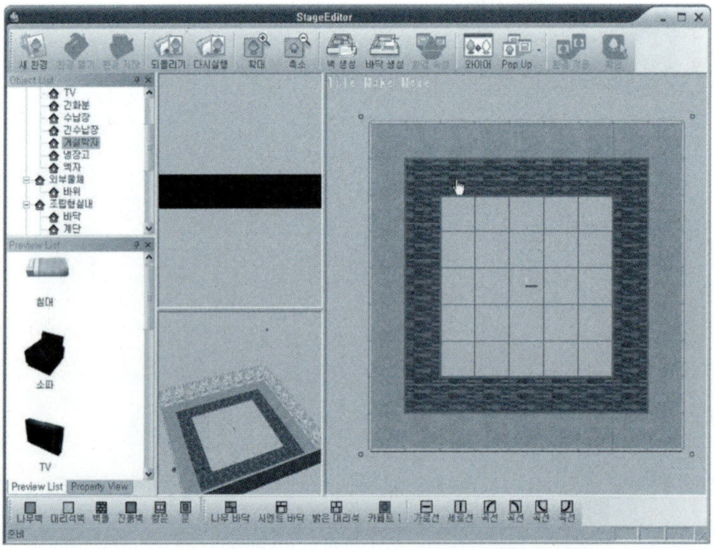

[그림 9-46] 나무 바닥 설치

안쪽으로 네모를 그려가며 드래그하여 나무 바닥을 설치하였다.

⑩ 밝은 대리석 선택

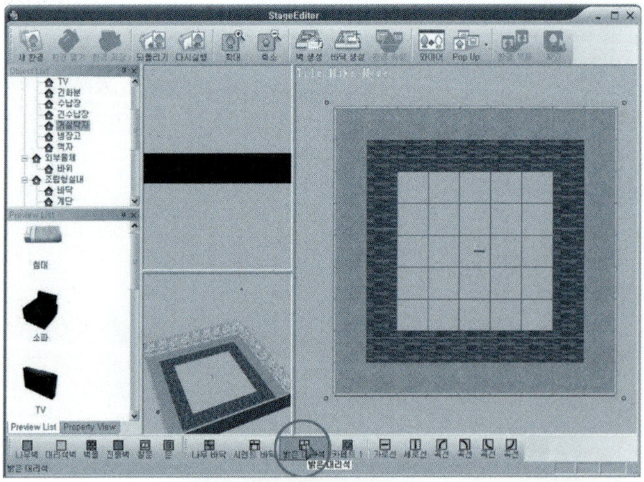

[그림 9-47] 밝은 대리석 선택

밝은 대리석 아이콘을 클릭하여 밝은 대리석 선택하였다.

⑪ 밝은 대리석 설치

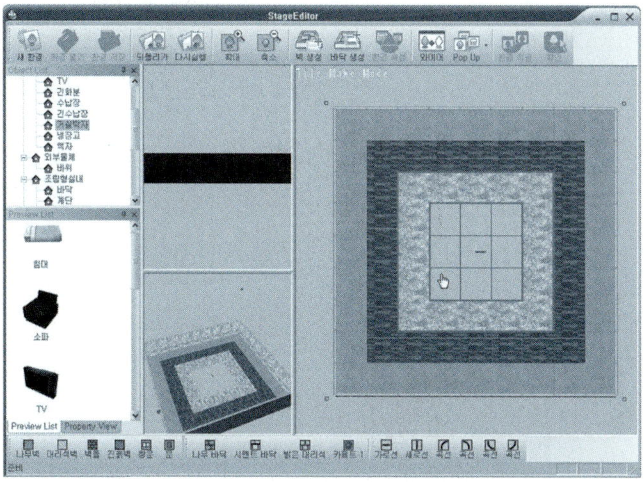

[그림 9-48] 밝은 대리석 설치

좀 더 안쪽으로 네모를 그려가며 드래그하여 밝은 대리석을 설치하였다.

⑫ 카페트 선택

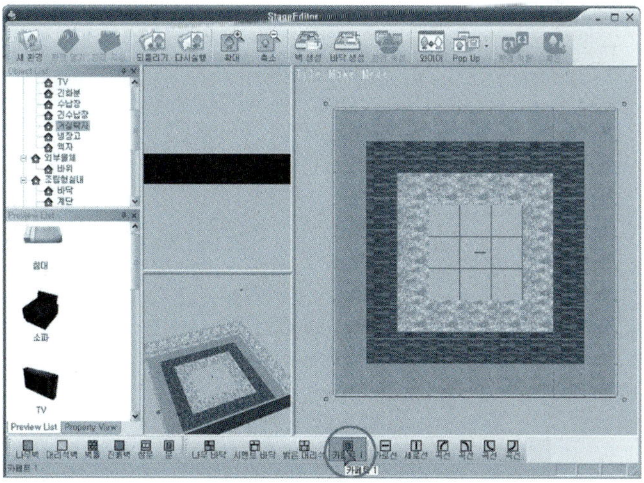

[그림 9-49] 카페트 선택

카페트 I 아이콘을 클릭하여 카페트를 선택하였다.

⑬ 카페트 설치

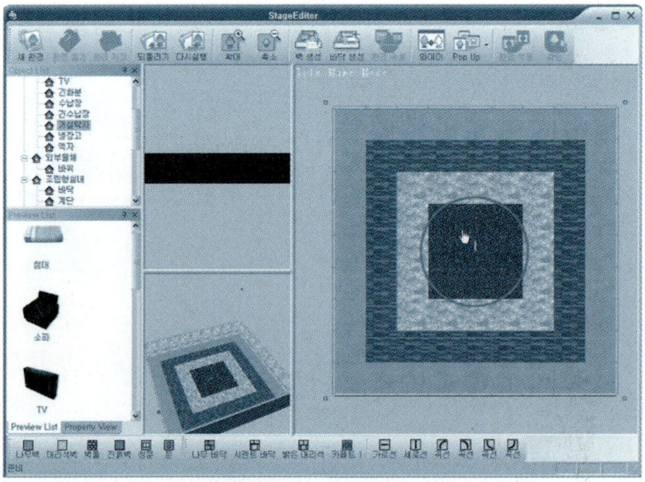

[그림 9-50] 카페트 설치

완료 후 "ESC" 키를 한번 눌러주면 적용 버튼이 활성화되어 메인에 적용시킬 수 있다.

⑭ 사용자가 만든 환경 적용

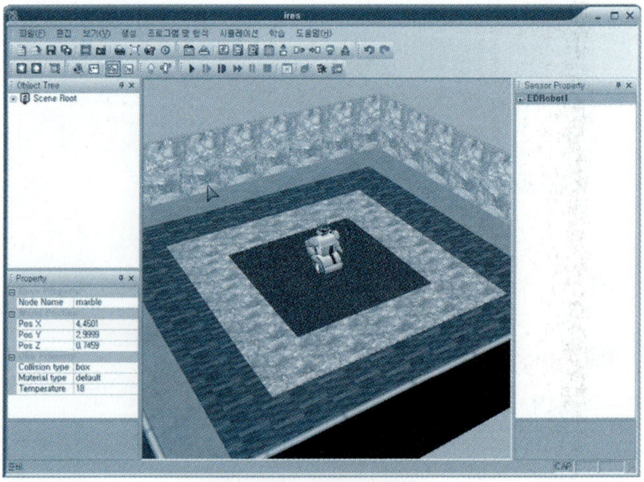

[그림 9-51] 환경 적용

환경 편집기에서 "환경 적용"을 클릭

⑮ 이전 저장된 환경 불러오기

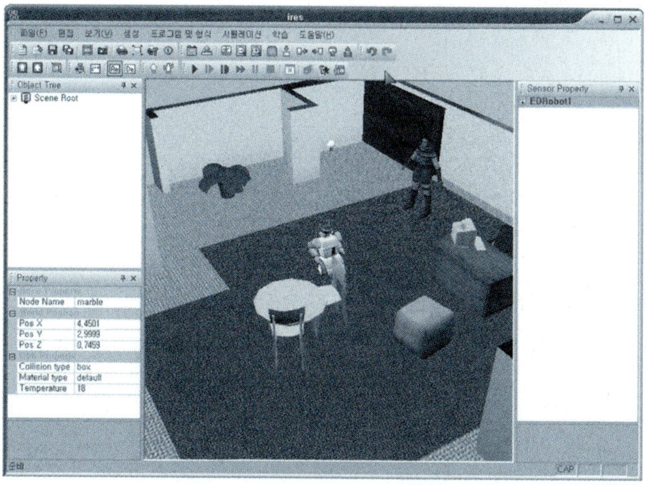

[그림 9-52] 저장된 환경 불러오기

우리가 시뮬레이션할 공간은 이전에 저장해두었던 test.EL 파일로 할 것이다. test.EL 파일을 로드하여 환경을 적용해두도록 하자.

제10장
지능형 로봇 시뮬레이터의 구성

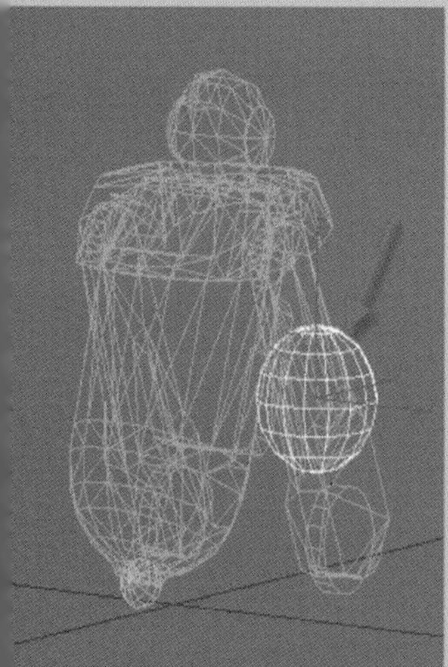

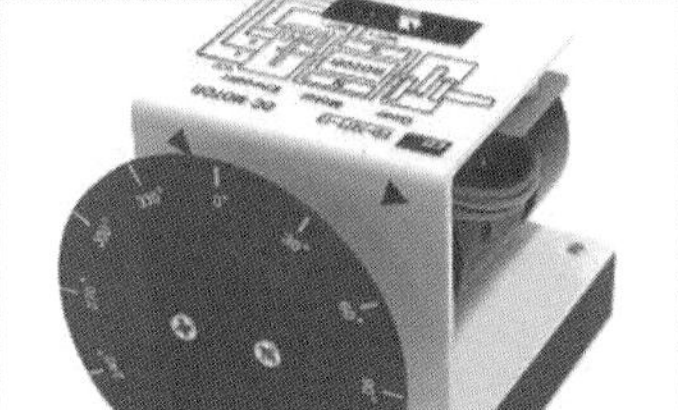

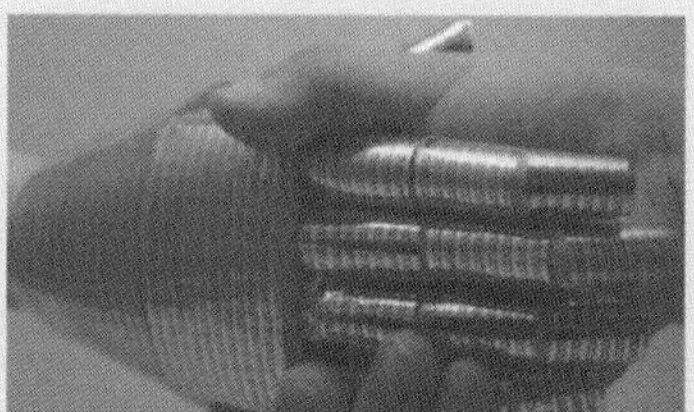

10-1 지능형 로봇 시뮬레이터의 메뉴 구성

10-1-1 파일 메뉴

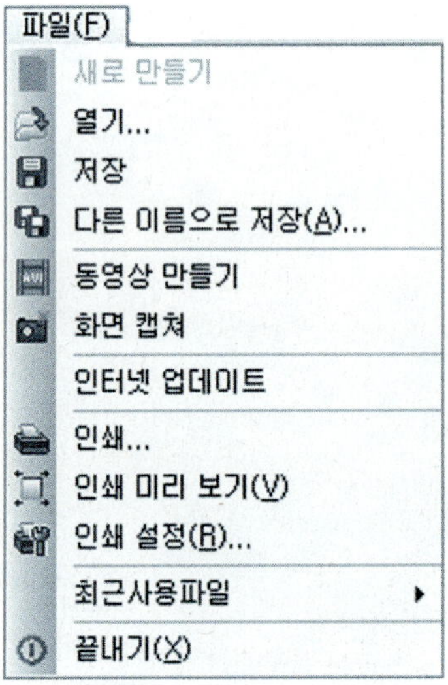

[그림 10-1] 파일 메뉴

[파일] 메뉴는 새 프로젝트, 새 파일, 열기, 닫기, 저장, 인쇄 등 EDRS의 가상 시뮬레이션 프로젝트를 작성하는 데 가장 기본이 되는 메뉴로 구성되어 있다.

① **새로 만들기(Ctrl+N)** : 새 프로젝트, 새로운 작업공간을 만든다.

현재 프로젝트가 열려 있는 상태에서 새로 만들기를 클릭하면 그림에서와 같이 현재 진행 중인 프로젝트를 닫을 것인지 물어본다.

[그림 10-2] 프로젝트 닫기

② **열기 (Ctrl+O)** : 확장자가 "IRS"인 파일로 저장되어진 지능형 로봇 시뮬레이터 파일을 불러온다.

③ **저장(Ctrl+S)** : 현재 작업 중인 프로젝트를 "IRS" 확장자를 가지는 파일로 저장한다.

④ **다른 이름으로 저장** : 현재 작업 중인 프로젝트를 다른 이름으로 저장한다.

⑤ **동영상 만들기** : AVI 또는 MPG 시뮬레이션 동영상을 만든다.

⑥ **화면캡쳐** : 현재 화면을 그림 파일로 저장한다.

⑦ **인터넷 업데이트** : 지능형 로봇 시뮬레이터를 Http를 이용 최신의 버전으로 업데이트한다.

⑧ **인쇄** : 현재 선택되어진 창을 인쇄한다. 프린터 등록정보를 확인할 수 있으며 인쇄 범위를 설정하고 인쇄매수를 지정한다.

⑨ **인쇄 미리보기** : 현재 선택되어진 창의 인쇄하고자 하는 화면을 확대, 축소하여 미리 볼 수 있다.

⑩ **인쇄 설정** : 컴퓨터와 연결된 프린트의 정보를 설정한다. 인쇄용지의 크기 및 방향을 지정할 수 있다.

⑪ **최근에 사용한 파일** : 최근 사용한 파일 목록을 보여준다.

⑫ **끝내기** : 지능형 로봇 시뮬레이터를 종료한다.

10-1-2 편집 메뉴

[편집] 메뉴는 객체를 복사, 삭제, 붙여 넣기, 찾기 등과 같이 객체의 편집 시 필요한 명령을 포함하고 있다.

[그림 10-3] 편집 메뉴

① **실행 취소(Ctrl+Z)** : 가장 최근에 사용된 명령부터 차례대로 실행된 명령을 취소한다.

② **다시 실행(Ctrl+Shift+Z)** : "실행 취소" 명령에 의해 취소했던 작업을 다시 복구한다.

10-1-3 보기 메뉴

[보기] 메뉴는 페이지의 확대/축소를 비롯하여 작업 시 필요한 환경에 대한 메뉴들로 이루어져 있다. 또한 IRES 사용을 위한 상태 표시줄, 도구모음, 격자 등을 지정할 수 있고 객체에 대한 속성을 설정할 수 있는 객체 속성 설정 창이나 워크스페이스 창, 요소 라이브러리 창을 보이게 한다.

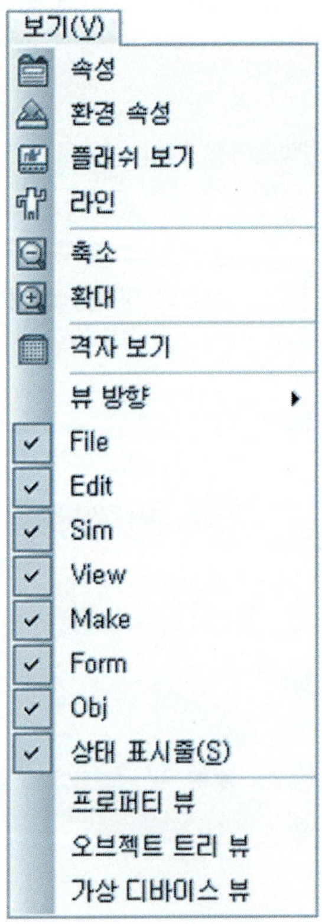

[그림 10-4] 보기 메뉴

① **속성** : 객체의 속성 값을 설정할 수 있는 창을 오픈해준다.

② **환경 속성** : 환경의 속성 값을 설정할 수 있는 대화상자를 오픈해준다.

③ **플래시 보기** : 센서와 액추에이터에 관련된 플래시를 보여준다.

④ **라인** : 모든 객체를 라인으로 표현한다.

⑤ **축소** : 현재 선택되어진 작업 창의 내용을 축소

⑥ **확대** : 현재 선택되어진 작업 창의 내용을 확대

⑦ **격자보기** : 격자를 Show / Hide시킨다.

⑧ **뷰 방향** : 현재 선택되어진 뷰의 위 / 왼쪽 / 오른 쪽 / 앞 / 뒤의 방향을 설정한다.

⑨ **File** : 파일 도구모음을 보여준다.

⑩ **Edit** : 편집 도구모음을 보여준다.

⑪ **Sim** : 시뮬레이션 도구모음을 보여준다.

⑫ **View** : 보기 도구모음을 보여준다.

⑬ **Make** : 만들기 도구모음을 보여준다.

⑭ **Form** : 폼 도구모음을 보여준다.

⑮ **Obj** : 오브젝트 도구모음을 보여준다.

⑯ **상태 표시줄** : 상태 표시줄을 보여준다.

⑰ **프로퍼티 뷰** : 프로퍼티 뷰를 보여준다.

⑱ **오브젝트 트리 뷰** : 오브젝트 트리 뷰를 보여준다.

⑲ **가상 디바이스 뷰** : 가상 디바이스 뷰를 보여준다.

10-1-4 생성 메뉴

[생성] 메뉴는 로봇, 환경, 기본 모양에 대한 기능들로 구성되어 있으며, 로봇을 새로 생성하거나 불러오고 새로운 환경을 적용시킬 수 있다.

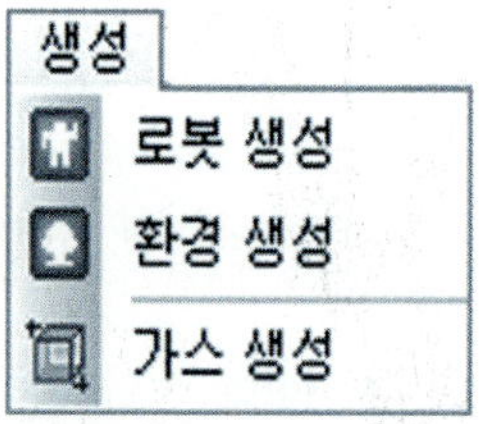

[그림 10-5] 생성 메뉴

① 로봇 생성 : 로봇을 만들기 위한 프로그램을 로드한다.

② 환경 생성 : 환경을 만들기 위한 프로그램을 로드한다.

③ 가스 생성 : 환경에 실험을 위한 가스를 생성한다.

10-1-5 프로그램 및 형식 메뉴

[프로그램 및 형식] 메뉴는 로봇을 구동할 언어를 선택해 선택한 작업을 하도록 해준다.

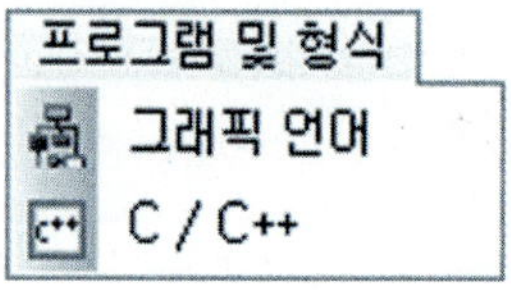

[그림 10-6] 프로그램 및 형식 메뉴

① 그래픽 언어 : 순서도 기반의 형식으로 만들어 로봇에 적용해볼 수 있는 언어로 구성되어 있다. 드로그와 드롭(Drag & Drop)으로 쉽게 연결 가능하며 디버그 모드가 있어 순차적으로 수행되는 모습을 볼 수 있다.

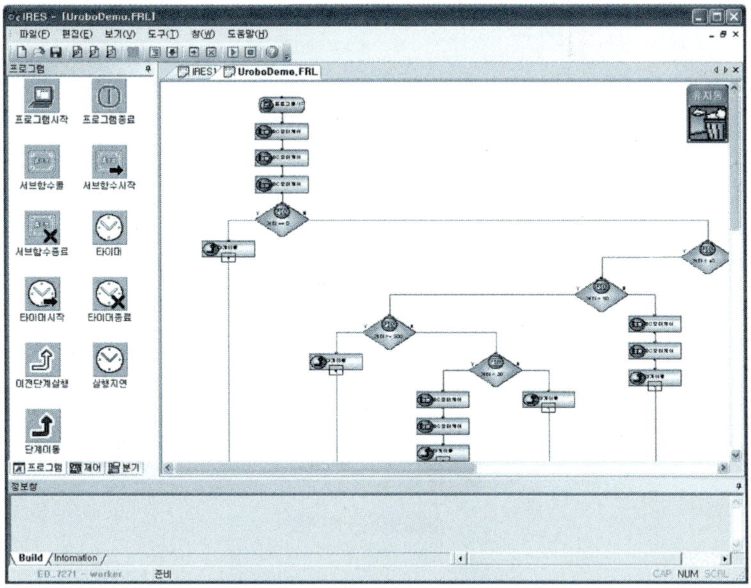

[그림 10-7] 그래픽 언어(IRES)

② C / C++ : 마이크로소프트 코드블록을 이용하여 C언어나 C++ 언어를 이용하여 직접 루틴을 작성할 수 있다.

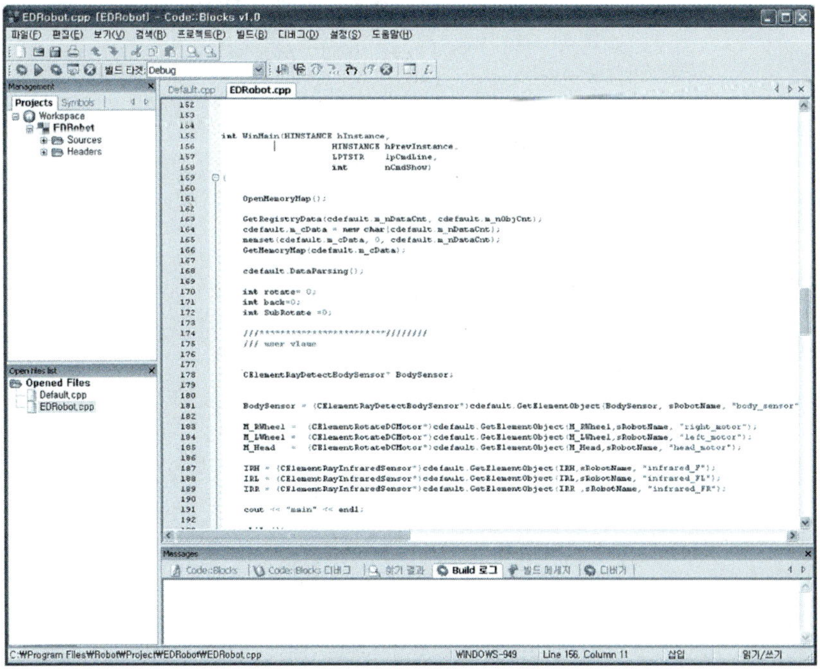

[그림 10-8] C/C++ 언어

10-1-6 시뮬레이션 메뉴

[시뮬레이션] 메뉴에는 시뮬레이션을 시작하며 여러 가지 할 수 있는 옵션 기능들을 갖추고 있다.

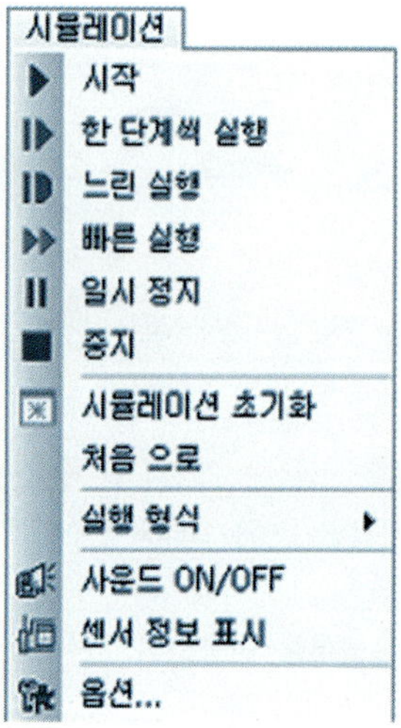

[그림 10-9] 시뮬레이션메뉴

① **시작** : 시뮬레이션을 시작한다.

② **한 단계씩 실행** : 단계별로 시뮬레이션을 시작한다.

③ **느린 실행** : 시뮬레이션을 느리게 수행한다.

④ **빠른 실행** : 시뮬레이션을 빠르게 수행한다.

⑤ **일시 정지** : 잠시 일시 정지시킨다.

⑥ **중지** : 시뮬레이션을 중지한다.

⑦ **시뮬레이션 초기화** : 시뮬레이션을 수행하기 바로 전으로 초기화시킨다.

⑧ **처음으로** : 맨 처음으로 다시 초기화시킨다.

⑨ Re De **실행 형식** : 디버그와 릴리즈 모드로 시뮬레이션을 수행한다.

⑩ **사운드 ON/OFF** : 시뮬레이션 시 사운드 사용여부에 대해 설정한다.

⑪ **센서 정보 표시** : 설치된 센서 정보를 표시해준다.

10-1-7 학습 메뉴

[학습] 메뉴는 IRES를 보다 효율적으로 사용하기 위한 메뉴이다.

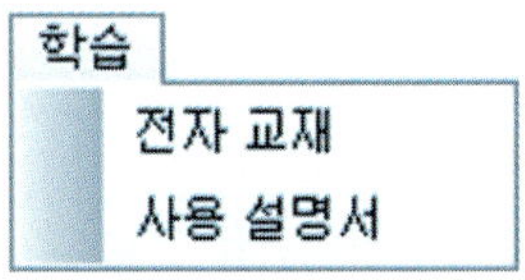

[그림 10-10] 학습 메뉴

① **전자 교재** : 전자 교재 및 지능형 로봇 시뮬레이터(EDRS)를 통하여 쉽게 로봇 시뮬레이션에 접할 수 있게 구성되어 있다.

② **사용 설명서** : EDRS 프로그램에 대해서 설명해 놓은 사용 설명서이다.

10-1-8 도움말 메뉴

[도움말] 메뉴는 IRES의 사용 설명서와 정보를 보여준다.

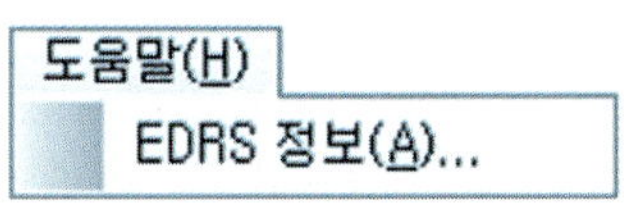

[그림 10-11] 도움말 메뉴

① **EDRS 정보** : IRES의 정보, 버전 번호, 저작권을 표시한다.

10-1-9 지능형 로봇 시뮬레이터(EDRS)의 네트워크

지능형 로봇 시뮬레이터(EDRS) 네트워크 메뉴는 TCP/IP를 이용하여 다른 컴퓨터의 로봇까지 여러 대의 컴퓨터를 이용하여 네트워크 시뮬레이션을 해볼 수 있다.

네트워크 시뮬레이션은 기본적으로 서버에서는 클라이언트들에게 제공될 환경 파일

(EL)이 있어야 하며, 클라이언트의 경우 서버에 제공될 로봇파일(RL) 파일이 있어야 한다. 로봇파일과 환경파일은 각각 로봇 에디터와 환경 에디터에서 생성하여 사용할 수 있다.

1) 서버와 클라이언트 생성 메뉴

네트워크 메뉴에는 서버 생성과 클라이언트 메뉴가 있다.

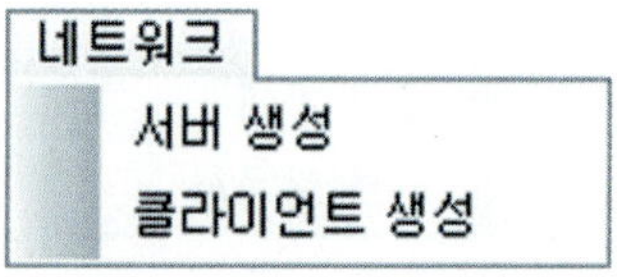

[그림 10-12] 네트워크 메뉴

서버 생성 메뉴 버튼을 클릭하면 다음과 같은 윈도우창이 열린다.

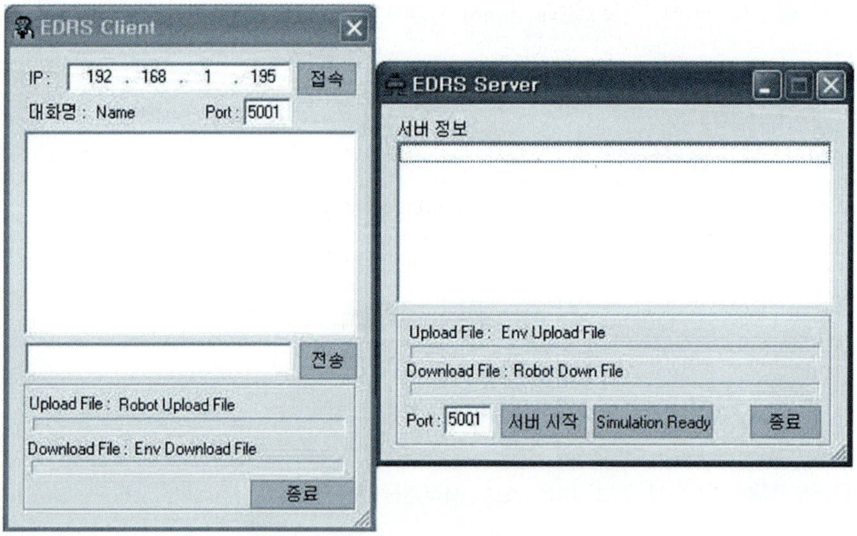

[그림 10-13] 네트워크

서버 생성 버튼을 누르면 서버 창과 클라이언트 창이 생성이 되는데, 서버 창은 다른 컴퓨터의 접속 상황, 업로드 상황을 볼 수 있으며, 클라이언트 창은 서버에 접속 상황 및 대화, 다운로드 상황 등을 알 수 있으며 각각의 세부 명칭은 다음과 같다.

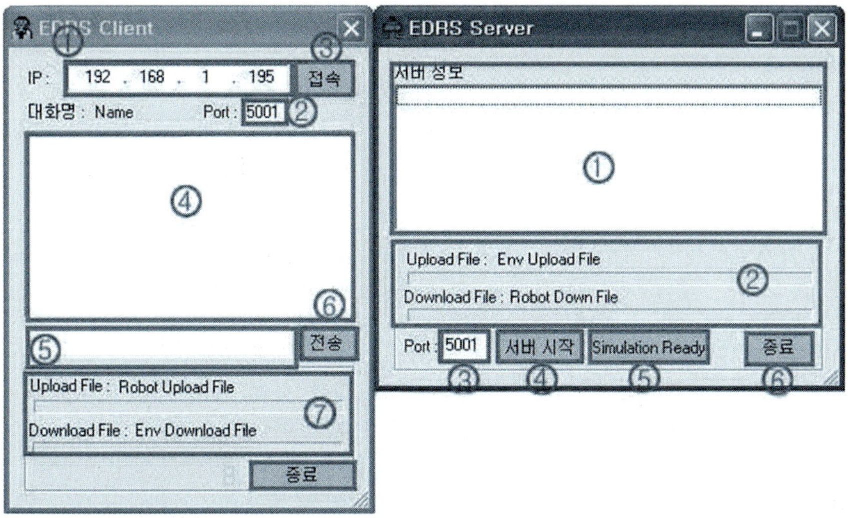

[그림 10-14] 서버 설정 화면

(1) 클라이언트(Client)

① **IP 입력** : 서버의 IP를 입력할 수 있다.

② **Port 입력** : 서버의 열린 포트(Port)를 입력할 수 있다.

③ **접속** : 서버에 접속할 수 있다.

④ **대화창** : 대화 및 현재 상황을 실시간으로 알 수 있다.

⑤ **대화 입력 창** : 대화를 입력할 수 있다.

⑥ **전송** : 대화 창에 입력한 내용을 서버에 전송한다.

⑦ **파일 전송** : 파일의 업로드 및 다운로드 상황을 알 수 있다.

⑧ **종료** : 네트워크를 종료하고 창을 닫는다. (서버 겸 클라이언트의 경우 클라이언트 창과 서버 창이 같이 닫힌다)

(2) 서버(Server)

① **서버 정보** : 클라이언트, 현재 서버의 정보 등을 디스플레이해준다.

② **파일 전송** : 파일의 업로드 및 다운로드 상황을 알 수 있다.

③ **Port 입력** : 생성할 서버의 포트(Port)를 입력한다.

④ **서버 시작** : 포트(Port)를 이용하여 서버를 생성시킨다.

⑤ **Simulation Ready** : 클라이언트의 접속 및 파일 업로드, 다운로드가 끝났을 경우 각 클라이언트

에 파일 로드 등의 준비 단계를 명령한다.

⑥ **종료** : 서버를 종료시킨다. (클라이언트와 같이 닫힌다)

2) 서버 겸 클라이언트인 경우

지능형 로봇 시뮬레이터(EDRS) 서버(Server)는 다른 컴퓨터와의 네트워크 시뮬레이션에서 중심이 되는 부분으로 성능이 좋은 컴퓨터를 이용하면 좋은 속도를 낼 수 있다.

TCP/IP 네트워크를 시작하려면 지능형 로봇 시뮬레이터(EDRS) 서버 창을 이용하여 서버 소켓을 생성시켜야 한다.

지능형 로봇 시뮬레이터(EDRS) 서버의 왼쪽 아래를 보면 포트(Port) 입력란이 있는데, 오픈할 포트를 적는다. 유의할 점은 다른 프로그램에서 사용하지 않는 포트를 이용하여야 한다.

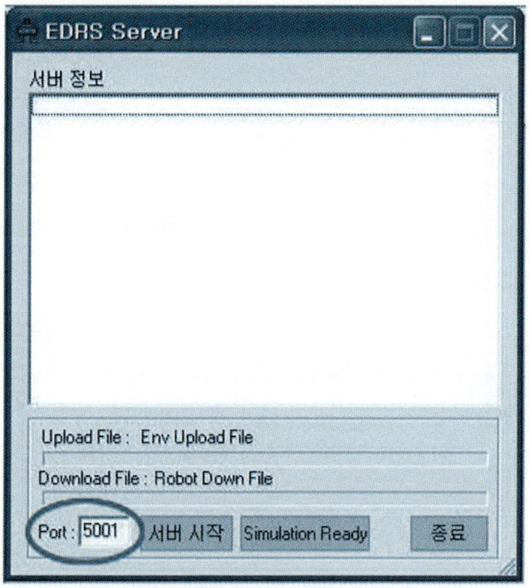

[그림 10-15] 서버 포트 지정

포트를 적었으면 서버 시작을 누르면 각 클라이언트에 전송할 환경 파일인 *.EL 파일을 선택할 수 있는 창이 나온다.

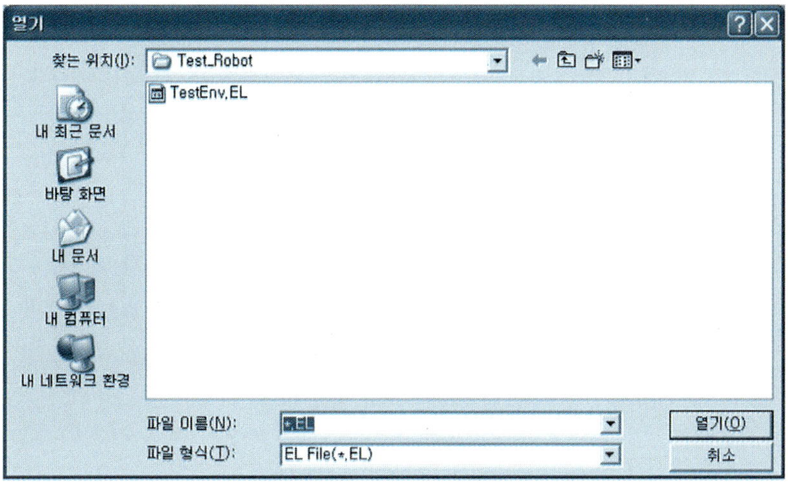

[그림 10-16] 서버 환경 열기

원하는 환경 파일을 선택 후 열기를 누른다.

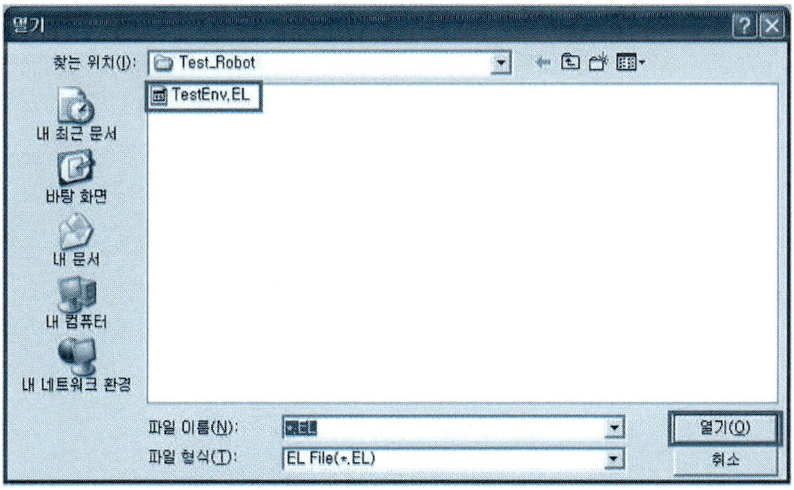

[그림 10-17] 서버 환경 선택

제10장

서버가 제대로 작동되었을 경우 "서버 생성 성공"이라는 문구가 서버 정보 창에 나타난다.

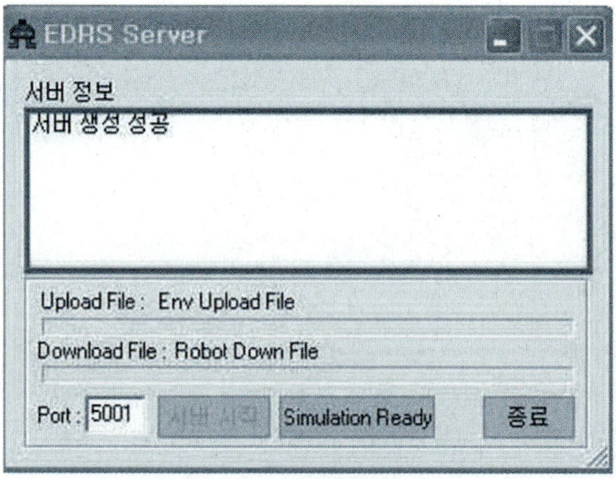

[그림 10-18] 서버 생성 성공

다음은 생성한 서버에 지능형 로봇 시뮬레이터(EDRS) 클라이언트(Client)를 접속해야 한다.

지능형 로봇 시뮬레이터(EDRS) 클라이언트 창에 서버의 IP와 포트를 입력한 후 접속 버튼을 누르면 로봇파일인 *.RL 파일을 선택할 수 있게 나오는데, 서버에 전송할 로봇파일(*.RL)을 선택한다.

[그림 10-19] 클라이언트에서 접속

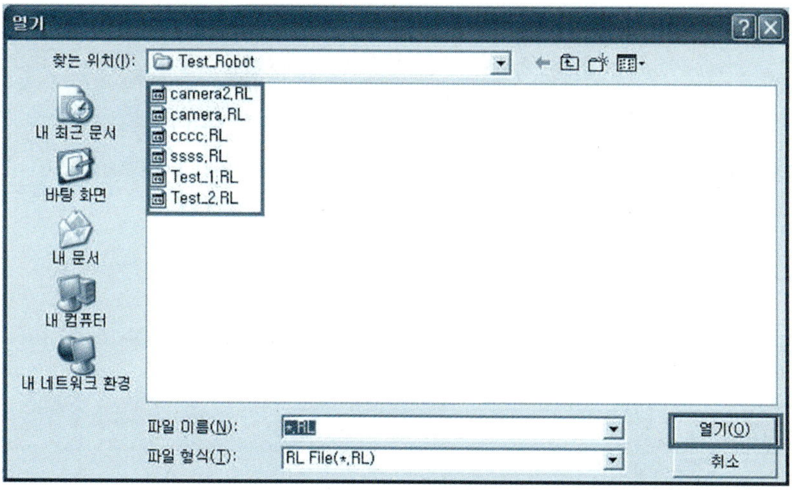

[그림 10-20] 사용할 로봇 선택

서버에 접속이 성공하면, "서버 접속 성공" 문구가 대화창에 디스플레이되며, 환경 파일을 자동으로 내려 받고, 로봇파일을 업로드하게 된다.

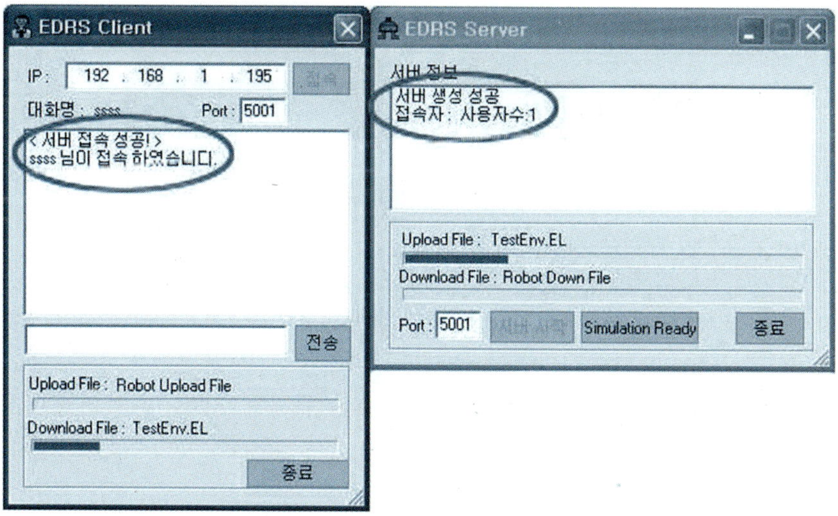

[그림 10-21] 서버에 업로드

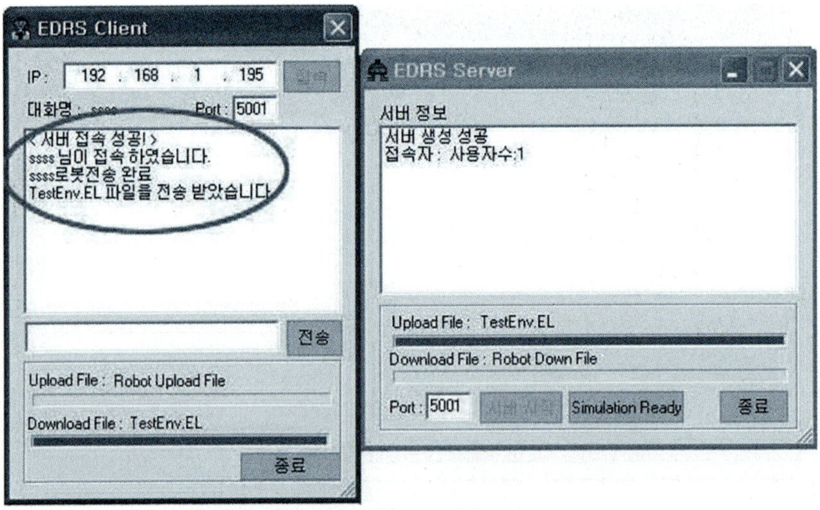

[그림 10-22] 전송 완료

모든 클라이언트가 접속되고, 파일 업, 다운로드가 끝나면 서버에서 시뮬레이션 준비(Simulation Ready) 버튼을 누르면 모든 클라이언트의 파일 동기화 창이 자동으로 오픈된다. 시뮬레이션 준비를 하려면 전체 클라이언트 사용자가 최소 2 이상되어야 한다.

[그림 10-23] 파일 동기화

파일 동기화가 끝나면 파일 동기화 창이 자동으로 닫히며, 서버 겸 클라이언트와 클라이언트 모두 자동 파일 로딩이 된다.

파일 자동 로딩이 모두 완료됐으면 각 클라이언트는 자신의 로봇만 이동시킬 수 있는데, 각 클라이언트는 적당한 위치에 자신의 로봇을 위치시킨다.

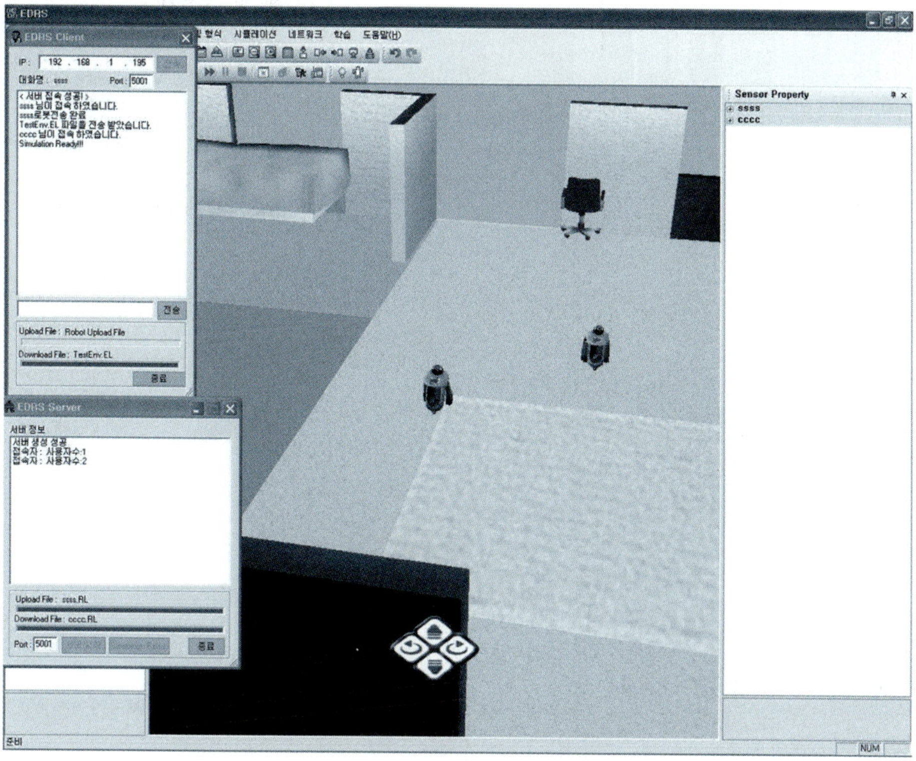

[그림 10-24] 서버, 클라이언트 완료

자신의 로봇을 적낭한 위치에 놓은 클라이언트는 자신이 작성한 플로우차트 또는 C/C++ 프로그램을 오픈한다.

서버 겸 클라이언트는 모든 사용자가 완료됐으면, 지능형 로봇 시뮬레이터(EDRS) 시뮬레이션 시작을 눌러 시뮬레이션을 시작한다.

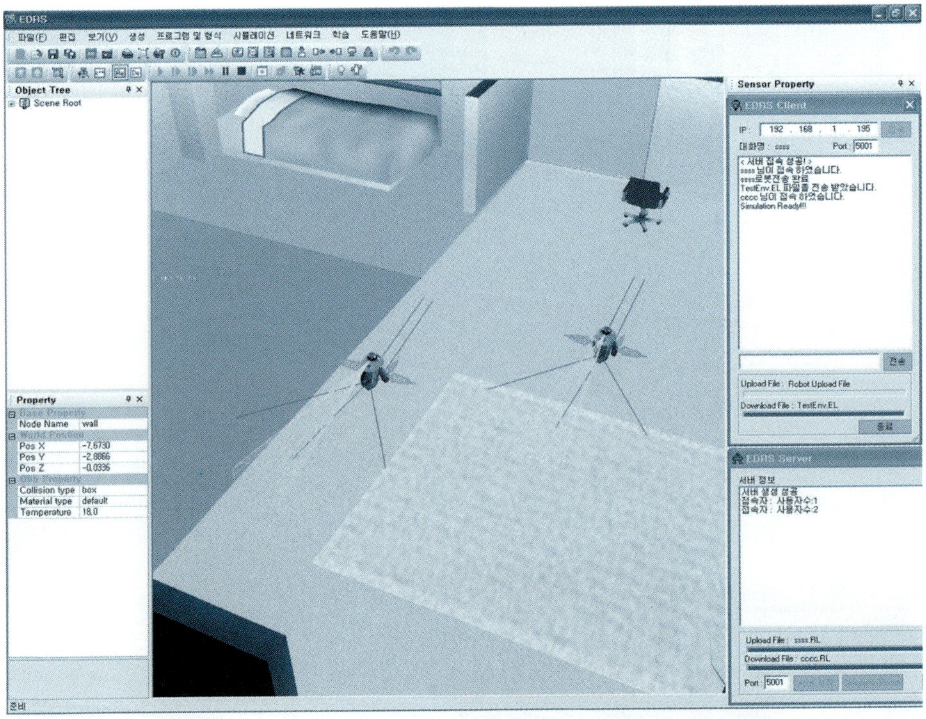

[그림 10-25] 시뮬레이션 시작

3) 클라이언트인 경우

지능형 로봇 시뮬레이터(EDRS) 클라이언트(Client) 창에 서버의 IP와 포트를 입력한 후 접속 버튼을 누르면 로봇파일인 *.RL 파일을 선택할 수 있게 나오는데, 서버에 전송할 로봇 파일(*.RL) 파일을 선택한다.

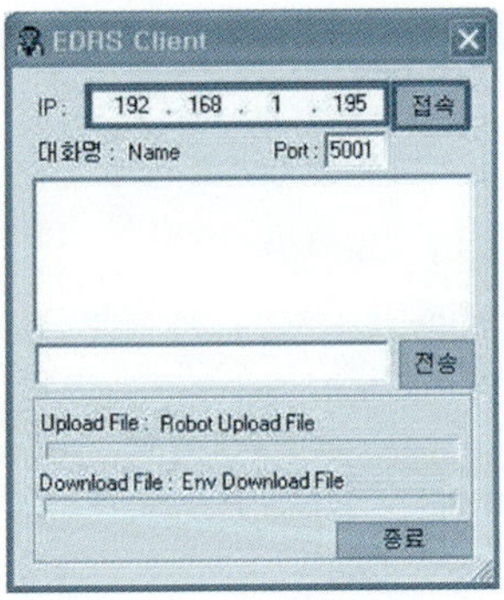

[그림 10-26] 클라이언트 창

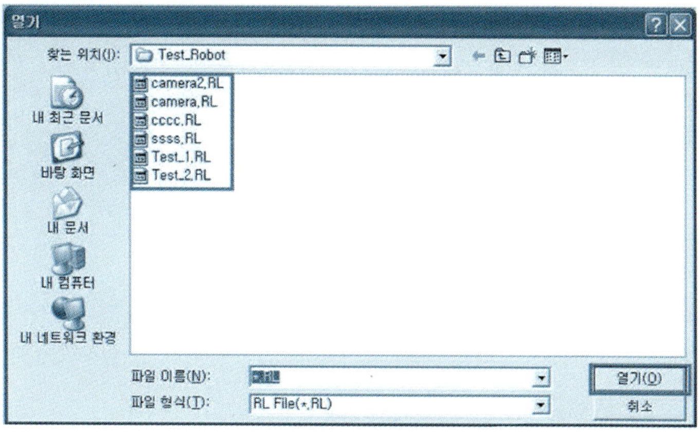

[그림 10-27] 로봇파일 선택

서버에 접속이 성공하면, "서버 접속 성공" 문구가 대화창에 디스플레이되며, 환경 파일을 자동으로 내려 받고, 로봇파일을 업로드하게 된다.

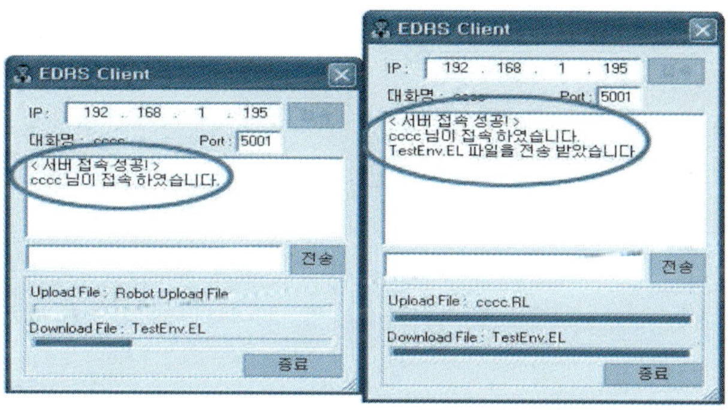

[그림 10-28] 클라이언트에서 서버 접속

대화를 하며 기다리는 클라이언트는 서버의 시뮬레이션 준비(Simulation Ready) 버튼에 의해서 자동으로 서버와의 파일 동기화가 시작되어 파일을 자동으로 다운로드 및 파일 로딩이 된다.

파일 로딩이 성공적으로 끝나면 클라이언트는 자신의 로봇만 움직일 수 있으며, 이때 적당한 위치에 로봇을 위치시키고, 자신이 작성한 순서도 기반의 언어(FlowChart) 또는 C/C++를 오픈한다.

시뮬레이션 시작은 서버에서 시작을 화면으로 자동 시작한다.

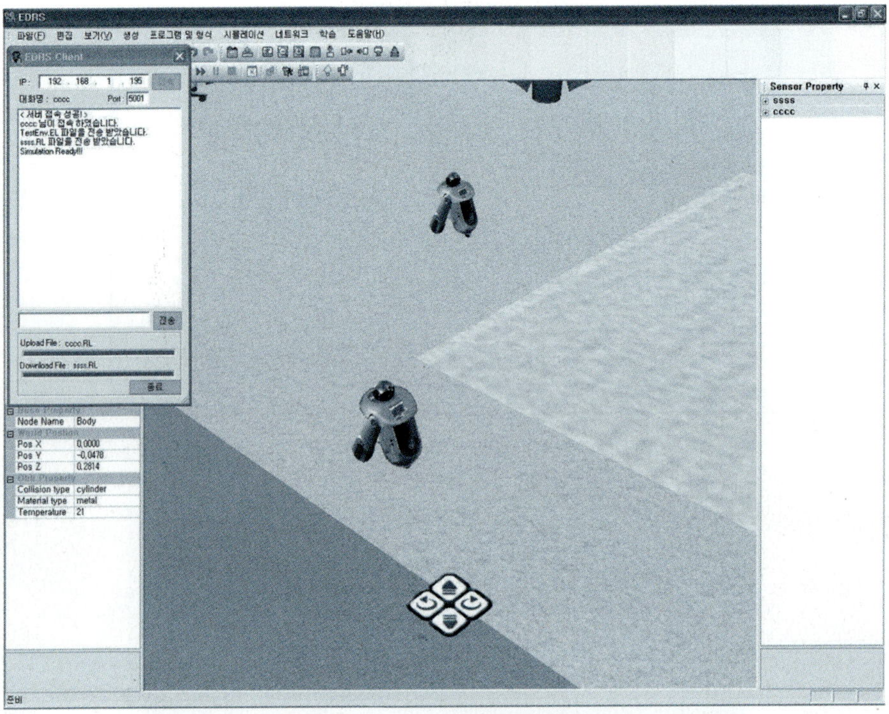

[그림 10-29] 시뮬레이션 시작

10-2 지능형 로봇 시뮬레이터의 도구모음 구성

사용자가 자주 사용하는 기능 중 유사한 기능들을 툴바로 구성하여 작업을 용이하게 하였다. 툴바를 드래그하면 툴바의 위치를 옮길 수 있다.

10-2-1 파일 도구

[그림 10-30] 파일 도구

명 령	설 명
새로 만들기	새로운 작업공간을 만든다.
열기	저장된 파일을 읽어온다.
저장	현재 선택된 작업 중인 파일을 저장한다.
다른 이름으로 저장	다른 이름으로 파일을 저장한다.
동영상 만들기	AVI 또는 MPG로 시뮬레이션 동영상을 만든다.
화면 캡쳐	현재 화면을 그림 파일로 저장한다.
인쇄	현재 작업을 인쇄한다.
미리보기	인쇄할 형식을 미리본다.
인쇄설정	프린터 설정을 한다.
종료	프로그램을 종료한다.

10-2-2 편집 도구

[그림 10-31] 편집 도구

명 령	설 명
실행 취소	가장 최근에 사용된 명령부터 차례대로 실행된 명령을 취소한다.
다시 실행	"실행 취소" 명령에 의해 취소했던 작업을 다시 복구한다.

10-2-3 보기 도구

[그림 10-32] 보기 도구

명 령	설 명
속성	객체의 속성 값을 설정할 수 있는 창을 오픈해준다.
환경 속성	환경 속성에 대한 창을 오픈해준다.
플래시 보기	센서와 액추에이터에 관련된 플래시를 보여준다.
축소	작업화면을 축소한다.
확대	작업화면을 확대한다.
격자보기	격자를 표시(Show) / 숨기기(Hide) 시킨다.
위에서 보기	시점을 위에서 아래로 보는 방향으로 전환한다.
오른쪽에서 보기	시점을 오른쪽에서 왼쪽을 보도록 방향을 전환한다.
왼쪽에서 보기	시점을 왼쪽에서 오른쪽으로 보도록 방향을 전환한다.
밑에서 보기	시점을 밑에서 위로 보도록 방향을 전환한다.
뒤에서 보기	시점을 뒤에서 앞쪽으로 보도록 방향을 전환한다.

10-2-4 생성 도구

[그림 10-33] 생성 도구

명 령	설 명
로봇 생성	로봇 생성 윈도우를 보여준다.
환경 생성	환경 생성 윈도우를 보여준다.
가스 생성	가상 환경에 가스를 생성한다.

10-2-5 시뮬레이션 도구

[그림 10-34] 시뮬레이션 도구

명 령	설 명
시작	시뮬레이션을 시작한다.
한 단계 실행	단계적으로 시뮬레이션을 실행한다.
느린 실행	느린 동작으로 시뮬레이션을 실행한다.
빠른 실행	빠른 동작으로 시뮬레이션을 실행한다.
일시 정지	시뮬레이션을 일시 정지한다.
정지	시뮬레이션을 중지시킨다.
시뮬레이션 초기화	시뮬레이션을 초기화시킨다.
사운드	사운드를 ON 또는 OFF한다.
옵션	중력이나 빛에 대한 옵션을 설정한다.
센서 정보 표시	장착된 센서의 정보를 표시해준다.

10-2-6 프로그램 및 형식 도구

[그림 10-35] 프로그램 및 형식 도구

명 령	설 명
그래픽 언어	로봇동작을 위한 언어를 순서도 기반의 언어로 설정한다.
C / C++	로봇동작을 위한 언어를 C / C++ 언어로 설정한다.
릴리즈 모드	릴리즈 모드로 컴파일한다.
디버그 모드	디버그 모드로 컴파일한다.

10-2-7 오브젝트 도구

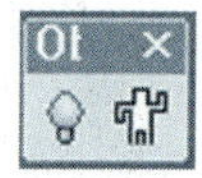

[그림 10-36] 오브젝트 도구

명 령	설 명
라인	모든 객체를 라인으로 표현한다.

10-3 지능형 로봇 시뮬레이터의 오른쪽 마우스 메뉴 구성

10-3-1 로봇 생성 & 환경 생성 오른쪽 마우스 메뉴(Popup Menu)

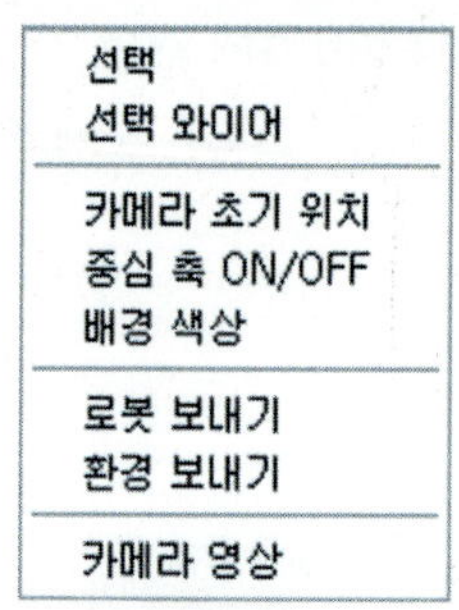

[그림 10-37] 로봇 생성 & 환경 생성 오른쪽 마우스 메뉴

명 령	설 명
선택	지정된 객체를 선택한다.
선택 와이어	와이어를 선택한다.
카메라 초기 위치	카메라를 처음의 초기 위치로 지정한다.
중심축 ON/OFF	중심축을 잘 보이도록 표시하는 것을 ON/OFF한다.
배경 색상	작업 배경의 색상을 바꾼다.
로봇 보내기	로봇 편집기(Robor Editor)로 보내 로봇을 생성, 저장한다.
환경 보내기	스테이지 편집기(Stage Editor)로 보내 환경을 생성, 저장한다.
카메라 영상	캬메라 뷰(Cam View)에서 영상을 본다.

10-4 지능형 로봇 시뮬레이터의 기본창 구성

10-4-1 오브젝트 트리(Object Tree)

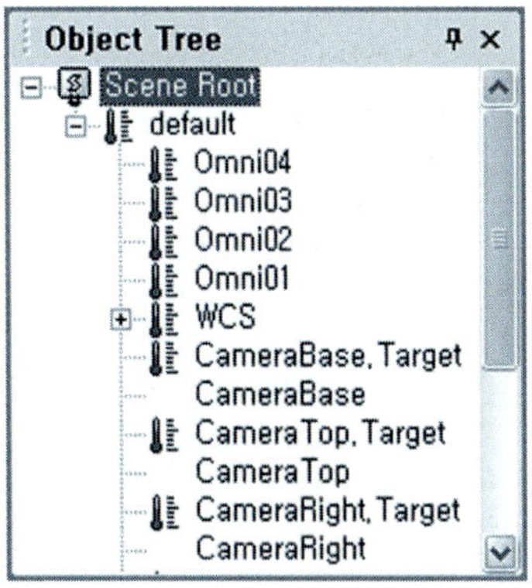

[그림 10-38] 오브젝트 트리

가상 환경에서의 빛, 카메라, 등 여러 가지 오브젝트 리스트가 표시된다.

10-4-2 속성(Property)

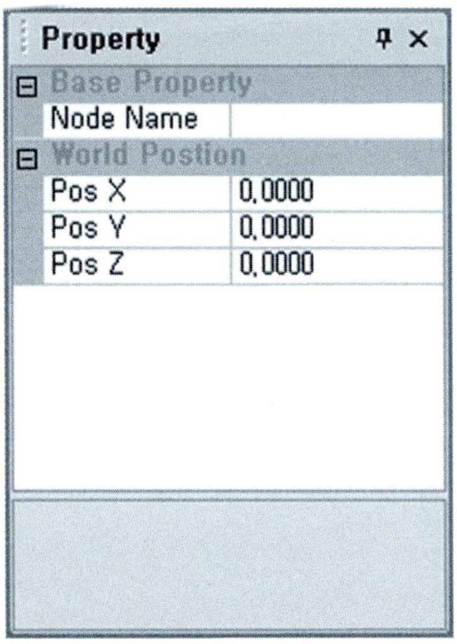

[그림 10-39] 속성

오브젝트의 속성(노드이름, 위치, 충돌타입) 정보가 나타난다.

10-4-3 센서 속성(Sensor Property)

로봇의 각 구동 기기 또는 센서들의 속성들을 볼 수 있다.
시뮬레이션 중에는 센서들의 값이나 모터의 구동 값 등이 실시간으로 업데이트된다.

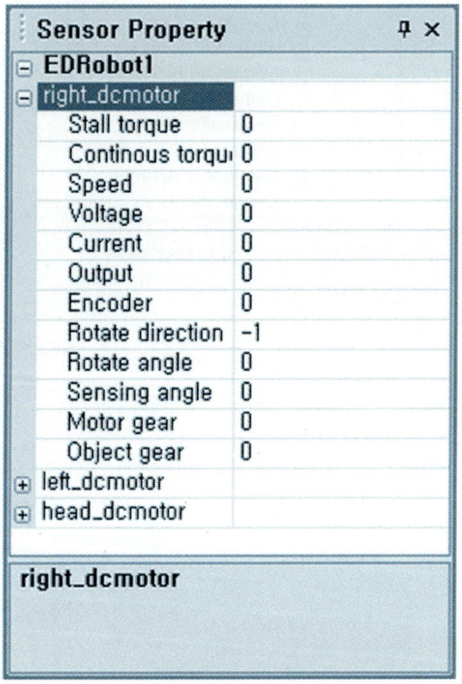

[그림 10-40] 센서 속성

10-5 지능형 로봇 시뮬레이터의 로봇 편집기 및 환경 편집기

10-5-1 로봇 편집기

로봇을 쉽게 생성하도록 여러 가지 기능을 제공한다.

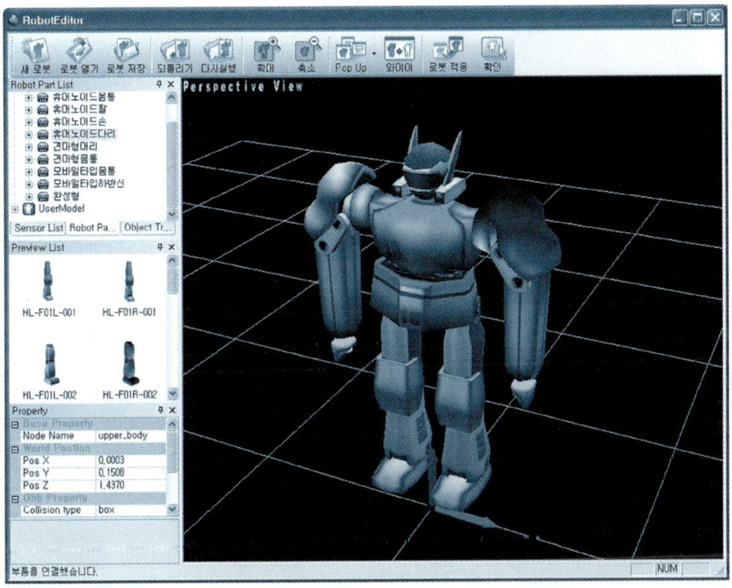

[그림 10-41] 로봇 에디터

① **새 로봇** : 새롭게 로봇을 제작할 공간을 만들어준다.

② **되돌리기** : 방금 한 작업을 되돌린다.

③ **다시실행** : 되돌린 작업을 다시 실행한다.

④ **확대** : 작업 뷰를 확대한다.

⑤ **축소** : 작업 뷰를 축소한다.

⑥ **PopUp** : 로봇 생성창에서 사용할 여러 가지 리스트나 속성 창을 띄워준다.

⑦ **와이어** : 로봇의 선택된 객체를 뼈대 형식으로 보여준다.

⑧ **로봇 적용** : 작업한 로봇을 가상 환경에 적용시킨다.

⑨ **확인** : 작업한 로봇을 가상 환경에 적용시키면서 작업 창은 꺼진다.

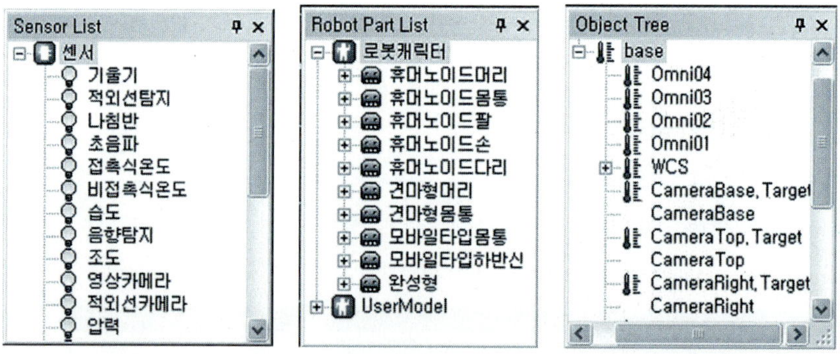

센서 리스트　　로봇 리스트　　객체 트리

[그림 10-42] 로봇 편집기 리스트 창

① **센서 리스트** : 생성한 로봇에 삽입될 센서 리스트 제공

② **로봇 리스트** : 휴먼 로이드, 견마형, 모바일 타입, 완성형 등의 로봇 모양이 있으며, 여러 가지 제공된 로봇을 이용하여 조합될 로봇 리스트

③ **객체 트리** : 로봇의 조합 또는 완성형 로봇의 객체 상관관계를 트리 형식으로 제공

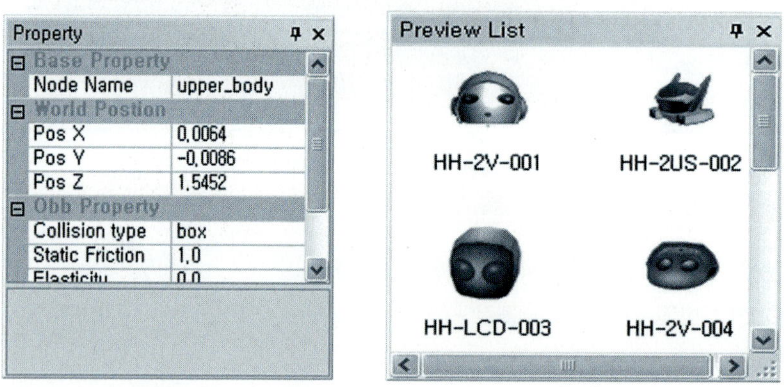

속성 창　　미리보기 창

[그림 10-43] 속성, 미리보기 창

④ **속성 창** : 선택된 객체의 속성을 제공

⑤ **미리보기 창** : 조합 될 객체의 모양 이미지를 제공

10-5-2 환경 편집기

환경을 쉽게 생성하도록 여러 가지 기능을 제공한다.

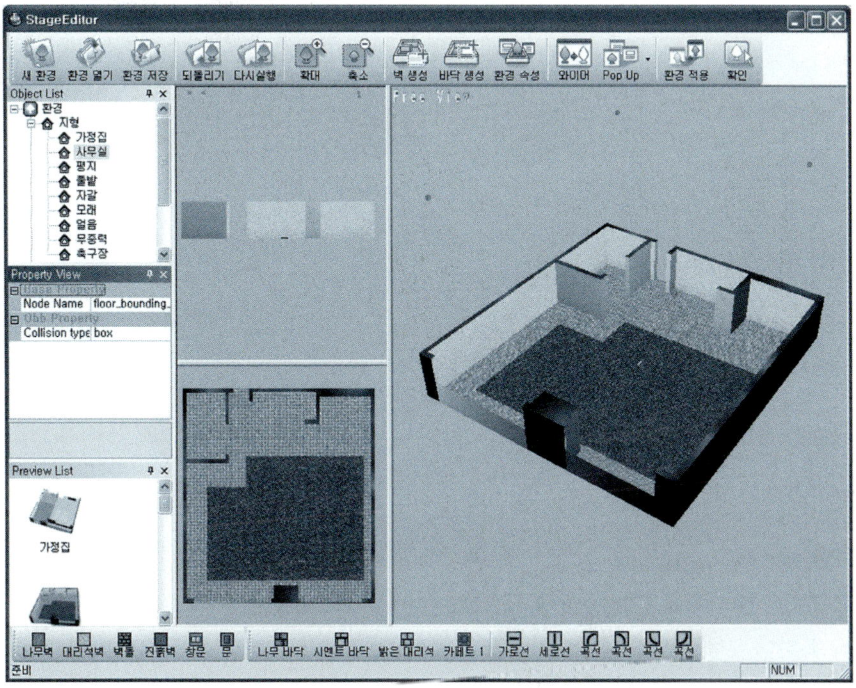

[그림 10-44] 환경 에디터

① **새 환경** : 새로운 환경을 만들기 위해 제작공간을 만들어준다.

② **환경 열기** : 제작했던 환경을 불러온다.

③ **환경 저장** : 제작한 환경을 저장한다.

④ **되돌리기** : 방금 한 작업을 다시 되돌린다.

⑤ **다시실행** : 되돌린 작업을 다시 실행한다.

⑥ **확대** : 작업 뷰를 확대한다.

⑦ **축소** : 작업 뷰를 축소한다.

⑧ **벽 생성** : 벽을 생성한다.

⑨ **바닥 생성** : 바닥을 생성한다.

⑩ **환경 속성** : 환경에 대한 여러 가지 속성을 조정한다.

⑪ **와이어** : 선택 객체를 뼈대 형식으로 보여준다.

⑫ PopUp : 환경 편집기에서 사용할 여러 가지 리스트나 속성 창을 띄워준다.

⑬ **환경적용** : 작업한 환경을 가상 환경에 적용시킨다.

⑭ **확인** : 작업한 환경을 가상 환경에 적용시키면서 작업 창은 꺼진다.

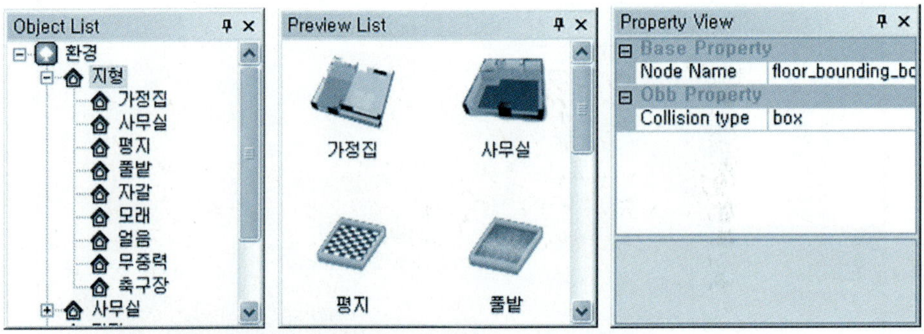

환경 리스트　　　미리보기 창　　　속성 창

[그림 10-45] 환경 리스트, 미리보기 창, 속성 창

⑮ **환경 리스트** : 가상 환경 설정에 제공될 객체들의 리스트

⑯ **미리보기 창** : 가상 환경 설정에 제공될 객체의 모양 이미지를 제공

⑰ **속성 창** : 선택된 객체의 속성을 제공

벽 선택 툴

바닥 선택 툴

⑱ **벽 선택 툴** : 벽 생성 버튼을 눌러 활성화시킨 후 벽 선택 툴에서 만들고자 하는 벽의 모양을 선택할 수 있다.

⑲ **바닥 선택 툴** : 바닥 생성 버튼을 눌러 활성화시킨 후 바닥 선택 툴에서 만들고자 하는 바닥의 모양을 선택할 수 있다.

10-6 지능형 로봇 시뮬레이터 업데이트

10-6-1 업데이트의 과정

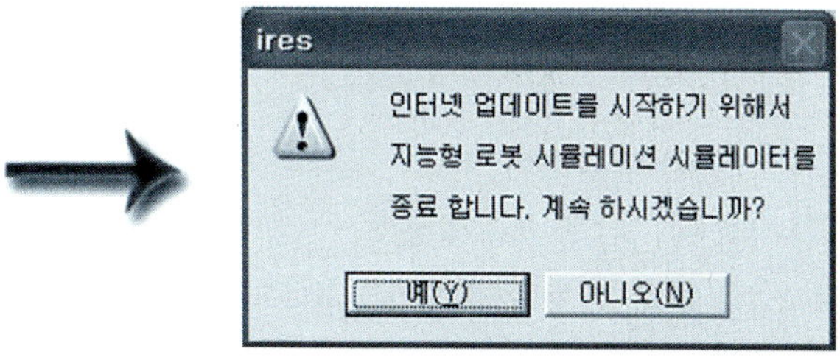

지능형 로봇 시뮬레이터(EDRS)를 최신의 버전으로 업데이트한다.

[그림 10-46] EDRS 업데이트

IRES 파일 메뉴의 인터넷 업데이트를 클릭하면 현재의 IRES 종료한다는 메시지 박스가 뜬다. 만약 저장을 안한 작업 중인 파일이 있다면 아니오를 누른 후 저장을 하고 인터넷 업데이트를 다시 시도한다.

제10장

인터넷 업데이트 메뉴를 클릭 후 IRES 종료 메시지에서 예를 클릭하면, 현재의 IRES는 종료된다.

인터넷 업데이트 시작 화면의 기능은 다음과 같다.

① **모두 다시 받기** : 예전 버전부터 최신 버전의 목록까지 업데이트된 모든 목록의 파일을 모두 받는다.
② **시작** : 인터넷 업데이트를 시작한다. 사용자 버전이 최신버전이라면 업데이트가 되지 않고, 사용자 버전보다 업데이트될 파일이 최신 버전일 때 업데이트가 된다.
③ **취소** : 현재의 인터넷 업데이트 프로그램을 종료 후 자동으로 IRES 프로그램을 실행한다.

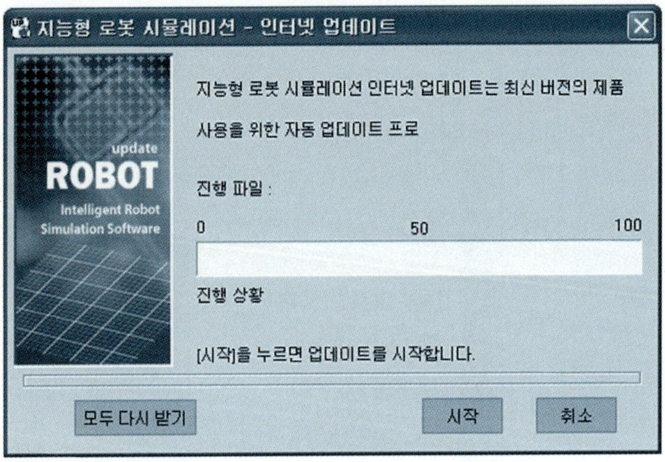

[그림 10-47] 인터넷 업데이트 시작 화면

10-7 지능형 로봇 시뮬레이터의 화면 제어

화면의 줌인(Zoom In), 줌 아웃(Zoom Out), 이동, 회전 등은 마우스의 휠과 키보드 자판의 왼쪽 Ctrl 버튼을 사용한다.

[그림 10-48] 화면 줌 인(Zoom In) / 줌 아웃(Zoom Out)

위와 같이 마우스 휠을 앞으로 밀면 줌 인(Zoom In)이 되고, 뒤로 하면 줌 아웃(Zoom Out)이 된다.

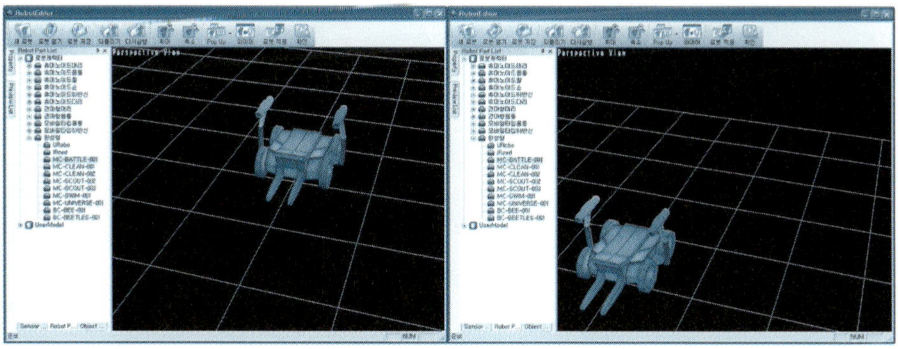

[그림 10-49] 화면 이동

마우스 휠을 누른 상태에서 마우스를 이동시킨다.

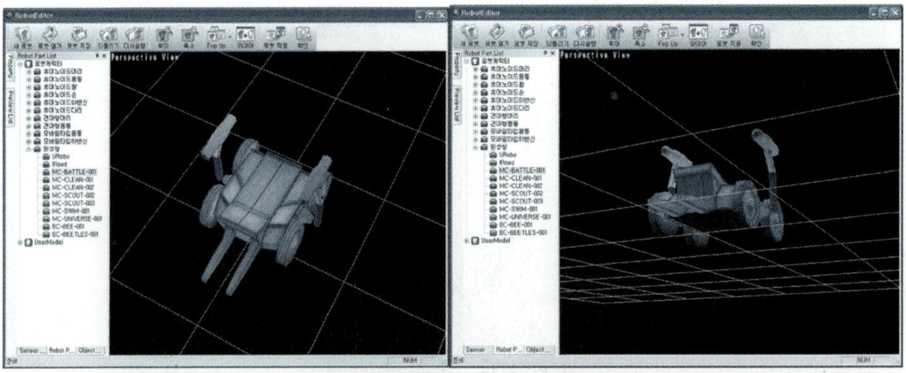

[그림 10-50] 화면회전

마우스 휠을 누르고 키보드 자판의 왼쪽 Ctrl 키를 동시에 누른 상태에서 마우스를 이동시킨다.

제11장

지능형 로봇 시뮬레이터 속성 편집

11-1 3DS 맥스 다이나믹 속성 편집기의 개요
11-2 3DS 맥스 다이나믹 속성 편집기의 설치
11-3 3DS 맥스 다이나믹의 조인트
11-4 충돌 오브젝트(Bounding Object)
11-5 오브젝트 연결자
11-6 계층구조 뷰(Hierarchy View)
11-7 센서(Sensor)
11-8 환경속성(Environment) 설정
11-9 3ML 익스포트(Export)
11-10 EDRS 로봇(3D Max) 설정하는 방법
11-11 EDRS 환경(3D Max) 설정하는 방법
11-12 MAX, EDRS 센서 만드는 방법

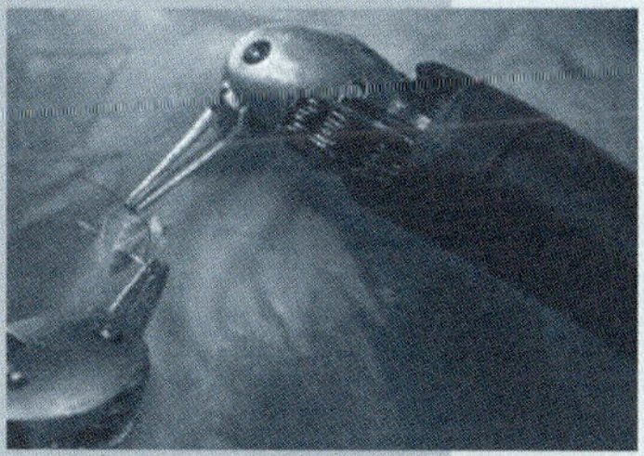

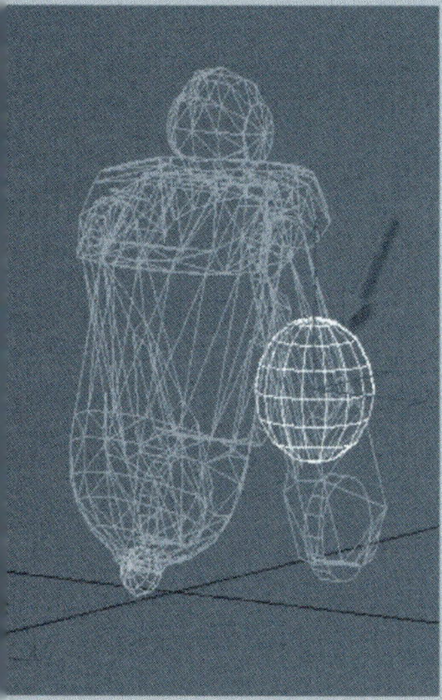

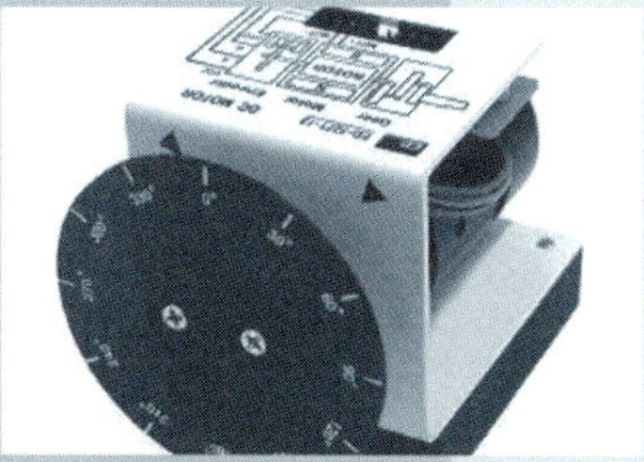

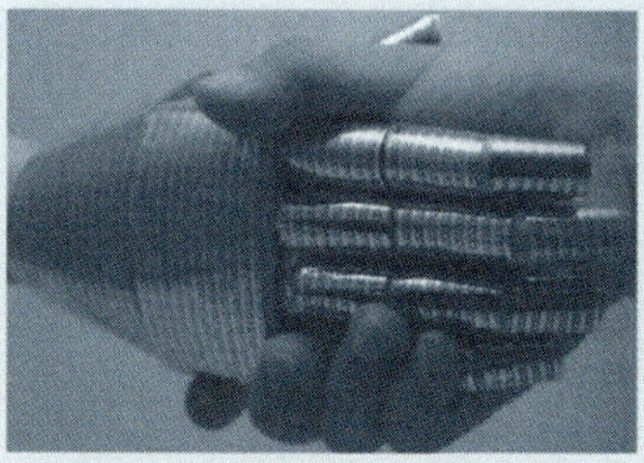

11-1 3DS 맥스 다이나믹 속성 편집기의 개요

"3DS 맥스 다이나믹 속성 편집기"는 3DS 맥스에서 로봇 디자인을 한 후 로봇에 조인트(joint)와 충돌 오브젝트를 부여하여 로봇의 내·외부 속성을 설정하기 위한 편집기이다.

편집한 로봇은 로봇 에디터와 환경 에디터에서 로드하여 지능형 로봇 시뮬레이션을 수행할 수 있다.

3DS 맥스 다이나믹 속성 편집기는 3DS 맥스 스크립트(script)를 사용하여 작성되었으며 "ms"의 확장자를 가진다.

① 3DS 맥스를 실행한 후 망치모양 (Utillities)을 선택한다.

② MAXScript를 클릭하면 MAXScript 롤아웃 창이 나타난다.

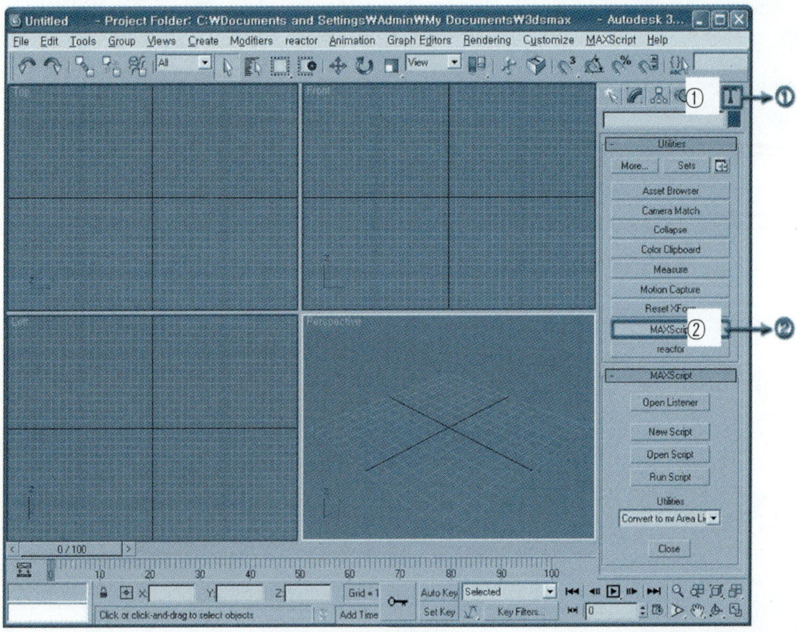

[그림 11-1] 3DS 맥스 기본 창

③ [그림 11-2]와 같이 [Dynamic Property Editor]를 실행한다.

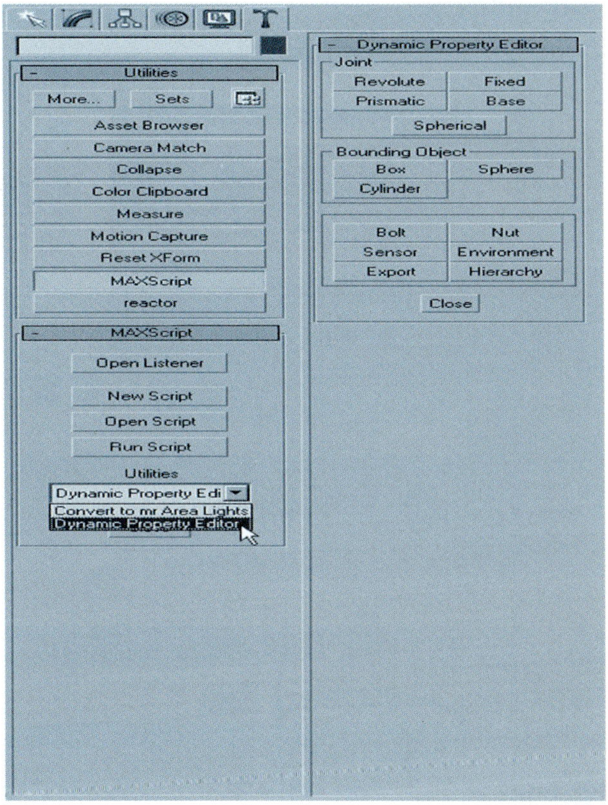

[그림 11-2] 맥스 스크립트의 Dynamic Property Editor 롤 아웃창

[Dynamic Property Editor]를 선택하면 [그림 11-2]와 같은 Dynamic Property Editor 롤아웃 창이 나타나게 되고 3DS 맥스로 디자인한 로봇에 여러 속성을 줄 수 있다.

Dynamic Property Editor는 PC 프린트 포트에 키락(Key-Lock) 장치를 장착한 상태에서 동작하며, 만약 키락 장치를 장착하지 않은 경우에는 라이센스를 등록해야만 동작한다.

라이센스가 정상적으로 입력되면 "축하합니다! 라이센스 인증이 완료되었습니다!"는 메시지가 나타난다.

[그림 11-3] Dynamic Property Editor 라이센스 등록기

11-2 3DS 맥스 다이나믹 속성 편집기의 설치

3DS 맥스 다이나믹 속성 편집기의 InstallShield Wizard 설치 준비 화면이 표시된다.

① 설치 시작

3DS 맥스 다이나믹 속성 편집기 InstallShield Wizard 준비 화면이 끝나면 자동적으로 화면의 설치 창이 나타난다.

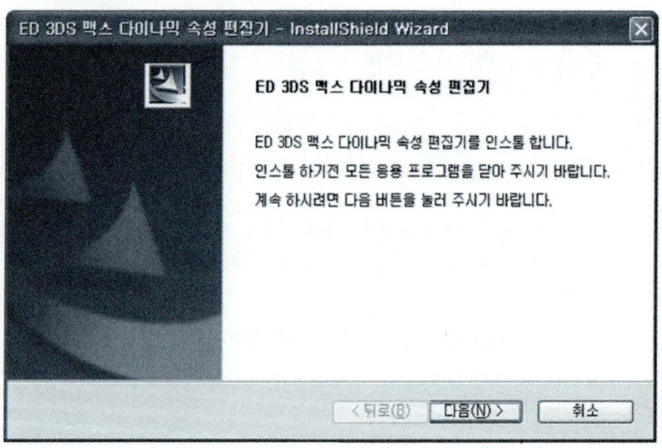

[그림 11-4] 3DS 맥스 다이나믹 속성 편집기 InstallShield 설치

② 사용권 계약 동의서

설치 창에서 [다음]을 누르면 소프트웨어 사용권 계약 동의서가 나타난다. 중요한 내용이므로 사용자는 자세히 읽어 차후 불이익이 없도록 해야 한다.

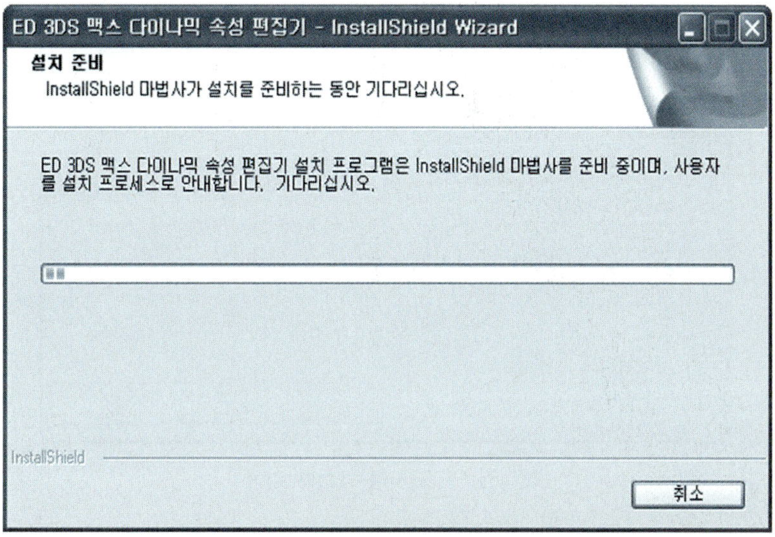

[그림 11-5] 3DS 맥스 다이나믹 속성 편집기 InstallShield Wizard 준비 화면

"위의 내용에 동의합니다." 버튼을 클릭하면 [다음] 버튼이 활성화된다.

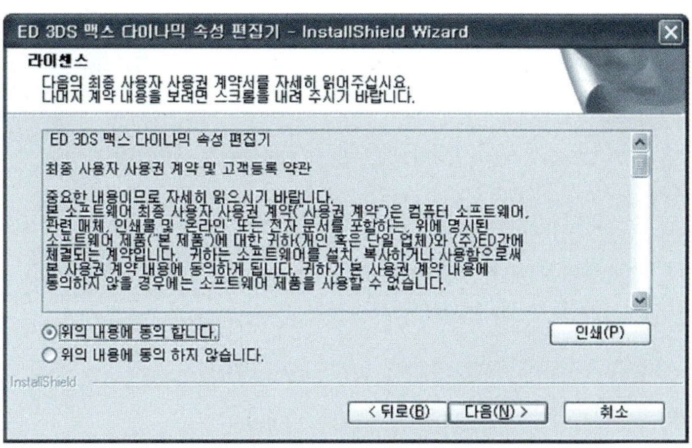

[그림 11-6] 사용권 계약 동의서

③ 사용자 정보 입력

라이센스 설치 창에서 [다음] 버튼을 누르면 사용자 정보 입력 창이 나온다. 이름(U)에는 사용자 이름을 입력하고, 회사(C)에는 소속을 입력한다.

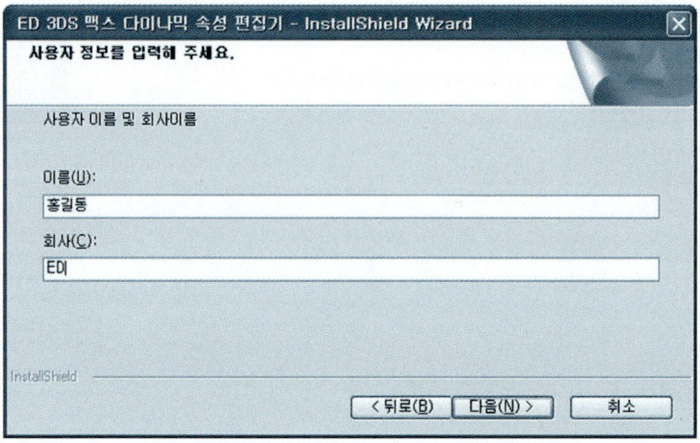

[그림 11-7] 사용자 정보 입력

④ 파일복사

경로명을 지정한 후 [다음] 버튼을 누르면 프로그램을 사용하는데 필요한 파일이 하드에 복사된다.

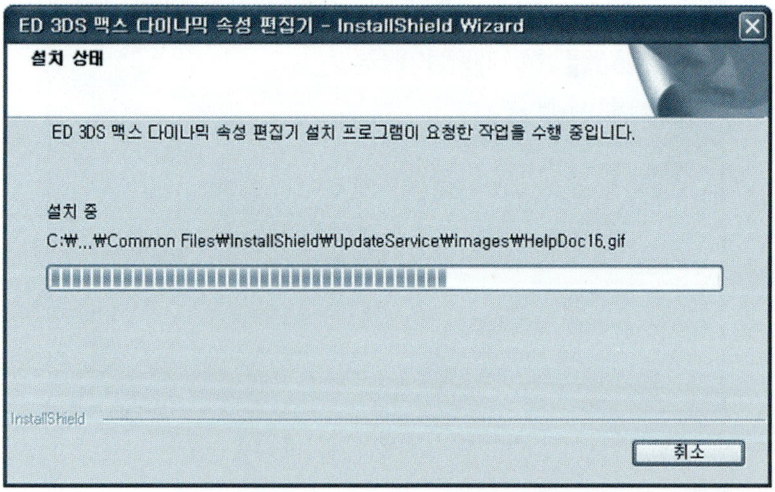

[그림 11-8] 3DS 맥스 다이나믹 속성 편집기 설치

⑤ 설치 완료

설치 과정을 끝마치고 완료 버튼을 눌러 재부팅하면 3DS 맥스 다이나믹 속성 편집기의 실행 준비가 완료된다.

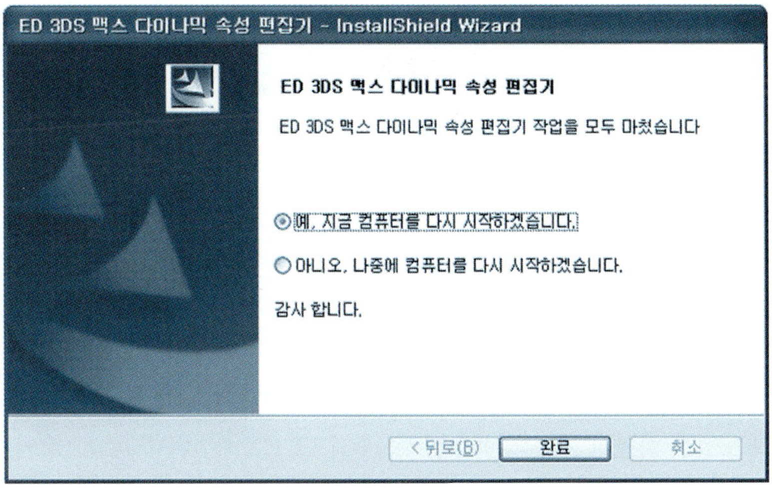

[그림 11-9] 3DS 맥스 다이나믹 속성 편집기 설치 완료

11-3 3DS 맥스 다이나믹의 조인트

조인트는 로봇의 뼈대와 같은 역할을 하며 로봇의 몸체와 몸체 사이에서 관절과 같은 역할을 한다. 여기서 사용하는 조인트는 '회전 조인트(Revolute Joint)', '각기둥 조인트(Prismatic Joint)', '고정 조인트(Fixed Joint)', '가상 조인트(Base Joint)'로 나눌 수 있다.

11-3-1 회전 조인트(Revolute Joint)

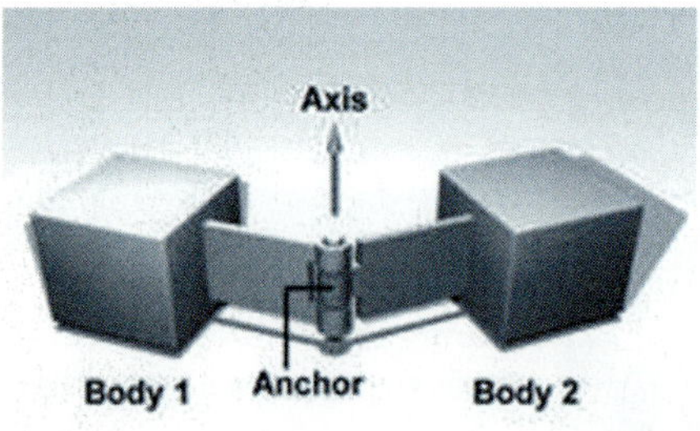

[그림 11-10] 회전 조인트

회전 조인트는 X, Y, Z축 중 한 축으로만 회전이 가능한 조인트이다[그림 11-10].

여기서는 Z축으로만 회전이 가능한 회전 조인트를 다룬다. 생성된 회전 조인트는 기본적으로 Z축으로만 회전이 가능하며 조인트를 X, Y축으로 90°씩 회전함으로써 각각 X축, Y축에 대한 회전 조인트로 사용할 수 있다.

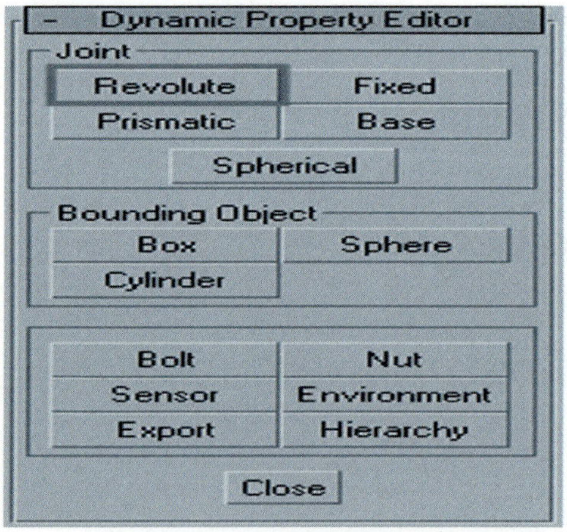

[그림 11-11] 회전 조인트 선택

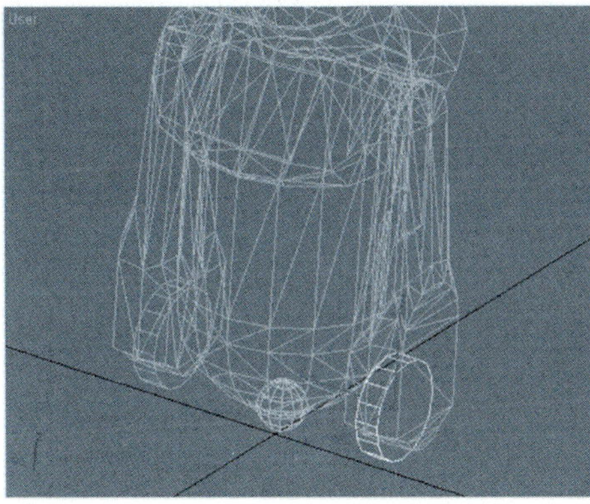

[그림 11-12] 그래픽스 선택

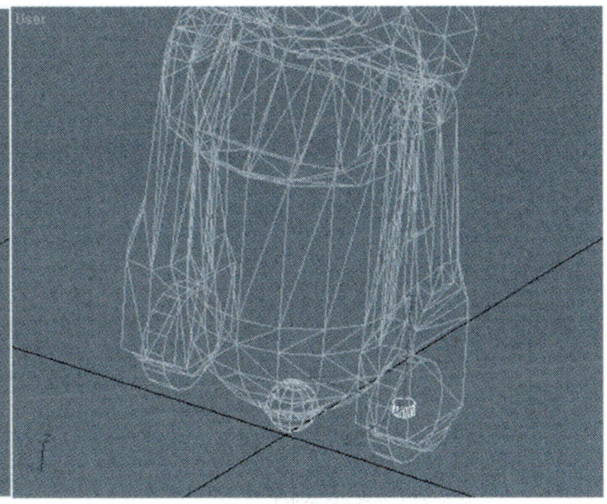

[그림 11-13] 회전 조인트 생성

[그림 11-12]와 같이 조인트를 생성하려는 그래픽스(메쉬)를 클릭하여 선택한 후 [그림 11-11]과 같이 'Revolute Joint' 버튼을 누르면 [그림 11-13]과 같이 선택한 메쉬의 중심부분에 회전 조인트가 생성되며 스크립트 메뉴의 회전(Rotation) X, Y, Z를 사용하여 회전 조인트의 회전축의 방향을 조정한다. 회전 조인트는 실린더 모양으로 생성이 되며 이 실린더 모양이 회전하는 방향이 실제 조인트가 회전하려는 방향과 일치하게 회전시켜 주면 된다.

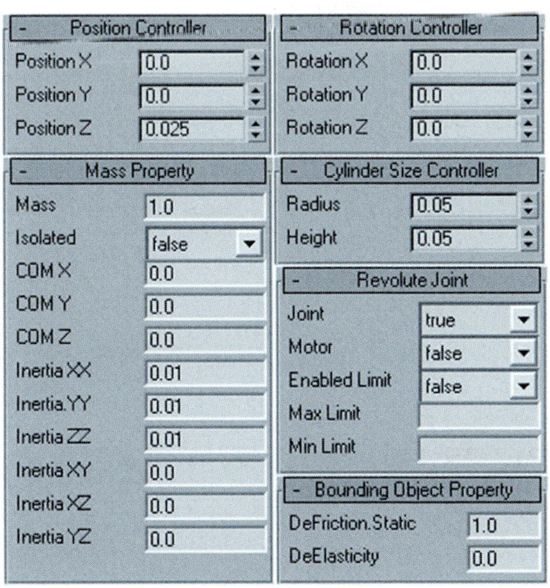

[그림 11-14] 조인트에 부여되는 속성 창들

조인트에 부여되는 속성과 단위는 〈표 11-1〉과 같다.

〈표 11-1〉 조인트에 부여되는 속성과 단위

속성	단위	설명
Joint X, Y, Z	미터(m)	조인트의 좌표 변환
Rotation X, Y, Z	각도(degree)	조인트 회전 각도
Radius	미터(m)	조인트의 크기(반경)
Height	미터(m)	조인트의 크기(높이)
Mass	킬로그램(kg)	조인트가 붙은 메쉬 오브젝트의 질량
Isolated	true, false	현재 조인트를 포함한 하위 조인트의 다이나믹스 속성을 무시하게 만듦. 기본값은 false.
Joint	true, false	Revolute 조인트로 사용 여부. 기본값은 true.
Motor	true, false	현재 조인트에 모터속성을 부여. 기본값은 true.

〈표 11-2〉 모터의 속성

속성	단위	설명
Type Name	Rotate Motor / Linear Motor	모터의 종류 선택. 기본값은 Rotate Motor.
Device Name	문자열	모터에 사용할 고유 이름. 영문, 숫자만 가능

11-3-2 각기둥 조인트(Prismatic Joint)

각기둥 조인트는 두 오브젝트를 같은 방향으로 미끄러지듯 움직이게 연결하는 조인트이다.

[그림 11-16]의 각기둥 조인트의 속성에서 'joint' 속성은 이 조인트의 동역학적 속성을 활성화할 것인지의 여부를 나타내며 'true', 'false'로 설정할 수 있다. 'Joint' 속성을 'false'로 주면 동역학적 조인트의 역할을 하지 않는다. 'motor' 속성은 이 조인트를 모터로 사용할 것인지의 여부를 나타내며 'true', 'false'로 설정할 수 있다. 'Enabled Limit' 속성은 이 조인트의 움직일 수 있는 각도의 범위를 제한할 것인지의 여부를 나타내며 'Max Limit'과 'Min Limit'으로 움직일 최대, 최소 각도를 제한할 수 있다. Limit의 각도 단위는 라디안이다.

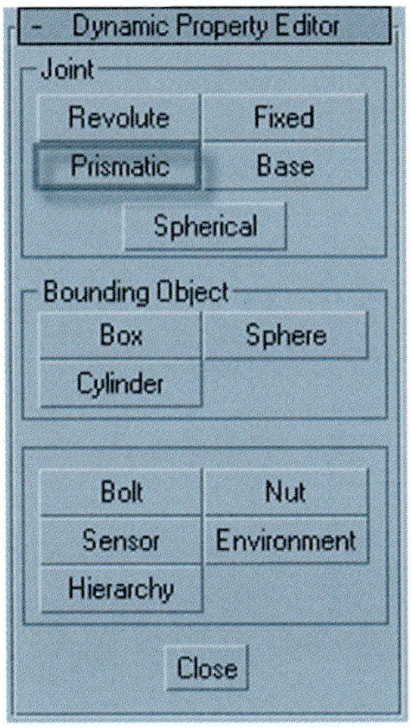

[그림 11-15] 각기둥 조인트

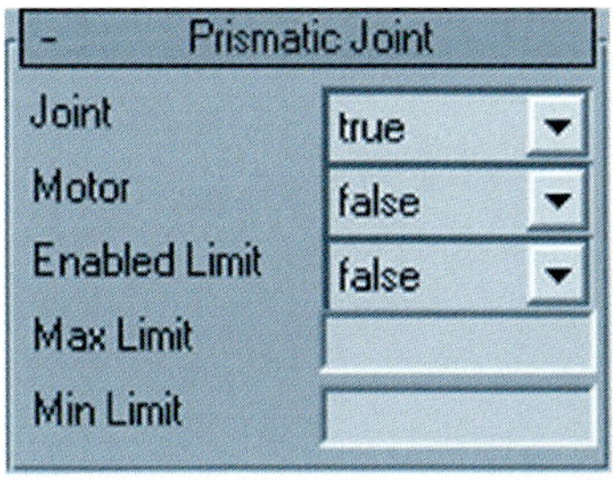

[그림 11-16] 각기둥 조인트 속성 창

11-3-3 고정 조인트(Fixed Joint)

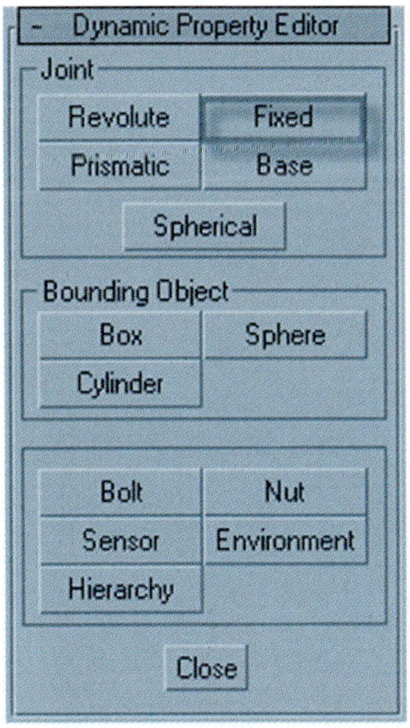

[그림 11-17] 고정 조인트

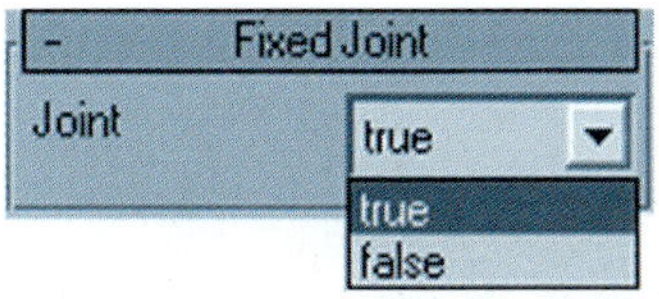

[그림 11-18] 고정 조인트 속성 창

고정 조인트는 두 개의 오브젝트를 움직이지 않게 연결하는 역할을 한다. 두 개 이상의 조인트를 접착제를 붙인 것같이 붙여서 서로 간에는 움직이지 않게 할 때에는 두 오브젝트 사이에 고정 조인트를 넣어주어야 하며, 아래에서 설명할 계층 뷰에서 트리구조를 만들어 주어야 한다.

[그림 11-18]의 속성에서 'Joint' 속성은 이 조인트의 동역학적 속성을 활성화할지를 나타내며 'true', 'false'의 값을 줄 수 있다.

11-3-4 가상 조인트(Base Joint)

가상 조인트는 로봇 구조에서 각 하부 오브젝트들의 최상위에 해당하는 오브젝트로 가상의 오브젝트이다. 다시 말하면 로봇 구조의 중심에 해당한다. 로봇의 모든 조인트는 이 가상(Base)의 베이스 조인트에 연결된다.

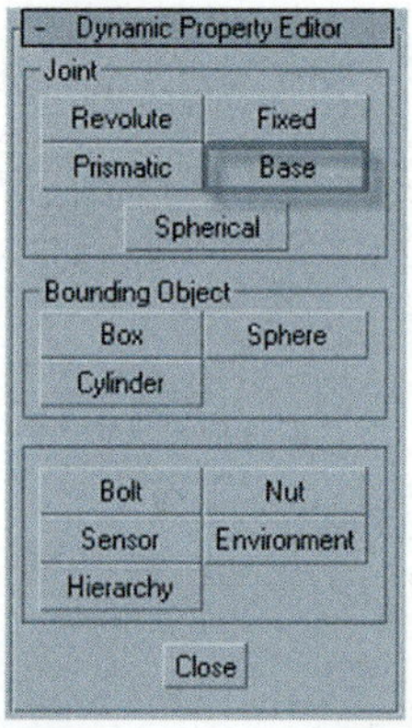

[그림 11-19] 가상 조인트

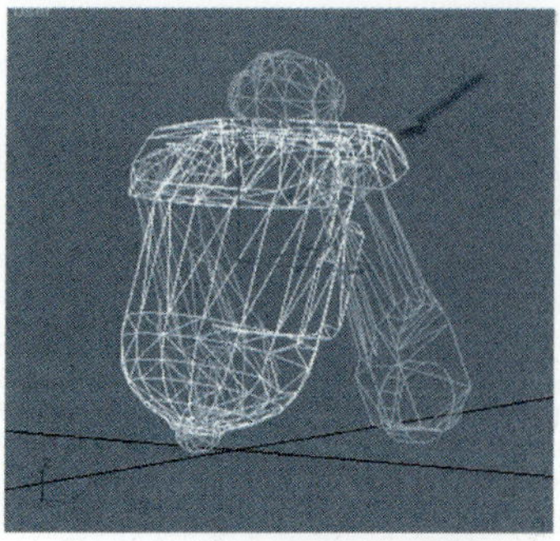

[그림 11-20] 그래픽스 선택

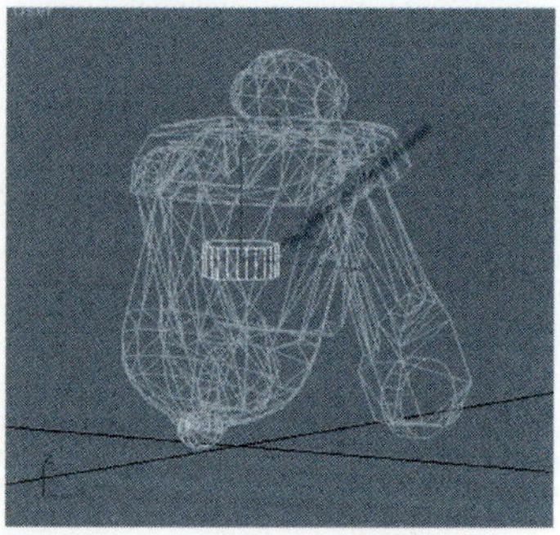

[그림 11-21] 가상 조인트 생성

[그림 11-20]과 같이 로봇의 중심 그래픽스를 선택한 후 스크립트의 '가상(Base)'을 클릭하면 [그림 11-19] 가상(Base) 조인트가 중심부에 생성된다[그림 11-21]. 가상 조인트는 보이지 않는 가상의 오브젝트이므로 그 물리적 위치가 로봇의 어느 곳에 위치해도 상관이 없으나 통상 로봇의 중심부에 생성한다.

차후, 계층 뷰에서 노드들 간의 트리구조를 형성할 때 가상 조인트를 트리구조의 맨 상위에 위치시킨다.

11-3-5 구형 조인트(Spherical Joint)

구형 조인트는 X, Y, Z축으로 각각 360도씩 자유롭게 회전 가능한 조인트이다[그림 11-22]. [그림 11-23]의 구형 조인트의 속성에서 'Joint' 속성은 이 조인트의 동역학적 속성을 활성화할 것인지의 여부를 나타내며 'true', 'false'로 설정할 수 있다. 'Joint' 속성을 'false'로 주면 동역학적 조인트의 역할을 하지 않는다.

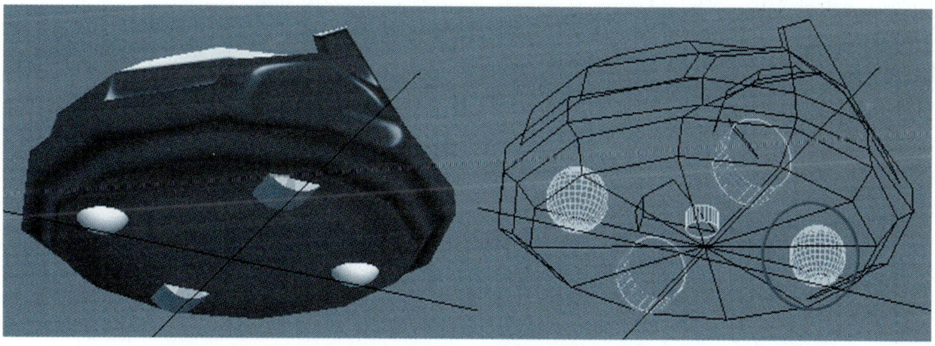

[그림 11-22] 구형 조인트

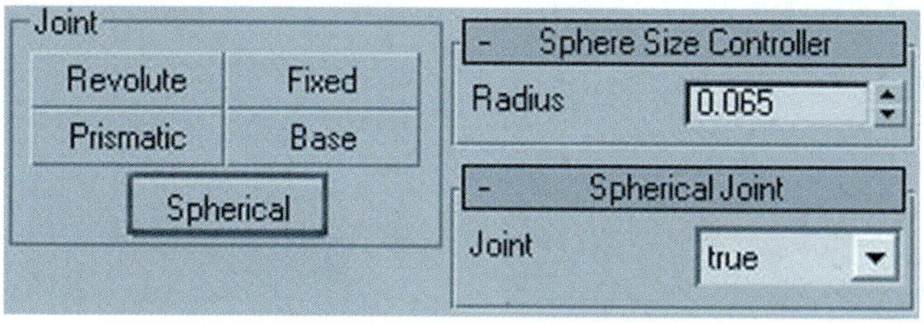

[그림 11-23] 구형 조인트 속성

11-4 충돌 오브젝트(Bounding Object)

동역학 시뮬레이션을 할 때 다른 물체와 충돌하는 부분을 그래픽스(메쉬) 대신에 충돌 박스를 만들어서 사용한다. 충돌 검사를 하기에 그래픽스는 그 구조도 복잡하고 계산양도 매우 증가한다. 따라서 오브젝트가 다른 오브젝트와 충돌하는 여부를 알기 위해 그래픽스 대신에 간단한 구조의 충돌 오브젝트를 사용한다. 여기서는 박스(Box), 실린더(Cylinder), 구형(Sphere)을 사용한다.

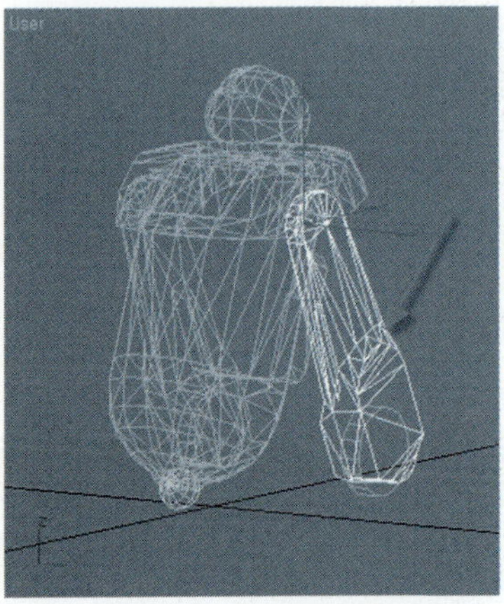

[그림 11-24] 그래픽스 선택

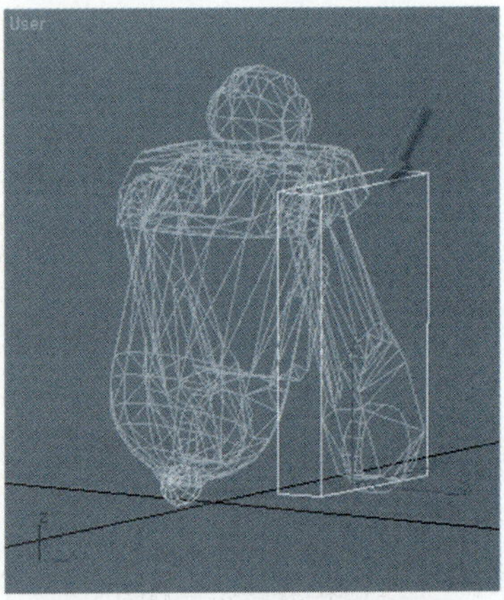

[그림 11-25] 충돌 박스

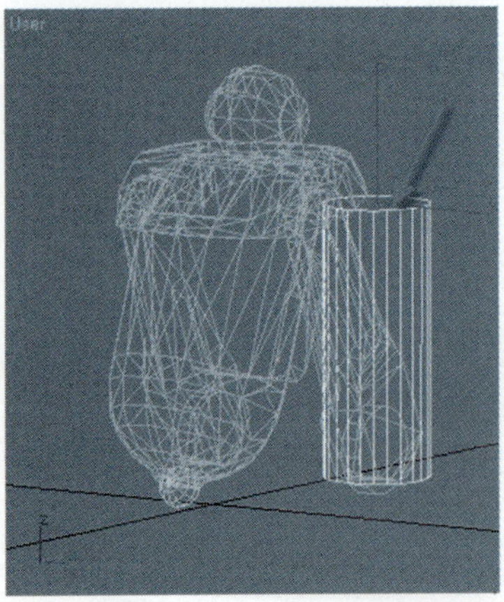

[그림 11-26] 충돌 실린더

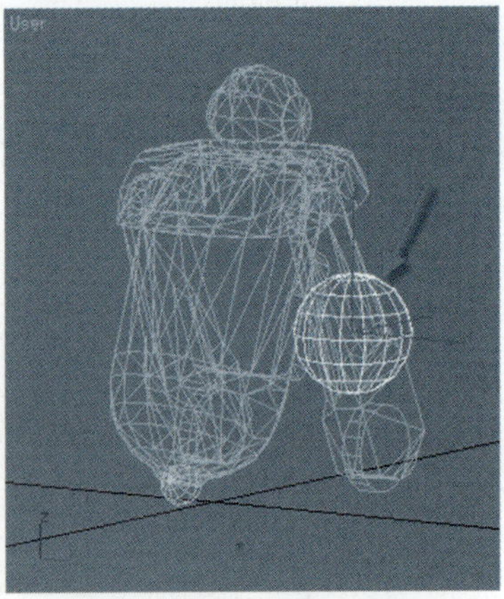

[그림 11-27] 충돌 구형

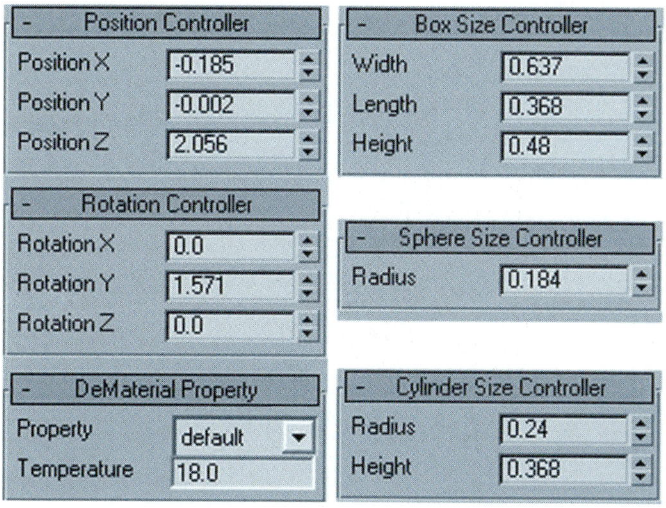

[그림 11-28] 충돌 오브젝트 속성 창들

[그림 11-28]처럼 충돌 오브젝트를 만들려는 그래픽스를 선택한 후 스크립트 메뉴의 'Box', 'Cylinder', 'Sphere'를 클릭하면 충돌 오브젝트가 만들어진다. 여기서 박스, 실린더, 구형의 선택은 그래픽스의 모양에 따라 비슷한 크기로 적절하게 선택한다. 충돌 오브젝트를 만들면 기본적으로 선택한 그래픽스와 크기가 비슷한 오브젝트가 만들어지는데 'Position', 'Rotation', 'Radius', 'Height'를 조정하여 충돌 오브젝트의 위치와 크기를 조정한다.

[그림 11-29]와 같이 충돌 박스로 실제 로봇이 충돌하는 부분을 대략적으로 표현하게 된다.

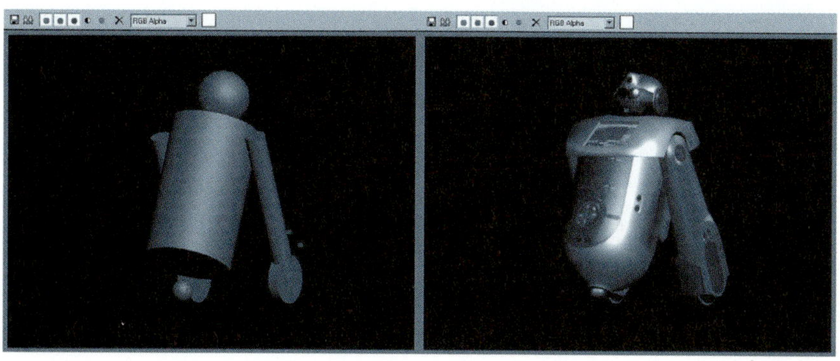

[그림 11-29] 충돌 오브젝트와 실제 모델

11-5 오브젝트 연결자

오브젝트 연결자는 볼트와 너트로 구성되어 있으며, 로봇 에디터에서 로봇 부품 간에 서로 붙는 역할을 하게 된다. 두 개의 로봇 부품에서 기준이 되는 부품에는 볼트를, 기준이 되는 부품에 붙을 부품에 너트를 위치시켜 준다. 볼트는 기준이 되는 부품의 어느 위치라도 붙일 수 있는 반면에 너트는 오브젝트의 조인트 부분에 위치시켜 준다.

예를 들면, '몸통－볼트－너트－조인트(팔)－팔'의 순서로 몸통과 팔의 중간에 볼트와 너트를 연결하여 몸통과 팔을 서로 붙인다. 볼트와 너트는 시뮬레이션 화면에 보이지도 않고 물리적 속성도 없는 가상의 오브젝트이다.

참고로 가상 조인트에는 볼트와 너트를 연결하지 않는다.

[그림 11-30]은 볼트의 오브젝트 연결자의 속성으로 볼트의 위치, 회전, 크기를 설정할 수 있고 고유의 ID를 설정할 수 있다. 볼트의 아이디는 'a', 'b', 'c', …과 같이 알파벳 소문자의 순서로 부여하고 너트의 아이디는 '1', '2', '3', …과 같이 정수의 순서로 부여한다.

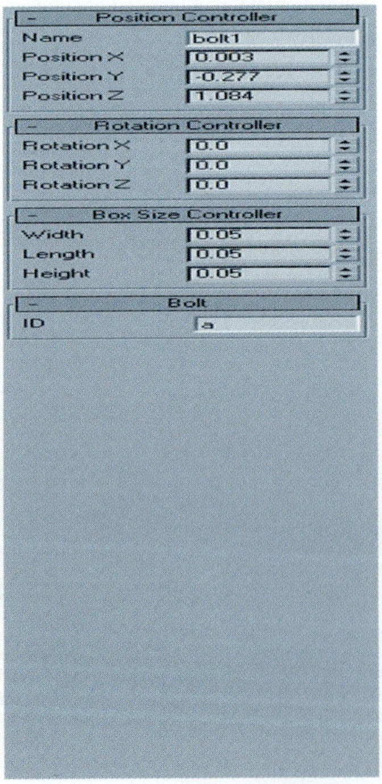

[그림 11-30] 오브젝트 연결자 속성

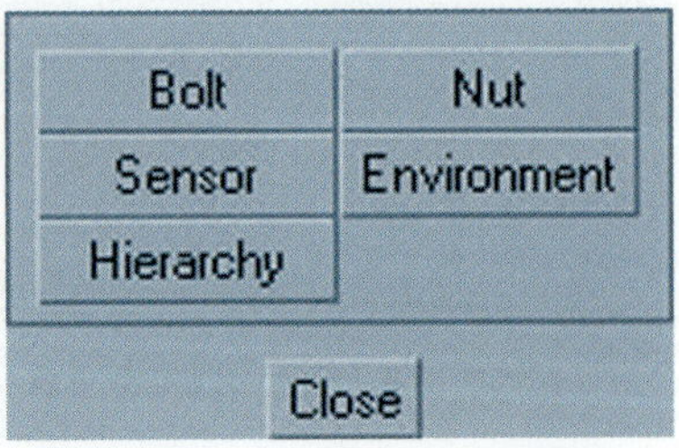

[그림 11-31] 오브젝트 연결자

11-6 계층구조 뷰(Hierarchy View)

11-6-1 계층구조 뷰 시작

로봇의 그래픽스에 조인트, 충돌 오브젝트, 오브젝트 연결자를 만든 후 이들 간에 계층적 구조를 정의해야 한다.

아래와 같이 [그림 11-32], [그림 11-33]를 클릭하면 계층구조가 설정되지 않은 계층구조 뷰 창이 뜨게 된다.

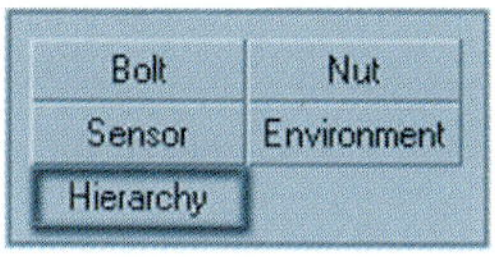

[그림 11-32] 오브젝트 연결 속성 창

[그림 11-33] 3D 맥스 메뉴바

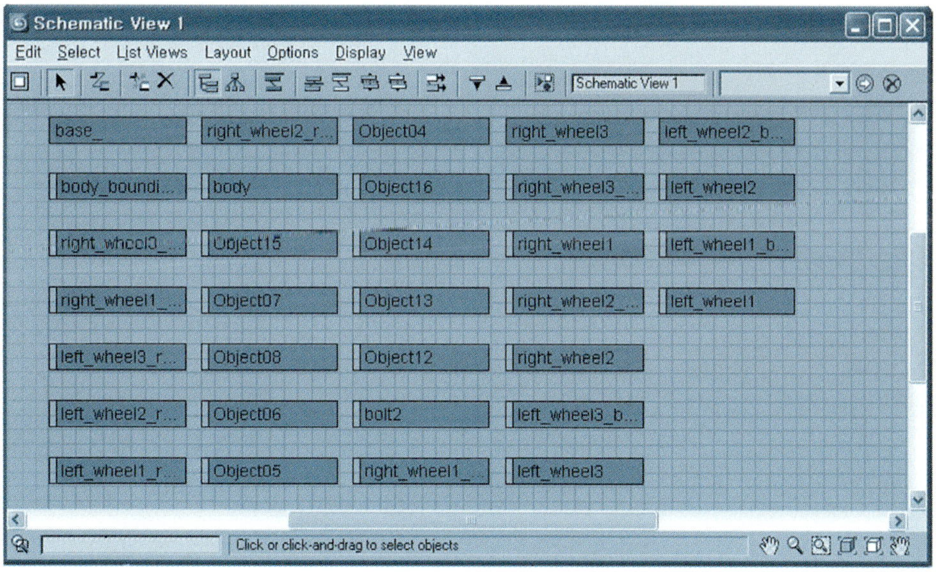

[그림 11-34] 계층구조가 설정되지 않은 상태

11-6-2 계층구조 뷰 도구

사용자가 자주 사용하는 기능 중 유사한 기능들은 툴바로 구성하여 작업을 용이하게 하였다. 툴바를 드래그하면 툴바의 위치를 옮길 수 있다.

계층구조를 설정하기 전에 툴바 기능을 먼저 습득해야 한다.

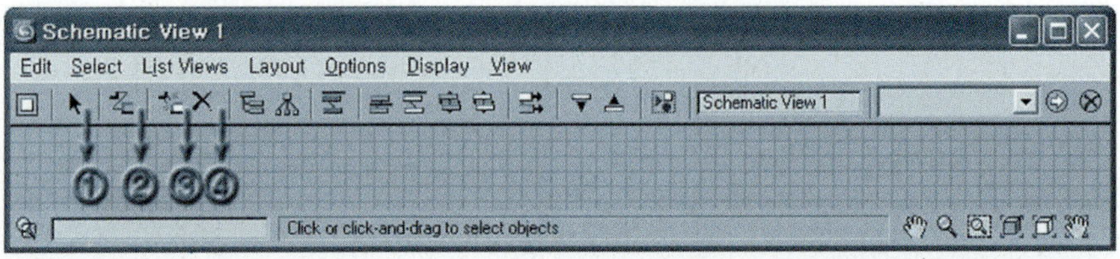

[그림 11-35] 계층구조 뷰 도구상자 모음

① Select(**선택**) : 객체를 선택할 때 사용한다.

② Connect(**연결**) : 객체와 객체간의 계층구조 관계를 설정할 때 사용하며, 계층 구조상에서 하위 노드에서 클릭하여 상위 노드 쪽으로 드래그하여 관계를 설정한다.

③ Unlink Selected(**해제**) : 객체간에 계층관계를 설정한 것을 해제한다.

④ Delete Objects(**삭제**) : 객체를 삭제할 때 사용하며, 'Delete'키로도 삭제할 수 있다.

툴바 기능을 습득하였다면 로봇의 원활한 움직임과 기능보완을 위해 계층을 설정해야 한다.

연결하는 순서는 다음과 같다.

① 가상 조인트를 최상위로 하여 그 하위에 인접한 조인트들을 연결한다. 이때 조인트와 조인트 사이에는 볼트와 너트가 쌍이 되도록 볼트와 너트를 삽입한다.

② 각각의 조인트의 하위에 충돌 오브젝트를 연결한다.

③ 각각의 충돌 오브젝트의 하위에 그래픽스를 연결한다.

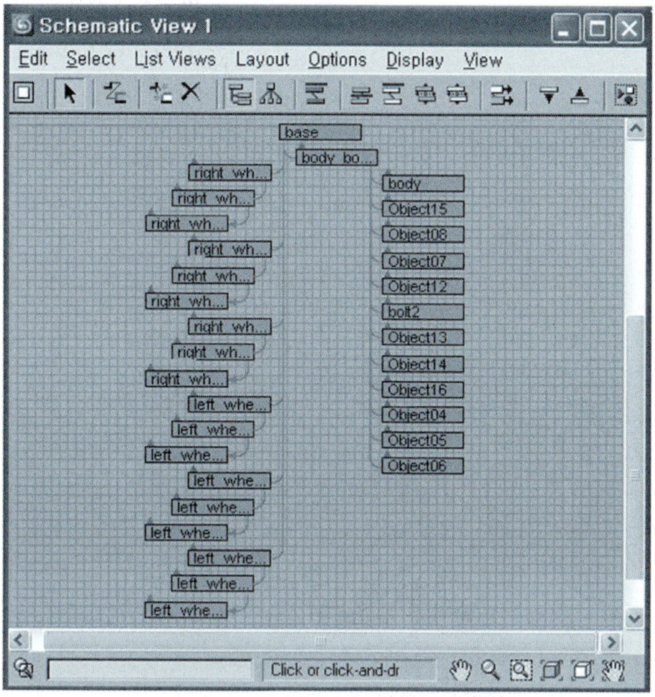

[그림 11-36] 계층구조가 설정된 상태

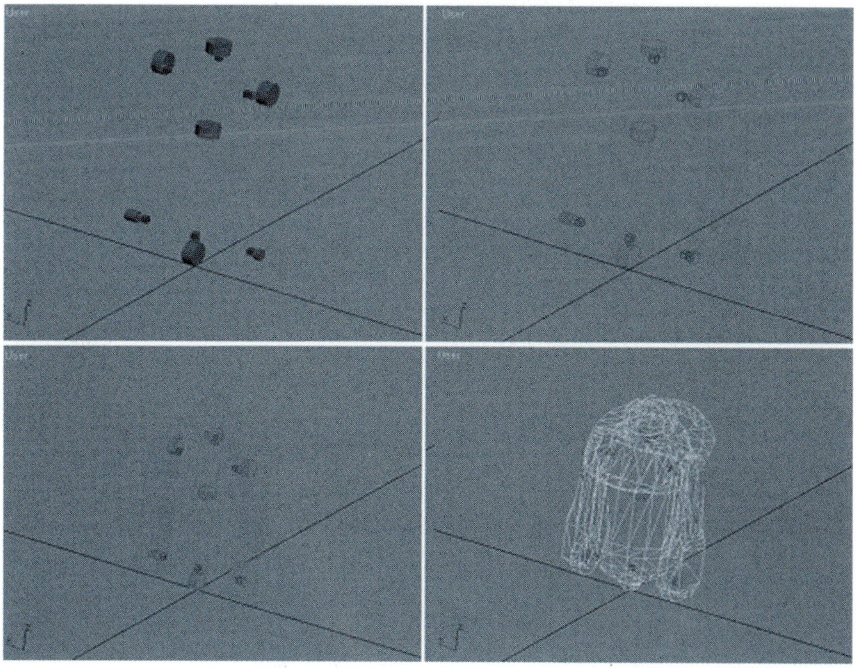

[그림 11-37] 조인트, 충돌 오브젝트, 그래픽스의 모습

11-7 센서(Sensor)

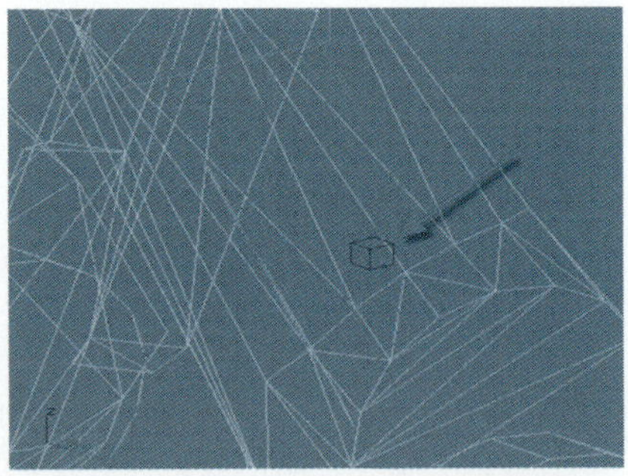

[그림 11-38] 생성한 센서의 모양

디자인한 로봇에 24가지의 센서를 부착할 수 있다. [그림 11-38]과 같이 센서는 파란색의 육면체로 표현되며 시뮬레이션을 하게 되면 실제 센서의 모양을 나타내며 센서의 역할을 하게 된다.

센서 생성 방법은 [그림 11-39]와 같이 'Sensor'를 클릭하면 [그림 11-40]에서 센서의 타입을 선택할 수 있다. 센서의 타입을 선택하면 센서 타입 선택창이 사라지면서 [그림 11-41]과 같이 선택한 타입 중 하나의 센서를 선택할 수 있다.

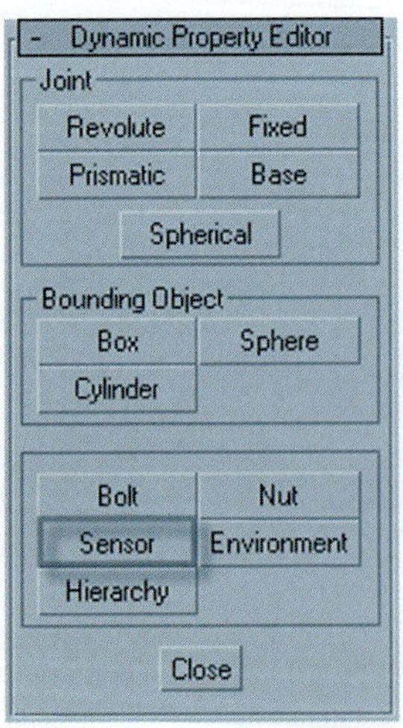

[그림 11-39] 센서 생성

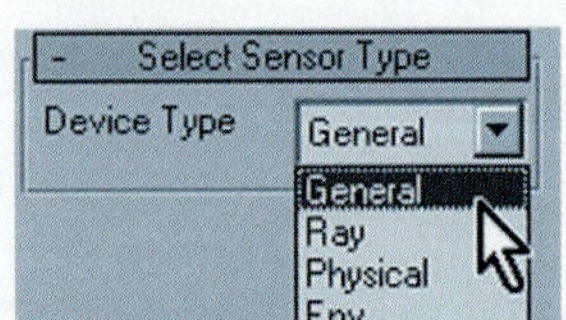

[그림 11-40] 센서 타입 선택

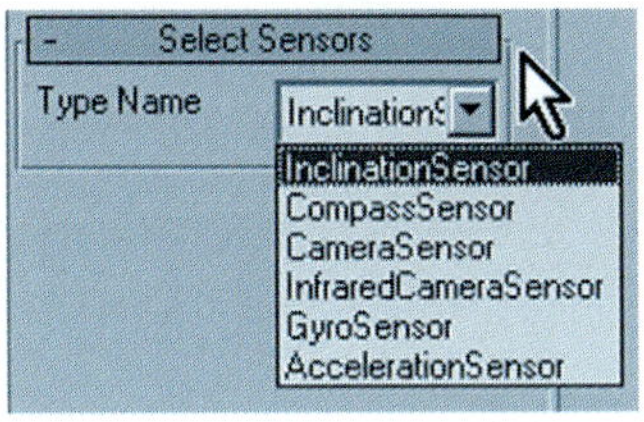

[그림 11-41] 센서 선택

〈표 11-3〉 센서의 타입과 종류

센서 타입	센서 이름	센서 용도
General (일반 그룹)	기울기 센서(Inclination Sensor)	XY평면과 Z축과의 기울기를 측정
	나침반 센서(Compass Sensor)	좌표계의 북쪽(Y축)과의 각도를 측정
	카메라 센서(Camera Sensor)	카메라에 보이는 화면을 별도의 창을 통해 보여줌
	적외선 카메라 센서(Infrared Camera Sensor)	적외선 카메라에 의한 화면을 별도의 창을 통해 보여줌
	자이로 센서(Gyro Sensor)	X, Y, Z축 각각에 대한 각도와 각속도 측정
	가속도 센서(Acceleration Sensor)	지역좌표계에서 X축 방향에 대한 가속도 측정
Ray (레이저 그룹)	적외선 센서(Infrared Sensor)	적외선을 쏘아 닿은 물체와의 거리 측정
	초음파 센서(Ultrasonic Sensor)	초음파에 의해 닿은 물체와의 거리 측정
	비접촉식 온도 센서(Temp Notouch Sensor)	레이저를 쏘아 접촉된 물체의 온도 측정
	소리감지 센서(Detect Sound Sensor)	주변의 소리의 강도를 측정
	레이저 센서(Laser Sensor)	레이저를 쏘아 닿은 물체와의 거리 측정
	인체감지 센서(Detect Body Sensor)	센서 동작 범위 내에 인체를 감지
	금속감지 센서(Detect Metal Sensor)	센서 동작 범위 내의 금속을 감지
Physical (물리적 그룹)	터치 센서(Touch Sensor)	접촉면의 압력을 측정
	접촉 센서(Limit Sensor)	접촉여부를 On/Off로 측정
	촉각 센서(Sense Sensor)	1㎠의 접촉면의 미세한 압력을 측정
Environment (환경 그룹)	접촉식 온도 센서(Temp Touch Sensor)	센서에 접촉한 물체의 온도를 측정
	습도 센서(Humidity Sensor)	대기의 습도를 측정
	조도 센서(Illumination Sensor)	조도 측정
	대기압 센서(Pressure Sensor)	대기압 측정
	오존 센서(Ozone Sensor)	오존 농도 측정
	가스 센서(Gas Sensor)	가스 농도 측정
	이온 센서(Ion Sensor)	이온 농도 측정
	지자기 센서(Magnet Sensor)	지자기 측정

생성한 센서는 로봇의 외부 표면쪽에 위치시키고 센서의 방향을 외부방향으로 조정해야 한다. 일반적으로 센서의 지역좌표의 Z축이 센서의 방향이 되며 이 방향을 로봇 표면의 외부로 향하게 조정한다. 센서의 타입과 종류는 〈표 5-3〉과 같다.

11-8 환경속성(Environment) 설정

로봇이 위치한 환경의 속성을 부여할 수 있는데, [그림 11-42]와 같이 'Environment'를 클릭하면 [그림 11-43]과 같이 흰색의 박스가 생성된다.

이 박스는 환경정보를 가지고 있는 가상의 박스로써 시뮬레이션 중에는 보이지 않는다. [그림 11-44]에 보는 것처럼 로봇이 위치한 곳의 습도와 대기온도를 설정할 수 있다.

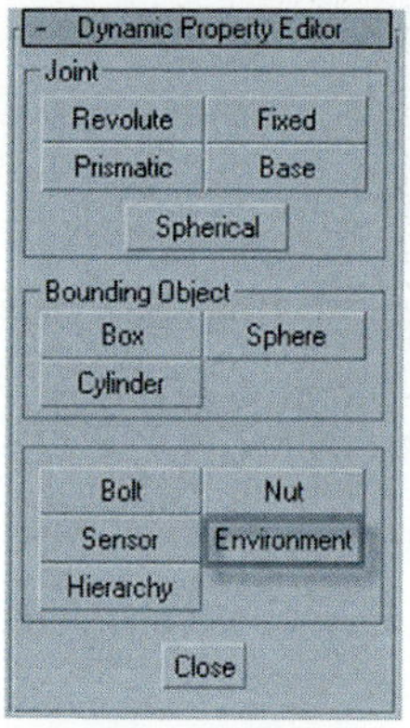

[그림 11-42] 환경 선택

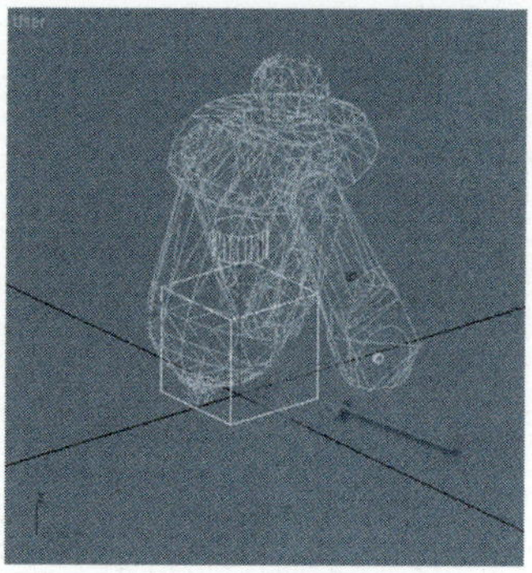

[그림 11-43] 환경 박스

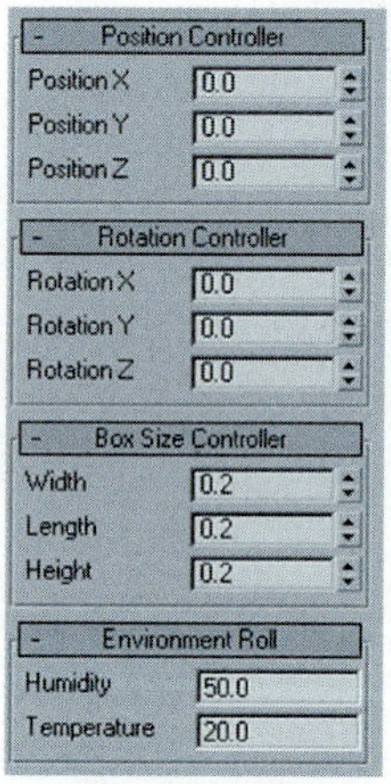

[그림 11-44] 습도, 대기온도 설정

11-9 3ML 익스포트(Export)

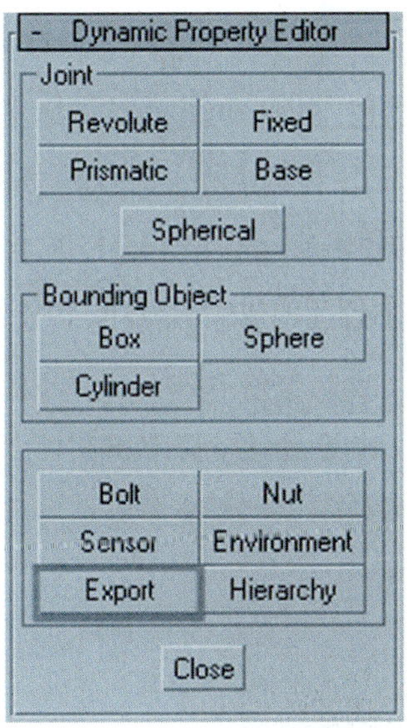

[그림 11-45] 익스포트 버튼

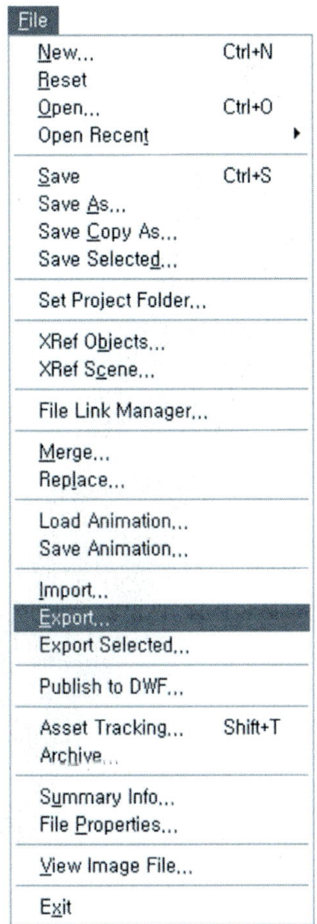

[그림 11-46] 파일 메뉴에서의 익스포트

3DS 맥스에서의 로봇 디자인이 완료되었으면 로봇 에디터가 불러들일 수 있는 파일 형식으로 익스포트를 해야 한다. '3ML'의 확장자명을 가지며 파일의 형태는 XML과 유사하다.

익스포트를 하게 되면 디자인한 로봇의 그래픽스, 텍스처, 조인트, 충돌 박스 및 각종 속성들이 저장되며, 추후 텍스트 에디터를 통하여 속성들을 직접 편집할 수도 있다.

익스포트 버튼을 누르면 다음과 같은 창이 열린다.

저장 위치는 설치폴더₩EDRS₩model로 지정한 후 XML1.0(3ML형식)으로 저장한다.

제11장

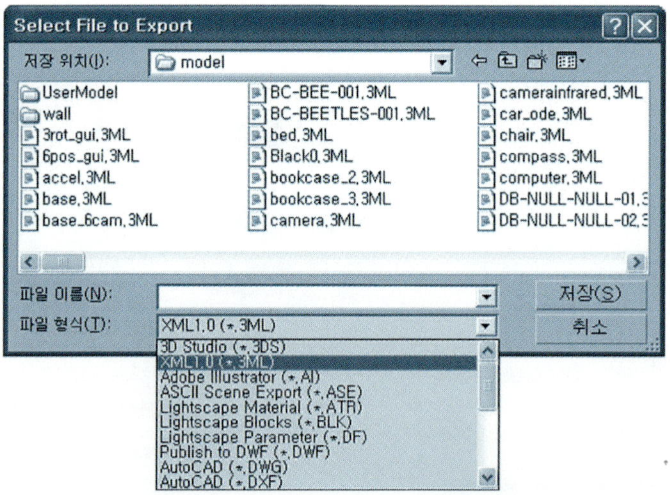

[그림 11-47] XML1.0(3ML형식)으로 저장

저장 버튼을 누르면 [그림 11-48]과 같은 익스포트 설정 창이 열린다.

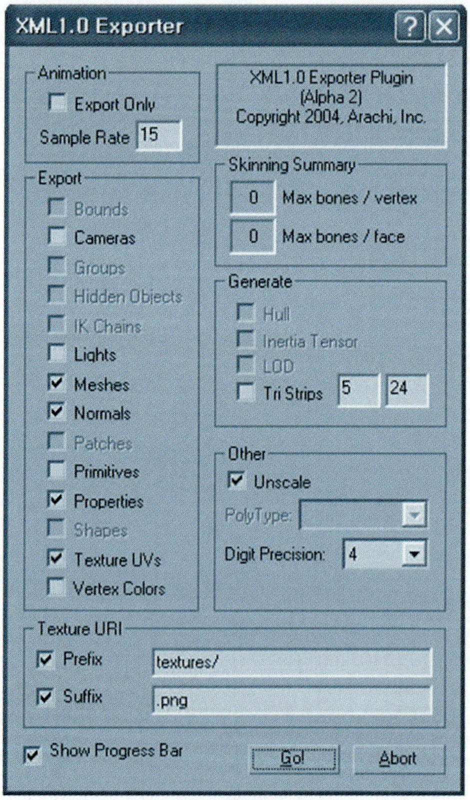

[그림 11-48] XML1.0(3ML형식)으로 세부 저장

1) 익스포트(Export)

3DS 맥스를 3ml로 익스포트할 때 익스포트할 항목을 설정한다. 보통 기본으로 설정되어 있는 'Meshes', 'Normals', 'Properties', 'Texture UVs'만 사용하면 된다.

2) 기타(Other)

'Unscale' 속성은 3DS 맥스에서 모델링할 때의 크기 단위를 변환하지 않음을 나타내며 반드시 체크해야 한다.

3) 텍스처(Texture) URI

익스포트되는 모델이 사용하는 텍스쳐 경로이다. 익스포트되는 폴더와 같은 레벨에 텍스쳐 폴더가 위치하게 되는데 만약 익스포트되는 파일이 설치폴더 ₩EDRS₩model에 저장된다면 텍스쳐 파일은 설치폴더 ₩EDRS₩textures에 위치하게 된다.

이 설정은 바꾸지 않는 것을 권장한다.

[그림 11-48]의 XML1.0으로 익스포트를 할 때 기본으로 설정되어 있는 값만 사용하고 Unscale은 체크를 반드시 하고 사용할 것을 권장한다.

11-10 EDRS 로봇(3D Max) 설정하는 방법

3D 맥스(max)를 열어서 원하는 로봇을 설계한다.

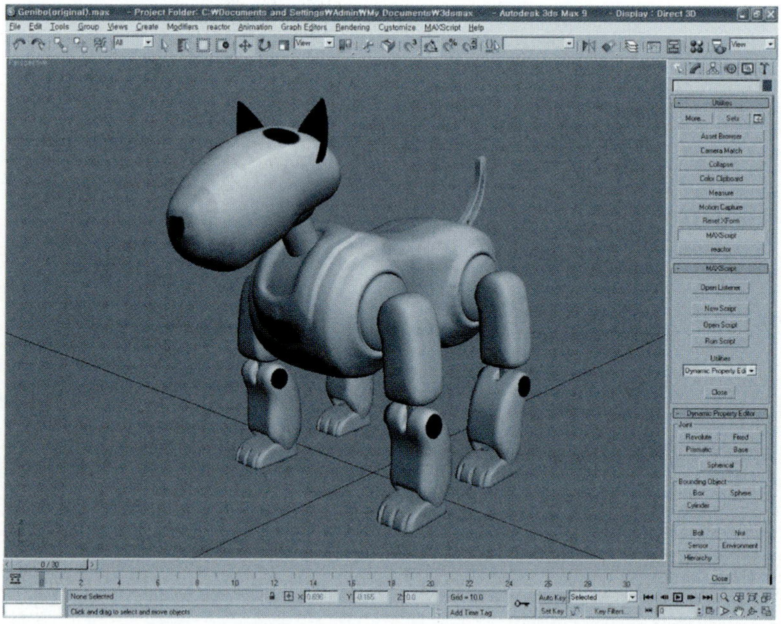

[그림 11-49] Genibo(EDRS 추가 로봇이미지)

로봇을 설정하려면 기본적으로 3D 맥스 툴을 잘 다루어야 한다.

기본적인 사용법은 굳이 적지 않기로 하겠습니다. 원하는 로봇의 설계를 끝내시면 다음과 같은 조건 사항을 설명하도록 한다.

1) 매핑 이미지는 꼭 1개의 파일이여야 한다. ([그림 11-51])

[그림 11-50] 미로 매핑 이미지(18*18)

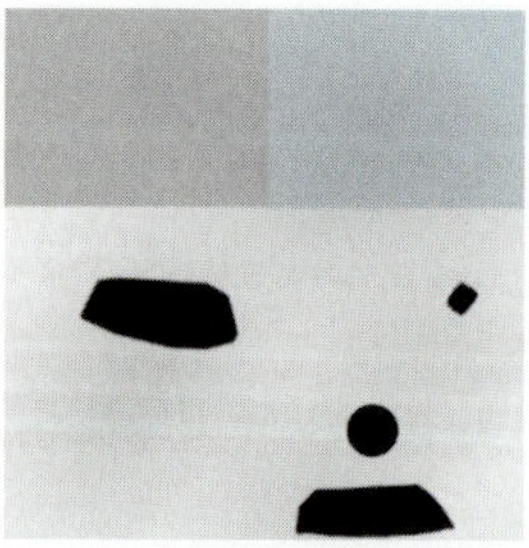

[그림 11-51] 로봇 매핑 이미지(36*36)

2) 로봇에 매핑이 설정되면 1차적인 작업은 끝났다고 볼 수 있다.
다음 작업은 설계한 로봇에 Dynamic Property Editor를 설정해 넣는 것이다.

① 로봇의 몸통 중심부에 가상(Base)을 설정해 준다.
② 몸통을 제외한 나머지 메쉬(개체)의 관절에 조인트(Joint)를 설정해 준다.
조인트(Joint)는 로봇의 관절을 움직일 수 있게 해준다. (매뉴얼 참고)
설정 작업이 끝나면 다음과 같은 화면이 된다.

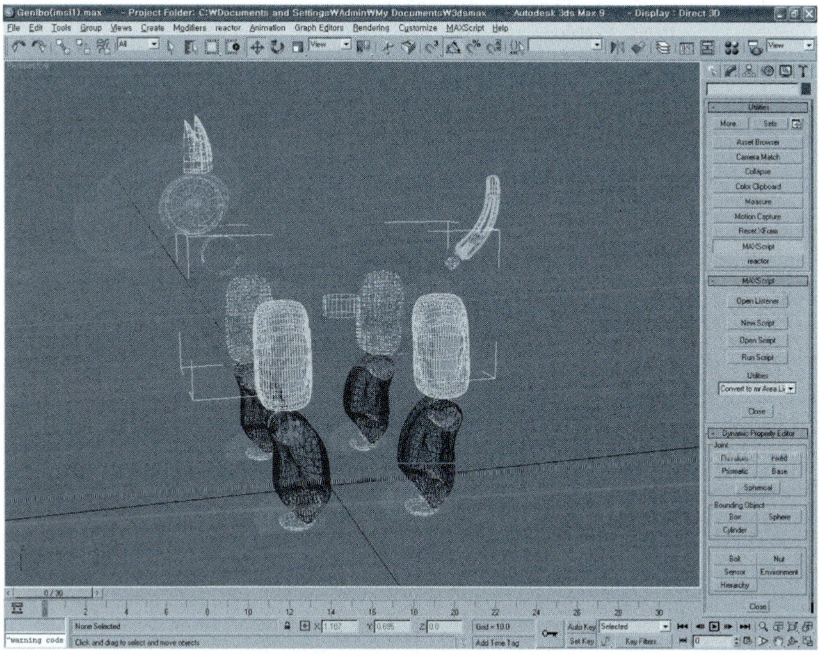

[그림 11-52] 설정이 완료된 미로

③ 설정 작업 이 끝나면 각 메쉬 마다 충돌(Bounding)을 설정해 준다.
- 충돌(Bounding)은 매핑 전에 설정해도 무관하다.
- 하나의 조인트(Joint)에 하나의 충돌(Bounding)이 짝을 이뤄야 한다.

④ 충돌(Bounding) 설정 작업이 끝나면 계층구조(Hierarchy)를 설정한다. 설정은 [그림 11-53]과 같다. (회전(revolute)→충돌(Bounding)→로봇 이미지 순서)

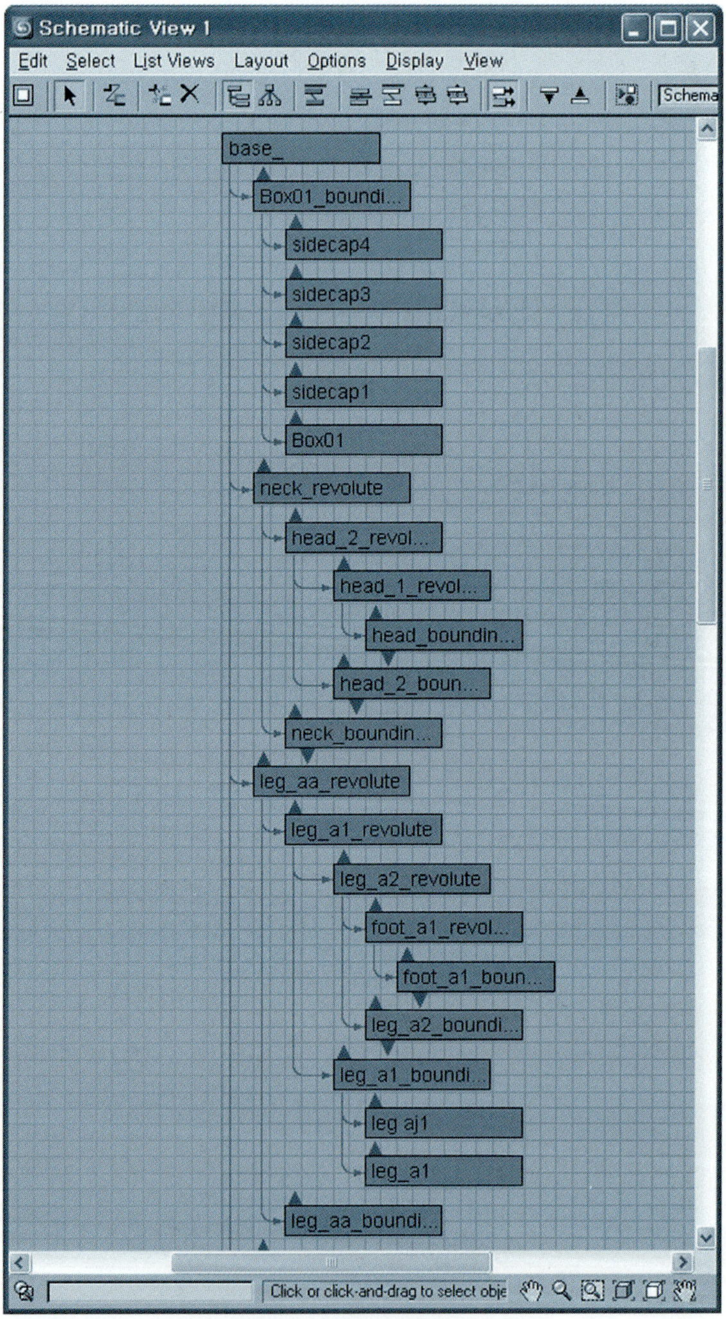

[그림 11-53] 계층구조(Hierarchy) 설정

위의 순서대로 작업을 마쳤다면 컴퓨터로 보내기(Export)한 후 3ML로 저장한다. 단 파일이름은 "영문"만 지원한다.

⑤ 저장된 3ML파일을 C:₩ Program Files₩EDRS₩model에 넣는다.

⑥ EDRS 폴더 안에 있는 robotlist.txt(단일 체제의 로봇)문서에 들어가서 [그림 11-54]와 같이 이름을 설정해준다. (띄어쓰기는 지원되지 않는다.)

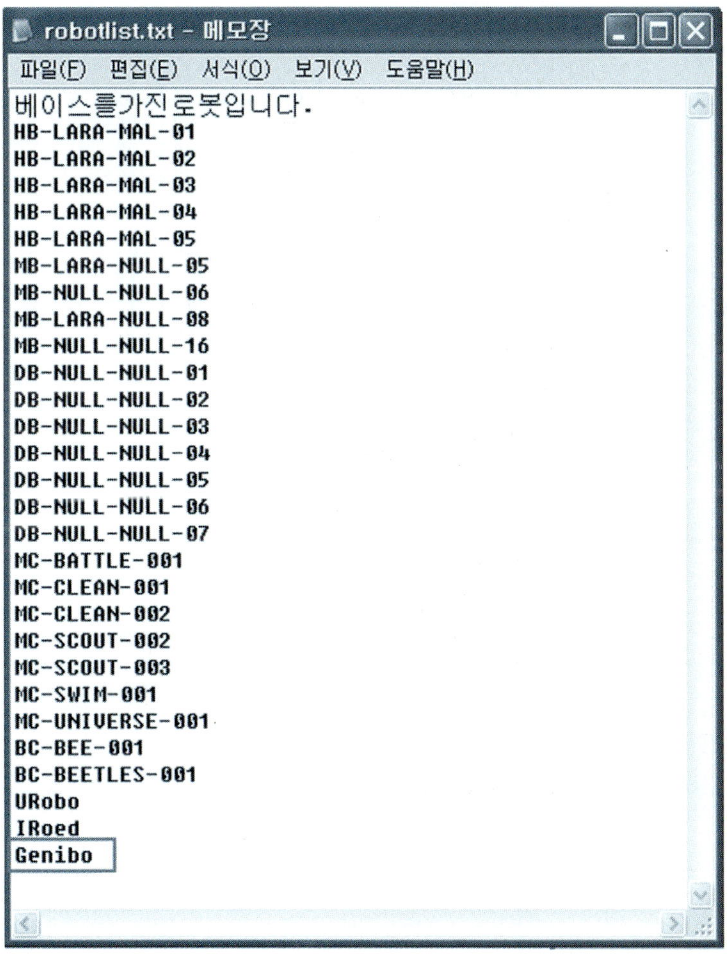
robotlist.txt - 메모장
파일(F) 편집(E) 서식(O) 보기(V) 도움말(H)
베이스를가진로봇입니다.
HB-LARA-MAL-01
HB-LARA-MAL-02
HB-LARA-MAL-03
HB-LARA-MAL-04
HB-LARA-MAL-05
MB-LARA-NULL-05
MB-NULL-NULL-06
MB-LARA-NULL-08
MB-NULL-NULL-16
DB-NULL-NULL-01
DB-NULL-NULL-02
DB-NULL-NULL-03
DB-NULL-NULL-04
DB-NULL-NULL-05
DB-NULL-NULL-06
DB-NULL-NULL-07
MC-BATTLE-001
MC-CLEAN-001
MC-CLEAN-002
MC-SCOUT-002
MC-SCOUT-003
MC-SWIM-001
MC-UNIVERSE-001
BC-BEE-001
BC-BEETLES-001
URobo
IRoed
Genibo

[그림 11-54] robotlist에 이름 올리기

제11장

⑦ EDRS 폴더 안에 있는 robot.xml(모든 로봇 파일-종류별)문서에 들어가서 [그림 11-55]와 같이 이름을 설정해 준다.(띄어쓰기는 지원되지 않는다.)
robot.xml는 xml파일이기 때문에 메모장으로 열어야 편집에 용이하다.

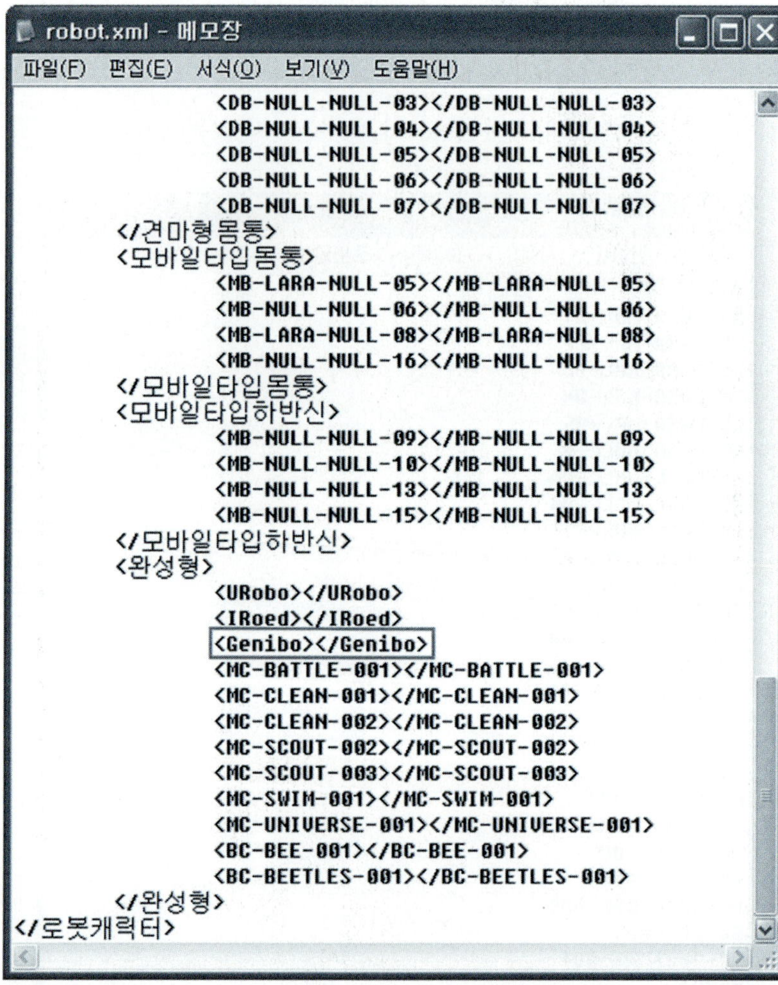
robot.xml - 메모장

파일(F) 편집(E) 서식(O) 보기(V) 도움말(H)

```
            <DB-NULL-NULL-03></DB-NULL-NULL-03>
            <DB-NULL-NULL-04></DB-NULL-NULL-04>
            <DB-NULL-NULL-05></DB-NULL-NULL-05>
            <DB-NULL-NULL-06></DB-NULL-NULL-06>
            <DB-NULL-NULL-07></DB-NULL-NULL-07>
        </견마형몸통>
        <모바일타입몸통>
            <MB-LARA-NULL-05></MB-LARA-NULL-05>
            <MB-NULL-NULL-06></MB-NULL-NULL-06>
            <MB-LARA-NULL-08></MB-LARA-NULL-08>
            <MB-NULL-NULL-16></MB-NULL-NULL-16>
        </모바일타입몸통>
        <모바일타입하반신>
            <MB-NULL-NULL-09></MB-NULL-NULL-09>
            <MB-NULL-NULL-10></MB-NULL-NULL-10>
            <MB-NULL-NULL-13></MB-NULL-NULL-13>
            <MB-NULL-NULL-15></MB-NULL-NULL-15>
        </모바일타입하반신>
        <완성형>
            <URobo></URobo>
            <IRoed></IRoed>
            <Genibo></Genibo>
            <MC-BATTLE-001></MC-BATTLE-001>
            <MC-CLEAN-001></MC-CLEAN-001>
            <MC-CLEAN-002></MC-CLEAN-002>
            <MC-SCOUT-002></MC-SCOUT-002>
            <MC-SCOUT-003></MC-SCOUT-003>
            <MC-SWIM-001></MC-SWIM-001>
            <MC-UNIVERSE-001></MC-UNIVERSE-001>
            <BC-BEE-001></BC-BEE-001>
            <BC-BEETLES-001></BC-BEETLES-001>
        </완성형>
</로봇캐릭터>
```

[그림 11-55] robot.xml에 이름 올리기

⑧ EDRS를 열고 파일을 열어서 확인한다.

11-11 EDRS 환경(3D Max) 설정하는 방법

3D 맥스(max)를 열어서 원하는 환경을 설계한다.

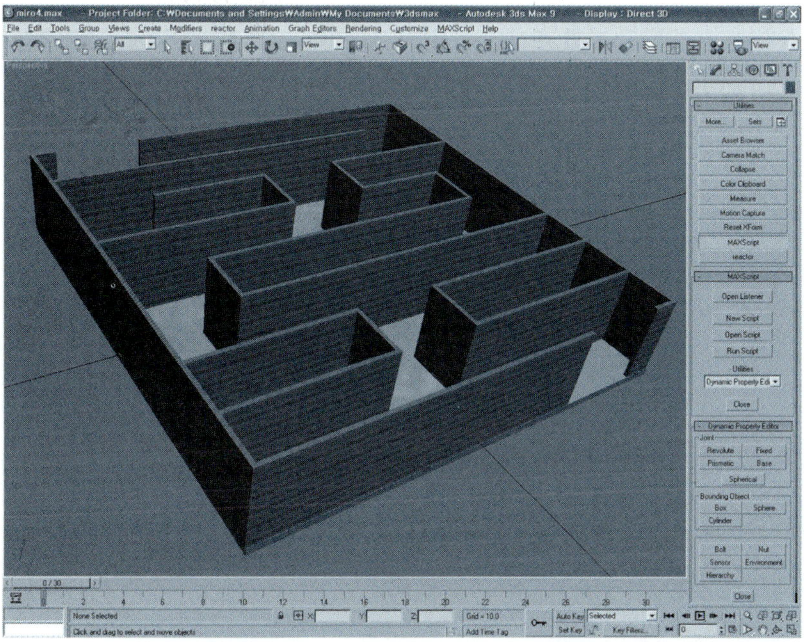

[그림 11-56] 미로(EDRS 추기 환경이미지)

환경을 설정하려면 기본적으로 3D 맥스(max) 툴을 잘 다루어야 한다.

기본적인 사용법은 굳이 적지 않기로 한다. 원하는 환경의 설계를 끝내시면 다음과 같은 조건 사항을 설명하도록 한다.

1) 매핑 이미지는 꼭 1개의 파일이여야 한다. ([그림 11-57])

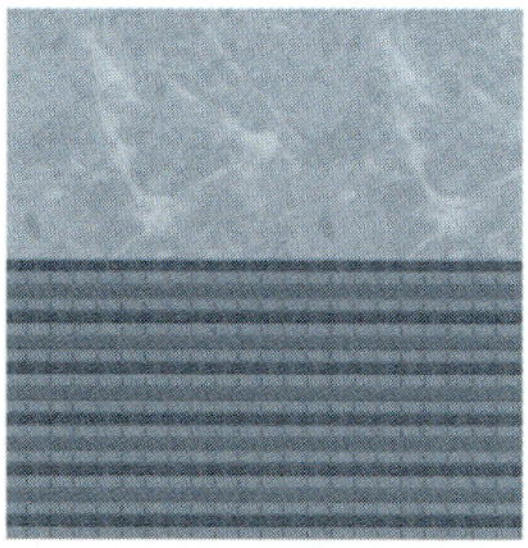

[그림 11-57] 미로 매핑 이미지(18*18)

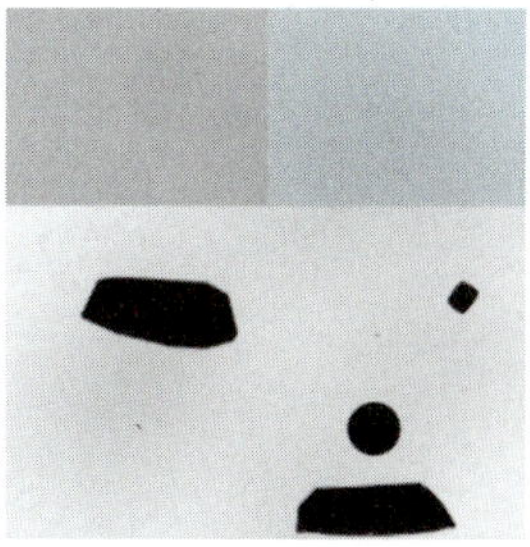

[그림 11-58] 로봇 매핑 이미지(36*36)

2) 환경에 매핑이 설정되면 1차적인 작업은 끝났다고 볼 수 있다.
다음 작업은 설계한 환경에 Dynamic Property Editor를 설정해 넣는 것이다.

① 환경의 밑바닥 중심부에 가상(Base)을 설정해 준다.

② 밑바닥을 제외한 나머지 환경들에 고정(Fixed)을 설정해 준다. [고정(Fixed)는 환경을 그 자리에 고정시키는 역할을 담당한다. 매뉴얼 참고]
설정 작업이 끝나면 다음과 같은 화면이 된다.

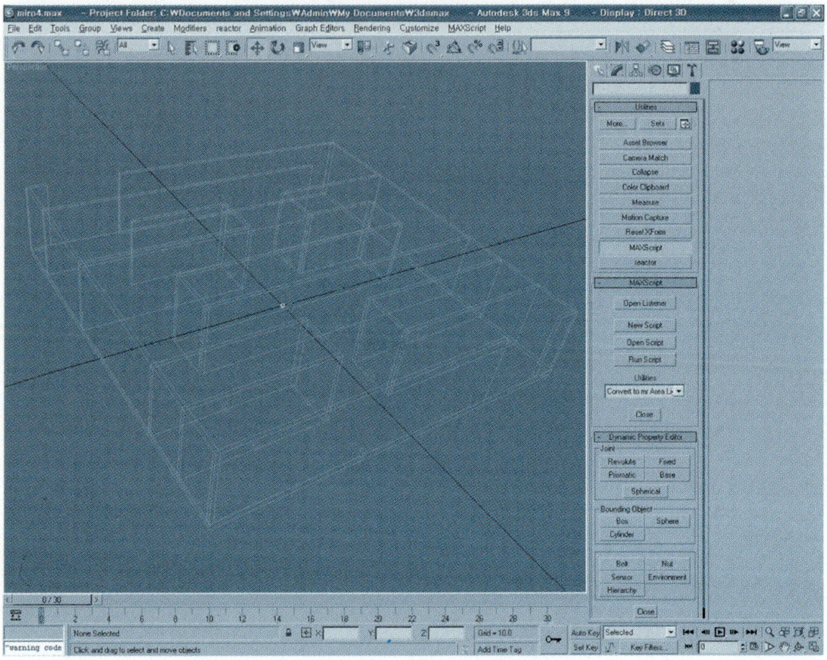

[그림 11-59] 설정이 완료된 미로

③ 설정 작업 이 끝나면 충돌(Bounding)을 설정해 준다.
[충돌(Bounding)은 매핑 전에 설정해도 무관하다.]

④ 충돌(Bounding)설정 작업이 끝나면 Hierarchy를 설정한다.
설정은 [그림 11-60]과 같다. (고정(Fixed)→충돌(Bounding)→환경 이미지 순서)

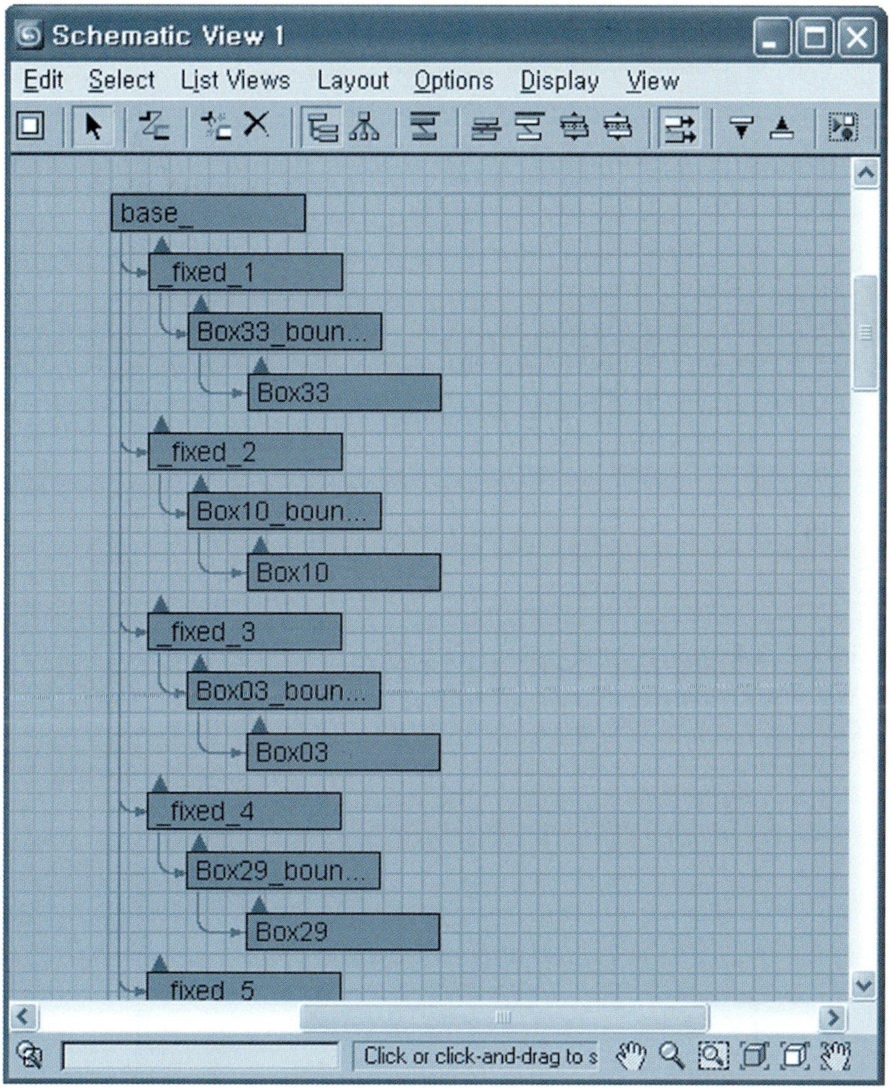

[그림 11-60] 계층구조(Hierarchy) 설정

위의 순서대로 작업을 마쳤다면 컴퓨터로 보내기(Export)한 후 3ML로 저장한다. 단 파일이름은 "영문"만 지원한다.

⑤ 저장된 3ML파일을 C:₩ Program Files₩EDRS₩model에 넣는다. EDRS 폴더 안에 있는 namelist.txt(환경 파일) 문서에 들어가서 [그림 11-60]과 같이 이름을 설정해 준다. (띄어쓰기는 지원되지 않는다.)

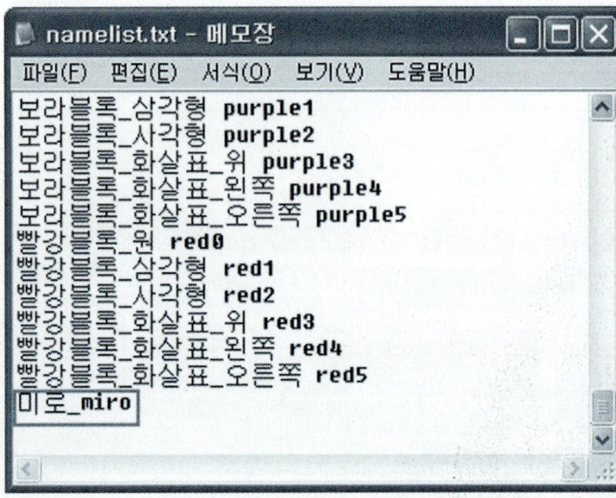

[그림 11-61] namelist에 이름 올리기

⑥ EDRS 폴더 안에 있는 baselist.txt(단일 체제의 환경)문서에 들어가서 [그림 11-61]과 같이 이름을 설정해 준다. (띄어쓰기는 지원되지 않는다.)

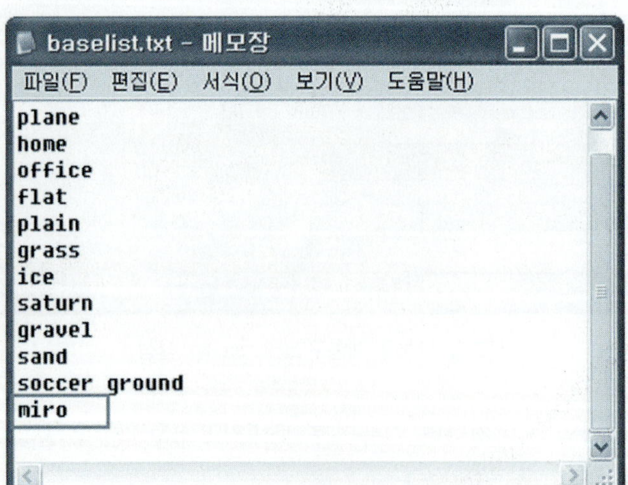

[그림 11-62] baselist에 이름 올리기

⑦ EDRS 폴더 안에 있는 object.xml(모든 환경 파일-종류별)문서에 들어가서 [그림 11-62]와 같이 이름을 설정해 준다. (띄어쓰기는 지원되지 않는다.)
object.xml는 xml파일이기 때문에 메모장으로 열어야 편집에 용이하다.

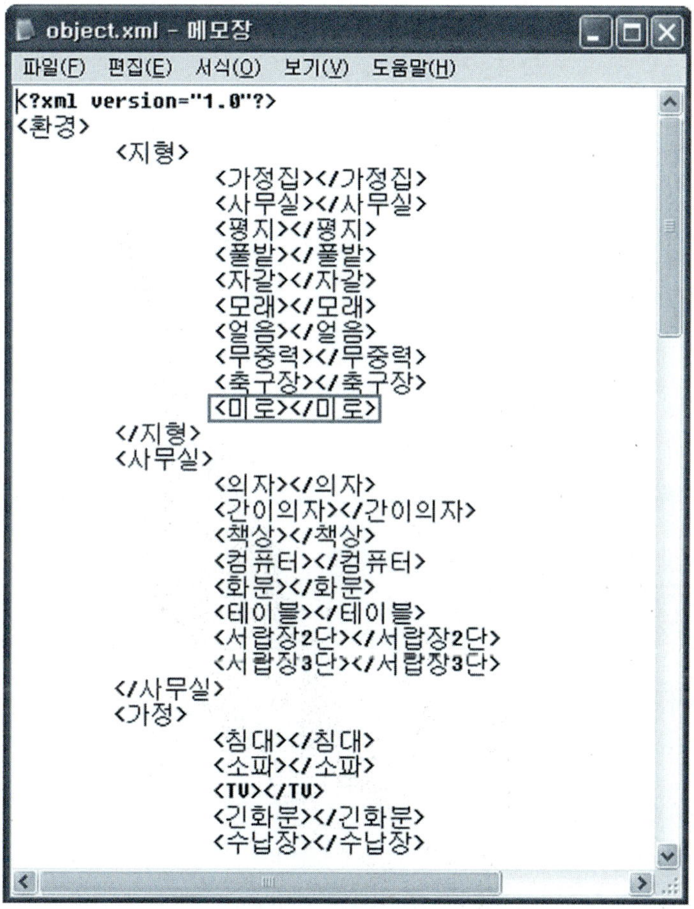

```
object.xml - 메모장
파일(F) 편집(E) 서식(O) 보기(V) 도움말(H)
<?xml version="1.0"?>
<환경>
	<지형>
		<가정집></가정집>
		<사무실></사무실>
		<평지></평지>
		<풀밭></풀밭>
		<자갈></자갈>
		<모래></모래>
		<얼음></얼음>
		<무중력></무중력>
		<축구장></축구장>
		<미로></미로>
	</지형>
	<사무실>
		<의자></의자>
		<간이의자></간이의자>
		<책상></책상>
		<컴퓨터></컴퓨터>
		<화분></화분>
		<테이블></테이블>
		<서랍장2단></서랍장2단>
		<서랍장3단></서랍장3단>
	</사무실>
	<가정>
		<침대></침대>
		<소파></소파>
		<TV></TV>
		<긴화분></긴화분>
		<수납장></수납장>
```

[그림 11-63] object.xml에 이름 올리기

⑧ EDRS를 열고 파일을 열어서 확인한다.

11-12 MAX, EDRS 센서 만드는 방법

EDRS를 쓰다보면 때론 MAX상에서 센서를 설정해야 할 경우가 생긴다.

여러 가지 경우가 있겠지만 대표적으로 센서가 로봇 몸체에 정확한 위치에 정확히 들어가야 할 경우가 그것이다.

센서 설정 방법을 알아보기로 하겠다.

1) 우선 기본적으로 맥스(max) 내에 EDRS 설정 프로그램 "Dynamic Property Editor"를 열어 준다.
2) 맥스(max)에서 로봇을 만들어져 있다면 센서를 넣어야 할 위치에 박스를 그림과 같이 설정하여 넣어 준다.

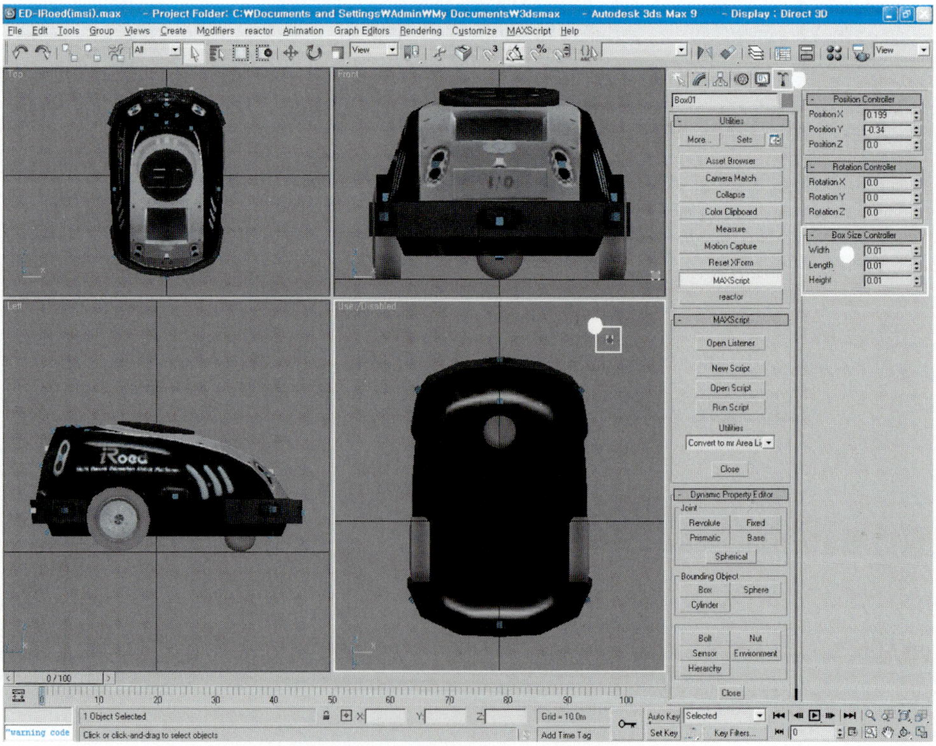

[그림 11-64] 박스 사이즈 설정하기

① 크리에이터패널을 선택한다. 

② 박스버튼을 클릭한다.

③ 작게 생성된 상자를 선택한다.

 - 이 상자는 아직 사이즈를 설정해 주지 않은 상태이므로 그냥 점으로만 상자를 확인할 수 있다.

3) 그림과 같이 상자를 설정해준다.

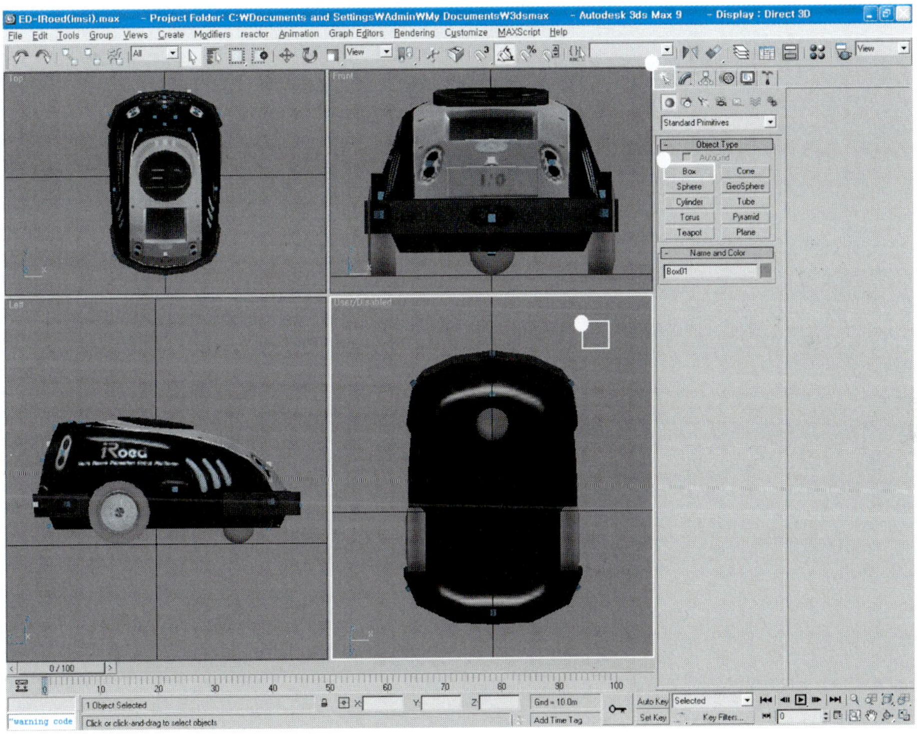

[그림 11-65] 박스 만들기

① 유틸리티 패널을 선택한다. 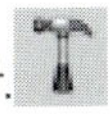

② 사이즈가 설정되지 않은 상자를 선택한다.

③ 박스사이즈를 설정한다.

 - 보통 센서사이즈는 W:0.01, L:0.01, H:0.01이다.

4) 센서를 원하는 위치에 붙인 다음 그림과 같이 설정해 준다.

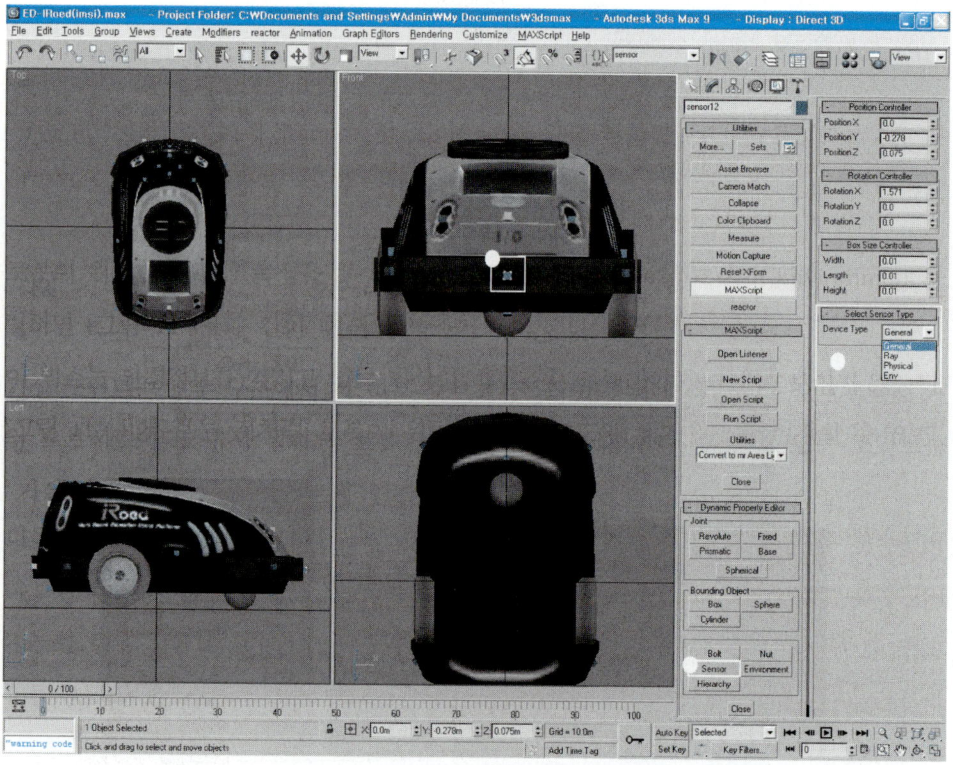

[그림 11-66] 박스에 센서 설정하기

① 상자를 원하는 위치에 붙인다.

② Dynamic Property Editor의 센서 버튼을 클릭한다.

③ Select Sensor Type의 센서 종류를 선택한다.

- 전체 센서 종류에는 General(일반그룹), Ray(레이저그룹), Physical(물리적 그룹), Environment(환경그룹)이 있으며 자세한 센서기능은 〈표 11-4〉를 참고한다.

〈표 11-4〉 센서의 타입과 종류

센서 타입	센서 이름		센서 설명
General (일반그룹)	Inclination Sensor	(기울기 센서)	XY평면과 Z축과의 기울기를 측정
	Compass Sensor	(나침반 센서)	좌표계의 북쪽(Y축)과의 각도를 측정
	Camera Sensor	(카메라 센서)	카메라에 보이는 화면을 별도의 창을 통해 보여줌
	Infrared Camera Sensor	(적외선 카메라 센서)	적외선 카메라에 의한 화면을 별도의 창을 통해 보여줌
	Gyro Sensor	(자이로 센서)	X, Y, Z축 각각에 대한 각도와 각속도 측정
	Acceleration Sensor	(가속도 센서)	지역좌표계에서 X축 방향에 대한 가속도 측정
Ray (레이저 그룹)	Infrared Sensor	(적외선 센서)	적외선을 쏘아 닿은 물체와의 거리 측정
	Ultrasonic Sensor	(초음파 센서)	초음파에 의해 닿은 물체와의 거리 측정
	Temp No touch Sensor	(비접촉식 온도 센서)	레이저를 쏘아 접촉된 물체의 온도 측정
	Detect Sound Sensor	(소리감지 센서)	주변의 소리의 강도를 측정
	Laser Sensor	(레이저 센서)	레이저를 쏘아 닿은 물체와의 거리 측정
	Detect Body Sensor	(인체감지 센서)	센서 동작 범위 내에 인체를 감지
	Detect Metal Sensor	(금속감지 센서)	센서 동작 범위 내의 금속을 감지
Physical (물리적 그룹)	Touch Sensor	(터치 센서)	접촉면의 압력을 측정
	Limit Sensor	(접촉 센서)	접촉여부를 On/Off로 측정
	Sense Sensor	(촉각 센서)	1㎠의 접촉면의 미세한 압력을 측정
Environment (환경 그룹)	Temp Touch Sensor	(접촉식 온도 센서)	센서에 접촉한 물체의 온도를 측정
	Humidity Sensor	(습도 센서)	대기의 습도를 측정
	Illumination Sensor	(조도 센서)	조도 측정
	Pressure Sensor	(대기압 센서)	대기압 측정
	Ozone Sensor	(오존 센서)	오존 농도 측정
	Gas Sensor	(가스 센서)	가스 농도 측정
	Ion Sensor	(이온 센서)	이온 농도 측정
	Magnet Sensor	(지자기 센서)	지자기 측정

〈표 11-5〉 센서 기본 설정값

	센서종류	설명	Type ID	파라미터	최대안정각	단위
1	기울기 센서	로봇의 x, y축 기울기 측정 지구 지자계 측정(중력)	3001	최소기울기 VDMinInc -180 최대기울기 VDMaxInc 180 단위(기울기) VDCurrentInc 현재기울기 VDUnitInc		° 도 (degree)
2	나침반 센서	전자 나침반 (지자계 센서) 지구 지자계 측정	3002	VDZero 0 VD360 360 단위(각도) VDUnitAngle 현재방향 VDDirection	안정각 (안정화되는 최대 안정각) VDMaxStableAngle 최소안정각 (삭제) VDMinStableAngle	° 도 (degree)
3	영상 카메라 (1조)	영상을 가지고 물체 인식 CCD	3003	최소거리 VDMinDist 0 최대거리 VDMaxDist 3m 촬영가능각도 VDPhotoAngle		
4	적외선 카메라	영상을 가지고 물체 인식 적외선	3005	최소거리 VDMinDist 0 최대거리 VDMaxDist 3m 촬영가능각도 VDPhotoAngle		

	센서종류	설명	Type ID	파라미터	최대안정각	단위
5	자이로 센서	로봇의 방향을 측정(앞,뒤,좌,우) 지구의 지자계 측정(중력)	3006	X+ (각도) VDAngX	Z+(각도) VDAngVelY	각도: ° 각속도: deg/s
				X- (각속도) VDAngY	Z-(각속도) VDAngVelZ	
				Y+ (각도) VDAngZ	X, Y, Z(삭제)	
				Y- (각속도) VDAngVelX	*그림에서 점쪽이 X축이며 위쪽이 Z축임. 그림으로 표시해야 함	
6	가속도 센서	모터의 회전 및 로봇의 속도 측정 x1,y1 =〉 x2,y2 이동 가속도 측정	3007	최소 VDMin 0	*기준선(X축)으로의 가속도만 측정	cm/s2
				최대 VDMax 1000		
				단위 VDUnit		
7	적외선 센서	장애물과의 거리 측정(적외선) 수신과 송신측에서 측정된 측정 각도를 이용한 거리 측정	3101	최소거리 VDMinDist 0		cm
				최대거리 VDMaxDist 3m		
				단위(거리) VDUnitDist		
				현재거리 VDCurrentDist"		
8	초음파 센서	장애물과의 거리 측정 (거리측정/위치체크) 음파를 발산하고 수신하는 과정에서의 시간차를 이용한 측정	3102	최대거리 VDMaxDist 200cm	파형 종류 (A,B,C,D,E,F) VDWaveSort Hz (삭제)	cm
				최소거리 VDMinDist 1cm		
				단위(거리) VDUnitDist		
				현재거리 VDCurrentDist		

제11장

	센서종류	설명	Type ID	파라미터	최대안정각	단위
9	비접촉식 온도 센서	공기 온도 측정 (열감지 / 불꽃감지(자외선))	3103	최소온도 VDMinTemp -300 최대온도 VDMaxTemp 2000 단위(온도) VDUnitTemp 현재온도 VDCurrentTemp	최소 측정거리 VDMinDist 최대 측정거리 VDMaxDist	℃ 섭씨 cm
10	음향 탐지 센서 (마이크 사조 4조)	소리의 방향을 측정 (4~8방향) 마이크+컨트롤박스 (4개의 마이크)	3104	현재음량 VDDecibel 현재주파수 VDFrequency 현재거리 VDCurrentDist		dB 데시벨 Hz cm
11	레이저 센서	주변의 거리 측정 반경 180도 주변의 거리를 측정 (180도 스캔)	3106	최소거리 VDMinDist 0 최대거리 VDMaxDist 3m 단위(거리) VDUnitDist 현재거리 (측정스케일개수만큼의 배열) VDCurrentDist	측정스케일 (1~180) VDScale *중간값은 Linear Interpolation을 사용하여 구현 *1초에 5번만 스캔하여 1회 스캔 시 측정스케일 만큼의 각도를 1도 간격으로 스캔하여 거리를 배열로 리턴	cm °
12	인체감지 센서	인체 열 감지(적외선감지)	3107	최소거리 VDMinDist 0 최대거리 VDMaxDist 5m 스케일 (원뿔의 각도) VDScale 현재상태 (ON/OFF) 1 / 0 VDCurrent		cm °

	센서종류	설명	Type ID	파라미터	최대안정각	단위
13	금속탐지 센서	금속 물체에 대한 거리	3108	최소거리 VDMinDist 0		cm
				최대거리 VDMaxDist 3m		
				단위 VDUnitDist		
				현제거리 VDCurrent		
14	압력센서 (눌림)	눌림 압력 체크	3201	최소압력 VDMinPressure 0	단위: 뉴튼(N) F=ma	N 뉴튼
				최대압력 VDMaxPressure 100		
				단위(압력) VDUnitPressure		
				현재압력 VDCurrentPressure		
15	리밋센서	접점을 눌러서 센서신호 입력 물리적 접촉	3202	현재상태 (ON/OFF) VDCurrent		
16	촉각센서	셀당 압력 각셀의 모맨트(접촉면 평균 압력)	3203	최소압력 VDMinPressure 0		N 뉴튼
				최대압력 VDMaxPressure 100		
				단위 VDUnitPressure		
				현재압력 (1cm2 당 9개) VDCurrentPressure		
17	접촉식 온도센서	공기 온도 측정 (열감지 / 불꽃감지(자외선)) 접촉면이 열원인 경우 값 측정	3301	최소온도 VDMinTemp -300		℃ 섭씨
				최대온도 VDMaxTemp 300		
				단위(온도) VDUnitTemp		
				현재온도 VDCurrentTemp		

	센서종류	설명	Type ID	파라미터	최대안정각	단위
18	습도 센서	공기 습도 측정	3302	최소습도 VDMinHumidity 0 최대습도 VDMaxHumidity 100 단위(습도) VDUnitHumidity 현재습도 VDCurrentHumidity		%
19	조도 센서	빛의 밝기 측정	3303	최소밝기 VDMinIlluminate 0 최대밝기 VDMaxIlluminate 100,000 단위(밝기) VDUnitIlluminate 현재밝기 VDCurrentIlluminate		lx 룩스
20	압력센서 (대기압)	일정 공간의 압력을 측정하는 경우 주로 대기압에 대한 차이를 측정	3304	최소압력 VDMinPressure 0 최대압력 VDMaxPressure 1000 단위(압력) VDUnitPressure 현재압력 VDCurrentPressure		hPa 헥토 파스칼
21	오존센서	현재 공간의 오존량 환경 설정값	3305	민감도 unit과 같은개념 단위: ppb VDSensitivity 현재농도 단위: ppb VDCurrentDensity	단위: ppb 오존분자의 개수/10의 10승 (10억개의 대기중의 분자)	ppb

	센서종류	설명	Type ID	파라미터	최대안정각	단위
22	가스센서	현재공간의 가스량 환경 설정값	3306	가스종류 (Smoke:1, LPG:2 CO2:3, VOCs:4) VDSort 민감도 단위: ppm VDSensitivity 현재농도 단위:ppm VDCurrentDensity	* VOCs = 각종 건축자재에서 발생하는 독성가스(포름알데 히드, 톨루엔, 벤젠), 유기용제, 환경호르몬 등을 고감도로 감지하는 센서	ppm
23	이온센서	현재공간의 가스량 환경 설정값	3307	민감도 단위: ppm VDSensitivity 현재농도 단위:ppm VDCurrentDensity		ppm
24	지자기 센서	현재 지자계 환경 설정값	3308	현재값 VDCurrent *환경에 세팅되어 있는 지자기세기를 읽어 들임		nT 나노 테라스

※ 센서 회전에 대해서 고민할 것

LUX ⇨ (밝기의 기준)

⇨ 직사일광 : 100,000 LUX

⇨ 쾌청 : 10,000 LUX

⇨ 구름있는 한 낮 : 1,000 LUX

⇨ 일반사무실 : 1,000 LUX

⇨ 시청각실 : 200 LUX

⇨ 황혼, 호텔로비 : 100 LUX

⇨ 호텔의 복도 : 50 LUX

⇨ 주차장, 극장 휴식중의 객석 : 10 LUX

⇨ 극장의 객석 : 2 LUX

⇨ 만월 시 맑은 밤의 지상 : 0.3 LUX

⇨ 상현달의 밝기 : 0.001 LUX

⇨ 별의 밝기 : 0.001 LUX

〈표 11-6〉 가장 많이 사용하는 센서의 기본 설정값

센서종류	센서종류(영문)	기본 파라미터				
초음파 센서	Ultrasonic Sensor	최대거리 Max Dist	최소거리 Min Dist	단위(거리) Unit Dist	현재거리 Current Dist	Wave Sort
		1	50	10	0	D
적외선 센서	Infrared Sensor	최소거리 Min Dist	최대거리 Max Dist	단위(거리) Unit Dist	현재거리 Current Dist	
		0	80	10	0	
나침판 센서	Compass Sensor	Zero	360	단위(각도) Unit Angle	현재방향 Direction	Max Stable
		0	360	5	0	360
기울기 센서	Inclination Sensor	최소기울기 Min Inc	최대기울기 Max Inc	단위(기울기) Current Inc	현재기울기 Unit Inc	
		1.57	0	0	0.174	
카메라 센서	Camera Sensor	최소거리 Min Dist	최대거리 Max Dist	촬영가능각도 Photo Angle		
		0	200	0.785		
인체 감지 센서	Detect Body Sensor	최소거리 Min Dist	최대거리 Max Dist	스케일 (원뿔의 각도) Scale	현재상태 (ON/OFF) 1 / 0 Current	
		0	300	20	0	
접촉식 온도 센서	Temp Touch Sensor	최소온도 Min Temp	최대온도 Max Temp	단위(온도) Unit Temp	현재온도 Current Temp	
		0	300	10	0	
습도 센서	Humidity Sensor	최소습도 Min Humidity	최대습도 Max Humidity	단위(습도) Unit Humidity	현재습도 Current Humidity	
		0	100	1	0	
조도센서	Illumination Sensor	최소밝기 Min Illuminate	최대밝기 Max Illuminate	단위(밝기) Unit Illuminate	현재밝기 Current Illuminate	
		0	580	10	0	

5) 센서를 전부 설정했다면 다음은 센서를 EDRS 프로그램 안에서 보이지 않게 하는 방법이다.

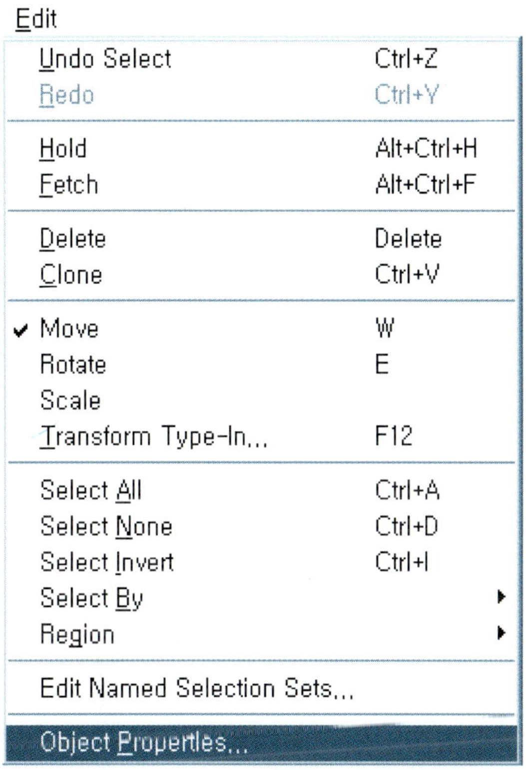

[그림 11-67] Object Properties 여는 방법1

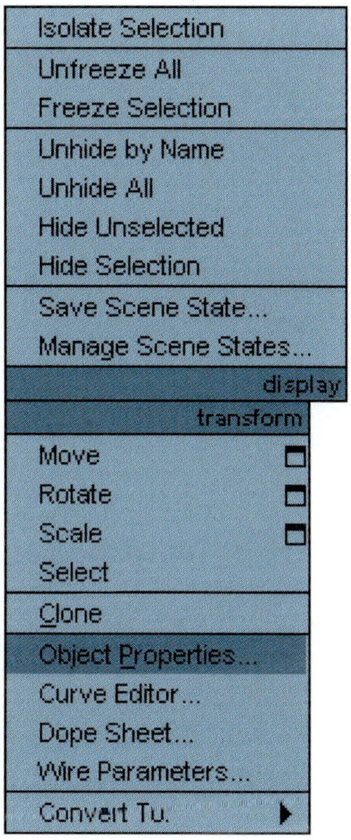

[그림 11-68] Object Properties 여는 방법2

① [그림 11-67]은 메뉴바에서 Edit를 선택한 다음 맨 밑줄의 “Object Properties” 클릭하는 것이다.

② [그림 11-68]은 센서를 설정한 박스를 선택한 후 마우스 왼쪽버튼을 클릭 하여 나타나는 쿼드 메뉴(뷰포트 상에서 마우스 오른쪽 버튼을 누르면 나타나는 메뉴)에서 “Object Properties”를 클릭하는 것이다.

[그림 11-67], [그림 11-68]과 같이 2가지 방법 중에 하나를 선택해 “Object Properties”를 열어 준다.

6) “Object Properties”를 열었다면 맨 밑줄에 “visible=false”라고 쓴다.

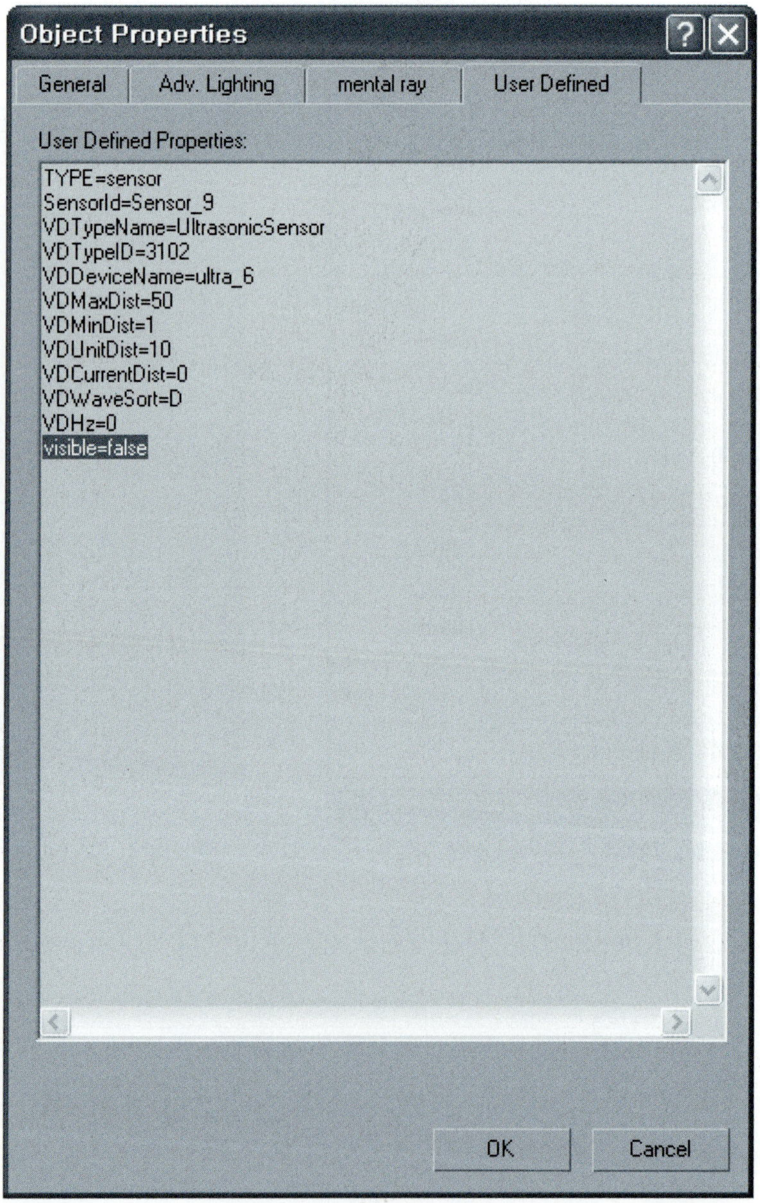

[그림 11-69] Object Properties창

[그림 11-69]와 같이 작업 하였다면 EDRS프로그램에서 필요한 센서 설정 작업은 끝났다.

이제 센서박스를 "Hierarchy"에서 설정하는 방법을 알아보도록 하자.

7) "Hierarchy"창을 열었다면 [그림 11-70]과 같이 Object와 Sensor의 순서를 정해 준다.

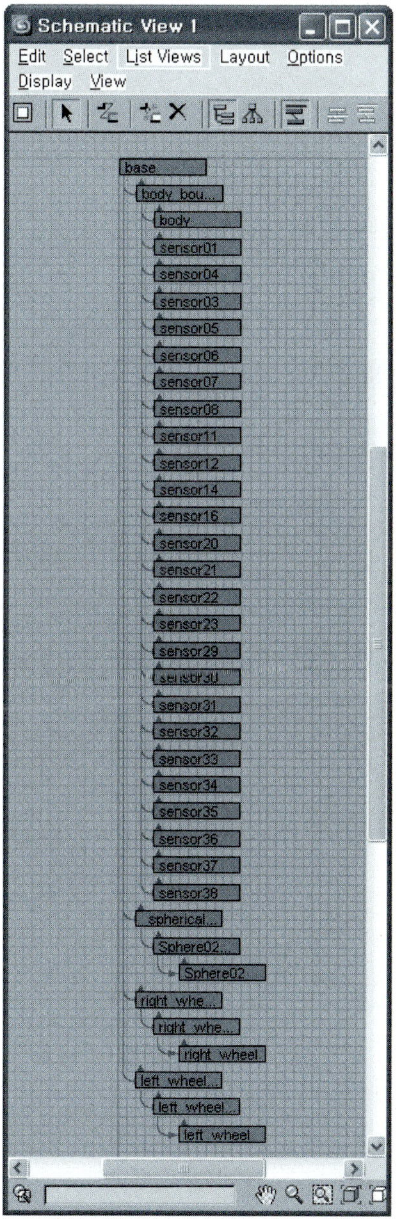

[그림 11-70] Hierarchy창

순서는 다음과 같다.

① 가상(Base) ⇨ 조인트[Joint; 고정(Fixed), 회전(Revolute)] ⇨ 충돌(Bounding) ⇨ 오브젝트(Object), 센서(Sensor)이다.

② 센서(Sensor)는 오브젝트(Object)와 동일한 성격을 지니며 계층구조(Hierarchy)안에서도 각각의 오브젝트(Object)의 [조인트(Joint) ⇨ 충돌(Bounding)] 밑에 오브젝트(Object)와 같이 붙는다.

8) 계층구조(Hierarchy) 설정이 끝나면 Export ⇨ *.3ML로 저장하여 EDRS상에서 시뮬레이션시킨다.

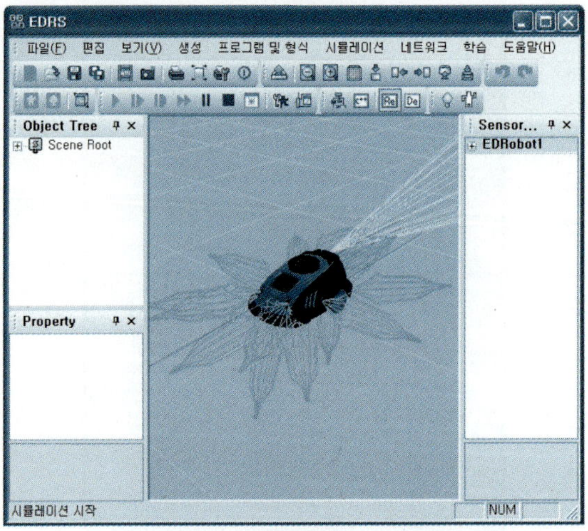

[그림 11-71] EDRS 시뮬레이션

제12장

지능형 로봇 시뮬레이터의 순서도 기반 프로그래밍

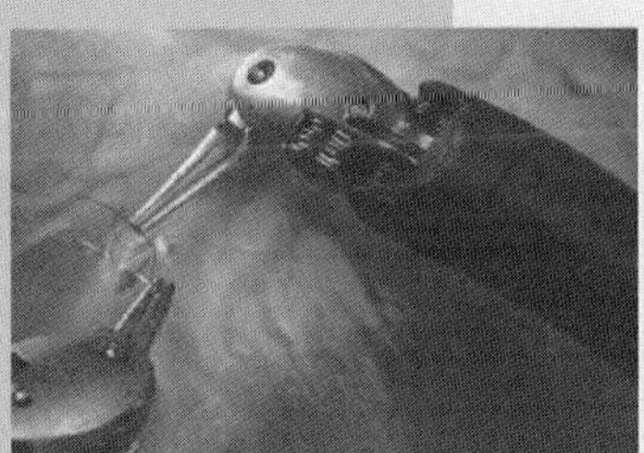

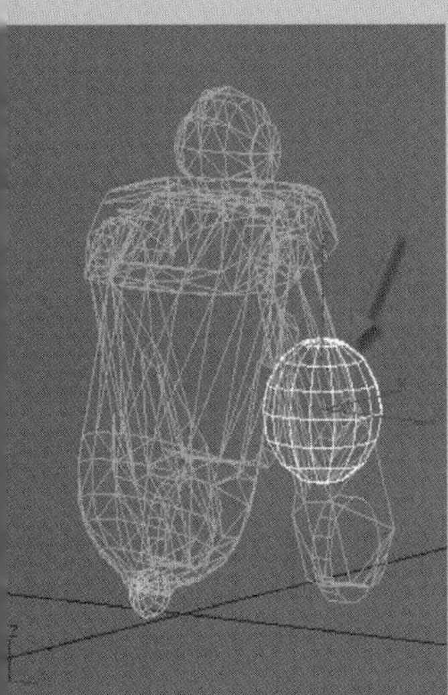

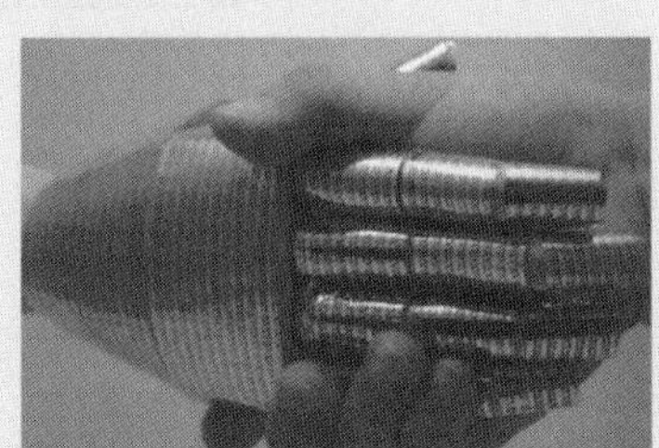

12-1 순서도 기반 프로그래밍의 개요

로봇응용시스템에서 사용하는 순서도 기반의 로봇제어 소프트웨어는 Intelligent Robot Education Studio의 앞 글자를 따서 "IRES"라고 명한다. IRES는 비쥬얼 C++를 대신해 로봇을 제어 가능한 순서도 기반의 프로그래밍 언어이다. 프로그래밍 언어에 익숙하지 못한 초보자들에게 또는 로봇을 간단히 테스트 제어하고 싶은 사용자를 위해 만들어져 있어, 그 사용 방법이 무척이나 간단명료하다.

12-2 IRES 프로그램 전체 구성

IRES 프로그램은 로봇을 움직이게 하기 위해서 로봇의 프로그램을 작성, 수정할 수 있는 스튜디오(Studio) 역할을 한다. 메인 프로그램에 로봇과 환경을 만들어 순서도기반(Flowchart)에서 프로그램을 작성하여 시뮬레이션을 할 수 있게 된다. 즉, IRES에서 프로그램 작성을 하여 메인에 있는 로봇을 움직이게 할 수 있다는 것이다.

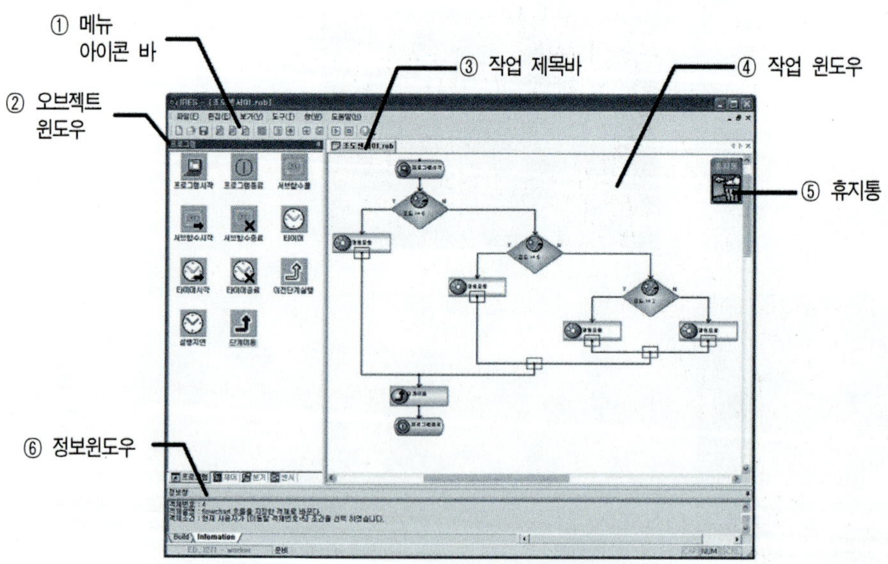

[그림 12-1] 순서도 기반 프로그램 전체 구성

① **메뉴 아이콘 바(Menu Icon Bar)** : IRES의 전반전인 기능을 수행할 수 있는 메뉴 바
② **오브젝트 윈도우(Object window)** : 작성할 프로그램의 객체들이 모여 있는 곳이다. 여기의 객체들을 "Work Window"에 끌어다 놓음으로써 프로그램을 작성할 수 있다.
③ **작업 제목바(Work Title Bar)** : 지금 작성하고 있는 프로그램의 이름을 나타낸다.
④ **작업 윈도우(Work Window)** : 프로그램을 작성하는 공간이다.
⑤ **쓰레기 통(Trash Can)** : 객체들을 "Work Window"에서 이곳으로 끌어다 놓으면 삭제할 수 있다.
⑥ **정보 윈도우(Information Window)** : 객체를 클릭하면 객체에 대한 상세 정보를 표시하고, 컴파일 시 에러나 경고를 나타낸다.

12-3 메뉴 구성

12-3-1 파일 메뉴

[파일] 메뉴는 새 파일, 열기, 닫기, 저장 등 프로그램을 작성하는데 가장 기본이 되는 메뉴로 구성되어 있다.

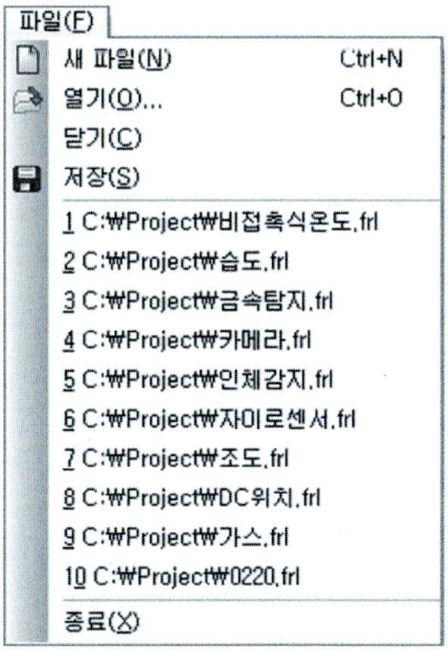

[그림 12-2] 파일 메뉴

① **새 파일**(Ctrl+N) : 새 프로젝트, 페이지 파일을 선택하여 파일을 새로 만든다.

② **파일 열기**(Ctrl+O) : 파일로 저장되어진 파일을 불러온다.

③ **파일 닫기** : 현재 작업 중인 파일을 닫는다.

④ **파일 저장**(Ctrl+S) : 현재 선택되어진 파일을 "FRL" 확장자를 가지는 파일로 저장한다.

⑤ **종료** : IRES를 종료한다.

12-3-2 편집 메뉴

[편집] 메뉴는 뷰 확대, 뷰 축소, 뷰 정상의 메뉴로 구성되어 있다.

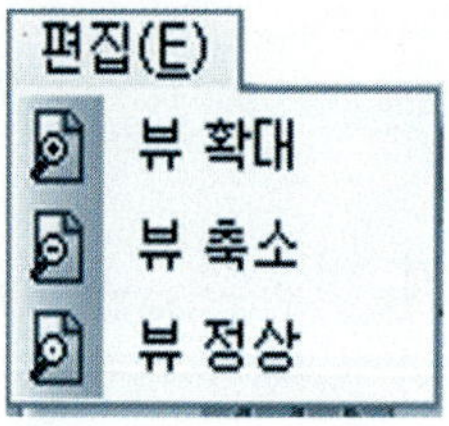

[그림 12-3] 편집 메뉴

① **뷰 확대** : 작업 창의 객체를 확대해서 볼 수 있다.

② **뷰 축소** : 초기 화면 작업 창의 전체 객체를 볼 수 있어 프로그램의 양이 많아졌을 때 사용하면 편리하다.

③ **뷰 정상** : 초기화면 형태의 뷰로 돌아온다.

12-3-3 보기 메뉴

[보기] 메뉴는 툴바와 상태 표시줄을 나타내고 사라지게 하는 메뉴로 구성되어 있다.

[그림 12-4] 보기 메뉴

① **표준(Standard)** : 기본 툴바를 나타내고 사라지게 한다.

② **상태 표시줄** : 상태 표시줄을 나타내고 사라지게 한다.

12-3-4 도구 메뉴

[도구] 메뉴는 시뮬레이션을 하기 위해 필요한 기능을 가진 메뉴로 구성되어 있다.

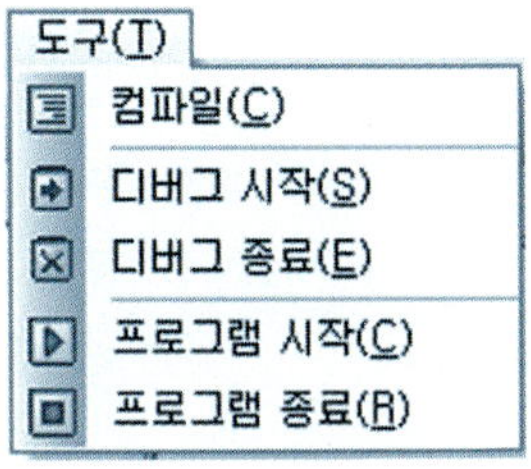

[그림 12-5] 도구 메뉴

① **컴파일** : 현재 프로그램을 컴파일한다.

② **디버그 시작** : 컴파일 후 프로그램 실행을 하는데 어떤 절차로 프로그램이 동작하는지 눈으로 확인할 수 있다.

③ **디버그 종료** : 디버그를 종료한다.

④ **프로그램 시작** : 프로그램의 시뮬레이션을 시작한다.

⑤ **프로그램 종료** : 프로그램의 시뮬레이션을 종료한다.

12-3-5 창 메뉴

[창] 메뉴는 여러 개의 창을 아래의 3가지 형태로 정렬하여 작업이 가능하도록 하는 메뉴이다.

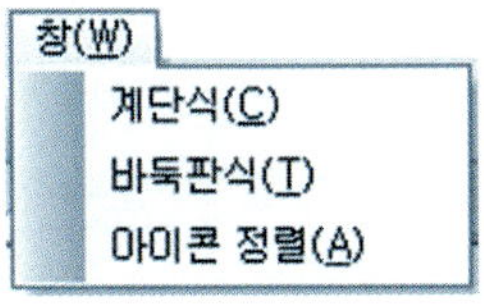

[그림 12-6] 창 메뉴

① **계단식 배열** : 현재 열려 있는 모든 창들을 서로 엇갈려 겹치도록 계단 형태로 정렬한다.
② **수평 바둑판식 배열** : 현재 열려 있는 모든 창들을 수평 바둑판 형태로 정렬한다.
③ **수직 바둑판식 배열** : 현재 열려 있는 모든 창들을 수직 바둑판 형태로 정렬한다.

12-4 도구모음 구성

사용자가 자주 사용하는 기능 중 유사한 기능들을 툴바로 구성하여 작업을 용이하게 하였다. 툴바를 드래그하면 툴바의 위치를 옮길 수 있다.

12-4-1 표준 도구

[그림 12-7] 표준 도구

명 령	설 명
새로운 파일	프로그램을 새로 작성할 작업 창을 생성한다.
열기	파일로 저장된 (FRL) 파일을 불러온다.
저장	현재 선택된 작업 중인 작업 창을 저장한다.
뷰 확대	작업 창의 객체를 확대해서 볼 수 있다.
뷰 축소	작업 창의 객체를 축소해서 볼 수 있다.
뷰 정상	초기 화면 형태의 뷰로 돌아온다.
메인 함수로 이동	초기에 메인 함수의 작업 창으로 이동한다.
컴파일	프로그램을 컴파일한다.
디버그 시작	프로그램을 디버깅한다.
디버그 종료	프로그램 디버깅을 종료한다.
프로그램 시작	프로그램의 시뮬레이션을 시작한다.
프로그램 종료	프로그램의 시뮬레이션을 종료한다.
IRES 정보	IRES의 정보를 표시한다.

12-5 객체의 특징

객체 윈도우(Object Window)에 여러 객체들이 있는데 여기 객체들만 있으면 로봇 혹은 로봇응용시스템를 원활하게 제어할 수 있다. 각 객체에 대한 간략한 설명을 한다. 객체 아이콘과 함께 있는 다이얼로그는 각 객체에 해당하는 환경설정에 대한 내용이다. 환경설정을 하는 방법은 객체윈도우에서 작업윈도우에 객체를 옮겨놓고 해당 객체에서 더블클릭이나 오른쪽 클릭 후 환경설정을 클릭해주면 환경설정 다이얼로그를 띄울 수 있다.

※ 환경설정이 있는 객체는 무조건 환경설정을 해야 컴파일할 때 에러 메시지를 띄우지 않을 것이다.

12-5-1 프로그램 객체

메인 함수의 시작을 의미한다. 모든 프로그램 작성시 꼭 들어가야 하는 객체이다. IRES에서 "프로그램 시작 객체"가 없다면 프로그램 컴파일할 때 에러 메시지를 띄운다.

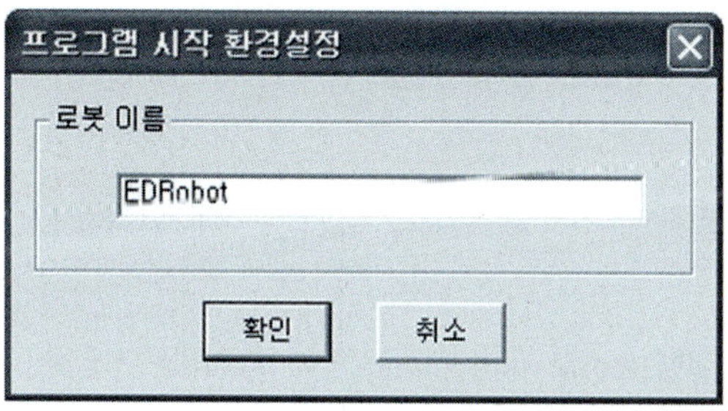

[그림 12-8] 프로그램 객체

1) 로봇 이름

로봇의 이름을 설정한다.

① 

프로그램 종료 : 이 객체 역시 "프로그램 시작" 객체와 마찬가지로 모든 프로그램 내에 포함되어야 할 객체이고 없으면 컴파일 때 에러 메시지를 띄운다. 메인함수의 종료를 나타낸다.

② 

서브함수 콜 : 서브 함수를 사용할 때 이 객체 하위에 프로그램을 작성할 수 있다. 이 객체를 작업 창에 드래그하여 놓고 더블 클릭함으로써 서브함수 내에 들어가 프로그램 작성이 가능하다.

③ 

서브함수 시작 : "프로그램 시작" 객체와 같은 개념으로 서브함수 내에서 프로그램 시작의 위치를 가리킨다.

④ 

서브함수 종료 : 서브함수 함수 종료를 의미한다. 서브함수 내에서 이 객체가 없으면 컴파일 때 에러 메시지를 띄운다.

⑤ 

타이머 : 타이머 함수. 프로그램 작성할 때는 "서브함수 콜" 객체와 비슷한 개념이다. 더블클릭하고 객체안으로 들어가 별도의 프로그램 작성이 가능하다. 하지만 다른 점은 "서브함수 콜"은 메인 프로그램과 서브함수로 이어서 순차적으로 동작하는데 반하여 타이머는 그 순차적인 동작과 관계없이 별도의 프로그램 시작과 종료를 일정 주기의 설정 값에 의해 반복 실행한다.

⑥ 

타이머 시작 : 타이머 함수 내에서 함수의 시작을 나타내는 객체이다.

⑦ 

타이머 종료 : 타이머 함수 내에서 함수의 종료를 나타내는 객체이다.

⑧ 

이전단계 실행 : 바로 위의 객체를 반복 실행하는 작업을 수행한다.

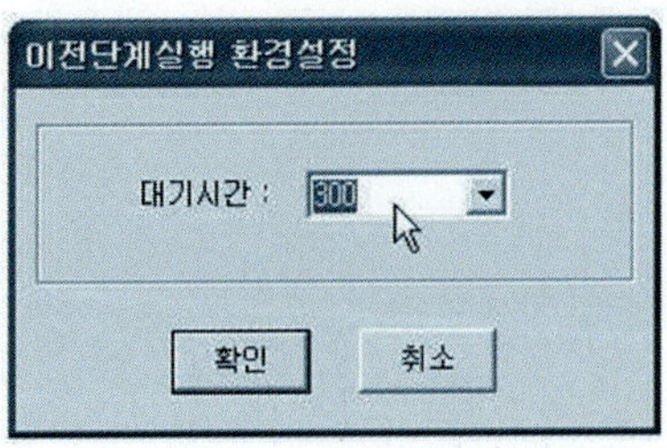

[그림 12-9] 이전단계 실행 환경설정

2) 대기시간

바로 위의 객체를 실행하고 그다음 루프 실행 간의 시간 간격을 말한다. 300은 300msec마다 반복 실행 설정을 말한다.

① 

실행지연 : 지연 함수 루틴이다. 이 객체에서 설정한 시간동안 잠시 대기하고 다음 객체를 실행한다.

② 

단계이동 : 반복할 구간을 설정하면 그 구간의 객체들을 반복 실행한다.

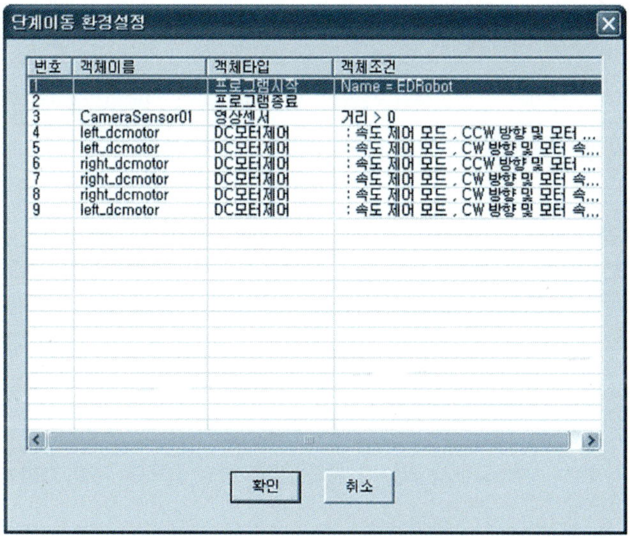

[그림 12-10] 단계이동 환경설정

현재 작업윈도우에 있는 객체들을 표시하고 있다. 목록 중 객체를 선택하면 단계이동 객체를 실행할 때 선택한 객체로 점프를 하게 된다. 이 객체를 이용해서 무한 반복이나 조건 실행 등 다양한 프로그램 루프를 작성할 수 있다.

12-5-2 분기 객체

분기 객체는 IF 제어문의 순서도 모양인 마름모 형태이며, 객체를 더블클릭해 각각의 객체속성에 맞게 환경설정 다이얼로그에 조건 설정을 해주면 된다.

① 

조도 센서 : 조도 센서 모듈의 데이터 값을 읽고 데이터에 대한 조건을 부여하고 조건에 따라 분기할 수 있는 역할을 한다.

원하는 조도 값과 조건(==, !=, 〉, 〈, =, 〈=, 〉=)을 설정하면 간단히 조건문을 구성할 수 있다.

② 

영상 센서 : 영상카메라의 값을 읽고 조건을 생성하고 조건에 대한 분기를 할 수 있다. 환경설정에 따라 영상패널에 종류와 카메라로부터 패널까지 거리를 판단할 수 있다.

영상 센서 객체는 2가지 환경설정을 제공한다. 인식패널과 카메라 사이의 거리를 조건으로 생성할 수 있고, 패널의 인식여부만을 가지고 분기 조건을 생성한다.

③ 

인체감지 센서 : 인체감지 센서 모듈을 위한 객체이며 인체감지의 조건부여 및 조건에 따른 분기를 할 수 있다.

인체감지 센서 모듈의 조건은 감지가 되는 경우 안 되는 경우 두 가지의 선택만을 할 수 있다. 이렇게 분기 조건을 만들어 분기문을 구성할 수 있다.

④ 

습도 센서 : 습도 센서 모듈의 습도 값을 읽고 습도에 대한 조건을 생성하며 조건에 대한 분기를 할 수 있다.

습도 값과 조건을 선택해 분기 조건을 생성한다.

⑤ 

초음파 센서 : 초음파 센서 모듈의 거리 값을 읽고 거리에 대한 조건을 생성하며 조건에 대한 분기를 할 수 있다.

거리 값과 조건을 선택하면 분기 조건을 생성한다.

⑥ 

적외선 거리 센서 : 적외선 거리 센서 모듈의 거리 값을 읽고 거리에 대한 조건을 생성하며 조건에 대한 분기를 할 수 있다.

거리 값과 조건을 선택하면 분기 조건을 생성한다.

⑦  **기울기 센서** : 기울기 센서 모듈의 기울기 값을 가지고 조건을 생성하고 조건에 대한 분기를 할 수 있다.

기울기 값과 조건을 선택하면 분기 조건을 생성한다.

⑧ 

전자나침반 : 전자나침반에서 출력 값을 읽고 각도에 대한 조건을 생성하면 조건에 대한 분기를 할 수 있다.

방위각과 조건을 선택하면 나침반 각도 값에 대한 분기 조건문을 생성할 수 있다.

⑨ 

음성인식 : 10가지의 녹음된 음성의 음성 값을 가지고 조건을 생성하면 조건에 대한 분기를 할 수 있다.

※ 먼저 음성인식 모듈의 음성인식 녹음과정을 통해 어떤 음성이 몇 번째에 등록이 되어 있는지 기억을 해두어야 한다. 적어두길 바란다. 하드웨어 모듈의 녹음된 순서와 "음성인식 환경설정"의 순서를 일치시킨다. 하드웨어 음성인식 녹음 방법은 하드웨어 설명부분을 참고한다.

⑩ 

DC 모터 : DC 모터의 회전 거리 및 회전 각도를 가지고 조건을 생성하며 조건에 대한 분기를 설정을 한다.

2개의 모터 중에 한 개의 모터를 선택하고 각도나 cm단위 선택, 그리고 이동거리 선택을 하면 모터의 회전수에 따른 분기 조건을 생성할 수 있다.

⑪ 

스텝(STEP) 모터 : 스텝 모터의 회전 거리 및 회전 각도를 가지고 조건을 생성하며 조건에 대한 분기를 설정을 한다.

각도 및 cm의 단위를 선택하고 이동거리량을 선택하면 스텝 모터의 움직인 거리값 혹은 각도값으로 분기 조건을 생성할 수 있다.

⑫ 

RC 모터 : RC 모터의 각도를 가지고 분기 조건을 생성하면 각 조건에 맞게 분기 실행을 한다.

좌우로 움직이는 모터를 팬 모터, 상하로 회전하는 모터는 기울기 모터이다.

두 모터 중 한 개의 모터를 선택하고, 방위각과 조건을 선택하여 분기 조건을 생성할 수 있다.

⑬ 접촉식온도센서 **접촉식 온도 센서** : 접촉식 온도 센서 모듈의 온도 값을 읽고 온도에 대한 조건을 생성하며 조건에 대한 분기를 할 수 있다.
온도 값과 조건을 선택하면 분기 조건을 생성한다.

⑭ 비접촉식온도... **비접촉식 온도 센서** : 비접촉식 온도센서 모듈의 온도 값을 읽고 온도에 대한 조건을 생성하며 조건에 대한 분기를 할 수 있다.
온도 값과 조건을 선택하면 분기 조건을 생성한다.

⑮ 음향탐지센서 **음향탐지 센서** : 음향탐지 센서 모듈의 음향 값을 읽고 음향에 대한 조건을 생성하며 조건에 대한 분기를 할 수 있다.
음향 값과 조건을 선택하면 분기 조건을 생성한다.

⑯ 적외선 카메라 센서 **적외선 카메라 센서** : 적외선 카메라의 값을 읽고 조건을 생성하고 조건에 대한 분기를 할 수 있다. 환경설정에 따라 영상패널의 종류와 카메라로부터 패널까지 거리를 판단할 수 있다.
적외선 카메라 센서 객체는 두 가지 환경설정을 제공한다. 인식패널과 카메라 사이의 거리를 조건으로 생성할 수 있고, 패널의 인식여부만을 가지고 분기조건을 생성한다.

⑰ 압력센서(눌림) **압력 센서(눌림)** : 압력 센서(눌림) 모듈의 압력 값을 읽고 거리에 대한 조건을 생성하며 조건에 대한 분기를 할 수 있다.
압력 값과 조건을 선택하면 분기 조건을 생성한다.

⑱ 압력센서(대... **압력 센서(대기압)** : 압력 센서(대기압) 모듈의 압력 값을 읽고 거리에 대한 조건을 생성하며 조건에 대한 분기를 할 수 있다.
압력 값과 조건을 선택하면 분기 조건을 생성한다.

⑲ 레이저센서 **레이저 센서** : 레이저 센서 모듈의 거리 값을 읽고 거리에 대한 조건을 생성하며 조건에 대한 분기를 할 수 있다.

거리 값과 조건을 선택하면 분기 조건을 생성한다.

⑳ 

자이로 센서 : 자이로 센서의 값(각도, 각속도)을 읽고 조건을 생성하고 조건에 대한 분기를 할 수 있다.

자이로 센서 객체는 두 가지 환경설정을 제공한다. 각도와 각속도의 값 두 가지를 가지고 분기 조건을 생성한다.

㉑ 

가속도 센서 : 가속도 센서 모듈의 속도 값을 읽고 속도에 대한 조건을 생성하며 조건에 대한 분기를 할 수 있다.

속도 값과 조건을 선택하면 분기 조건을 생성한다.

㉒ 

리밋 센서 : 리밋 센서 모듈의 설정 값을 읽고 설정에 대한 조건을 생성하며 조건에 대한 분기를 할 수 있다.

리밋 센서 모듈의 조건은 ON / OFF 두 가지의 선택만을 할 수 있다. 이렇게 분기 조건을 만들어 분기문을 구성할 수 있다.

㉓ 

오존 센서 : 오존 센서 모듈의 현재농도 값을 읽고 농도에 대한 조건을 생성하며 조건에 대한 분기를 할 수 있다.

현재농도 값과 조건을 선택하면 분기 조건을 생성한다.

㉔ 

가스 센서 : 가스 센서 모듈의 현재농도 값을 읽고 농도에 대한 조건을 생성하며 조건에 대한 분기를 할 수 있다.

현재농도 값과 조건을 선택하면 분기 조건을 생성한다.

㉕ 

이온 센서 : 이온 센서 모듈의 현재농도 값을 읽고 농도에 대한 조건을 생성하며 조건에 대한 분기를 할 수 있다.

현재농도 값과 조건을 선택하면 분기 조건을 생성한다.

㉖ 

금속탐지 센서 : 금속탐지 센서 모듈의 거리 값을 읽고 거리에 대한 조건을 생성하며 조건에 대한 분기를 할 수 있다.

거리 값과 조건을 선택하면 분기 조건을 생성한다.

㉗  촉각센서 **촉각 센서** : 촉각 센서 모듈의 압력 값을 읽고 압력에 대한 조건을 생성하며 조건에 대한 분기를 할 수 있다.

압력 값과 조건을 선택하면 분기 조건을 생성한다.

㉘  지자기센서 **지자기 센서** : 지자기 센서 모듈의 현재 값을 읽고 현재 값에 대한 조건을 생성하며 조건에 대한 분기를 할 수 있다.

현재 값과 조건을 선택하면 분기 조건을 생성한다.

12-5-3 제어 객체

①  DC모터제어 **DC 모터 제어** : DC 모터의 회전 방향, 속도, 이동 거리를 제어할 수 있다.

DC 모터의 환경설정은 두 가지 모드로 이루어져 있다. 속도제어 모드, 위치제어 모드이다.

속도제어 모드는 속도 값을 선택해주면 그 속도로 모터는 회전을 한다.

위치제어 모드는 현재 위치를 기준으로 속도와 목표거리 혹은 목표 각도를 정해주면 그 정해진 값만큼만 회전을 하고 "완료 후 위치초기화"를 선택하면 기준 위치를 초기화 한다.

②  STEP모터제어 **STEP 모터 제어** : STEP 모터의 회전 방향, 속도, 이동 거리를 제어할 수 있다.

STEP 모터의 환경설정은 두 가지 모드로 이루어져 있다. 속도제어 모드, 위치제어 모드이다.

속도제어 모드는 속도 값을 선택해주면 그 속도로 모터는 회전을 한다.

위치제어 모드는 속도와 원하는 거리 값 혹은 각도 값을 지정해주면 해당 각도만큼만 회전을 하고 멈춘다. 완료 후 위치초기화를 하면 초기 기준 값을 초기화하여 다음에 다시 원하는 거리 값이나 각도 값만큼 회전한다.

③  RC모터제어 **RC 모터 제어** : RC 모터의 방향과 각도를 제어할 수 있다.

RC 모터의 환경설정은 RC 모터를 선택하고, 모드선택을 할 수 있다.

증가모드는 RC 모터 제어 객체가 실행될 때마다 설정한 각도만큼 일정하게 증가 혹은 감소한다. 위치모드는 객체가 실행되면 그 목표 각도 값으로 모터가 회전한다.

12-6 IRES 프로그램 작성 방법

12-6-1 객체 삽입

프로그램을 작성하기 위한 최소한의 작업으로 좌측의 객체윈도우에서 우측의 작업 윈도우로 객체를 옮겨 놓음으로써 프로그램 작성이 시작된다. 객체윈도우에서 원하는 객체를 한번 클릭 후 우측의 작업윈도우에서 다시 한번 클릭하면 작업윈도우에 객체가 하나 추가되는 것을 볼 수 있다. 여기서는 객체윈도우에서 작업윈도우까지 드래그하는 경향이 있는 드래그가 아니라 객체윈도우에서 클릭 작업윈도우에서 클릭이다.

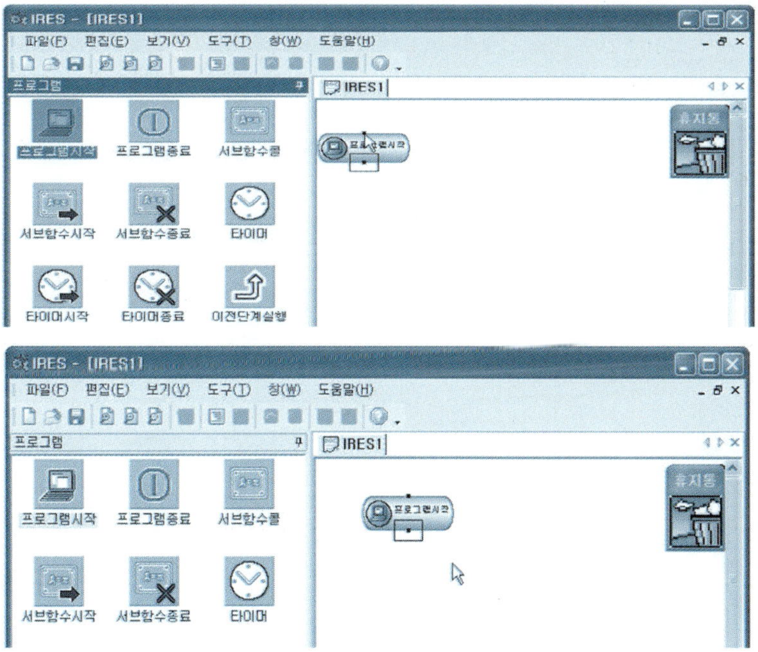

[그림 12-11] 객체 삽입

12-6-2 객체 연결

객체의 연결 순서에 따라 순서도 형식으로 프로그램을 작성하여 동작시키는 어플리케이션 소프트웨어이다. 순서도 형식으로 연결하기 위해선 아래의 객체를 이동하여 위의 객체의 네모 박스에 마우스 커서를 놓고 클릭해주면 연결선이 생성되어 두 객체가 연결되는 것을 볼 수 있다.

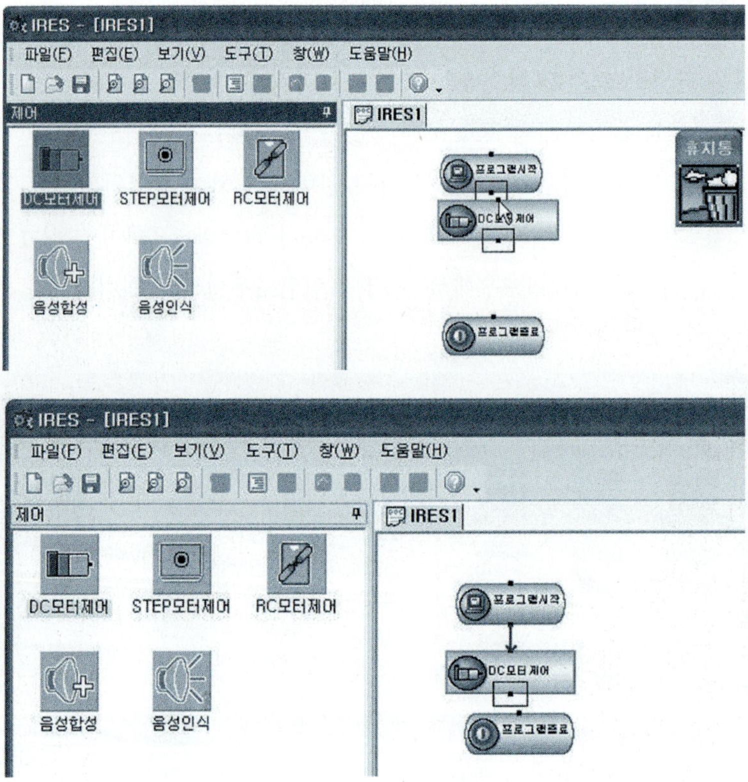

[그림 12-12] 객체 연결

12-6-3 객체 분리

프로그램을 작성 도중 객체를 잘 못 옮기거나 실수로 객체를 생성했을 때 객체를 이동 혹은 삭제할 필요가 있다. 객체를 옮기는 방법은 옮기고 싶은 객체를 영역 선택하는 방법처럼 드래그하여 선택해주면 객체는 연결선이 사라지면서 마우스 커서와 함께 움직인다.

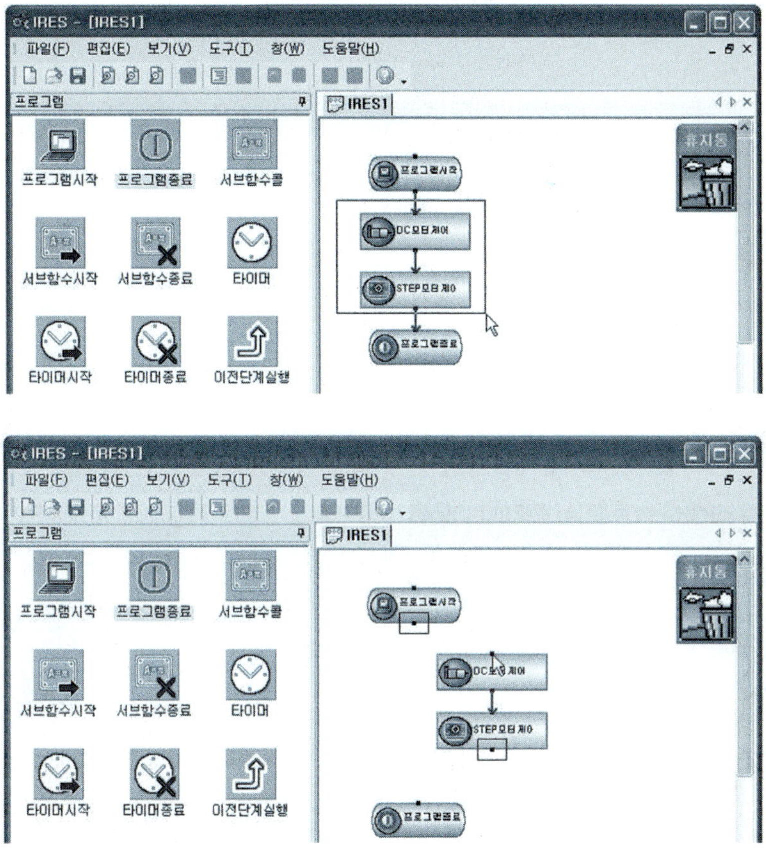

[그림 12-13] 객체분리

12-6-4 객체 삭제

객체를 삭제하는 방법은 드래그하여 객체분리 이후 작업 창 우측위의 "휴지통" 영역에서 클릭하면 객체는 사라진다.

다음과 같이 객체가 삭제된 것을 확인할 수 있다.

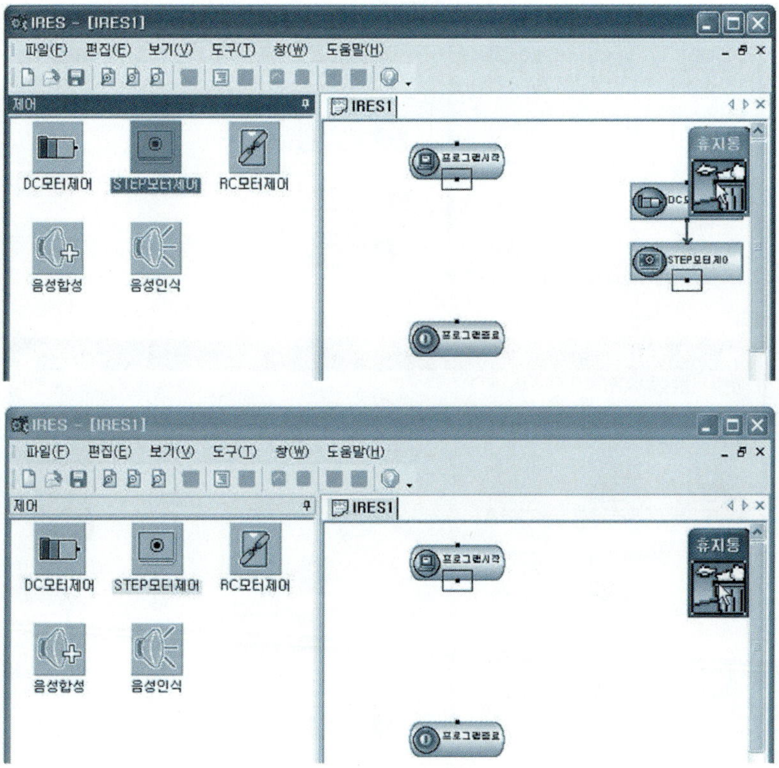

[그림 12-14] 객체 삭제

12-6-5 샘플 프로그램 작성

앞에서 설명했던 과정을 복습하는 의미로 프로그램의 작성과정을 한번만 따라 해보겠다. 한번만 해보면 다른 프로그램들은 금방 작성할 것이다.

이번에 해볼 프로그램은 센서의 값을 비교하여 로봇을 전진하는 것을 작성해볼 것이다.

① 메인 프로그램의 프로그램 및 형식 메뉴에서 그래픽 언어를 클릭하여 IRES 순서도 기반(Flowchart) 프로그램을 실행시킨다.

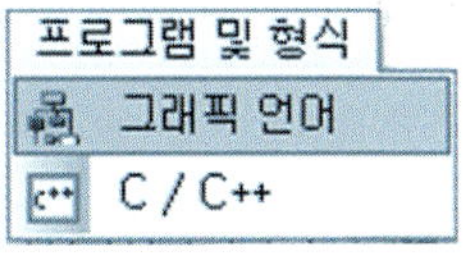

[그림 12-15] 프로그램 및 형식

② IRES의 초기 화면을 볼 수 있다.

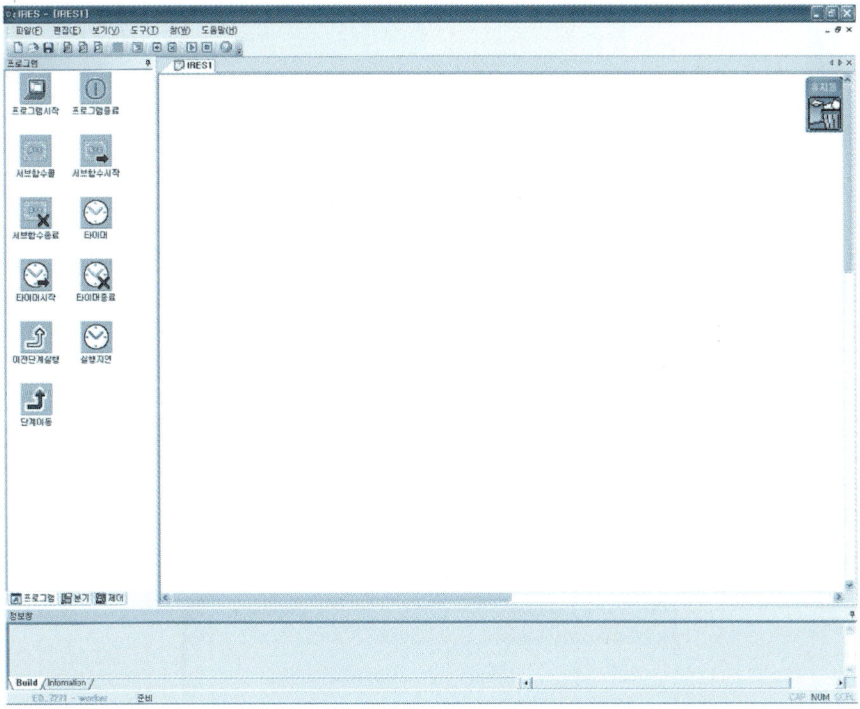

[그림 12-16] IRES 초기 화면

③ 프로그램 객체들을 작업 창에 옮겨 놓는다. 가장 먼저 "프로그램 시작" 객체와 "프로그램 종료" 객체를 작업 창이 옮겨 놓는다.

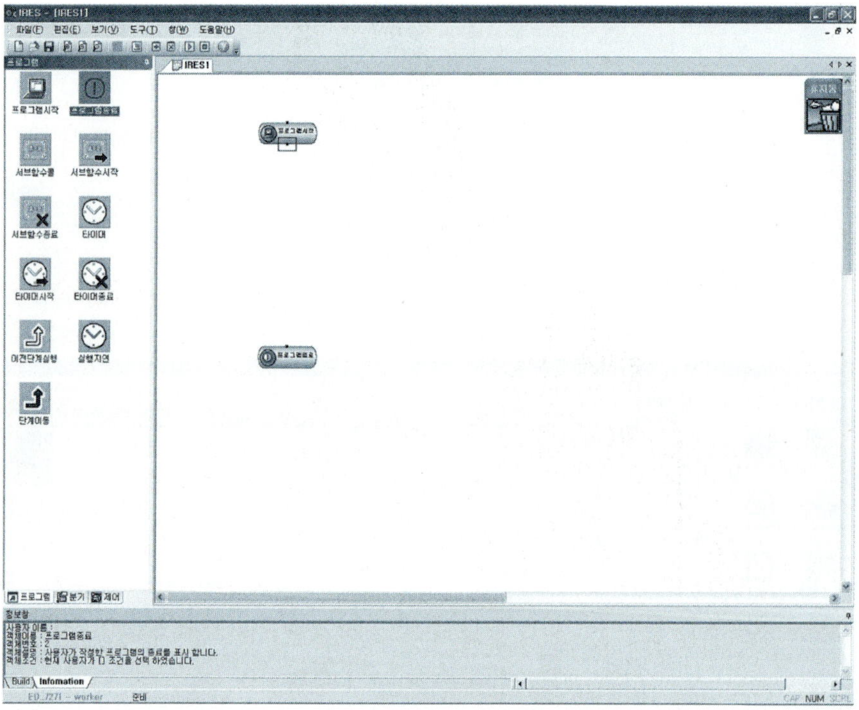

[그림 12-17] 객체 옮김

④ "프로그램 시작"을 더블클릭해서 환경설정한다. 버튼번호를 선택하고 로봇 이름을 넣어준다. 로봇 이름은 메인 프로그램에서 제어할 로봇의 이름이다.

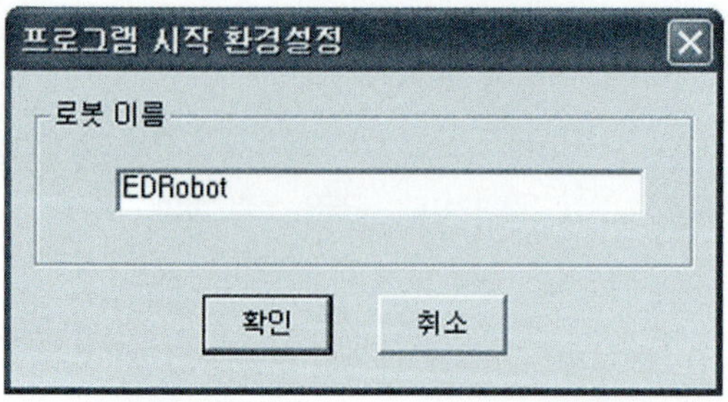

[그림 12-18] 프로그램 시작 환경설정

⑤ 분기 객체윈도우에서 “초음파 센서” 객체를 끌어 놓는다.

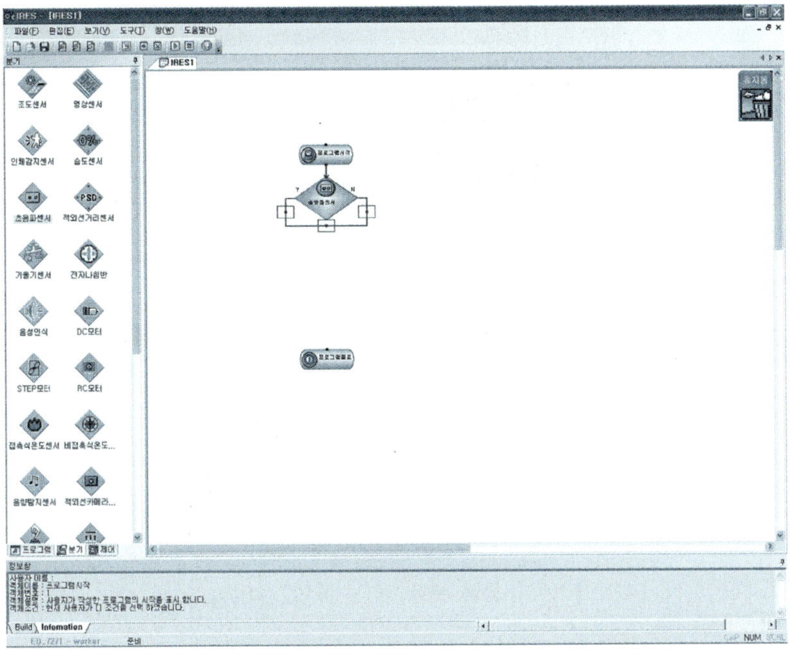

[그림 12-19] 초음파 센서 객체 끌어 놓기

⑥ 초음파 센서의 환경설정을 한다. 센서 이름과 비교할 거리 및 조건을 입력한다. “Ultrasonic이라는 이름을 가진 센서의 값이 50보다 크거나 같으면”이라는 분기 문을 작성하였다.

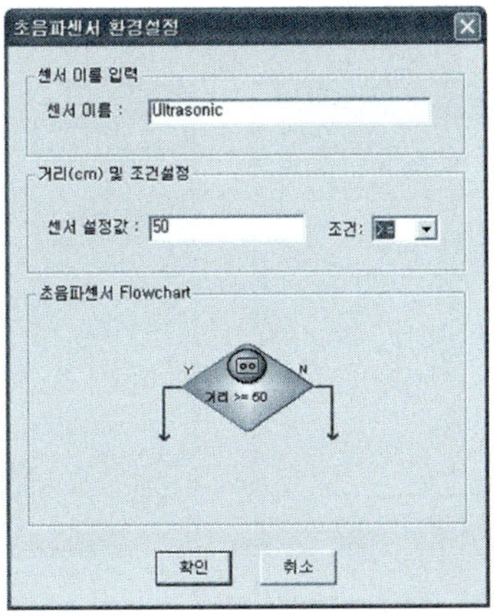

[그림 12-20] 초음파 센서 환경설정

⑦ 제어 객체윈도우에서 "DC모터제어" 객체를 끌어 놓는다.

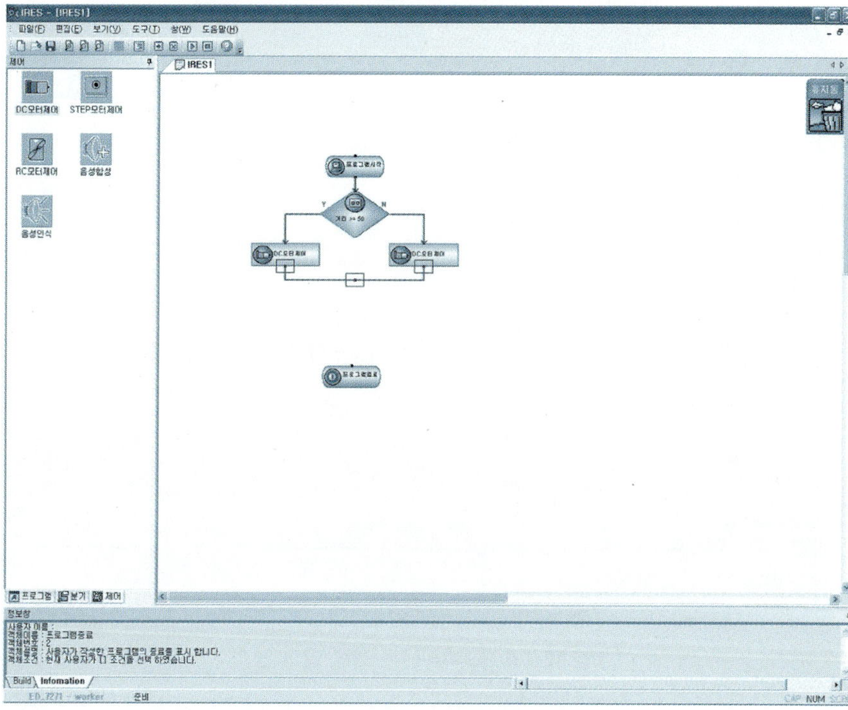

[그림 12-21] DC모터제어 객체 끌어 놓기

⑧ DC모터제어 환경설정을 한다. 초음파 센서의 분기문이 Yes일 경우와 No일 경우의 DC모터제어 환경을 각각 설정한다.

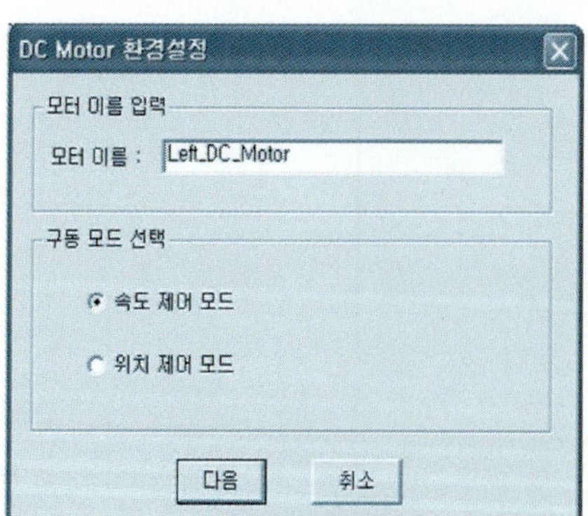

Yes일 경우

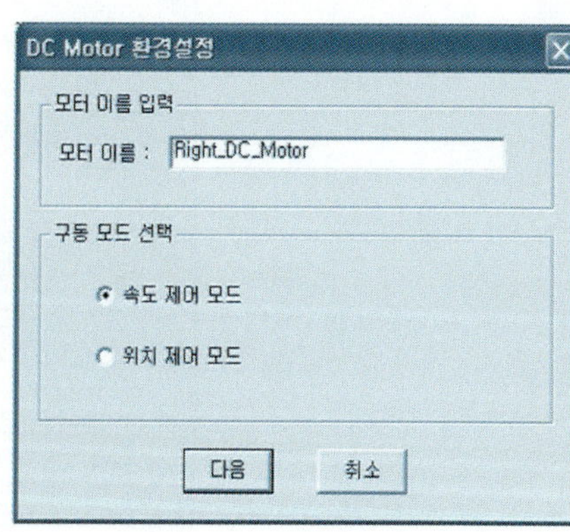

No일 경우

초음파 센서의 거리 값이 50보다 크거나 같으면 left_DC_Motor 이름을 가진 모터가 CW 방향으로 30의 속도로 움직이며, 50보다 작으면 Right_DC_Motor 이름을 가진 모터가 CCW 방향으로 30의 속도로 움직이게 된다.

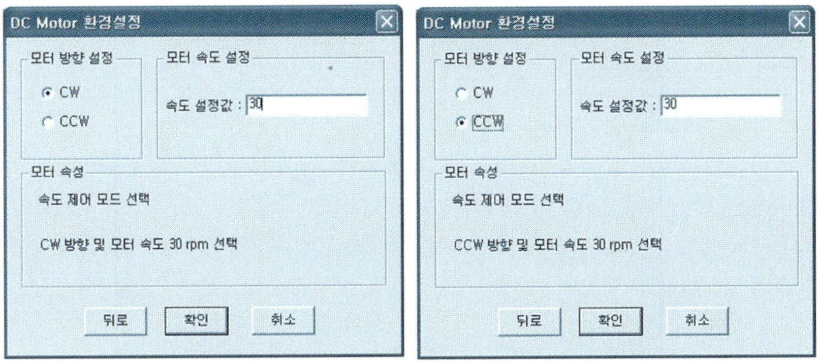

Yes일 경우 No일 경우

[그림 12-22] DC 모터 환경설정

⑨ “단계이동” 객체를 옮겨놓고 환경설정을 한다.

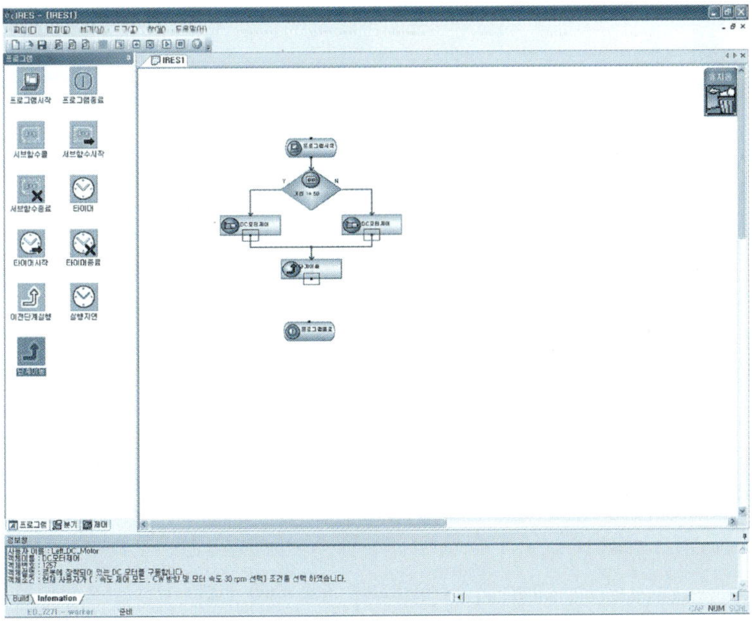

[그림 12-23] 단계이동 객체 옮김

환경설정은 "프로그램 시작"을 선택한다. 이렇게 선택을 하면 "단계이동" 객체를 실행하면 다시 "프로그램 시작" 객체로 되돌아가 무한 루프 동작을 한다.

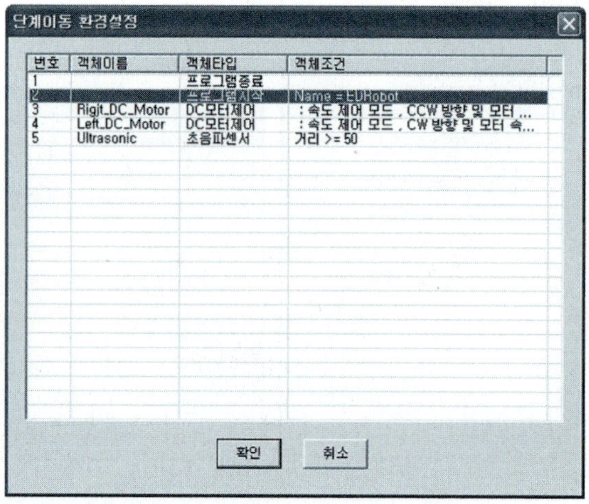

[그림 12-24] 단계이동 환경설정

⑩ "프로그램 종료" 객체를 연결한다.

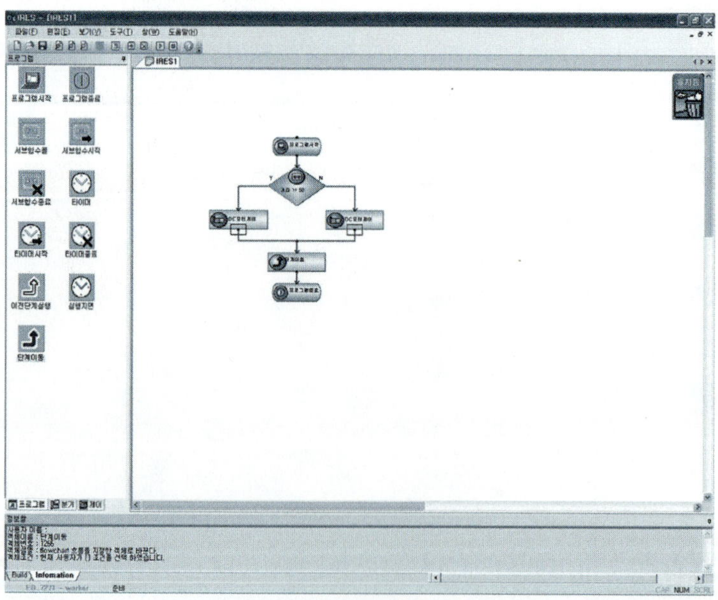

[그림 12-25] 프로그램 종료 객체 연결

⑪ 컴파일한다.

⑫ 컴파일하면 정보 창에 “Building end : 6 Object, 0 error(s), 0 Warning (s)”라고 표시되며 에러 없이 올바르게 컴파일된 것을 알 수 있다.

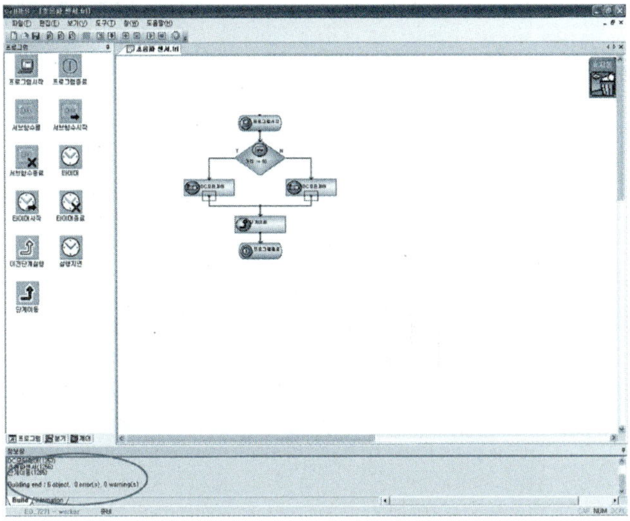

[그림 12-26] 컴파일 확인

⑬ 프로그램을 동작시킨다.

프로그램 동작은 프로그램 시작과 디버그 시작 두 가지가 있다. 디버그 시작을 눌러 프로그램을 동작시켜 본다.

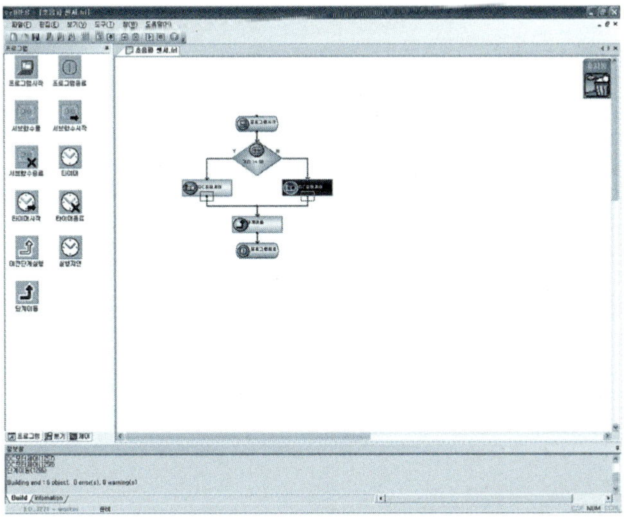

[그림 12-27] 프로그램 동작

IRES 순서도 기반(Flowchart) 프로그램에 의해 작동 중인 메인 프로그램의 로봇 시뮬레이션 모습이다.

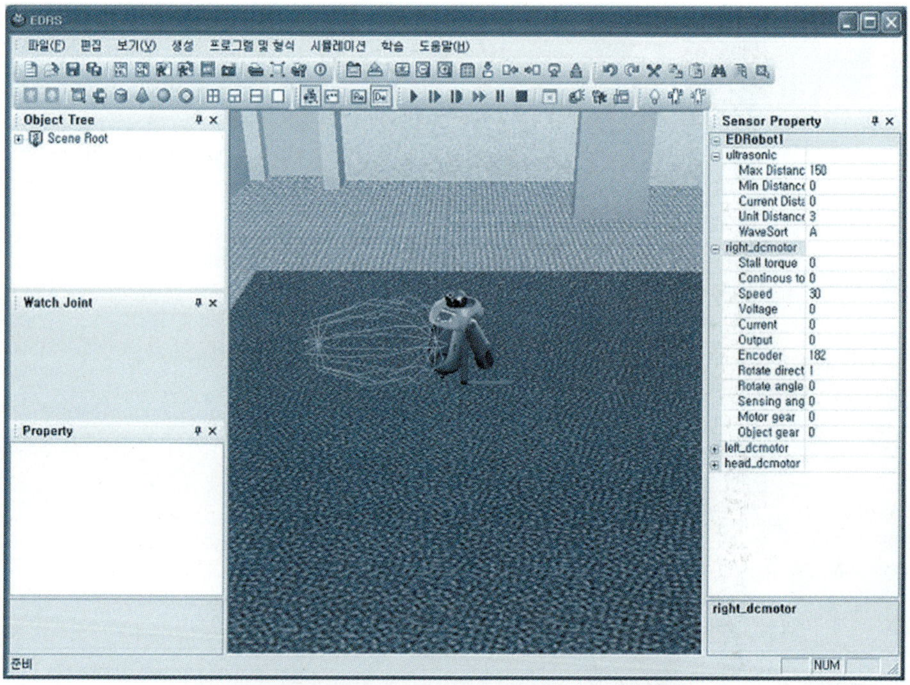

[그림 12-28] 작동 중인 로봇 시뮬레이션의 모습

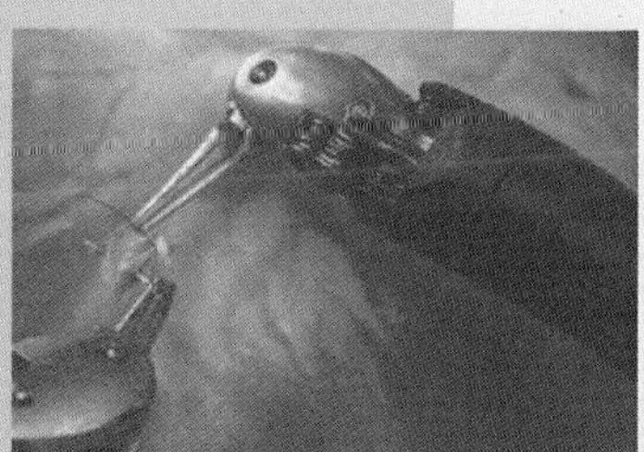

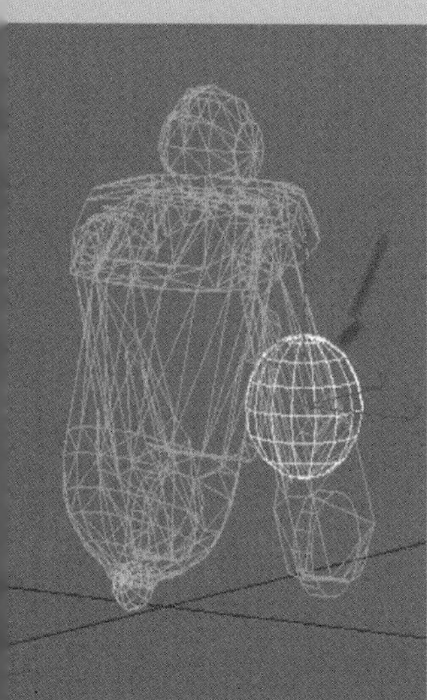

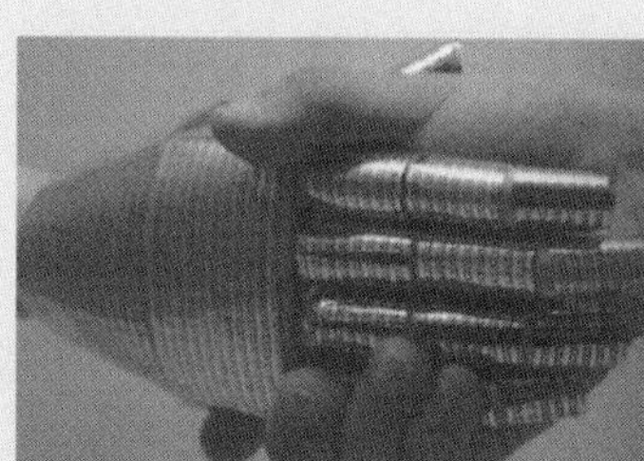

제13장

지능형 로봇 시뮬레이터의 C/C++ 프로그래밍

13-1 C/C++ 프로그래밍의 개요

로봇 프로그램을 작성하기 위해 그래픽 언어와 함께 제공하는 C/C++ 프로그래밍 환경이다. 순서도 기반의 그래픽 언어는 프로그래밍 언어에 익숙하지 못한 초보자들에게 또는 로봇을 간단히 테스트 제어하고 싶은 사용자를 위해 만들어져 있는데 반해, C/C++는 프로그래밍 언어에 기초적인 지식만 있으면 조금 더 복잡하고 광범위한 시뮬레이션을 해 볼 수 있는 장점이 있다.

13-2 프로그램 전체 구성

C/C++은 로봇을 움직이게 하기 위해서 로봇의 프로그램을 작성, 수정할 수 있는 스튜디오(Studio) 역할을 한다. 메인 프로그램에 로봇과 환경을 만들어 C/C++ 환경에서 프로그램을 작성하여 시뮬레이션을 할 수 있게 된다.

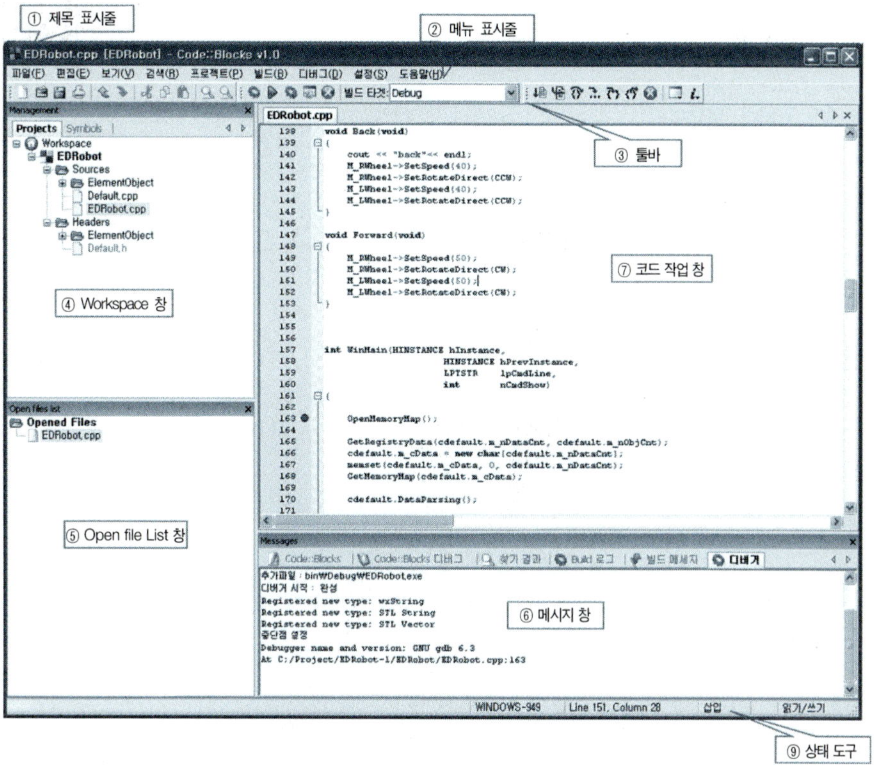

[그림 13-1] C/C++ 프로그램 전체 구성

① **제목 표시줄** : 현재 선택된 창의 제목을 나타낸다.

② **메뉴 표시줄** : 풀다운 메뉴로 구성되어 있으며, 선택된 창 구성에 따른 메뉴를 나타낸다.

③ **툴바** : 표준 툴바를 비롯하여 컴파일, 디버거 툴바로 구성되어 있다.

④ **워크스페이스 창** : 현재 작업 중인 프로젝트의 이름과 프로젝트를 구성하는 파일을 표시한다.

⑤ **오픈 파일 리스트(Open file List)** : 워크스페이스 창의 파일 중 현재 열려 있는 파일목록을 보여준다.

⑥ **메시지 창** : 디버그, 찾기, 빌드메시지 등 프로그램을 실행하면서 발생하는 모든 메시지를 나타낸다.

⑦ **코드작업 창** : 사용자가 프로그램을 작성하는 작업 창이다.

⑧ **실배선 창** : 요소 창에서 요소를 선택하여 실배선 창에 회로를 구성 시뮬레이션을 해볼 수 있게 한다.

⑨ **상태 도구** : C/C++ 프로그램의 메뉴 정보와 객체의 위치 좌표 등을 표시한다.

13-3 메뉴 구성

13-3-1 파일 메뉴

[파일] 메뉴는 NEW, 열기, 닫기, 저장 등 프로그램을 작성하는데 가장 기본이 되는 메뉴로 구성되어 있다.

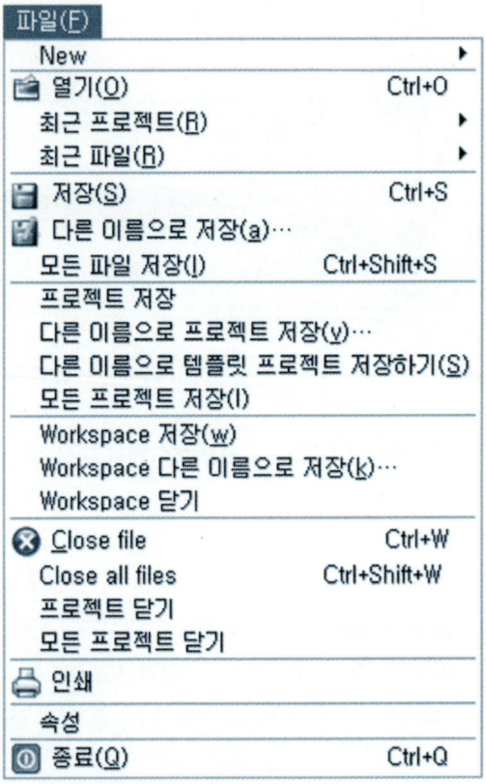

[그림 13-2] 파일 메뉴

① **NEW** : 새로운 프로젝트 또는 파일을 생성한다.

② **열기(Ctrl+O)** : 프로젝트 파일 또는 C/C++ 파일을 불러온다.

③ **최근 프로젝트** : 최근 프로젝트 목록을 보여준다.

④ **최근 파일** : 최근 파일의 목록을 보여준다.

⑤ **저장** : 현재 활성화된 페이지의 파일을 저장한다.

⑥ **다른 이름으로 저장** : 현재 활성화된 페이지의 파일을 다른 이름으로 저장한다.

⑦ **모든 파일 저장** : 수정된 모든 파일을 저장한다.

⑧ **프로젝트 저장** : 현재 활성화된 프로젝트를 저장한다.

⑨ **다른 이름으로 프로젝트 저장** : 현재 활성화된 프로젝트를 다른 이름으로 저장한다.

⑩ **다른 이름으로 템플릿 프로젝트 저장** : 현재 활성화된 프로젝트를 다른 이름으로 템플릿으로 저장한다.

⑪ **Workspace 저장** : 작업공간(Workspace)를 저장한다.

⑫ **Workspace 다른 이름으로 저장** : 작업공간(Workspace)를 다른 이름으로 저장한다.

⑬ **Workspace 닫기** : 작업공간(Workspace)를 닫는다.

⑭ **Close file** : 현재 활성화된 파일을 닫는다.

⑮ **Close all files** : 현재 열려져 있는 모든 파일을 닫는다.

⑯ **프로젝트 닫기** : 현재 활성화된 프로젝트를 닫는다.

⑰ **모든 프로젝트 닫기** : 현재 열려져 있는 모든 프로젝트를 닫는다.

⑱ **인쇄** : 현재 페이지를 인쇄한다.

⑲ **속성** : 현재 활성화된 파일의 속성을 보여준다.

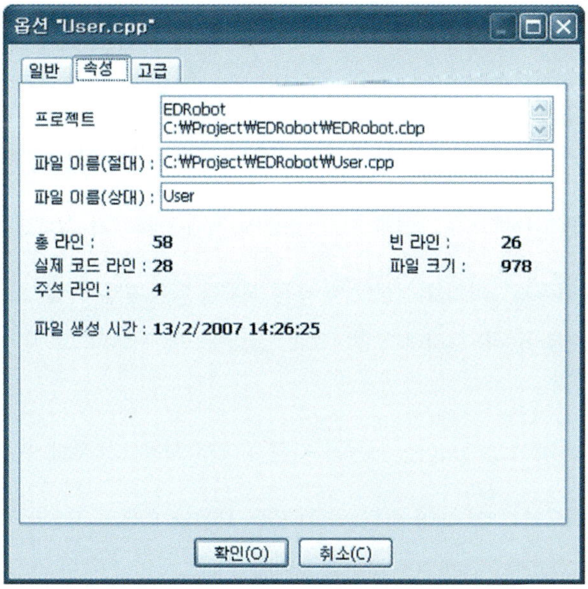

[그림 13-3] 파일의 속성

⑳ **종료** : 프로그램을 종료시킨다.

13-3-2 편집 메뉴

[편집] 메뉴는 실행 취소, 다시실행, 기타 편집 메뉴로 구성되어 있다.

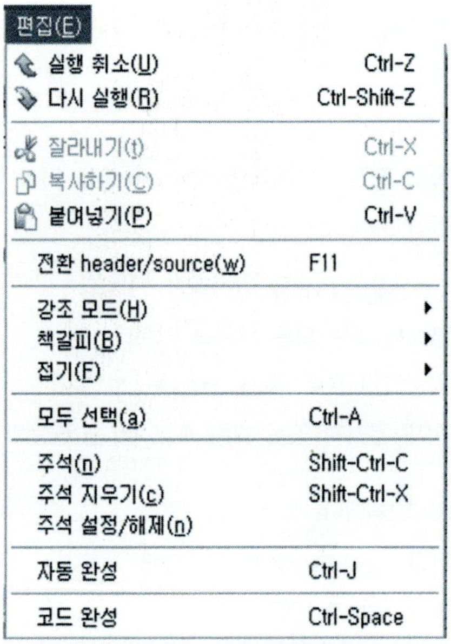

[그림 13-4] 편집 메뉴

① **실행 취소(Ctrl+Z)** : 가장 최근에 사용된 명령부터 차례대로 실행된 명령을 취소한다.

② **다시 실행(Ctrl+Shift+Z)** : "실행 취소" 명령에 의해 취소했던 작업을 다시 복구한다.

③ **잘라내기(Ctrl+X)** : 파일을 작성할 때 특정 객체를 다른 파일로 옮기거나 다른 곳에서 사용하기 위해 잠시 잘라둔다. 잘라내기 한 객체는 클립보드에 저장되므로 여러 번 붙여넣기 할 수도 있다.

④ **복사하기(Ctrl+C)** : 선택되어진 내용을 다른 곳에서 사용하기 위해 복사한다.

⑤ **붙여넣기(Ctrl+V)** : 복사되어 클립보드에 있는 내용을 마우스 포인터의 위치에 붙인다. 객체가 선택된 상태에서 [Ctrl]키를 누르고 객체를 드래그하면 선택된 객체와 동일한 객체가 복사되어 붙여넣기 된다.

⑥ **전환 header/source** : 헤더(header) 파일과 소스(source) 파일과의 전환을 해준다.

⑦ **강조 모드** : 여러 가지 형태의 코드 형식으로 프로그램할 수 있다.

⑧ **책갈피** : 필요한 코드의 부분을 기억하기 위해 책갈피 기능을 제공한다.

⑨ **접기** : 블록화된 부분의 코드를 접거나 펼쳐볼 수 있는 기능을 제공한다.

⑩ **모두 선택** : 현재 활성화된 페이지의 모든 텍스트를 선택한다.

⑪ **주석** : 현재 커서나 선택한 부분에 주석을 설정한다.

⑫ **주석 지우기** : 현재 커서나 선택한 부분의 주석을 지워준다.

⑬ **주석 설정/해제** : 현재 커서나 선택한 부분의 주석을 설정하거나 해제해준다.

⑭ **자동 완성** : 현재 코드의 부분을 자동으로 완성해준다.

⑮ **코드 완성** : 현재 코드의 관련 함수나 변수를 보여준다.

13-3-3 보기 메뉴

[보기]메뉴는 상태 표시줄, 툴바와 각종 창을 보이거나 감추거나 할 수 있는 메뉴로 구성되어 있다.

[그림 13-5] 보기 메뉴

① Layouts : 현 프로그램의 레이아웃을 바꾸거나 저장할 수 있다.

② Toolbars : 툴바[메인(Main), 컴파일러(Compiler), 디버거]의 구성요소를 보이거나 감출 수 있다.

③ Manager : 메니저(Manager) 창을 보이거나 감출 수 있다.

④ Open files list : 파일 열기 리스트(Open files list) 창을 보이거나 감출 수 있다.

⑤ Messages : 메시지(Messages) 창을 보이거나 감출 수 있다.

⑥ Status bar : 상태바(Status bar) 창을 보이거나 감출 수 있다.

⑦ FullScreen : 전체 화면으로 볼 수 있다.

13-3-4 검색 메뉴

[검색] 메뉴는 상태 표시줄, 툴바와 각종 창을 보이거나 감추거나 할 수 있는 메뉴로 구성되어 있다.

[그림 13-6] 검색 메뉴

① **찾기** : 현재 활성화되어 있는 페이지에서 찾고자 하는 문구나 단어를 검색할 수 있다.

② **파일에서 찾기** : 현재 활성화되어 있는 프로젝트의 모든 파일에서 찾고자 하는 문구나 단어를 검색할 수 있다.

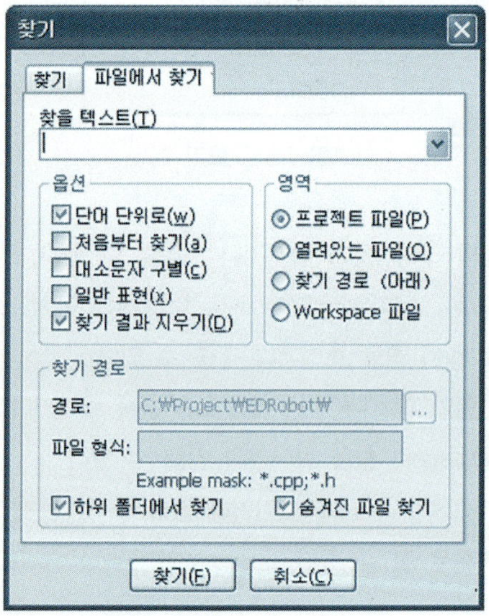

[그림 13-7] 파일에서 찾기

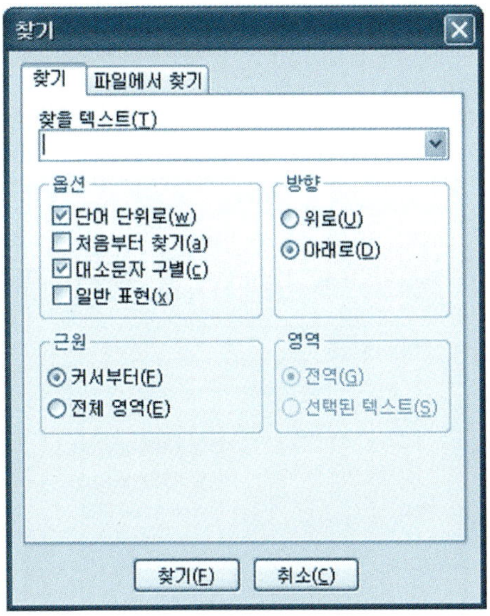

[그림 13-8] 찾기 화면

③ **다음 찾기** : 찾기를 통해 검색한 문구와 단어를 다음 부분부터 다시 찾아준다.

④ **이전 찾기** : 찾기를 통해 검색한 문구와 단어를 이전 부분부터 다시 찾아준다.

⑤ **바꾸기** : 현재 활성화된 페이지의 단어나 문구를 사용자가 원하는 단어나 문구로 바꾸어 준다.

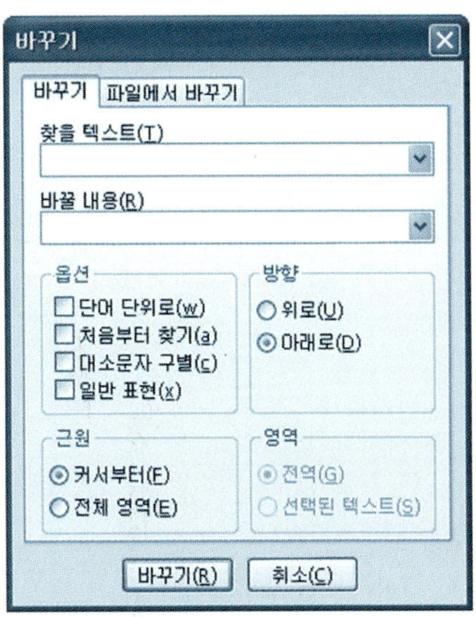

[그림 13-9] 바꾸기

제13장

⑥ **파일에서 바꾸기** : 현재 활성화된 프로젝트의 모든 파일에서 단어나 문구를 사용자가 원하는 단어나 문구로 바꾸어 준다.

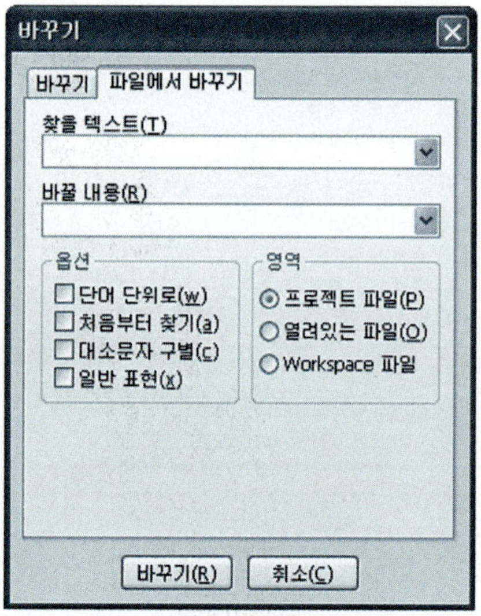

[그림 13-10] 파일에서 바꾸기

⑦ **라인 이동** : 원하는 라인으로 이동한다.

[그림 13-11] 라인 이동

⑧ **파일 이동** : 원하는 파일로 이동한다.

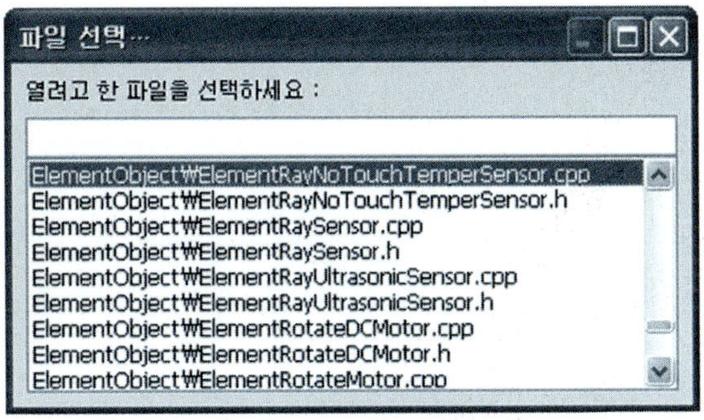

[그림 13-12] 파일 이동

⑨ **함수 이동** : 원하는 함수로 이동한다.

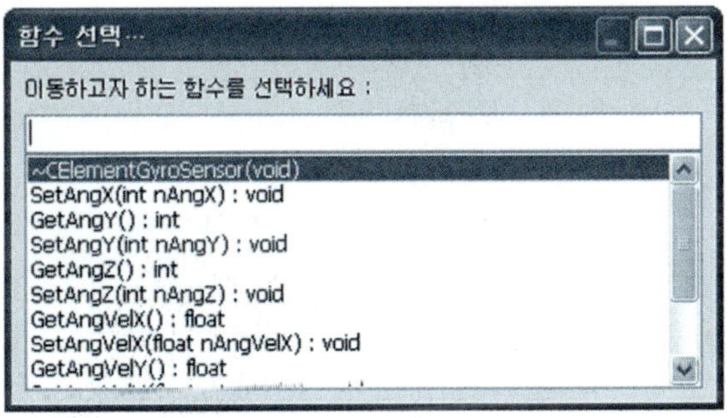

[그림 13-13] 함수 이동

13-3-5 프로젝트 메뉴

[프로젝트] 메뉴는 프로젝트에 관련된 메뉴로 구성되어 있다.

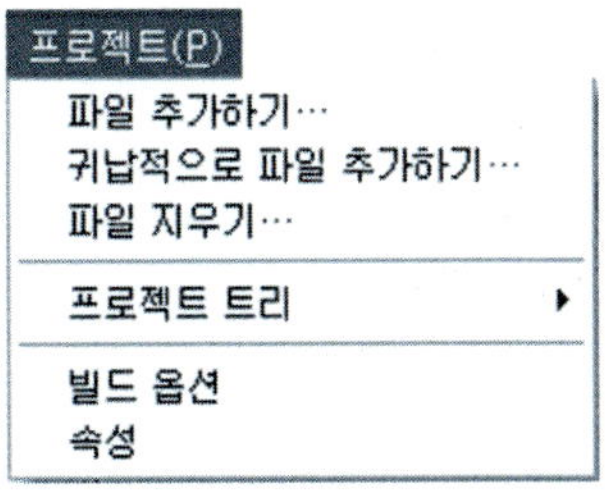

[그림 13-14] 프로젝트 메뉴

제13장

① **파일 추가하기** : 프로젝트에 원하는 파일을 추가한다.

② **귀납적으로 추가하기** : 프로젝트에 원하는 파일을 폴더 단위로 추가한다.

③ **파일** 지우기 : 프로젝트에서 필요 없는 파일을 선택해서 지울 수 있다.

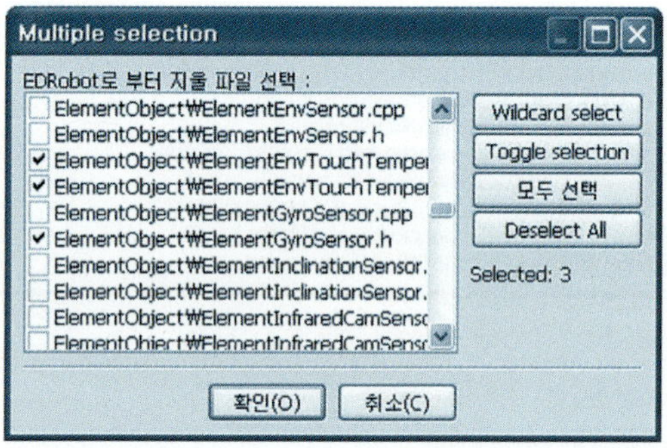

[그림 13-15] 파일 지우기

④ **프로젝트 트리** : 프로젝트 트리의 모양을 변경할 수 있다.

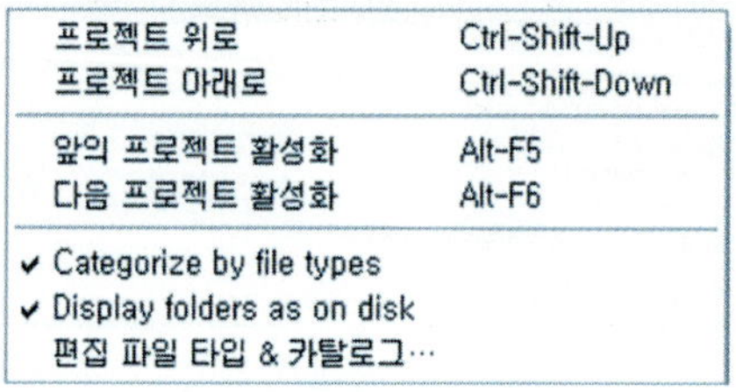

[그림 13-16] 프로젝트 트리

⑤ **빌드 옵션** : 프로젝트 빌드에 관한 사항을 설정 및 수정할 수 있다.
각종 Lib 파일 및 dll 파일을 링크시킬 수 있다.

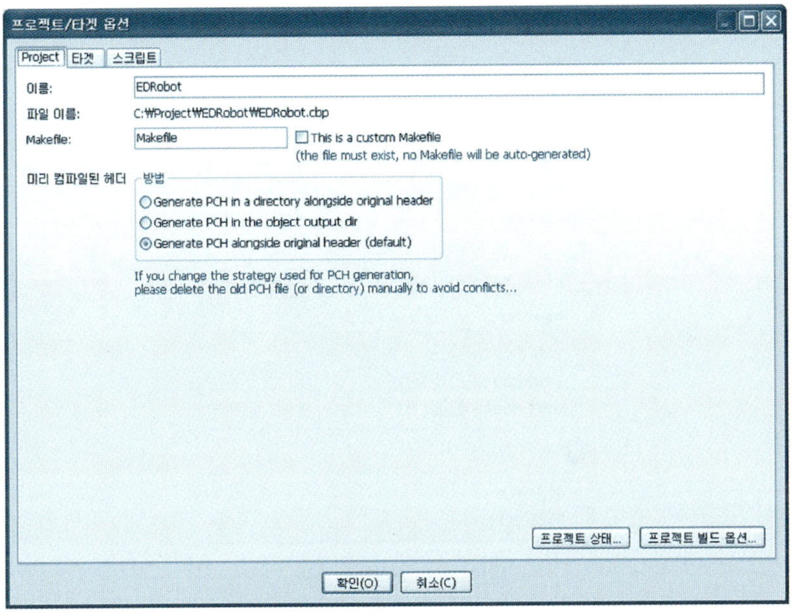

[그림 13-17] 빌드 옵션

⑥ **속 성** : 프로젝트 속성에 관련된 사항을 설정 및 수정할 수 있다.

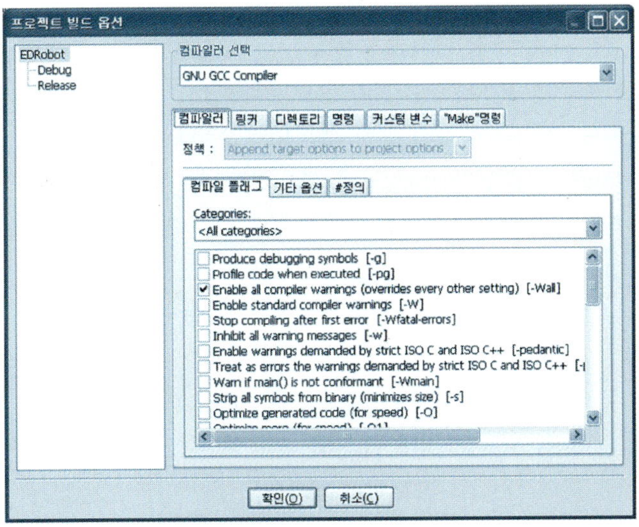

[그림 13-18] 속성

13-3-6 빌드 메뉴

[빌드] 메뉴는 빌드, 실행, 리빌드 등 시뮬레이션을 하기 위해 필요한 메뉴들로 구성되어 있다.

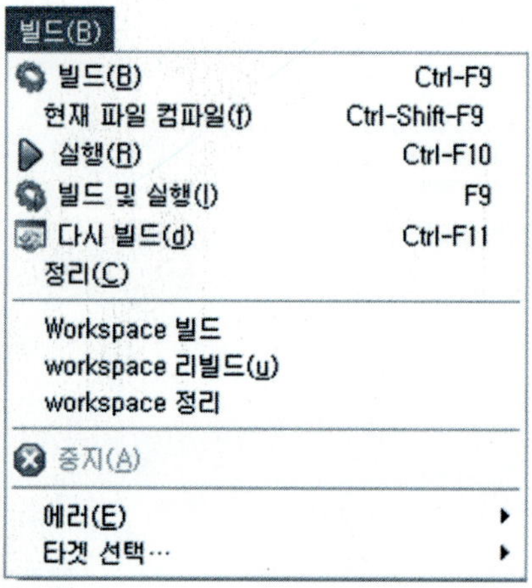

[그림 13-19] 빌드 메뉴

① **빌드** : 현재 프로젝트를 빌드한다.

② **현재 파일 컴파일** : 현재 파일을 컴파일한다.

③ **실행** : 빌드된 프로젝트를 실행한다. 메인 프로그램의 시뮬레이션을 시작한다.

④ **빌드 및 실행** : 현재 프로젝트를 빌드하고 실행한다.

⑤ **다시 빌드** : 현재 프로젝트를 다시 빌드한다.

⑥ **정리** : 빌드된 프로젝트를 다시 빌드하기 위해 정리한다.

⑦ **Workspace 빌드** : 작업공간(workspace) 내의 모든 프로젝트를 빌드한다.

⑧ **Workspace 리빌드** : 작업공간(workspace) 내의 모든 프로젝트를 다시 빌드한다.

⑨ **Workspace 정리** : 작업공간(workspace) 내의 모든 프로젝트를 정리한다.

⑩ **중지** : 현재 빌드 또는 컴파일 및 실행을 중지시킨다.

⑪ **에러** : 에러가 발생했을 경우 에러를 찾아간다.

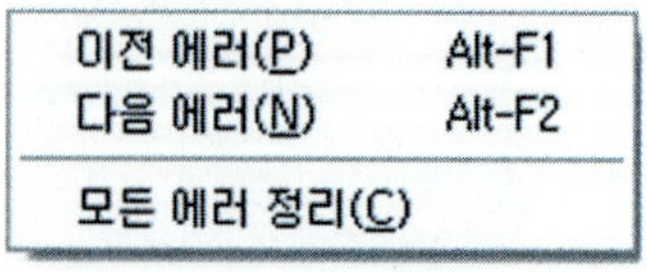

[그림 13-20] 에 러

⑫ **타겟 선택** : Debug/Release를 선택한다.

13-3-7 디버그 메뉴

[디버그] 메뉴는 디버그를 하기 위해 필요한 메뉴들로 구성되어 있다.

[그림 13-21] 디버그 메뉴

① **시작** : 디버그를 시작한다.

② **디버거 중지** : 디버그를 중지한다.

③ **계속** : 디버그를 계속해서 진행한다.

④ Next line : 다음 라인으로 디버그를 진행한다.

⑤ Next instruction : 다음 중단점으로 이동한다.

⑥ Step into : 한 단계씩 코드를 실행한다.

⑦ Step put : 프로시져 단위로 실행한다.

⑧ **새 중단점** : 중단점을 설정하거나 해제한다.

⑨ **커서까지 실행** : 커서까지 실행한다.

⑩ **디버깅 창** : 디버그에 필요한 창을 제공한다.

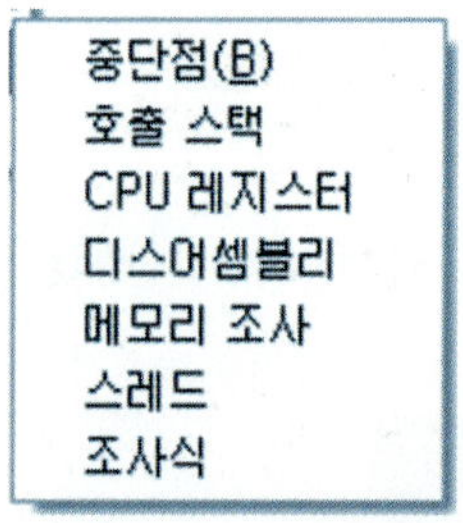

[그림 13-22] 디버깅 창

⑪ **조사식 편집** : 디버그하면서 각 변수나 객체를 수정할 수 있다.

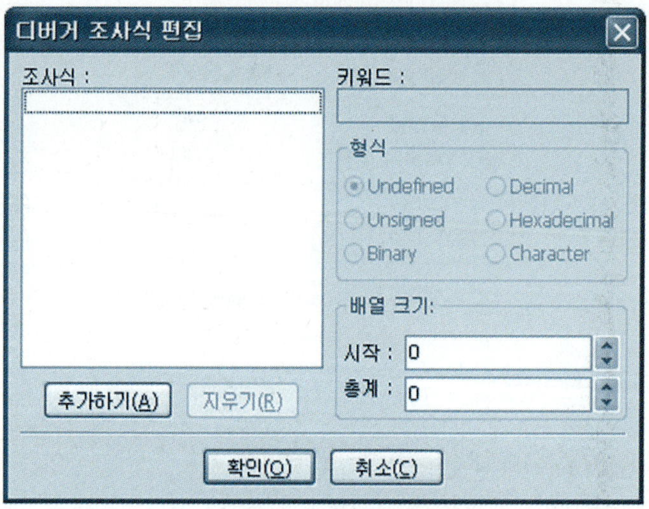

[그림 13-23] 조사식 편집

13-3-8 설정 메뉴

[설정] 메뉴는 프로그램의 환경 및 컴파일 디버거의 속성 등을 설정할 수 있다.

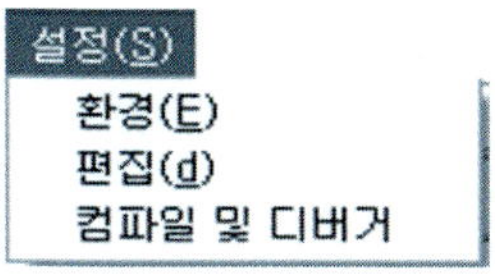

[그림 13-24] 설정 메뉴

① **환경** : 프로그램의 환경을 설정한다.

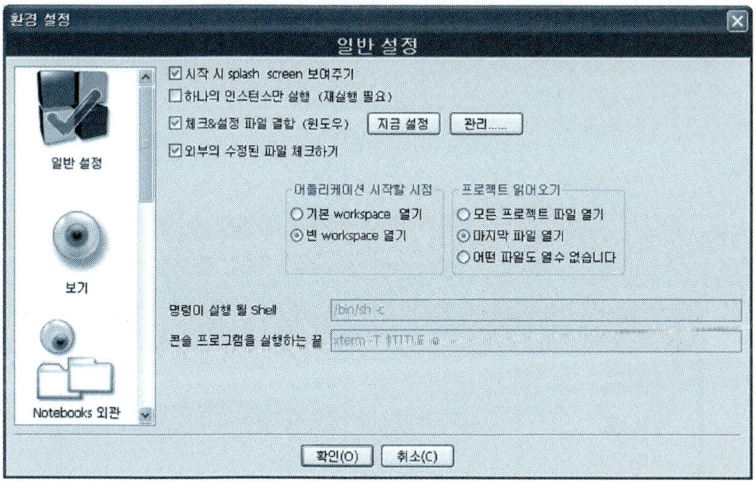

[그림 13-25] 환경설정

② **편집** : 편집기의 모양 및 각종 환경을 설정할 수 있다.

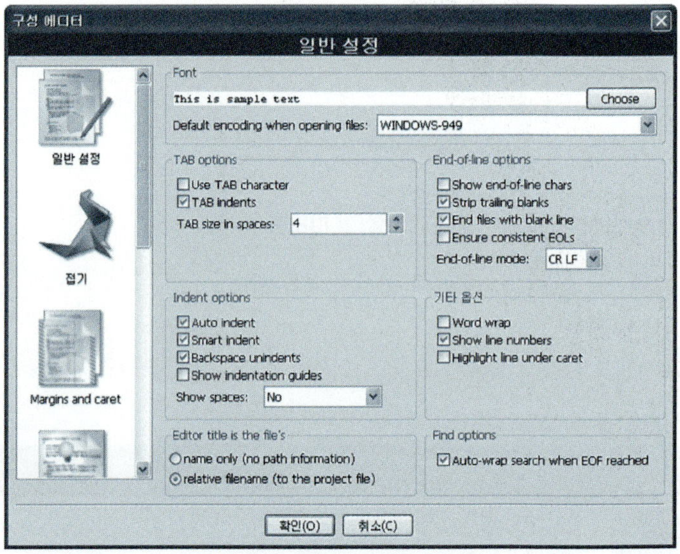

[그림 13-26] 구성 에디터

③ **컴파일 및 디버거** : 컴파일 및 디버거의 각종 환경을 설정할 수 있다.

[그림 13-27] 디버거 설정

C/C++ 환경에서 프로그램을 하기 위해서는 MINGW가 필요하다. 로봇 시뮬레이션 프로그램을 설치하게 되면 기본으로 C드라이버에 MINGW가 설치되게 된다.

MINGW가 다른 드라이버에 설치되었다면, 컴파일 및 디버거에서 디렉토리를 MINGW가 설치된 경로에 맞추어주면 된다.

13-3-9 기본 오른쪽 마우스 메뉴(Popup Menu)

[그림 13-28] 기본 오른쪽 마우스 메뉴

명 령	설 명
새 중단점	새 중단점을 설정한다.
커서까지 실행	커서까지 실행시킨다.
전환	현재 열려 있는 페이지 중에서 원하는 페이지를 오픈한다.
삽입	클래스 메소드를 정의/선언한다.
전환 header/source	헤더(header) 파일과 소스(source) 파일과의 전환을 해준다.
편집	편집 메뉴의 기능을 사용한다.
책갈피	필요한 코드의 부분을 기억하기 위해 책갈피 기능을 제공한다.
접기	블록화된 부분의 코드를 접거나 펼쳐 볼 수 있는 기능을 제공한다.
뷰 나누기	뷰 나누기 기능을 제공한다.
구성 편집기	구성 편집기를 보여준다.
속성	현재 페이지의 속성을 보여준다.

13-4 도구모음 구성

13-4-1 메인 툴바

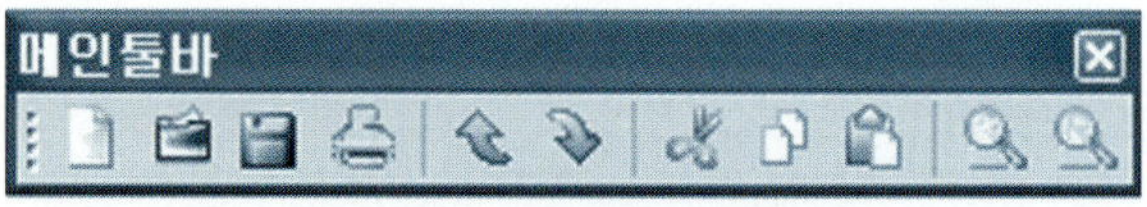

[그림 13-29] 메인 툴바

명 령	설 명
새로운 파일	새로운 프로젝트나 소스파일을 생성한다.
열기	저장되어 있는 프로젝트나 소스파일을 불러온다.
저장	현재 선택된 페이지를 저장한다.
인쇄	현재 선택된 작업 창을 프린터로 출력한다.
실행 취소	바로 전에 했던 작업을 취소한다.
다시 실행	취소한 실행을 다시 실행한다.
잘라내기	선택되어진 내용을 다른 곳에서 사용하기 위해 잘라둔다.
복사하기	선택되어진 내용을 다른 곳에서 사용하기 위해 복사한다.
붙여넣기	복사/잘라내기 되어 있는 내용을 마우스의 위치에 넣는다.
찾기	현재 선택되어진 작업 창의 특정 문자열을 찾는다.
바꾸기	현재 선택되어진 작업 창의 특정 문자열을 바꾼다.

13-4-2 컴파일러(Compiler) 툴바

[그림 13-30] 컴파일러 툴바

명 령	설 명
빌드	현재 프로젝트를 빌드한다.
실행	현재 프로젝트를 실행한다.
빌드 및 실행	현재 프로젝트를 빌드 및 실행한다.
리빌드	현재 프로젝트를 리빌드한다.
중지	디버그(Debug)나 컴파일 및 빌드를 중지한다.
빌드 타겟	디버그(Debug) / 릴리즈(Release)를 선택한다.

13-4-3 디버거 툴바

[그림 13-31] 디버거 툴바

명 령	설 명
시작	디버그를 시작한다.
커서까지 실행	커서까지 실행한다.
Next line	다음 라인으로 디버그를 진행한다.
Next instruction	다음 중단점으로 이동한다.
Step into	한 단계씩 실행한다.
Step out	프로시저 단위로 실행한다.
중지	디버그를 중지한다.
디버깅 창	디버그에 필요한 창을 열어준다.

13-5 프로그램 작성 방법

13-5-1 프로그램 시작 및 프로젝트 생성

메인 프로그램의 프로그램 및 형식 메뉴에서 C/C++ 프로그램을 실행시킨다.

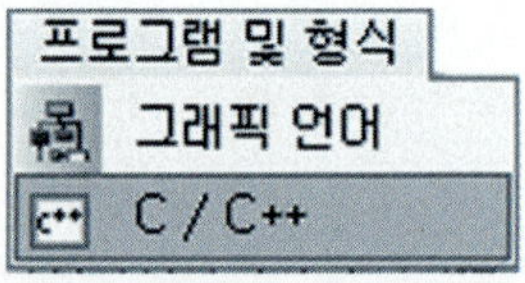

[그림 13-32] 프로그램 시작 및 프로젝트 생성

새로운 프로젝트를 생성하거나 기존의 프로젝트를 열어볼 수 있다.

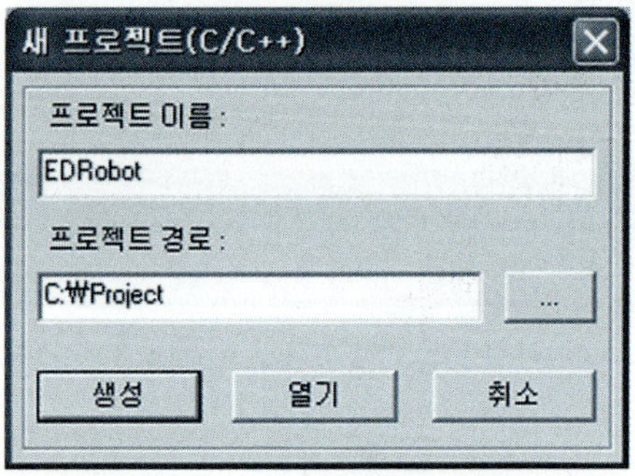

[그림 13-33] 새 프로젝트

생성을 클릭하면 새로운 프로젝트를 생성하게 되는데, 같은 이름의 프로젝트가 존재하면 다음과 같은 메시지 박스가 나타나는데, 예를 클릭하면 기존의 프로젝트를 초기화하게 되고, 아니오를 클릭하면 기존의 프로젝트를 오픈해주게 된다.

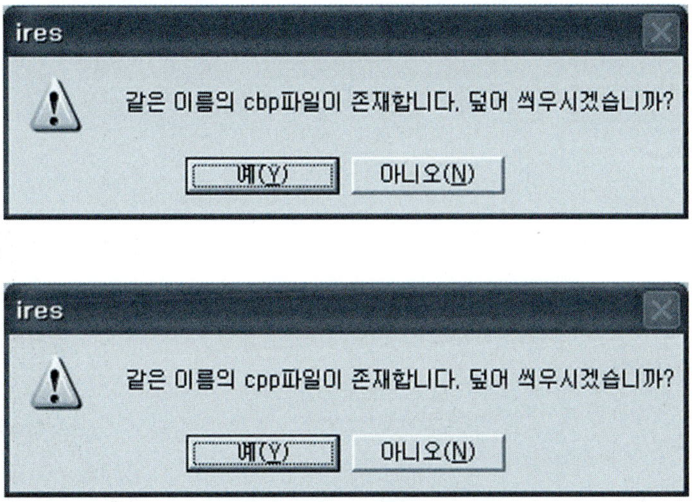

[그림 13-34] 덮어 씌우기

열기를 클릭하게 되면 기존의 프로젝트를 열어서 시뮬레이션해 볼 수 있다.

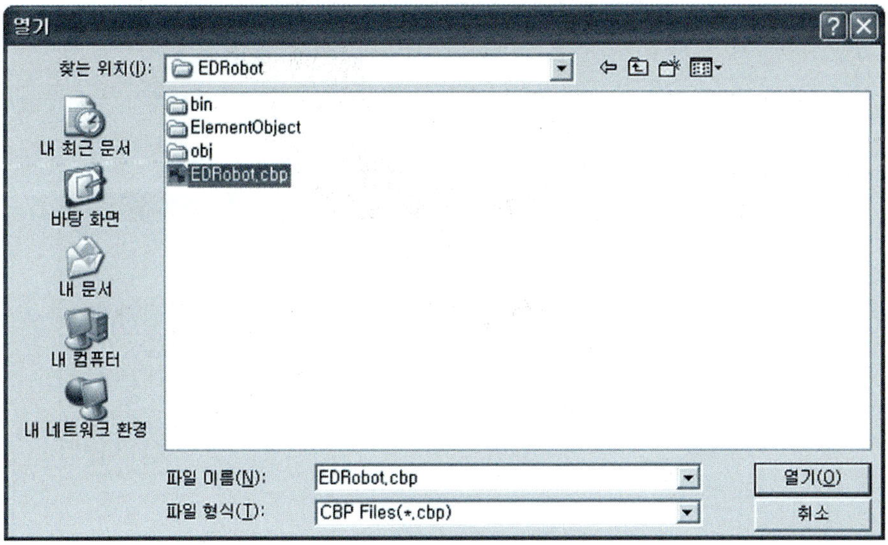

[그림 13-35] 프로젝트 열기

다음은 C/C++ 작성 프로그램의 초기 화면이다.

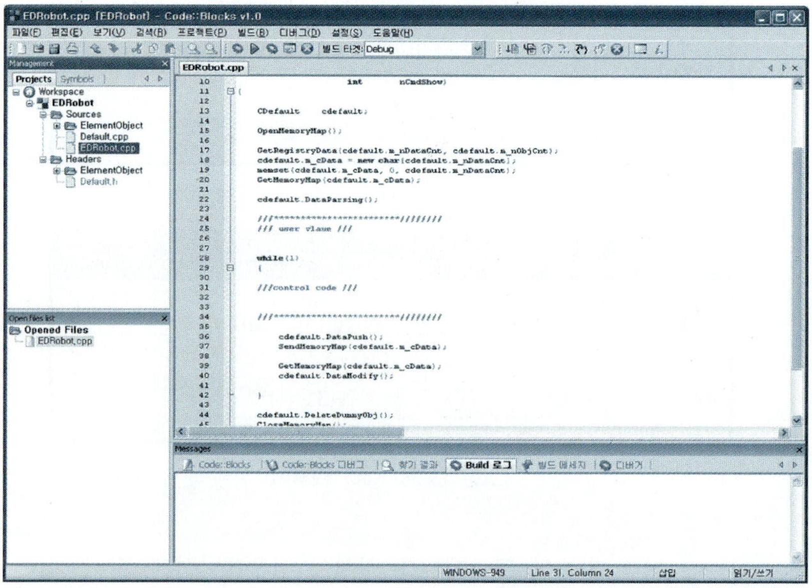

[그림 13-36] C/C++ 프로그램의 초기 화면

생성을 하게 되면 프로젝트 이름(EDRobot)으로 프로젝트가 생성되게 된다.

프로젝트에는 EDRobot.cbp 프로젝트 파일과 EDRobot.cpp라는 사용자가 작성할 파일이 생성된다. 또한 사용자가 참조할 각종 파일이 생성된다.

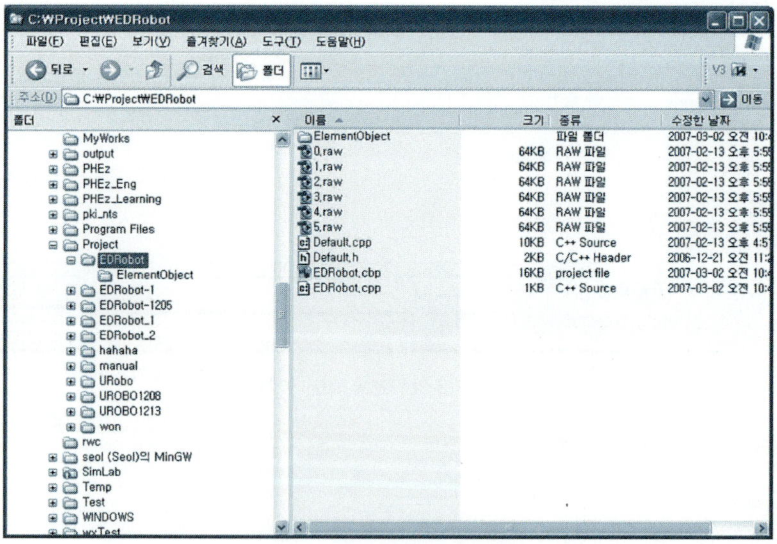

[그림 13-37] 파일 생성 확인

Default 클래스는 프로그램의 기본구조를 만드는 클래스로서 유저가 각종 모터, 센서 클래스를 얻어오는 함수를 가지고 있다. ElementObject 폴더 안에는 각종 모터, 센서에 관련된 클래스가 존재한다. 유저는 프로그램을 작성할 때 위의 클래스를 사용해서 원하는 로봇 제어 프로그램을 작성할 수 있다.

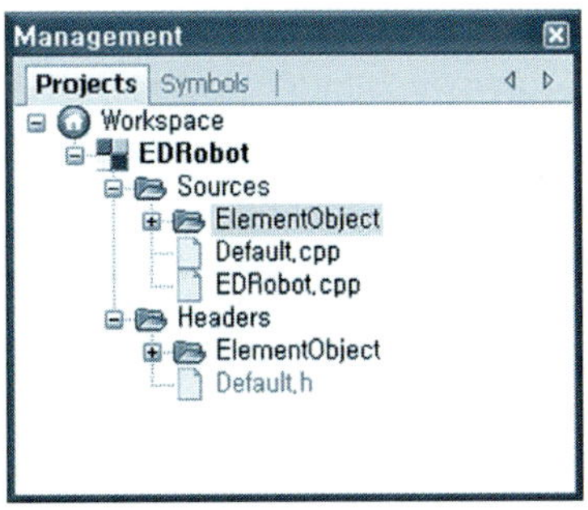

[그림 13-38] Management 화면

유저는 프로젝트 이름(EDRobot)을 가진 EDRobot.cpp에 프로그램을 작성하여 로봇을 시뮬레이션할 수 있다. 아래는 기본 골격을 나타낸 것이다. 사용자는 유저값(user value)과 제어값(control value)에 필요한 프로그램 코드만 작성하면 된다.

EDRobot.cpp

```
#include "Default.h"
#define CW -1
#define CCW 1

class CDefault;

int WinMain(HINSTANCE hInstance,
                    HINSTANCE hPrevInstance,
                    LPTSTR    lpCmdLine,
                    int       nCmdShow)
{

    CDefault    cdefault;

    OpenMemoryMap();

    GetRegistryData(cdefault.m_nDataCnt, cdefault.m_nObjCnt);
    cdefault.m_cData = new char[cdefault.m_nDataCnt];
    memset(cdefault.m_cData, 0, cdefault.m_nDataCnt);
    GetMemoryMap(cdefault.m_cData);

    cdefault.DataParsing();

    ///************************///////
    /// user vlaue ///


    while(1)
    {

    ///control code ///


    ///************************///////

        cdefault.DataPush();
        SendMemoryMap(cdefault.m_cData);

        GetMemoryMap(cdefault.m_cData);
        cdefault.DataModify();

    }

    cdefault.DeleteDummyObj();
    CloseMemoryMap();

    delete []cdefault.m_cData;

    return 0;
}
```

```
///************************//////////
/// user vlaue ///

while(1)
{

///control code ///

///************************//////////

    cdefault.DataPush();
    SendMemoryMap(cdefault.m_cData);

    GetMemoryMap(cdefault.m_cData);
    cdefault.DataModify();

}
```

[그림 13-39] 코드 작성

유저값(user value) 부분에 변수 및 클래스를 선언하고, 제어값(control code) 부분에 로봇을 제어할 수 있는 프로그램을 작성하여 메인 프로그램의 로봇들을 시뮬레이션할 수 있다.

13-5-2 C/C++ 프로젝트 생성

C/C++에서 프로젝트를 생성하기 위해서는 파일 메뉴에서 New의 프로젝트(Project)를 클릭한다.

ED Project(C++)을 선택한다.

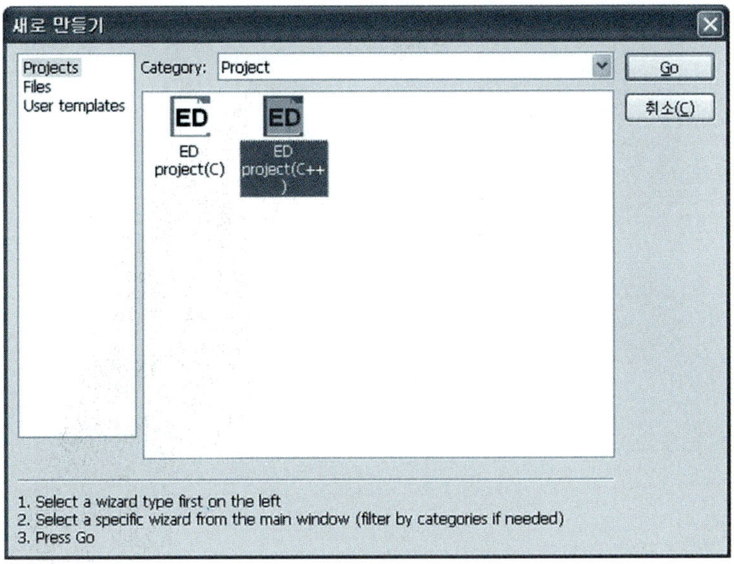

[그림 13-40] Project 선택

프로젝트 이름을 입력하여 Next, Finish를 클릭해준다.

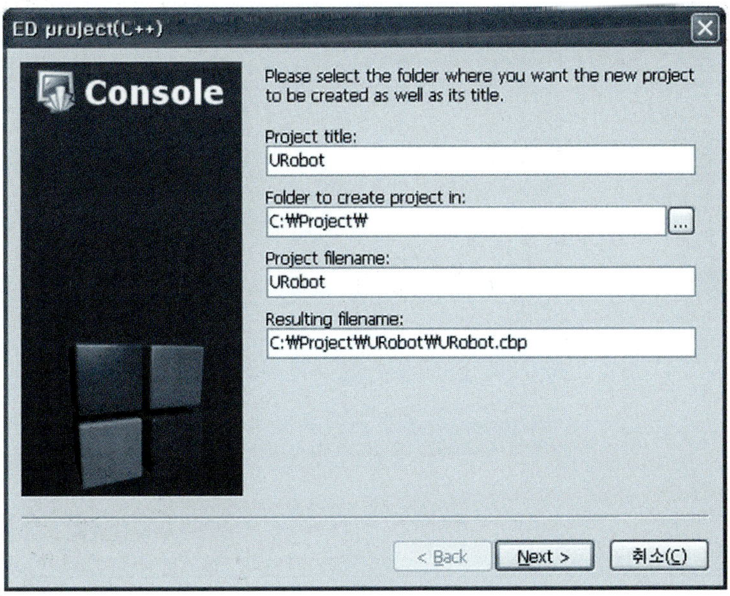

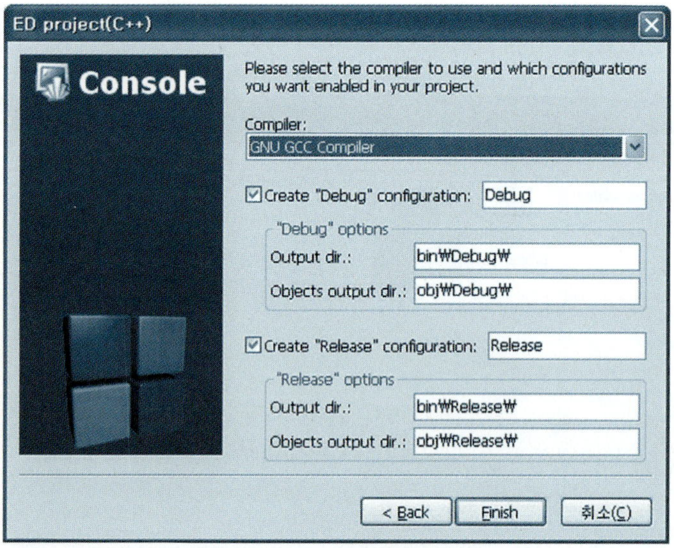

[그림 13-41] 프로젝트 이름 입력

다음과 같이 URobot 프로젝트가 생성될 것이다.

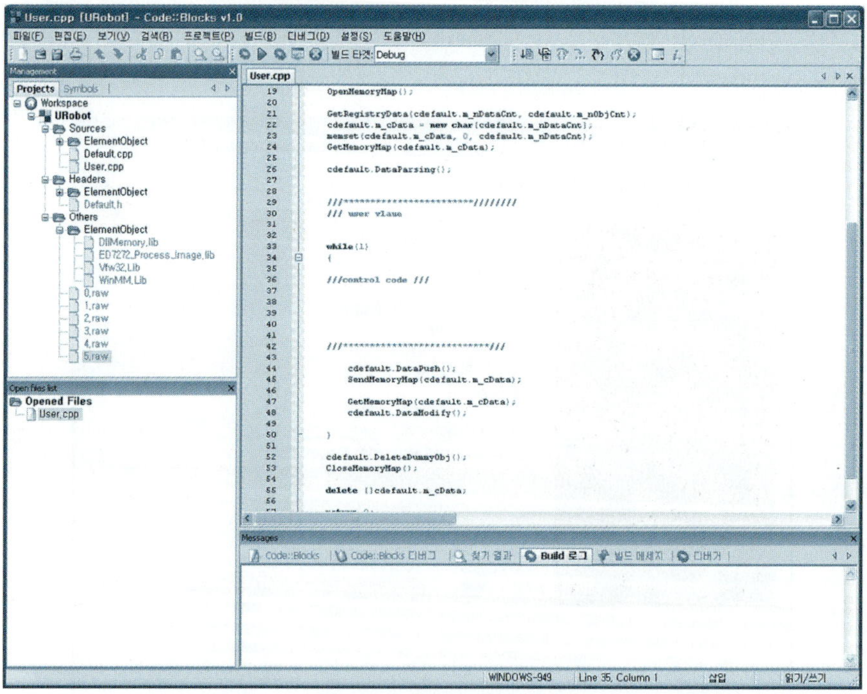

[그림 13-42] Urobot 프로젝트

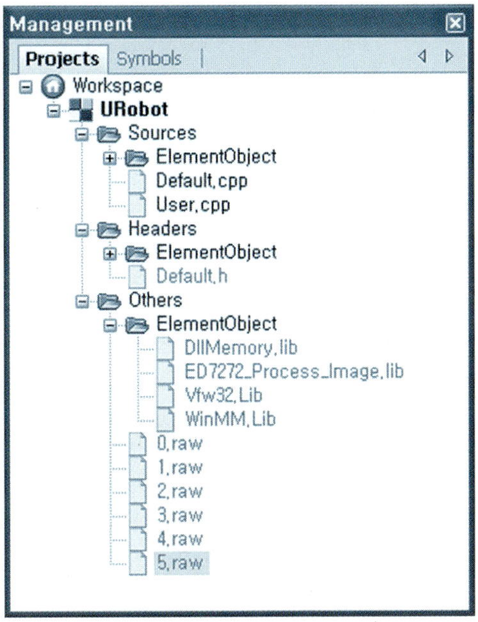

[그림 13-43] Management

C/C++에서 프로젝트를 생성하게 되면 메인 프로그램에서 생성했던 프로젝트와 다른 것을 확인할 수 있을 것이다. Other이라는 폴더에 lib 파일과 raw 파일이 있는데, 이것은 로봇을 시뮬레이션할 때 사용되는 파일들로서 유저는 신경을 쓰지 않아도 되는 부분이다. 또한 사용자가 프로그램 코드를 작성하는 파일은 USer.cpp이다.

13-5-3 샘플 프로그램 작성

앞에서 설명했던 과정을 복습하는 의미로 프로그램의 작성과정을 한번만 따라 해보겠다. 한번만 해보면 다른 프로그램들은 금방 작성할 것이다.

이번에 해볼 프로그램은 센서의 값을 비교하여 로봇을 전진하는 것을 작성해볼 것이다. (적외선 센서 1개와 두 개의 바퀴(모터)를 가진 로봇을 시뮬레이션)

① 메인 프로그램의 프로그램 및 형식 메뉴에서 C/C++ 프로그램을 실행시킨다.

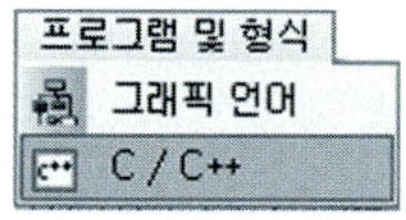

[그림 13-44] C/C++ 프로그램 실행

새로운 프로젝트를 생성하거나 기존의 프로젝트를 열어볼 수 있다.

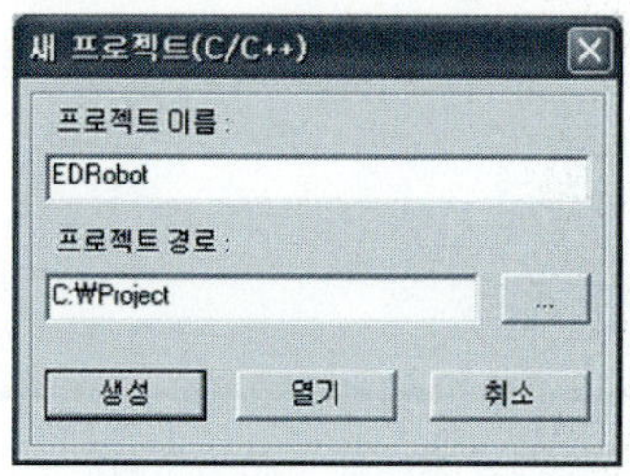

[그림 13-45] 프로젝트 생성

② C/C++ 작성 프로그램의 초기 화면을 볼 수 있다.

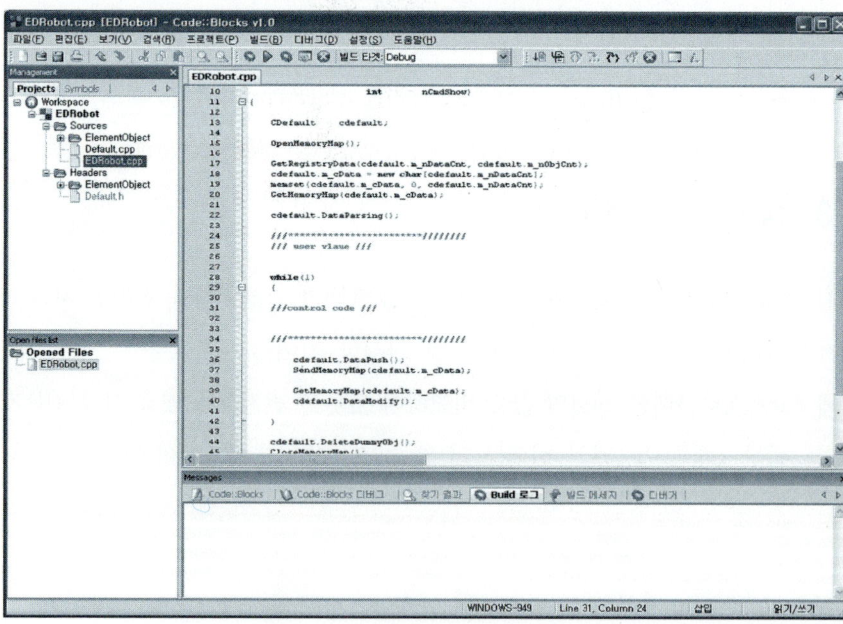

[그림 13-46] C/C++프로그램 초기화면

유저가 로봇 제어 프로그램을 작성할 파일은 다음과 같이 구성되어 있다. 유저는 밑의 코드를 모두 이해할 필요 없이 빨간 부분의 유저값(user value)와 제어코드(control code) 부분에 코드만 작성하면 된다.

빨간 부분외의 코드는 메인 프로그램과 C/C++ 프로그램간의 데이터를 교환하기 위해 작성된 코드이며, 모든 데이터는 CDefault 클래스 안에 존재한다. 따라서 CDefault 클래스에서 원하는 데이터를 얻어오는 방법만 알면 쉽게 프로그램을 작성할 수 있다.

```
#include "Default.h"
#define CW -1
#define CCW 1

class CDefault;

int WinMain(HINSTANCE hInstance,
                     HINSTANCE hPrevInstance,
                     LPTSTR    lpCmdLine,
                     int       nCmdShow)
{

    CDefault    cdefault;

    OpenMemoryMap();

    GetRegistryData(cdefault.m_nDataCnt, cdefault.m_nObjCnt);
    cdefault.m_cData = new char[cdefault.m_nDataCnt];
    memset(cdefault.m_cData, 0, cdefault.m_nDataCnt);
    GetMemoryMap(cdefault.m_cData);

    cdefault.DataParsing();

    ///*************************///////
    /// user vlaue ///

    while(1)
    {

    ///control code ///


    ///*************************///////
        cdefault.DataPush();
        SendMemoryMap(cdefault.m_cData);

        GetMemoryMap(cdefault.m_cData);
        cdefault.DataModify();

    }

    cdefault.DeleteDummyObj();
    CloseMemoryMap();

    delete []cdefault.m_cData;

    return 0;
}
```

[그림 13-47] 코드 작성

③ 유저값(user value) 부분에 사용할 변수나 클래스를 선언하고 값을 얻어온다.

```
///************************///////
/// user vlaue ///

/// 로봇 이름
string  sRobotName = "EDRobot";

/// 모터 선언
CElementRotateDCMotor*  M_RWheel;
CElementRotateDCMotor*  M_LWheel;

/// 격외선 센서 선언
CElementRayInfraredSensor * IRF;

/// 모터 얻어오기
M_RWheel =  (CElementRotateDCMotor*)cdefault.GetElementObject(M_RWheel,sRobotName, "right_motor");
M_LWheel =  (CElementRotateDCMotor*)cdefault.GetElementObject(M_LWheel,sRobotName, "left_motor");

/// 격외선 선세 얻어오기
IRF = (CElementRayInfraredSensor*)cdefault.GetElementObject(IRF,sRobotName, "infrared_F");

/// 센서 거리값 저장 변수
int     nDist = 0;
```

[그림 13-48] 변수 클래스 선언

로봇 제어를 하기 위해 필요한 데이터는 CDefault 클래스에 존재하기 때문에 CDefault의 멤버 함수인 GetElementObject() 함수를 사용하여 값을 얻어올 수 있다.

모터나 센서를 얻어오는 GetElementObject() 함수의 인자 값은 (센서나 모터 선언 변수, 로봇 이름, 센서나 모터 이름) 이다. 여기서 두 번째와 세 번째 인자인 로봇 이름과 센서나 모터 이름은 메인 프로그램에서 사용하는 로봇과 로봇에 포함된 모터와 센서 이름을 말한다.

모든 센서나 모터 값은 위와 같은 함수형식을 사용하여 얻어올 수 있다.

위의 코드는 두 개의 모터(왼쪽, 오른쪽)와 하나의 적외선 센서를 선언하였으며, 적외선 센서의 거리 값을 담아둘 변수로 구성되어 있다.

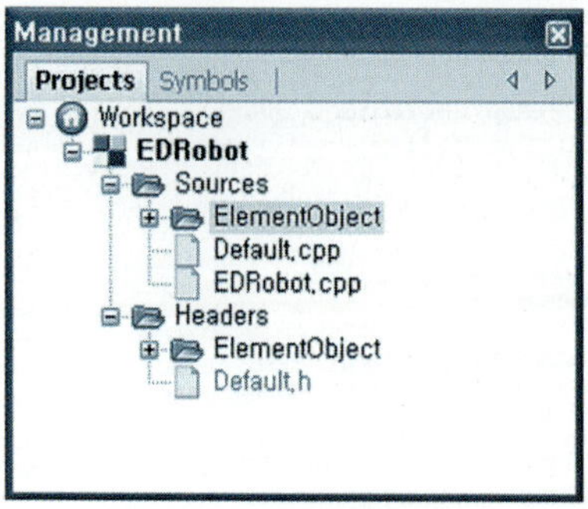

[그림 13-49] Management

각각의 센서와 모터는 ElementObject 폴더 안에 클래스로 정의되어 있다. 각 클래스를 오픈해보면 변수 및 함수가 다 구현되어 있어서 유저는 필요한 것들만 참조해서 프로그래밍하면 된다.

④ 제어코드(control code) 부분에 유저값(user value) 부분에서 선언된 변수나 클래스를 사용하여 유저만의 프로그램을 작성한다. while 문 안에 프로그램을 작성하기 때문에 시뮬레이션이 종료될 때까지 control code 부분이 반복적으로 실행되게 된다.

```
while(1)
{

///control code ///

nDist = IRF->GetCurrentDist();

if(nDist == 0)
{
    /// Forward
    cout << "Forward!"<< endl;
    M_RWheel->SetSpeed(40);
    M_RWheel->SetRotateDirect(CW);
    M_LWheel->SetSpeed(40);
    M_LWheel->SetRotateDirect(CW);
}
else if(nDist > 0 && nDist > 50)
{
    /// TurnLeft
    cout << "TurnLeft!" << endl;
    M_RWheel->SetSpeed(20);
    M_RWheel->SetRotateDirect(CW);
    M_LWheel->SetSpeed(20);
    M_LWheel->SetRotateDirect(CCW);
}
else if(nDist >= 50 && nDist < 100)
{
    /// TurnRight
    cout << "TurnRight!"<< endl;
    M_RWheel->SetSpeed(20);
    M_RWheel->SetRotateDirect(CCW);
    M_LWheel->SetSpeed(20);
    M_LWheel->SetRotateDirect(CW);
}
else if(nDist >= 100)
{
    cout << "Back"<< endl;
    M_RWheel->SetSpeed(40);
    M_RWheel->SetRotateDirect(CCW);
    M_LWheel->SetSpeed(40);
    M_LWheel->SetRotateDirect(CCW);
}
else
{
    cout << "Nothing!"<< endl;
}

///*************************////////
```

[그림 13-50] Control Code

위의 코드는 적외선 센서 값이 0이면 로봇을 앞으로 전진시키고, 0보다 크거나 50보다 작으면 로봇을 왼쪽으로 움직이게 하고, 50보다 크거나 같고 100보다 작으면 로봇을 오른쪽으로 움직이게 하고, 100보다 크거나 같으면 로봇을 뒤로 후진시키는 간단한 프로그램이다.

⑤ 위와 같이 프로그램 작성이 다 끝나면 빌드를 한다.

프로그램에 에러가 없으면 메시지 창의 벌드(Build) 로그에 다음과 0 error, 0 warnings이라는 메시지가 출력된다.

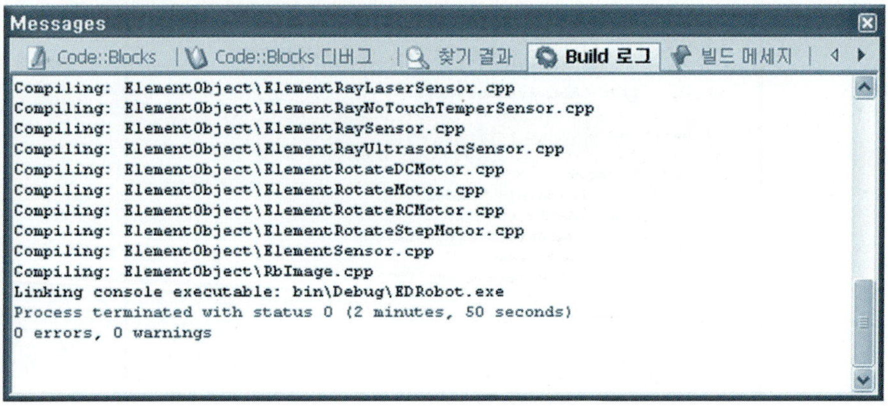

[그림 13-51] 빌드 화면

⑥ 빌드를 해서 에러가 없으면 실행을 클릭하여 메인의 로봇을 시뮬레이션할 수 있다. 다음은 위의 코드로 메인의 로봇을 시뮬레이션하는 모습이다. 로봇에 여러 센서가 장착되었는데 코드에서는 로봇의 정면 부분의 적외선 센서만을 사용하여 로봇을 시뮬레이션한 것이다.

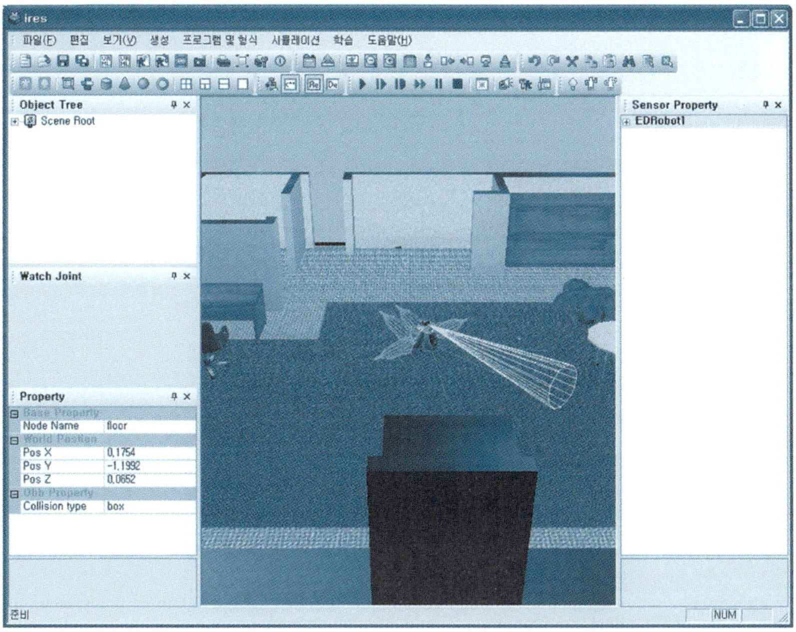

[그림 13-52] 적외선 센서만을 이용하여 로봇 시뮬레이션

C/C++에서는 시뮬레이션을 실행하면 다음과 같은 커맨드 창이 뜬다. 유저는 커맨드 창에 메시지를 출력해볼 수 있다.

[그림 13-53] 커맨드 창

⑦ 모터나 센서 값들을 시뮬레이션하면서 알아볼 수 있도록 디버그로 시뮬레이션해본다. 원하는 부분에 중단점을 설정하여 디버그해 볼 수 있다.

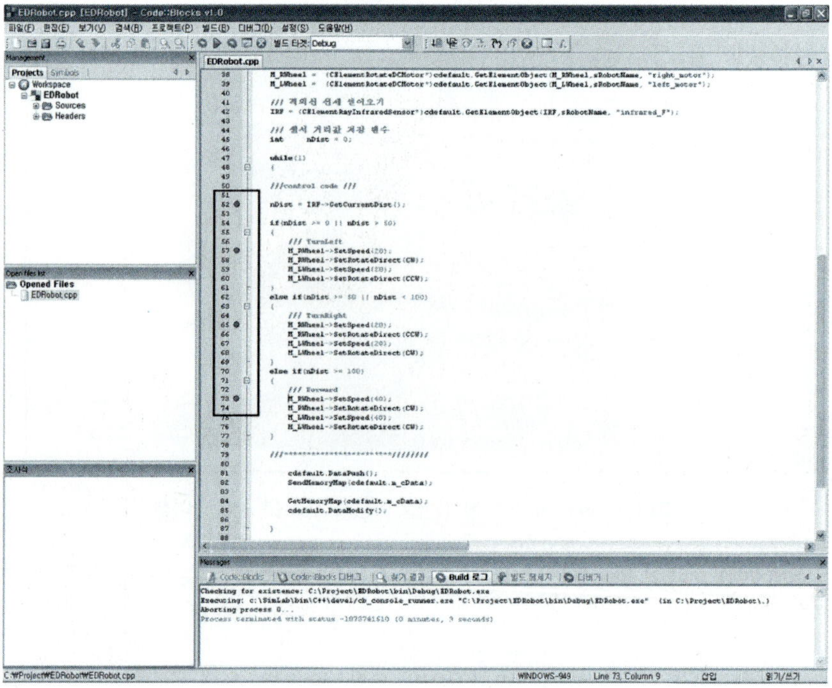

[그림 13-54] 중단점 설정, 디버그

디버그를 하면 중단점에서 프로그램이 정지하여 커서가 위치하게 된다.

위의 첫 번째 중단점인 nDist = IRF → GetCurrentDist(); 코드 라인에서 nDist 값을 확인해 보고 싶다면 디버그 메뉴의 디버깅 창에서 조사식을 클릭한다.

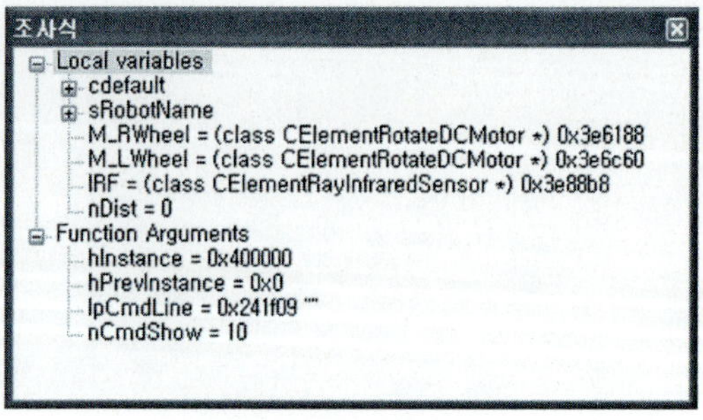

[그림 13-55] 조사식

조사식에 추가할 변수나 객체를 드래그해서 선택하고 마우스 오른쪽 버튼을 클릭하면 팝업창이 나타난다. 다음과 같이 조사식 "nDist(드래그해서 선택한 변수나 객체)"를 클릭한다.

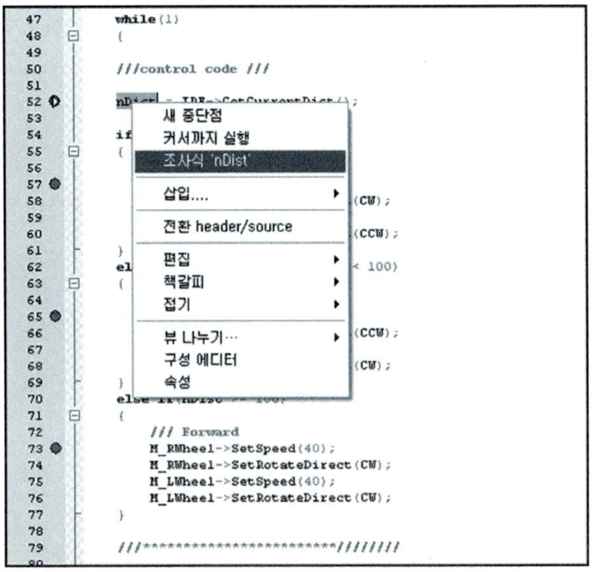

[그림 13-56] 조사식 nDist 클릭

다음과 같이 조사식에 드래그한 변수나 객체의 값이 추가되어진다.

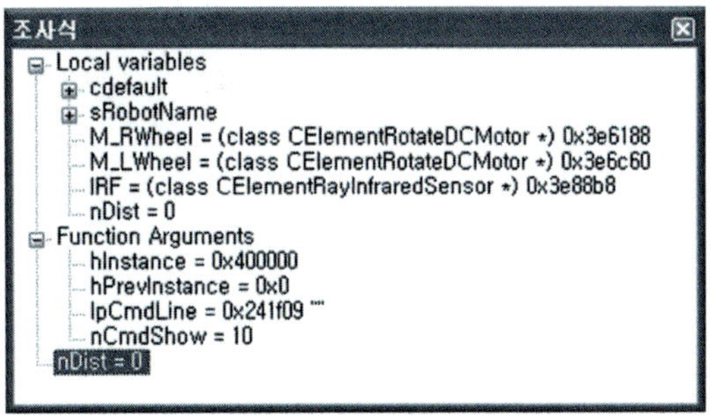

[그림 13-57] 객체의 값 추가

제14장

지능형 로봇 시뮬레이터의 구동 실습

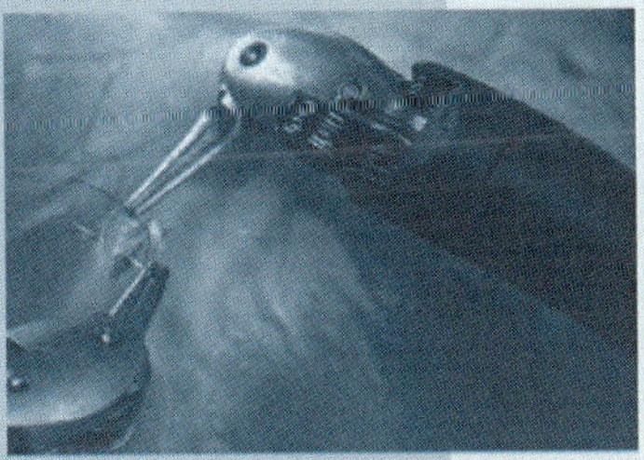

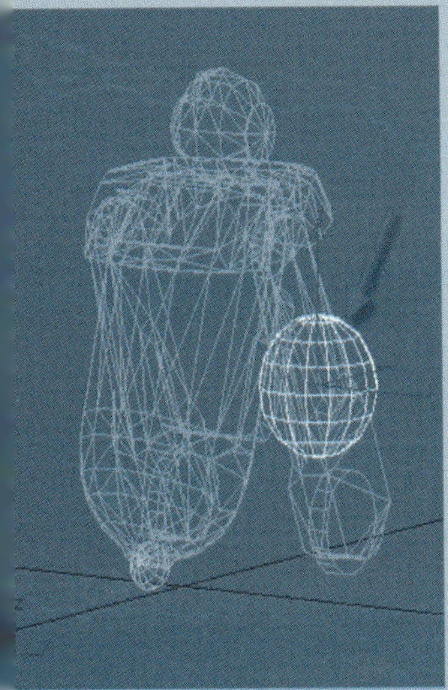

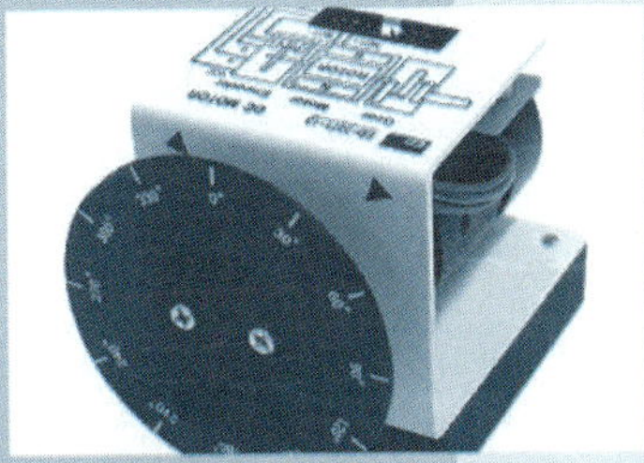

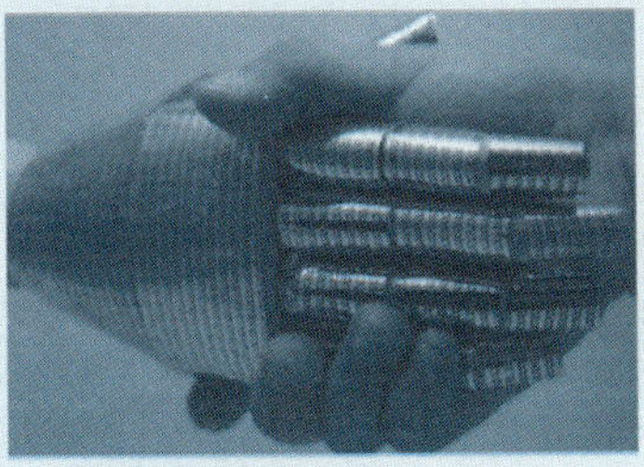

14-1 지능형 로봇 구축

이 장에서는 따라해 보기 형식으로 직접 로봇을 구성하고 적용, 환경을 구성하고 적용하여 자유주행 시뮬레이션까지 해보며 사용자가 쉽게 접근할 수 있도록 예를 보여준다.

이전 장에서 그래픽 언어 사용법이나 C++언어를 이용한 간단한 예를 통해서 숙지가 되어 있어야 따라하기가 훨씬 쉬울 것이다. 또한 중요한 부분은 다시 쉽게 설명할 것이다.

여기서는 직접 로봇의 몸통, 머리, 팔, 손 등을 붙여가며 형태를 만들고 거기에 센서를 추가해서 시뮬레이션을 하기 위한 로봇을 만들게 된다.

1) 생성 → 로봇 생성 클릭

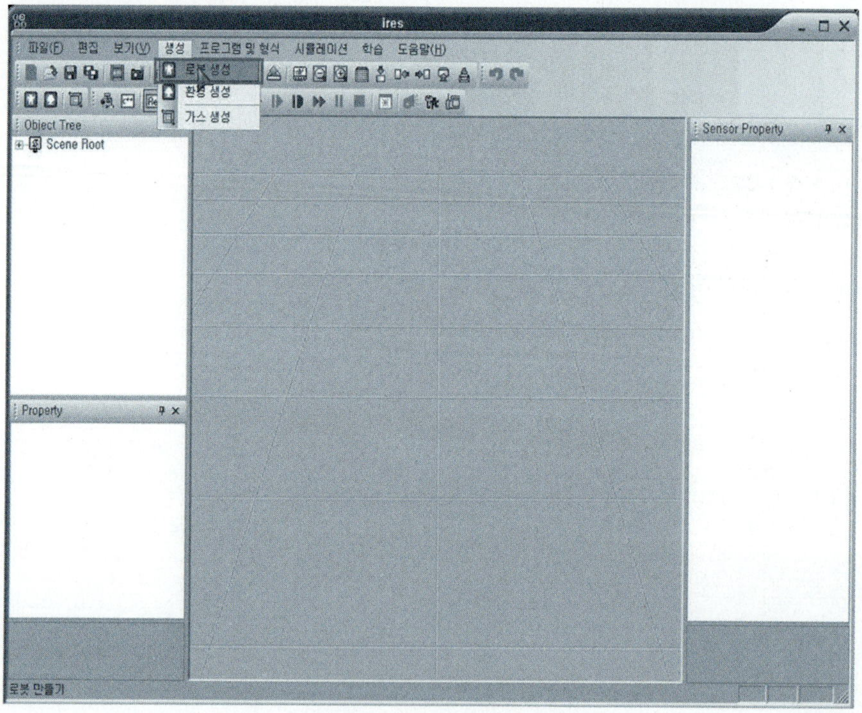

[그림 14-1] 로봇 생성

2) 로봇 편집기가 실행되었다.

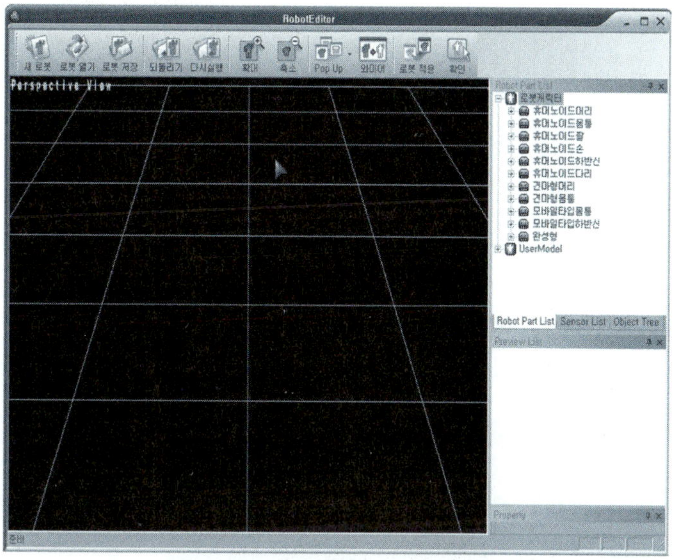

[그림 14-2] 로봇 편집기 실행

3) 몸통 설치

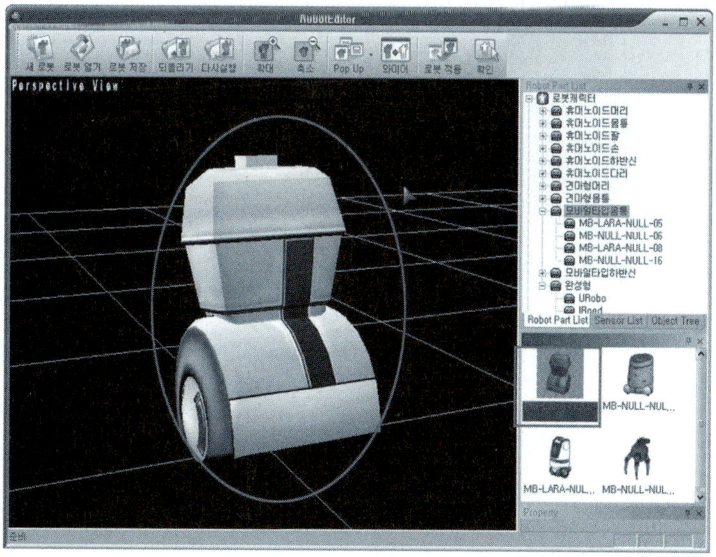

[그림 14-3] 몸통 설치

여기서는 모바일 타입 몸통 MB_LARA_NULL-05라는 몸통을 사용한다.

몸통이름을 눌러 드래그하여도 되고, Preview 창에서 해당 그림을 드래그하여도 상관없다.

로봇 편집기에서 중요한 것은 완성형을 제외한 로봇을 조립하기 위해서는 우선 몸통을 먼저 3D공간으로 끌어와서 화면상에 설치해줘야 한다.

머리 먼저 설치하려하거나 다리 먼저 설치하려 하면 아무것도 화면상에 나타나지 않고 상태 표시줄에서 "베이스모델을 먼저 로드해주십시오." 라는 문구가 뜨게 된다.

4) 머리 설치

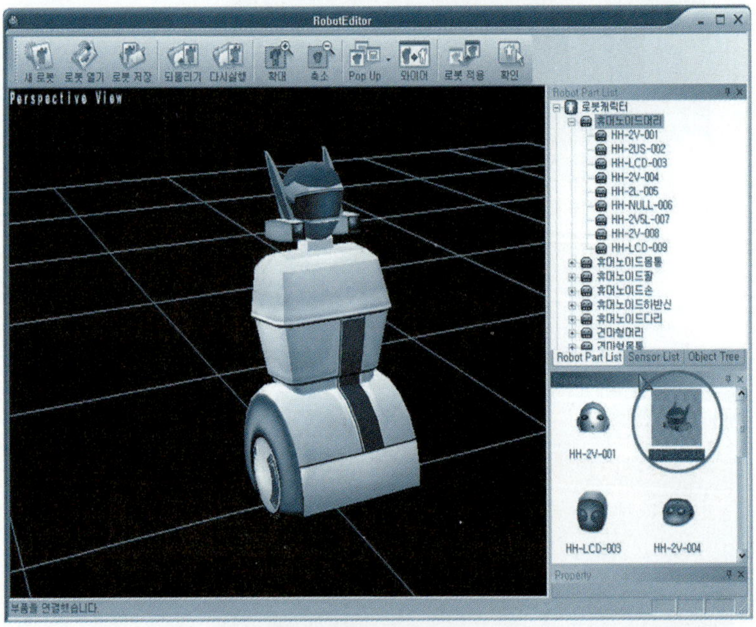

[그림 14-4] 머리 설치

휴머노이드머리 → HH-2US-002를 설치한다.

5) 양팔 설치

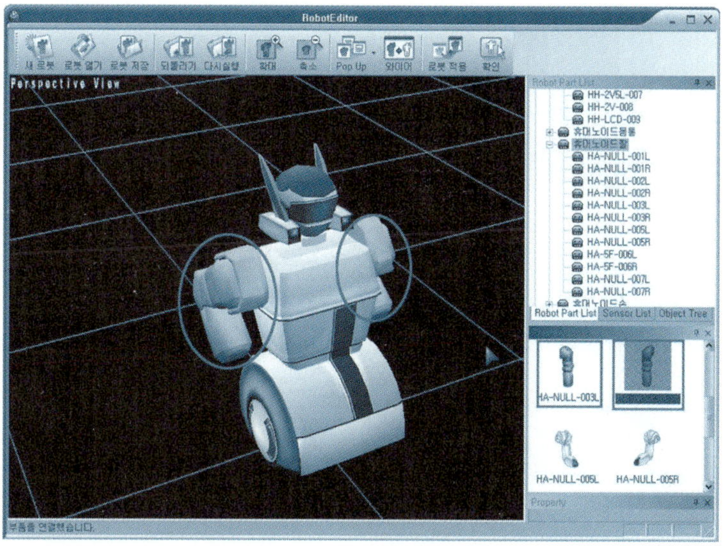

[그림 14-5] 양팔 설치

휴머노이드팔 → HA-NULL-003L, HA-NULL-003R을 설치한다.

6) 양손 설치

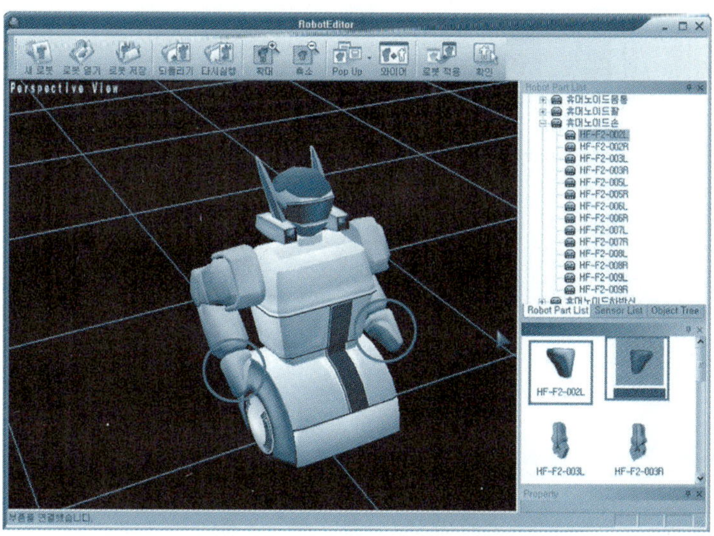

[그림 14-6] 양손 설치

휴머노이드손 → HF-F2-002L, HF-F2-002R 설치한다.

7) 초음파 센서 설치

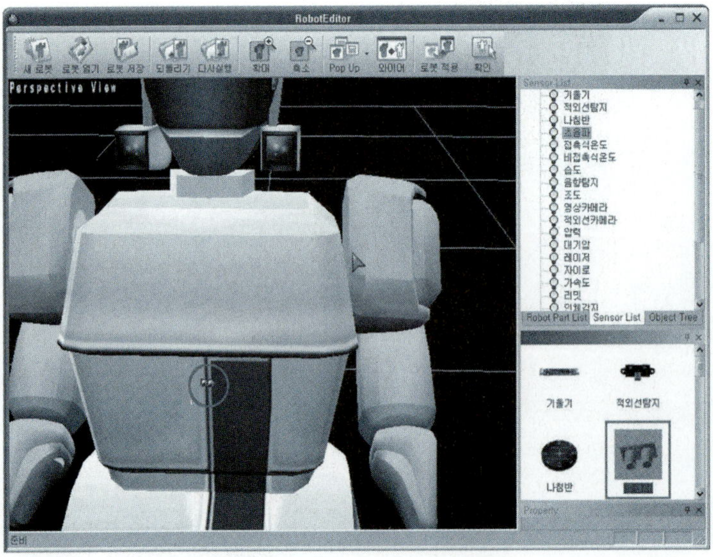

[그림 14-7] 초음파 센서 설치

8) 초음파 센서 설정

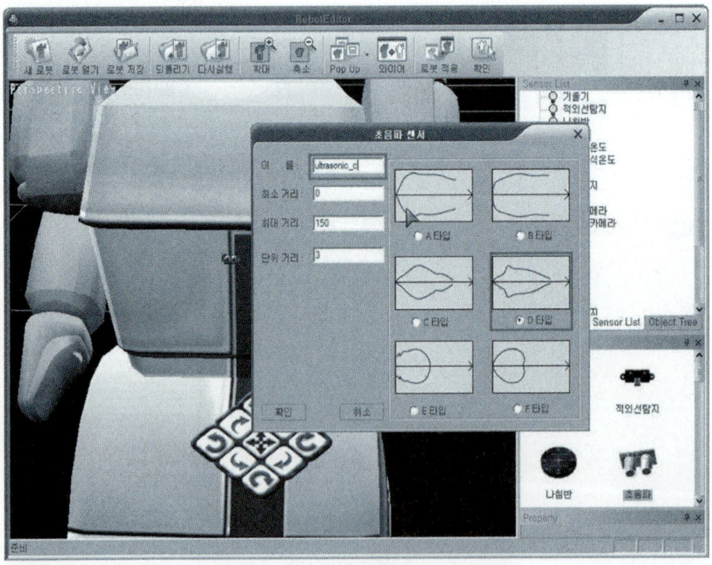

[그림 14-8] 초음파 센서 설정

초음파 센서를 더블클릭하면 나타나는 창으로 여기서 센서 이름과 여러 가지 설정을 할 수 있다.

9) 중심축 ON/OFF

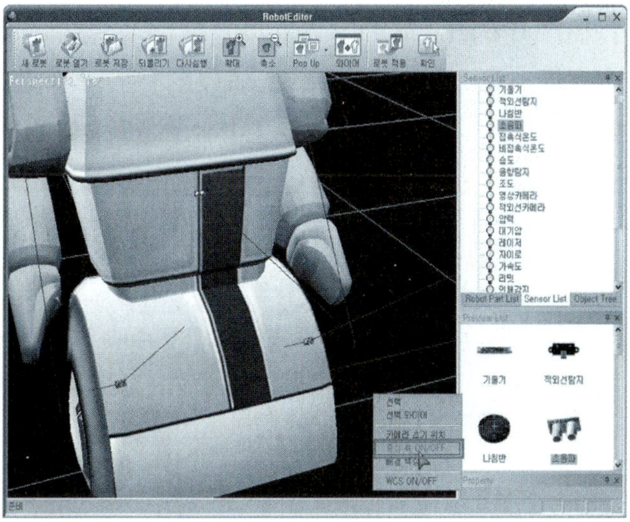

[그림 14-9] 중심축 ON/OFF

중심축을 ON/OFF하는 이유는 센서에서 발사되는 초음파나 적외선의 방향이 어디로 향해있는지 알 수 있기 때문이다.

10) 초음파 센서 각도 조정

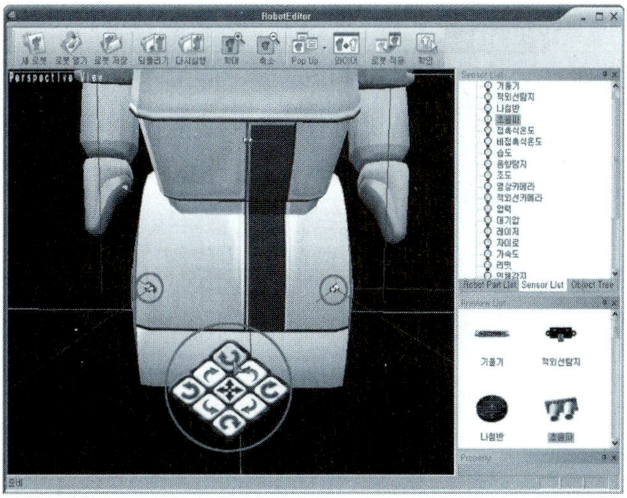

[그림 14-10] 초음파 센서 각도 조정

11) 로봇 저장

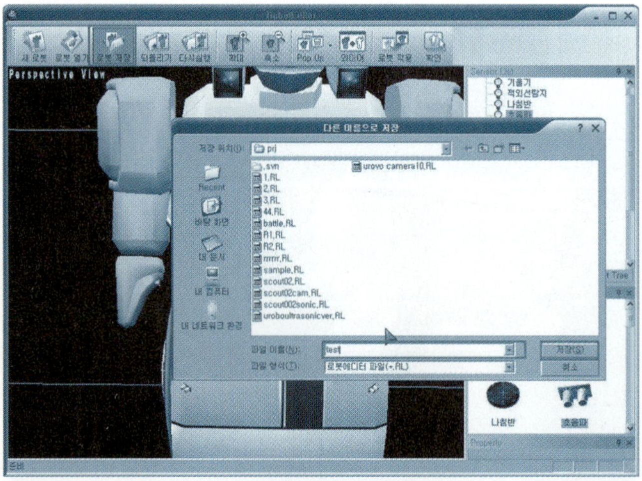

[그림 14-11] 로봇 저장

로봇 저장 버튼을 눌러 저장한다. 파일 이름은 test로 한다.

12) 로봇 불러오기

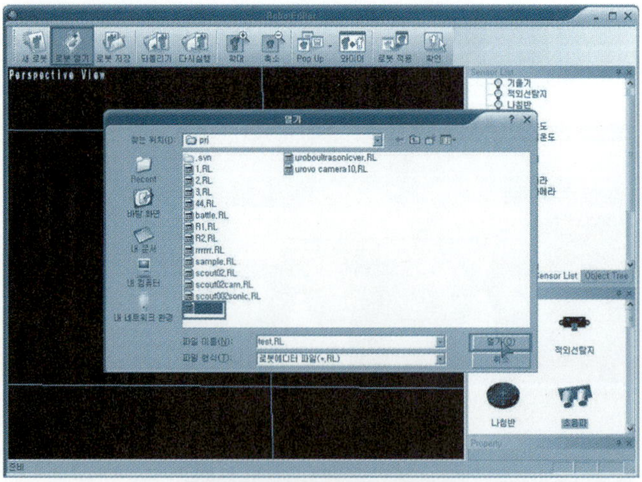

[그림 14-12] 로봇 불러오기

다시 로봇 열기 버튼을 눌러 test.RL 파일을 선택 후 열기를 누른다.

13) 로봇 적용하기

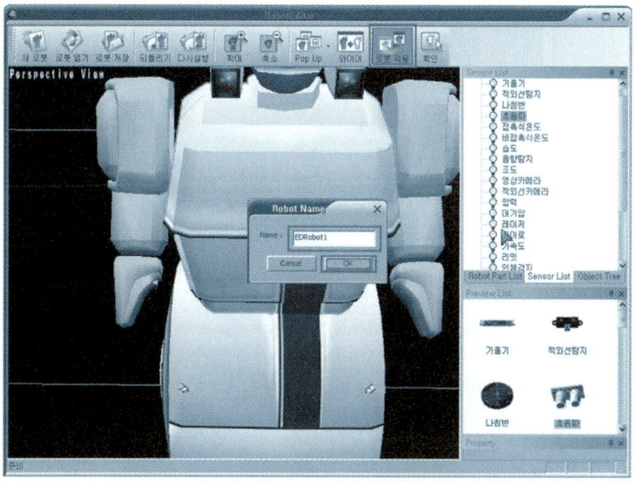

[그림 14-13] 로봇 적용하기

로봇 적용 버튼을 눌러 로봇을 메인으로 보낸다. 이때 로봇 이름을 정해주게 되는데 이 로봇 이름은 시뮬레이션하기 위한 언어에서 사용하게 된다.

14) 로봇이 적용된 메인 화면

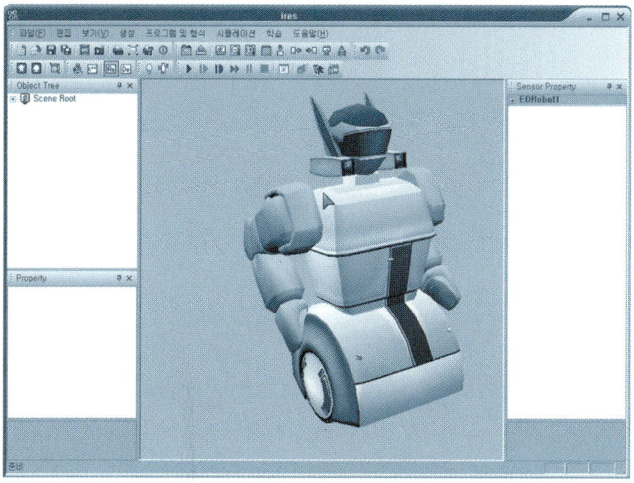

[그림 14-14] 로봇 적용 화면

14-2 지능형 로봇 시뮬레이션의 환경 구축

여기서는 원래 있던 지형에서 오브젝트를 올려서 사용하는 방법과 직접 자기가 바닥과 벽을 만들어 지형자체를 만들어서 사용하는 방법 두 가지를 해볼 것이다.

14-2-1 기존에 있는 지형에 오브젝트 올려 사용하기

1) 생성 → 환경 생성 클릭

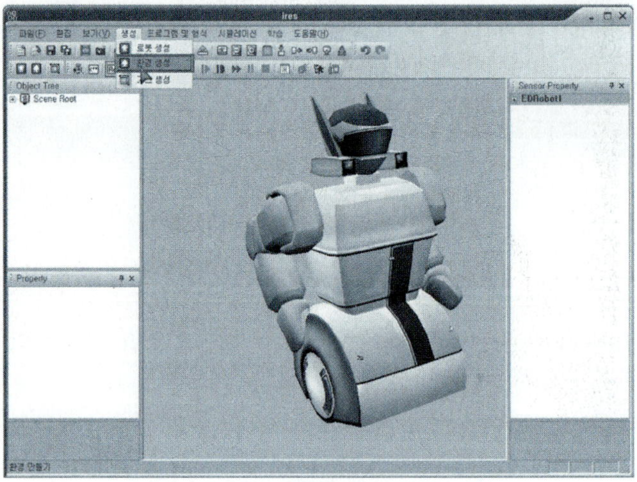

[그림 14-15] 환경 생성

2) 환경 편집기가 실행되었다.

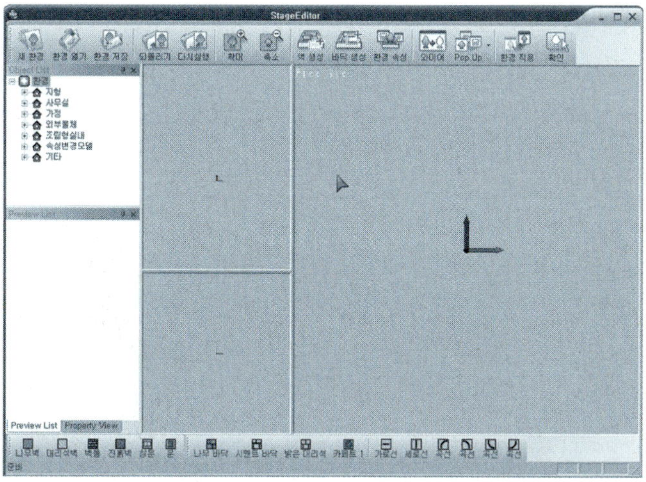

[그림 14-16] 환경 편집기 실행

3) 사무실 설계

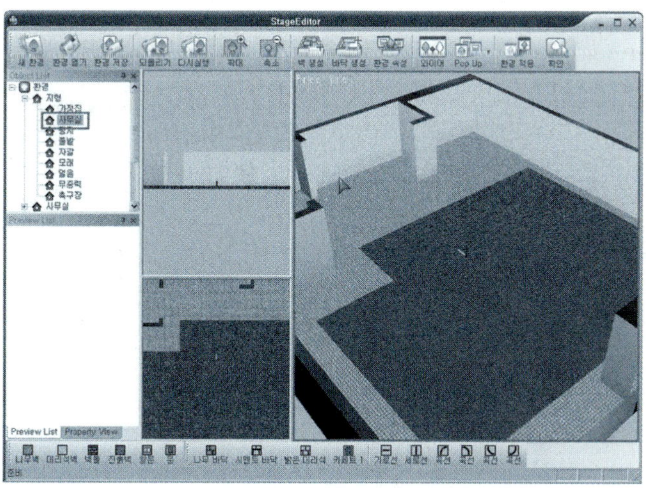

[그림 14-17] 사무실 설계

지형 → 사무실을 3d공간인 Free View로 드래그한다.

4) 책상 설치

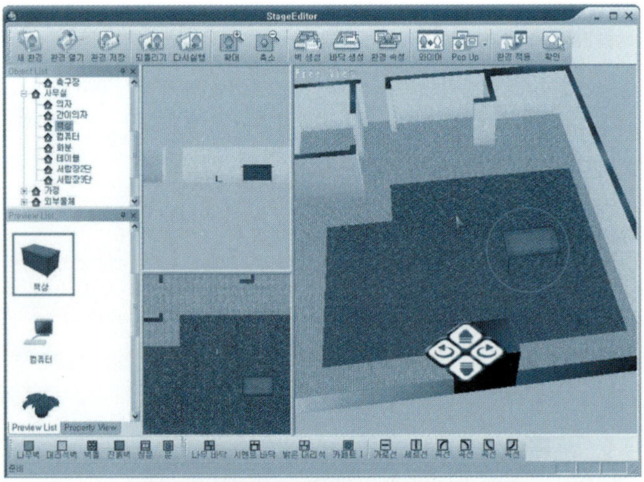

[그림 14-18] 책상 설치

사무실 → 책상을 Free View로 드래그한다.

5) 책상 회전하기

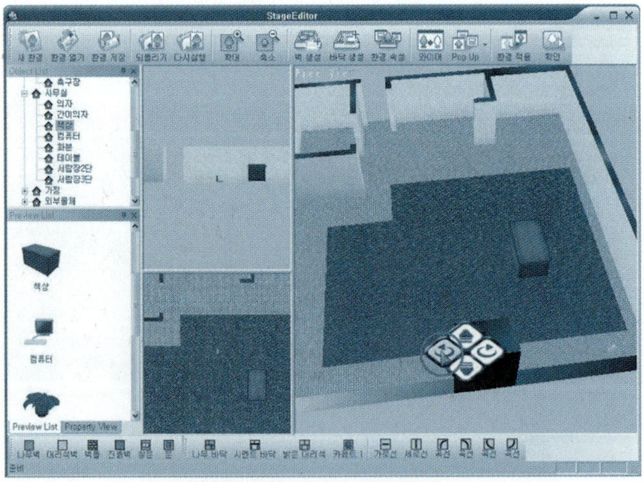

[그림 14-19] 책상 회전하기

책상을 회전시키기 위하여 4개의 아이콘 중 왼쪽으로 돌리는 아이콘을 클릭한다.

6) 의자 설치

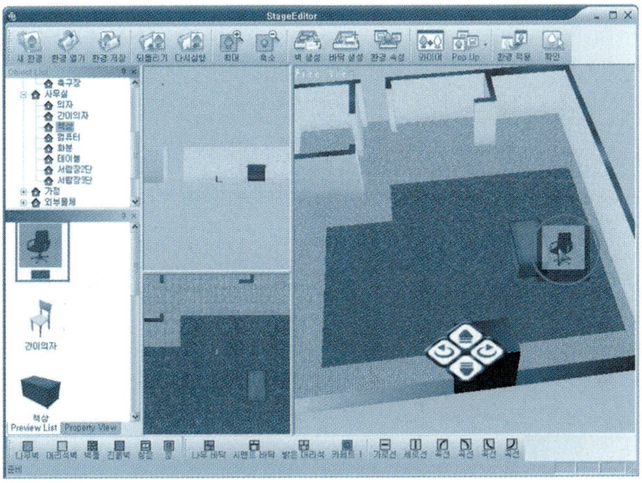

[그림 14-20] 의자 설치

사무실 → 의자를 클릭하여 책상 부근에 드래그한다.

7) 의자 위치 조정

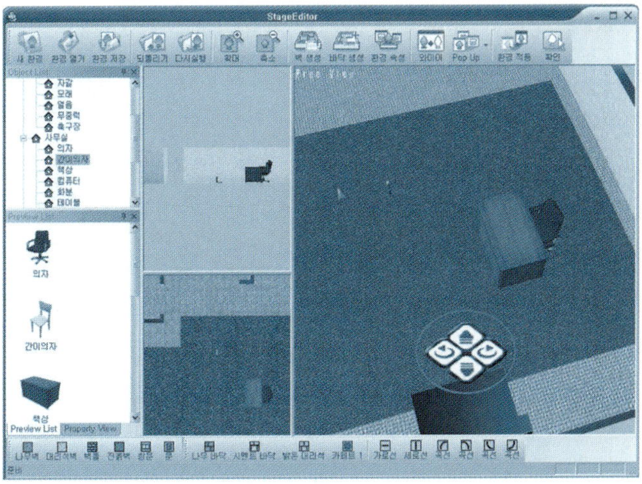

[그림 14-21] 의자 위치 조정

8) 여러 가지 오브젝트 설치

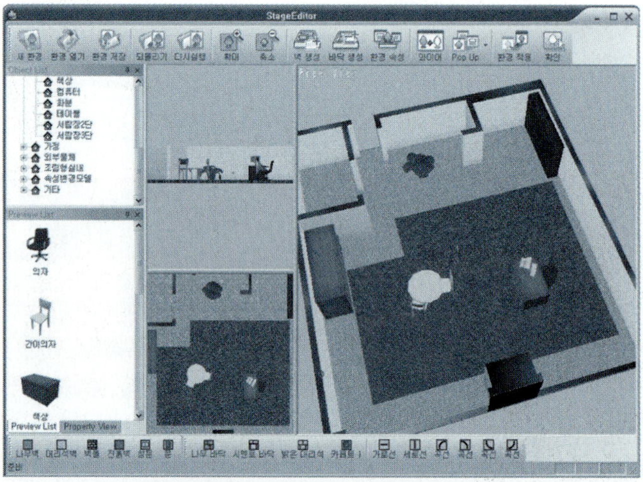

[그림 14-22] 오브젝트 설치

위와 같은 방식으로 여러 가지 오브젝트를 올려보며 사무실 분위기를 내본다.

9) 인체 설치

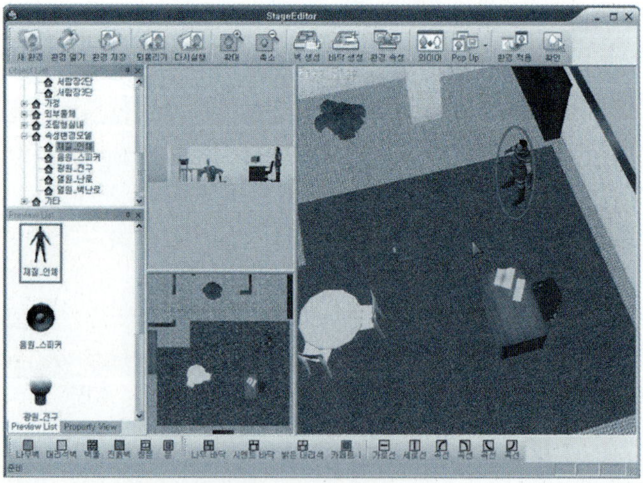

[그림 14-23] 인체 설치

로봇이 돌아다니면서 소리, 온도, 빛, 재질에 대한 반응을 할 수 있도록 환경에 설치할 수 있는데, 속성변경모델 → 재질_인체를 공간에 드래그한다.

10) 난로 설치

[그림 14-24] 난로 설치

속성변경모델 → 열원_난로를 공간에 드래그하여 설치한다.

11) 전구 설치

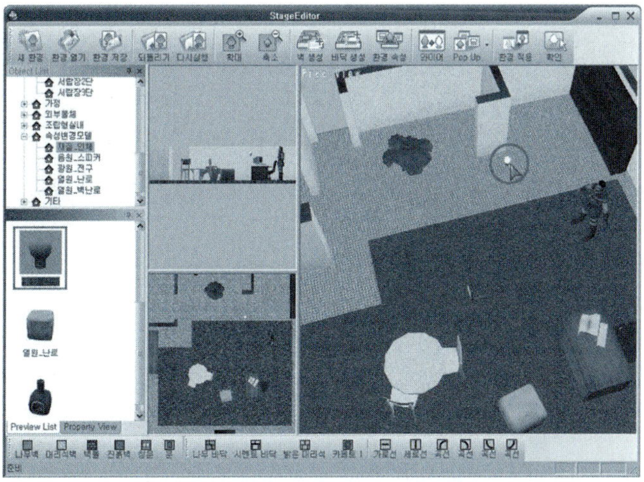

[그림 14-25] 전구 설치

속성변경모델 → 광원_전구를 공간에 드래그하여 설치한다.

12) 환경 저장

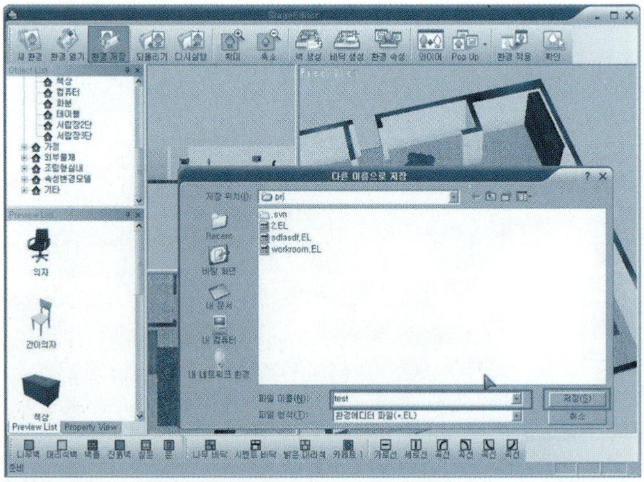

[그림 14-26] 환경 저장

환경 저장 버튼을 눌러 저장한다. 파일 이름은 test로 한다.

13) 환경 열기

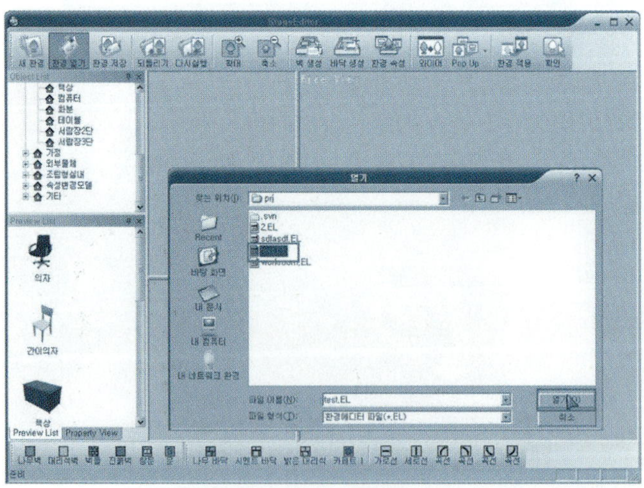

[그림 14-27] 환경 열기

"새 환경" 버튼을 누른 뒤 "환경 열기" 버튼을 눌러 test.EL 파일 선택 후 열기를 누른다.

14-2-2 지능형 로봇 시뮬레이션의 사용자 지형 구축

이번에 직접 만들어 볼 지형은 평범하지만 여러 가지 바닥을 설치해본다.

1) 벽 생성 버튼 클릭

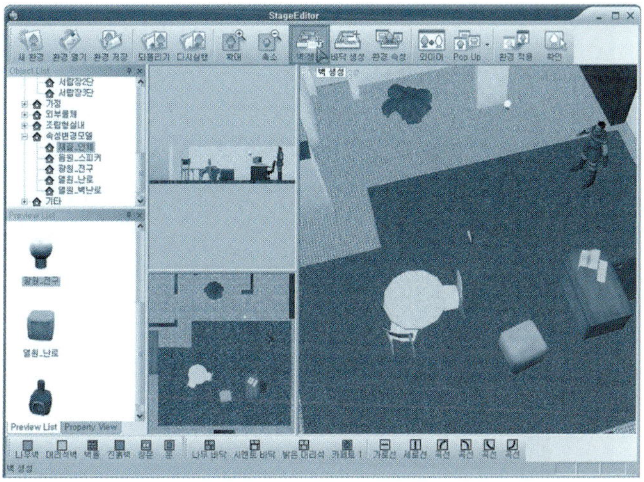

[그림 14-28] 벽 생성 버튼 클릭

벽 생성 버튼을 누른다.

2) 벽 생성 화면

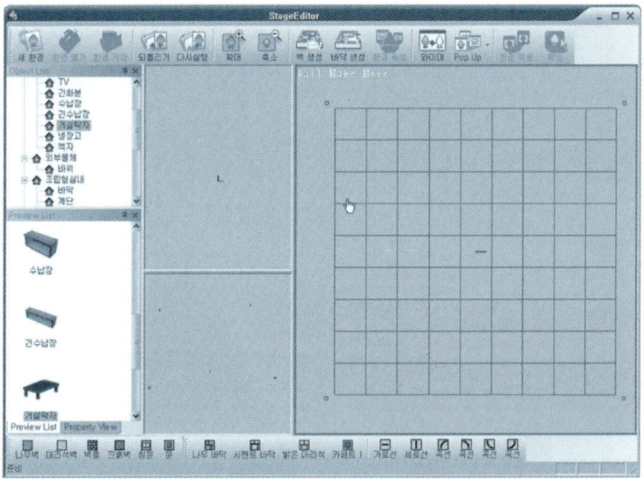

[그림 14-29] 벽 생성 화면

빨간 박스 안에 그리드가 있는데 보이는 선에 클릭을 하면 그 부분에 벽이 하나 생긴다. 쭉 드래그하여 설치할 수도 있다.

3) 벽 선택

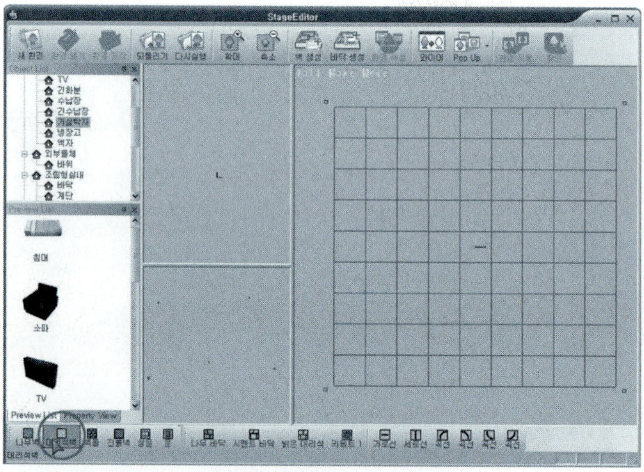

[그림 14-30] 벽 선택

하단에 대리석벽 아이콘을 클릭하여 선택한다.

4) 벽 설치

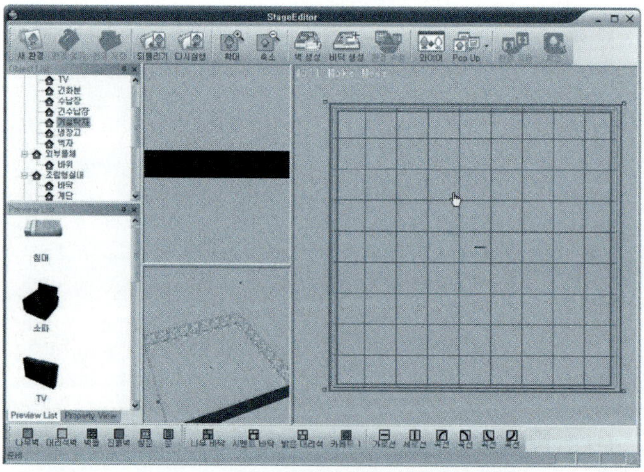

[그림 14-31] 벽 설치

겉 테두리부분을 쭉 드래그해가면서 네모난 공간의 벽을 만들었다.

5) 바닥 생성 버튼 클릭

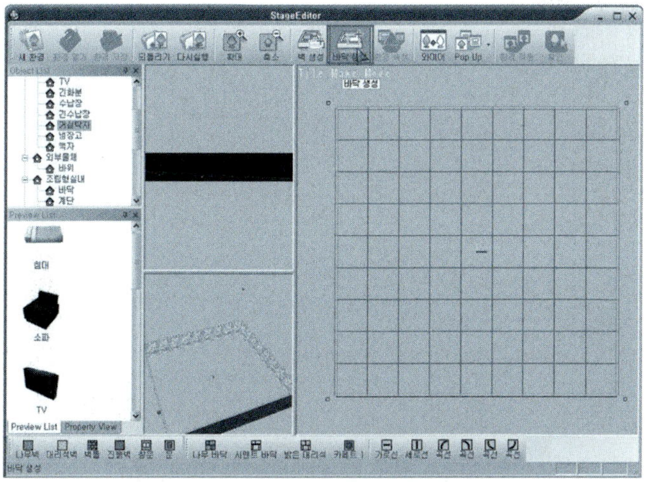

[그림 14-32] 바닥 생성 버튼 클릭

바닥 생성을 위해 바닥 생성 버튼을 클릭한다.

6) 시멘트 바닥 선택

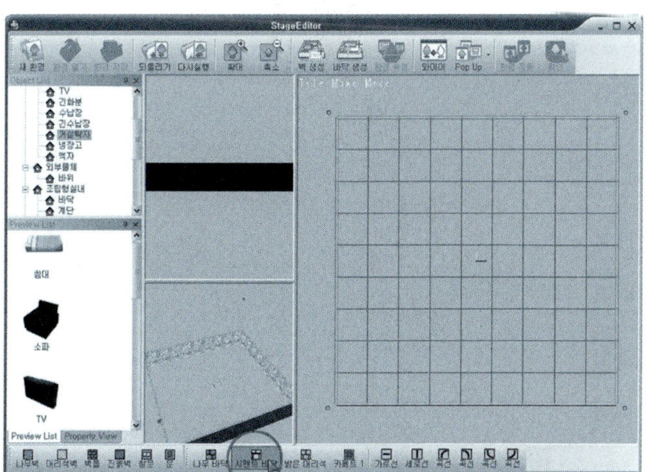

[그림 14-33] 시멘트 바닥 선택

하단에 시멘트 바닥 아이콘을 클릭하여 선택하였다.

7) 시멘트 바닥 설치

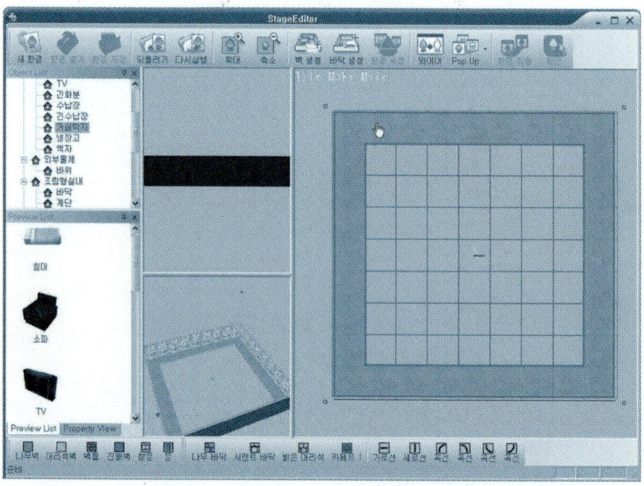

[그림 14-34] 시멘트 바닥 설치

마찬가지로 그리드에 쭉 드래그해주면 바닥이 생성된다.

8) 나무 바닥 선택

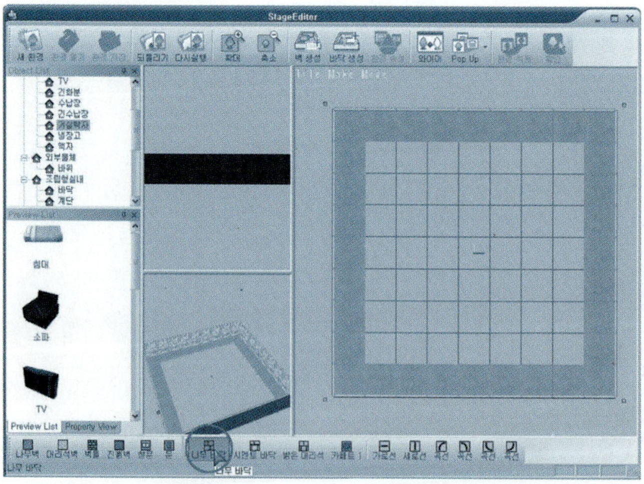

[그림 14-35] 나무 바닥 선택

나무 바닥 아이콘을 클릭해 나무 바닥을 선택했다.

9) 나무 바닥 설치

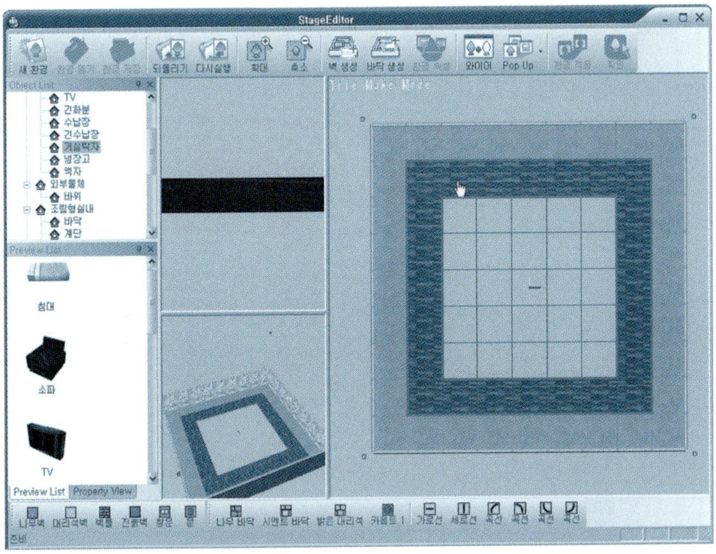

[그림 14-36] 나무 바닥 설치

안쪽으로 네모를 그려가며 드래그하여 나무 바닥을 설치하였다.

10) 밝은 대리석 선택

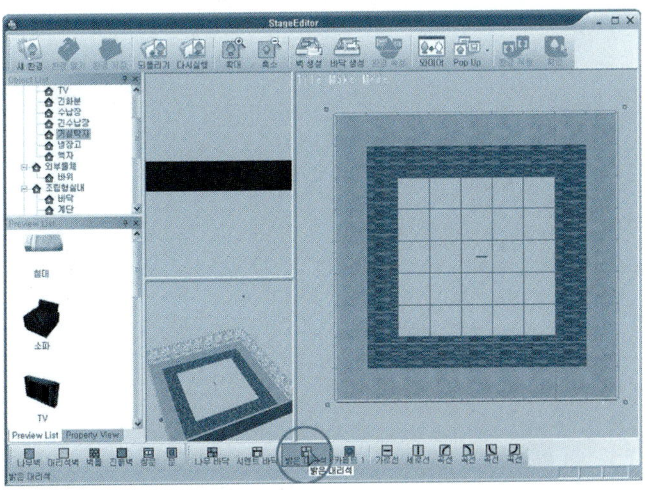

[그림 14-37] 밝은 대리석 선택

밝은 대리석 아이콘을 클릭하여 밝은 대리석 선택하였다.

11) 밝은 대리석 설치

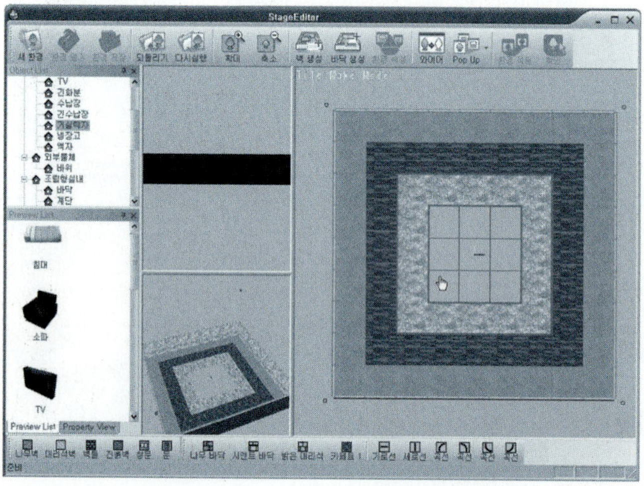

[그림 14-38] 밝은 대리석 설치

좀 더 안쪽으로 네모를 그려가며 드래그하여 밝은 대리석을 설치하였다.

12) 카페트 선택

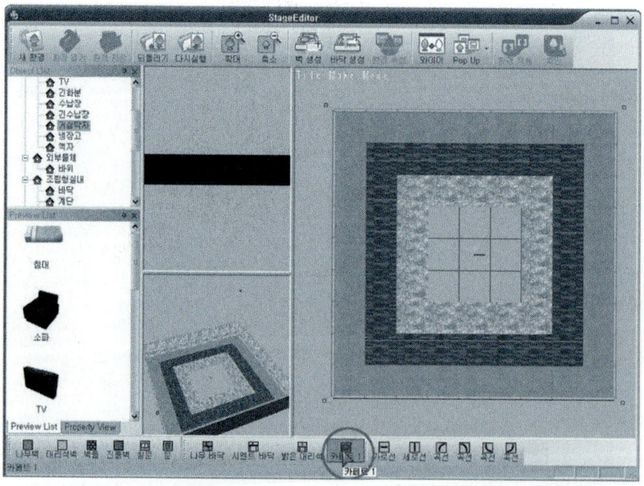

[그림 14-39] 카페트 선택

카페트 I 아이콘을 클릭하여 카페트를 선택하였다.

13) 카페트 설치

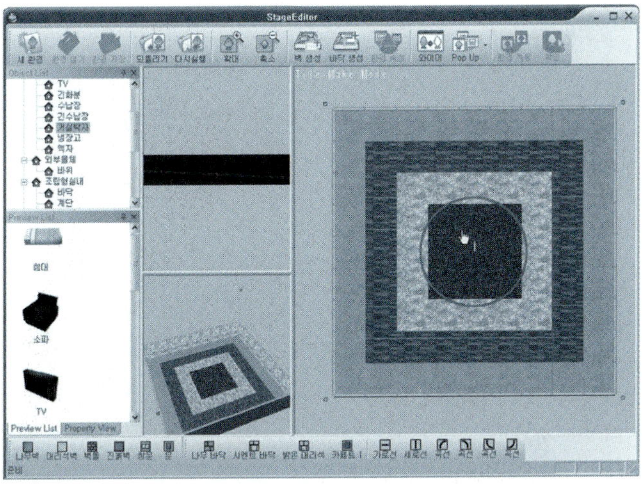

[그림 14-40] 카페트 설치

완료 후 "ESC" 키를 한번 눌러주면 적용 버튼이 활성화되어 메인에 적용시킬 수 있다.

14) 사용자가 만든 환경 직용

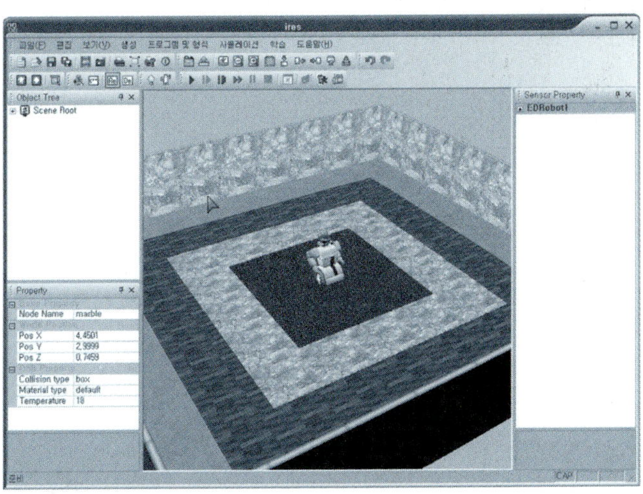

[그림 14-41] 환경 적용

환경 편집기에서 "환경 적용"을 클릭

15) 이전 저장된 환경 불러오기

[그림 14-42] 저장된 환경 불러오기

우리가 시뮬레이션할 공간은 이전에 저장해두었던 test.EL 파일로 할 것이다. test.EL 파일을 로드하여 환경을 적용해두도록 하자.

14-3 로봇 보내기

지능형 로봇 시뮬레이션(EDRS) 메인 화면의 로봇을 로봇 편집기로 가져오고 싶을 경우 로봇 보내기 기능을 하면 바로 로봇 편집기로 메인에 있던 로봇의 모든 데이터가 보내진다.

1) 로봇 보내기 클릭

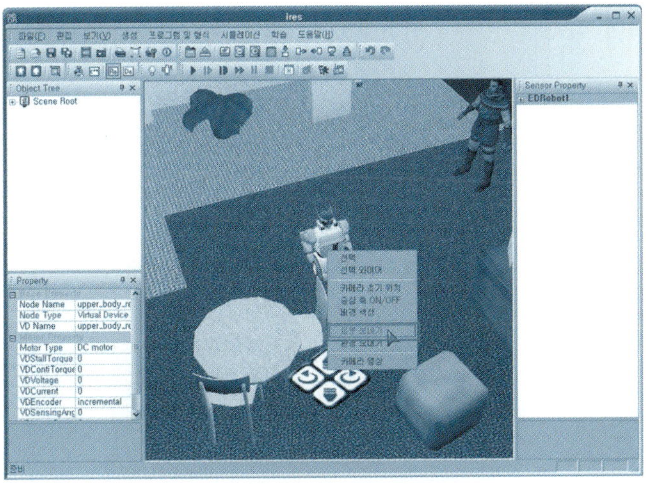

[그림 14-43] 로봇 보내기

로봇 선택 후 오른쪽 클릭을 하여 메뉴를 띄운 뒤 “로봇 보내기”를 클릭한다.

2) 로봇 편집기로 옮겨진 메인에 적용되어 있던 로봇

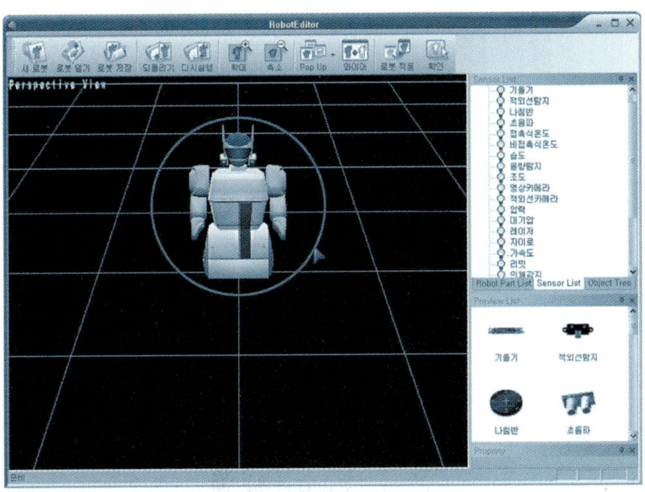

[그림 14-44] 메인에 적용된 로봇

여기서 다시 편집 후 “로봇 적용“ 버튼을 누르면 메인으로 다시 보낼 수 있다.

14-4 환경 보내기

메인에 적용되어 있는 환경을 편집하고자 할 경우 "환경 보내기" 기능으로 환경 편집기로 보낼 수 있다.

1) 환경 보내기 클릭

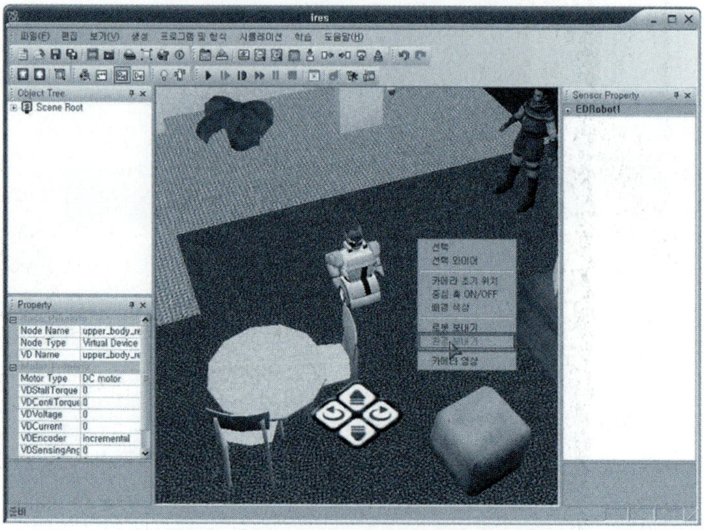

[그림 14-45] 환경 보내기

오른쪽 클릭하여 메뉴를 띄운 뒤 "환경 보내기"를 클릭하면 환경 편집기로 옮겨진다.

2) 환경 편집기로 보내진 메인에 적용되었던 환경

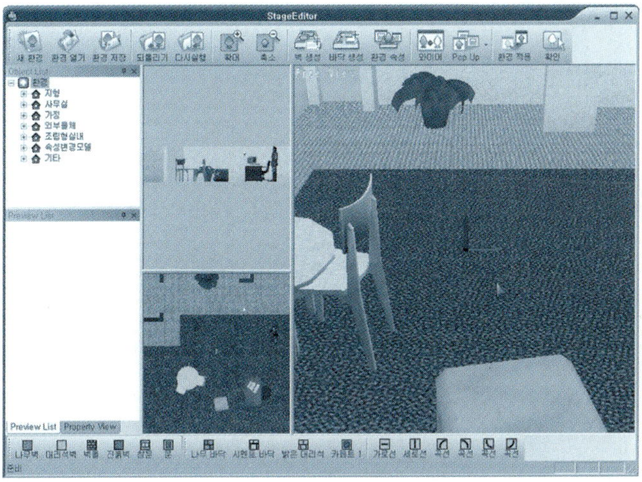

[그림 14-46] 메인에 적용된 환경

추가할 사항이나 오브젝트를 설치하여 다시 환경 적용을 누르면 메인으로 변경사항이 적용된다.

14-5 전체 저장

현재 메인에 있는 로봇과 환경을 모두 저장할 수 있다. 이렇게 해두면 로봇과 환경따로 불러올 필요 없이 바로 시뮬레이션에 들어갈 수 있다.

1) 파일 → 저장 클릭

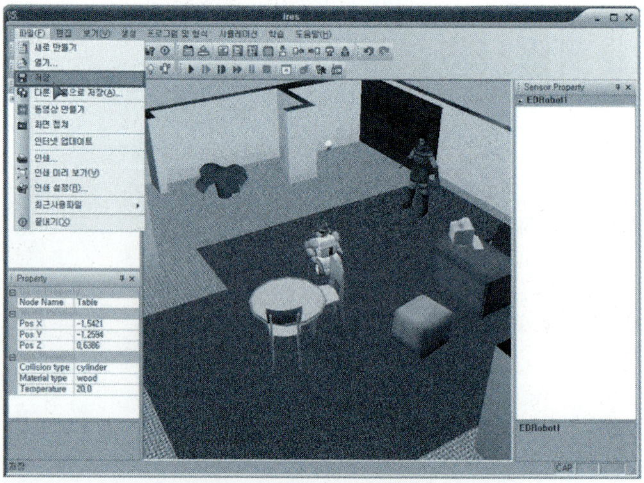

[그림 14-47] 전체 저장

"파일 → 저장"을 클릭한다.

2) 파일명 지정

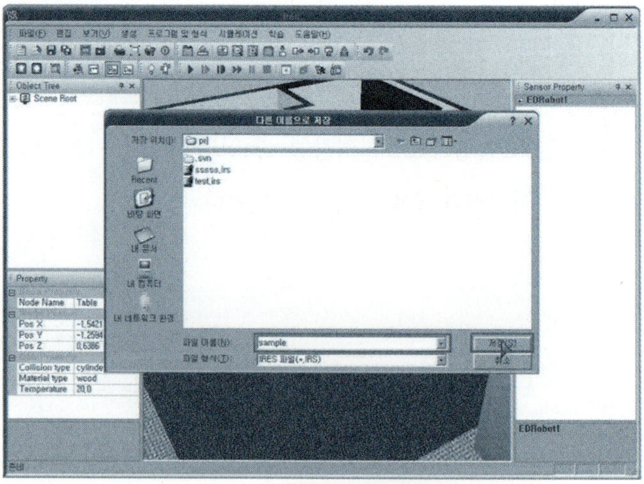

[그림 14-48] 파일명 지정

파일명을 지정해주고 "저장"을 누른다. 이름은 sample로 하기로 한다.

3) 저장 확인

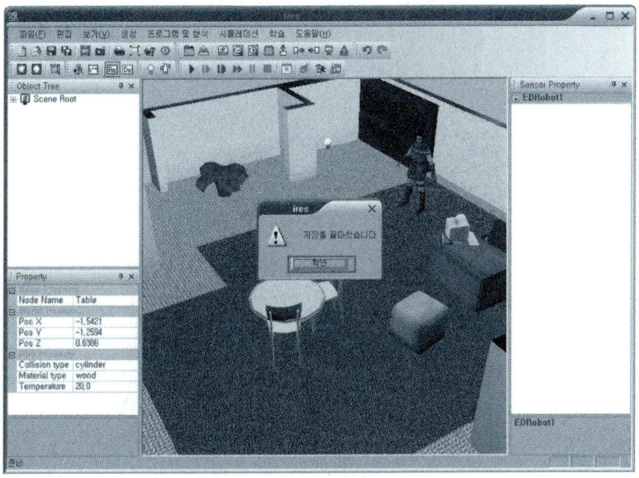

[그림 14-49] 저장 확인

저장을 누르면 "저장을 끝마쳤습니다."라는 메시지 박스가 나타나고 저장이 완료된다.

4) 저장된 파일 열기

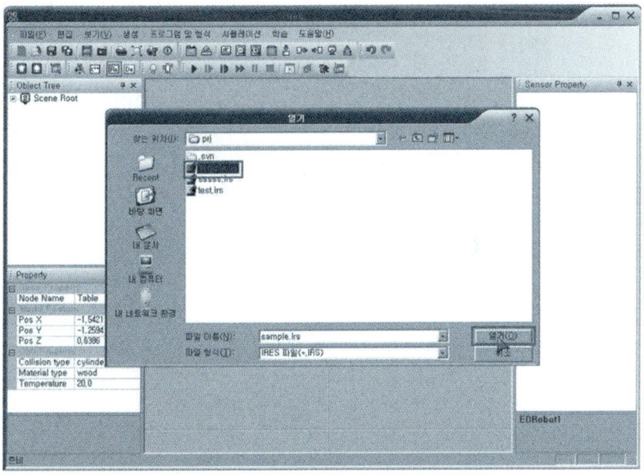

[그림 14-50] 저장된 파일 열기

"파일 → 새로 만들기"를 클릭하여 초기화한 뒤 "파일 → 열기"를 클릭하여 sample.irs 파일을 선택 후 "열기"를 누른다.

5) 다시 원상 복귀된 메인 화면

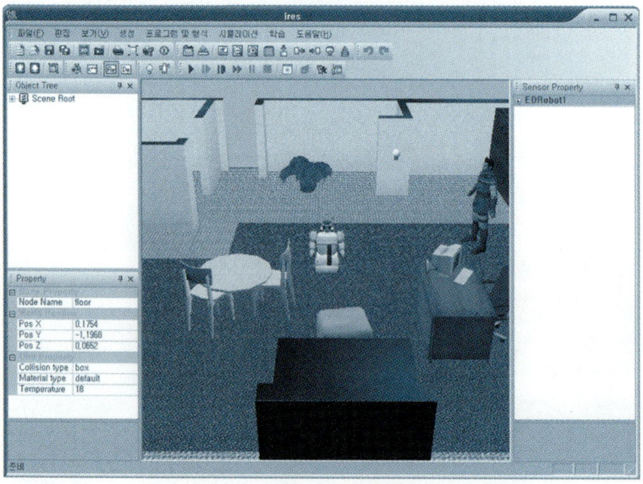

[그림 14-51] 메인화면

한꺼번에 로봇과 환경이 모두 로드되어 있는 것을 볼 수 있다.

14-6 그래픽 언어

그래픽 언어는 일명 순서도 기반(FlowChart) 언어이다. 순서도 기반을 기본으로 하고 있으므로 기호만 조금 알고 있다면 쉽게 사용 가능할 것이다.

우리가 여기서 그래픽 언어로 만들게 될 프로그램은 자유주행 프로그램이다.

한 가지 알아둘 것은 로봇 모양과 파츠가 다를 때마다 시뮬레이션할 때의 영향이 다르기 때문에 같은 프로그램이여도 전혀 다른 결과가 나와 버린다.

그것은 프로그래밍을 해보면서 조건과 수치를 계속 바꿔보는 수밖에는 없다.

1) 프로그램 및 형식 → 그래픽 언어 클릭

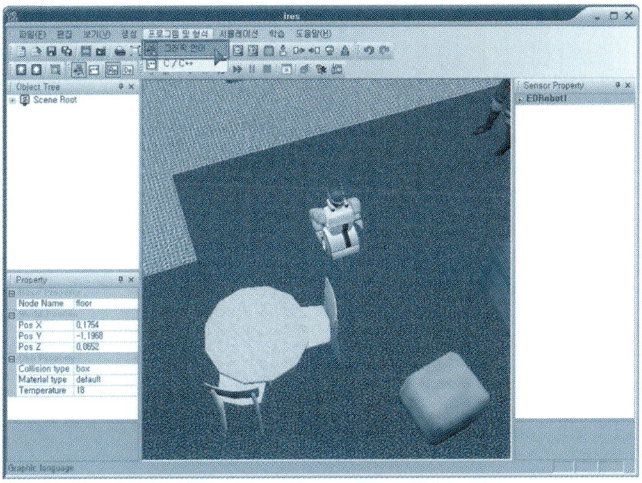

[그림 14-52] 그래픽언어

2) 그래픽 언어 메인 화면

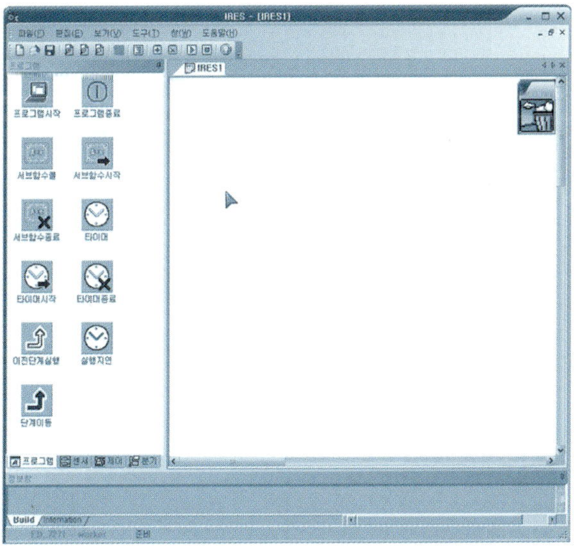

[그림 14-53] 그래픽 언어 메인 화면

대부분 프로그램 시작과 끝, 그리고 단계별 이동을 위한 아이콘들은 프로그램 탭에 있고, 모터의 구동이나 음성인식은 제어 탭 그리고 센서에 관한 것은 대부분 분기 탭에 있다.

3) 프로그램 시작 드래그

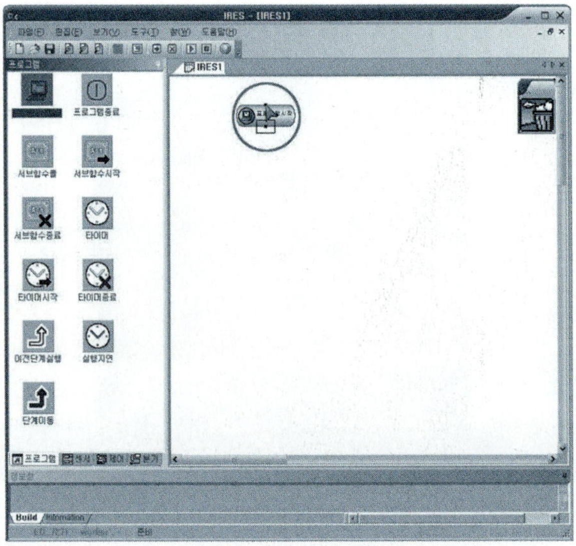

[그림 14-54] 프로그램 시작 아이콘

프로그램 시작 아이콘을 드래그한다.

4) 프로그램 종료 드래그

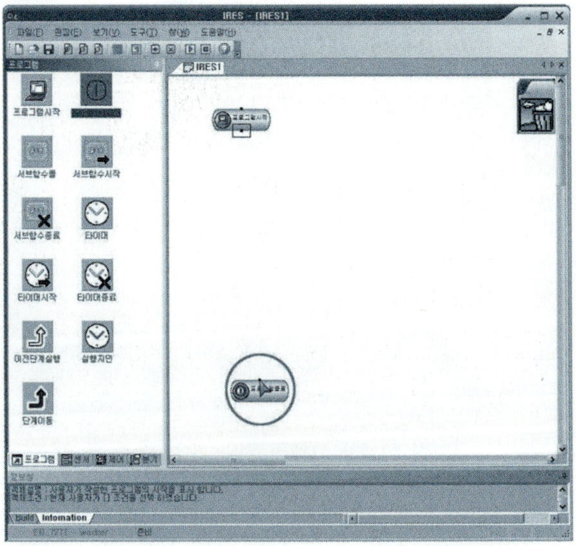

[그림 14-55] 프로그램 종료 아이콘

5) 단계이동 드래그

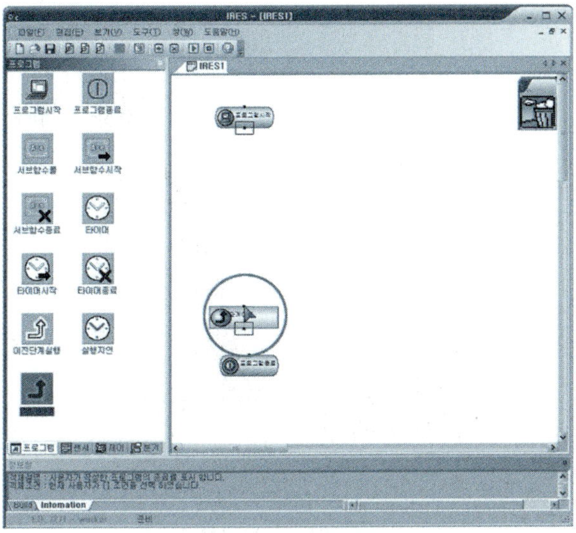

[그림 14-56] 단계이동 아이콘

단계이동은 반복 작업을 하기 위해 필수적으로 있어야 한다.

6) 프로그램 종료 아이콘 선택

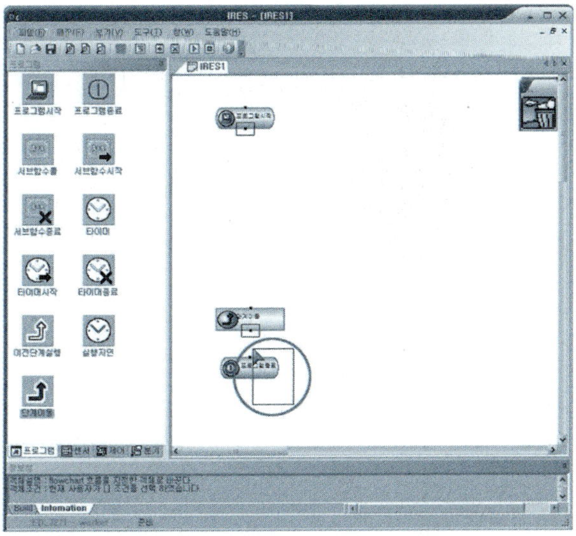

[그림 14-57] 프로그램 종료 아이콘 선택

설치되어 있는 아이콘을 선택할 때 주위를 드래그해주면 선택이 되는데 여러 가지를 한 번에 드래그할 수도 있다.

7) 단계이동에 연결

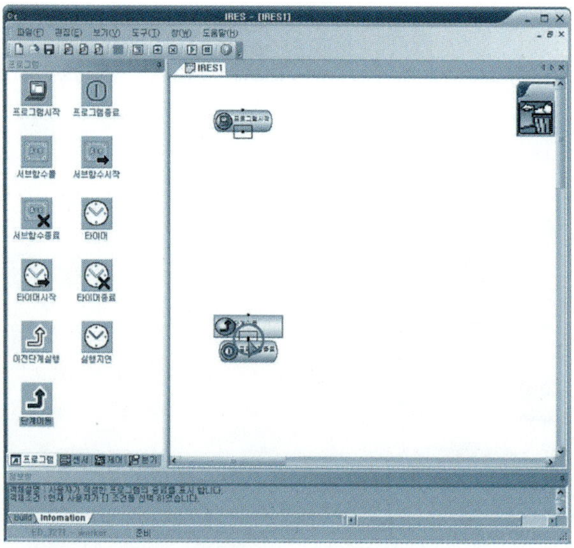

[그림 14-58] 아이콘 연결

단계이동 아이콘 밑에 연결부위에 클릭해주면 단계이동 밑으로 프로그램 종료 아이콘이 연결된다.

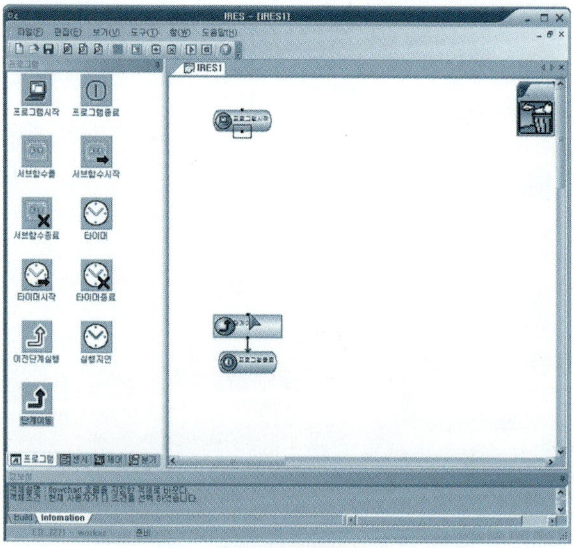

[그림 14-59] 아이콘 연결 적용

대부분의 아이콘 연결은 위와 같은 방법으로 하면 된다. 그럼 이제 바로 전체 프로그램 모양을 보도록 하겠다.

8) 전체 프로그램 모양

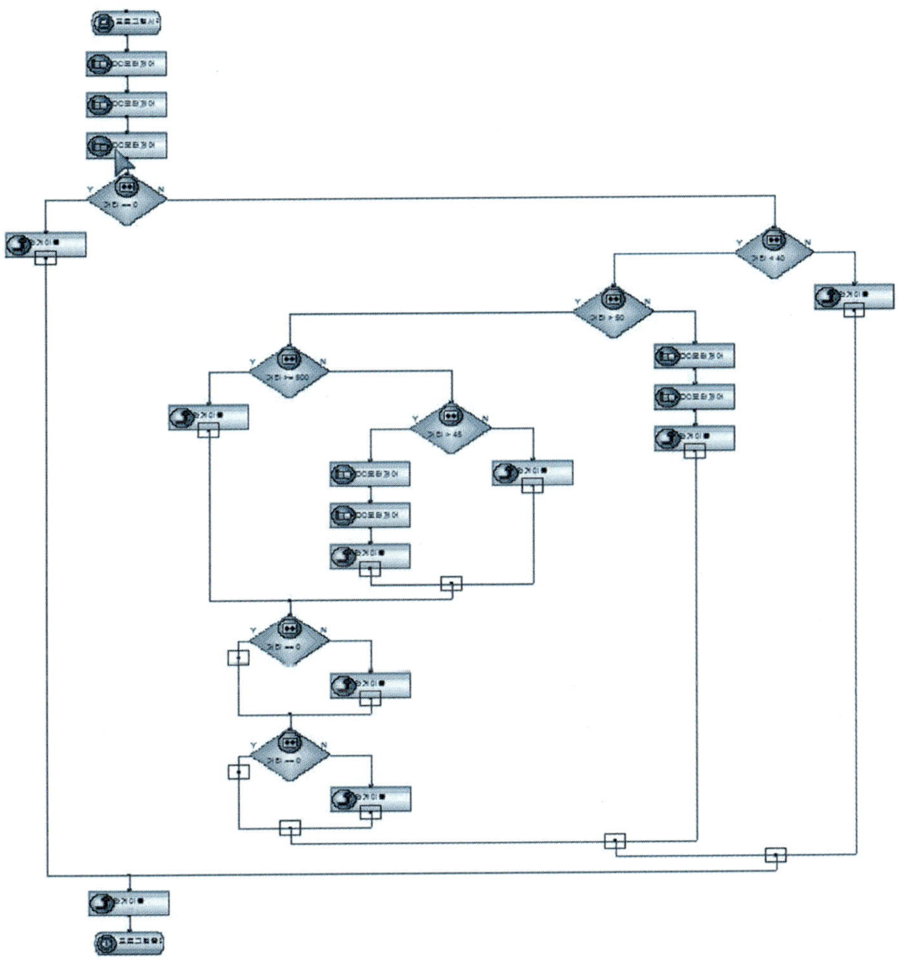

[그림 14-60] 전체 프로그램 모양

우리가 전체적으로 구성하여야 할 그래픽 언어 모양이다.

일단 각 아이콘에 대해 설정사항은 하지 않고 연결만 해둔 것이다. 미리 연결해두고 나중에 설정하는 것이 편하다.

이후부터 나오는 것은 환경설정에 대한 것인데 현재 환경설정하고 있는 아이콘은 마우스 커서로 위치시켜 놓았다.

9) 프로그램 시작 환경설정

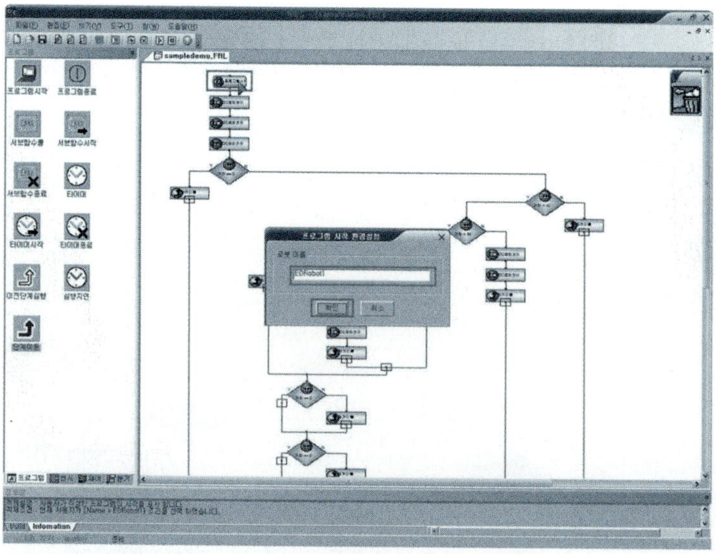

[그림 14-61] 프로그램 시작 환경설정

여기에서는 로봇의 이름을 주게 된다. 로봇 편집기에서 로봇 적용할 때 그 이름을 여기에 입력한다.

이 로봇 이름이 맞지 않으면 시뮬레이션이 동작이 되지 않으므로 꼭 확인해야 한다.

10) 왼쪽 DC 모터 환경설정(앞으로 가기)

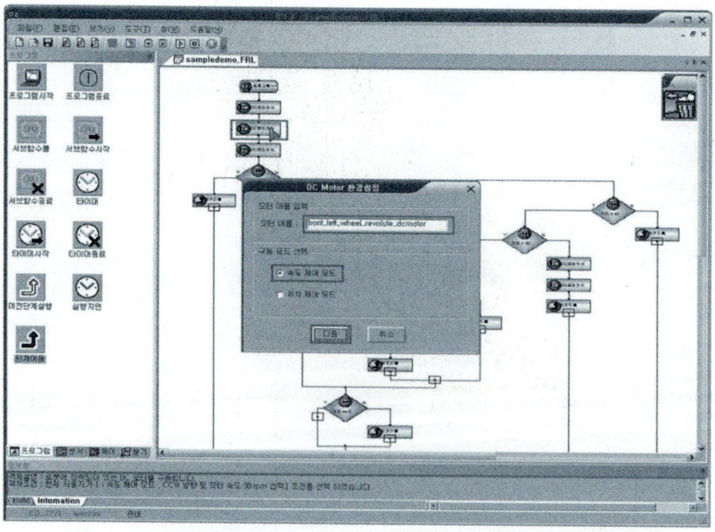

[그림 14-62] 왼쪽 DC 모터 환경설정(1)

모터 이름은 front_left_wheel_revolute_dcmotor 구동모드는 "속도제어 모드"에 체크한다.

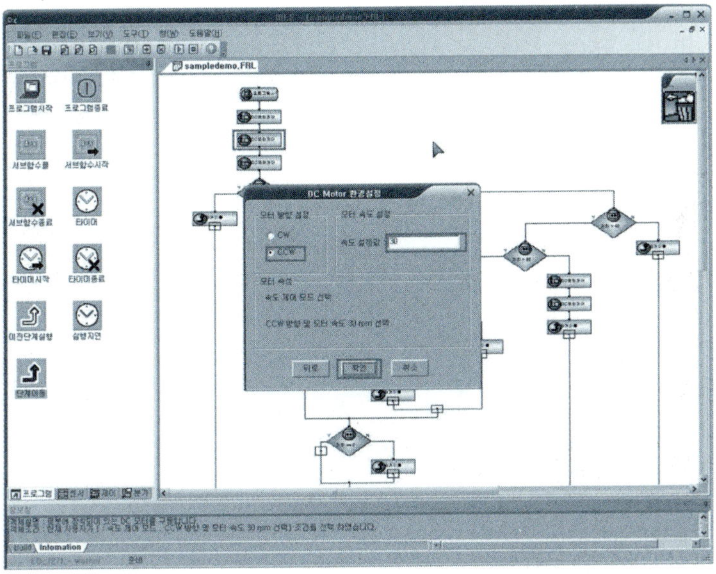

[그림 14-63] 왼쪽 DC 모터 환경설정(2)

모터 방향은 CCW에 체크해주고 속도설정 값은 30으로 설정 후 확인버튼을 누른다.

11) 오른쪽 DC 모터 환경설정(앞으로 가기)

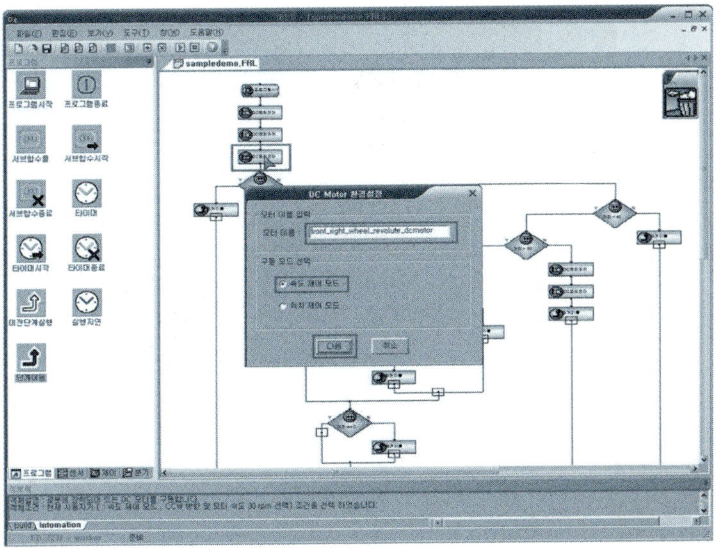

[그림 14-64] 오른쪽 DC 모터 환경설정(1)

모터 이름은 front_right_wheel_revolute_dcmotor 구동 모드는 "속도제어 모드"에 체크한다.

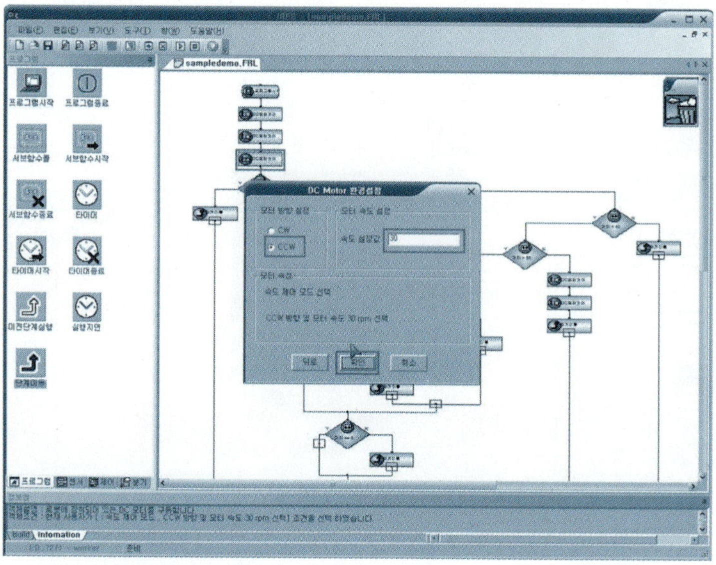

[그림 14-65] 오른쪽 DC 모터 환경설정(2)

모터 방향은 CCW에 체크해주고 속도설정 값은 30으로 설정 후 확인버튼을 누른다.

12) 초음파 센서 환경설정

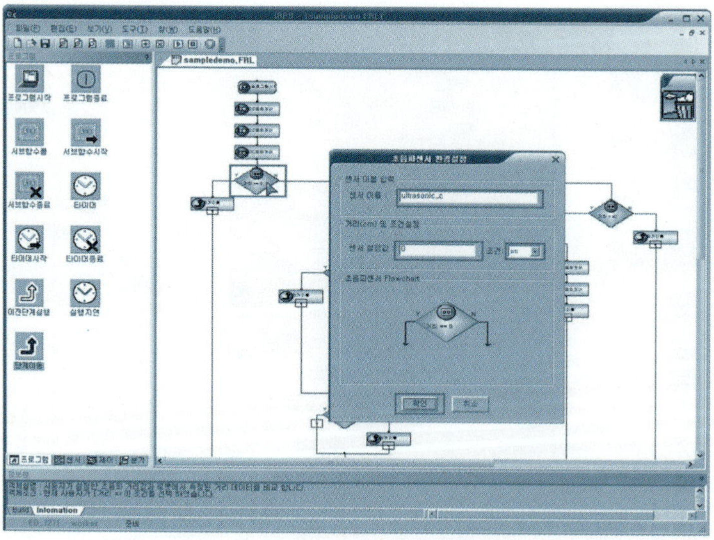

[그림 14-66] 초음파 센서 환경설정

센서 이름도 로봇에 장착되어 있는 센서 이름으로 해줘야 제대로 동작한다. 로봇 가운데 있는 초음파 센서이므로 센서 이름에 ultrasonic_c라고 해준다. 센서 설정 값은 0이고 조건은 같다(==)이다.

13) 단계이동 환경설정

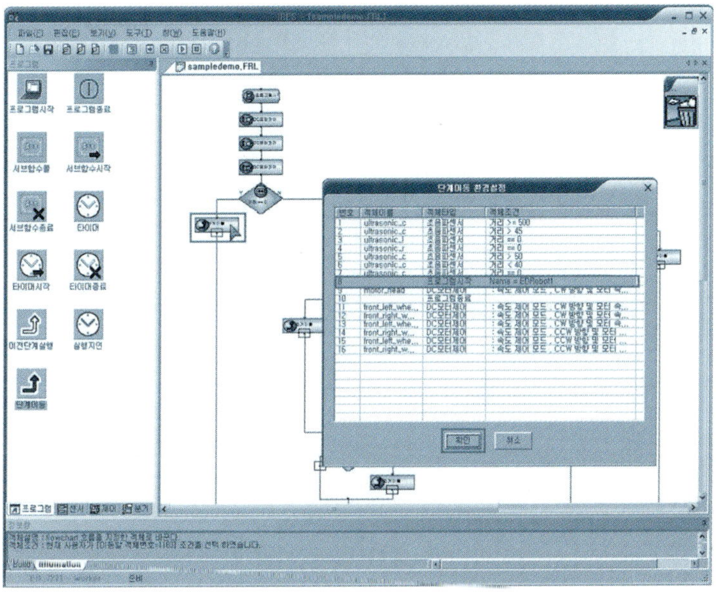

[그림 14-67] 단계이동 환경설정

14) 초음파 센서 환경설정

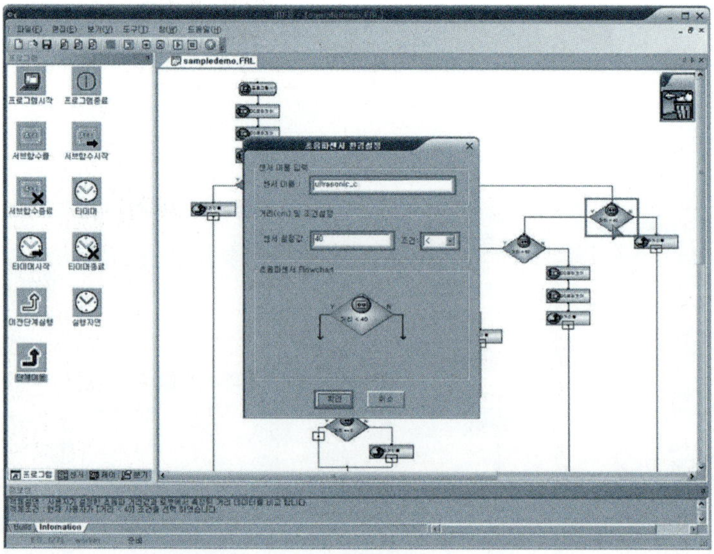

[그림 14-68] 초음파 센서 환경설정

센서 이름은 “ultrasonic_c” 센서 설정 값은 “40”으로 주고 조건은 “〈”로 해준다.

15) 단계이동 환경설정

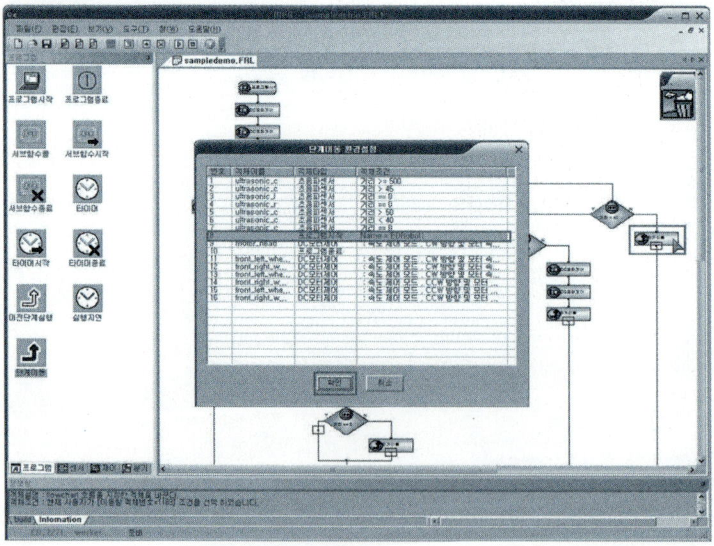

[그림 14-69] 단계이동 환경설정

프로그램 시작으로 가도록 설정해준다.

16) 초음파 센서 환경설정

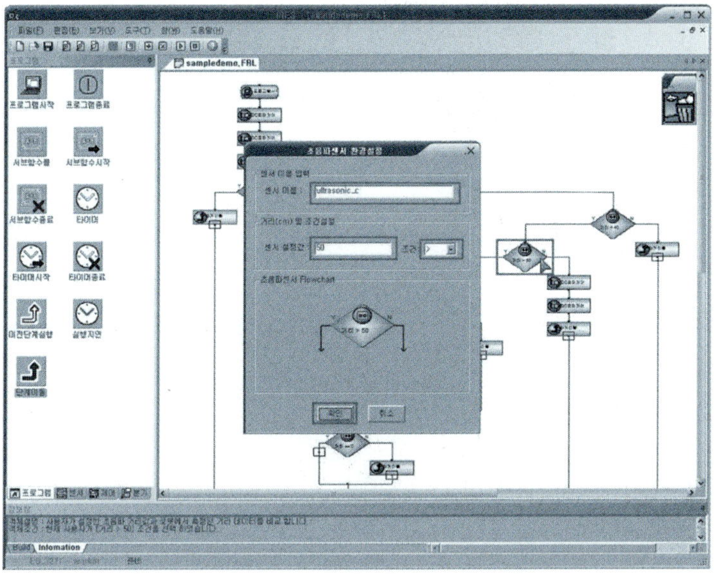

[그림 14-70] 초음파 센서 환경설정

센서 이름은 ultrasonic_c라고 해준다. 센서 설정 값은 50이고 조건은 〉이다.

17) 오른쪽 모터 설정

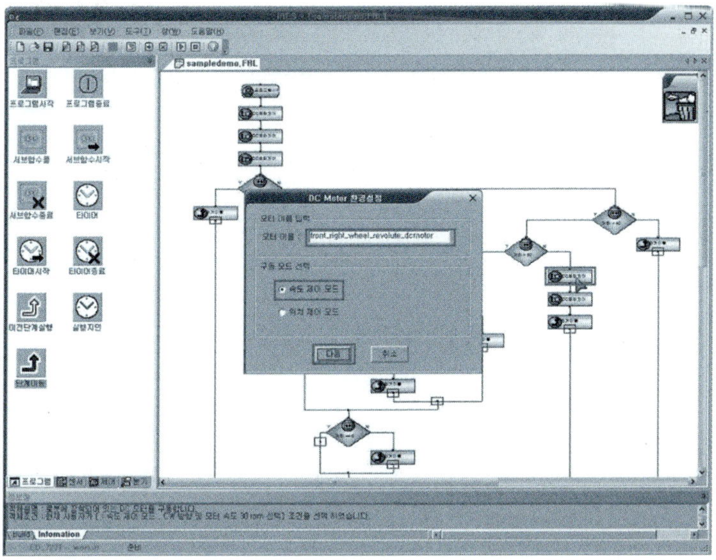

[그림 14-71] 오른쪽 모터 설정 1

모터 이름은 front_right_wheel_revolute_dcmotor 구동 모드는 "속도제어 모드"에 체크한다.

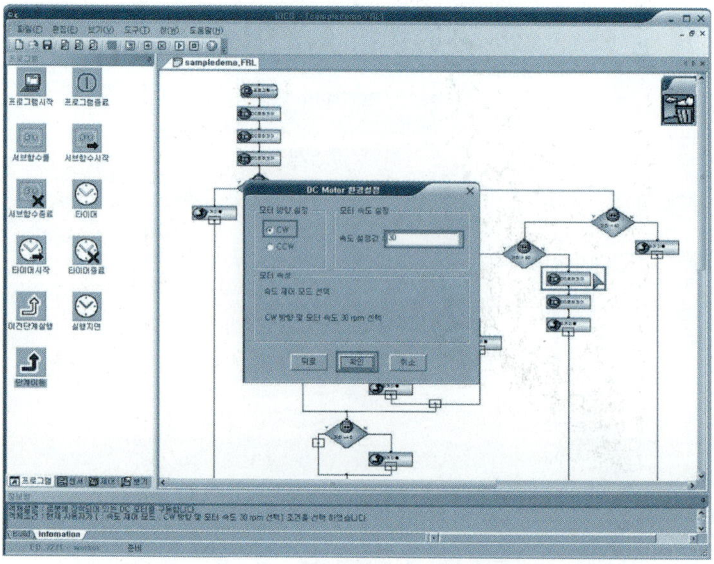

[그림 14-72] 오른쪽 모터 설정 2

모터 방향은 CW로 설정하고, 속도설정 값은 30으로 한다.

18) 왼쪽 모터 설정

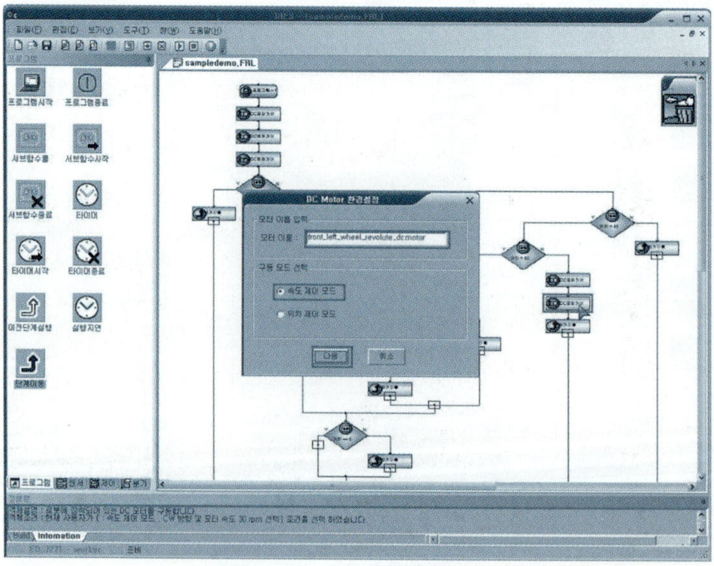

[그림 14-73] 왼쪽 모터 설정 1

모터 이름은 front_left_wheel_revolute_dcmotor 구동 모드는 "속도제어 모드"에 체크한다.

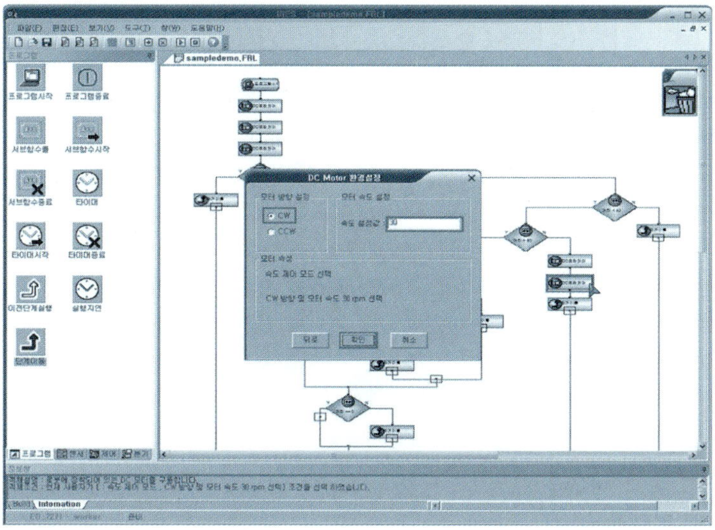

[그림 14-74] 왼쪽 모터 설정 2

모터 방향은 CW로 설정하고 속도설정 값은 30으로 한다.

19) 단계이동 설정

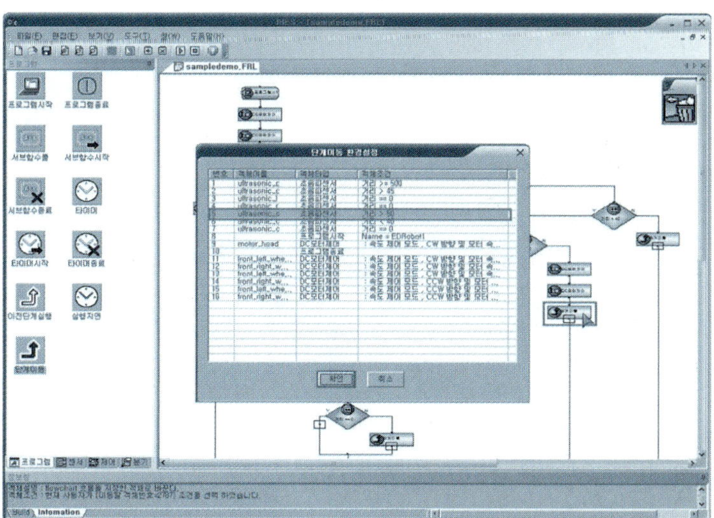

[그림 14-75] 단계이동 설정

초음파 센서 중 "거리 〉 50"이라는 조건이 있는 것을 선택한다.

20) 초음파 센서 설정

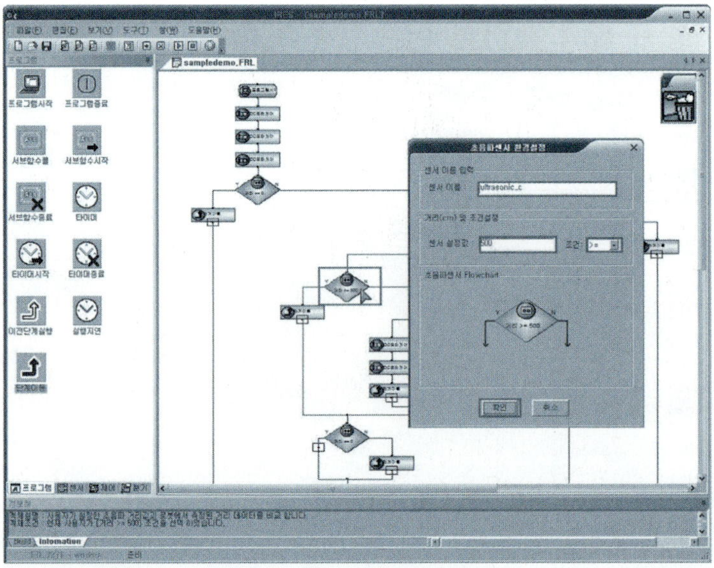

[그림 14-76] 초음파 센서 설정 1

센서 이름은 ultrasonic_c 센서 설정 값은 500 이고 조건은 >=으로 한다.

21) 초음파 센서 설정

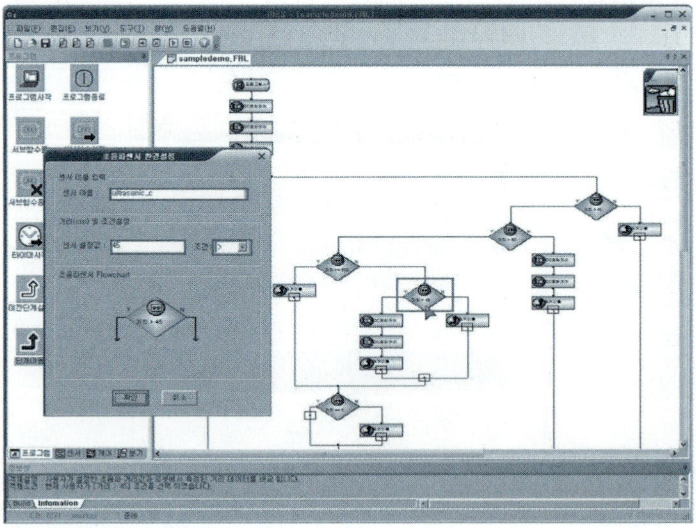

[그림 14-77] 초음파 센서 설정 2

센서 이름은 ultrasonic_c 센서 설정 값은 45이고 조건은 >이다.

22) 단계이동 환경설정

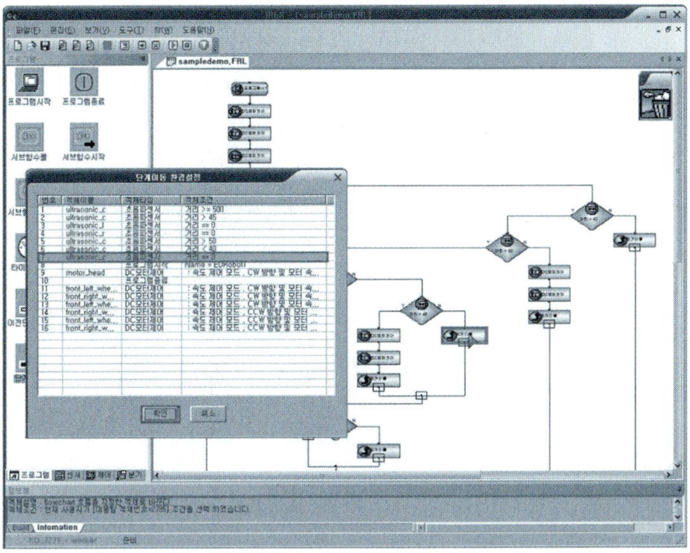

[그림 14-78] 단계이동 환경설정

초음파 센서 중 조건이 “거리 == 0”인 것을 선택한다.

23) 오른쪽 모터 설정

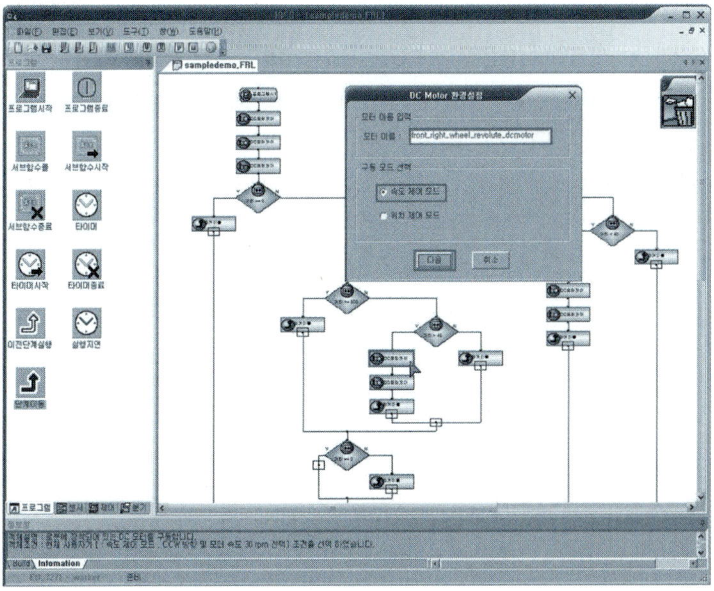

[그림 14-79] 오른쪽 모터 설정 1

모터 이름은 front_right_wheel_revolute_dcmotor 구동 모드는 속도제어 모드 체크한다.

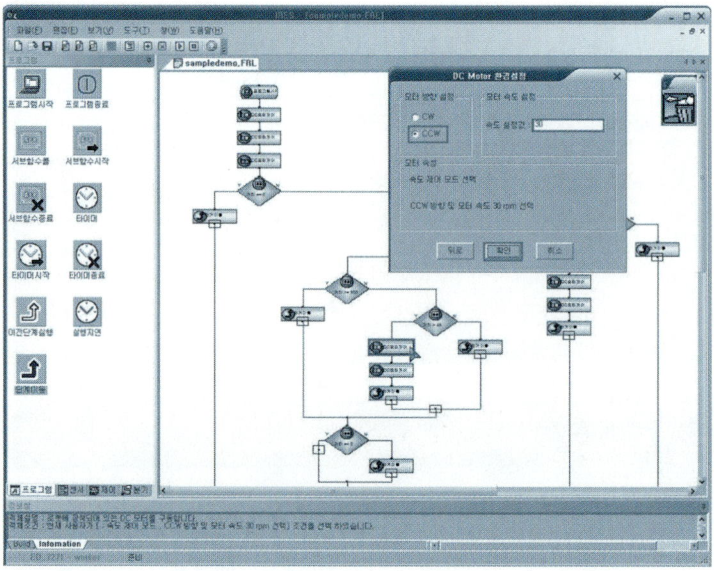

[그림 14-80] 오른쪽 모터 설정 2

모터 방향은 CCW로 설정하고 속도 설정 값은 30으로 한다.

24) 왼쪽 모터 설정

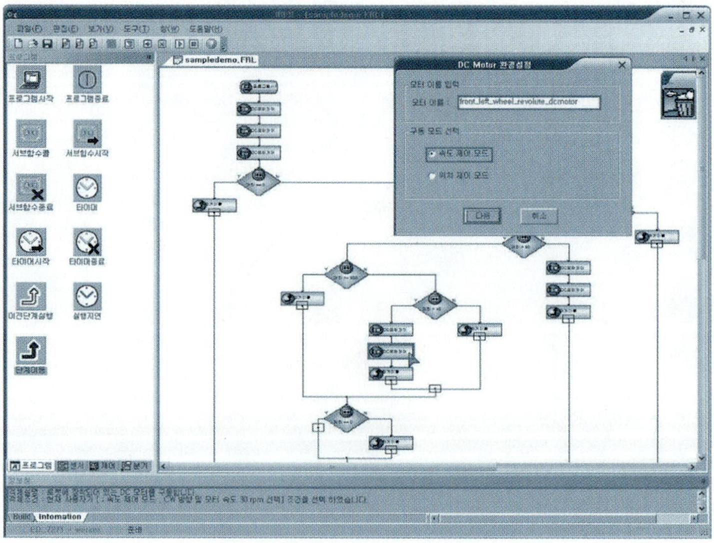

[그림 14-81] 왼쪽 모터 설정 1

모터 이름은 front_left_wheel_revolute_dcmotor 구동 모드는 “속도제어 모드”에 체크한다.

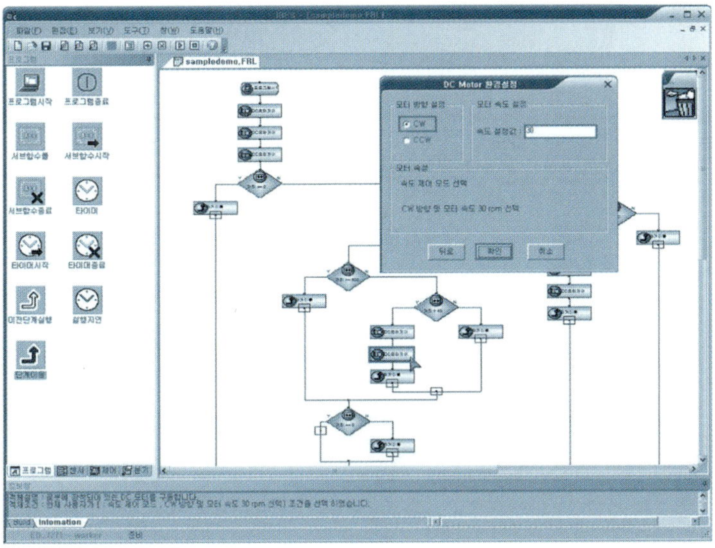

[그림 14-82] 왼쪽 모터 설정 2

모터 방향은 CW로 설정하고 속도설정 값은 30으로 한다.

25) 단계이동 환경설정

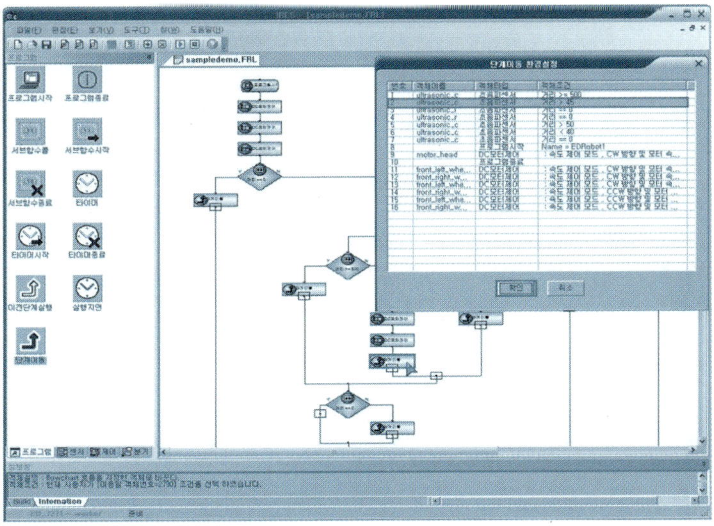

[그림 14-83] 단계이동 환경설정 1

초음파 센서 중 조건이 “거리 〉 45”인 것을 선택한다.

27) 단계이동 환경설정

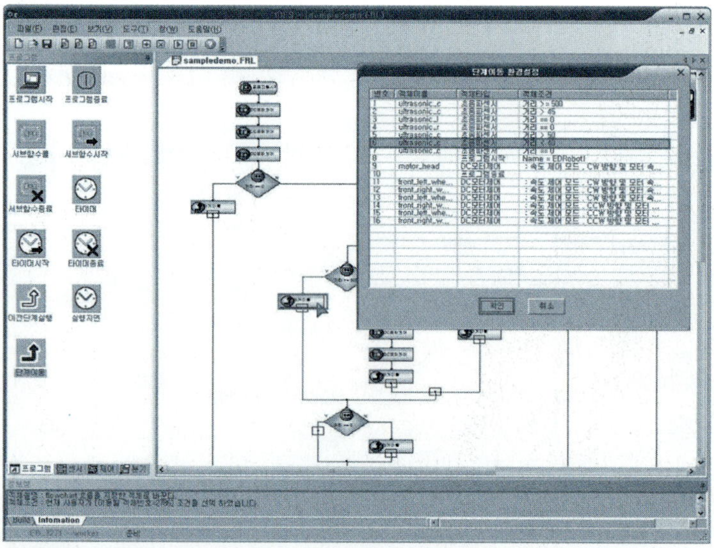

[그림 14-84] 단계이동 환경설정 2

초음파 센서 중 조건이 "거리 < 40"인 것을 선택한다.

27) 초음파 센서 환경설정

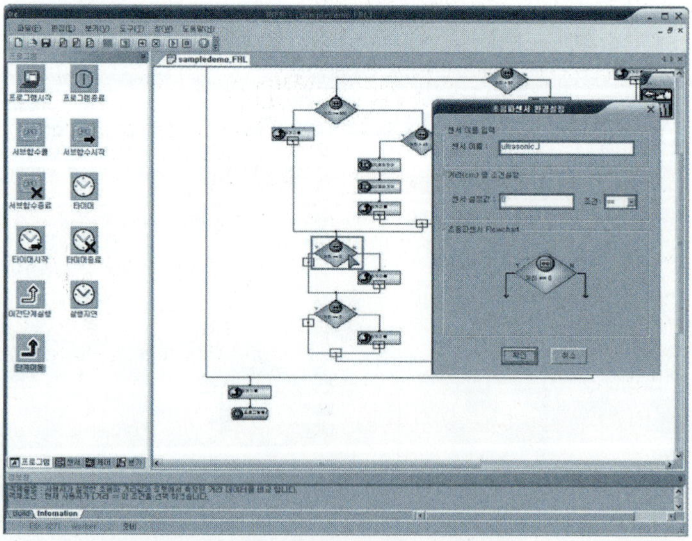

[그림 14-85] 초음파 센서 환경설정

왼쪽의 초음파 센서를 사용할 것이므로 로봇에서 좌측의 센서 이름을 사용한다. 센서 이름은 ultrasonic_l 센서 설정 값은 0이고 조건은 ==이다.

28) 단계이동 환경설정

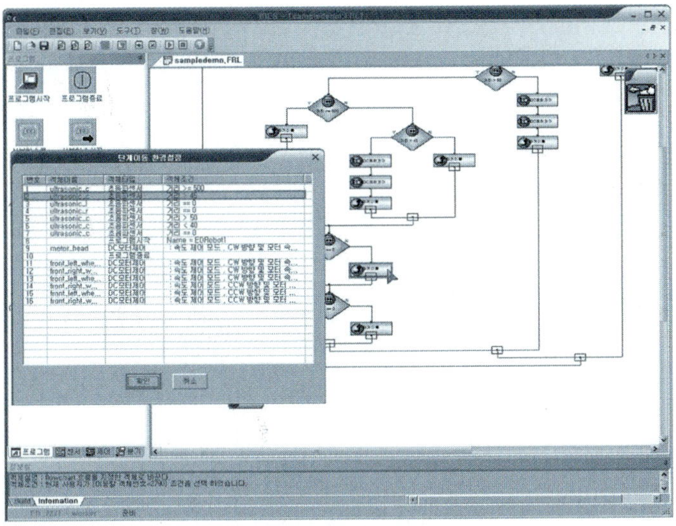

[그림 14-86] 단계이동 환경설정

초음파 센서 중 조건이 "거리 〉 45"인 것을 선택한다.

29) 초음파 센서 환경설정

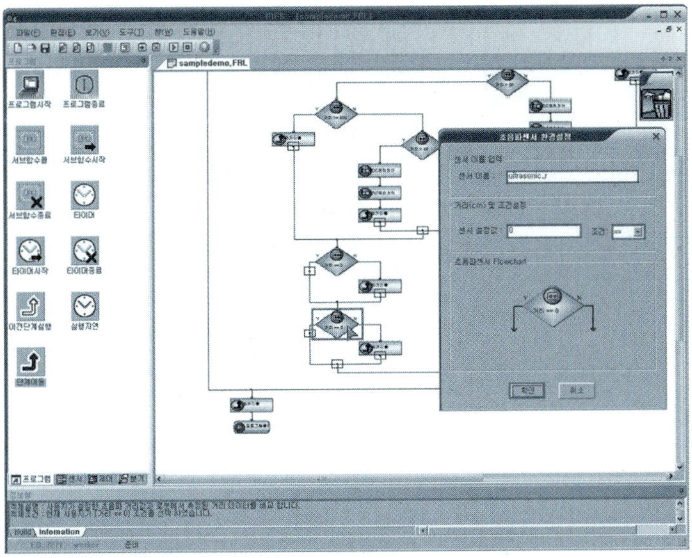

[그림 14-87] 초음파 센서 환경설정

오른쪽의 초음파 센서를 사용할 것이므로 로봇에서 우측의 센서 이름을 사용한다. 센서 이름은 ultrasonic_r 센서 설정 값은 0이고 조건은 ==이다.

30) 단계이동 환경설정

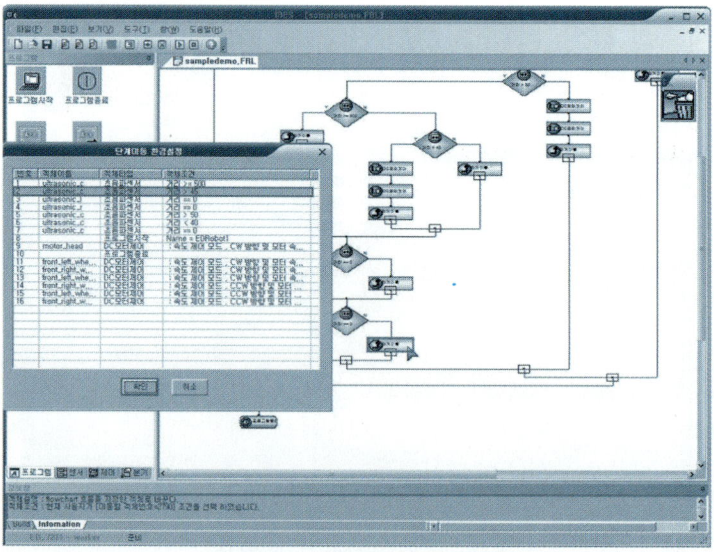

[그림 14-88] 단계이동 환경설정

초음파 센서 중 조건이 "거리 > 45"인 것을 선택한다.

31) 단계이동 환경설정

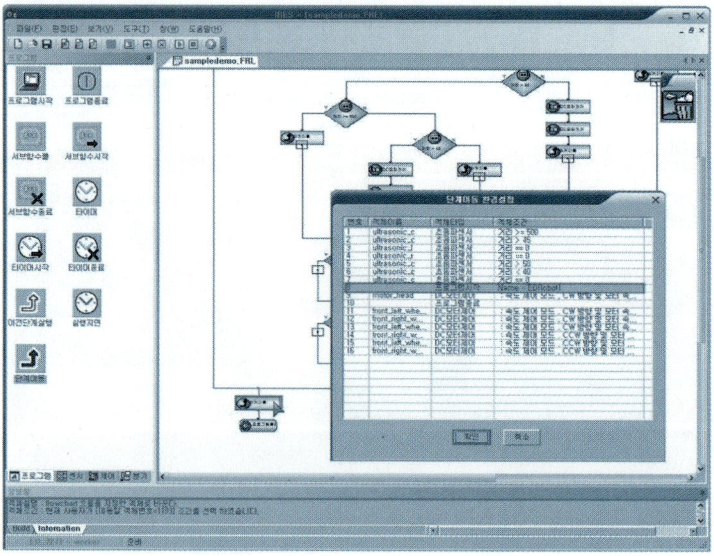

[그림 14-89] 단계이동 환경설정

프로그램 시작으로 가도록 설정한다.

32) 메인으로 창 전환 후 시뮬레이션 시작 버튼 클릭

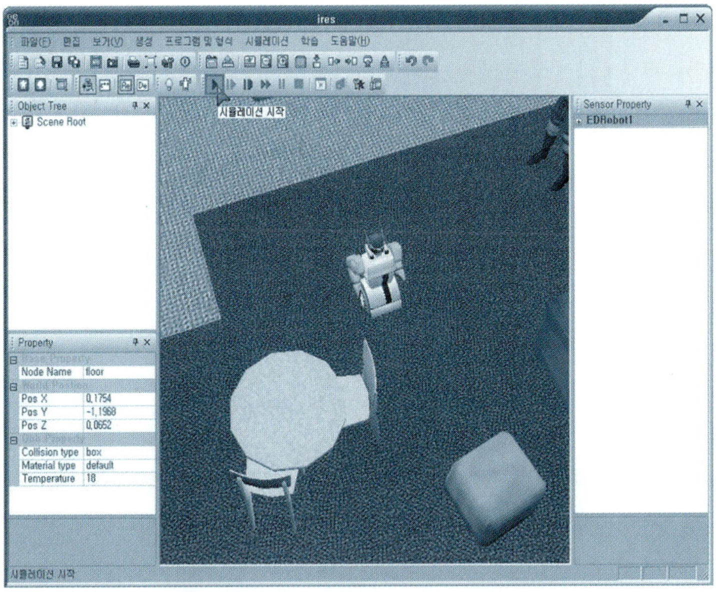

[그림 14-90] 시뮬레이션 시작

33) 구동 중인 로봇

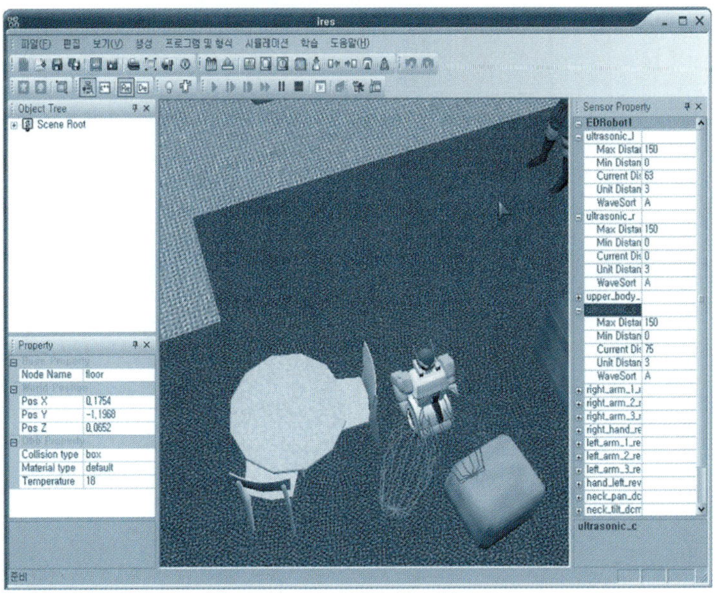

[그림 14-91] 구동 중인 로봇

14-7 C/C++ 언어

이번에는 C/C++언어를 이용해 로봇을 움직이게 할 것이다.

위와 같은 자유주행이지만, 좀 더 확실한 동작이 자유로운 자유주행이라고 할 수 있다.

이 프로그램도 마찬가지로 로봇 모양과 파츠에 따라 결과가 다르게 나타난다. 하지만 그래픽 언어보다는 좀 더 유연하고 C/C++언어를 할 줄 아는 사람에게는 정말 편할 것이다.

그런 만큼 로봇에 프로그램을 맞추는 일은 훨씬 수월할 것이다.

1) 프로그램 및 형식 → C/C++ 클릭한다.

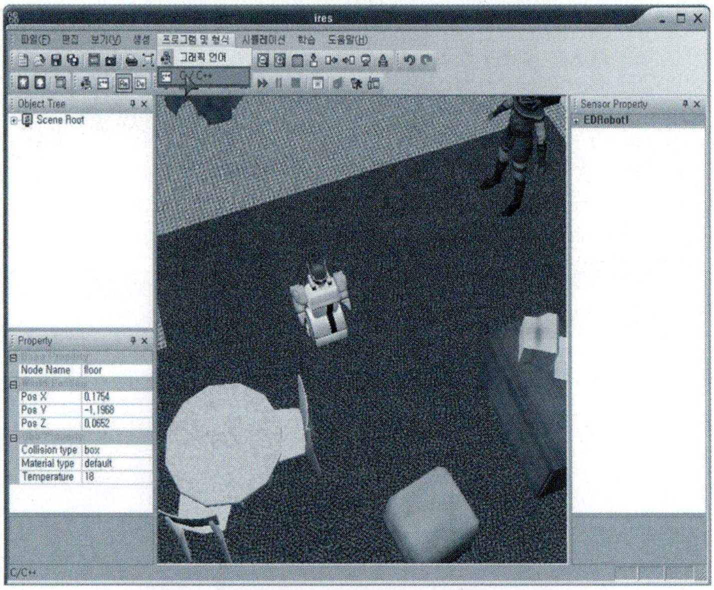

[그림 14-92] C/C++ 실행

2) 프로젝트 이름 설정

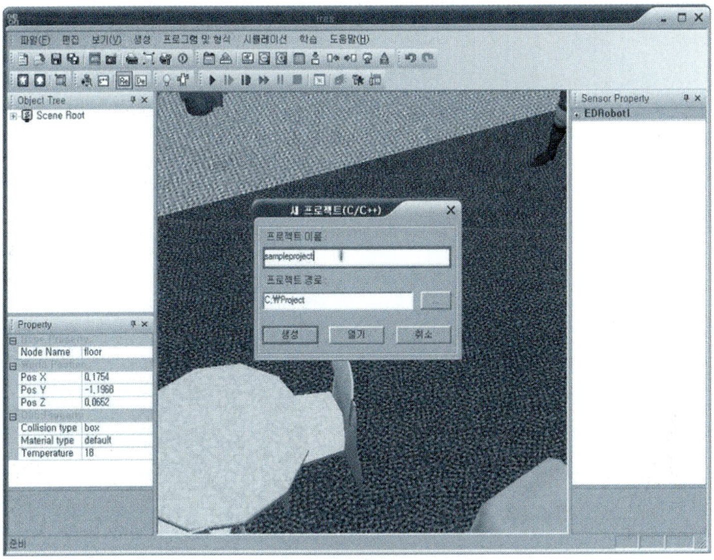

[그림 14-93] 프로젝트 이름 설정

프로젝트 이름은 sampleproject로 한다.

3) 실행된 코드블록 컴파일러

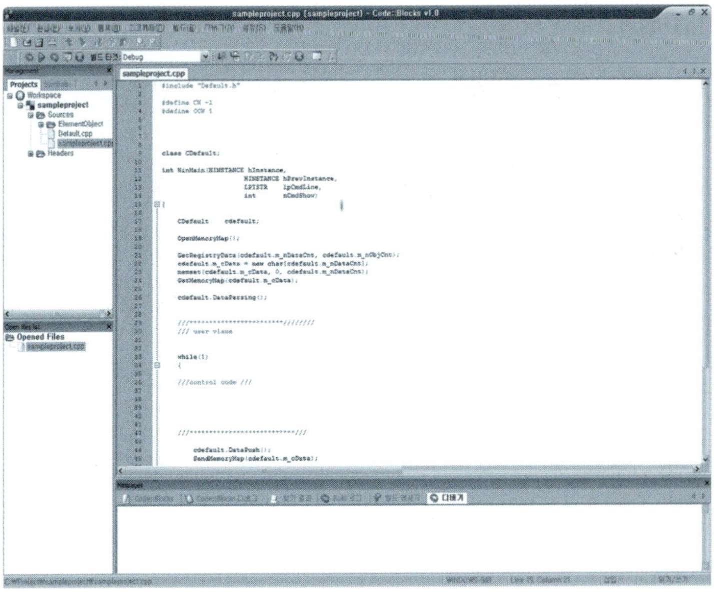

[그림 14-94] 코드블록 컴파일러

4) 전체 소스코드

```
#include "Default.h"

#define CW -1
#define CCW 1

class CDefault;

CDefault    cdefault;

///센서
CElementRayUltrasonicSensor *           IRH;
CElementRayUltrasonicSensor *           IRL;
CElementRayUltrasonicSensor *           IRR;


///모터
CElementRotateDCMotor*  M_RWheel;
CElementRotateDCMotor*  M_LWheel;


/// 로봇 이름 ///
string  sRobotName = "EDRobot1";

void LeftTurn()
{
    cout << "leftturn" << endl;
    int distance = 0;
    while(1)
    {
        distance = IRR->GetCurrentDist();
        cout << distance << endl;
        M_RWheel->SetSpeed(30);
        M_RWheel->SetRotateDirect(CCW);
        M_LWheel->SetSpeed(30);
        M_LWheel->SetRotateDirect(CW);

            cdefault.DataPush();
            SendMemoryMap(cdefault.m_cData);
```

```
            GetMemoryMap(cdefault.m_cData);
            cdefault.DataModify();

        if(distance > 145 || distance == 0)
            break;
    }

}

void RightTurn()
{
    int distance = 0;
    while(1)
    {
        cout << "rightturn" << endl;
        distance = IRL->GetCurrentDist();
        cout << distance << endl;
        M_RWheel->SetSpeed(10);
        M_RWheel->SetRotateDirect(CW);
        M_LWheel->SetSpeed(10);
        M_LWheel->SetRotateDirect(CCW);


        cdefault.DataPush();
        SendMemoryMap(cdefault.m_cData);

        GetMemoryMap(cdefault.m_cData);
        cdefault.DataModify();

        if(distance > 145 || distance == 0 || distance < 0)
            break;
    }

}

void Back(void)
{
    cout << "back"<< endl;
    M_RWheel->SetSpeed(50);
    M_RWheel->SetRotateDirect(CW);
```

```
    M_LWheel->SetSpeed(50);
    M_LWheel->SetRotateDirect(CW);

}

void Forward(void)
{
    M_RWheel->SetSpeed(20);
    M_RWheel->SetRotateDirect(CCW);
    M_LWheel->SetSpeed(20);
    M_LWheel->SetRotateDirect(CCW);
}

void Stop(void)
{
    cout << "stop"<< endl;
    M_RWheel->SetSpeed(0);
    M_RWheel->SetRotateDirect(CCW);
    M_LWheel->SetSpeed(0);
    M_LWheel->SetRotateDirect(CCW);
}

int WinMain(HINSTANCE hInstance,
                    HINSTANCE hPrevInstance,
                    LPTSTR    lpCmdLine,
                    int       nCmdShow)
{
    OpenMemoryMap();

    GetRegistryData(cdefault.m_nDataCnt, cdefault.m_nObjCnt);
    cdefault.m_cData = new char[cdefault.m_nDataCnt];
        memset(cdefault.m_cData, 0, cdefault.m_nDataCnt);
    GetMemoryMap(cdefault.m_cData);

    cdefault.DataParsing();   ///모두 읽어옴

    int rotate= 0;
    int back=0;
    int SubRotate =0;
```

```
///***********************///////
/// user vlaue


M_RWheel =
(CElementRotateDCMotor*)cdefault.GetElementObject(M_RWheel,sRobotName,
"front_right_wheel_revolute_dcmotor");
M_LWheel =
(CElementRotateDCMotor*)cdefault.GetElementObject(M_LWheel,sRobotName,
"front_left_wheel_revolute_dcmotor");
IRL = (CElementRayUltrasonicSensor*)cdefault.GetElementObject(IRL,sRobotName,
"ultrasonic_l");
IRR = (CElementRayUltrasonicSensor*)cdefault.GetElementObject(IRR ,sRobotName,
"ultrasonic_r");
IRH = (CElementRayUltrasonicSensor*)cdefault.GetElementObject(IRH, sRobotName,
"ultrasonic_c");
cout << "main" << endl;
while(1)
{

///**************************///
    int Hfine = 0;
    int Lfine = 0;
    int Rfine = 0;
    int Bfine = 0;

    int HDis = 0;
    int LDis = 0;
    int RDis = 0;
    int BDis = 0;

    int HHdis = 0;

   ///각 센서의 거리값을 받아옴
    HDis=IRH->GetCurrentDist();
    LDis=IRL->GetCurrentDist();
    RDis=IRR->GetCurrentDist();

   ///벽이나 오브젝트가 가까이 있는지 검사
    if(HDis >0 && HDis < 90)
```

제14장

```
    Hfine = 1;

  if(RDis >0 && RDis < 110)
    Rfine = 1;

  if(LDis >0 && LDis < 110)
    Lfine = 1;

///주위에 아무것도 없으면 전진
  if(Hfine == 0 && Rfine == 0 && Lfine == 0 && back == 0)
  {
     cout << HDis << endl;
     Forward();

     rotate = 0;


  }
  else ///주위에 뭔가 있으면
  {
         ///한번 멈춤
         if(M_LWheel->GetSpeed() > 0 || M_RWheel->GetSpeed() > 0 )
         {
             Stop();
         }
         else ///멈춘 후에 회전한다.
         {
            ///어느쪽으로 회전할 것인지 선택
             if(Rfine == 1)
              rotate = 2;
             else if(Lfine == 1)
              rotate = 1;
             else if(Hfine ==1)
              rotate = 3;

             if(Lfine == 1 && Rfine == 1)
              rotate = 3;

          }
```

```
///회전 수행
switch(rotate)
{
case 1:
    {
        RightTurn();
    }
    break;
case 2:
    {
        LeftTurn();

    }
    break;
case 3:  ///뒤로 갔다가 회전할 경우
    {
        if(SubRotate == 1)
        {
            if(LDis < 120)
            {
                cout << "subR" << endl;
                RightTurn();

            }
            else if(RDis < 120)
            {
                cout << "subL" << endl;
                LeftTurn();

            }
            else
            {
                cout << "subAnother" << endl;
                RightTurn();

            }

            cout << SubRotate << "    " << rotate << "    " << back <<
"    "<< endl;

            SubRotate = 0;
```

```
                    rotate = 0;
                    back = 0;

                 cout << rotate << endl;

             }
             else ///뒤로 가기
             {

                 Back();
                 cout << rotate << endl;
                 back = 1;

                 if((HDis > 90 || HDis == 0))
                     SubRotate = 1;
             }
         }
         break;
     default:
         break;
     }
  }
  cdefault.DataPush();
  SendMemoryMap(cdefault.m_cData);

  GetMemoryMap(cdefault.m_cData);
  cdefault.DataModify();
 }

 CloseMemoryMap();

 delete []cdefault.m_cData;

 return 0;
}
```

```
//센서
CElementRayUltrasonicSensor *        IRH;
CElementRayUltrasonicSensor *        IRL;
CElementRayUltrasonicSensor *        IRR;


//모터
CElementRotateDCMotor*               M_RWheel;
CElementRotateDCMotor*               M_LWheel;


/// 로봇 이름 ///
string  sRobotName = "EDRobot1";
```

일반 사용자 함수가 센서와 모터 객체를 사용할 수 있도록 전역변수로 선언해두었다.

각각의 센서와 모터는 ElementObject 폴더 안에 클래스로 정의되어 있다. 각 클래스를 오픈해보면 변수 및 함수가 다 구현되어 있어서 유저는 필요한 것들만 참조해서 프로그래밍하면 된다.

로봇 이름은 항상 로봇 편집기에서 메인에 적용시켰을 때의 로봇 이름을 사용해야 한다.

```
M_RWheel =  (CElementRotateDCMotor*)cdefault.GetElementObject
(M_RWheel,sRobotName,"front_right_wheel_revolute_dcmotor");
   M_LWheel =
(CElementRotateDCMotor*)cdefault.GetElementObject(M_LWheel,sRobotName,
          "front_left_wheel_revolute_dcmotor");

   IRL = (CElementRayUltrasonicSensor*)cdefault.GetElementObject(IRL,
sRobotName,"ultrasonic_l");
   IRR = (CElementRayUltrasonicSensor*)cdefault.GetElementObject(IRR
,sRobotName,"ultrasonic_r");
   IRH = (CElementRayUltrasonicSensor*)cdefault.GetElementObject(IRH,
sRobotName,"ultrasonic_c");

   int HDis = 0;
   int LDis = 0;
```

```
int RDis = 0;

HDis=IRH->GetCurrentDist();
LDis=IRL->GetCurrentDist();
RDis=IRR->GetCurrentDist();
```

로봇 제어를 하기 위해 필요한 데이터는 CDefault 클래스에 존재하기 때문에 CDefault의 멤버 함수인 GetElementObject()함수를 사용하여 값을 얻어올 수 있다.

모터나 센서를 얻어오는 GetElementObject() 함수의 인자 값은 (센서나 모터 선언 변수, 로봇 이름, 센서나 모터 이름) 이다. 여기서 두 번째와 세 번째 인자인 로봇 이름과 센서나 모터 이름은 메인 프로그램에서 사용하는 로봇과 로봇에 포함된 모터와 센서 이름을 말한다.

모든 센서나 모터 값은 위와 같은 함수형식을 사용하여 얻어올 수 있다.

위의 코드는 두 개의 모터(왼쪽, 오른쪽)와 3개의 초음파 센서를 선언하였으며, 초음파 센서의 거리 값을 담아둘 변수로 구성되어 있다.

```
cdefault.DataPush();
SendMemoryMap(cdefault.m_cData);
GetMemoryMap(cdefault.m_cData);
cdefault.DataModify();
```

사용자 함수나 메인함수 아래 부분에도 이 코드가 있는데 이것은 필수코드로 로봇에 있던 데이터들을 앞의 코드들로 인해 수행된 데이터 값들로 수정시켜 주는 역할을 한다.

로봇을 구동시키기 위한 필수적인 코드라 할 수 있겠다.

5) 빌드

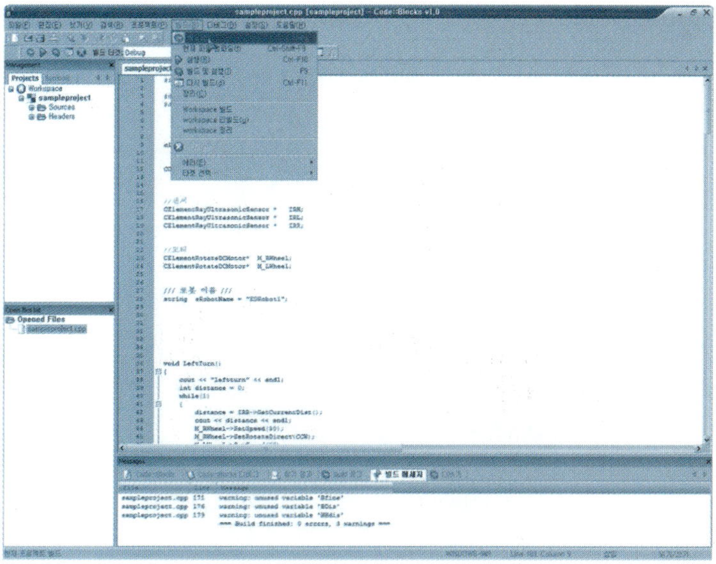

[그림 14-95] 빌드

코딩이 끝났으면 빌드를 꼭 한번 해줘야 로봇이 동작한다.

6) 시뮬레이션 시작

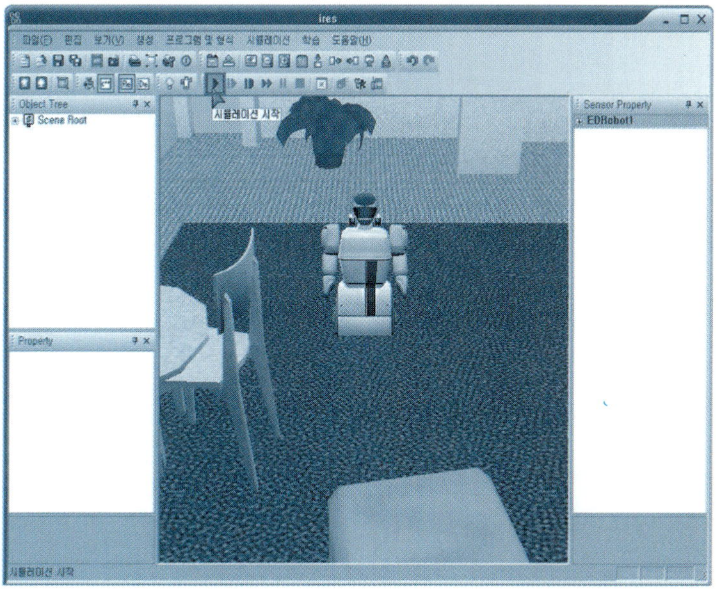

[그림 14-96] 시뮬레이션 시작

7) 시뮬레이션 수행

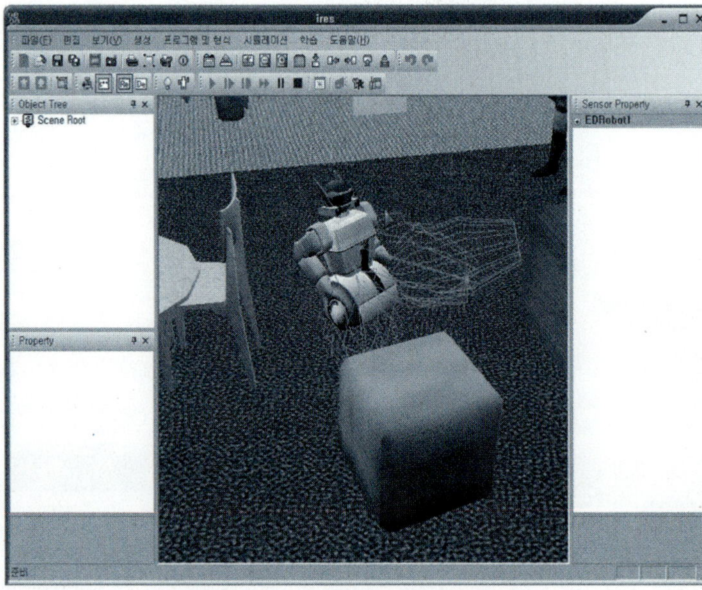

[그림 14-97] 시뮬레이션 수행

제15장
지능형 로봇 시뮬레이터의 응용 실습

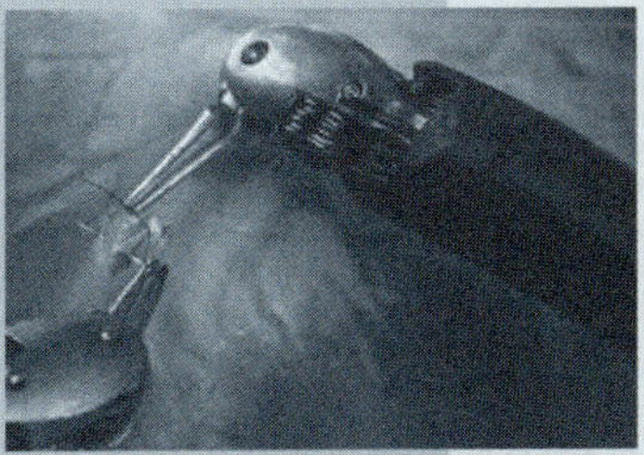

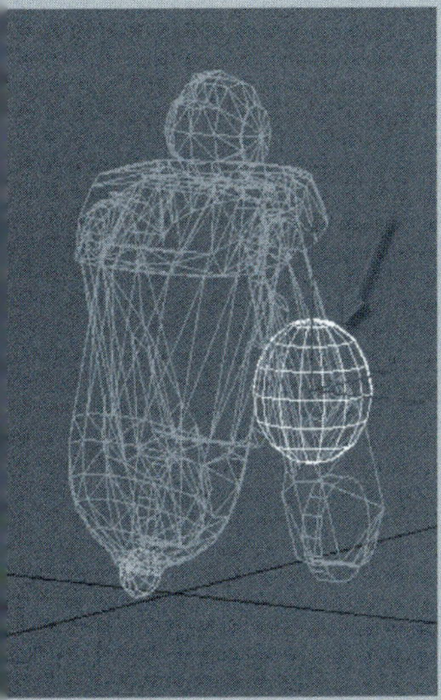

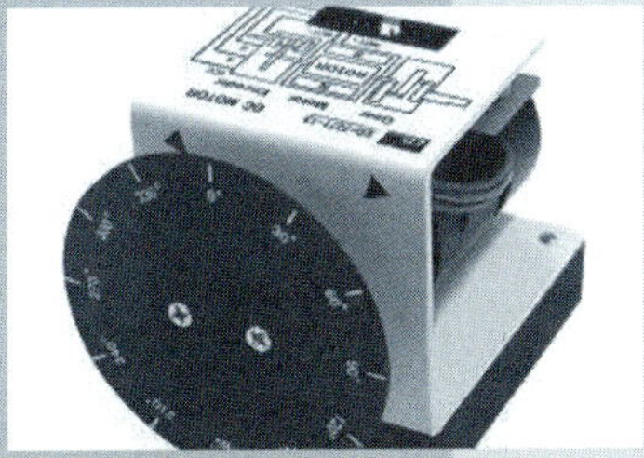

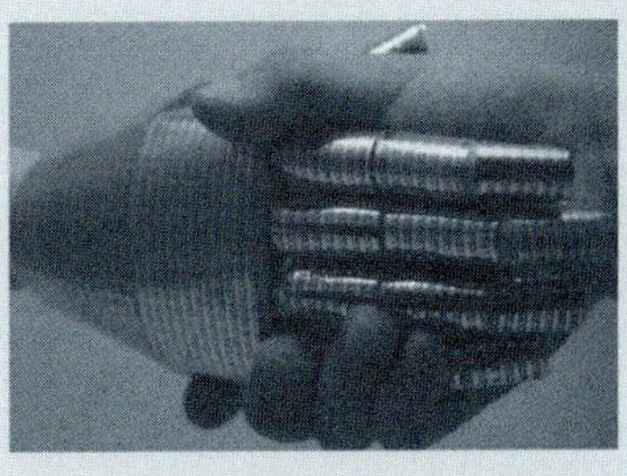

15-1 DC 모터 제어 실습

1) 실습 과제

DC 모터 모듈과 바이 디렉션 모듈을 이용해 가상의 로봇이라 생각하고 200cm 이동 후 되돌아오는 프로그램을 작성한다.

DC 모터 제어 객체의 위치모드를 이용하여 프로그램을 작성한다.

[그림 15-1] DC모터 제어 실습

2) 실습 목표

EDRS의 사용방법 및 DC 모터의 제어 방법과 로봇이 이동하는데 있어 동력전달 방법을 이해한다.

3) 프로그램 순서도 작성 및 IRES 프로그램 작성

본 실습 과제의 프로그램 순서도를 미리 작성해 본다.

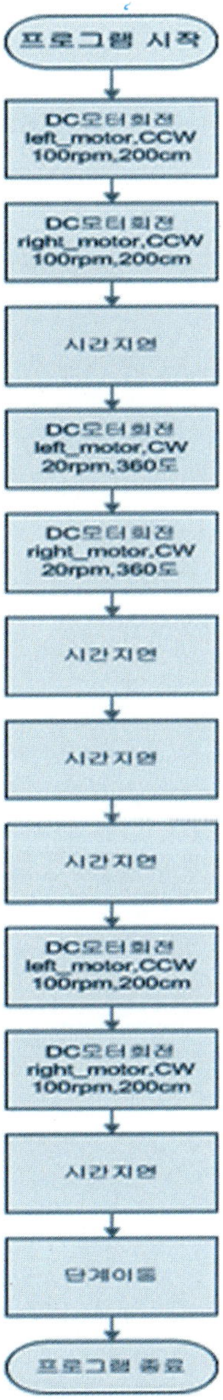

[그림 15-2] 순서도

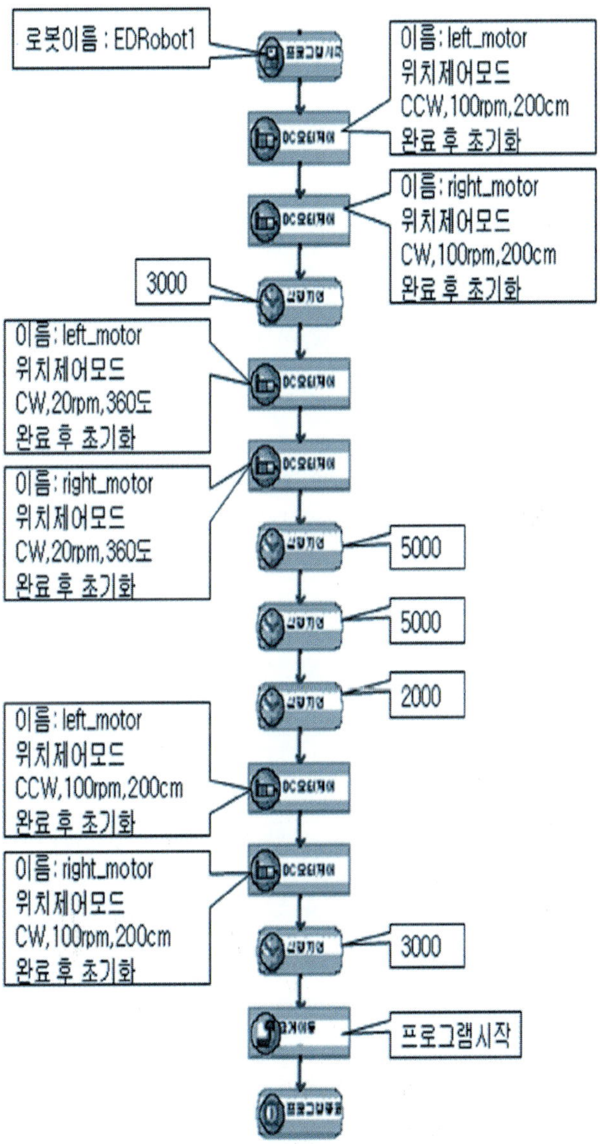

[그림 15-3] IRES 프로그램

4) C/C++ 프로그램 작성

본 실습 과제를 C/C++ 프로그램을 이용하여 작성해본다.

```
#include "Default.h"

#define CW -1
#define CCW 1
class CDefault;

CDefault    cdefault;

CElementRotateDCMotor*  M_RWheel;
CElementRotateDCMotor*  M_LWheel;

string  sRobotName = "EDRobot1";


int WinMain(HINSTANCE hInstance,
                    HINSTANCE hPrevInstance,
                    LPTSTR      lpCmdLine,
                    int             nCmdShow)
{

    OpenMemoryMap();

    GetRegistryData(cdefault.m_nDataCnt, cdefault.m_nObjCnt);
    cdefault.m_cData = new char[cdefault.m_nDataCnt];
        memset(cdefault.m_cData, 0, cdefault.m_nDataCnt);
    GetMemoryMap(cdefault.m_cData);

    cdefault.DataParsing();


    M_RWheel =  (CElementRotateDCMotor*)cdefault.GetElementObject(M_RWheel,
sRobotName, "right_motor");
    M_LWheel =  (CElementRotateDCMotor*)cdefault.GetElementObject(M_LWheel,
sRobotName, "left_motor");
```

```
    while(1)
    {
        M_LWheel->SetSpeed(70);
        M_LWheel->SetRotateDirect(CW);
        M_LWheel->SetSpeedOrPos(50);
        M_RWheel->SetSpeed(70);                //스피드 세팅
        M_RWheel->SetSpeedOrPos(50);
        M_RWheel->SetRotateDirect(CCW);        //회전방향 세팅

        M_LWheel->SetSpeed(30);
        M_LWheel->SetRotateDirect(CW);
        M_LWheel->SetRotateAngle(360);
        M_RWheel->SetSpeed(30);                //스피드 세팅
        M_LWheel->SetRotateAngle(360);
        M_RWheel->SetRotateDirect(CW);         //회전방향 세팅

        M_LWheel->SetSpeed(70);
        M_LWheel->SetRotateDirect(CCW);
        M_LWheel->SetSpeedOrPos(50);
        M_RWheel->SetSpeed(70);                //스피드 세팅
        M_RWheel->SetSpeedOrPos(50);
        M_RWheel->SetRotateDirect(CW);         //회전방향 세팅

        cdefault.DataPush();
        SendMemoryMap(cdefault.m_cData);

        GetMemoryMap(cdefault.m_cData);
        cdefault.DataModify();

    }

    cdefault.DeleteDummyObj();
    CloseMemoryMap();

    delete []cdefault.m_cData;

    return 0;
}
```

5) 프로그램 컴파일 및 실행 결과 확인

바이디렉션 모듈과 DC 모터의 동력전달 방법을 확인해 보자. 1번 모터가 CW(시계방향)으로 회전할 때 바퀴의 회전방향과 2번 모터가 CW(시계방향)으로 회전할 때 로봇이 어떤 방향으로 움직이는지 생각해보자. 로봇의 구조에서 바퀴와 동력전달의 방법에 따라 로봇 구동부에 대한 프로그램은 변경된다. 현재 구동부에서 직진과, 후진, 좌회전 등 여러 회전 특성들을 다시 한번 생각해보자.

(1) 동작 확인

① 모든 모터의 회전 속도는 100rpm으로 한다.
② 1번 2번 DC 모터를 위치 제어로 200cm까지 회전하게 한다.
③ 1번 2번 DC 모터를 위치 제어로 0cm까지 회전하게 한다.
④ 반복하여 실행한다.

15-2 빛의 밝기에 따른 모터의 속도 제어

1) 실습 과제

빛의 밝기에 따라 로봇의 움직임 속도를 제어한다.

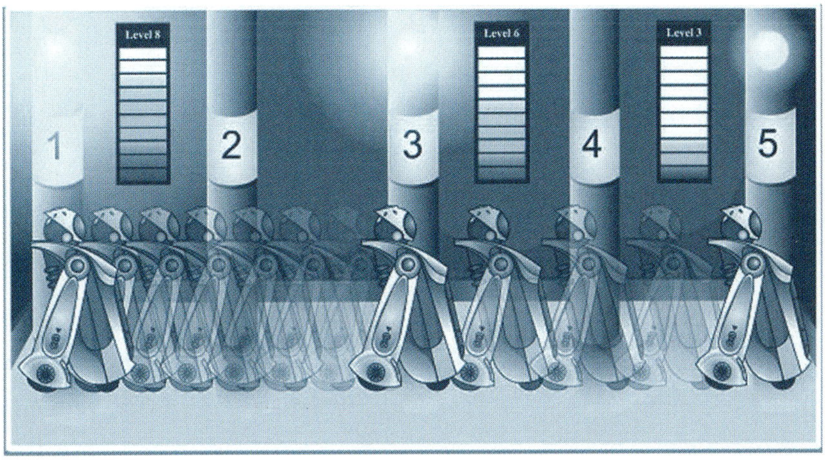

[그림 15-4] 빛의 밝기에 따른 모터의 속도 제어

2) 실습 목표

로봇 프로그램의 기본인 센서의 입력 방법을 이해하고 여러 영역에서 분기객체 사용법을 이해한다.

3) 프로그램 순서도 작성 및 IRES 프로그램 작성

조도 센서가 75 이상일 경우 70rpm으로 회전하고 50 이상일 경우는 40rpm으로 회전한다.

조도가 25 이상일 경우는 20rpm으로 회전하고 작을 경우는 0rpm으로 멈추게 프로그램을 작성한다.

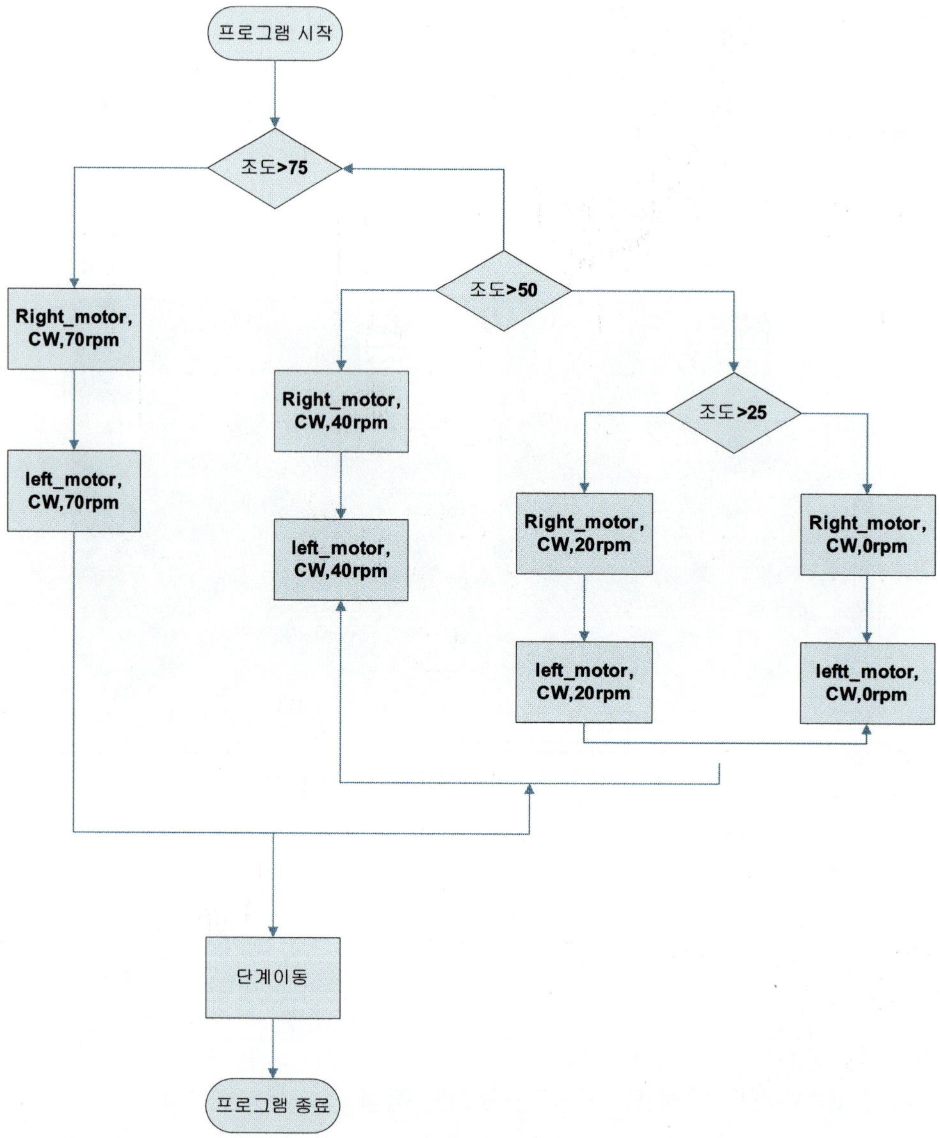
프로그램 시작
조도>75
조도>50
조도>25
Right_motor, CW,70rpm
left_motor, CW,70rpm
Right_motor, CW,40rpm
left_motor, CW,40rpm
Right_motor, CW,20rpm
left_motor, CW,20rpm
Right_motor, CW,0rpm
leftt_motor, CW,0rpm
단계이동
프로그램 종료

[그림 15-5] 순서도

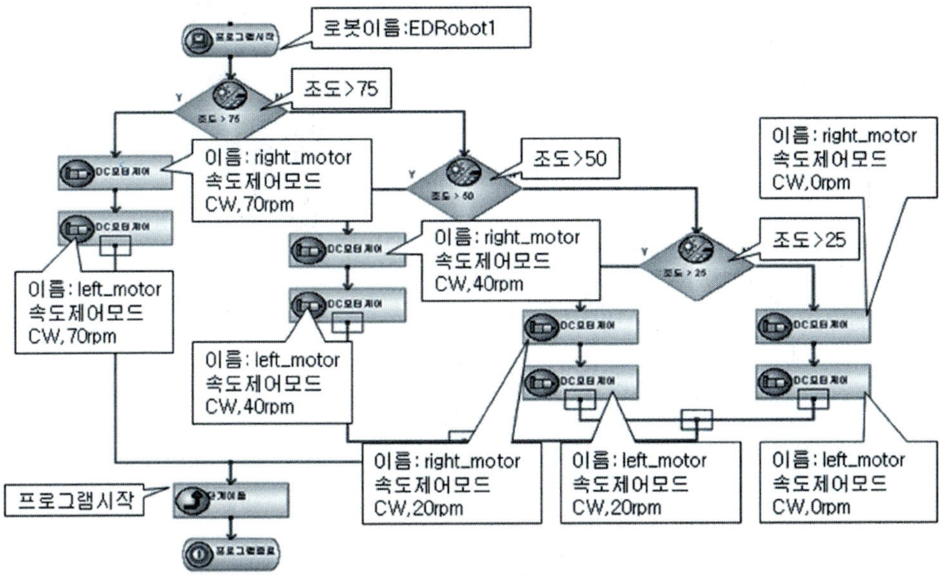

[그림 15-6] IRES 프로그램

4) C/C++ 프로그램 작성

본 실습 과제를 C/C++프로그램을 이용하여 작성해본다.

```
#include "Default.h"

#define CW -1
#define CCW 1

class CDefault;

CDefault     cdefault;

CElementRotateDCMotor*  M_RWheel;
CElementRotateDCMotor*  M_LWheel;

CElementEnvIlluminationSensor* ILL;
string  sRobotName = "EDRobot1";


int WinMain(HINSTANCE hInstance,
```

```
                   HINSTANCE hPrevInstance,
                   LPTSTR     lpCmdLine,
                   int        nCmdShow)
{



    OpenMemoryMap();

    GetRegistryData(cdefault.m_nDataCnt, cdefault.m_nObjCnt);
    cdefault.m_cData = new char[cdefault.m_nDataCnt];
        memset(cdefault.m_cData, 0, cdefault.m_nDataCnt);
    GetMemoryMap(cdefault.m_cData);

    cdefault.DataParsing();

    //모터 정의
    M_RWheel = (CElementRotateDCMotor*)cdefault.GetElementObject(M_RWheel,
sRobotName, "right_motor");
    M_LWheel = (CElementRotateDCMotor*)cdefault.GetElementObject(M_LWheel,
sRobotName, "left_motor");

    // 조도 센서 정의
    ILL = (CElementEnvIlluminationSensor*)cdefault.GetElementObject(ILL, sRobotName,
"Illumination");

    while(1)
    {

     int IDis = 0;

     IDis = ILL->GetCurrentIllum();

    if(IDis > 75)
    {
        M_RWheel->SetSpeed(70);
        M_RWheel->SetRotateDirect(CW);
        M_LWheel->SetSpeed(70);
        M_LWheel->SetRotateDirect(CW);
    }
```

```
    else if(IDis > 50)
    {
        M_RWheel->SetSpeed(40);
        M_RWheel->SetRotateDirect(CW);
        M_LWheel->SetSpeed(40);
        M_LWheel->SetRotateDirect(CW);
    }
    else if(IDis > 25)
    {
        M_RWheel->SetSpeed(20);
        M_RWheel->SetRotateDirect(CW);
        M_LWheel->SetSpeed(20);
        M_LWheel->SetRotateDirect(CW);
    }
    else
    {
        M_RWheel->SetSpeed(0);
        M_RWheel->SetRotateDirect(CW);
        M_LWheel->SetSpeed(0);
        M_LWheel->SetRotateDirect(CW);
    }


        cdefault.DataPush();
        SendMemoryMap(cdefault.m_cData);

        GetMemoryMap(cdefault.m_cData);
        cdefault.DataModify();

    }

    cdefault.DeleteDummyObj();
    CloseMemoryMap();

    delete []cdefault.m_cData;

    return 0;
}
```

5) 컴파일 및 실행

빛의 밝기에 따라 속도가 변하는지 확인하자.

(1) 동작확인

① 빛의 밝기가 75 이상일 경우 모터는 70rpm으로 회전한다.
② 빛의 밝기가 50 이상일 경우 모터는 40rpm으로 회전한다.
③ 빛의 밝기가 25보다 작을 경우 모터는 정지한다.
④ 1,2,3의 경우가 아닐 경우 모터는 20rpm으로 회전한다.
⑤ 단계이동 1로 돌아가 반복 실행한다.

15-3 초음파 센서 모듈을 이용한 DC 모터 이동 거리 제어

1) 실습 과제

초음파 센서로 장애물과의 거리가 0cm로 측정이 되면 50rpm으로 직진하고 거리가 25보다 작으면 30rpm으로 후진 후 다시 이동을 한다.

2) 실습 목표

초음파 센서의 특성을 파악하고, 지능형 로봇의 가장 기본적인 장애물 회피 알고리즘을 이해한다.

3) 프로그램 순서도 작성 및 IRES 프로그램 작성

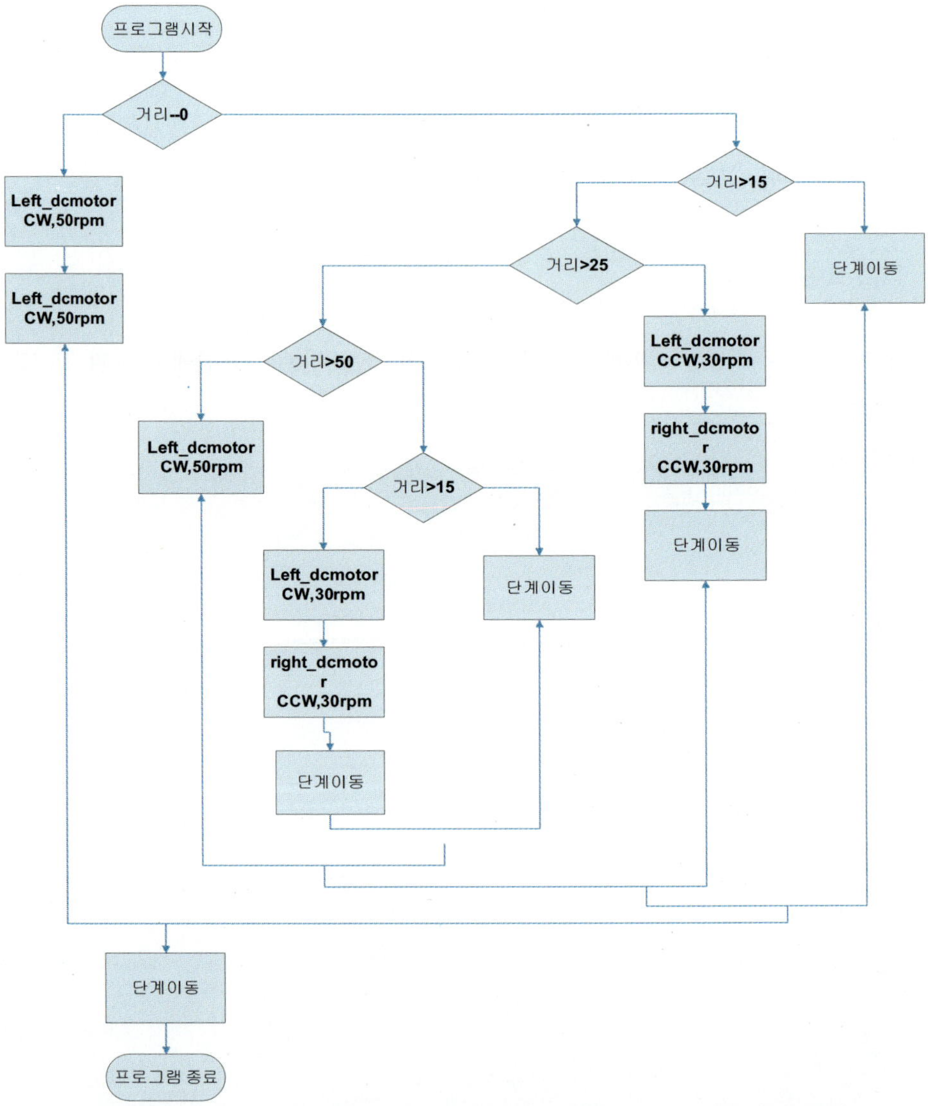

[그림 15-7] 순서도

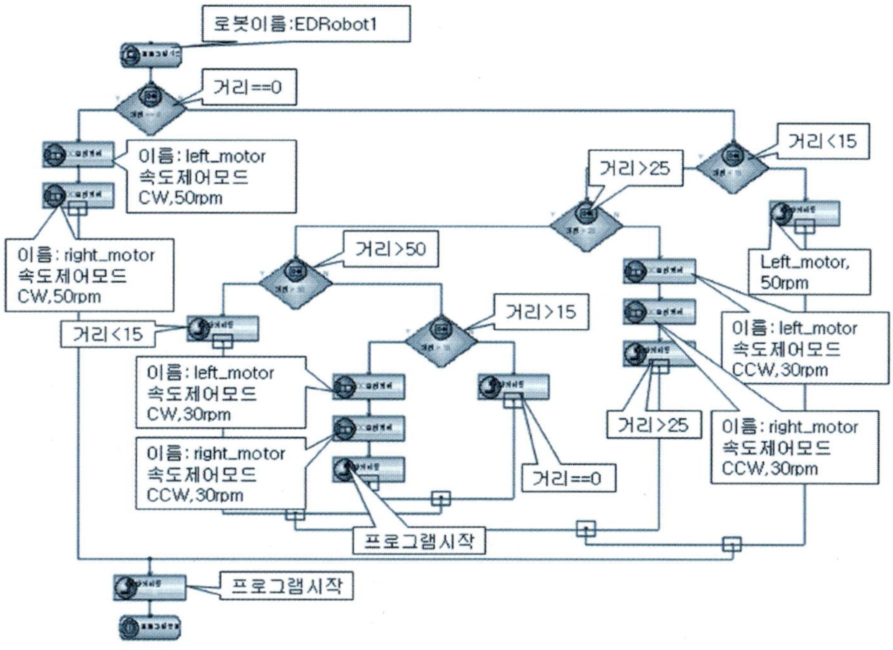

[그림 15-8] IRES 프로그램

4) C/C++ 프로그램 작성

본 실습 과제를 C/C++ 프로그램을 이용하여 작성해본다.

```
#include "Default.h"
#define CW -1
#define CCW 1
class CDefault;

CDefault     cdefault;


// 초음파 센서 정의
CElementRayUltrasonicSensor* USS;

// 모터 정의
CElementRotateDCMotor*       M_RWheel;
CElementRotateDCMotor*   M_LWheel;
```

```
string  sRobotName = "EDRobot1";

void Right();
void Back();
void Forward();

int WinMain(HINSTANCE hInstance,
                     HINSTANCE hPrevInstance,
                     LPTSTR     lpCmdLine,
                     int         nCmdShow)
{
    OpenMemoryMap();

    GetRegistryData(cdefault.m_nDataCnt, cdefault.m_nObjCnt);
    cdefault.m_cData = new char[cdefault.m_nDataCnt];
        memset(cdefault.m_cData, 0, cdefault.m_nDataCnt);
    GetMemoryMap(cdefault.m_cData);

    cdefault.DataParsing();


    //모터 정의
    M_RWheel =  (CElementRotateDCMotor*)cdefault.GetElementObject(M_RWheel,
sRobotName, "right_motor");
    M_LWheel =  (CElementRotateDCMotor*)cdefault.GetElementObject(M_LWheel,
sRobotName, "left_motor");

    // 초음파 센서
    USS = (CElementRayUltrasonicSensor*)cdefault.GetElementObject(USS,sRobot
Name, "ultrasonic");

    while(1)
    {
        int UDis = 0;

        int Ufine = 0;

        UDis=USS->GetCurrentDist();
        if(UDis >0 && UDis < 25)
```

```
            Ufine = 1;

        if(Ufine == 0)
            Forward();
        else
        {
            Back();
            Right();
        }
        cdefault.DataPush();
        SendMemoryMap(cdefault.m_cData);

        GetMemoryMap(cdefault.m_cData);
        cdefault.DataModify();

    }

    cdefault.DeleteDummyObj();
    CloseMemoryMap();

    delete []cdefault.m_cData;

    return 0;
}
void Right()
{
    cout << "right turn" << endl;
    int distance = 0;
    while(1)
    {
        distance = USS->GetCurrentDist();
        cout << distance << endl;
        M_RWheel->SetSpeed(30);
        M_RWheel->SetRotateDirect(CCW);
        M_LWheel->SetSpeed(30);
        M_LWheel->SetRotateDirect(CW);

        cdefault.DataPush();
        SendMemoryMap(cdefault.m_cData);
```

```
            GetMemoryMap(cdefault.m_cData);
            cdefault.DataModify();

            if(distance == 0)
              break;
        }
}

void Back(void)
{
        int distance = 0;
        while(1)
        {
            distance = USS->GetCurrentDist();
            cout << distance << endl;
            M_RWheel->SetSpeed(30);
            M_RWheel->SetRotateDirect(CCW);
            M_LWheel->SetSpeed(30);
            M_LWheel->SetRotateDirect(CCW);

            cdefault.DataPush();
            SendMemoryMap(cdefault.m_cData);

            GetMemoryMap(cdefault.m_cData);
            cdefault.DataModify();

            if(distance > 35)
              break;
        }
}

void Forward(void)
{
        cout << "forward"<< endl;
        M_RWheel->SetSpeed(30);
        M_RWheel->SetRotateDirect(CW);
        M_LWheel->SetSpeed(30);
        M_LWheel->SetRotateDirect(CW);
}
```

5) 컴파일 및 실행

작성한 프로그램이 올바르게 동작하는지 알아보자. 거리에 따라 초음파 센서의 출력값도 똑바로 출력되는지 확인해 본다.

제공된 슬라이드 모듈의 아크릴 조각 이외에 다른 장애물로 초음파 센서의 출력 값을 확인해본다. 초음파 센서의 특성을 다시 한번 생각하면서, 어떤 형태의 장애물은 초음파 센서로 측정이 불가능한지 생각해보자.

15-4 적외선 센서와 DC 모터 속도 제어

1) 실습 과제

적외선 센서를 이용해 DC 모터의 속도를 제어한다.

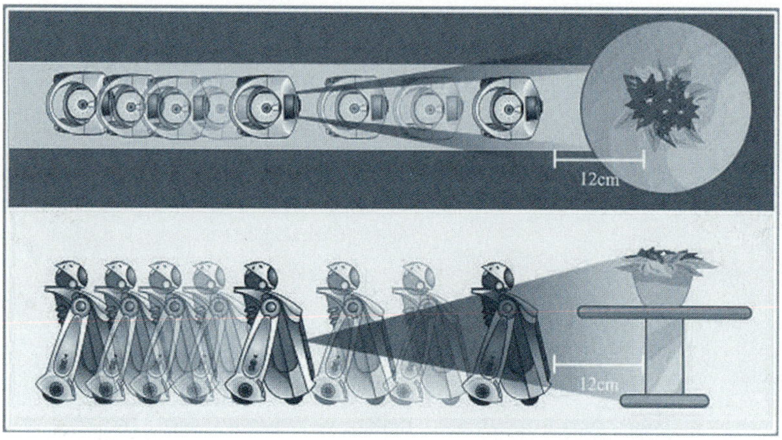

[그림 15-9] 적외선 센서와 Step 모터 방향 제어

2) 실습 목표

PSD를 이용한 적외선 센서의 원리 및 특징을 파악하고, 로봇에 어떤 용도로 적용되고 있는지 알아본다.

3) 프로그램 순서도 작성 및 IRES 프로그램 작성

적외선 센서로 장애물을 감지하는 로봇이 장애물과의 거리가 가까워짐에 따라 속도를 낮추고 40cm 이하로 감지가 되면 로봇을 정지하는 프로그램을 작성한다.

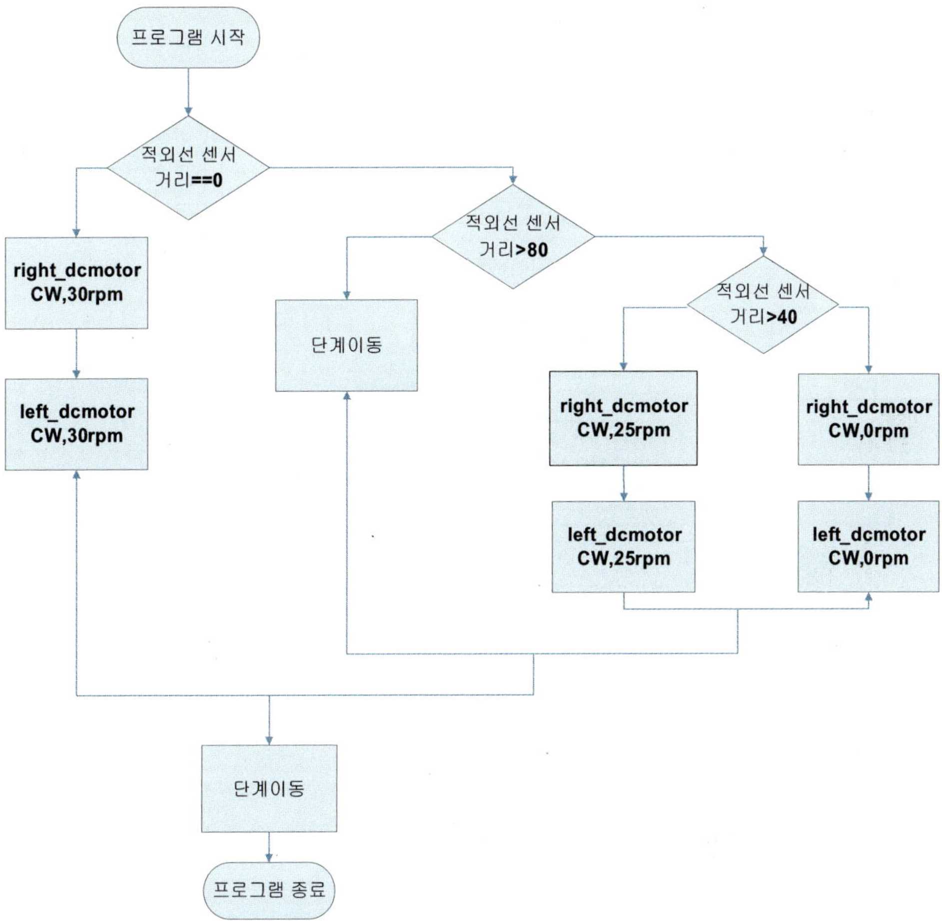
프로그램 시작
적외선 센서 거리==0
right_dcmotor CW,30rpm
left_dcmotor CW,30rpm
적외선 센서 거리>80
단계이동
적외선 센서 거리>40
right_dcmotor CW,25rpm
left_dcmotor CW,25rpm
right_dcmotor CW,0rpm
left_dcmotor CW,0rpm
단계이동
프로그램 종료

[그림 15-10] 순서도

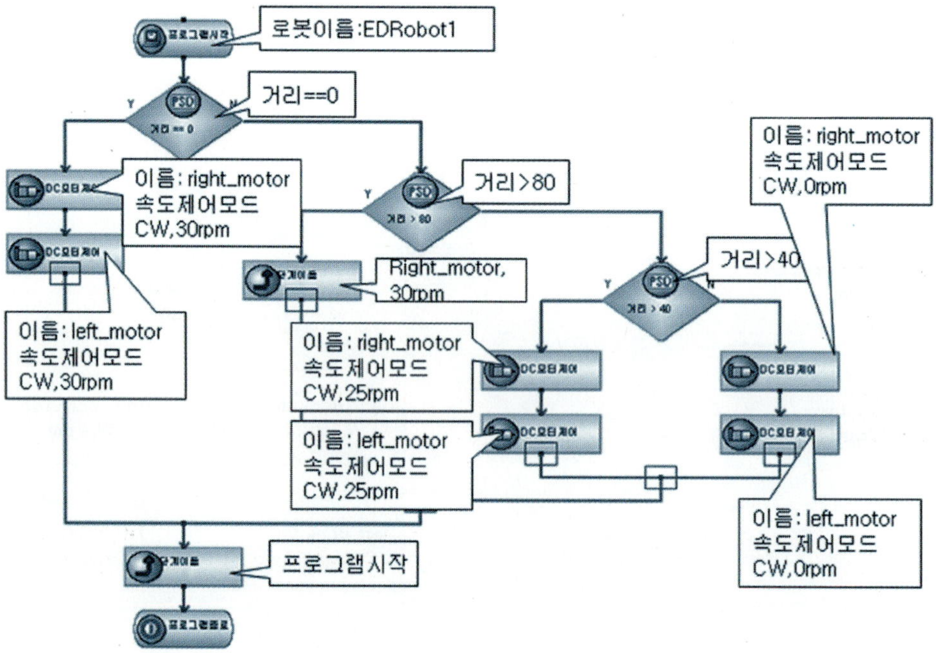

[그림 15-11] IRES 프로그램

4) C/C++ 프로그램 작성

본 실습 과제를 C/C++ 프로그램을 이용하여 작성해본다.

```
#include "Default.h"
#define CW -1
#define CCW 1

class CDefault;
CDefault      cdefault;



CElementRotateDCMotor*      M_RWheel;
CElementRotateDCMotor*  M_LWheel;

CElementRayInfraredSensor * IRH;

/// 로봇 이름 ///
```

```
string  sRobotName = "EDRobot1";
void Forward(int);

int WinMain(HINSTANCE hInstance,
                    HINSTANCE hPrevInstance,
                    LPTSTR     lpCmdLine,
                    int        nCmdShow)
{

    OpenMemoryMap();

    GetRegistryData(cdefault.m_nDataCnt, cdefault.m_nObjCnt);
    cdefault.m_cData = new char[cdefault.m_nDataCnt];
        memset(cdefault.m_cData, 0, cdefault.m_nDataCnt);
    GetMemoryMap(cdefault.m_cData);

    cdefault.DataParsing();


    //모터 정의
    M_RWheel = (CElementRotateDCMotor*)cdefault.GetElementObject(M_RWheel,
sRobotName, "right_motor");
    M_LWheel = (CElementRotateDCMotor*)cdefault.GetElementObject(M_LWheel,
sRobotName, "left_motor");

    //적외선 센서 정의
    IRH  =  (CElementRayInfraredSensor*)cdefault.GetElementObject(IRH,sRobotName,
"infrared_F");

    while(1)
    {

        int HDis = 0;

        HDis=IRH->GetCurrentDist();

        if(HDis > 80 || HDis == 0)
            Forward(50);
        else if(HDis > 40 && HDis < 80)
            Forward(25);
```

```
            else if(HDis > 0 && HDis < 40)
                Forward(0);
            cdefault.DataPush();
            SendMemoryMap(cdefault.m_cData);

            GetMemoryMap(cdefault.m_cData);
            cdefault.DataModify();

        }
        cdefault.DeleteDummyObj();
        CloseMemoryMap();

        delete [ ]cdefault.m_cData;

        return 0;
}
void Forward(int speed)
{
        M_RWheel->SetSpeed(speed);
        M_RWheel->SetRotateDirect(CW);
        M_LWheel->SetSpeed(speed);
        M_LWheel->SetRotateDirect(CW);
}
```

5) 컴파일 및 실행

작성한 프로그램을 실행해보고 장애물과 거리가 40cm 이하의 영역에서 DC 모터의 속도가 0rpm으로 줄어들고 80cm 이상에서는 단계이동하는 것을 알아 볼 수 있다.

이는 센서의 특성이 10cm에서 80cm의 거리에서 측정 가능한 센서를 채용했기 때문이다. PSD 센서는 측정영역이 정해져 있다는 것을 뜻한다.

PSD 센서의 특성을 다시 한번 알아보아야 한다.

15-5 기울기 센서와 DC 모터 속도 제어

1) 실습 과제

기울기 센서의 입력은 받은 데이터로 DC 모터의 속도제어를 구현한다. 로봇이 경사면을 올라갈 때 저속의 고토크의 구동법으로 사용하고 평지를 이동할 때에는 고속의 저토크 영역의 DC 모터 제어 방법을 사용한다. 이에 따라 경사도가 높으면 저속으로 주행하고, 낮으면 고속으로 움직이는 알고리즘을 구현한다.

2) 실습 목표

로봇에서 기울기 센서의 용도를 모색하고 기울기 센서의 활용도를 높인다.

3) 프로그램 순서도 작성 및 IRES 프로그램 작성

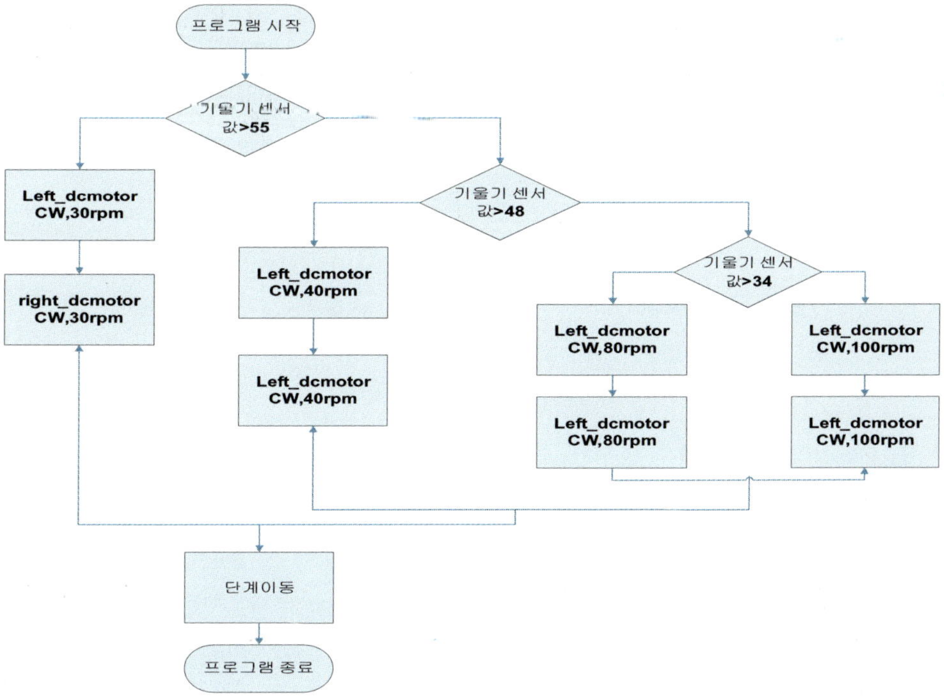

[그림 15-12] 순서도

모터의 속도를 증가시키는 방법의 프로그램을 작성하고 0°의 기울기 값이 측정될 때는 평지를 의미한다.

평지일 때 가장 빠른 속도로 모터를 제어하는 프로그램을 작성한다.

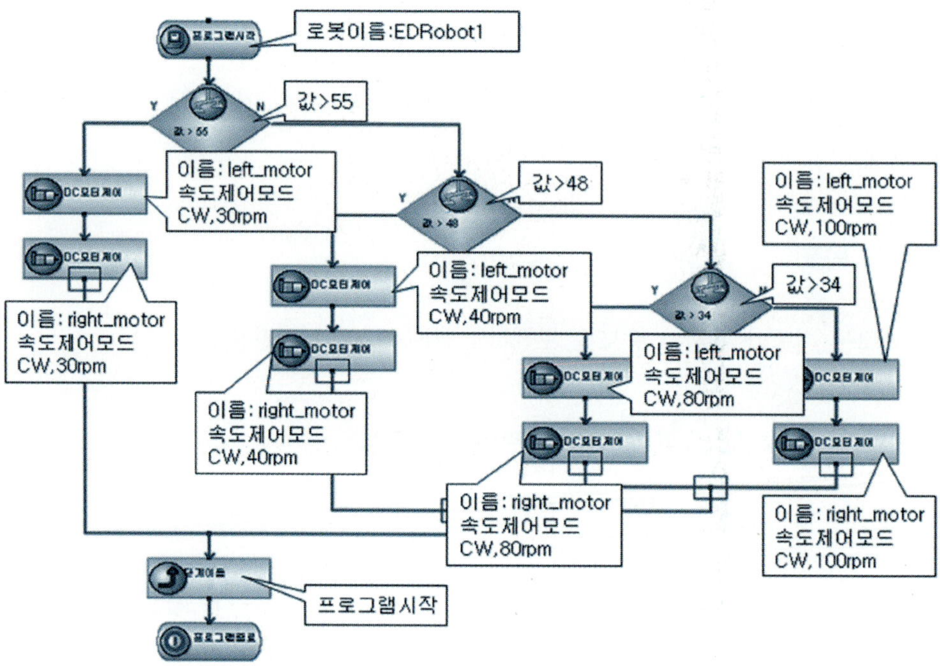

[그림 15-13] IRES 프로그램

4) C/C++ 프로그램 작성

본 실습 과제를 C/C++ 프로그램을 이용하여 작성해본다.

```
#include "Default.h"
#define CW -1
#define CCW 1

class CDefault;

CDefault    cdefault;
```

```
CElementRotateDCMotor*     M_RWheel;
CElementRotateDCMotor*  M_LWheel;

CElementInclinationSensor *ICN;


/// 로봇 이름 ///
string  sRobotName = "EDRobot1";


void Forward(int);

int WinMain(HINSTANCE hInstance,
                    HINSTANCE hPrevInstance,
                    LPTSTR     lpCmdLine,
                    int          nCmdShow)
{

    OpenMemoryMap();

    GetRegistryData(cdefault.m_nDataCnt, cdefault.m_nObjCnt);
    cdefault.m_cData = new char[cdefault.m_nDataCnt];
        memset(cdefault.m_cData, 0, cdefault.m_nDataCnt);
    GetMemoryMap(cdefault.m_cData);

    cdefault.DataParsing();


     //모터 정의
    M_RWheel =  (CElementRotateDCMotor*)cdefault.GetElementObject(M_RWheel,
sRobotName, "right_motor");
    M_LWheel =  (CElementRotateDCMotor*)cdefault.GetElementObject(M_LWheel,
sRobotName, "left_motor");

    ICN   =   (CElementInclinationSensor*)cdefault.GetElementObject(ICN,sRobotName,
"inclination1");


    while(1)
    {
```

```
        int IDis;

        IDis=ICN->GetCurrentInc();
        cout << IDis << endl;

        if(IDis == 41)
            Forward(80);
        else if(IDis > 41 && IDis <= 52)
            Forward(40);
        else if(IDis > 52 && IDis < 60)
            Forward(30);
        else if(IDis < 41)
            Forward(20);

        cdefault.DataPush();
        SendMemoryMap(cdefault.m_cData);

        GetMemoryMap(cdefault.m_cData);
        cdefault.DataModify();

    }

    cdefault.DeleteDummyObj();
    CloseMemoryMap();

    delete []cdefault.m_cData;

    return 0;
}

void Forward(int speed)
{
    M_RWheel->SetSpeed(speed);
    M_RWheel->SetRotateDirect(CW);
    M_LWheel->SetSpeed(speed);
    M_LWheel->SetRotateDirect(CW);
}
```

5) 컴파일 및 실행

프로그램이 올바르게 실행되는지 확인한다.

(1) 동작 확인

기울기 센서의 값이 클수록 속도는 늦고, 작을수록 속도가 빨라진다. 기울기 센서의 값이 55보다 클 경우 속도는 30rpm이며 48보다 클 경우 40rpm이다.

34보다 클 경우 80rpm이고 그 이하인 경우에는 100rpm으로 회전하게 된다.

15-6 음원탐지 모듈과 로봇의 방향 제어

1) 실습 과제

로봇에 음향탐지 모듈이 장착되었다고 가정한다. 로봇이 특정 소리에 반응하여 어느 방향에서 소리가 났는지 감지하여 추적하는 알고리즘을 구현한다.

[그림 15-14] 음원탐지 모듈과 로봇의 방향 제어

2) 실습 목표

음향탐지 모듈의 활용방안과 사용방법을 이해한다.

3) 프로그램 순서도 작성 및 IRES 프로그램 작성

음향탐지 모듈은 음향 값을 감지하여 어느 방향에서 감지했는지 출력하는 모듈이다. 음향 값을 감지하지 못하면 50rpm으로 직진하게 되고 감지하면 20rpm으로 360° 회전을 하게 된다.

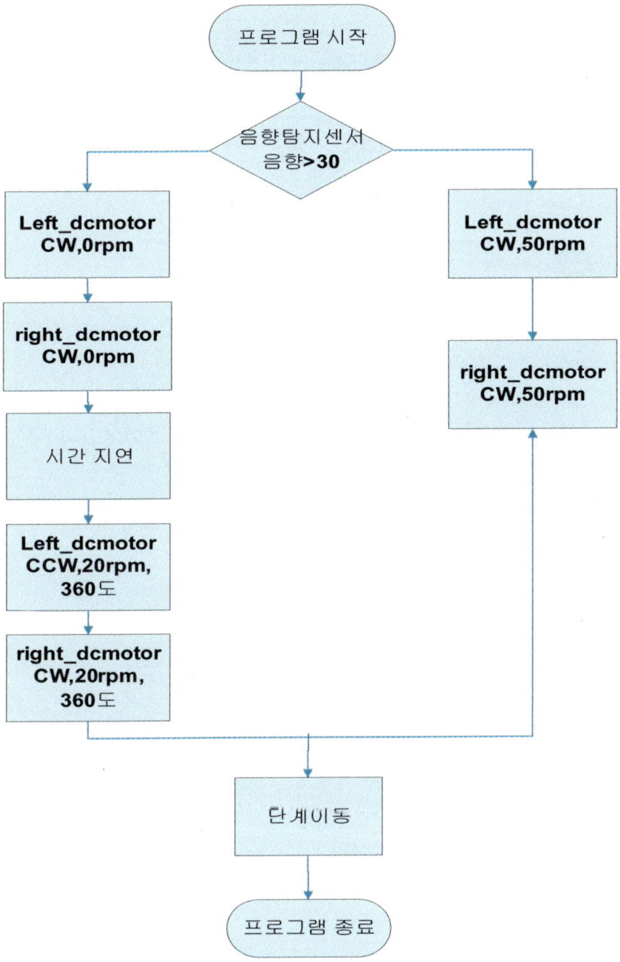

프로그램 시작
음향탐지센서
음향>30
Left_dcmotor
CW,0rpm
right_dcmotor
CW,0rpm
시간 지연
Left_dcmotor
CCW,20rpm,
360도
right_dcmotor
CW,20rpm,
360도
Left_dcmotor
CW,50rpm
right_dcmotor
CW,50rpm
단계이동
프로그램 종료

[그림 15-15] 순서도

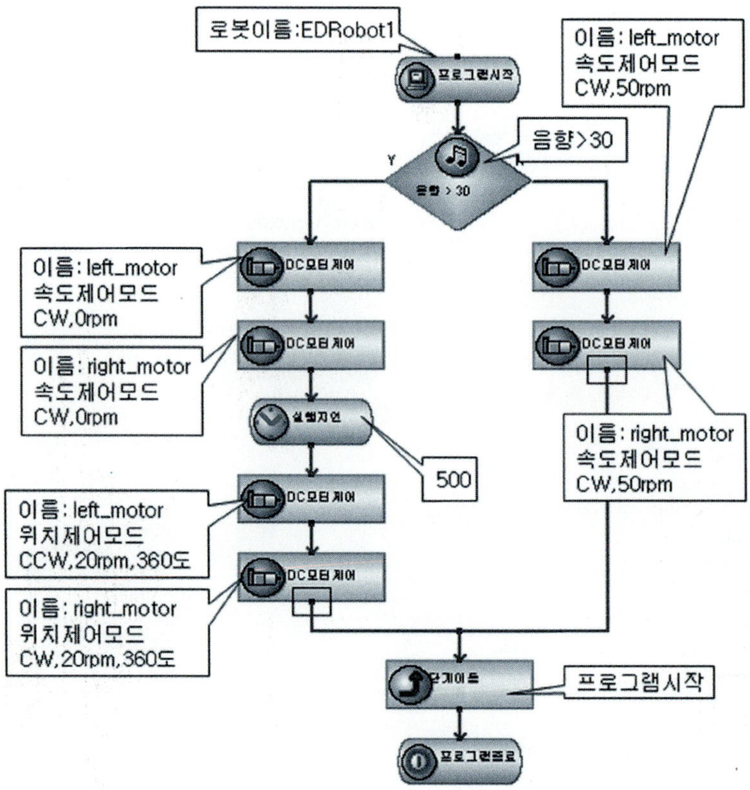

[그림 15-16] IRES 프로그램

4) C/C++ 프로그램 작성

본 실습 과제를 C/C++ 프로그램을 이용하여 작성해본다.

```
#include "Default.h"
#define CW -1
#define CCW 1

class CDefault;

CDefault    cdefault;

    CElementRayInfraredSensor *      IRH;
    CElementRayInfraredSensor *      IRL;
```

```
    CElementRayInfraredSensor *        IRR;
    CElementRayInfraredSensor *        IRB;



    CElementRotateDCMotor*M_RWheel;
    CElementRotateDCMotor*  M_LWheel;
    CElementRotateDCMotor*M_Head;

    /// 로봇 이름 ///
    string  sRobotName = "EDRobot1";


void dancing();      //사람이 감지되면 그 자리에서 회전

void Forward(int);  //앞으로
void Back();         //뒤로
void LeftTurn();     //좌회전
void RightTurn();    //우회전

int WinMain(HINSTANCE hInstance, HINSTANCE hPrevInstance, LPTSTR lpCmdLine,
int nCmdShow)
{

    OpenMemoryMap();

    GetRegistryData(cdefault.m_nDataCnt, cdefault.m_nObjCnt);
    cdefault.m_cData = new char[cdefault.m_nDataCnt];
        memset(cdefault.m_cData, 0, cdefault.m_nDataCnt);
    GetMemoryMap(cdefault.m_cData);

    cdefault.DataParsing();

    int rotate = 0;
    int back = 0;
    int SubRotate = 0;

    ///*********************///////
    /// user vlaue
```

```
CElementRayDetectBodySensor* BodySensor;

CElementRayDetectSoundSensor * SND;

// 음원탐지 센서 정의
SND = (CElementRayDetectSoundSensor*)cdefault.GetElementObject(SND,
sRobotName, "sound");

//인체감지 센서 정의
BodySensor = (CElementRayDetectBodySensor*)cdefault.GetElementObject
(BodySensor, sRobotName, "body_sensor");


//모터 정의
M_RWheel = (CElementRotateDCMotor*)cdefault.GetElementObject(M_RWheel,
sRobotName, "right_motor");
M_LWheel = (CElementRotateDCMotor*)cdefault.GetElementObject(M_LWheel,
sRobotName, "left_motor");
M_Head = (CElementRotateDCMotor*)cdefault.GetElementObject(M_Head,
sRobotName, "head_dcmotor");


//적외선 센서 정의
IRH = (CElementRayInfraredSensor*)cdefault.GetElementObject(IRH,sRobotName,
"infrared_F");
IRL = (CElementRayInfraredSensor*)cdefault.GetElementObject(IRL,sRobotName,
"infrared_FL");
IRR = (CElementRayInfraredSensor*)cdefault.GetElementObject(IRR ,sRobotName,
"infrared_FR");

while(1)
{

///***************************///
    int Hfine = 0;
    int Lfine = 0;
    int Rfine = 0;
    int Sfine = 0;
    int HDis = 0;
    int LDis = 0;
```

```
int RDis = 0;
int SDis = 0;
BOOL Humansensor = 0;

//인체감지 센서의 감지여부
Humansensor = BodySensor->GetCurrent();

SDis = SND->GetDecibel();
//현재 상태의 센서 값을 받아옴
HDis=IRH->GetCurrentDist();
LDis=IRL->GetCurrentDist();
RDis=IRR->GetCurrentDist();

if(SDis > 0 && SDis <30)
    Sfine = 1;
if(HDis >0 && HDis < 80)
   Hfine = 1;

if(RDis >0 && RDis < 110)
   Rfine = 1;

if(LDis >0 && LDis < 110)
   Lfine = 1;

if(Hfine == 0 && Rfine == 0 && Lfine == 0 && back == 0 && Sfine == 0)
{
    Forward(50);
    rotate = 0;
}
else
{

        if(M_RWheel->GetSpeed() > 0 || M_LWheel->GetSpeed() > 0) //
                                             현재 스피드를 받아 비교
         {
            Forward(0);
        }
        else
        {
            if(Hfine == 1 && Humansensor == 1)
```

```
                {
                    dancing();
                    continue;
                }
            if(Sfine == 1)
                rotate = 1;
            if( RDis > LDis)
             rotate = 2;
            else if(RDis < LDis)
             rotate = 1;

            if(Hfine ==1)
             rotate = 3;


            if(Lfine == 1 && Rfine == 1)
             rotate = 3;
        }
         switch(rotate)
         {
         case 1:
            {
                RightTurn();
            }
            break;
         case 2:
            {
                LeftTurn();

            }
            break;
         case 3:
            {
                if(SubRotate == 1)
                {
                    if(LDis < 140)
                    {
                       RightTurn();
                    }
                    else if(RDis < 140)
```

```
                        {
                           LeftTurn();
                        }
                        else
                        {
                            RightTurn();
                        }


                           SubRotate = 0;
                           rotate = 0;
                           back = 0;
                       cout << rotate << endl;
                    }
                    else
                    {
                        Back();
                        cout << rotate << endl;
                        back = 1;
                        if(HDis > 90 || LDis > 150 || RDis > 150)
                            SubRotate = 1;
                    }
                }
                break;
            default:
                break;
            }

        }
        cdefault.DataPush();
        SendMemoryMap(cdefault.m_cData);
        GetMemoryMap(cdefault.m_cData);
        cdefault.DataModify();
    }
    CloseMemoryMap();
    delete []cdefault.m_cData;
    return 0;
}
void dancing()
{
        int cnt = 1;
```

```
        while(1)
        {
         cout << "dancing"<< endl;
         if(cnt < 200)
         {
          M_RWheel->SetSpeed(30);
          M_RWheel->SetRotateDirect(CW);
          M_LWheel->SetSpeed(30);
          M_LWheel->SetRotateDirect(CCW);

          cdefault.DataPush();
          SendMemoryMap(cdefault.m_cData);

          GetMemoryMap(cdefault.m_cData);
          cdefault.DataModify();
         }
          cnt++;
          if ( cnt > 200)
          {
             break;
          }
        }
}
void LeftTurn()
{
    cout << "leftturn" << endl;
    int distance = 0;
    while(1)
    {
        distance = IRR->GetCurrentDist();
        cout << distance << endl;
        M_RWheel->SetSpeed(30);
        M_RWheel->SetRotateDirect(CW);
        M_LWheel->SetSpeed(30);
        M_LWheel->SetRotateDirect(CCW);

          cdefault.DataPush();
          SendMemoryMap(cdefault.m_cData);
          GetMemoryMap(cdefault.m_cData);
          cdefault.DataModify();
```

```
        if(distance > 150 || distance == 0)
            break;
    }
}
void RightTurn()
{
    cout << "rightturn" << endl;
    int distance = 0;
    while(1)
    {
        distance = IRL->GetCurrentDist();
        cout << distance << endl;
        M_RWheel->SetSpeed(30);
        M_RWheel->SetRotateDirect(CCW);
        M_LWheel->SetSpeed(30);
        M_LWheel->SetRotateDirect(CW);

        cdefault.DataPush();
        SendMemoryMap(cdefault.m_cData);

        GetMemoryMap(cdefault.m_cData);
        cdefault.DataModify();

        if(distance > 150 || distance == 0)
            break;
    }
}

void Back(void)
{
    cout << "back"<< endl;
    M_RWheel->SetSpeed(30);
    M_RWheel->SetRotateDirect(CCW);
    M_LWheel->SetSpeed(30);
    M_LWheel->SetRotateDirect(CCW);
}

void Forward(int speed)
{
    M_RWheel->SetSpeed(speed);
```

```
        M_RWheel->SetRotateDirect(CW);
        M_LWheel->SetSpeed(speed);
        M_LWheel->SetRotateDirect(CW);
    }
```

5) 컴파일 및 실행

(1) 작동 확인

프로그램을 시작하면 우선 로봇은 직진하게 된다.

만약 소리가 감지되면 일단 로봇은 멈춘 후 로봇은 제자리에서 360°를 회전하게 된다.

저자 약력

■ 남 상 엽

- 공학박사
- 삼성종합기술원 정보시스템연구소 근무
- 모토로라 반도체통신(주) 기술연구소 근무
- 국제대학 정보통신과 교수(현)

■ 정 완 균

- U.C.Berkeley 방문학자(1985~1986)
- Carnegie Mellon University, Robotics Institute 교환교수(1988~1989)
- 포항공과대학교 기계공학과 교수(1987~현재)
- 지능형 이동로봇 연구실(국가지정연구실)
- 다수 로봇 관련 국제저널 편집인

■ 최 혁 렬

- 서울대학교 기계공학과 학사
- 한국과학기술원 기계공학과 석사
- 포항공과대학교 기계공학과 박사
- Kyoto대학, AIST연구원
- 성균관대학교 기계공학부 교수(현)

■ 이 효 영

- (주) ED 기술연구소 소프트웨어 팀장

지능형 로봇 시뮬레이션 구성 및 응용

2008년 1월 15일 1판 1쇄 발행

저 자 남상엽 · 정완균 · 최혁렬 · 이효영
발행인 남 승 우

발행처 도서출판 상尙 학學 당堂
서울특별시 동작구 사당3동 220-43
TEL : 02) 595-1692~4
FAX : 02) 595-1394
E-mail : namdoo6@unitel.co.kr
신고 : 2-155호 (1968. 11. 29)

(DVD 포함) **정가 28,000원**

ISBN 978-89-85437-65-3 93560

Embedded Education Platform
ED Corporation

EMBEDDED SYSTEM

임베디드 시스템 구성도 EMBEDDED SYSTEM

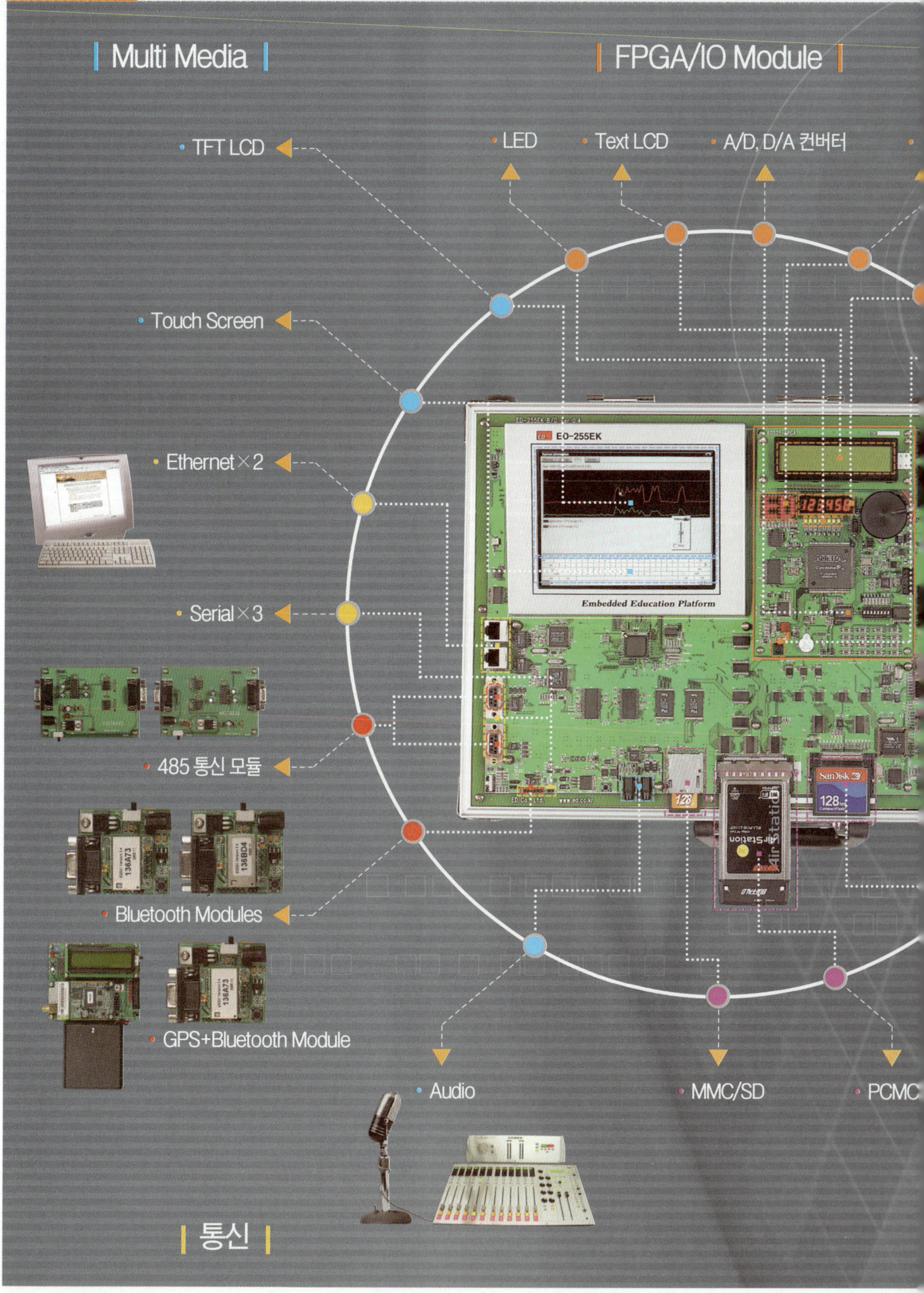

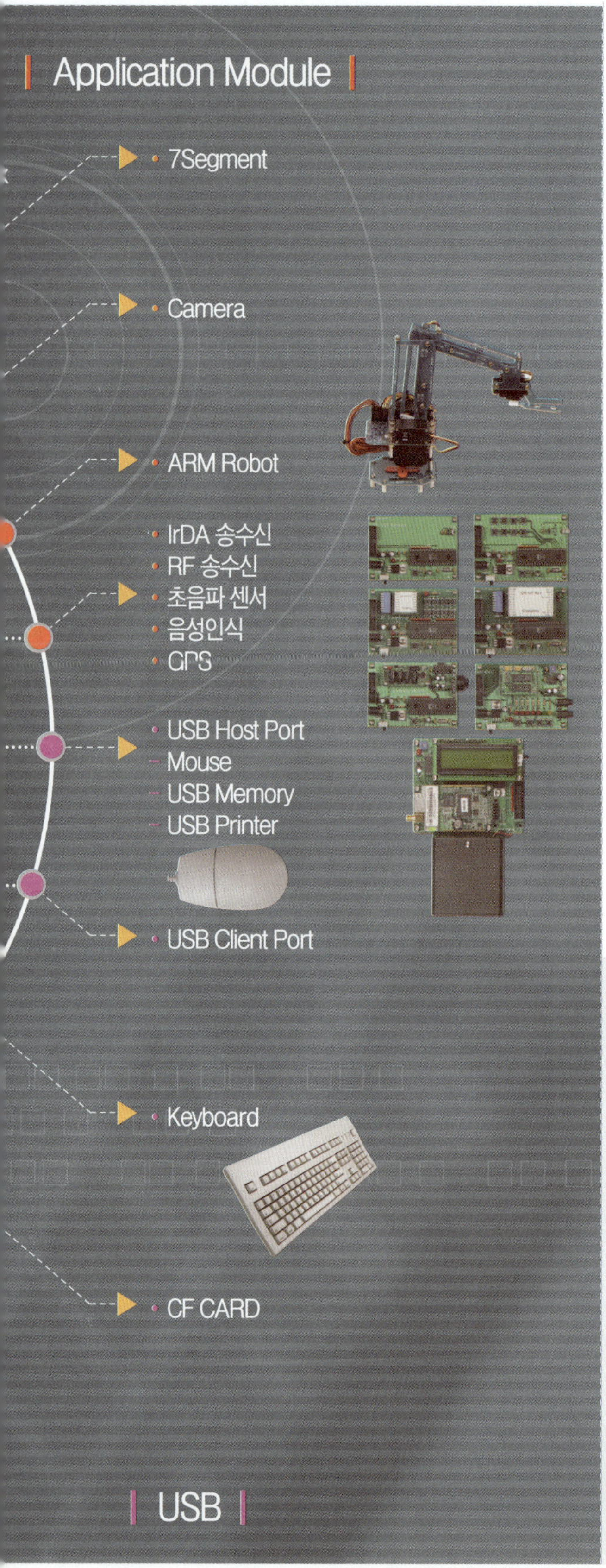

임베디드 응용 시스템 활용 구성 (Embedded System)

ED-255EK

Intel XScale PXA255 400MHz의 저전력 고성능의 프로세서를 채택하였으며 이 실습 장비를 이용하여 네비게이션, Bluetooth, PDA, 라우터, 웹 패드 등 보다 빠른 IT장비들을 개발하기 위한 임베디드 실습 및 개발 솔루션을 제공합니다.

풍부한 시스템 제원

Flash 32Mbyte, SDRAM 128Mbyte, 10Mbps Ethernet 포트와 10/100 Ethernet 포트, Wireless LAN을 지원하여 다양한 네트워크 디바이스를 경험할 수 있으며 USB 1.1/2.0Host/Client, UART, 6.4˝ TFT LCD, AC' 97 Codec, RTC와 Multi Media Card들인 PCMCIA, CF, MMC/SD Card를 지원하여 시스템 활용을 극대화 시켰습니다.

12만 Gate FPGA 지원

임베디드 시스템과 독립적으로 또는 병행하여 시스템을 운용할 수 있으며 직접 VHDL코드로 설계하여 LED, Text LCD, A/D, D/A 컨버터, 7-Segment, Dot Matrix, Step Motor, Buzzer, CMOS Image Sensor 등을 설계하고 응용할 수 있습니다.

확장 어플리케이션 시스템 지원

ED-255EK장비의 활용을 극대화하기 위해 다양한 어플리케이션 모듈과 이 모듈들을 설명하는 교재도 같이 제공하고 있습니다. 모듈은 GPS, 초음파, IrDA, RF, 485통신, Bluetooth, 음성인식, ARM Robot 등이 있으며 현재 필드에서 많이 사용되는 것들로 구성을 하였습니다.

임베디드 시스템 응용 모드

▶ Application Module
- 음성인식 • Robot • ARM로봇 • IrDA
- RF • GPS • Bluetooth • 초음파

▶ FPGA/IO(Option) Module
- FPGA/IO • 20X2 Text LCD • Key Pad
- AD/DA • Motor • Camera • LED • Buzzer

▶ 통 신
- 네트워크 장비 • 인터넷 • 홈 네트워크 • Webserver

▶ Multi Media
- Audio • Display • MP3 • 동영상 플레이

▶ USB
- 입력/저장/출력 • Multi Media • Webcam • Printer

SoC 토탈솔루션

System on a Chip Training System

Model : ED-SoCwinner

특징

- 10만, 40만, 100만 Gates 모두 사용 가능한 통합 Platform으로 구성
- 마이크로 프로세서인 ARM922T를 내장, 쉽고 빠른 OS 탑재가 가능
- Ethernet, UART, IDE, VGA Port, USB, PCMAIA 등의 주변 장치들을 다양한 IP 검증 및 OS를 이용한 디바이스 제어가 가능
- PCI Master / Slave 설계 구현 및 테스트
- 640×480 6.4″ TFT LCD와 CMOS Image Sensor를 이용하여 멀티미디어 장비 구현 가능
- Xilinx Vertex II 3,000,000 ~ 8,000,000 Gate 디바이스가 장착된 확장 모듈을 지원

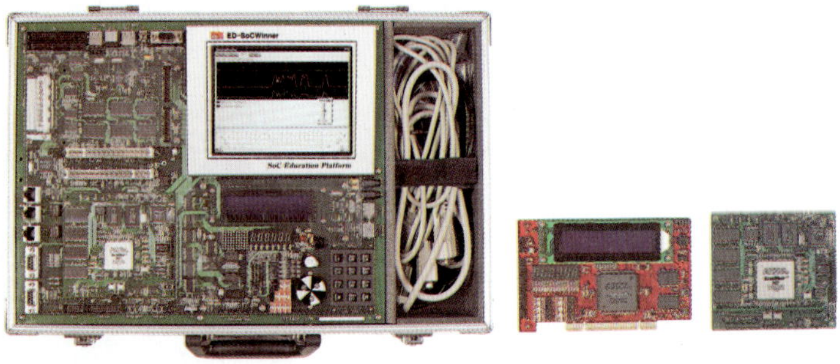

실험실습내용

- H/W와 S/W Co-Verification 및 알고리즘
- ARM 프로세서 구조 및 개념
- AMBA AHB Bus 설계 및 검증
- SDRAM Controller 설계 및 실습
- DMA 설계 및 실습
- TFT LCD / VGA 포트를 통한 이미지 처리 실습
- CMOS Image Sensor를 통한 영상 처리 실습
- Dual Ethernet 을 통한 네트워크 실습
- IDE를 이용한 대용량 HDD 제어 실습
- AD/DA 컨버터 제어 실습
- AC97 Codec을 이용한 MP3
- 다양한 주변기기를 활용한 IP 설계 및 제어
- 리눅스 디바이스 드라이버를 설계하여 주변 기기 제어
- 리눅스 OS 포팅

규격

Excalibur	Device (EPXA4F672C3, EPXA10F1020C2, EPXA1F672C3)
	CPU (ARM922T)
	FPGA 10만/40만/100만 Gates
	SRAM (128kbytes) / DPRAM (64kbytes)
Memory	Flash : 32Mbytes (Max. 64Mbytes), SDRAM : 256Mbytes (Max. 512Mbytes)
TFT-LCD	6.4″ TFT Color LCD
VGA	VGA Port
Serial	UART Port (2ea)
Ethernet	10/100Mbps Ethernet Port (2ea)
PS/2	PS/2 Port 2ea for Keyboard / Mouse
USB	USB 2.0 Host / Client Port (2ea)
RTC	Real Time Clock
Audio	AC97 Audio Codec
CMOS Camera	Hynix CMOS Image Sensor
Character LCD	20×2 Character LCD
ADC / DAC	12bit A/D Converter / 14bit D/A Converter
Dot Matrix	5×7 Dot Matrix (2ea)
7-Segment	6×7-Segment
Keypad	4×4 Keypad / DIP S/W (8 Input DIP Switch)
Step Motor	Step Motor
Buzzer	Buzzer
Expansion	Ubiquitous Sensor Network Board (Option)
	FPGA Daughter Board (Option)
	Application Module Port
Debug	JTAG Port, Multi-ICE Port